"101 计划"核心教材
物理学领域

原子物理学

刘玉鑫　编著

中国教育出版传媒集团

高等教育出版社·北京

内容简介

　　本书是物理学领域"101计划"核心教材。

　　本书由北京大学刘玉鑫教授总结多年教学经验编著而成,本书系统简明地介绍量子物理的基本现象、基本性质、基本规律及原子物理学研究的基本方法,并简要介绍分子物理学和亚原子物理学的现象和基本规律。本书对材料内容的选取,力求系统全面,着重理论与应用的有机结合,对论述分析力求循序渐进、追根探源、准确严谨,着重物理图像和知识体系的建立,并适时联系前沿研究现状。整体以求窥得物理学"见物讲理、依理造物"的学科真谛,并启迪智慧,立德树人。

　　本书可作为高等学校物理学类专业原子物理学课程的教材,亦可供有关科技人员参考。

图书在版编目（CIP）数据

　　原子物理学 / 刘玉鑫编著 . -- 北京：高等教育出版社，
2024.9（2025.6重印）. -- ISBN 978-7-04-062734-3

　　Ⅰ . O562

　　中国国家版本馆 CIP 数据核字第 2024F32F67 号

YUANZIWULIXUE

策划编辑	高聚平	责任编辑　高聚平	封面设计　王凌波　王　洋	版式设计　徐艳妮
责任绘图	马天驰	责任校对　马鑫蕊	责任印制　刘弘远	

出版发行	高等教育出版社	网　　址	http://www.hep.edu.cn
社　　址	北京市西城区德外大街4号		http://www.hep.com.cn
邮政编码	100120	网上订购	http://www.hepmall.com.cn
印　　刷	唐山市润丰印务有限公司		http://www.hepmall.com
开　　本	787mm×1092mm 1/16		http://www.hepmall.cn
印　　张	28		
字　　数	600 千字	版　　次	2024 年 9 月第 1 版
购书热线	010-58581118	印　　次	2025 年 6 月第 2 次印刷
咨询电话	400-810-0598	定　　价	72.00 元

出版说明 ——

为深入实施科教兴国战略、人才强国战略、创新驱动发展战略，统筹推进教育科技人才体制机制一体化改革，教育部于2023年4月19日正式启动基础学科系列本科教育教学改革试点工作（下称"101计划"）。物理学领域"101计划"工作组邀请国内物理学界教学经验丰富、学术造诣深厚的优秀教师和顶尖专家，及31所基础学科拔尖学生培养计划2.0基地建设高校，从物理学专业教育教学的基本规律和基础要素出发，共同探索建设一流核心课程、一流核心教材、一流核心教师团队和一流核心实践项目。这一系列举措有效地提高了我国物理学专业本科教学质量和水平，引领带动相关专业本科教育教学改革和人才培养质量提升。

通过基础要素建设的"小切口"，牵引教育教学模式的"大改革"，让人才培养模式从"知识为主"转向"能力为先"，是基础学科系列"101计划"的主要目标。物理学领域"101计划"工作组遴选了力学、热学、电磁学、光学、原子物理学、理论力学、电动力学、量子力学、统计力学、固体物理、数学物理方法、计算物理、实验物理、物理学前沿与科学思想选讲等14门基础和前沿兼备、深度和广度兼顾的一流核心课程，由课程负责人牵头，组织调研并借鉴国际一流大学的先进经验，主动适应学科发展趋势和新一轮科技革命对拔尖人才培养的要求，力求将"世界一流""中国特色""101风格"统一在配套的教材编写中。本教材系列在吸纳新知识、新理论、新技术、新方法、新进展的同时，注重推动弘扬科学家精神，推进教学理念更新和教学方法创新。

在教育部高等教育司的周密部署下，物理学领域"101计划"工作组下设的课程建设组、教材建设组，联合参与的教师、专家和高校，以及北京大学出版社、高等教育出版社、科学出版社等，经过反复研讨、协商，确定了系列教材详尽的出版规划和方案。为保障系列教材质量，工作组还专门邀请多位院士和资深专家对每种教材的编写方案进行评审，并对内容进行把关。

在此，物理学领域"101计划"工作组谨向教育部高等教育司的悉心指导、31所参与高校的大力支持、各参与出版社的专业保障表示衷心的感谢；向北京大学郝平书记、龚旗煌校长，以及北京大学教师教学发展中心、教务部等相关部门在物理学领域"101计划"酝酿、启动、建设过程中给予的亲切关怀、具体指导和帮助表示由衷的感谢；特别要向14位一流核心课程建设负责人及参与物理学领域"101计划"一流核心教材编写的各位教师的辛勤付出，致以诚挚的谢意和崇高的敬意。

基础学科系列"101计划"是我国本科教育教学改革的一项筑基性工程。改革，改到深处是课程，改到实处是教材。物理学领域"101计划"立足世界科技前沿和国家重大战略需求，以兼具传承经典和探索新知的课程、教材建设为引擎，着力推进卓越人才自主培养，激发学生的科学志趣和创新潜力，推动教师为学生成长成才提供学术引领、精神感召和人生指导。本教材系列的出版，是物理学领域"101计划"实施的标志性成果和重要里程碑，与其他基础要素建设相得益彰，将为我国物理学及相关专业全面深化本科教育教学改革、构建高质量人才培养体系提供有力支撑。

物理学领域"101计划"工作组

前 言

原子物理学作为国内物理学类专业本科教育课程体系中的重要基础课程之一，自 20 世纪 50 年代开始普及（20 世纪三四十年代，北京大学即开国内相关教育之先河，开设相关课程，当时称之为近代物理学，由吴大猷先生等建设和讲授），已经约七十年，其大多是作为量子力学的铺垫课程，主要讨论微观世界具有量子性的基本实验事实。基于此，目前涌现了一大批优秀的教材和教学参考书。

按照目前关于物质结构的认识，宏观物质由分子组成，分子由原子组成，原子由原子核和电子组成，原子核由质子、中子、超子和介子等强子组成，强子由夸克（反夸克）和胶子组成。作为宏观物质与具有多种组分单元的更微观结构层次之间的微观层次，原子是很简单的，它由带正电荷的原子核和带负电荷的电子组成（还有类似的由原子核与 μ^- 子形成的 μ^- 原子、由原子核与 π^- 介子形成的 π^- 原子等），是由电磁相互作用形成的量子束缚体系。因此，原子的性质和结构不仅反映了微观世界的基本性质，还揭示了电磁相互作用在微观层次上的效应，是研究电磁相互作用的本质的极佳载体。随着研究的深入，原子作为与宏观物质联系最紧密的微观结构层次，它已经成为物理学的一个独立的分支学科——原子物理学，我们也常将之与分子物理学和光学并列，统称为原子分子物理与光学（国外通常简称为 AMO）。随着我国教育事业的发展，按照近几十年实行的和现行的国家中学课程标准，由中学进入大学的物理学类专业的学生应该已经初步具有关于量子世界的基本现象和性质的知识。因此，为适应原子物理学作为物理学的一个分支学科的重要性，物理学类专业的原子物理学课程应该超出其仅作为量子力学的铺垫课程的传统范畴，从而真正讨论作为量子束缚体系的原子的丰富的量子现象和在宏观物质层次上的表现以及以之为基础发展起来的高精度测量的技术方法等。于是，在 21 世纪初，北京大学物理学院进行教育教学改革大讨论时，就决定探索实施这一层次的原子物理学教育和教学 [作为"以模块化课程体系为依托，以科研训练与实践为引导的自主学习和创新能力训练为核心"的多模式（纯粹物理、应用物理和多学科宽基础交叉等）培养方案的课程体系中的一个模块，原子物理学分为三个层次：其一是与狭义相对论等内容一起形成的近代物理学的大部分内容；其二是传统的作为量子力学铺垫课程的原子物理学；其三是适应学科发展情况和当代物理学创新人才培养需要的原子物理学]。经过 20 多年的实践，前述的第三层次的原子物理学课程所用讲义内容不断丰富改进，已经相当成熟。随着国内高等学校优秀拔尖人才培养计划的实施和"强基计划""101 计划"的启动，将原本仅在北京大学使用的这一讲义再丰富提高至在全国出版发行成为必要。基于这些考虑，在这大力实施高等学校培养拔尖创新人才的物理学科"101 计划"的开局之初，作者欣然接受"101 计划"专家委员会的推荐和高等教育出版社的盛情之邀，将之付梓出版。

作为既适用于物理学类专业的原子分子物理学课程，也可作为通常的普通物理学中的原子物理学课程的教材或参考书，本书系统地介绍了量子物理的基本现象、基本性质和规律以及原子物理学研究所用的基本方法，并简要介绍了分子物理学和亚原子物理学的现象和基本规律。根据上述原子物理学范畴的研究对象的特点，全书内容共分七章：

第一章介绍从经典物理到量子物理的过渡，着重描述黑体辐射、光电效应、原子光谱等的实验现象以及微观粒子的基本性质，并就对它们研究中经典物理遇到的本质困难以及突破经典物理范畴实现升华的过程进行了分析，以期启迪后人。

第二章介绍氢原子和类氢离子的性质与结构，讨论利用量子力学来研究最简单的由电磁作用形成的量子束缚体系（两体系统）的性质和结构的基本方法。

第三章介绍单电子自旋态的描述方案，两电子自旋的叠加和相应波函数的描述以及全同粒子系统的基本概念和性质及对其基本性质进行研究的方法，并简要讨论多电子原子的性质和结构。

第四章介绍微观粒子的自旋–轨道耦合作用、原子的精细结构和超精细结构以及元素周期表的建立。

第五章介绍电离、发光、电子俘获等方式的原子状态改变和外电磁场对原子的结构和性质的影响，并简要讨论磁共振现象、量子相位和冷原子及玻色–爱因斯坦凝聚现象等现代原子物理学的一些内容。

第六章简要介绍分子光谱和分子结构的基本特征以及研究方法概要。

第七章简要介绍亚原子物理，包括原子核的基本组分、关于原子核的结构和衰变以及反应的基本现象特征和描述方法概要、原子核的组分单元（强子）的性质和结构以及强相互作用的基本性质，并简要介绍现代核物理的整体框架和主要研究内容。

除了上述通常的原子物理学的课程范围内的内容外，本书有一个较详细地介绍量子力学的基本概念和方法的附录（附录二），其内容包括不确定关系、量子态的描述、物理量的算符表述及可测量物理量的确定（原则）、薛定谔方程及连续性方程、微扰计算方法等。之所以安排这样一个附录，是因为现代的原子物理学应该是在系统学习了量子力学之后的课程，这样一个附录可作为对量子力学的复习；另一方面，从核心内容来看，本书也可以作为学习量子力学之前的原子物理学教材使用，为使对原子物理学本身内容的讨论能够初步探索现象背后的机理，通过对这样一个附录的完整和深入的学习，基本可以满足达到上述目标所需基础知识的基本要求。

这些内容及其组织结构和讨论基本与国内、国外类似的先进教材相同，但在对现象的分析和讨论方面更加深入，对于现象的机理的分析在加强语言表述的同时，适当加入了基于量子力学基本原理的理论描述，尤其是添加了一些新近的研究进展、新发现的现象及其应用以及建立和发展的新技术的内容。全书的内容和深度与普通物理学的原子物理学课程 48～64 学时匹配（第一章 8～10 学时，附录二 6～12 学时，第二章 3～4 学时，第三章 6～7 学时，第四章 6～7 学时，第五章 8～10 学时，第六章 3～4 学时，第七章 6～9 学时），可作为相应的本科生课程的教材或参考书，也可供相关专业方向的研究生参考；其基本内容也可供 32～48 学时的原子物理学课程的教学使用。对亚原子物理部分的内容稍作具体化，还可独立作为 32 学时的原子核物理与粒子物理导论课程使用。因为本书涉及内容较宽广全面，讨论较系统深入，其中的一些内容可以作为选讲，还有一些内容可以仅作为扩展研读，窃以为可以这样处理的内容在其节标题（或小节标题，或问题序号）处分别做了标记 *、**。

关于原子物理学的教学，与其他基础物理课程的教学一样，我们应该将其目标定位为由单纯地向学生传授知识转变到激发和调动学生的好奇心和学习兴趣、提高学生自己获取知识的能力、提高学生批判性思维的能力和创新性研究的能力，并使其发挥作为所有自然科学各学科的先导学科的作用。为真正实现这一目标定位，作者认为在具体教学中至少应该注意下述事项或环节。

（1）准确把握并宣扬物理学的内涵和外延，避免被认为是"纯粹理论"科学，甚至因所谓的加强应用技术而将物理学课程边缘化。

（2）着重对基本概念的准确论述和讲解，强调物理原理和机制的基础性及其寻根求源的探索性，切莫让人将"物理"误认为"无理"。

（3）着重对物理图像和知识体系构建及解析计算能力、数值计算和分析能力的培养，着重对定理、定律及公式的实质及适用条件的分析，避免生拉硬套甚至误导学生。

（4）积极调动和激发学生探索未知的兴趣和欲望，培养并提高学生批判性思维的能力和创新性研究的能力，切忌抹杀学生的好奇心和批判精神。

为落实上述事项和环节，首先需要建设相应的教材和教学参考书。况且，原子物理学的学科和课程本身具有明显的基础性、前沿性和创新性等特点，对于学生，原子物理学是其全面了解微观世界的现象和规律，并系统学习利用量子物理的基本原理和规律研究实际问题的第一门（或者说入门）课程，学生学习和教师讲授的难度都很大。考虑预期目标与现实状况的契合，在本书的编著过程中，作者秉承一贯的"崇尚结构、力求平实、承袭传统、注意扩展"的原则，根据学科和课程的基础性、前沿性和创新性等特点将具体的着力点落实在了下述方面。

（1）原子物理学的基础性主要表现在其研究对象——原子及其组分粒子都是微观粒子，决定其运动行为和表观性质的动力学规律是量子力学及更进一步的量子场论。这一基础性特点使得原子物理学中的许多概念明显超越经典物理学的直观性特点，其理论方法更是全新的。这一方面给教师讲授和学生学习增添了困难，另一方面给我们展现了一幕其背后可能风采绚丽多姿、行为离奇动人的纱幔，强烈的一窥究竟的好奇心将激励我们揭开纱幔并探根寻源。因此，在概念建立与知识体系构建及物理实质、使用范围的介绍与讨论方面，本书始终立足于物理学本质，在实验科学的基础上来展开内容，从全面系统地介绍观测到的实验现象入手，分析原有理论遇到的困难及其核心因素，直到建立新的概念和理论方法，逐层深入。关于概念的准确性及学科本身的基础性和探索性，对于定理、定律和（动力学）方程及公式等，本书尽量在预判的学生已具备的知识储备基础上给出完整的论述、论证或证明，避免出现"可以证明"的字样；对于远远超出学生知识储备基础和本课程范畴的问题，本书明确说明在后续的课程可以得以解决或处于正在研究的阶段，避免引起"物理学自说自话"的误解和学术上有"一言堂"或"强词夺理"甚至"无理取闹"的嫌疑。

（2）原子物理学的前沿性一方面与其基础性相伴。另一方面，从 20 世纪初期原子的核式结构建立，到 20 世纪 30 年代中期或者 50 年代前期甚至 20 世纪末关于原子核的组分单元的探究，从 20 世纪 50 年代中期至 60 年代前期关于原子核的组分单元——强子的结构的揭示，再到 20 世纪 70 年代关于强子结构的理论的建立及后来的发展，随着研究的深入，人们认识到一些制约深入研究进展的桎梏在回到原子层次上的类比时有可能得以解决。例如强相互作用的非阿贝尔强关联非微扰的本质困难可能通过与弱关联的对应解决，低温高密度（5 倍饱和核物质密度以上）物质性质的研究难以在高能重离子碰撞实验中实现的困难有可能通过对冷原子物质及玻色-爱因斯坦凝聚物质性质的研究来类比实现。这样，无论人们对于物质结构层次的研究深入到什么层次，在原子物理学层次上的研究始终保持在国际学术界公认的前沿领域。与原子物理学的基础研究始终屹立在前沿领域相对应，它还建立和发展了众多新技术和应用。在目前大力实施拔尖创新人才培养的今天，教学和教材当然应该反映前沿研究的发展状况。因此，本书在注重阐述概念、理论及其导出或证明过程的同时，还重视对实验及其应用的描述和分析，尤其是尽可能在不超出学生的知识储备水平层次上，自然地引入了前沿研究和发展现状的介绍，使得"所开窗口"自然出现，与课程的基本知识和学生的学术背景无缝衔接，激发学生的兴趣和积极性，并以其为基础进行展开和深化，例如冷原子与玻色–爱因斯坦凝聚、量子相位、自旋霍尔效应、磁共振技术、彭宁阱技术等，以期学生可以由之体会到物理学不仅是深化并提高人类对自然界认识的学科，更是几乎所有高新技术的源泉的学科，从而窥得物理学是"见物讲理、依理造物"的科学的学科真谛。

（3）关于原子物理学的创新性，有人将其最直白地表述为授予诺贝尔物理学奖的数目。具体地，截至目前的总共近 120 项授奖项目中约 2/3 都是广义的原子物理学层次上的工作。人们常说，前事不忘、后事之师，探究这些创新性研究的过程，并将之融入教材和教学之中，是当今的拔尖创新人才培养实施过程的重要环节和措施。本书从学术的角度认真探寻了卢瑟福散射实验、爱因斯坦解决光电效应的困难、薛定谔提出其动力学方程、伦琴发现 X 射线等引起物理学质的飞跃的重要事件。我们知道，创新研究，或者说，科学研究，有其自身的方法（我们在实际工作中，都自觉或不自觉地利用之），例如理论分析、演绎推理、归纳总结、实验探究、类比、顿悟等。于是，本书在探寻引起物理学质的飞跃的一些重要事件时，较具体地分析了其采用的科学研究方法（尽管当时可能都是不自觉地），以之作为实例见习、研判利用这些科学研究方法进行创新性研究的过程，对学生发现问题和提出问题的能力、分析问题和解决问题的能力等进行训练，从而使学生的创造性思维和创新性工作能力得以培养和提高，对当代物理学人才的创新能力的培养有所裨益。

物理学教育与其他学科的教育一样，总体目标也是启迪智慧、立德树人。上面简述了原子物理学课程及本书在关于启迪智慧方面的措施和实施方式及期待的效果。事实上，原子物理学的建立和发展还是课程思政、立德树人的极佳载体。愚以为，课程思政、立德树人除包括前述的启迪智慧之外，还应该引导学生建立正确的世界观、人生观和价值观，培养学生在需要的时候义不容辞地献身国家的精神和情操；培养学生艰苦奋斗、勤奋刻苦、严谨认真、执着探索的精神和能力，培养学生既坚持真理又及时修正自己的精神和能力，培养学生批判性思维的精神和进行批判的能力等。原子物理学的建立和发展，尤其是使得物理学发生质的飞跃的众多事件，都是进行课程思政教育的极佳实例，例如赫兹等发现和确认光电效应、密立根证实爱因斯坦关于光电效应的理论等都是艰苦奋斗、勤奋刻苦、严谨认真、执着探索的具体实例，莫塞莱、霍夫斯塔特等都是以国家安全为己任的典范，X 射线的发现过程是批判需要能力、不能盲目批判的典范，凡此等等，不胜枚举。本书对此也都作了介绍和分析，以期起到教学和教材都是课程思政、立德树人的载体的作用。

此外，本书引用、改编和新编思考题和习题共 230 道（不包括附录二所附的45 道习题），其中约 1/4 是根据目前被广泛关心的自然现象和学术问题以及正在致力研究的问题或提出的方法改编和新编的，难度较大，尤其是对解析计算、数值分析、物理直觉及合理近似的要求较高，以期由之激发学生的兴趣，培养并提高其能力。

本书是基于作者在北京大学物理学院讲授原子物理学 20 多年的讲义整理而成

的，并经多位同仁使用。由于其中蕴含的材料不仅信息量较大，知识跨度也较大，尤其是首次引入教材和教学的探索之处甚多，因此，建议使用本书教学的基本原则为"摆事实、提问题、探机制、究条件、呈应用"。也由于上述原因，加上作者水平所限，书中可能存在很多不妥和谬误之处，恳请读者不吝指正。

在本书的编著过程中，北京大学的高原宁院士、陈徐宗教授、刘运全教授、穆良柱教授、舒幼生教授、王稼军教授、徐仁新教授、李湘庆副教授、刘树新副教授、孟策副教授、张艳席助理教授和华中师范大学的侯德富教授、南京大学的王骏教授、南开大学的刘玉斌教授、上海交通大学的陈列文教授、四川大学的张红教授、同济大学的任中洲教授、中国科学技术大学的陈向军教授、中国科学院大学的郑阳恒教授等认真阅读了全部书稿，并多次与作者进行深入且具体的讨论，提出了许多宝贵的修改意见。北京大学理论物理研究所、北京大学基础物理教学中心、中国科学院近代物理研究所及其他单位的多位同仁也都提出了许多宝贵的意见和建议，并提供了相关资料。在此，作者对诸位同仁表示衷心的感谢！

刘玉鑫

2024 年 3 月于北京大学物理学院

前言授课视频

目 录 __

第一章

从经典物理到量子物理的过渡与微观粒子的基本性质

数字资源

量子概念的建立可谓石破天惊. 然而这一建立过程并非无迹可循, 更不是那些"物理大神" 突发奇想而成. 前事不忘, 后事之师. 本章介绍经典物理发展到 20 世纪初所遇到的本质困难和前辈物理学家执着探索实现升华的过程, 以及量子物理的一些基本概念和图像. 主要内容包括:

- 经典物理在热辐射问题中遇到的困难与普朗克关于光的量子假说
- 光电效应与爱因斯坦光量子理论
- 康普顿效应
- 经典物理在光的本质研究中遇到的困难
- 关于光的粒子性的机制的半经典量子理论
- 微观粒子的基本性质

1.1___经典物理在热辐射问题中遇到的困难与普朗克关于光的量子假说

1.1.1　热辐射及基尔霍夫辐射定律

1.1.1
授课视频

物体以电磁波形式向外部发射能量的现象称为辐射. 处在热平衡态的物体在一定温度下进行的辐射称为热辐射. 为讨论经典物理在关于热辐射的研究中遇到的困难, 我们先回顾关于热辐射的基本概念和性质.

一、描述热辐射的基本物理量及相关概念

1. 辐射本领

温度为 T 的物体在单位时间内从单位表面上发射的波长在 λ 到 $\lambda + \mathrm{d}\lambda$ 范围内的辐射能量 $\mathrm{d}E$ 与波长间隔 $\mathrm{d}\lambda$ 之比称为物体在温度 T、波长 λ 情况下的辐射本领, 常记为 r. 上述定义可以解析地简记为

$$r(T, \lambda) = \frac{\mathrm{d}E(T, \lambda)}{\mathrm{d}\lambda}. \tag{1.1}$$

单位时间内从单位面积上辐射的各种波长的总能量称为该物体的总辐射本领, 即有

$$E(T) = \int_{\lambda=0}^{\lambda \to \infty} \mathrm{d}E(T, \lambda) = \int_0^\infty r(T, \lambda)\mathrm{d}\lambda. \tag{1.2}$$

2. 物体对其它物体的辐射能量的响应方式及其描述

物体都有热辐射, 并且对其它物体的辐射 (辐射来的能量) 以反射 (散射)、吸收、透射等方式进行响应. 为描述物体的性质, 除辐射本领外, 人们引入了吸收本领 (系数)、反射本领 (系数) 和透射本领 (系数) 等概念. 在一定温度下, 物体从其它物体辐射来的能量中吸收的能量 $\mathrm{d}E^{\mathrm{a}}(T, \lambda)$ 与外来辐射能量 $\mathrm{d}E^{\mathrm{in}}(T, \lambda)$ 的比值称为该物体的吸收本领 (系数), 常记为 a, 即有

$$a(T,\lambda) = \frac{\mathrm{d}E^{\mathrm{a}}(T,\lambda)}{\mathrm{d}E^{\mathrm{in}}(T,\lambda)}. \tag{1.3}$$

同理, 反射本领 (系数) $\rho(T,\lambda)$ 和透射本领 (系数) $t(T,\lambda)$ 分别定义为

$$\rho(T,\lambda) = \frac{\mathrm{d}E^{\mathrm{refl}}(T,\lambda)}{\mathrm{d}E^{\mathrm{in}}(T,\lambda)}, \tag{1.4}$$

$$t(T,\lambda) = \frac{\mathrm{d}E^{\mathrm{trans}}(T,\lambda)}{\mathrm{d}E^{\mathrm{in}}(T,\lambda)}, \tag{1.5}$$

其中 E^{refl}、E^{trans} 分别为反射的能量、透射的能量.

3. 黑体与绝对黑体

显然, 根据能量守恒定律, 我们有

$$a(T,\lambda) + \rho(T,\lambda) + t(T,\lambda) = 1. \tag{1.6}$$

我们通常称 $t(T,\lambda) \equiv 0$ 的物体为不透明物体, 并称 $a(T,\lambda) = 1$ 且 $\rho(T,\lambda) = 0$ 的物体为黑体. 较严格地, 在任何温度下都把辐照在其上的任意波长的能量全部吸收, 即有 $a(T,\lambda) \equiv 1$ 的物体称为绝对黑体, 通常简称为黑体. 与之相对, 人们称可以把任何频率的入射光都完全地、均匀地反射到所有方向上的物体为白体, 并称性质介于黑体与白体之间的物体为灰体.

(1) 黑体及其吸收本领和反射本领的关系

黑体即不透明的物体, 也就是有 $t(T,\lambda) \equiv 0$, 因此, 黑体的吸收本领与反射本领之间的关系为

$$a(T,\lambda) + \rho(T,\lambda) = 1.$$

显然, 如果 $a(T,\lambda) = 1$, 则有 $\rho(T,\lambda) = 0$.

(2) 绝对黑体

在任何温度下都把辐照在其上的任意波长的辐射能量全部吸收的物体称为绝对黑体, 即有

$$a(T,\lambda) \equiv 1.$$

二、 基尔霍夫辐射定律

根据平衡态的定义, 包含辐射本领和吸收本领分别为 r_1、r_2、r_3、$\cdots$ 和 a_1、a_2、a_3、$\cdots$ 的一系列物体 O_1、O_2、O_3、$\cdots$ 具有确定的温度等宏观性质情况下, 各辐射体的辐射本领与吸收本领的比值仅与系统的温度和辐射的波长有关, 与具体的物体无关, 即有

$$\frac{r_1(T,\lambda)}{a_1(T,\lambda)} = \frac{r_2(T,\lambda)}{a_2(T,\lambda)} = \frac{r_3(T,\lambda)}{a_3(T,\lambda)} = \cdots = f(T,\lambda). \tag{1.7}$$

该规律称为基尔霍夫辐射定律 (该规律看似简单, 但实验检验极其困难, 我们可以从基于热平衡态概念的理想实验出发进行验证). 那么, 吸收本领大的物体的辐射本领也大. 由此可知, (绝对) 黑体是辐射本领最大的物体, 即一般物体 (亦即灰体) 的辐射本领都小于 (绝对) 黑体的辐射本领, 即有 $r(T,\lambda) \leqslant r_{\mathrm{B}}(T,\lambda)$. 因此, 研究物体的辐射本领时, 人们通常由研究黑体的辐射本领入手.

1.1.2 绝对黑体的辐射规律

一、绝对黑体模型

如图 1.1 所示, 进入开有很小开口的黑箱的光线很难再射出黑箱, 这相当于对外来的光完全吸收、没有反射. 因此, 这样的具有很小开口的黑箱常作为绝对黑体的模型.

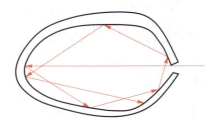

图 1.1　黑体模型示意图

二、关于黑体辐射本领的实验测量结果

1. 关于黑体的辐射本领的实验测量结果

到 19 世纪末, 已进行了很多关于黑体的辐射本领的实验测量, 测得的结果如图 1.2 所示.

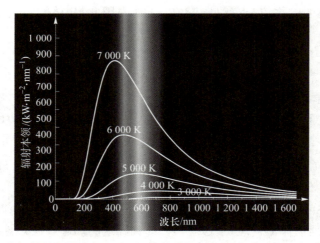

图 1.2　黑体辐射的辐射本领示意图 (各曲线上侧所标的数值为辐射系统的温度)

2. 关于黑体辐射本领的宏观规律

关于黑体辐射的规律, 较早归纳总结出的有两个. 其一是关于总辐射本领的斯特藩–玻耳兹曼定律, 其二是关于辐射本领曲线的维恩位移定律.

(1) 斯特藩–玻耳兹曼定律

通过对大量实验结果的综合分析, 斯特藩 (J. Stefan) 和玻耳兹曼 (L. E. Boltzmann) 分别提出了关于黑体辐射的总辐射本领的规律, 它表述为

$$E = \sigma T^4,\tag{1.8}$$

其中 $\sigma = 5.670 \times 10^{-8} \ \text{W/(m}^2 \cdot \text{K}^4)$. 此即著名的 斯特藩–玻耳兹曼定律.

(2) 维恩位移定律

由图 1.2 可知, 对于任一温度下的黑体辐射, 其对不同波长的电磁波的辐射本领不同, 并且存在一个特定波长, 其被辐射的辐射本领最大. 维恩 (W. Wien) 通过总结很多实验测量结果发现, 对应辐射本领取得极大值的辐射的波长 λ_{m} 随温度 T 升高而减小, 两者的乘积 $\lambda_{\text{m}} T$ 保持为常量, 即有

$$\lambda_{\text{m}} T = b, \tag{1.9}$$

其中 $b = 2.898 \times 10^{-3} \ \text{m} \cdot \text{K}$ 为常量. 该规律称为 (黑体辐射的) 维恩位移定律.

三、 经典物理对黑体辐射的描述及其困难

1. 瑞利–金斯公式

根据热辐射的定义, 在温度为 T 的情况下波长为 λ 的热辐射即从温度保持为 T 的物体发射出波长为 λ 的电磁波. 对于波长为 λ 的电磁波, 其频率为 $\nu = \dfrac{c}{\lambda}$, 角频率为 $\omega = 2\pi\nu = \dfrac{2\pi c}{\lambda} = 2\pi c k$, 其中 c 为电磁波传播的速度 (即光速), $k = \dfrac{1}{\lambda}$ 称为波数. 假设辐射体是边长为 L 的立方体, 记电磁波的角频率密度为 $D(\omega)$, 考虑各方向振动为相互独立事件, 则在物体内形成电磁波的振动数 (亦即波数) 为各方向波数的乘积, 即有

$$D(\omega)\mathrm{d}\omega = \mathrm{d}n_x \mathrm{d}n_y \mathrm{d}n_z = \mathrm{d}\left(\frac{L}{\lambda_x}\right)\mathrm{d}\left(\frac{L}{\lambda_y}\right)\mathrm{d}\left(\frac{L}{\lambda_z}\right) = V\mathrm{d}k_x\mathrm{d}k_y\mathrm{d}k_z,$$

其中 $V = L^3$ 为辐射体的体积. 严格地讲, 因为固定边界内的振动形成的波为驻波, 上述计算应以 $\dfrac{\lambda}{2}$ 为分母计算出半个振动的数目, 再转化为振动的数目. 假设振动各向同性, 将上式转换到球坐标系 (k, θ, φ)[注意: 在该坐标系转换中, 只有 $\mathrm{d}n_x$、$\mathrm{d}n_y$、$\mathrm{d}n_z$ 都非负才是有实际意义的, 也就是只有八个卦限中的第一卦限才是有意义的, 从而有因子 $\dfrac{1}{8}$. 该因子与考虑半波时引入的因子 8 正好相消], 并考虑电磁波有两个偏振方向, 则有

$$D(\omega)\mathrm{d}\omega = V \cdot 2 \cdot 4\pi k^2 \mathrm{d}k = 8\pi V \frac{\omega^2 \mathrm{d}\omega}{(2\pi c)^3} = \frac{8\pi V}{c^3}\nu^2 \mathrm{d}\nu.$$

将上式转换到波长 λ 空间, 则有

$$D(\lambda)\mathrm{d}\lambda = \frac{8\pi V}{\lambda^4}\mathrm{d}\lambda.$$

于是, 电磁波的态密度可以用频率 ν 为宗量表述为

$$D(\nu) = \frac{8\pi}{c^3}\nu^2, \tag{1.10}$$

也可以用波长 λ 为宗量表述为

$$D(\lambda) = \frac{8\pi}{\lambda^4}. \tag{1.11}$$

由上一小节的讨论知, 单位时间内从物体上的单位面积辐射出去的电磁波的数目为电磁波的泻流速率 $\Gamma = \frac{1}{4}n\bar{v} = \frac{1}{4}cD$. 再考虑能量均分定理: 每一振动的平均能量与系统的温度之间有关系 $\bar{\varepsilon} = k_{\mathrm{B}}T$, 则得黑体的辐射本领 $r = \Gamma\bar{\varepsilon}$ 可以表述为

$$r_{\mathrm{B}}(T, \lambda) = \frac{2\pi c}{\lambda^4}k_{\mathrm{B}}T. \tag{1.12}$$

该表达式即著名的黑体辐射本领的瑞利–金斯 (Rayleigh–Jeans) 公式.

2. 维恩公式

如果不利用能量均分定理的结果, 而考虑一个振动的能量与其波长 λ 之间有关系 $\varepsilon = f(\lambda)$, 系统的振动能量的分布满足玻耳兹曼分布 $n(\varepsilon) \propto \mathrm{e}^{-\frac{\varepsilon}{k_{\mathrm{B}}T}}$, 即有 $\bar{\varepsilon} = \int f(\lambda)\mathrm{e}^{-\frac{\varepsilon}{k_{\mathrm{B}}T}}\mathrm{d}\lambda$, 再计算总辐射本领, 并与斯特藩–玻耳兹曼定律比较, 得到函数 $f(\lambda)$, 进而得到黑体辐射本领的维恩公式为

$$r_{\mathrm{B}}(T, \lambda) = \frac{c_1}{\lambda^5}\mathrm{e}^{-\frac{c_2}{\lambda T}}, \tag{1.13}$$

其中 c_1、c_2 为普适常量 (常分别称为第一、第二辐射常量).

3. 经典物理的困难

利用瑞利–金斯公式和维恩公式对黑体的辐射本领的计算结果及其与实验结果的比较如图 1.3 所示.

由图 1.3 很容易看出, 维恩公式可以很好地描述黑体辐射本领在中短波长区的行为, 但不能描述其在长波区的行为 (衰减较快). 瑞利–金斯公式可以描述黑体辐射在长波区的行为, 但对于黑体辐射本领在短波区的行为, 不仅不能定量描述, 并且出现发散, 也就是说, 定性上就不正确. 此即著名的关于黑体辐射的紫外灾难. 这说明, 对于黑体辐射, 经典物理遇到了本质上的困难.

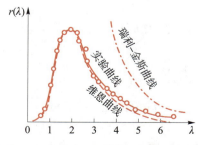

图 1.3　利用瑞利–金斯公式和维恩公式对黑体的辐射本领的计算结果 (分别如点划线、虚线所示) 及其与实验结果 (由实线连接的圆圈) 的比较 [以对应最大辐射本领的波长之半 ($\lambda_{\mathrm{m}}/2$) 为单位].

1.1.3　紫外灾难的解决——光量子假说

一、普朗克光量子假说与普朗克黑体辐射本领公式

为解决上述紫外灾难, 根据维恩公式可以很好地描述黑体辐射本领在中短波长区的行为和瑞利–金斯公式可以描述黑体辐射在长波区的行为的结果, 并参照热力学关系, 德国物理学家普朗克 (M. Planck) 最早采用对维恩公式和瑞利–金斯公式进行内插拟合的方法, 给出一个对全波长区域都适用的辐射本领公式——普朗克黑体辐射公式, 从数值上解决了经典物理在描述黑体辐射本领时遇到的困难.

普朗克通过内插拟合得到其黑体辐射本领公式的过程大致如下. 由热力学第一定律和第二定律知, 系统的内能与系统的状态参量及熵之间有关系 $\mathrm{d}U = T\mathrm{d}S - p\mathrm{d}V$, 于是有

$$\frac{\partial S}{\partial U} = \frac{1}{T}, \qquad \frac{\partial^2 S}{\partial U^2} = \frac{\partial}{\partial U}\left(\frac{1}{T}\right) = -\frac{1}{T^2}\frac{1}{\dfrac{\partial U}{\partial T}}.$$

由辐射本领的定义知, 黑体系统的内能正比于其辐射本领, 即有 $U_{\mathrm{B}}(\lambda, T) \propto r_{\mathrm{B}}(\lambda, T)$, 于是, 对于长波极限情况, 由辐射本领的瑞利公式得

$$\left.\frac{\partial S}{\partial U}\right|_{\mathrm{R}} = \frac{1}{T} = \frac{2\pi c}{\lambda^4} \propto \frac{U}{T},$$

从而

$$\left.\frac{\partial^2 S}{\partial U^2}\right|_{\mathrm{R}} = -\frac{1}{T^2\dfrac{2\pi c}{\lambda^4}} \propto \frac{1}{U^2}.$$

对于短波极限情况, 由辐射本领的维恩公式得

$$\left.\frac{\partial S}{\partial U}\right|_{\mathrm{W}} \propto \mathrm{e}^{-\frac{c_2}{\lambda T}}\left(\frac{2\pi c}{\lambda T^2}\right), \qquad \left.\frac{\partial^2 S}{\partial U^2}\right|_{\mathrm{W}} = -\frac{1}{T^2\dfrac{\partial U}{\partial T}} \propto \frac{1}{\mathrm{e}^{-\frac{c_2}{\lambda T}}} \propto \frac{1}{U}.$$

由物理量函数的连续性知, 黑体的熵关于内能的二阶偏导数的函数表达式应包含上述两种极限情况, 于是, 该二阶导数可以一般地表述为 $\dfrac{\partial^2 S}{\partial U^2} = \dfrac{1}{U(\alpha + \beta U)}$. 显然, $\alpha = 0$ 对应瑞利公式情况, $\beta = 0$ 对应维恩公式情况. 通过假设一个含参量的 $U(\lambda, T)$ 的表达式, 拟合原始的 $\left.\dfrac{\partial^2 S}{\partial U^2}\right|_{\mathrm{R}}$ 和 $\left.\dfrac{\partial^2 S}{\partial U^2}\right|_{\mathrm{W}}$ 既可以得到上述两种极限情况, 又可以确定下来参量, 再考虑 $U_{\mathrm{B}}(\lambda, T) \propto r_{\mathrm{B}}(\lambda, T)$ 即得到下述的普朗克黑体辐射本领公式 [(1.14) 式].

为探索普朗克公式的物理本质, 在分析原来两个公式的导出过程时, 发现其问题可能是出在黑体辐射出的能量的平均值的表述之后, 普朗克假设引起辐射的谐振子的能量只能取某些特殊的分立值, 这些分立值是某一最小能量单元 ε_0 的整数倍,

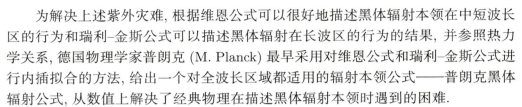

即 $E = E_n = n\varepsilon_0$, 对于频率为 ν 的简谐振动的辐射, 其能量单元为 $\varepsilon_0 = h\nu$, $h = 6.626\ 070\ 15 \times 10^{-34}$ J·s 为普朗克常量. 那么, 考虑粒子能量状态的玻耳兹曼分布律为

$$P(\varepsilon) \propto \mathrm{e}^{-\beta\varepsilon}$$

其中 $\beta = \dfrac{1}{k_\mathrm{B}T}$, 可知, 黑体辐射出的能量的平均值应为

$$\overline{\varepsilon} = \frac{\displaystyle\sum_{n=0}^{\infty} n\varepsilon_0 \mathrm{e}^{-\beta n\varepsilon_0}}{\displaystyle\sum_{n=0}^{\infty} \mathrm{e}^{-\beta n\varepsilon_0}} = -\frac{\partial}{\partial\beta}\left[\ln\left(\sum_{n=0}^{\infty} \mathrm{e}^{-\beta n\varepsilon_0}\right)\right].$$

因为 $\{\mathrm{e}^{-\beta n\varepsilon_0}, \quad n = 0, 1, 2, \cdots, \infty\}$ 是公比为 $\mathrm{e}^{-\beta\varepsilon_0}$ 的等比数列, 即有

$$\sum_{n=0}^{\infty} \mathrm{e}^{-\beta n\varepsilon_0} = \frac{1}{1 - \mathrm{e}^{-\beta\varepsilon_0}},$$

于是[1]

$$\overline{\varepsilon} = \frac{\varepsilon_0 \mathrm{e}^{-\beta\varepsilon_0}}{1 - \mathrm{e}^{-\beta\varepsilon_0}} = \frac{\varepsilon_0}{\mathrm{e}^{\beta\varepsilon_0} - 1}.$$

所以

$$r_\mathrm{B}(T, \lambda) = \frac{2\pi c}{\lambda^4}\overline{\varepsilon} = \frac{2\pi c}{\lambda^4}\frac{\varepsilon_0}{\mathrm{e}^{\beta\varepsilon_0} - 1} = \frac{2\pi c}{\lambda^4}\frac{h\nu}{\mathrm{e}^{\frac{h\nu}{k_\mathrm{B}T}} - 1}.$$

将波长与频率间的关系 $\nu = \dfrac{c}{\lambda}$ 代入, 则得

$$r_\mathrm{B}(T, \lambda) = \frac{2\pi h c^2}{\lambda^5}\frac{1}{\mathrm{e}^{\frac{hc}{\lambda k_\mathrm{B}T}} - 1}. \tag{1.14}$$

此即著名的黑体辐射本领的普朗克 (Planck) 公式. 具体计算表明, 普朗克公式给出的结果与实验测量结果完全一致.

二、普朗克公式与维恩公式及瑞利-金斯公式间的关系

显然, 在短波情况下, $k_\mathrm{B}T \ll \dfrac{hc}{\lambda}$, $\mathrm{e}^{\frac{hc}{\lambda k_\mathrm{B}T}} \gg 1$, 于是

$$r_\mathrm{B}(T, \lambda) = \frac{2\pi h c^2}{\lambda^5}\frac{1}{\mathrm{e}^{\frac{hc}{\lambda k_\mathrm{B}T}} - 1} \approx \frac{2\pi h c^2}{\lambda^5}\mathrm{e}^{-\frac{hc}{\lambda k_\mathrm{B}T}}.$$

此即前述的维恩公式, 并有 $c_1 = 2\pi h c^2$, $c_2 = \dfrac{hc}{k_\mathrm{B}}$.

---

[1] 用现代的观点来看, $\overline{\varepsilon} = \varepsilon n_\varepsilon = \dfrac{h\nu}{\mathrm{e}^{\frac{h\nu}{k_\mathrm{B}T}} - 1}$ 是玻色分布下的直接结果. 只不过当时没有建立玻色统计规律, 没有量子统计物理.

在长波情况下, $k_{\mathrm{B}}T \gg \dfrac{hc}{\lambda}$, $\mathrm{e}^{\frac{hc}{\lambda k_{\mathrm{B}}T}} - 1 \approx \dfrac{hc}{\lambda k_{\mathrm{B}}T}$, 于是

$$r_{\mathrm{B}}(T, \lambda) = \frac{2\pi hc^2}{\lambda^5} \frac{1}{\mathrm{e}^{\frac{hc}{\lambda k_{\mathrm{B}}T}} - 1} \approx \frac{2\pi hc^2}{\lambda^5} \frac{1}{\dfrac{hc}{\lambda k_{\mathrm{B}}T}} = \frac{2\pi c}{\lambda^4} k_{\mathrm{B}}T.$$

此即前述的瑞利–金斯公式.

这些分析表明, 瑞利–金斯公式和维恩公式分别是普朗克公式在长波、短波情况下的近似. 那么, 经典物理下的瑞利–金斯公式可以很好地描述黑体辐射的辐射本领在长波区的行为, 维恩公式可以很好地描述黑体辐射的辐射本领在短波区的行为的事实可以作为普朗克公式的正确性的例证.

三、 斯特藩–玻耳兹曼定律和维恩位移定律的导出

1. 斯特藩–玻耳兹曼定律的导出

将普朗克公式代入 (1.2) 式, 完成积分, 则得

$$E = \sigma T^4,$$

其中 $\sigma = \dfrac{2\pi^5 k_{\mathrm{B}}{}^4}{15h^3 c^2} = 5.670 \times 10^{-8}$ W/(m$^2 \cdot$ K^4). 此即著名的斯特藩–玻耳兹曼定律, 并且这样确定的其中的常量与实验观测值 σ_{emp} 符合得很好.

2. 维恩位移定律的导出

另一方面, 将普朗克公式代入 $\dfrac{\mathrm{d}r_{\mathrm{B}}(T, \lambda)}{\mathrm{d}\lambda} = 0$, 并求解相应的方程, 在保证二阶导数 $\dfrac{\mathrm{d}^2 r_{\mathrm{B}}(T, \lambda)}{\mathrm{d}\lambda^2} < 0$ [即使得辐射本领 $r_{\mathrm{B}}(T, \lambda)$ 取得极大值] 的情况下, 得到

$$\lambda_{\mathrm{m}} T = b,$$

其中 λ_{m} 为对应辐射本领取得极大值的辐射的波长, $b = \dfrac{hc}{4.965 k_{\mathrm{B}}}$ 为与实验观测结果符合得很好的常量 (2.898×10^{-3} m $\cdot$ K). 这就是著名的维恩位移定律.

另外, 再考虑由泻流速率联系的辐射机制我们知道, 辐射体内的平均能量密度与总辐射本领之间有关系为

$$\bar{u} = 4\frac{E}{c}.$$

代入极端相对论性理想气体的物态方程 $p = \dfrac{1}{3}\bar{u}$ [推导过程可参阅刘玉鑫《热学》(北京大学出版社, 2016 年第一版) 第一章第六节, 或其它教材或专著], 则得理想光子气体的物态方程为

$$p = \frac{1}{3}aT^4, \tag{1.15}$$

其中 $a = \dfrac{4}{c}\sigma = \dfrac{8\pi^5 k_{\mathrm{B}}{}^4}{15h^3 c^3}$.

1.2 　光电效应与爱因斯坦光量子理论

1.2.1
授课视频

1.2.1 　光电效应的实验事实

1887 年, 德国物理学家赫兹 (H. Hertz) 进行了电磁波的发射与接收实验. 实验中, 赫兹利用火花间隙作为电磁波发射器, (由于实验条件简陋) 由置于同一室内的线圈作为接收器来侦测, 并且由火花间隙中的火花表征. 实验结果表明, 当接收器接收到电磁波时, 其火花间隙中出现火花, 即由光照诱导出了电流, 这一现象后来即被称为光电效应的原始表现 (常被具体称为 "赫兹效应", 如下所述, 其与通常的光电效应的差别是它是波长较长的电磁波所致的效应). 为了更容易观测并提高实验精度 (当时的实验室是一个面积不大、条件相当艰苦的地下室, 至少需要排除发射器的直接影响, 从而说明接收器接收到的确实是传播来的电磁波), 赫兹把整个接收器置入一个不透明的盒子内, 结果发现接收间隙中的最大火花长度因之而减小. 分析利用玻璃隔板、石英隔板等不同的不透明隔板的实验结果表明, 石英隔板不影响最大火花的长度. 利用石英棱镜分光的进一步实验表明, 除频率高 (波长短) 的紫外线外, 其它波段的光都遇到屏蔽问题, 这说明 "赫兹效应" 由紫外线引起. 随着这一发现在《物理年鉴》[Annalen der Physik. 1887, 267: S. 983 (1887)] 发表, 威廉·霍尔伐克士 (Wilhelm Hallwachs)、奥古斯托·里吉 (Augusto Righi) 和亚历山大·史托勒托夫 (Aleksandr Stoletov) 等物理学家进行了一系列实验, 结果都证实了 "赫兹效应". 约翰·艾斯特 (Johann Elster) 和汉斯·盖特尔 (Hans Geitel) 则首先发展出实用的光电真空管, 并将其应用于研究光波照射到带电物体上产生的效应, 还得到一些金属的 "赫兹效应" 由强到弱的顺序为: 铷、钾、钠钾合金、钠、锂、镁、铊、锌. 并且发现, 对于普通光波, 铜、铂、铅、铁、镉、碳、汞等金属的光电效应极弱 (实际无法测量到任何效应). 1888 年至 1891 年间, 史托勒托夫设计出一套适合定量分析光电效应的实验装置, 完成了很多关于光电效应的实验与分析, 并发现辐照度与感应光电流的直接比例; 他还与里吉共同发现, 存在最优电压, 在最优电压之上, 光电流随电压降低而增大; 在最优电压之下, 光电流随电压降低而减小. 随着电子的发现 (约瑟夫·汤姆孙, 1897—1899 年), 相关研究越来越深入. 1902 年, 匈牙利物理学家菲利普·莱纳德 (P. Lenard) 根据其系统深入的实验结果, 发布了关于光电效应的规律 (重要实验结果).

经进一步研究, 人们把由光 (电磁波) 照射到物质材料 (金属等) 表面上、材料中有电子 (光电子) 逸出形成光电流的现象称为光电效应, 现在常用的观测光电效应的实验装置如图 1.4 (示意图) 所示. 并且归纳总结出光电效应的实验事实和规律如下:

(1) 尽管对不同材料有差异, 但都存在截止频率 (红限) ν_s, 采用频率低于 ν_s 的光, 无论其辐照光的强度 (辐照度) 多大, 都不会产生光电效应. 该最低 "极限频率" (对应的波长称为 "极限波长") 是材料的特征频率, 称为该材料的截止频率, 亦称为其红限.

(2) 对于不同材料, 只要辐照光的频率大于截止频率, 单位时间从材料的单位表面发射的光电子的数量 (光电流) 随外加电压增大而增多, 但不会一直增大, 而存在最大值 (饱和电流), 饱和电流与辐照光的强度成正比. 如图 1.5 所示, 饱和电流 $I_s \propto E$, 其中 E 为入射光的光强.

(3) 每一种材料所发射出的光电子都有其特定的最大动能 (最大速度) $\frac{1}{2}mv_{max}^2$, 该最大动能与辐照度无关; 存在遏止电压, 并与外加电压成正比; 与光波的光谱成分有关, 正比于辐照光的频率. 记遏止电压为 U_s, 辐照光的截止频率为 ν_s, 电子携带电荷量的数值为 e, 则光电子的最大动能可表述为

$$\frac{1}{2}m_e v_{max}^2 = e(U - U_s) \propto (\nu - \nu_s). \tag{1.16}$$

(4) 弛豫时间非常短, 只要辐照光的频率大于截止频率, 辐照到材料表面上即有光电子逸出 (后来的研究表明, 所需时间小于 3×10^{-9} s).

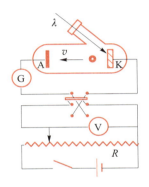

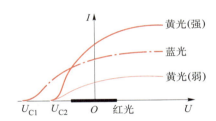

图 1.4 常用的表征光电效应的实验装置示意图 (其中 λ 为入射光, K 为金属板, A 为栅极板. 加适当电压后, 由 K 逸出的电子运动到 A, 并由外接电路记录逸出电子的数量.)

图 1.5 光电效应的部分实验规律示意图

1.2.2 经典物理遇到的困难

根据光电子的最大速度与辐照度无关的实验事实, 莱纳德认为, 这些电子在溢出材料表面之前就已拥有这一能量, 光波不给予它们任何能量而仅起类似于触发器的作用, 只要辐照光的频率在截止频率之上, 材料就立即选择并释放出束缚于其内部的电子. 这就是莱纳德著名的 "触发假说", 并在当时得到学术界的广泛接受. 但是, 该假说遇到一些严峻的问题, 其中最直接的是, 如果材料内部的电子本来就拥有逃逸束缚和发射之后的动能, 那么, 将阴极加热应该会给予光电子更大的动能, 可是实验并没有测量到任何与之相应的结果 (这只是当时的研究进展情况. 到后来, 实验上观测到了这样的现象, 并发展成为现在仍然活跃的固体材料的热电子发射的研究领域). 于是, 人们仍然坚持电子受外电磁场影响, 在固体中作受迫振动, 并逐渐获得能量, 当能量积累足够多或达到共振吸收时获得能量而脱出的观点.

▶ 1.2.2
授课视频

在电子受迫振动获得能量的观点下, 只要光照 (外电磁场影响) 时间足够长, 电子总可以获得足够的能量而脱出, 从而不应该存在截止频率 (红限), 这显然无法解释前述实验观测到的第 (1) 条规律.

根据经典物理学, 入射光束是一种电磁波, 在材料表面的电子感受到电磁波的电场力后会跟随电磁波振动. 那么电磁波的振幅越大, 即辐照光强度越大, 电子的振动就越激烈, 从而具有更大的能量, 因此, 发射出的光电子应该拥有更大的动能. 但事实是发射的光电子的最大动能与辐照光的强度无关, 从而经典物理遇到严重困难. 再者, 按照经典电磁理论, 材料中的电子通过共振吸收获得能量而脱出时, 其吸收谱很复杂 [可参见 J. D. Jackson,《经典电动力学》(第 3 版) 第 7 章], 绝非线性关系, 因此发射出的光电子的最大动能与辐照光的频率不应该成简单的线性关系. 在这一方面, 经典物理也遇到了严峻挑战.

按照上述受迫振动–共振吸收方案, 记 W 为光电子的逸出功, P 为单位时间内照射到单位面积上的光能量, n 为金属内自由电子数密度, d 为光穿入金属内的深度, τ 为弛豫时间, 根据能量守恒定律, 应有

$$P\tau = dnW,$$

于是, 弛豫时间为

$$\tau = \frac{dnW}{P}.$$

将通常所用材料的 n、W 以及所用光的 P 和 d 代入上式知, 对常用材料及光, 逸出光电子的弛豫时间一般很大 (小时的量级). 这与实验观测到的, 只要频率足够高, 光一照上去就有光电流形成存在严重的矛盾.

1.2.3 困难的解决——爱因斯坦光量子理论

一、爱因斯坦的光量子理论

1.2.3 ◄ 授课视频

上一节关于黑体辐射的讨论表明, 为解决经典物理遇到的困难 (关于黑体辐射本领的紫外灾难), 普朗克提出了光量子假说: 引起辐射的谐振系统只能以 $h\nu$ 为单元改变能量, 并吸收或发射电磁波, 其中 h 为普朗克常量, ν 为光波的频率. 为探讨普朗克光量子假说的机制, 1905 年, 爱因斯坦发表了题为 "关于光的产生和转化的一个试探性观点" 的论文 [Annalen der Physik. 322, 132—148 (1905)], 一方面在当时物理学发展水平上证明了普朗克的光量子假说, 另一方面对光电效应给出了很好的解释 (因此获得了 1921 年的诺贝尔物理学奖). 爱因斯坦的证明大致如下.

由关于黑体辐射的讨论可知, 温度为 T 的辐射系统中频率为 ν 的单模振动的态密度如 (1.10) 式所示, 对长波情况 $\left(\frac{\nu}{T} \ll 1\right)$, 系统的辐射本领由 (1.12) 式所示的瑞利–金斯公式表征; 对短波情况 $\left(\frac{\nu}{T} \gg 1\right)$, 系统的辐射本领由 (1.13) 式所示的维恩公式表征, 并且如果记 (1.13) 式中的 $c_2 = \frac{hc}{k_B}$, 其中 c 为光速, k_B 为玻耳兹曼常

量, h 为新引入的常量, 则有

$$r(T, \nu) = \frac{2\pi h \nu^3}{c^2} \mathrm{e}^{-\frac{h\nu}{k_{\mathrm{B}}T}}. \tag{1.17}$$

考虑系统的熵是振动频率 ν 的函数, 并可能与系统的辐射本领 r 有关, 则体积为 V 的辐射系统的熵可记为

$$S = V \int_0^\infty \Phi(r, \nu) \mathrm{d}\nu,$$

其中 $\Phi(r, \nu)$ 为待定的函数. 因为达到平衡态时系统的熵极大, 并且相应状态的能量 $\int_0^\infty r(\nu)\mathrm{d}\nu$ 确定, 则有

$$\delta \int_0^\infty \Phi(r, \nu)\mathrm{d}\nu = 0, \quad \delta \int_0^\infty r(\nu)\mathrm{d}\nu = 0.$$

该熵极大, 显然是一个能量确定情况下的极值问题, 即条件极值问题, 引入拉格朗日乘子 λ, 则有

$$\int_0^\infty \left(\frac{\partial \Phi}{\partial r} - \lambda\right)\mathrm{d}r\mathrm{d}\nu = 0.$$

由于上式中的积分为泛函积分, 即对任意的 ν 都成立 $\Big($直观但不严谨地考虑熵是系统拥有的微观状态数目的度量的本质和辐射本领取决于简谐振动态密度的事实知, $\frac{\partial \Phi}{\partial r}$ 为单调函数$\Big)$, 于是被积函数应为零, 即有

$$\frac{\partial \Phi}{\partial r} - \lambda = 0.$$

由此可知, $\frac{\partial \Phi}{\partial r} = \lambda$ 为常量, 即 $\frac{\partial \Phi(r, \nu)}{\partial r}$ 既与辐射 (振动) 的频率 ν 无关也与辐射本领 r 无关. 那么

$$\mathrm{d}S = V \int_0^\infty \frac{\partial \Phi}{\partial r}\mathrm{d}r\mathrm{d}\nu = V\frac{\partial \Phi}{\partial r} \int_0^\infty \mathrm{d}r\mathrm{d}\nu.$$

显然, $\int_0^\infty \mathrm{d}r\mathrm{d}\nu$ 为辐射本领有无穷小改变情况下辐射能量的无穷小改变量, 那么, 上式即

$$\mathrm{d}S = V\frac{\partial \Phi}{\partial r}\mathrm{d}E = V\frac{\partial \Phi}{\partial r}đQ.$$

与热力学中 $\mathrm{d}S = \frac{đQ}{T}$ 比较, 则得

$$V\frac{\partial \Phi}{\partial r} = \frac{1}{T}.$$

另一方面, 对于总能量确定, 亦即总辐射本领确定、任一频率的辐射本领 $E(T, \nu)$ 确定的辐射系统, 由辐射本领的维恩公式知

$$\frac{E(T, \nu)}{V} = r(T, \nu) = \frac{2\pi h \nu^3}{c^2} e^{-\frac{h\nu}{k_B T}},$$

亦即有

$$e^{-\frac{h\nu}{k_B T}} = \frac{c^2 E}{2\pi h \nu^3 V}.$$

对上式两边都取对数, 再经简单运算, 可得

$$\frac{1}{T} = -\frac{k_B}{h\nu} \ln\left(\frac{c^2 E}{2\pi h \nu^3 V}\right).$$

于是有

$$\frac{\partial \Phi}{\partial r} = -\frac{k_B}{h\nu} \ln\left(\frac{c^2 E}{2\pi h \nu^3 V}\right).$$

由 $dS = V\dfrac{\partial \Phi}{\partial r} dE$, 则得

$$\Delta S = S - S_0 = \frac{k_B E}{h\nu} \ln\left(\frac{V}{V_0}\right).$$

显然, 该辐射系统的熵的改变量与系统体积的关系的表达式与宏观上恒温的理想气体系统的熵的改变量与系统体积的关系的表达式完全相同. 根据熵的本质, 爱因斯坦指出, 既然系统的熵的改变量的表达式与理想气体系统的熵的改变量的表达式相同, 那么其组分也应该具有相同的特征或性质; 宏观的理想气体系统由一个一个近独立的单元 (即分子) 组成, 那么辐射系统也应该是由一个一个近独立的具有能量的单元组成. 并且, 如果记该辐射系统包含的单元数为 $N = n N_A$ (其中 N_A 为阿伏伽德罗常量, n 为物质的量), 每个能量单元的能量为 $h\nu$, 则系统的能量 $E = Nh\nu$, 并且有

$$\Delta S = S - S_0 = N k_B \ln\left(\frac{V}{V_0}\right) = nR \ln\left(\frac{V}{V_0}\right),$$

其中 $R = N_A k_B$ 为摩尔气体常量. 此即理想气体系统的熵的改变量与体积之间的关系.

爱因斯坦利用截至 20 世纪初建立起来的物理学的理论 (电磁学、热力学统计物理等) 对辐射系统的熵的直接计算和利用类比方法的大胆外推表明, 光 (电磁波) 是由一份一份不连续的能量单元组成的能量流, 其中每一个单元称为光量子 (后来简称光子), 光子的能量 $\varepsilon = h\nu$, 其中 h 为普朗克常量, ν 为光波的频率, 光子只能整个地被吸收或发射. 与普朗克在对于黑体辐射的研究中提出的关于光的认识: "谐振子系统只能以 $\varepsilon = h\nu$ 为单元改变能量, 并吸收或发射电磁波" 相比较, 爱因斯坦的 "$\varepsilon = h\nu$" 显然具有更好的理论基础, 并且描述了光的本质 (严格来讲, 应该是光的

本质的一个侧面), 因此, 人们称爱因斯坦的这一结论 (以及其后建立的关于自发辐射的机制) 为光量子理论, 而称普朗克的 "$\varepsilon = h\nu$" (实际比爱因斯坦的早五年) 为光量子假说.

二、 经典物理在描述光电效应的规律时遇到的困难的解决

在证明了光是一个一个不连续的能量单元形成的能量流之后, 作为其关于光的新观点的应用, 爱因斯坦讨论了光电效应.

既然光束是一个一个光子形成的能量流, 光子只能够整个地发射或被吸收, 并且光子的能量正比于光的频率, 那么只有当光子的能量满足材料中电子对能量共振吸收的条件时, 才被吸收, 于是, 一定存在极限频率 (红限), 对频率小于极限频率的光, 由于不满足共振吸收条件, 光子不会被吸收, 因此无论光强多大, 都不会有光电子产生; 对频率大于极限频率的光, 电子在很短的时间内即可吸收一个光子, 获得大于电子在材料中的束缚能 (逸出功) 的能量, 从而立即脱离束缚而逸出, 形成光电子, 亦即光电效应的弛豫时间很短. 这样, 很自然地解决了经典物理在描述光电效应的第 (1)、第 (4) 条规律时所遇到的无法克服的困难.

在爱因斯坦关于光的新观点下, 记光子能量为 $\varepsilon = h\nu$, 材料中的电子的束缚能 (逸出功) 所对应的能量为 $\varepsilon_\mathrm{c} = h\nu_\mathrm{s}$, 根据能量守恒定律, 逸出电子的最大动能可以表述为

$$E_{\mathrm{k,max}} = \frac{1}{2}m_\mathrm{e}v_{\mathrm{max}}^2 = \varepsilon - \varepsilon_\mathrm{c} = h(\nu - \nu_\mathrm{s})$$

这样圆满解决了经典物理在描述光电效应的第 (3) 条规律时所遇到的无法克服的困难.

在爱因斯坦关于光的新观点下, 顾名思义, 光的强度即单位时间内通过单位横截面的光子数; 而由电流的定义知, 光电流为单位时间内通过单位横截面积的光电子携带的电荷量 (当然正比于光电子的数目). 既然材料中的电子吸收一个满足共振吸收条件的光子即成为光电子, 那么光电子的数目自然等于被吸收的光子的数目, 对于满足频率极限 (波长极限) 条件的光束, 其拥有的可在单位时间内通过单位横截面积的光子数目自然决定 (理想情况下等于) 光电子的数目, 即光电流的强度. 于是, 自然存在正比于光的强度的饱和光电流, 由于设备设计因素, 在未达到饱和光电流情况下, 外加电压当然具有加速光电子、提高光电流的作用. 这样, 爱因斯坦关于光的新观点自然可以很好地描述光电效应的第 (2) 条规律.

尽管爱因斯坦关于光的新观点具有当时建立的物理学理论的基础, 并解决了经典物理在描述光电效应的规律时所遇到的困难, 但其毕竟是建立在类比外推的基础上的, 或者说其论证极具想象力, 并且因其与通过精密实验证明的光的波动理论不相容, 而遭到学术界强烈的抗拒. 例如, 美国物理学家罗伯特·密立根 (Robert A. Millikan) 曾坦率地讲他压根就不相信爱因斯坦的所谓理论是建立在任何令人满意的理论基础上的, 并致力于利用实验事实否定爱因斯坦的观点. 然而, 经过十年时间, 完成了对 Na、Mg、Al、Cu 等很多材料的实验之后, 密立根不得不宣布承认爱因斯坦的理论正确无误, 并且应用光电效应直接测得了普朗克常量 [Phys. Rev. 6,

55 (1915); ibid, 7, 18(1916); 7, 355(1916)]. 密立根的这种由怀疑批判、到实验探究、再到支持肯定的实事求是、追求真理的科学精神, 为我们树立了一个榜样. 基于 "关于元电荷以及光电效应的工作", 密立根获得了 1923 年的诺贝尔物理学奖.

光电效应的发现和对其规律的解释不仅推动了人们对于光的量子性的认识, 还引发了很多技术上的重大进步, 成为当今的一个巨大产业, 推动着人类社会的进步. 并且, 光电效应问题的解决可谓是好奇心和批判性思维引发重大创新的典型, 是演绎推理、类比外推与实验检验等科学方法论产生重大创新的典型. 再回顾提出问题 (发现光电效应) 和解决问题的历程可知, 持之以恒的艰苦探索、雄厚扎实的知识储备和对知识融会贯通应用的能力是解决问题的关键. 光电效应的发现和对其规律的解释过程中所蕴含的实事求是、坚持 (探求) 真理的科学精神和艰苦奋斗、勇于探索的工作作风等也都是值得我们学习的典范.

1.3 __康普顿效应

1.3.1 康普顿散射与康普顿效应

一、康普顿散射

1.3.1
授课视频

X 射线在由轻元素原子形成的物质上的散射称为康普顿 (Compton) 散射 [A. H. Compton, Phys. Rev. 22, 409(1923)], 其实验装置和过程如图 1.6 所示. A. H. 康普顿在研究生阶段就进行 X 射线的本质和原子结构的研究, 他的博士论文 (1917 年) 题目就是 "X 射线反射的强度以及原子中电子的分布". 1919 年, 他赴英国剑桥大学卡文迪什实验室学习, 进行 γ 射线的散射的实验研究, 同年回到美国即开始 X 射线散射的工作 (实际是其在英国的工作的延续和扩展), 到 1923 年发表其研究成果. 我国学者吴有训先生曾参与相关研究, 并对之作出贡献.

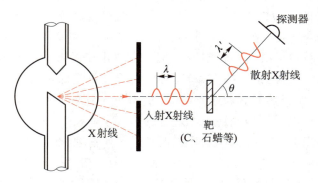

图 1.6 X 射线的康普顿散射实验装置及过程示意图

二、康普顿效应

众多实验得到的结果可以归纳为下述四条规律:

(1) 散射光中除有与原入射光波长 λ 相同的成分外, 还有较原波长更长的成分 λ', 如图 1.7 所示.

(2) $\lambda' - \lambda$ 随散射角 θ 的增大而增大, 并且 λ 成分的强度随 θ 的增大而减小, λ' 成分的强度随 θ 的增大而增大 (如图 1.7 所示).

(3) 对不同元素的散射物质, 在相同散射角下, 波长的改变量 $\lambda' - \lambda$ 相同 (如图 1.8 所示).

(4) 随散射物质原子质量的增大, 原波长 λ 成分的强度增大, λ' 成分的强度减小 (如图 1.8 所示).

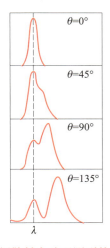

图 1.7 康普顿散射实验观测到的散射光的成分 (横坐标, 其中 λ 表示原入射光波长) 及其强度 (纵坐标, 或曲线高度) 随散射角 θ 变化的行为

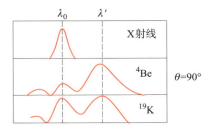

图 1.8 康普顿散射实验观测到的在一个固定散射角情况下散射光成分及其强度随靶材料变化 (图中 "X 射线" 表示没有散射靶) 的行为

1.3.2 康普顿效应的解释

一、关于康普顿效应的理论描述

X 射线波长很短, 其散射过程可以表述为形成 X 射线的光子经电子作用而散射的过程, 并可近似为图 1.9 所示的形式.

1.3.2 授课视频

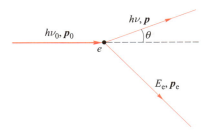

图 1.9 X 射线的康普顿散射过程示意图

假设 X 射线为光子流, 碰撞前, 电子处于静止状态, 其质量为 m_0, X 射线的频率为 ν_0, 运动方向的单位向量为 $\hat{\boldsymbol{k}}_0$; 碰撞后, 运动的电子的质量为 m, 速度为 $\boldsymbol{v}$, X

射线的频率为 ν, 运动方向的单位向量为 $\hat{\boldsymbol{k}}$; 再记光速为 c, 普朗克常量为 h, 如果能量守恒定律成立, 则有

$$h\nu_0 + m_0c^2 = h\nu + mc^2, \tag{C1}$$

如果动量守恒定律成立, 则有

$$\frac{h\nu_0}{c}\hat{\boldsymbol{k}}_0 = \frac{h\nu}{c}\hat{\boldsymbol{k}} + m\boldsymbol{v}. \tag{C2}$$

记光子的散射角 (即光子的出射方向 $\hat{\boldsymbol{k}}$ 与入射方向 $\hat{\boldsymbol{k}}_0$ 之间的夹角) 为 θ, 由 (C2) 式 (移项, 然后取平方) 得

$$(m\boldsymbol{v})^2 = \left(\frac{h\nu_0}{c}\right)^2 + \left(\frac{h\nu}{c}\right)^2 - 2\frac{h\nu_0}{c}\cdot\frac{h\nu}{c}\cos\theta,$$

即

$$m^2c^2\boldsymbol{v}^2 = h^2\nu_0^2 + h^2\nu^2 - 2h^2\nu_0\nu\cos\theta. \tag{C3}$$

由 (C1) 式得

$$mc^2 = h(\nu_0 - \nu) + m_0c^2. \tag{C4}$$

(C4) 式的平方减去 (C3) 式得

$$m^2c^4\left(1 - \frac{\boldsymbol{v}^2}{c^2}\right) = m_0^2c^4 - 2h^2\nu_0\nu(1 - \cos\theta) + 2m_0c^2h(\nu_0 - \nu). \tag{C5}$$

由狭义相对论基本原理知

$$m = \frac{m_0}{\sqrt{1 - \dfrac{v^2}{c^2}}},$$

即有

$$m^2\left(1 - \frac{v^2}{c^2}\right) = m_0^2.$$

则 (C5) 式即

$$h\nu_0\nu(1 - \cos\theta) = m_0c^2(\nu_0 - \nu).$$

记

$$\Delta\nu = \nu_0 - \nu, \quad \Delta\lambda = \lambda - \lambda_0,$$

并考虑频率与波长之间有关系 $\nu = \dfrac{c}{\lambda}$, 则上式可表示为

$$h\frac{c^2}{\lambda_0\lambda}(1 - \cos\theta) = m_0c^2\left(\frac{c}{\lambda_0} - \frac{c}{\lambda}\right) = m_0c^2\frac{c\Delta\lambda}{\lambda_0\lambda}.$$

于是, 有

$$\Delta\lambda = \frac{h}{m_0c}(1 - \cos\theta) = \frac{2h}{m_0c}\sin^2\frac{\theta}{2}. \tag{1.18}$$

显然, 上式中的 $\dfrac{h}{m_0 c}$ 是由电子的静质量、普朗克常量和真空中的光速决定的常量. 为方便, 人们称之为电子的康普顿波长 (常量), 即有

$$\frac{h}{m_0 c} = \lambda_{\mathrm{C}} = 2.43 \times 10^{-12}\ \mathrm{m} = 0.002\ 43\ \mathrm{nm}.$$

进而, (1.18) 式改写为

$$\Delta\lambda = 2\lambda_{\mathrm{C}} \sin^2 \frac{\theta}{2}.$$

由此易知, 康普顿散射中 X 射线的波长的改变量仅由电子的内禀性质和散射角决定.

二、对于康普顿效应的解释

由上述计算得到的康普顿散射中 X 射线的波长的改变量的表达式和分析讨论容易对康普顿效应给予解释.

(1) 由 $\Delta\lambda$ 的表达式可知, $\Delta\lambda = \lambda' - \lambda > 0$, 这充分表明, 散射光中除有与原入射光波长 λ 相同的成分外, 还有比原波长更长的成分 λ'.

(2) 由 $\Delta\lambda$ 的表达式可知, $\Delta\lambda = \lambda' - \lambda$ 正比于散射角 θ 的一半的正弦的平方, 在习惯的 $\theta \in [0, \pi]$ 范围内, 它显然是散射角 θ 的增函数, 即随 θ 增大而增大.

(3) 由 $\Delta\lambda$ 的表达式可知, $\Delta\lambda = \lambda' - \lambda$ 由散射角和电子的内禀性质决定, 与散射物质种类无关, 与入射光波长无关; 因此, 对于不同元素的散射物质, 在相同散射角下, 波长的改变量 $\lambda' - \lambda$ 相同.

(4) 尽管 $\Delta\lambda$ 的表达式表明康普顿散射中波长的改变量与散射物质种类无关、与入射光波长无关, 但回顾前述的计算和推导过程可知, 前述的波长改变量的表达式是在仅考虑光子与外层的一个电子作用下得到的. 对于重原子, 光子不仅与外层电子作用还与芯电子 (即内层电子) 作用 (电子的康普顿波长远小于 X 射线的波长), 与芯电子作用引起的能量转化较小, 因此随散射物质原子质量的增大, 原波长 λ 成分保留增多, 即其强度增大, 所改变的波长 λ' 的成分的强度减小.

至此, 在考虑光的量子性、狭义相对论基本原理及能量守恒定律和动量守恒定律的情况下, 人们很好地解释了康普顿效应. 但仔细比较上述结果和实验测量结果可知, 对于确定角度下散射光的成分随散射物质种类变化的行为, 按照上述理论结果, 散射光强度的分布应该仅是对应两波长的两条线, 不应该是实验得到的具有两个峰的连续的曲线. 为解决这一矛盾, 我们再回顾前述的计算和推导过程, 在计算中, 我们假设碰撞前的电子是静止的, 但事实上碰撞前后的电子都不可能是静止的, 而是具有各种运动状态, 并且电子的位置和动量之间还具有我们此后将讨论的不确定关系, 因此碰撞之后, 散射 (出射) 光中就不仅具有 λ 和 λ' 两种成分, 还具有其它各种波长成分, 所以散射光成分呈具有两个峰的连续分布.

再者, 由于前述的计算和分析仅仅是建立在能量守恒定律和动量守恒定律等基本原理上的, 没有考虑具体的光子与电子相互作用的动力学因素, 因此不能定量地严格讨论散射光子的强度随出射角变化的行为. 利用后来建立的量子电动力学 (QED), 人们可以很好地定量描述这些角分布规律.

1.3.3　康普顿效应的意义

回顾关于康普顿散射和康普顿效应的计算和分析讨论可知, 前述的计算和分析的基础是光的粒子性 (量子性)、狭义相对论给出的质能关系、能量守恒定律和动量守恒定律. 其结果与实验结果的很好符合表明, 康普顿散射和康普顿效应进一步证实了光具有粒子性 (量子性), 为爱因斯坦的狭义相对论给出的微观粒子的质能关系提供了实验事实, 还说明能量守恒定律和动量守恒定律不仅适用于宏观系统和宏观现象, 在微观粒子作用过程中, 能量守恒定律和动量守恒定律也同样成立. 鉴于康普顿散射和康普顿效应的重要学术意义, 康普顿获得了 1927 年的诺贝尔物理学奖. 此外, 康普顿效应的发现是兴趣驱动、持续探索、厚积薄发 (康普顿在大学阶段就协助其哥哥调试 X 射线光谱仪) 的一个代表, 有关理论解释又是综合分析、总结归纳、集成创新的代表.

1.4　经典物理在光的本质研究中遇到的困难

前面讨论的黑体的热辐射、光电效应及 X 射线的康普顿散射都表明, 光是一个一个不连续的能量集团形成的能量流, 即光具有微粒性, 或者说光具有粒子性 (亦即量子性). 然而, 在没有清楚知晓光的这种颗粒性 (粒子性、量子性) 的产生机理之前, 人们很难理解光的量子性. 事实上, 向前追溯, 原子光谱早已表明光具有粒子性, 只不过人们没有从这方面对之进行认真的探究. 并且, 与之相联系, 人们在探讨光的产生机理时, 经典物理也遇到了严重的本质性的困难. 下面简单介绍原子光谱的观测事实, 以及在关于光谱和光的产生机理的研究中经典物理遇到的困难.

1.4.1　原子结构的核式模型

在建立了经典电磁理论之后, 人们知道, 带电粒子运动状态发生变化时, 电磁波就辐射出来, 也就是光被产生出来. 到 19 世纪末, 关于物质结构的研究表明, 物质由分子组成, 分子由原子组成, 原子是包含带负电荷的电子和带正电荷的物质所形成的、整体呈电中性的、不能由任何化学手段分割或改变的基本单元. 根据电磁学理论 (经典物理理论), 物质材料发光应该由组成物质的原子中的带电粒子的运动状态发生变化所致. 为探讨原子发光的机制和原子光谱, 我们先讨论原子的结构.

一、原子结构的西瓜模型

1897 年, 汤姆孙 (J.J. Thomson) 完成测量阴极射线在电磁场中的轨迹的实验, 说明阴极射线的组成单元带负电荷, 并测定了这些组分单元的荷质比, 从而发现了电子 (汤姆孙因此获得了 1906 年的诺贝尔物理学奖). 1910 年, 密立根 (R. A. Millikan) 完成油滴实验, 测定了电子的电荷量 (密立根因此贡献及确认爱因斯坦关于光电效应的理论的实验工作而获得了 1923 年的诺贝尔物理学奖). 结合后来的进展, 我们知道, 自然界中存在电子, 电子是微观粒子, 它具有静质量 $m_e = 9.109\,383\,7 \times 10^{-31}$ kg $= 0.511$ MeV/c^2, 并且携带电荷量 $e = -1.602\,176\,6 \times 10^{-19}$ C.

在发现电子后不久的 1898 年, 汤姆孙就提出: 原子呈球形, 由带正电荷的物质和带负电荷的电子两部分组成, 其中的带正电荷的物质均匀分布在整个球体中, 电子分立地嵌在其中, 从而使得原子整体呈电中性. 这与西方常见的食品布丁及我国和西方都常见的西瓜中物质的分布很相似 (布丁是与我国的带葡萄干或果仁的发糕类似, 电子的分布相当于其中的葡萄干或果仁, 带正电荷的物质相当于其中发酵过的淀粉. 以西瓜来表征原子, 则其中带正电荷的物质分布相当于西瓜中的瓜瓢, 电子的分布相当于西瓜中的瓜籽), 因此这一模型常称为布丁模型, 也称为西瓜模型.

二、 原子结构的核式模型

1903 年, 莱纳德 (P. Lenard) 利用阴极射线照射物质的实验发现阴极射线可以被物质吸收, 这表明原子不是均匀地充满物质的坚实的集团, 而是十分空虚的集团 (复合粒子). 1904 年, 日本物理学家长冈半太郎就提出原子结构的行星模型, 原子中的带正电荷的物质和带负电荷的电子不是均匀混合的, 而是相互分离的, 带负电荷的电子围绕带正电荷的物质运动.

1909 年, 英国学者盖革 (H. Geiger) 和马斯登 (E. Marsden) 在利用以 $RaBr_2$ 为源产生的 α 粒子 (能量约 7 MeV) 轰击金箔等薄膜的实验 (其示意图见图 1.10) 中发现 [H. Gerger, and E. Marsden, Proc. Roy. Soc. A 82: 495 (1909)] α 粒子有 $\dfrac{1}{8\,000}$ 的概率被反射. 根据电磁学理论, 正电荷与负电荷之间的作用是相互吸引的, 因此, 带正电荷的 α 粒子被反射不可能是 α 粒子与带负电荷的电子之间的相互作用引起的, 而应该是 α 粒子与金原子中的带正电荷的物质作用所导致的.

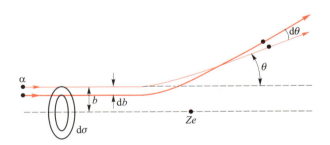

图 1.10 固定靶散射的散射截面示意图

按照汤姆孙的布丁模型, 金原子中带正电荷的物质均匀分布于原子中, 即金原子中的正电荷分布于一个球体中. 由电磁学理论可知, 与半径为 r_0 的有正电荷均匀地分布于其中的球体的球心相距为 r 的带正电荷的粒子所受的库仑排斥力有下述规律

$$F \propto \begin{cases} r, & (r < r_0), \\ \dfrac{1}{r^2}, & (r > r_0). \end{cases}$$

这表明, 越靠近金原子中心, α 粒子所受的排斥力越小, 从而不可能被 "反弹". 这一结果与实验事实显然不符. 这表明, 汤姆孙关于原子结构的布丁模型不正确.

为解决 α 粒子轰击金箔实验发现的 α 粒子可以被反弹的事实与原子结构的布丁模型不一致的矛盾, 1911 年, 卢瑟福 (E. Rutherford) 提出原子结构的有核模型: 原子中, 带正电荷的物质集中在很小的区域 ($< 10^{-14}$ m) 内, 并且原子的质量主要集中在正电荷部分, 形成原子核, 而电子则围绕着原子核运动.

按照卢瑟福的核式模型, 金原子中的带正电荷的物质形成空间线度很小的原子核, 即可以近似为电荷为正的点电荷, 其与 α 粒子之间的相互作用 (库仑排斥力) 总有

$$F \propto \frac{1}{r^2}$$

的行为. 很显然, α 粒子越靠近金原子的中心, 其所受的排斥力就越大, 从而可能被 "反弹". 并且, 因为金原子很空虚, α 粒子很靠近金原子中心的概率很小, 因此其被反弹的概率也就很小.

为定量描述散射粒子随方向变化的分布情况, 人们引入微分散射截面的概念. 其定义为: 微分散射截面

$$\frac{\mathrm{d}\sigma(\theta)}{\mathrm{d}\Omega} = \text{粒子被散射到 } \theta \text{ 方向单位立体角内的概率} \tag{1.19}$$

$$= \frac{\text{单位时间内被一个粒子散射到 } \theta \text{ 方向单位立体角内的粒子数}}{\text{单位时间内入射到单位靶面上的粒子数}}. \tag{1.20}$$

对于带电荷量分别为 $Z_1 e$、$Z_2 e$ 的两粒子的库仑散射, 在假设散射中心粒子 (例如, α 粒子轰击金箔实验中金原子的原子核) 静止 (相当于假设其质量为无穷大) 情况下, 力学计算 (具体见附录一) 表明, 入射能量为 E_k 的被散射粒子的角分布 (微分散射截面) 为

$$\frac{\mathrm{d}\sigma(\theta)}{\mathrm{d}\Omega} = \left[\frac{Z_1 Z_2 e^2}{4\pi\varepsilon_0 4 E_k} \right]^2 \frac{1}{\sin^4 \frac{\theta}{2}}.$$

实验中, 靶箔面积为 A, 厚度为 t, 单位体积内原子的数目为 N, 单位时间内有 n 个 α 粒子射到靶箔上, 记单位时间内出射到 θ 方向 $\mathrm{d}\Omega$ 立体角内的 α 粒子的数目为 $\mathrm{d}n$, 依据定义, 相应的散射截面为

$$\mathrm{d}\sigma = \frac{1}{Nt} \frac{\mathrm{d}n}{n},$$

于是有与实验测量直接相关的卢瑟福散射 (微分散射截面) 公式

$$\frac{\mathrm{d}n}{\mathrm{d}\Omega} = nNt \frac{\mathrm{d}\sigma}{\mathrm{d}\Omega} = nNt \left[\frac{Z_1 Z_2 e^2}{4\pi\varepsilon_0 4 E_k} \right]^2 \frac{1}{\sin^4 \frac{\theta}{2}}. \tag{1.21}$$

对于 α 粒子散射实验, (1.21) 式中的 $Z_1 \equiv 2$, 因此散射截面依赖于靶的厚度 t、靶原子的核电荷数 Z_2、α 粒子的入射能量 E_k 和散射角 θ. 自从该公式提出, 或者说原子的核式结构模型提出, 卢瑟福、盖革和马斯登就于 1913 年进一步进行了 α 粒子轰击金箔的实验, 之后人们进行了很多实验对前述的核式结构模型下的带电粒子被原子 (实际为原子核) 散射的微分散射截面的正确性进行检验. 一些实验结果举例如图 1.11 所示.

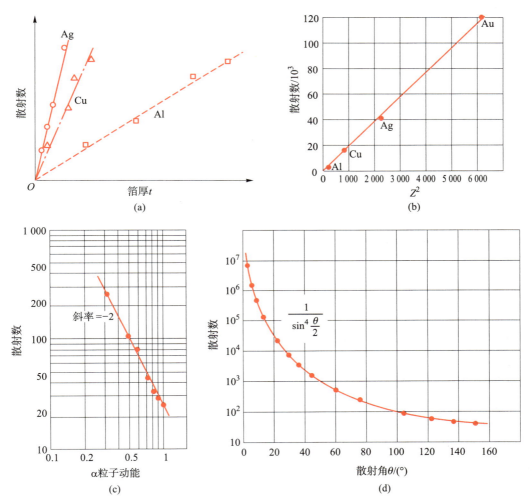

图 1.11　检验卢瑟福散射公式 (原子有核模型) 的实验观测结果举例. (a) 散射计数随靶的厚度变化的行为; (b) 散射计数随靶原子的核电荷数变化的行为; (c) 散射计数随入射能量变化的行为; (d) 散射计数随散射角变化的行为

图 1.11 所示的实验结果表明, 前述的卢瑟福散射公式的预言与实验测量结果很好地符合, 从而确立了原子结构的核式模型. 基于卢瑟福对原子结构的研究成果及对原子核的放射性的研究成果, 他获得了 1908 年的诺贝尔化学奖.

例题 1.1　原子核大小的确定 (近似).

设 α 粒子的入射动能为 E_k, 动量为 $p = \sqrt{2mE_k}$, 瞄准距离为 b, 与原子核接近到的最小距离 (即原子核的半径) 为 r_m, 此时的动量为 p_m, 由能量守恒定律知

$$E_k = \frac{p_m^2}{2m} + \frac{Z_1 Z_2 e^2}{4\pi\varepsilon_0} \cdot \frac{1}{r_m}.$$

由角动量守恒定律得

$$bp = r_m p_m.$$

记此时散射角为 θ, 由力学原理 (导出过程见附录一) 知

$$\cot\frac{\theta}{2} = 4\pi\varepsilon_0 \frac{2bE_k}{Z_1 Z_2 e^2}.$$

联立上述三式, 消去 b 和 p_m, 则得

$$r_m = \frac{Z_1 Z_2 e^2}{4\pi\varepsilon_0} \cdot \frac{1}{2E_k}\left(1 + \frac{1}{\sin\dfrac{\theta}{2}}\right).$$

1.4.2　原子光谱——光具有粒子性的另一实验事实

一、原子光谱的概念

1.4.2
授课视频

按照经典电磁理论, 原子中的电子绕原子核运动时, 由于其速度变化引起电磁辐射, 该辐射光一般包括许多不同的波长. 经分光仪器分光后, 形成一系列的谱线, 每一条谱线对应一种波长 (频率) 成分, 这种由分立的谱线形成的光谱称为 线状光谱, 也叫 原子光谱. 最简单的, 人们拿一棱镜, 即可看到太阳光 (常说的自然的白光) 实际由赤、橙、黄、绿、青、蓝、紫七种颜色的光组成, 其中的每一种光对应一个波长 (频率), 即对应一条光谱线.

实验还发现, 原子及由之形成的各种材料可以发射光, 形成 发射光谱; 也可以吸收光, 形成 吸收光谱. 因此, 原子光谱可分为发射光谱和吸收光谱两类.

二、原子光谱的实验规律

1. 原子光谱的特征

实验发现, 氢原子的光谱如图 1.12 所示. 氦原子光谱和锂原子光谱如图 1.13 所示. 这表明, 除表现更复杂外, 其它原子的光谱也具有与氢原子光谱类似的线状谱的特征.

考察实验所得的原子光谱, 它们的特征可以概括如下:

(1) 不同元素的光谱具有成分不同的线状谱.

(2) 各种元素的光谱中, 光谱线按一定规律排列, 形成线系.

例如, 早在 1885 年, 瑞士中学数学教师巴耳末通过分析太阳光谱中光谱线的波

长, 发现氢原子光谱中的一些谱线满足

$$\widetilde{\nu} = R\left[\frac{1}{2^2} - \frac{1}{n^2}\right],$$

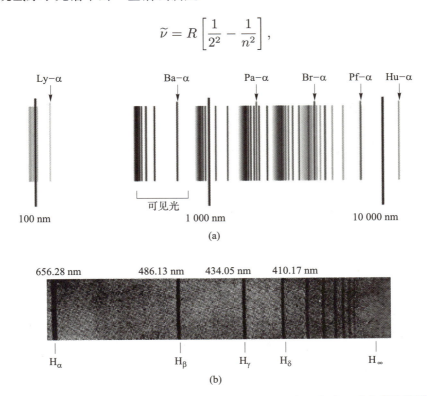

(a)

(b)

图 1.12　氢原子光谱示意图 (上半部分为整体概貌, 下半部分为巴耳末系的谱线)

其中 $\widetilde{\nu} = \dfrac{1}{\lambda} = \dfrac{\nu}{c}$ 称为波数, $n = 3, 4, 5, 6, \cdots$, R 为一常量, 并且 $R = \dfrac{4}{\lambda_0} =$ $1.096\ 775\ 8 \times 10^7$ m$^{-1}(\lambda_0 = 364.57$ nm). 该关系常被称为巴耳末公式.

后来的研究表明, 氢原子的其它光谱线的波数也满足类似的关系, 即有广义巴耳末公式

$$\widetilde{\nu} = R\left[\frac{1}{m^2} - \frac{1}{n^2}\right], \tag{1.22}$$

其中 $R = \dfrac{4}{\lambda_0} = 1.096\ 775\ 8 \times 10^7$ m^{-1} $(\lambda_0 = 364.57$ nm) 称为里德伯常量, m、n 为整数, 并且 $n > m$. m、n 不同, 形成不同的线系, 其划分规则 (依发现人的姓氏命名) 如下:

$m = 1, n = 2, 3, 4, 5, \cdots$, 称为莱曼系 (1906 年发现)；

$m = 2, n = 3, 4, 5, 6, \cdots$, 称为巴耳末系 (1885 年发现)；

$m = 3, n = 4, 5, 6, 7, \cdots$, 称为帕邢系 (1908 年发现)；

$m = 4, n = 5, 6, 7, 8, \cdots$, 称为布拉开系 (1922 年发现)；

$m = 5, n = 6, 7, 8, 9, \cdots$, 称为普丰德系 (1928 年发现)；

$\cdots\cdots\cdots\cdots$

并可由图 1.14 所示的形式展示.

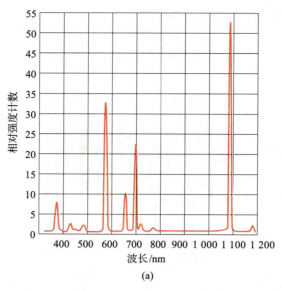

(a)

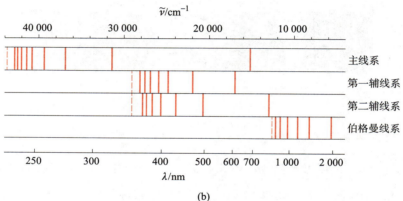

(b)

图 1.13　实验观测到的氢原子光谱 [(a), 既有不同颜色的光关于波长的分布, 又有各色光的相对强度] 和锂原子光谱 [(b), 便于分析波长分布的简化图].

2. 光谱项和里德伯–里兹组合原理

(1) 光谱项

由广义巴耳末公式 $\tilde{\nu} = R\left[\dfrac{1}{m^2} - \dfrac{1}{n^2}\right]$ 可知, 原子光谱的光谱线的波数总由两项之差决定, 即有

$$\tilde{\nu} = T(m) - T(n), \tag{1.23}$$

其中 $T(m)$、$T(n)$ 即称为光谱项. 特殊地, 氢原子的光谱项可以表示为 $T_{\mathrm{H}}(n) = \dfrac{R}{n^2}$, 碱金属的光谱项可以表示为 $T_{\mathrm{A}}(n) = \dfrac{Z^2 R_{\mathrm{A}}}{n^2}$, R_{A} 与 R 略有差异, 并也称之为 (原子 A 的) 里德伯常量.

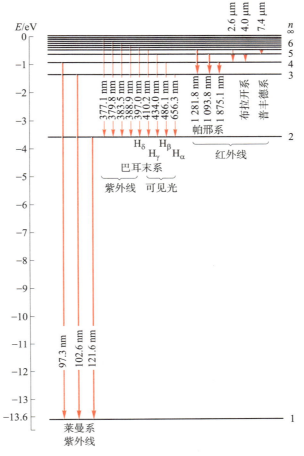

图 1.14 氢原子光谱的线系确定规则示意图

(2) 里德伯–里兹组合原理

后来的研究表明, 原子的任何两光谱项之差都给出这种原子的一条谱线的波数, 即原子光谱的波数都可以表示为 (1.23) 式所示的形式. 该规律称为 里德伯–里兹组合原理. 例如: 氢原子光谱的 α 线, $T(2) - T(3) = \tilde{\nu}(H_\alpha)$.

广义巴耳末公式和里德伯–里兹组合原理都表明, 原子的光谱线的波数都是不连续的, 也就是说原子的光谱线对应的波长 (频率) 都是不连续的. 由此可以推知, 对于一种原子, 其发出的光不是波长可以连续改变的波, 而是特殊的具有不能连续变化的波长的能量集团 (流).

1.4.3 光的本质与相应研究中经典物理遇到的困难

一、光的本质——波粒二象性

前面讨论的黑体辐射、光电效应、X 射线的康普顿散射和光谱都表明, 光是一个一个不连续的能量集团形成的能量流, 即光具有微粒性, 或者说光具有粒子性 (亦即量子性).

▶ 1.4.3
授课视频

早前的关于光的干涉、衍射和偏振的研究 [具体讨论见光学的教材或专著, 例如钟锡华《现代光学原理》(北京大学出版社), 或 M. Born 和 E. Wolf《Principles of Optics》(Pergamon, London), 等] 表明, 光具有波动性.

综合前述现象和特征我们知道, 作为一个可观测的物理实在, 光具有前述的两方面的特征和性质, 即光既具有波动性, 又具有粒子性 (量子性). 简单来讲就是, 光具有波粒二象性. 按照前述的传统的光的产生机制, 光是电磁振荡的传输, 具有波的性质, 从而光在主要与传播有关的现象中显示出其波动性; 而在与物质相互作用的过程中, 光主要表现出其不连续的能量集团形成的流的性质, 即主要显示其粒子性. 总之, 光既具有波动性, 又具有粒子性, 在不同情况下 (场合) 表现出波粒二象性的不同方面.

二、经典物理遇到的困难

前述的光的波粒二象性似乎已经全面反映了光的本质, 但物理学研究的范畴不仅包括探明是什么和怎么样的问题, 还包括研究清楚为什么有我们观测到的对象或现象. 因此, 对于我们现在讨论的光, 我们还应该关注其产生机理和具有波粒二象性的物理机制.

前述的光的产生机理是物质原子的核式结构模型和电磁学的电磁辐射理论. 按照经典电磁辐射理论, 电子绕原子核运动时, 由于其速度状态连续改变, 因此辐射出电磁波, 即发出光; 根据能量守恒定律, 辐射使得电子的能量连续减小, 于是其轨道半径减小、频率连续变化, 该辐射源频率的连续变化当然使得辐射出的电磁波 (光) 的频率连续变化, 那么实验测量到的原子光谱应该为连续谱. 这一结果显然与实际测量结果严重不符. 另一方面, 由于电子绕原子核运动的轨道半径不断减小, 电子最后将落到原子核上, 考虑原子核带正电荷、电子带负电荷的事实, 当电子落到原子核上时, 两者即会湮没, 从而原子是不稳定的. 但实验发现, 原子是稳定的, 并且是不能由任何化学手段分割或改变的.

很显然, 关于原子光谱的实验测量结果, 或者广义来讲, 在光的波粒二象性及光的产生机制的研究中, 经典物理的结论与实验观测事实之间存在严重矛盾. 也就是说, 经典物理也遇到了无法克服的困难. 因此, 必须发展新的物理理论, 至少回答光为什么是由不连续的能量集团形成的能量流 (粒子性)、物质原子为什么在辐射光之后仍然是稳定的等问题.

探讨和回答上述问题正是原子物理学的主要内容之一. 下面我们沿着历史发展进程, 先从半经典半量子的旧量子论出发对这些问题进行探讨.

1.5.1
授课视频

1.5 ___ 关于光的粒子性的机制的半经典量子理论

1.5.1 玻尔关于氢原子结构的理论

为解决前述的经典物理遇到的困难, 丹麦物理学家玻尔 (N. Bohr) 于 1913 年提出了两个基本假设, 再结合德国物理学家索末菲 (A. Sommerfeld) 通过推广普朗克的量子化条件而提出的角动量量子化条件, 建立了关于氢原子及其光谱的 (旧) 量子理论, 形式上解决了前述困难. 本节介绍关于氢原子结构及其光谱的 (旧) 量子理论.

一、 玻尔的两个基本假设

为解决前述困难, 玻尔提出了两个基本假设: 定态假设和频率假设.

1. 定态假设

经典物理在描述原子光谱时遇到的严重困难之一是原子中的电子在辐射光子之后仍然是稳定的. 为解决这一困难, 玻尔假设: 原子中的电子绕原子核运动时既不辐射也不吸收能量, 而是处于一定的能量状态, 这种状态称为定态. 原子的定态的能量不能连续取值, 只能取一些分立数值 E_1、E_2、E_3、$\cdots$, 这些分立的定态能量称为能级. 对应最低能量的状态称为基态. 其它的较高能量的状态称为激发态, 并可根据能量由低到高的顺序分别称为第一激发态、第二激发态、$\cdots\cdots$. 这些概念显然与经典物理中关于原子中的电子绕原子核运动时辐射的能量连续 (因其速度状态在连续改变) 的概念完全不同, 但在该定态假设中认定这些能量分立的状态都有确定的运动轨道.

2. 频率假设

为描述原子光谱呈线状光谱, 即光是一份一份不连续的能量集团形成的能量流的事实, 玻尔假设: 原子能量的任何变化 (包括发射或吸收电磁辐射) 都只能在两个定态间以跃迁方式进行. 原子在以 n、m 标记的两个定态之间跃迁时, 发射或吸收的电磁辐射的频率满足

$$h\nu = E_n - E_m. \tag{1.24}$$

这一能量即原子发出的光子的能量, 其中的 ν 即所发出的光的频率, n 和 m 称为量子数.

二、 玻尔关于氢原子能级和光谱的理论

下面我们在前述的量子概念下推导氢原子的能级公式和所发出的光的频率 (波数) 公式.

1. 角动量量子化

记一系统的动能为 E_k、势能为 E_p, 则系统的能量为 $E = E_k + E_p$. 对于讨论黑体辐射时我们已经讨论过的谐振子, 记作简谐振动的粒子的质量为 m、简谐振动的弹性系数为 k、处于位置 x 处的速度为 $\boldsymbol{v}$, 则

$$E = \frac{1}{2}m\boldsymbol{v}^2 + \frac{1}{2}kx^2 = \frac{\boldsymbol{p}^2}{2m} + \frac{1}{2}kx^2,$$

其中 $\boldsymbol{p} = m\boldsymbol{v}$ 为粒子的动量 (实际是低速运动的质点的动量).

很显然, 上式可以改写为

$$\frac{p^2}{2mE} + \frac{x^2}{\dfrac{2E}{k}} = 1.$$

这表明, 谐振子运动在其相空间中的轨道为一椭圆, 其长半轴和短半轴分别为 $a = \sqrt{2mE}$、$b = \sqrt{\dfrac{2E}{k}}$.

再考虑关于上述相空间轨道的回路积分, 由几何原理可知, 该回路积分的结果即椭圆的面积, 于是有

$$\oint p\,\mathrm{d}x = \pi ab = \pi\sqrt{2mE}\sqrt{\frac{2E}{k}} = 2\pi E\sqrt{\frac{m}{k}}.$$

因为与弹性系数为 k 的轻弹簧相连的质量为 m 的质点的振动频率 $\nu = \dfrac{1}{2\pi}\sqrt{\dfrac{k}{m}}$, 即 $\sqrt{\dfrac{m}{k}} = \dfrac{1}{2\pi\nu}$, 所以

$$\oint p\,\mathrm{d}x = \frac{E}{\nu}.$$

考虑能量量子化条件 $E = nh\nu$, 则得

$$\oint p\,\mathrm{d}x = nh. \tag{1.25}$$

这一关系常称为普朗克量子化条件.

索末菲进一步假设: 上述普朗克量子化条件适用于任意自由度, 对于转动, 记其角度变量为 φ, 则有

$$\oint p_\varphi\,\mathrm{d}\varphi = nh.$$

对于有心力场, 因为角动量守恒, 即 $p_\varphi = $ 常量, 于是有

$$2\pi p_\varphi = nh.$$

这表明, 对于空间转动角动量 $p_\varphi = L$, 我们有

$$L = n\frac{h}{2\pi} = n\hbar, \tag{1.26}$$

其中 $\hbar = \dfrac{h}{2\pi}$ 称为约化普朗克常量, n 常称为相应轨道的量子数. 该关系称为索末菲 (角动量) 量子化条件.

2. 能级公式

假设氢原子的原子核 (质子) 静止不动, 记电子质量为 m_e, 其绕原子核所作圆周运动的轨道半径为 r_n, 运动速率为 v_n, 由电子作圆周运动的向心力为电子与质子之间的库仑作用力, 则知

$$\frac{e^2}{4\pi\varepsilon_0 r_n^2} = m_\mathrm{e}\frac{v_n^2}{r_n}.$$

那么
$$r_n = \frac{e^2}{4\pi\varepsilon_0 m_e v_n^2}.$$

由角动量的定义 $\boldsymbol{L} = \boldsymbol{r} \times \boldsymbol{p}$ 知, 上述圆周运动的角动量的大小为
$$L = m_e v_n r_n.$$

考虑索末菲 (角动量) 量子化条件, 则得
$$m_e v_n r_n = n\hbar.$$

于是有
$$v_n = \frac{n\hbar}{m_e r_n}.$$

将之代入 r_n 的表达式, 则有
$$r_n = \frac{e^2}{4\pi\varepsilon_0 m_e \dfrac{n^2\hbar^2}{m_e^2 r_n^2}} = \frac{m_e e^2 r_n^2}{4\pi\varepsilon_0 n^2 \hbar^2}.$$

由之可得
$$r_n = n^2 \frac{4\pi\varepsilon_0 \hbar^2}{m_e e^2} = n^2 \frac{\varepsilon_0 h^2}{\pi m_e e^2}.$$

记 $a_B = r_1 = \dfrac{\varepsilon_0 h^2}{\pi m_e e^2} = 5.29 \times 10^{-11}$ m $= 0.0529$ nm, 并称之为玻尔半径 (或更严格地, 第一玻尔轨道半径), 则有
$$r_n = n^2 r_1 = n^2 a_B. \tag{1.27}$$

进而, 电子绕原子核运动的动能可以表示为
$$E_k = \frac{1}{2} m_e v_n^2 = \frac{1}{2} m_e \frac{n^2\hbar^2}{m_e^2 r_n^2} = \frac{n^2 h^2}{8\pi^2 m_e} \frac{1}{\left(\dfrac{n^2\varepsilon_0 h^2}{\pi m_e e^2}\right)^2} = \frac{m_e e^4}{8\varepsilon_0^2 n^2 h^2},$$

电子绕原子核运动时的势能为
$$E_p = -\frac{e^2}{4\pi\varepsilon_0 r_n} = -\frac{e^2}{4\pi\varepsilon_0} \cdot \frac{1}{\dfrac{n^2\varepsilon_0 h^2}{\pi m_e e^2}} = -\frac{m_e e^4}{4\varepsilon_0^2 n^2 h^2}.$$

所以, 氢原子中电子绕原子核运动的总能量为
$$E_n = E_k + E_p = -\frac{m_e e^4}{8\varepsilon_0^2 n^2 h^2}.$$

记常量组合
$$\frac{m_e e^4}{8\varepsilon_0^2 h^3 c} = R,$$

则有

$$E_n = -\frac{Rhc}{n^2}. \tag{1.28}$$

显然, 对应于确定轨道量子数 n 的状态, 氢原子的能量为小于 0 的常量, 不随电子绕原子核的运动而变化, 因此, 尽管电子绕原子核的运动是加速运动, 但氢原子是稳定的, 即处于定态.

3. 氢原子光谱

因为轨道量子数为 n 的定态的能量为

$$E_n = -\frac{Rhc}{n^2},$$

其中

$$R = \frac{m_e e^4}{8\varepsilon_0^2 h^3 c}.$$

由频率假设, 则得

$$\nu = \frac{E_n - E_m}{h} = Rc\left[\frac{1}{m^2} - \frac{1}{n^2}\right].$$

所以, 由 m 态到 n 态的跃迁产生的光的波数为

$$\widetilde{\nu} = \frac{1}{\lambda} = \frac{\nu}{c} = R\left[\frac{1}{m^2} - \frac{1}{n^2}\right]. \tag{1.29}$$

其中的 R 在玻尔理论下的结果 $R_{\text{th}} = \dfrac{m_e e^4}{8\varepsilon_0^2 h^3 c} = 109\ 737.3\ \text{cm}^{-1}$, 与实验测量结果 $R_{\text{ob}} = 109\ 677.6\ \text{cm}^{-1}$ 很好地符合, 但略有差异.

至此, 将量子化假设与经典电磁作用规律相结合的玻尔理论解决了近三十年的 "巴耳末公式之谜", 说明了由原子发出的光具有波粒二象性的物理机制. 事实上, 光的波粒二象性是其本质, 不依赖于光是否是由原子能级之间跃迁而产生, 而是普遍存在的, 以其它方式, 例如同步辐射等发出的光也具有波粒二象性.

三、 实验检验

关于玻尔的原子结构和光谱的量子理论的实验检验, 最早的, 也是最常用的, 是弗兰克–赫兹实验 (最早的弗兰克–赫兹实验于 1914 年进行).

1. 实验装置

弗兰克–赫兹实验装置的示意图如图 1.15 所示.

装置中 U_1 为加速电压, U_2 为减速电压. 实验中, 由加热的电阻丝逸出的电子经加速电压加速, 然后再经减速电压减速, 如果电子在加速阶段获得的能量不足够高, 则在减速电压的作用下, 这些电子不能到达接收端并形成电流, 即不能被电流表测量到. 显然, 电子能否克服减速电压减速而到达接收端、并由电流表测量到, 取决于其在加速阶段被加速的程度和在充有稀薄气体 (待测光谱的原子形成的气体) 的腔内运动的过程中是否有能量损失掉.

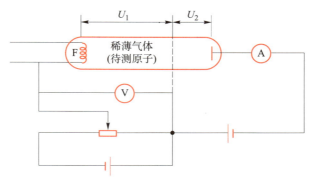

图 1.15 弗兰克-赫兹实验装置示意图

2. 实验及测量到的现象

假设由加热的电阻丝逸出的电子的速度为 0, 加速电压为 U_1, 由能量守恒定律知, 在加速电压作用下, 电子获得的动能 E_k 及定向速度 v_e 满足关系

$$E_k = \frac{1}{2} m_e v_e^2 = e U_1.$$

实验时, 先将装有可加热电阻及加速、减速电极的管子抽成真空, 考察在不同加速电压作用下, 由电流表测量穿过减速电压区到达另一侧的电子的数目 (形成的电流的强度), 对装置进行校准. 然后关掉减速电压, 并在管子中充以稀薄的待测光谱的原子形成的气体, 再考察到达另一侧的电子的数目.

对于管内充以稀薄的汞蒸气的情况, 实验观测的结果如图 1.16 所示.

考察实验测量结果可知, 在加速电压 $U_1 <$ 4.9 V 时, 即电子获得的能量 $E_k < 4.9$ eV 的情况下, 记录到的电流随加速电压 U_1 增大而单调增大. 由于加速电压 U_1 决定电子进入减速电压区时的速度的平方, 而被电流表记录下的电流强度正比于电子的数目与电子速度的乘积, 因此实验测量到的电流与加速电压 U_1 成单调增大的关系. 上述实验测量结果表明, 在 $U_1 <$ 4.9 V 的加速电压区域, 被加速的电子基本都到达收集极. 进而, 我们可以得知, 这些被加速的电子在汞原子形成的介质内运动的过程中不损失能量, 也就是说, 即使被加速的电子与汞原子之间有碰撞, 相应的碰撞为弹性碰撞.

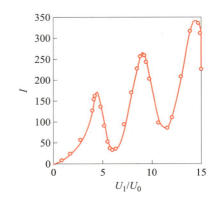

图 1.16 阴极射线管内充以稀薄汞蒸气情况下的弗兰克-赫兹实验测量结果示意图

但是, 在加速电压 $U_1 = U_0 = 4.9$ V 时, 即电子获得的能量 $E_k = 4.9$ eV 的情况下, 记录到的电流突然急剧减小, 这表明出现了明显地类似于减速电压的作用的因素, 也就是存在使电子能量突然减小的效应. 考察实验装置和过程可知, 这一能量突然减小只可能是因为电子与汞原子之间的碰撞是非弹性碰撞, 从而其能量突然被汞原子吸收所致.

在加速电压 $U_1 > U_0 (= 4.9\ \text{V})$ 时, 即电子获得的能量 $E_k > 4.9\ \text{eV}$ 的情况下, 当加速电压 U_1 不是 $U_0 (= 4.9\ \text{V})$ 的整数倍的情况下, 记录到的电流随 U_1 增大而增大; 而在 U_1 是 $U_0 (= 4.9\ \text{V})$ 的整数倍的情况下, 记录到的电流也突然减小. 这表明, 这种情况下也具有使电子能量突然减小 4.9 eV 的效应. 参照 $U_1 = U_0 = 4.9\ \text{V}$ 情况下的结果, 我们知道, 在 $U_1 > U_0$ 的情况下, 电子与汞原子之间的非弹性碰撞中损失的能量只能是 eU_0 的整数倍.

3. 结论

上述实验现象表明, 在汞原子与电子的非弹性碰撞过程中, 对于外来能量, 汞原子不是 "来者皆收", 而是仅吸收 4.9 eV 的整数倍的能量. 由于通常实验环境下, 系统的温度都很低 (即使上千 K, 其对应的能量也仅是 0.1 eV 的量级), 不足以使原子处于激发态, 那么, 按照玻耳兹曼分布律, 实验之前, 稀薄的汞蒸气中的绝大多数汞原子都处于基态; 按照能量守恒定律和共振吸收原理, 只有在汞原子具有特定能量间隔状态的情况下, 它才能吸收相应的能量. 由此知, 汞原子具有比基态能量高 4.9 eV 的第一激发态.

填充其它气体, 例如 Na、K、N 等的实验给出完全类似的结果, 并说明 Na、K、N 等的第一激发态能量分别为 2.12 eV、1.63 eV、2.1 eV 等.

这些实验结果表明: 玻尔的关于原子结构的量子理论完全正确. 基于玻尔对深化原子结构和原子光谱的贡献以及后来提出对应原理[①] 的贡献, 玻尔获得了 1922 年的诺贝尔物理学奖, 弗兰克和赫兹获得了 1925 年的诺贝尔物理学奖.

1.5.2 玻尔理论的成功与局限

一、 玻尔理论的成功

回顾玻尔理论的内容及其结果, 我们知道, 玻尔理论至少在下述三个方面取得了成功: (1) 很好地描述了氢原子光谱, 解决了 "巴耳末公式之谜"; (2) 清楚地说明了光子是不连续的能量集团的机制; (3) 把光谱学、电磁辐射、原子结构纳入一个理论框架内和谐统一地处理.

回顾玻尔理论的发展过程, 我们知道, 它源于卢瑟福的原子核式模型. 原子的核式结构 (学说) 的建立经历了由布丁模型、到原子很空虚的实验发现、到行星模型、再到 α 粒子被 (很小概率地) 反弹的实验发现、然后建立核式结构模型, 历时 (至少) 16 年 (1897—1913), 这是由兴趣驱动到发现问题、提出问题, 到实验—理论—实验循环深入系统的探究, 然后达到突破、升华的典型代表. 玻尔理论本身则是由兴趣驱动、探求真理, 到模型假设, 到实验检验, 实现 (阶段性) 突破的典型代表. 这种持之以恒、探根寻源、追求真理的科学精神和科学素养, 以及其发展过程中对于实验探究、模型假设、理论计算等科学研究方法 (大胆假设、小心求证) 的 (自觉或不自觉地) 应用都值得我们好好学习.

---

① 玻尔模型可以很好描述氢原子的光谱, 但无法定量描述其它原子的光谱, 也无法解释光谱线的强度及光的偏振现象, 为了深入探讨经典物理与前述的量子观念的关系, 玻尔于 1918 年提出对应原理 (进一步假设): 在大量子数的极限下, 量子体系的行为趋于与经典体系的行为相同.

尽管玻尔理论取得了巨大的成功, 但仍存在问题和局限, 例如: (1) 在描述光谱结构方面, 它不能描述复杂光谱; (2) 玻尔理论实际是一个把经典概念与量子假设混杂在一起的模型, 缺乏完整统一的理论体系. 因此常称之为半经典理论, 或旧量子论.

为弘扬其成功之处, 解决其存在的问题和局限, 有必要发展新的 (完整的) 量子理论.

三、 量子理论体系及其建立过程概述

1925 年, 海森伯、玻恩和约旦赋予每个物理量一个矩阵, 矩阵运算中出现普朗克常量 h, 建立了以矩阵形式表述的量子力学——矩阵力学; 解决了谐振子、转子、氢原子等的离散能级、光谱线频率和强度等问题.

1923 年, 德布罗意提出实物粒子也有波粒二象性的概念; 1926 年, 薛定谔提出描述实物粒子所对应的物质波的运动方程, 建立了以波动方程形式表示的量子力学——波动力学; 也解决了氢原子光谱等重大问题.

1926 年, 玻恩提出波函数统计诠释; 1928 年, 约旦和维格纳提出占有数表象方法 (亦称二次量子化方法) ; 从而建立了非相对论性量子力学的理论框架. 其后广泛应用, 造福人类.

再者, 1928 年, 狄拉克提出狄拉克方程, 建立相对论性量子力学; 1927—1929 年, 狄拉克提出量子电动力学 (QED) ; 1950—1960 年, 费曼提出量子力学的路径积分表述, 杨振宁和米尔斯建立量子规范场理论; 1960—1970 年, 众多物理学家共同努力建立量子色动力学 (QCD) ; 从而建立起了描述目前可见物质结构的标准模型, 并取得了很大成功.

限于课程范畴规定, 我们在附录二简要介绍非相对论性量子力学的主要内容, 为具体讨论原子及分子的结构提供理论工具.

1.6 __ 微观粒子的基本性质

1.6.1 微观粒子具有波粒二象性

一、 物质波概念的提出

▶ 1.6.1
授课视频

1923 年, 为解决玻尔旧量子论中定态假设的机制问题, 法国青年学者德布罗意 (L.V.de Broglie) 通过发展布里渊 (M. Brillouin) 关于电子与以太作用形成驻波的观点, 在其博士论文中假设 (氢) 原子中绕核运动的电子的状态直接就是驻波, 提出微观粒子的物质波的概念. 其基本内容是: 实物粒子与光一样, 既有波动性又有粒子性. 通常, 描述实物粒子性质的典型物理量是能量和动量, 描述波的性质的典型物理量是频率和波长, 与具有一定能量 E 和动量 p 的实物粒子相联系的波 (物质波)

的频率 ν 和波长 λ 分别为

$$\nu = \frac{E}{h}, \quad \lambda = \frac{h}{p}, \tag{1.30}$$

这两个公式称为德布罗意关系.

二、物质波的动力学描述

德布罗意关于氢原子中绕核运动的电子的运动状态呈驻波的假设尽管在形式上为玻尔的定态假设提供了基础, 但没有动力学基础. 为解决其动力学基础问题, 薛定谔 (E.Schrödinger) 从经典力学出发进行了系统的计算和分析, 再引入一些新的假设, 从形式上给出了 (氢原子中的电子的) 物质波的动力学描述. 薛定谔的导出过程大致如下 [具体见 E.Schrödinger, Annalen der Physik 384, 361 (1926) 等四篇论文].

对广义坐标为 $\{q_1, q_2, \cdots, q_s\}$ 的经典力学系统, 记其哈密顿特性函数为 W, 则系统的哈密顿量可以表述为

$$H = H\Big(q_1, q_2, \cdots, q_s; \frac{\partial W}{\partial q_1}, \frac{\partial W}{\partial q_2}, \cdots, \frac{\partial W}{\partial q_s}\Big).$$

对能量为 E 的保守系统, 记 $V(q_1, q_2, \cdots, q_s)$ 为质量为 m 的粒子在其中运动的势场, 系统的哈密顿–雅可比方程为

$$H = E.$$

则

$$\frac{1}{2m} \sum_{i=1}^{s} \Big(\frac{\partial W}{\partial q_i}\Big)^2 + V(q_1, q_2, \cdots, q_s) = E.$$

与统计物理中系统的熵 S 与微观态数 Ω 的关系 $S = k_B \ln \Omega$ 类比, 薛定谔假设微观粒子的哈密顿特性函数 $W = K \ln \psi$, 其中 ψ 为表征粒子运动状态的函数, K 为常量. 将之代入上式, 根据最小作用原理, 对三维有心力场情况, 有

$$\delta \int \Big\{ \frac{1}{2m} \Big[\Big(\frac{\partial \psi}{\partial x}\Big)^2 + \Big(\frac{\partial \psi}{\partial y}\Big)^2 + \Big(\frac{\partial \psi}{\partial z}\Big)^2 \Big] + \frac{1}{K^2} [V(r) - E] \psi^2 \Big\} \mathrm{d}x \mathrm{d}y \mathrm{d}z = 0.$$

经分部积分, 计算得

$$-\frac{K^2}{2m} \Big(\frac{\partial^2}{\partial x^2} + \frac{\partial^2}{\partial y^2} + \frac{\partial^2}{\partial z^2} \Big) \psi + V(x, y, z) \psi = E \psi.$$

为得到玻尔的氢原子模型的定态 (驻波) 解 {据说 [E.Bloch, Phys. Today 29, 23 (1976)] 薛定谔在做了介绍德布罗意的物质波学说的报告后, 德拜 (P.J.W.Debye) 教授对之不甚满意, 评论说, 只有在给出其动力学方程和具体解的表述情况下才算确定.}, 薛定谔指出, 上述系数 K 应为 $K = -i\hbar$. 将氢原子中电子与原子核的库仑作用势 $V = -\frac{e^2}{4\pi\varepsilon_0 r}$ 代入, 则有

$$\Big(\frac{\partial^2}{\partial x^2} + \frac{\partial^2}{\partial y^2} + \frac{\partial^2}{\partial z^2} \Big) \psi + \frac{2m}{\hbar^2} \Big(E + \frac{e^2}{4\pi\varepsilon_0 r} \Big) \psi = 0.$$

该方程是典型的振动方程 (即不考虑时间因素的波动方程), 其解自然是 (期望的) 驻波解. 这正是后来称为定态薛定谔方程的方程.

回顾这段历史可知, 定态薛定谔方程是薛定谔厚积薄发, 并由顿悟 (提出 $K = -i\hbar$) 而实现突破的结晶, 也是薛定谔变压力为动力 (时年, 薛定谔已经 38 岁, 仅是物理学界很不知名的苏黎世大学物理系教授, 缺乏学术环境以致其课题组会都要到苏黎世联邦理工大学物理系德拜课题组去开)、勤奋刻苦工作的结晶.

三、 物质波概念的实验验证

德布罗意的物质波概念和薛定谔对物质波的动力学描述表明, 实物粒子像光一样, 具有波粒二象性. 这显然是一个极其大胆的假设 (或者说, 一系列大胆的假设下的结果), 因此, 在当时及其后, 人们进行了很多实验检验其正确性.

1. 戴维森–革末实验和汤姆孙实验

显然, 为检验实物粒子的波粒二象性, 最直接的实验应该是与说明光的波动性的实验类似的实验, 但把光换为微观粒子束流. 于是, 1927 年, 戴维森和革末完成了将电子束射向单晶表面、观测其衍射现象的实验. 戴维森 – 革末实验的原理示意图如图 1.17(a) 所示.

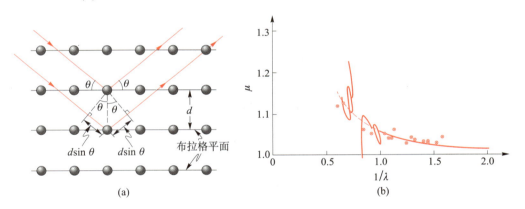

(a)   (b)

图 1.17   电子束的单晶衍射实验原理图 (a) 及以镍为靶的衍射级次与电子束的波数之间的关系 (b) (图中纵坐标与衍射级次 k 的具体关系是 $\mu^2 = k^2 \left(\dfrac{\lambda}{2d}\right)^2 + \sin^2\theta$. 图片取自 Proc. Nat. Aca. Sci. 14: 619 (1928).

对于光的单晶衍射实验, 由图 1.17(a) 可知, 与晶体表面成 θ 角入射的平行光束经晶格间距为 d 的两相邻晶格反射后, 其间的光程差为

$$\Delta L = 2d\sin\theta.$$

当该光程差为入射光的波长 λ 的整数倍时, 上述两 "光线" 同相位叠加, 出现亮的衍射斑纹, 记亮纹级次为 k, 则出现亮纹的条件为

$$d\sin\theta = k\frac{\lambda}{2}.$$

如果德布罗意的物质波假设正确, 即微观粒子具有波动性, 则以其束流代替平行光应该观测到类似于光的单晶衍射的衍射斑纹. 在德布罗意提出物质波假设不

久，德国学者 W. Elsasser 即进行了电子束射向单晶的实验，但未能观测到衍射图样. 经长期努力，到 1927 年，戴维森 (C. J. Davisson) 和革末 (L. H. Germer) 在其以电子束流代替平行光照射到镍薄膜的实验中观测到了衍射图样，实验得到的以较高置信度的数据表征的衍射级次与电子束流的波数 $\frac{1}{\lambda}$ 之间的关系如图 1.17(b) 所示. 很显然，该观测结果与光的衍射的结果完全相同. 从而为电子的波粒二象性提供了一个实验事实.

1926—1928 年，汤姆孙 (G. P. Thomson) 进行了将电子束射向赛璐珞薄膜、铂箔、金箔等，并观测其衍射现象的实验，也观测到与光的衍射实验得到的完全类似的衍射图样，如图 1.18 所示. 这也为电子的波粒二象性提供了一个实验事实. 尤其是为清楚准确地说明衍射图样来自电子束本身的衍射、而非束中电子碰撞发出的 X 射线所致，汤姆孙采用了外加磁场、考察衍射图样随电子束偏转而偏转的方案. 这种精妙的实验方案设计和严谨求真的科学精神为我们树立了榜样. 此外，考察汤姆孙本人，虽然出身名门 (J. J. 汤姆孙的独子)，但在其刚刚开始研究生阶段一年、爆发第一次世界大战之际，他即投笔从戎，参军参战，后投入直接支持战争需求的飞机稳定性和空气动力学的研究，直到战后才回到基础物理研究. 这种以国家需求为己任的精神和行动也是我们学习的楷模.

图 1.18　电子束经金属表面衍射的实验观测结果

基于德布罗意的物质波概念在揭示和描述物质粒子的性质和本质中的重要贡献，德布罗意获得了 1929 年的诺贝尔物理学奖；基于在利用实验证实德布罗意的物质波概念中的贡献，上述两实验的主要完成人戴维森和汤姆孙获得了 1937 年的诺贝尔物理学奖.

2. 电子双缝衍射实验与双棱镜实验

尽管在 20 世纪 20—30 年代即完成了一系列证明德布罗意的物质波概念的正确性的实验，但人们对于这一概念的全面检验一直在进行. 对于电子的波动性的进一步检验的典型实验是 20 世纪六七十年代进行的电子束流通过双缝衍射的实验.

对于电子的双缝衍射实验观测到的结果及其与经典情况的比较如图 1.19 所示. 更具体的分析表明，经双缝衍射后电子在后观测屏上不同位置的数目的分布如图 1.19(c) 中的曲线 n_{12} 所示. 很显然，如果电子与经典的粒子具有相同的性质，即仅有颗粒性，则电子束流经过两缝后的数目的分布 (概率) 一定是正对着缝隙的多、偏离缝隙的少, 即分别如图 1.19(b) 和 (c) 中的 n_1、n_2 所示, 整体效果一定如图 1.19(b) 中 $n_{12} = n_1 + n_2$ 所示, 呈中间分布多、偏离中间的两侧分布少的特征, 并且随偏离距离增大而单调减小. 但图 1.19(c) 所示的实验观测事实显然与电子仅具有与子弹相同的颗粒性情况下所得的结果不一致, 而是呈明显的数目多少相间的不均匀分布. 更具体地讲, 其分布与图 1.19(a) 所示的经典的波经双缝后所呈的衍射图样 (I_{12}) 完全相同.

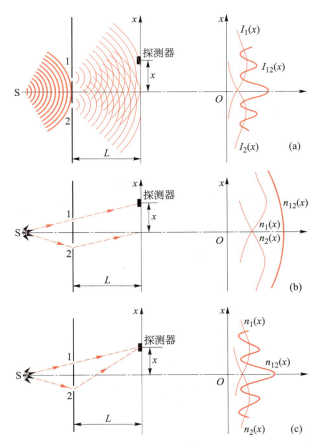

图 1.19 电子束的杨氏双缝衍射实验测量结果及其与经典的子弹和经典的波经双缝后的分布的比较: (a) 对经典的波的测量结果; (b) 对经典的子弹的测量结果; (c) 对电子束经双缝后测量的结果.

由此可知, 电子束流在传播过程中有与波完全相同的性质. 进一步说明, 电子束流经双缝后叠加的行为不是概率直接叠加, 而是波本身叠加后才确定其强度 (概率) 分布.

尽管前述实验很好地说明了电子束流具有与光一样的性质, 即具有波粒二象性, 但尚无法说明上述实验观测到的波粒二象性是 ("单个") 电子本身的波粒二象性, 因为无法排除实验结果是束流中很多电子的整体效应. 为解决这一问题, 意大利学者默里 (P. G. Merli) 等和日本学者外村彰 (A. Tonomura) 等分别于 1976 年、1989 年进行了电子束流的双棱镜干涉实验 [Am. J. Phys. 44, 306 (1976); Am. J. Phys.

57, 117 (1989)]. 显然, 如果束流极其微弱, 则可以认为一个时刻只有一个电子到达并经双棱镜作用后改变方向, 从而测量到的结果是单个电子性质的反映. 外村彰等的极弱束流入射 (各电子相距约 150 km) 之后分别在接收屏累积 10 个电子、100 个电子、3 000 个电子、20 000 个电子、70 000 个电子情况下的测量结果分别如图 1.20(a)、(b)、(c)、(d)、(e) 所示 [取自 Am. J. Phys. 57, 117 (1989)].

显然, 在实验开始后极短时间 (按电子束流品质折算, 约 0.01 s) 的测量仅测到一些离散的点 [如图 1.20(a) 所示], 说明出射电子在空间的分布不是均匀分布, 但不能说明电子具有波动性. 但经长时间后 (约 70 s) 的测量得到的却是明显强弱相间的分布 [如图 1.20(e) 所示], 并且强弱相间的分布明显具有波相干叠加形成的干涉条纹的特征. 如果单个电子没有波的性质, 则不同时刻到达接收屏的电子在屏上像前述的子弹一样 (也说明多粒子系统的状态像具有统计规律的伽尔顿板实验中的小球一样) 简单叠加, 不会出现强弱相间的分布; 只有不同时刻到达接收屏的电子都具有波的性质, 它们才能相干叠加形成强弱相间的满足波的相干叠加规律的分布. 至此, 我们得到结果: 电子本身就是粒子与波的集合体, 具有波粒二象性.

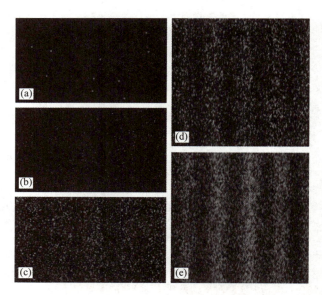

图 1.20　极弱的电子束经双棱镜干涉实验的观测结果, 其中由 (a) 到 (e) 分别是接收屏接收 10 个电子、100 个电子、3 000 个电子、20 000 个电子、70 000 个电子情况下的测量结果

3. 中子晶体衍射实验

微观粒子种类很多, 到 20 世纪 30 年代, 人们认识到的就有电子、质子、中子等. 1947 年, 津恩 (N. H. Zinn) 等把 $E_k \approx k_B T \approx 0.025\,9 \text{ eV} \left(\lambda = \dfrac{h}{p} = \dfrac{h}{\sqrt{2m_n E}} \approx 0.178 \text{ nm} \right)$ 的热中子流照射到单晶体方解石上, 观测到衍射图样. 1948 年, 沃兰 (E.O. Wollan) 和沙尔 (C.G. Shull) 等将中子束射到氯化钠、金刚石等晶体上, 观测到类似夫琅禾费衍射的花样.

这些实验表明, 中子也具有波动性.

4. 量子围栏实验

前述实验说明微观粒子具有波粒二象性, 并且粒子性与波动性之间的关系如德布罗意关系所述. 但尚未提供波动的具体模式的信息.

1993 年, 克罗米 (M.F. Crommie) 等利用扫描隧穿显微 (STM) 技术实现了对原子的操控, 结果发现, 蒸发到金属 Cu 表面上的 Fe 原子排列成圆环形的量子围栏 ($r = 7.13$ nm), 如图 1.21 所示 [取自 Science. 262, 218 (1993)].

此后的讨论将表明, 原子的状态通常由其电子组态表征. 观测到的同心圆状的驻波显然表明了 Cu 表面的电子具有波动性 (Fe 原子起到势垒的作用).

四、 物质波假设的意义

物质波假设表明微观粒子与光具有完全相同的特征, 其意义至少表现在下述两个方面.

(1) 关于实物粒子的理论可以与关于光的理论统一起来

既然实物粒子与光具有相同的特征, 即都既具有呈单个颗粒状的粒子性又具有振动在空间传播本质的波动性, 那么描述它们的性质的理论方法应该可以纳入一个框架, 也就是关于实物粒子的理论应该可以与关于光的理论统一起来.

(2) 帮助人们更自然地理解微观粒子的能量等的不连续性

由德布罗意物质波假设直接得知, 微观粒子的动量和能量分别与振动在空间传播的波长和频率对应, 那么, 微观粒子的动量、能量、角动量的量子化直接与有限空间中驻波的频率和波长的不连续性相联系, 如图 1.21 所示, 并可形象地表述为图 1.22 所示的形式.

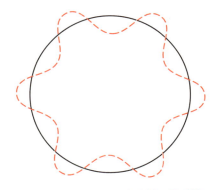

图 1.21　扫描隧穿显微镜观测到的蒸发到金属 Cu 表面上的 Fe 原子排成的圆环形的量子围栏.　　图 1.22　物质波波长的不连续性 (量子性) 的驻波示意图

记半径为 r 的圆周对应 n 个波长为 λ 的驻波的振动中心, 显然有

$$2\pi r = n\lambda, \quad (n = 1, 2, 3, \cdots)$$

于是

$$\lambda = \frac{2\pi}{n}r, \quad (n = 1, 2, 3, \cdots)$$

不能连续变化, 即量子化的.

进而, 系统的角动量的值为

$$L = rp = \frac{n\lambda}{2\pi} \cdot \frac{h}{\lambda} = \frac{nh}{2\pi} = n\hbar.$$

这表明, 角动量量子化是微观粒子与其波动性相联系的固有特征.

五、波粒二象性及其本质

德布罗意的物质波概念说明物质粒子具有波粒二象性, 即既具有粒子性又具有波动性. 究其实质, 物质粒子的粒子性是其基本性质的直观表征, 也就是其颗粒性或原子性, 具有一定的质量、电荷等内禀属性, 但其运动不具有确定的轨迹, 而具有波动性. 物质粒子的波动性也是粒子的本质的表征, 主要指粒子在传输过程中具有与波一样的可叠加性 [干涉、衍射、偏振 (在原子核物理学和粒子物理学中通常称之为"极化")], 但这种波不是经典波包, 它不能扩散. 例如, 电子在双缝衍射实验中主要呈现其波动性, 而电子在其康普顿散射实验 (即以电子轰击由较轻元素的原子形成的物质材料, 观测出射电子在空间的分布) 中主要呈现其粒子性. 因此, 物质粒子的波粒二象性指的是微观粒子的"原子性"和波的"叠加性"的统一, 即"量子粒子"和"量子波"是同一微观客体 (物理实在) 的不同侧面. 较具体地讲, 粒子的量子化使其波动性得以展现, 波的量子化使其具有粒子性. 概括来讲, 即粒子是波的量子.

1.6.2 表征粒子的物理量的值具有不确定性和不确定关系

一、微观粒子的物理量的值的不确定性

1. 实例

我们已经熟知, 经典粒子的位置 r 和动量 p 可以同时精确确定 (被测定).

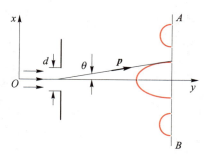

图 1.23　电子的单缝衍射实验
及其结果示意图

但是, 对于微观粒子, 由图 1.23 所示的电子的单缝衍射实验结果可知, 记该电子的德布罗意波长为 λ, 则当 $d\sin\theta = k\lambda$ 时, 即当 $\sin\theta = k\dfrac{\lambda}{d}$ 时, 出现 k 级亮斑, 这表明, 衍射狭缝宽度 d 越小, 电子束所产生的衍射图样的中心极大 ($k = 1$) 区域越大. 由于狭缝的宽度限定电子的位置, 衍射亮斑的大小表征通过狭缝后的电子的动量的范围, 那么, 上述衍射实验结果表明, 对粒子位置测量的精确度越高, 对粒子动量测量的精确度就越低; 亦即, 在测量电子状态时, 人们无法同时确定其位置和相应方向上的动量, 它们的不确定范围 Δx 和 Δp_x 不仅不同时为零, 而且其乘积有下限.

2. 具体分析

下面考察出现上述现象的原因. 我们已经知道, 微观粒子具有波粒二象性, 其动量 p 与其相应的波的波长满足德布罗意关系 $p = \dfrac{h}{\lambda}$. 我们还知道, 波长 λ 描述一个振动态在传播过程中的分布区域, 因此粒子不能像经典物理中一样被近似为点. 进而可知, 粒子的动量与其所处位形空间的关系不是"点"与"点"之间的对应, 而是"段"与"段"之间的对应, 即在描述粒子状态的相空间中, 微观粒子的相轨道不像经典粒子可以由一条曲线表征, 而应由一个柱子表征; 即使限定粒子的动量为一个确定的数值, 即在动量空间中可以近似为一个"点", 其分布相应于一条线, 粒子的相轨道也不是一条线, 而是一条带子, 带子的宽度由波长表征的"段"决定.

具体来讲, 波的传播一定有与动量对应的速度, 对周期为 τ、频率为 ν 的波, $\tau \nu = 1$, 测定一列波的性质的时间 $\Delta t \geqslant \dfrac{1}{\Delta \nu}$, 即应有 $\Delta t \Delta \nu \geqslant 1$. 对确定波速 (记之为 v) 的情况, 该时间内它传播的距离为 $\Delta x = v \Delta t$. 于是有

$$\frac{\Delta x}{v} = \Delta t \geqslant \frac{1}{\Delta \nu}.$$

考虑 $\nu = \dfrac{v}{\lambda}$, $\Delta \nu = -\dfrac{v \Delta \lambda}{\lambda^2}$, 则得

$$\Delta x \Delta \lambda \leqslant -\lambda^2.$$

考虑德布罗意关系

$$\lambda = \frac{h}{p}, \quad \Delta \lambda = -\frac{h}{p_x^2} \Delta p_x,$$

则得

$$\Delta x \Delta \lambda = -\Delta x \Delta p_x \frac{h}{p_x^2} \leqslant -\lambda^2,$$

即有

$$\Delta x \Delta p_x \geqslant \frac{(\lambda p_x)^2}{h}.$$

再考虑德布罗意关系

$$\lambda p_x = h,$$

则得

$$\Delta x \Delta p_x \geqslant h.$$

同理, 考虑能量与频率的关系 $E = h\nu$, 则得

$$\Delta E \Delta t \geqslant h.$$

例如, 一维自由运动的粒子, 如果它具有确定的动量 p_x, 即有空间波函数 $\Psi(x) = \Psi_0 \mathrm{e}^{\mathrm{i} p_x x / \hbar}$ (其中 Ψ_0 为常量), 则该粒子出现在位置 x 附近的概率密度 $|\Psi(x)|^2 = |\Psi_0|^2 = $ 常量, 不依赖于位置 x. 这表明, 如果动量 p_x 完全确定 ($\Delta p_x = 0$), 则其在任何位置附近出现的概率都相同, 即完全不确定 ($\Delta x \to \infty$).

二、不确定关系

1. 表述

海森伯 (W. Heisenberg) 发现，描述粒子的状态和性质的某些物理量不能同时准确测定，它们的不确定范围存在一定的关系，受普朗克常量 h $\left(\hbar = \dfrac{h}{2\pi}\right)$ 支配. 具体地讲：

(1) 对位置 x 和动量 p_x，它们的不确定度之间有关系

$$\Delta x \cdot \Delta p_x \geqslant \frac{\hbar}{2}. \tag{1.31}$$

近似地，即有 $\Delta x \cdot \Delta p_x \approx \hbar$ 或 $\Delta x \cdot \Delta p_x \approx h$.

(2) 对时间 t 和能量 E，它们的不确定度之间有关系

$$\Delta E \cdot \Delta t \geqslant \frac{\hbar}{2}. \tag{1.32}$$

(3) 一般来讲，对于两物理量 A 和 B，对它们测量的不确定度之间有关系（具体导出过程可参见附录二的 F2.4.1 小节）

$$\Delta A \cdot \Delta B \geqslant \frac{1}{2}|\overline{[\hat{A}, \hat{B}]}| = \frac{1}{2}|\overline{\hat{A}\hat{B} - \hat{B}\hat{A}}|, \tag{1.33}$$

其中 $[\hat{A}, \hat{B}] = \hat{A}\hat{B} - \hat{B}\hat{A}$ 称为物理量 A、B 对应的算符的对易子. 这表明，并不是任意两个物理量都不能同时准确测定，而只有 $[\hat{A}, \hat{B}] \neq 0$ 的两物理量 A、B 才不能够同时准确测定（即使这样，仍有特殊的例外）.

2. 验证

仍以电子单缝衍射实验结果为例，其衍射图样的中心极大张角 θ 满足

$$\sin\theta = \frac{\lambda}{d}.$$

由图 1.23 知，$p_x \neq 0$，且有各种数值 $p_x \in [p\sin\theta, p]$，所以 $\Delta p_x \geqslant p\sin\theta = p\dfrac{\lambda}{d}$. 由德布罗意关系知 $p = \dfrac{h}{\lambda}$，即 $p\lambda = h$，所以 $\Delta p_x \geqslant \dfrac{h}{d}$. 因为从狭缝的任何位置通过的电子都出现在衍射中，即电子的位置有不确定度 $\Delta x = d$，所以 $\Delta x \cdot \Delta p_x \geqslant d \cdot \dfrac{h}{d} = h$.

不确定关系是微观粒子波粒二象性的必然结果，反映了微观粒子的普遍性质，是量子力学的一条重要规律；不确定关系给出了微观粒子的经典描述方法的限度.

3. 应用举例

(1) 氢原子的稳定性

记氢原子的半径为 r，即氢原子中的电子的位置的不确定度为 $\Delta x \sim r$，由位置的不确定度与动量的不确定度之间的关系 $\Delta x \Delta p_x \geqslant \dfrac{\hbar}{2} \sim \hbar$ 可知，其动量的不确定度为 $\Delta p_x \geqslant \dfrac{\hbar}{2\Delta x} \cong \dfrac{\hbar}{2r}$. 由此可知，电子动量 $p \cong 2\Delta p \cong \dfrac{\hbar}{r}$.

所以电子的能量为

$$E = \frac{p^2}{2m} - \frac{e^2}{4\pi\varepsilon_0 r} \cong \frac{\hbar^2}{2m}\frac{1}{r^2} - \frac{e^2}{4\pi\varepsilon_0}\frac{1}{r}.$$

由于原子核的质量远大于电子的质量 (相差 1 836 倍), 因此通常可视之为静止, 那么上式亦即氢原子的能量.

由力学原理和热力学原理知, 系统处于稳定状态时, 其能量取得极小值. 由数学原理知, 上式表述的能量取得极值的条件为

$$\frac{\mathrm{d}E}{\mathrm{d}r} \cong -\frac{\hbar^2}{m}\frac{1}{r^3} + \frac{e^2}{4\pi\varepsilon_0}\frac{1}{r^2} = \frac{1}{r^2}\left[\frac{e^2}{4\pi\varepsilon_0} - \frac{\hbar^2}{m}\frac{1}{r}\right] = 0.$$

解之得

$$r_{\text{ext.}} = \frac{4\pi\varepsilon_0\hbar^2}{me^2}.$$

再计算 $r = r_{\text{ext.}}$ 情况下上述能量关于 r 的二阶导数可知, $\frac{\mathrm{d}^2 E}{\mathrm{d}r^2}\big|_{r=r_{\text{ext.}}} > 0$, 即上述 $r = r_{\text{ext.}}$ 确实保证前述的能量 E 取得极小值. 所以

$$E_{\min} = \frac{\hbar^2}{2m}\frac{1}{\left(\frac{4\pi\varepsilon_0\hbar^2}{me^2}\right)^2} - \frac{e^2}{4\pi\varepsilon_0}\frac{1}{\frac{4\pi\varepsilon_0\hbar^2}{me^2}} = \frac{me^4}{2\cdot(4\pi\varepsilon_0\hbar)^2} - \frac{me^4}{(4\pi\varepsilon_0\hbar)^2} = -\frac{me^4}{2\cdot(4\pi\varepsilon_0\hbar)^2}.$$

定义 $a_{\text{B}} = \frac{4\pi\varepsilon_0\hbar^2}{me^2}$, 则有

$$E_{\min} = -\frac{e^2}{8\pi\varepsilon_0 a_{\text{B}}} < 0.$$

所以, 氢原子是稳定的.

具体计算知 $a_{\text{B}} = 0.052\ 9$ nm, $E_{\min} = -13.6$ eV. 这些结果与玻尔模型给出的结果完全相同.

(2) 原子核内部不存在电子

实验发现原子核会逸出电子, 此即所谓的原子核的 β 衰变. 这样, 原子核内是否本来就存在电子就是一个基本问题, 因为它涉及原子核的组分结构等重要问题; 并且, 如果原子核内本来没有电子存在, 那么逸出的电子一定是在某个过程中产生的, 因此还涉及原子核衰变的物理过程和机制的重要问题. 这里我们从不确定关系出发对之予以简单讨论.

假设从原子核中逸出的电子本来存在于原子核内部, 记其最小动量为 $p_{\min}$, 最小动能为 $E_{\min}$, 由直观图像知, 原子核内的电子的位置不确定度为 $\Delta x \sim r$, 动量不确定度为 $\Delta p \sim p$, 那么, 由位置不确定度与动量不确定度之间的关系 $\Delta x \cdot \Delta p \geqslant \frac{\hbar}{2}$ 知, $r\Delta p \approx \frac{\hbar}{2}$, 于是有

$$p_{\min} \cong \Delta p \cong \frac{h}{2r}.$$

将中重原子核的半径最大值约 10^{-14} m [实验表明, 原子核的半径与其中的核子数目 A 之间有关系 $r = r_0 A^{1/3}$, 其中 $r_0 \approx (1.05 \sim 1.25)$ fm] 和普朗克常量 h 的值代入上式, 则得

$$p_{\min} = \frac{6.63 \times 10^{-34}}{2 \times 10^{-14}} = 3.32 \times 10^{-20} \text{ J} \cdot \text{s/m} = 0.207 \text{ eV} \cdot \text{s/m}.$$

考虑在原子核半径所限定的范围内的电子的运动速率可能很大, 由狭义相对论原理给出的物质的能量动量关系知, 对于动量为 $p_{\min}$、能量为 $E_{\min}$、静能为 E_0 的电子, 我们有

$$(E_{\min} + E_0)^2 = (p_{\min}c)^2 + E_0^2.$$

考虑电子的静能很可能远小于其最小动能, 则有

$$E_{\min} = \sqrt{(p_{\min}c)^2 + E_0^2} - E_0 \cong p_{\min}c \cong 62 \text{ MeV}.$$

与实验测量结果比较知, 该最小能量远大于实验观测到的 β 衰变释放出的电子的能量 (大多不超过 1 MeV, 具体可参见本书 7.3 节), 所以, 原子核内部本来不可能存在电子, β 衰变释放出的电子是通过核反应产生的 (具体的元过程是: n→p + e⁻ + ν̄ₑ, 其中 ν̄ₑ 为反电子型中微子).

(3) 量子态具有有限寿命

记任意一个量子态的能量的不确定度为 ΔE、时间的不确定度为 Δt, 由时间与能量间的不确定关系 $\Delta E \cdot \Delta t \geqslant \dfrac{\hbar}{2}$ 知,

$$\Delta t \geqslant \frac{\hbar}{2\Delta E}.$$

显然, 如果 $\Delta E \not\to 0$, 则 $\Delta t \not\to \infty$. 这就是说, 如果量子态的能量不取精确确定的值, 从而 $\Delta E \neq 0$, 则该量子态的寿命就不可能是无限长的.

事实上, 所有量子态的能量都具有按统计规律的分布, 即所有量子态的能量都有自然宽度 $\Delta E \neq 0$, 那么, $\Delta t \in \left[\dfrac{\hbar}{2\Delta E}, \infty\right)$ 为有限值, 所以, 一般的量子态都具有有限寿命. 只有能量精确确定 ($\Delta E = 0$) 的量子态, 才是完全稳定的.

顺便说明, 由上述关于对波的性质的测量至少需要一个周期的时间和量子态即量子化的波的讨论知, 在通常意义下, 能量与时间的不确定关系中的时间的不确定度一般指测量一个量子态所需的时间, 并不说明时间完全不确定. 但是, 如果关于时间晶体的概念 (2012 年提出) 被确立, 即时间与空间一样, 具有离散的晶体结构, 则时间的不确定度的概念需要再认真推敲.

1.6.3 微观粒子具有自旋

一、实验基础

1. 原子光谱具有精细结构

利用分辨率较高的光谱仪观测发现, 在碱金属原子的光谱线中, 原来所观测的一条谱线实际上是由两条或更多条谱线组成, 这种结构称为原子光谱的精细结构 (fine structure)[①]. 例如: 钠黄光 D 线. 利用高分辨率光谱仪观测发现, 通常所说的波长为 589.3 nm 的钠黄光 D 线实际由波长分别为 589.6 nm 和 589.0 nm 的两条谱线 D1 和 D2 组成.

2. 反常塞曼效应

紧随 1896 年塞曼发现强磁场中原子的光谱线分裂为三条的 (正常) 塞曼效应, 迈克耳孙就于次年在实验中发现, 在弱磁场中, 原子的光谱线分裂成偶数条. 例如: 在弱磁场中, 钠黄光的 D1 线 (589.6 nm) 分裂成 4 条, D2 线 (589.0 nm) 分裂成 6 条. 在当时, 这一现象完全无法解释, 因此称之为反常塞曼效应[②].

3. 施特恩–格拉赫实验

1922 年, 施特恩 (O. Stern) 和格拉赫 (W. Gerlach) 进行了使 Ag、Li、Na、K、Cu、Au 等原子束通过与束流方向垂直的不均匀磁场, 并观测出射束流的分布的实验[③], 结果发现束流都分裂为两束, 且分别分布在原束流方向的上、下两侧. 施特恩–格拉赫实验的实验装置及实验测量结果的示意图如图 1.24 所示.

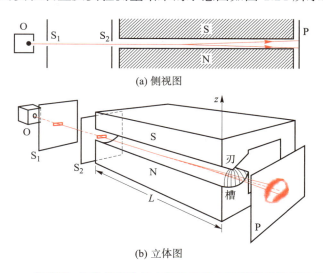

(a) 侧视图

(b) 立体图

图 1.24 施特恩–格拉赫实验的实验装置及实验测量结果的示意图

我们知道, 磁矩 $\boldsymbol{\mu}$ 与沿 z 方向的外磁场间的相互作用势为

$$U = -\boldsymbol{\mu} \cdot \boldsymbol{B} = -\mu_z B,$$

[①] 这里仅给出现象, 第四章将给予具体讨论.

[②] 这里仅给出现象, 第五章将给予具体讨论.

[③] 后来, 人们称观测粒子束通过与束流方向垂直的不均匀磁场后的偏转情况的实验都为施特恩–格拉赫实验. 较近期的综述可参见 European Physical Journal H 41: 327 (2016).

如果 $\boldsymbol{B}$ 沿 z 方向不均匀, 则该磁矩受力

$$F_z = -\frac{\partial U}{\partial z} = \mu_z \frac{\partial B}{\partial z}.$$

记原子有质量 m, 原子进入磁场时的速度为 v, 非均匀磁场的宽度为 L, 由力学原理可知, 原子在不均匀磁场方向上有加速度

$$a_z = \frac{F_z}{m} = \frac{\mu_z}{m}\frac{\partial B}{\partial z},$$

并且原子在原入射方向上不受力, 从而保持速度为 v 的匀速运动, 因此到达非均匀磁场的另一侧边缘时在非均匀磁场方向偏转的距离为

$$\Delta z = \frac{1}{2}a_z t^2 = \frac{1}{2}\frac{\mu_z}{m}\frac{\partial B}{\partial z}\left(\frac{L}{v}\right)^2.$$

实验中, m、L、v、$\frac{\partial B}{\partial z}$ 一定, 则实验观测到 Δz 有正负两个值说明 μ_z 有正负两个值.

由于产生原子束的高温炉的温度为 10^3 K 量级 (即 10^{-1} eV 量级), 由上一节的讨论可知, 原子的第一激发态的能量 (相对于基态) 为 eV 或 10 eV 的量级, 所以原子束中的原子应该都是 (至少绝大多数) 基态原子, 则实验揭示的磁矩信息为这些原子的基态的磁矩信息. 由此实验结果可知, 这些原子的基态的磁矩仅有正负两个数值.

二、 电子具有内禀自由度——自旋

1. 实验事实不可能由轨道运动引起

根据磁矩的安培电流机制, 载有电流 I 的面积为 S 的回路的磁矩为

$$\boldsymbol{\mu} = IS\boldsymbol{e}_{\mathrm{n}},$$

其中 $\boldsymbol{e}_{\mathrm{n}}$ 为回路面积的法线正方向的单位矢量.

记质量为 m、带电荷量为 q 的粒子所作周期运动的周期为 τ, 则其形成的电流为

$$I = \frac{q}{\tau}.$$

假设粒子所作周期运动的 "轨道" 为椭圆形, 则其面积为

$$S = \frac{1}{2}\int_0^{2\pi} r \cdot r\mathrm{d}\varphi = \frac{1}{2}\int_0^{\tau} r^2 \omega \mathrm{d}t = \frac{1}{2m}\int_0^{\tau} mr^2 \omega \mathrm{d}t = \frac{l}{2m}\int_0^{\tau}\mathrm{d}t = \frac{l\tau}{2m},$$

其中 mr^2 为粒子绕椭圆中心转动的转动惯量 I_{r}, $l = I_{\mathrm{r}}\omega$ 为粒子的 "轨道" 角动量. 所以, "轨道" 角动量为 l、带电荷量为 q 的粒子的 "轨道" 磁矩为

$$\boldsymbol{\mu}_l = \frac{q\boldsymbol{l}}{2m}.$$

记 $\mu_{\mathrm{B}} = \dfrac{e\hbar}{2m_{\mathrm{e}}} = 9.274\ 010\ 065\ 7(29) \times 10^{-24}\ \mathrm{J/T}$, 并称之为 玻尔磁子 (Bohr Magneton), 则粒子的 "轨道" 磁矩的量子化形式可以表述为

$$\hat{\boldsymbol{\mu}}_l = \frac{q_{\mathrm{e}}}{\hbar m_{m_{\mathrm{e}}}} \mu_{\mathrm{B}} \hat{\boldsymbol{l}},$$

其中 $m_{m_{\mathrm{e}}}$ 是以电子质量为单位的质量, q_{e} 是以正电子电荷量 e 为单位的电荷量, $\hat{\boldsymbol{l}}$ 为角动量算符.

记粒子的 "轨道" 角动量在 z 方向的投影为 $l_z = m_l\hbar$, 即角动量投影量子数为 m_l, 则粒子的 "轨道" 磁矩在 z 方向的投影为

$$\mu_z = \frac{qm_l\hbar}{2m} = \frac{q_{\mathrm{e}}m_l}{m_{m_{\mathrm{e}}}} \mu_{\mathrm{B}}.$$

施特恩–格拉赫实验中的 Ag、Li、Na、K、Cu、Au 原子都是 I 族原子, 其中基态电子的轨道运动角动量量子数 $l_o = $ 整数, 其 z 分量 m_l 有 $2l_o + 1 = $ 奇数个值, 由之引起的 z 方向磁矩都不可能为偶数个. 因此, 施特恩–格拉赫实验表明, 这些原子一定存在其它自由度, 使得它们的磁矩在 z 方向的投影有偶数个值.

2. 朗德假设

前已述及, 实验还发现, 在弱磁场中的原子的一条光谱会分裂成偶数条. 这显然也与 "轨道" 角动量 l 在 z 方向的投影值有奇数 $(2l + 1)$ 个不一致, 因此称之为反常塞曼效应. 1921 年, 为解释反常塞曼效应, 朗德提出: 角动量在 z 方向的投影量子数 (磁量子数) 不是

$$m_l = l, l-1, \cdots, 1, 0, -1, \cdots, -(l-1), -l, \quad (\text{奇数个值})$$

而应该是

$$m = l - \frac{1}{2}, l - \frac{3}{2}, \cdots, -\left(l - \frac{3}{2}\right), -\left(l - \frac{1}{2}\right). \quad (\text{偶数个值})$$

3. 泡利假设

1924 年, 泡利提出: 满壳层的电子的角动量应为零, 反常塞曼效应中的谱线分裂与原子实无关, 而只由价电子引起, 它来自 "一种特有的经典上不能描述的价电子量子论性质的二重性".

4. 乌伦贝克和古兹密特的电子自旋假设

显然, 朗德假设很突兀, 泡利假设很艰涩、绕口, 并且都不直观.

1925 年, 乌伦贝克 (G. E. Uhlenbeck) 和古兹密特 (S. A. Goudsmit) 提出: 电子不是点电荷, 它除轨道运动外, 还有自旋运动. 每个电子都具有自旋角动量 $\boldsymbol{s}$, 它

在空间任一方向上的投影 s_z 只能取两个值, 它们是 $s_z = \pm \frac{1}{2}\hbar$. 相应地, 每个电子还具有自旋磁矩 μ_s, 它与自旋角动量 s 之间的关系是

$$\boldsymbol{\mu}_s = -\frac{e}{m_e}\boldsymbol{s},$$

$$\mu_{s_z} = \pm \frac{e\hbar}{2m_e} = \pm \mu_{\mathrm{B}}. \tag{1.34}$$

为描述磁矩与相应的角动量之间的关系, 人们引入旋磁比 (gyromagnetic ratio) g 的概念. 电子自旋的旋磁比即电子的以玻尔磁子为单位的相应于单位自旋的自旋磁矩, 因为

$$\frac{\mu_{s_z}/s_z}{\mu_{\mathrm{B}}} = \frac{\pm \dfrac{e\hbar}{2m_e} \Big/ \left(\pm \dfrac{1}{2} \right)}{\dfrac{e\hbar}{2m_e}} = 2,$$

所以电子的自旋旋磁比 $g_s = 2$. 同理, 电子的轨道旋磁比为 $g_l = 1$.

5. 关于氢原子束的施特恩–格拉赫实验与电子自旋的实验证实

在当时, 关于原子结构的认识还不够深入, 上述 "满壳层电子的角动量为零" 的论断需要审慎对待. 况且, 前述实验得到的关于磁矩的信息都是 (束流中的) 原子的, 而不仅仅是电子的. 因此, 从前述实验结果尚不能直接得到电子具有自旋磁矩和自旋的结论. 为解决这一问题, 施特恩和格拉赫在 1927 年进行了氢原子束通过不均匀磁场的实验, 结果发现, 氢原子束也在不均匀磁场的方向上分裂为两束. 根据前述讨论, 氢原子的磁矩应为其组分粒子——质子和电子的磁矩之和, 即有

$$\boldsymbol{\mu}_{\mathrm{H}} = \boldsymbol{\mu}_{\mathrm{p}} + \boldsymbol{\mu}_{\mathrm{e},l} + \boldsymbol{\mu}_{\mathrm{e},s},$$

从而其 z 分量为

$$\boldsymbol{\mu}_{\mathrm{H},z} = \pm \frac{1}{m_{\mathrm{p},m_e}}\mu_{\mathrm{B}} - m_l \mu_{\mathrm{B}} \pm \mu_{\mathrm{B}},$$

其中 m_{p,m_e} 是以电子质量为单位的质子质量. 因为氢原子基态的 "轨道" 角动量量子数确定为 $l_o = 0$, 即 $m_l = 0$, 并且 $m_{\mathrm{p},m_e} = 1\,836$, 从而 $\dfrac{\mu_{\mathrm{B}}}{m_{\mathrm{p},m_e}} \ll \mu_{\mathrm{B}}$, 所以

$$\boldsymbol{\mu}_{\mathrm{H},z} \approx \boldsymbol{\mu}_{\mathrm{e},s_z},$$

也就是说, 关于氢原子的施特恩–格拉赫实验得到的氢原子磁矩的信息就是 (以很高的精度) 基态氢原子中电子的自旋磁矩的信息, 从而说明电子确实有自旋, 并且其在 z 方向上的投影为 $s_z = \pm \dfrac{\hbar}{2}$.

6. 电子自旋理论的发展

关于电子自旋的认识和描述自旋的理论的建立, 主要有下述三个阶段:

(1) 乌伦贝克和古兹密特的假设及对其本质的认识. 电子的自旋角动量和自旋磁矩是电子本身的内禀属性, 是量子性质, 不能用经典角动量来理解. 否则, 假设电

子内电荷均匀分布, 为使其自旋磁矩的值为 μ_B, 它应有巨大的电流, 从而其表面部分的电荷的速度大幅度超过真空中的光速 $(v \sim 10c)$, 与狭义相对论原理不一致.

(2) 1927 年, 泡利提出泡利矩阵理论, 把自旋概念纳入量子力学体系.

(3) 1928 年, 狄拉克创立相对论量子力学, 说明电子自旋本质上是相对论性量子效应.

回顾关于电子自旋概念的建立和理论的发展, 我们知道, 这是一个从现象中发现问题, 到提出假说, 到进一步实验检验, 再经演绎推理、建立理论 (具体见第三章的介绍), 进而实现概念突破的物理学的质的飞跃. 具体的过程实际相当曲折并耐人寻味. 在泡利提出其绕口的 "二重性" 自由度时, 美国物理学家克罗尼希 (R. L. Kronig) 就提出该二重性自由度可以看作电子绕自身的转动的角动量, 并随即与泡利讨论, 但遭到泡利的直接否定. 泡利予以否定的理由即前述的为得到能够描述实验结果相应的磁矩, 电子内靠近表面的部分的速度会达到光速的数倍. 因此, 克罗尼希没有将其假设以论文形式发表. 青年学生乌伦贝克和古兹密特独立提出自旋假说想法后, 即写成文章, 并请埃伦菲斯特教授推荐给《自然》杂志. 在等候埃伦菲斯特意见期间, 他们去找洛伦兹教授讨论, 一周之后, 洛伦兹对他们提出的观点给予与泡利对克罗尼希的观点完全相同的评价意见. 好在他们等待洛伦兹评价意见期间, 埃伦菲斯特已将论文推荐出去, 并被接收发表. 论文发表之后, 随即得到一致好评并引起强烈反响. 由此知, 这是一个由思辨推理, 到理性批判, 再到进步升华的典范, 并且经典效应和量子效应各具条件, 不能混淆.

后来的研究表明, 所有微观粒子都具有自旋自由度.

1.6.4 微观粒子具有对称性和对称性破缺 *

上一小节的讨论表明, 微观粒子具有自旋自由度, 具有不同自旋自由度的粒子的状态的分布遵循不同的统计规律, 于是人们根据微观粒子的自旋量子数的数值而将它们分为费米子和玻色子两类. 具体地, 自旋量子数为整数的粒子称为玻色子, 自旋量子数为半整数的粒子称为费米子, 有关具体讨论见第三章. 它们的状态和性质都可以由它们具有的总角动量 j 及其在 z 方向上的投影 m_j 标记的量子态的产生算符 $\hat{a}^\dagger_{jm_j}$、湮灭算符 $\hat{a}_{jm_j}$ 表征, 有关简要讨论可参见本书附录二的第 6 节结合具体实例的讨论, 较深入的讨论可参见刘玉鑫《物理学家用李群李代数》.

具体地, 对费米子, 记具有总角动量量子数 j、其在 z 方向的投影量子数为 m 的费米子产生算符和湮灭算符分别为 $\hat{a}^\dagger_{jm} = \hat{a}^\dagger_m$, $\hat{a}_{jm} = \hat{a}_m$, 由量子力学知识知 [实际即群表示约化 SO(3)⊃SO(2) 的表现], 其中的 $m = -j, -j+1, \cdots, j-1, j$, 共 $2j + 1 = 2n =$ 偶数个值, 它们满足反对易关系,

$$\{\hat{a}^\dagger_m, \hat{a}^\dagger_{m'}\} = \{\hat{a}_m, \hat{a}_{m'}\} = 0, \qquad \{\hat{a}_m, \hat{a}^\dagger_{m'}\} = \delta_{mm'}.$$

记产生算符与湮灭算符之间的组合 (乘积) 为 $\hat{a}^\dagger_m \hat{a}_{m'}$, 其中 $m, m' = -j, -j+1, \cdots, j-1, j$, $m \neq m'$, 直接计算得

$$[\hat{a}^\dagger_p \hat{a}_{p'}, \hat{a}^\dagger_q \hat{a}_{q'}] = \delta_{p'q} \hat{a}^\dagger_p \hat{a}_{q'} - \delta_{pq'} \hat{a}^\dagger_q \hat{a}_{p'}.$$

该对易关系显然与 $su(N)(N = 2j + 1 = 偶数)$ 李代数[①]的李乘积规则完全相同. 并且上述组合的数目 $2C_{2j+1}^2 = 2\dfrac{(2j+1)!}{((2j+1)-2)!2!} = 2j(2j+1)$ 与 $su(2n)$ (其中 $2n = 2j + 1 = 偶数$) 李代数的非零根的数目相同, 所以角动量为 $j =$ 半整数的费米子 (系统) 具有 $SU(2j+1)$ 群标记的对称性.

进一步计算可以证明, 上述算符的组合

$$\Xi_{mm'} = \hat{a}_m^\dagger \hat{a}_{m'} + \hat{a}_{m'}^\dagger \hat{a}_m.$$

构成 $sp(2j+1)$ 李代数, 这表明总角动量为 j 的费米子 (系统) 还具有 $SP(2j+1)$ 群标记的对称性. 由其构成单元 $\Xi_{mm'}$ 的形式知, 它们张成的空间是 $E_{mm'} = \hat{a}_m^\dagger \hat{a}_{m'}$ 张成的空间的子空间, 由此知, $sp(2j+1)$ 李代数为 $su(2j+1)$ 李代数的子代数, $SP(2j+1)$ 群为 $SU(2j+1)$ 群的子群.

由于具有确定的 j 的态具有 $SO(3)$ 对称性, 因此, 角动量为 j 的费米子 (系统) 一定具有对称性和对称性破缺, 且其对称性破缺群链可以表述为

$$U(2j+1) \supset SP(2j+1) \supset SO(3).$$

并且容易证明, 将全同费米子推广到 r 种费米子的情况, 只需将 $N = 2j + 1$ 推广到 $N = \sum_{i=1}^{r}(2j_i + 1)$, 系统仍有动力学对称性及其破缺 $U(N) \supset SP(N) \supset SO(3)$.

同理可证 (并且实际计算较费米子情况简单, 因为其产生算符、湮灭算符之间的李乘积关系原本就是对易关系, 即有 $[\hat{b}_m^\dagger, \hat{b}_{m'}^\dagger] = [\hat{b}_m, \hat{b}_{m'}] = 0, [\hat{b}_m, \hat{b}_{m'}^\dagger] = \delta_{mm'}$), 角动量为 l (整数) 的玻色子 (系统) 具有 $U(2l+1)$、$SO(2l+1)$、$SO(3)$ 对称性, 并有对称性破缺群链

$$U(2l+1) \supset SO(2l+1) \supset SO(3).$$

其中各群的无穷小生成元可以分别表述为

$$E_{mm'} = \hat{b}_m^\dagger \hat{b}_{m'}, \qquad \Xi_{mm'} = \hat{b}_m^\dagger \hat{b}_{m'} - \hat{b}_{m'}^\dagger \hat{b}_m,$$

---

① 一般而言, 对称性即系统性质在一些操作或变换下的不变性, 表征连续变换的不变性 (对称性) 的理论即李群和李代数. 李群即关于变换参数的合成函数为连续可微函数的各种变换的集合, 例如各种 n 维保模变换的集合构成 N 维幺正群, 记为 $U(N)$ 群, 其中保持变换矩阵 (以即其表示) 的行列式为 1 的幺正群称为特殊幺正群, 记为 $SU(N)$; 保持 N 维向量的各分量的平方和不变的各种变换的集合构成 N 维正交群, 记为 $O(N)$ 群, 其中保持变换矩阵 (以即其表示) 的行列式为 1 的正交群称为特殊正交群, 记为 $SO(N)$; 此外, 如果空间维数 $N = 2n$ 为偶数, 则可能还有斜交群, 亦称为辛群, 常记为 $SP(2n)$. 李代数即具有双线性、反对称性和雅可比性的线性空间. 理论研究表明, 李群的无穷小生成元构成相应的李代数. 这表明, 一个李群唯一决定一个李代数, 但一个李代数仅在同构的意义上决定一个局部李群. 例如, 三维空间转动的生成元即三个方向的角动量, 或由它们线性组合而成的 $\{L_-, L_z, L_+\}$, 它们构成一个 $so(3)$ 李代数, 附录二中会证明其代数关系. 而第三章中将要讨论表征自旋量子数为 $\dfrac{1}{2}$ 的性质的泡利矩阵构成 $su(2)$ 李代数. 事实上, N 维李代数 $su(N)$ 可以由仅一个矩阵元为 1、其它矩阵元都为 0 的 $N \times N$ 零迹矩阵 $E_{mm'}$ 构成, N 维李代数 $so(N)$ 可以由上述矩阵的线性组合 $E_{mm'} - E_{m'm}$ 构成, 而 $N(N = 偶数)$ 维李代数 $sp(N)$ 可以由 $E_{mm'}$ 与 $E_{m'm}$ 的线性组合构成, 但其中的组合系数的相对符号比较复杂.

$$\left\{ \hat{L}_0 = \sum_m m\hat{b}_m^\dagger \hat{b}_m, \hat{L}_{\pm 1} = \mp \sum_m \sqrt{\frac{(l \mp m)(l \pm m + 1)}{2}} \hat{b}_{m\pm 1}^\dagger \hat{b}_m \right\}.$$

再者, 与费米子系统相同, 由 r 种角动量分别为 l_i 的玻色子形成的多粒子系统仍有动力学对称性 $\mathrm{U}(N) \supset \mathrm{SO}(N) \supset \mathrm{SO}(3)$, 其中的 $N = \sum_{i=1}^{r}(2l_i + 1)$.

思考题与习题

1.1. 实验测量表明, 太阳光的能流密度大约为 $135\ \mathrm{J/(s \cdot m^2)}$, 试确定与太阳光线垂直放置的黑色平板的稳定温度大约为多少摄氏度.

1.2. 实验测得, 在每分钟时间内通过每平方厘米面积的地面接收到的来自太阳辐射的能量为 $8.11\ \mathrm{J}$, 太阳与地面之间的距离为 $1.5 \times 10^8\ \mathrm{km}$, 太阳直径为 $1.39 \times 10^6\ \mathrm{km}$, 太阳表面温度约 $6\,000\ \mathrm{K}$. 试由这些测量结果确定斯特藩–玻耳兹曼常量.

1.3. 一温度为 $5\,700\ ^{\circ}\mathrm{C}$ 的空腔, 壁上开有直径为 $0.10\ \mathrm{mm}$ 的小孔, 试确定通过该小孔辐射波长在 $550.0 \sim 551.0\ \mathrm{nm}$ 内的光的功率. 如果辐射是以发射光子的形式进行的, 试确定光子的发射数率.

1.4. 实验测得宇宙微波背景辐射的能量密度为 $4.8 \times 10^{-14}\ \mathrm{J/m^3}$, 试确定宇宙微波背景辐射的温度、光子数密度、平均光子能量及最大亮度的波长.

1.5. 观测表明, 天空中最亮的天狼星呈白色, 但略带蓝色, 试确定其表面温度大约为多少摄氏度.

1.6. 热核爆炸火球的初始阶段形成的火球的温度高达千万摄氏度, 试确定辐射最强的光的波长和相应光子的能量.

1.7. 试估算一位身高为 $1.80\ \mathrm{m}$ 的人 (正常体表温度大约为 $35.5\ ^{\circ}\mathrm{C}$) 在正常的舒适环境下的辐射功率.

1.8. (1.9) 式给出了黑体辐射的维恩位移定律的波长表达形式. 试给出维恩位移定律的频率表达形式.

1.9. 现在许多机场、车站、码头都设有非接触型的红外体温计, 以检测是否有高烧的病人. (1) 如果认定体温在 $39.5\ ^{\circ}\mathrm{C}$ (忽略衣服表面温度与人体温度的差异) 及以上的人为高烧病人, 试确定光敏体温计前的滤光片应该最敏感的红外线波长; (2) 如果光敏体温计也能同样检测到正常体温 (体表温度大约为 $35.5\ ^{\circ}\mathrm{C}$) 的人的频谱, 试确定该体温计检测到的体温为 $39.5\ ^{\circ}\mathrm{C}$ 的高烧病人的频谱亮度比正常体温的人的频谱亮度高出的百分率.

1.10. 正常人的眼睛能够觉察的最小光强为 $10^{-10}\ \mathrm{W/m^2}$. 假设人眼瞳孔的面积为 $0.13\ \mathrm{cm^2}$, 试问: 对于波长为 $560\ \mathrm{nm}$ 的光, 每秒有多少光子进入眼睛时就能有光感?

1.11. 假设正常人的眼睛在每秒钟内接收到 100 个波长为 $550\ \mathrm{nm}$ 的可见光光子时即有光感, 试确定与此相当的功率.

1.12. 试确定强度为 $Nh\nu$ 的单色电磁波 (其中 N 为单位时间通过单位面积的光子数, ν 为电磁波的频率, h 为普朗克常量) 照射到全反射镜面上时产生的辐射压强.

1.13. 实验测得一束单色电磁辐射的强度为 $1\ \mathrm{W/cm^2}$, 如果它来自 $1\ \mathrm{MHz}$ 的无线电波, 试确定这种情况下每立方米的空间内的平均光子数. 如果上述辐射光强来自 $10\ \mathrm{MeV}$ 的 γ 射线呢?

1.14. 试证明, 在没有物质背景的情况下, 不可能发生光电效应; 或者说, 自由电子不能发生光电效应.

1.15. 实验测得, 对一红限波长为 $600\ \mathrm{nm}$ 的光电管阴极, 某入射单色光的光电流的反向遏止电压为 $2.5\ \mathrm{V}$, 试确定这束光的波长.

1.16. 利用 Ca 阴极光电管做光电效应实验, 采用不同波长 λ 的单色光照射时, 测出相应光电流的反向遏止电压 U_a 如下表所列:

辐照光波长 λ /nm	253.6	313.2	365.0	404.7
反向遏止电压 U_a /V	1.95	0.98	0.50	0.14

试确定普朗克常量.

1.17. 实验测得, 从钠中取出一个电子所需的能量为 2.3 eV, 试确定钠表面光电效应的截止波长, 并说明采用波长为 680.0 nm 的橙黄光可否发生光电效应.

1.18. 对于感光底板, 它之所以能感光并记录下信息, 是因为底板上有受光照即可以分解出来的光敏物质分子. 实验测得, 分解出一个溴化银分子需要的最小能量约为 2 eV. 试确定可否利用溴化银照相底板在红光环境下进行拍照.

1.19. 试给出通常的康普顿散射中反冲电子的动能 E_R 与入射光子能量 $E_{\gamma,i}$ 之间的关系.

1.20. 试证明, 通常的康普顿散射中电子反冲偏离入射方向的角度 ϕ 与散射光子偏离入射方向的角度 θ 之间的关系为 $\cot \phi = \left(1 + \dfrac{h\nu}{m_e c^2}\right)\tan\dfrac{\theta}{2}$.

1.21. 在一单光子能量为 0.500 MeV 的 X 射线经可近似为静止的电子散射的实验中, 测得散射后电子获得了 0.100 MeV 的动能, 试确定散射出的 X 射线与入射的 X 射线之间的夹角.

1.22. 一个能量为 12 MeV 的光子被一自由电子散射到与原入射方向垂直的方向上时, 对该光子可测到的波长是多长?

1.23. 一个 5.00 MeV 的电子与一静止的正电子相遇后发生湮没, 产生两个光子, 其中一个光子向电子入射的方向运动, 试确定这两个光子的能量.

1.24. 在通常的康普顿散射实验中, 如果散射出的光子可以产生 (湮没为) 一对正负电子, 其最大散射角不会超过多大?

1.25. 对采用由 ^{137}Cs 得到的波长为 0.018 8 nm 的 γ 射线与自由电子的散射实验中, 在与入射方向垂直的方向测量散射光的性质, 实验测得的波长偏移为多大? 入射光在散射时损失的能量占原入射能量的比例为多大? 给予反冲电子的动能为多大?

1.26. 试讨论如何解决卢瑟福散射中朝前散射的描述的问题.

1.27. 在推导卢瑟福散射截面公式的过程中没有考虑实际材料中散射中心相互遮挡的厚度问题. 例如, 1913 年盖革和马斯登测量 α 粒子 (仍以 RaBr$_2$ 为源产生) 轰击金箔或银箔的实验中, 记录到的每分钟散射到 θ 方向的 α 粒子的计数如下:

散射角 θ	45°	75°	135°
关于 Au 箔的计数	1 435	211	43
关于 Ag 箔的计数	989	136	27.4

Au 箔的厚度为 1.86 μm, Ag 箔的厚度为 2.82 μm, 密度分别为 1.93×10^4 kg/m^3、1.05×10^4 kg/m^3. 试给出这两个实验中每一散射角处卢瑟福公式所给出计数的比值和实际计数的比值. 并讨论如何解决这一厚度问题.

1.28. 试确定, 在仅考虑库仑作用情况下, 质子以 2.0 MeV 的动能射向 Au 原子核时能够达到的最小距离; 如果考虑质子的半径为约 0.8 fm 和 Au 核半径为 8.1 fm 的有限线度的现实, 即不作点电荷近似, 以 2.0 MeV 的动能入射的质子能否与 Au 原子核接触从而发生融合反应?

1.29. 对于氢原子的能谱和光谱, 人们常引入里德伯常量进行简洁的表述, 试说明为什么利用玻尔的旧量子论 (半经典量子论) 计算得到的氢原子的里德伯常量与实验测量结果之间存在差异.

1.30. 利用能量为 12.5 eV 的电子激发基态氢原子, 受激发的氢原子向低能态跃迁时可以发出哪些波长的光谱线?

1.31. 假设一个电子可以在一半径为 R、总电荷量为 Ze 的均匀带电球内运动, 试采用玻尔理论方法计算相应于在带电球内运动的那些状态的能级.

1.32. 两个分别处于基态、第一激发态的氢原子以速率 v 相向运动, 如果原来处于基态的氢原子吸收从激发态氢原子发出的光之后刚好跃迁到第二激发态, 试确定这两个氢原子相向运动的速率 v.

1.33. 已知氢原子基态的能量为 -13.6 eV, 试计算氢原子光谱的莱曼系、巴耳末系、帕邢系中的长波极限波长 λ_{ll}^L、λ_{ll}^B、λ_{ll}^P 及短波极限波长 λ_{sl}^L、λ_{sl}^B、λ_{sl}^P 分别为多长.

1.34. 试确定氢原子光谱中位于可见光区的那些谱线的波长.

1.35. 实验测得, 氢原子光谱的巴耳末系的最短波长为 365 nm, 试确定氢原子的电离能.

1.36. 当氢原子跃迁到激发能为 10.19 eV 的状态时, 发出一个波长为 489 nm 的光子, 试确定氢原子所处初态的结合能.

1.37. 静止氢原子从第一激发态向基态跃迁发射一个光子, 试确定这个氢原子获得的反冲速度及反冲能与所发出光子能量的比值.

1.38. 电子射入室温下的氢原子气体, 如果观测到了 H_α 线, 试确定入射电子的最小动能.

1.39. 一运动电子与一个静止的基态氢原子发生完全非弹性的对心碰撞, 结果使得氢原子发射出一个光子, 试确定运动电子的速度至少为多大.

1.40. 我们知道, 玻尔关于氢原子的理论的原始出发点是库仑场中运动粒子的经典力学描述方案, 没有考虑电子高速运动的相对论性效应. 索末菲最早考虑了相对论性修正对氢原子能级的贡献. 试证明, 在考虑了相对论性修正情况下, 玻尔理论结果中主量子数为 n 的能级修正为

$$E_n = -\frac{1}{2} m_0 c^2 \left(\frac{Z\alpha}{n}\right)^2 \left[1 + \frac{1}{4}\left(\frac{Z\alpha}{n}\right)^2\right],$$

其中 m_0 为电子的静质量, Z 为原子核的核电荷数, c 为真空中的光速, $\alpha = \dfrac{e^2}{4\pi\varepsilon_0 \hbar c}$ (常称为精细结构常数, 是在电磁作用中至关重要的特征量).

1.41. 对能量分别为 1 eV、100 eV、1 keV、1 MeV、12 GeV 的电子, 试确定其德布罗意波长和频率. 对镍晶体, 实验测得其晶格间距为 0.215 nm, 试确定上述哪些能量的电子可在镍晶体上发生显著的衍射; 对确定的 $30°$ 衍射角呢?

1.42. 对波长均为 0.4 nm 的光子和电子, 试确定光子的动量与电子的动量的比值以及光子的动能与电子的动能的比值.

1.43. 如果一电子的动能等于其静能, 试确定该电子的速率和德布罗意波长.

1.44. 将核反应堆产生的热中子窄束投射到晶格间距为 0.16 nm 的晶体上, 试确定能量分别为 2 eV、10 eV 的中子被强烈衍射的布拉格角.

1.45. 在一热中子束经晶体衍射的实验中, 测得一级极大出现在与晶面成 $30°$ 附近. 如果晶体的晶格间距为 0.18 nm, 试确定热中子的能量.

1.46. 在一电子单缝衍射实验中, 如果所用电子的德布罗意波长为 10 μm, 狭缝的宽度为 100 μm, 试确定狭缝衍射引起的电子束的角展宽.

1.47. 试证明: 运动速度为 v 的微观粒子的德布罗意波长与其康普顿波长的比值为 $\sqrt{\left(\dfrac{c}{v}\right)^2 - 1}$, 其中 c 为真空中的光速; 也可以由其总能量 E 和静能 E_0 表示为 $\left(\sqrt{\left(\dfrac{E}{E_0}\right)^2 - 1}\right)^{-1}$. 并请说明电子的动能为何值时, 其德布罗意波长等于其康普顿波长.

1.48. 电子显微镜中所用的加速电压一般都很高，因此加速后的电子的速度很大，从而应该考虑相对论效应. 试证明：电子的德布罗意波长与加速电压之间的关系可以表示为 $\lambda = \frac{1.226}{\sqrt{V_r}}$，其中 $V_r = V\left(1 + 0.978 \times 10^{-6}\right)$ 为电子的相对论修正电压，加速电压 V 的单位为 V，波长 λ 的单位为 nm.

1.49. 在以粒子作为探针的测量中，探测粒子必须总小于 (至少要小到 1/10) 被测物体，否则被测物体的位置和速度都会受到显著的影响. 现拟分别采用光子束、电子束、质子束、中子束作为探针测量一直径为 10 fm 的原子核，试确定这些可作为探针的粒子的最小能量.

1.50. 测量一质子在 x 方向的速度的精度为 10^{-7} m/s，试确定同时测量该质子在 x 方向和 y 方向位置的精度. 如果将上述的质子换为电子呢？

1.51. 已知一设备测量电子位置的不确定度为 0.01 nm，现测量电子能量为约 1 keV，试确定该能量测量的不确定度. 对于半径为约 5 fm 的原子核内的能量约为 2 MeV 的质子，测量其能量的不确定度为多大.

1.52. 一原子激发态发射波长为 600 nm 的光谱线，测量时测得波长的精度为 $\frac{\Delta\lambda}{\lambda} = 10^{-7}$，试确定该原子态的寿命为多长.

1.53. 本章第 4 节讨论 α 粒子与金箔的散射时采用的是经典模型，即散射的角分布由质量为 m 带电荷量为 Z_1e 的粒子与带电荷量为 Z_2e 的固定靶之间按经典电磁作用散射后的轨迹决定. 但事实上，这些粒子都是微观粒子，记入射粒子的速率为 v，试确定上述经典描述方案成立的条件.

1.54. 试采用简单方法估算一维线性谐振子势场中运动的粒子的最低能量.

1.55. 测量一原子核的能量的不确定度为 33 keV，试确定原子核处于这一能量状态的寿命.

1.56. 利用高能粒子轰击原子核是常用的研究原子核组分物质分布、内部结构和其它性质的方法. 实验测得利用 C 原子核轰击 ^{11}Li 原子核的碎片产物的横向动量分布如习题 1.56 图中的带误差棒的圆点所示，实线为对实验数据拟合出的曲线；轰击 ^{9}Li 时得到的碎片产物的横向动量分布如习题 1.56 图中的虚线所示. 作为一位研修物理学的同学，试从这些实验结果，分析 ^{11}Li 和 ^{9}Li 的性质有多大差异.

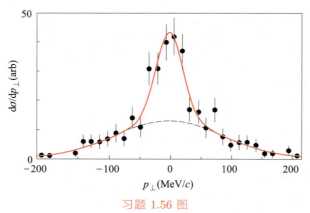

习题 1.56 图

1.57. 试就我们常用的约 1 kg 重的笔记本电脑，估算其能达到的运算速度极限.

1.58. 位于美国新泽西州的杰弗逊国家实验室研究核子结构的 CEBAF 计划中，拟采用电子束在中子上的散射来研究中子内部的电荷分布，假设中子的半径为 0.8 fm，试确定所用电子的入射动能至少应该为多少？

1.59. 由于微观粒子具有波粒二象性，当粒子相应的波有较大重叠时，我们称粒子间有很强的关联. 但是，当粒子的线度 (或占据的空间的长度) 小于其位置的不确定度时，我们称这些粒子处于简并状态, 使粒子处于简并状态的温度称为系统的简并温度. 对于分别由质量为 m 的非相对论性粒子和由极端相对论性粒子形成的温度为 T、数密度为 n 的理想气体系统, 记这两种情况下粒子的平均能量分别为 $\frac{3}{2}k_B T$、$3k_B T$, 其中 k_B 为玻耳兹曼常量, 试分别给出这两种理想气体的简并温度.

1.60. 在一个施特恩–格拉赫实验中, 处于基态的窄氢原子束通过与束流方向垂直的不均匀磁场后射到接收屏上, 不均匀磁场 (磁极) 的宽度为 10 cm, 磁极中心到屏的距离为 25 cm, 如果氢原子的速率为 1 200 m/s, 为使屏上接收到的氢原子束的分裂间距为 2.0 mm, 磁感应强度的梯度应为多大.

1.61. 在一个施特恩–格拉赫实验中, 横向磁场的不均匀梯度为 $\frac{\partial B_z}{\partial z} = 5.0$ T/cm, 磁极的纵向宽度为 10 cm, 磁极中心到屏的距离为 30 cm, 如果入射的是处于基态 $^4\mathrm{F}_{3/2}$ 的钒原子束, 入射原子的动能为 50 MeV, 试确定屏上接收到的线束边缘成分之间的距离.

1.62. 在一个施特恩–格拉赫实验中, 原子态的氢从温度为 400 K 的炉中射出, 在接收屏上接收到两条束线, 其间的间距为 0.60 cm. 若把氢原子换为氯原子 (基态为 $^2\mathrm{P}_{3/2}$), 其它实验条件不变, 那么, 接收屏上可以接收到几条氯束线? 其中相邻两束的间距为多大?

1.63. 在一个施特恩–格拉赫实验中, 磁体的宽度为 0.2 m, 与束流垂直的方向上的磁场梯度为 1.5 T/m, 原子束中原子的平均速率为 800 m/s. (1) 如果探测器置于垂直于磁场方向、且紧靠磁场的边缘 (即对刚出磁体时的原子束进行测量), 那么测量原子束分裂的探测器的空间分辨率至少是多少微米 (已知原子的质量为 5.0×10^{-27} kg, 原子的磁矩为三个玻尔磁子)? (2) 如果实验测量到从磁场中出射的原子束分裂为四束 (入射方向上下各两束), 试说明这类原子的自旋为多大.

1.64. 一个梯度为 $\mathrm{d}B/\mathrm{d}z$ 的非均匀磁场 B 作用在一磁矩 μ 上的力为 $F = \pm \mu(\mathrm{d}B/\mathrm{d}z)$. 假定在某一区域中梯度为 1.5×10^2 T·m^{-1}, 试确定电子由于其自旋磁矩而受到的力. 如果一个氢原子以速度 10^5 m·s^{-1} 沿垂直于这个场的方向移动 1.00 m, 试确定其在磁场方向的位移.

1.65. 一束平均速度为 7×10^2 m·s^{-1} 的银原子通过一 0.1 m 宽的非均匀磁场. 在垂直于原子运动的方向上, 该磁场的梯度为 3×10^2 T·m^{-1}, 假定每个原子的净磁矩为 1 玻尔磁子, 试确定从磁场区域中出来的两原子束的最大距离.

1.66. 施特恩–格拉赫实验是典型的测量原子 (气体化的物质) 的自旋的实验. 试设计一个可以测量凝聚态物质中原子的自旋的实验装置.

1.67. 试确定强度为 1.2 T 的均匀磁场中自旋方向平行于磁场与反平行于磁场的电子的能量差异.

第二章

氢原子和类氢离子的性质与结构

数字资源

2.0
授课视频

通常的认知过程都是由简单到复杂. 氢原子和类氢离子是最简单的由电磁作用形成的量子束缚体系. 本章简要介绍对氢原子和类氢离子进行研究的基本方法和氢原子及类氢离子的性质和结构的概要. 主要内容包括:

- 有心力场中的粒子
- 氢原子的能级和能量本征函数
- 氢原子和类氢离子的结构与性质

2.1.1
授课视频

2.1 有心力场中的粒子

相互作用力沿径向方向的力场称为有心力场. 也就是说, 相互作用势为仅与径向距离有关、与方向无关的势场. 记相互作用势为 $U(r)$, 则有心力场为

$$U(\boldsymbol{r}) = U(r),$$

的力场, 因为它所对应的力为

$$\boldsymbol{F} = -\nabla U = -\boldsymbol{e}_r \frac{\partial}{\partial r} U(r).$$

其中 $\boldsymbol{e}_r$ 为径向方向的单位矢量.

2.1.1 有心力场中运动的粒子的可测量量完全集

附录二关于量子力学的基本原理的讨论表明, 为了完整描述一个微观系统的量子态, 我们需要可测量量完全集决定的物理量的量子数, 其数目与系统的自由度数目相同. 在有心力场中运动的单粒子系统是最简单的有心力场系统, 因此, 我们先讨论有心力场中运动的粒子的可测量量完全集.

一、有心力场中运动的粒子的哈密顿量

记粒子的质量为 m, 有心力场为 $U(r)$, 则

$$\hat{H} = \frac{\hat{\boldsymbol{p}}^2}{2m} + U(\boldsymbol{r}) = -\frac{\hbar^2}{2m}\nabla^2 + U(r).$$

由于 $U(r)$ 不显含时间, $\dfrac{\mathrm{d}E}{\mathrm{d}t} = \dfrac{\mathrm{d}\overline{\hat{H}}}{\mathrm{d}t} = \dfrac{\overline{\partial \hat{H}}}{\partial t} + \dfrac{1}{\mathrm{i}\hbar}\overline{\left[\hat{H},\,\hat{H}\right]} = 0$, 因此系统的哈密顿量是一个守恒量 (即一个确定量子态的能量是守恒量), 可以作为描述有心力场中运动粒子的量子态的一个物理量.

二、一些对易关系及守恒量

附录二已经讨论过, 角动量算符不显含时间, 并且对角动量的任一分量 $\hat{L}_\alpha$, 都有

$$\left[\hat{L}_\alpha,\,\hat{\boldsymbol{p}}^2\right] = \left[\hat{L}_\alpha,\,\hat{p}_\alpha^2\right] + \left[\hat{L}_\alpha,\,\hat{p}_\beta^2\right] + \left[\hat{L}_\alpha,\,\hat{p}_\gamma^2\right] = 0,$$

$$\left[\hat{L}_\alpha, U(r)\right] = 0,$$

所以,

$$\left[\hat{L}_\alpha, \hat{H}\right] = 0,$$

$$\left[\hat{\boldsymbol{L}}^2, \hat{H}\right] = 0.$$

由此可知, 有心力场中运动粒子的角动量及其任一分量都是守恒量.

三、 可测量量完全集

我们知道, 通常的位形空间是三维空间, 因此有心力场中运动的粒子有三个自由度 $\{r, \theta, \varphi\}$, 则描述其状态的可测量量完全集应包含三个物理量. 上述讨论表明, 有心力场中运动的粒子的哈密顿量 $\hat{H}$、角动量的平方 $\hat{\boldsymbol{L}}^2$ 和角动量的任一分量 $\hat{L}_\alpha$ 是有心力场中运动的粒子的守恒量, 由它们可以构成有心力场中运动粒子的可测量量完全集. 因此, 有心力场中运动粒子的可测量量完全集通常取为 $\{\hat{H}, \hat{\boldsymbol{L}}^2, \hat{L}_z\}$.

2.1.2 径向本征方程

▶ 2.1.2
授课视频

一、 定态薛定谔方程

因为有心力场中运动粒子的哈密顿量为

$$\hat{H} = -\frac{\hbar^2}{2m}\nabla^2 + U(r),$$

其中的 ∇^2 在球坐标系中表述为

$$\nabla^2 = \frac{1}{r^2}\frac{\partial}{\partial r}r^2\frac{\partial}{\partial r} + \frac{1}{r^2}\left[\frac{1}{\sin\theta}\frac{\partial}{\partial\theta}\left(\sin\theta\frac{\partial}{\partial\theta}\right) + \frac{1}{\sin^2\theta}\frac{\partial^2}{\partial\varphi^2}\right] = \frac{1}{r}\frac{\partial^2}{\partial r^2}r - \frac{\hat{\boldsymbol{L}}^2}{\hbar^2 r^2},$$

记有心力场中运动粒子的波函数为 $\psi(r, \theta, \varphi)$, 代入一般形式的定态薛定谔方程, 则有心力场中运动粒子的定态薛定谔方程可以表述为

$$\left[-\frac{\hbar^2}{2m}\frac{1}{r}\frac{\partial^2}{\partial r^2}r + \frac{\hat{\boldsymbol{L}}^2}{2mr^2} + U(r)\right]\psi(r, \theta, \varphi) = E\psi(r, \theta, \varphi). \tag{2.1}$$

由于上述哈密顿量中的 $\dfrac{\hat{\boldsymbol{L}}^2}{2mr^2} = \dfrac{\hat{\boldsymbol{L}}^2}{2I}$ 为离心势能 V_C, 其期望值为 $\langle V_C\rangle = \left\langle\dfrac{\hat{\boldsymbol{L}}^2}{2I}\right\rangle = \dfrac{\langle\hat{\boldsymbol{L}}^2\rangle}{2I} = \dfrac{l(l+1)\hbar^2}{2I}$, 其中 I 为转动惯量, 显然 l 越大, $\langle V_C\rangle$ 越大, 因此有心力场中运动粒子的基态的角动量 $l_g \equiv 0$.

二、 径向方程

因为体系的可测量量完全集为 $\{\hat{H}, \hat{\boldsymbol{L}}^2, \hat{L}_z\}$, 并且其中的 $\{\hat{\boldsymbol{L}}^2, \hat{L}_z\}$ 有共同本征函数 $Y_{l,m_l}(\theta, \varphi)$, 则可设粒子的波函数 $\psi(r, \theta, \varphi) = R(r)Y_{l,m_l}(\theta, \varphi)$, 经计算, 并利用附录二中得到的一些结论, 则有

$$\hat{\boldsymbol{L}}^2 Y_{l,m_l}(\theta, \varphi) = l(l+1)\hbar^2 Y_{l,m_l}(\theta, \varphi),$$

$$\hat{L}_z Y_{l,m_l}(\theta, \varphi) = m_l \hbar Y_{l,m_l}(\theta, \varphi).$$

并有能量本征方程

$$\left[-\frac{\hbar^2}{2m} \frac{1}{r} \frac{\partial^2}{\partial r^2} r + \frac{l(l+1)\hbar^2}{2mr^2} + U(r) \right] R(r) = ER(r).$$

移项则得

$$\left\{ \frac{1}{r} \frac{\partial^2}{\partial r^2} r + \frac{2m}{\hbar^2} [E - U(r)] - \frac{l(l+1)}{r^2} \right\} R(r) = 0. \tag{2.2}$$

记 $R(r) = \chi(r)/r$, 亦即有 $rR(r) = \chi(r)$, 则上式化为

$$\frac{\partial^2}{\partial r^2} \chi(r) + \left\{ \frac{2m}{\hbar^2} [E - U(r)] - \frac{l(l+1)}{r^2} \right\} \chi(r) = 0. \tag{2.3}$$

此即有心力场中运动粒子的 径向方程.

2.2___氢原子的能级和能量本征函数

2.2.1 径向方程的质心运动与相对运动的分离

2.2.1 ◀
授课视频

我们已经知道, 氢原子是由一个原子核 (一个质子) 与一个电子形成的束缚态, 相应的问题是一个典型的两体问题.

记质子、电子的质量分别为 m_1、m_2, 其位置分别记为 $\boldsymbol{r}_1$、$\boldsymbol{r}_2$, 相互作用势为 $U(|\boldsymbol{r}_1 - \boldsymbol{r}_2|)$, 则有两体薛定谔方程

$$\left[-\frac{\hbar^2}{2m_1} \nabla_1^2 - \frac{\hbar^2}{2m_2} \nabla_2^2 + U(|\boldsymbol{r}_1 - \boldsymbol{r}_2|) \right] \psi(\boldsymbol{r}_1, \boldsymbol{r}_2) = E_t \psi(\boldsymbol{r}_1, \boldsymbol{r}_2). \tag{2.4}$$

与经典力学中类似, 定义该两体系统的质心坐标 $\boldsymbol{R}$、相对坐标 $\boldsymbol{r}$、质心质量 m_0、约化质量 (亦称为折合质量) μ 分别为

$$\boldsymbol{R} = \frac{m_1 \boldsymbol{r}_1 + m_2 \boldsymbol{r}_2}{m_1 + m_2}, \quad \boldsymbol{r} = \boldsymbol{r}_1 - \boldsymbol{r}_2, \quad m_0 = m_1 + m_2, \quad \mu = \frac{m_1 m_2}{m_1 + m_2}, \tag{2.5}$$

容易解得

$$\boldsymbol{r}_1 = \frac{m_0 \boldsymbol{R} + m_2 \boldsymbol{r}}{m_0}, \quad \boldsymbol{r}_2 = \frac{m_0 \boldsymbol{R} - m_1 \boldsymbol{r}}{m_0}.$$

则

$$\frac{1}{m_1} \nabla_1^2 + \frac{1}{m_2} \nabla_2^2 = \frac{1}{m_0} \nabla_R^2 + \frac{1}{\mu} \nabla_r^2.$$

于是, 前述的关于氢原子的两体薛定谔方程可以改写为

$$\left[-\frac{\hbar^2}{2m_0} \nabla_R^2 - \frac{\hbar^2}{2\mu} \nabla_r^2 + U(r) \right] \psi(\boldsymbol{R}, \boldsymbol{r}) = E_t \psi(\boldsymbol{R}, \boldsymbol{r}).$$

记 $\psi(\boldsymbol{R}, \boldsymbol{r}) = \phi(\boldsymbol{R})\psi(\boldsymbol{r})$, $E = E_t - E_c$, 则上式化为质心运动与相对运动分离的薛定谔方程

$$-\frac{\hbar^2}{2m_0}\nabla_R^2 \phi(\boldsymbol{R}) = E_c\phi(\boldsymbol{R}),$$

$$\left[-\frac{\hbar^2}{2\mu}\nabla_r^2 + U(r)\right]\psi(\boldsymbol{r}) = E\psi(\boldsymbol{r}).$$

(2.6)

对氢原子, $m_1 = m_\mathrm{p}$, $m_2 = m_\mathrm{e}$, 因为 $m_\mathrm{p} = 1\,836\,m_\mathrm{e}$, 则 $m_0 \cong m_\mathrm{p}$, $\mu \cong m_\mathrm{e}$, 从而质心运动状态 $\phi(\boldsymbol{R})$ 可以由原子核 (质子) 的运动状态近似表述. 由其运动方程的表述形式可知, 它可以由自由粒子的状态来表述. 并且, 相对运动的状态 $\psi(\boldsymbol{r})$ 可以由有心力场 $U(\boldsymbol{r}) = U(r)$ 中运动的电子的状态来表述. 求解相应的薛定谔方程即可确定氢原子中电子的能级 $E = E_t - E_c$, 通常简称之为氢原子的能级.

2.2.2　氢原子的径向方程与能量本征值

一、径向方程及其无量纲化

因为氢原子中原子核 (质子) 与电子间的相互作用是带电荷量分别为 e、$-e$ 的两电荷间的库仑相互作用, 即有 $U(r) = -\dfrac{e^2}{4\pi\varepsilon_0 r}$, 记 $e_s^2 = \dfrac{e^2}{4\pi\varepsilon_0}$, 则有径向方程

$$\chi''(r) + \left[\frac{2\mu}{\hbar}\left(E + \frac{e_s^2}{r}\right) - \frac{l(l+1)}{r^2}\right]\chi(r) = 0.$$

(2.7)

定义 $\rho = \dfrac{r}{a_\mathrm{B}}$, 其中 $a_\mathrm{B} = \dfrac{\hbar^2}{\mu e_s^2} = 0.529 \times 10^{-10}$ m $= 0.052\,9$ nm, $\varepsilon = \dfrac{E}{2E_I}$, 其中 $E_I = \dfrac{\mu e_s^4}{2\hbar^2} = \dfrac{e_s^2}{2a_\mathrm{B}} = 13.60$ eV, 则上式化为

$$\frac{\mathrm{d}^2}{\mathrm{d}\rho^2}\chi(\rho) + \left[2\varepsilon + \frac{2}{\rho} - \frac{l(l+1)}{\rho^2}\right]\chi(\rho) = 0.$$

(2.8)

此即无量纲化的氢原子中电子的 (严格来讲, 氢原子中相对运动的) 径向方程.

二、渐近行为

我们知道, 氢原子中运动的电子有两种极限运动状态, 其一是 $r \to \infty$, 其二是 $r \to 0$. 为确定氢原子中电子的完整的运动状态, 我们先讨论电子的波函数在这两种极限情况下的渐近行为.

1. $\rho \to \infty$ (即 $r \to \infty$) 的渐近行为

由 (2.8) 式知, 在 $\rho \to \infty$ (即 $r \to \infty$) 的情况下, 无量纲化的径向方程化为

$$\frac{\mathrm{d}^2\chi}{\mathrm{d}\rho^2} + 2\varepsilon\chi = 0.$$

此乃一典型的振动方程, 其通解为

$$\chi \sim c_1 \sin \sqrt{2\varepsilon}\rho + c_2 \cos \sqrt{2\varepsilon}\rho.$$

如果 $\varepsilon > 0$, 则 χ 总有解, 无限制.

如果 $\varepsilon < 0$, 则

$$\chi \sim a\,\mathrm{e}^{\sqrt{-2\varepsilon}\rho} + b\,\mathrm{e}^{-\sqrt{-2\varepsilon}\rho}, \quad (\text{其中}\,a\text{、}b\text{为常数}).$$

因为 $\mathrm{e}^{\sqrt{-2\varepsilon}\rho}\big|_{\rho\to\infty} \to \infty$, 不满足束缚态条件, 则应舍去, 所以有

$$\chi\big|_{\rho\to\infty} \to \mathrm{e}^{-\sqrt{-2\varepsilon}\rho}.$$

2. $\rho \to 0$ (即 $r \to 0$) 的渐近行为

由 (2.8) 式知, 在 $\rho \to 0$ (即 $r \to 0$) 的情况下, 无量纲化的径向方程化为

$$\frac{\mathrm{d}^2\chi}{\mathrm{d}\rho^2} - \frac{l(l+1)}{\rho^2}\chi = 0.$$

设 $\chi \sim \rho^s$, 则可解得 $s = l+1$ 或 $s = -l$, 其中 $l \geqslant 0$.

对 $s = -l$, $\chi \sim \dfrac{1}{\rho^l}$, 则 $\chi\big|_{\rho\to0} \to \infty$, 与波函数的有限性不一致, 因此应舍去, 于是有渐近解 $\chi\big|_{\rho\to0} \sim \rho^{l+1}$.

三、 径向方程及其解

考虑径向方程的解的渐近行为, 可设

$$\chi = \rho^{l+1}\mathrm{e}^{-\beta\rho}u(\rho), \quad (\text{其中}\,\beta = \sqrt{-2\varepsilon})$$

则径向方程化为

$$\rho u'' + \big[2(l+1) - 2\beta\rho\big]u' - 2\big[(l+1)\beta - 1\big]u = 0.$$

再定义 $\xi = 2\beta\rho$, $\gamma = 2(l+1)$, $\alpha = l+1-\dfrac{1}{\beta}$, 则径向方程化为

$$\xi\frac{\mathrm{d}^2 u}{\mathrm{d}\xi^2} + (\gamma - \xi)\frac{\mathrm{d}u}{\mathrm{d}\xi} - \alpha u = 0.$$

这是标准的合流超几何方程. 其解为合流超几何函数

$$u = \mathrm{F}(\alpha, \gamma, \xi) = 1 + \frac{\alpha}{\gamma}\xi + \frac{\alpha(\alpha+1)}{\gamma(\gamma+1)}\frac{\xi^2}{2!} + \frac{\alpha(\alpha+1)(\alpha+2)}{\gamma(\gamma+1)(\gamma+2)}\frac{\xi^3}{3!} + \cdots.$$

四、 能量本征值

上述合流超几何函数为无穷级数, 不能保证波函数有限. 为保证波函数有限, 上述合流超几何函数应截断为合流超几何多项式. 数学研究表明, 上述截断要求

$$\alpha = l + 1 - \frac{1}{\beta} = -n_r, \quad 其中 n_r = 0, 1, 2, \cdots.$$

因为 l 为整数、n_r 为整数, 则 $\frac{1}{\beta}$ 为整数, 记之为 n, 则有

$$n = n_r + l + 1 = 1, 2, 3, \cdots.$$

因为

$$\beta = \sqrt{-2\varepsilon}, \quad \varepsilon = \frac{E}{2E_I} = \frac{\hbar^2 E}{\mu e_s^4} = \frac{a_{\mathrm{B}}}{e_s^2} E,$$

所以有

$$E_n = \frac{e_s^2}{a_{\mathrm{B}}} \varepsilon = \frac{e_s^2}{a_{\mathrm{B}}} \left(-\frac{\beta^2}{2} \right) = -\frac{e_s^2}{2a_{\mathrm{B}}} \frac{1}{n^2}.$$

具体来讲, 即有

$$E_n = -\frac{\mu e_s^4}{2\hbar^2} \frac{1}{n^2} = -\frac{\mu e^4}{32\pi^2 \varepsilon_0^2 \hbar^2} \frac{1}{n^2}. \tag{2.9}$$

五、 量子数与本征函数

上述讨论表明, 对于氢原子的状态 (束缚态), 描述它们需要的量子数有我们在量子力学基本原理中已经熟悉的角动量量子数 l 和角动量在 z 方向上的投影量子数 m_l, 以及这里为得到有物理意义的 (束缚态的) 径向波函数而需要的量子数 n. 由 n 的定义 $n = n_r + l + 1$ 知, 它包含了径向量子数和角动量的贡献, 因此常称之为主量子数. 这些量子数的可能取值和相互关系如下:

$$\begin{aligned}
&主量子数: &&n = n_r + l + 1 = 1, 2, 3, \cdots; \\
&角动量量子数: &&l = n - n_r - 1 = 0, 1, 2, \cdots, n-1, \\
& &&(对每个 n, 都有 n 个值); \\
&角动量在 z 方向的投影量子数: &&m_l = 0, \pm 1, \pm 2, \cdots, \pm l, \\
& &&[对每个 l, 都有 (2l+1) 个值].
\end{aligned}$$

并且, 氢原子的本征函数为

$$\Psi(r, \theta, \varphi) = \Psi_{nlm_l}(r, \theta, \varphi) = R_{nl}(r) \mathrm{Y}_{l,m_l}(\theta, \varphi), \tag{2.10}$$

其中

$$R_{nl}(r) = \frac{\chi_{nl}(r)}{r} = N_{nl} \mathrm{e}^{-\xi/2} \xi^l \mathrm{F}(-n+l+1, 2l+2, \xi), \tag{2.11}$$

$\xi = \dfrac{2r}{na_{\rm B}}$, $\mathrm{F}(-n+l+1, 2l+2, \xi)$ 为合流超几何多项式, 归一化系数

$$N_{nl} = \frac{2}{a_{\rm B}^{3/2} n^2 (2l+1)!} \sqrt{\frac{(n+1)!}{(n-l-1)!}}.$$

2.3___氢原子和类氢离子的性质与结构

2.3.1
授课视频

2.3.1   氢原子和类氢离子的能级特点及简并度

一、 氢原子的能级的特点

由本征能量

$$E_n = -\frac{e_s^2}{2a_{\rm B}} \frac{1}{n^2}, \quad (\text{其中 } n = 1, 2, 3, \cdots)$$

可知, 氢原子的能级具有下述特点:

(1) 能量只能取离散值;

(2) 能量 E_n 随 n 增大而升高 (绝对值以 $\dfrac{1}{n^2}$ 减小);

(3) 两相邻能级间的间距 $E_{n+1} - E_n = -\dfrac{e_s^2}{2a_{\rm B}} \dfrac{1}{(n+1)^2} - \left(-\dfrac{e_s^2}{2a_{\rm B}} \dfrac{1}{n^2} \right) = \dfrac{e_s^2}{2a_{\rm B}} \dfrac{2n+1}{n^2(n+1)^2}$ 随 n 增大而减小; 亦即随 n 增大, 能级越来越密.

(4) 在 $n \to \infty$ 情况下, $E_{n\to\infty} \to 0$, 电子可完全脱离原子核的束缚而电离.

二、 能量简并度

由能量本征值的表达式知, 氢原子的能量仅依赖于主量子数 n. 由波函数的表达式知, 波函数 $\psi_{nlm_l}(r, \theta, \varphi) = R_{nl}(r) Y_{l,m_l}(\theta, \varphi)$ 不仅依赖于 n, 还依赖于 l 和 m_l.

由于对一个 n, $l = 0, 1, 2, \cdots, n-1$, 有 n 个取值, 对一个 l, $m_l = 0, \pm 1, \pm 2, \cdots, \pm l$, 有 $2l+1$ 个取值, 则氢原子的能量简并度为

$$d_n = \sum_{l=0}^{n-1} (2l+1) = 2 \cdot \frac{n(n-1+0)}{2} + n = n(n-1) + n = n^2.$$

比一般的有心力场中能级的简并度 $2l+1$ 高.

考察氢原子的能量简并度比一般的有心力场中运动粒子的能量简并度 $2l+1$ 高的原因, 对一般的有心力场中运动的粒子, 其本征能量不仅依赖于主量子数 n, 还依赖于角动量量子数 l; 而氢原子的本征能量仅依赖于包含各种角动量 $l \in [0, n)$ 的主量子数 n. 也就是说, 氢原子的对称性比一般的有心力场中运动的粒子的对称性高; 深入的研究表明, 一般的有心力场中运动的粒子具有三维正交变换不变性 [O(3) 对称性], 而氢原子具有四维正交变换不变性 [O(4) 对称性, 并且 O(4) $\supset$ O(3) $\otimes$ O(3), 除角动量是守恒量之外, 楞次矢量也是守恒量].

三、 氢原子的光谱和光谱系

根据能量守恒定律, 电子由能级 E_n 跃迁到 $E_{n'}$ 时辐射出的光的频率为

$$\nu = \frac{E_\gamma}{h} = \frac{E_n - E_{n'}}{2\pi\hbar} = \frac{1}{2\pi\hbar}\frac{\mu e_s^4}{2\hbar^2}\left(\frac{1}{n'^2} - \frac{1}{n^2}\right) = Rc\left(\frac{1}{n'^2} - \frac{1}{n^2}\right)$$

其中

$$R = \frac{\mu e_s^4}{4\pi c\hbar^3} = \frac{\mu}{4\pi c\hbar^3}\frac{e^4}{(4\pi\varepsilon_0)^2} = \frac{\mu e^4}{8\varepsilon_0^2 h^3 c} = 109\ 677.58\ \text{cm}^{-1}$$

称为里德伯常量. 显然, 这一结果与实验观测结果很好符合, 明显解决了玻尔模型给出的 $R_{\text{BM}} = \dfrac{m_e e^4}{8\varepsilon_0^2 h^3 c} = 109\ 737.32\ \text{cm}^{-1}$ 与实验观测结果 ($109\ 677.58\ \text{cm}^{-1}$) 相差约 $\dfrac{1}{2\ 000}$ 的问题.

根据初态 n 和终态 n' 取值不同, 上述跃迁发出的光形成不同的光谱系, 例如: 取 $n' = 1$、$n = 2, 3, \cdots$ 即有莱曼系, 取 $n' = 2$、$n = 3, 4, \cdots$ 即有巴耳末系, 取 $n' = 3$、$n = 4, 5, \cdots$ 即有帕邢系, 取 $n' = 4$、$n = 5, 6, \cdots$ 即有布拉开系, 等. 所得的这些光谱系如图 1.14 所示.

2.3.2
授课视频

2.3.2 氢原子的波函数及概率密度分布

一、 波函数

为具体讨论氢原子的结构, 即其中电子的概率密度分布, 我们先讨论氢原子的波函数.

前已说明, 氢原子的波函数为

$$\psi_{nlm_l}(r, \theta, \varphi) = R_{nl}Y_{l,m_l}(\theta, \varphi) = R_{nl}(r)\Theta_{l,m_l}(\theta)\Phi_{m_l}(\varphi).$$

下面对其中的各个因子予以讨论.

(1) 方位角波函数 $\Phi_{m_l}(\varphi)$

关于方位角波函数 $\Phi_{m_l}(\varphi)$ 的本征方程为: $\hat{L}_z\Phi_{m_l}(\varphi) = m_l\hbar\Phi_{m_l}(\varphi)$;

相应的本征值为: $L_z = m_l\hbar$, $m_l = 0, \pm1, \pm2, \cdots, \pm l$;

本征函数可具体表述为: $\Phi_{m_l}(\varphi) = \dfrac{1}{\sqrt{2\pi}}e^{im_l\varphi}$.

(2) 极角波函数

关于极角波函数 $\Theta_{l,m_l}(\theta)$ 的本征方程为

$$\frac{\hbar^2}{\sin\theta}\frac{\mathrm{d}}{\mathrm{d}\theta}\left(\sin\theta\frac{\mathrm{d}}{\mathrm{d}\theta}\right)\Theta_{l,m_l}(\theta) + \left(\lambda - \frac{m^2}{\sin^2\theta}\right)\Theta_{l,m_l}(\theta) = 0,$$

相应的本征值为: $\lambda = l(l + 1)$,

本征函数可具体表述为 (勒让德多项式的形式)

$$\Theta_{l,m_l}(\theta) = (-1)^{m_l}\sqrt{\frac{(2l+1)(l-|m_l|)!}{2(l+|m_l|)!}}\,\mathrm{P}_l^{|m_l|}(\cos\theta).$$

一些较低阶的本征函数的具体形式是

$$\Theta_{00} = \frac{\sqrt{2}}{2}\,;$$

$$\Theta_{10} = \frac{\sqrt{6}}{2}\cos\theta\,, \qquad\qquad \Theta_{1\pm1} = \mp\frac{\sqrt{3}}{2}\sin\theta\,;$$

$$\Theta_{20} = \frac{\sqrt{10}}{4}(3\cos^2\theta - 1)\,, \qquad\qquad \Theta_{2\pm1} = \mp\frac{\sqrt{15}}{2}\sin\theta\cos\theta\,,$$

$$\Theta_{2\pm2} = \frac{\sqrt{15}}{4}\sin^2\theta;$$

$$\Theta_{30} = \frac{3\sqrt{14}}{4}\left(\frac{3}{5}\cos^3\theta - \cos\theta\right)\,, \quad \Theta_{3\pm1} = \mp\frac{\sqrt{42}}{8}\sin\theta(5\cos^2\theta - 1)\,,$$

$$\Theta_{3\pm2} = \frac{\sqrt{105}}{4}\sin^2\theta\cos\theta\,, \qquad\qquad \Theta_{3\pm3} = \pm\frac{\sqrt{70}}{8}\sin^3\theta\,.$$

$l = 0, 1, 2, 3$ 情况下的氢原子的角向本征函数的具体行为如图 2.1 所示.

(3) 径向波函数

关于径向的本征方程为

$$\left[-\frac{\hbar}{2\mu}\frac{1}{r}\frac{\partial^2}{\partial r^2}r + \frac{l(l+1)\hbar^2}{2\mu r^2} - \frac{e_s^2}{r}\right]R_{nl}(r) = ER_{nl}(r),$$

相应的本征值为

$$E_n = -\frac{\mu e_s^2}{2\hbar^2}\frac{1}{n^2} = -\frac{\mu e^4}{32\pi^2\varepsilon_0^2\hbar^2}\frac{1}{n^2},$$

本征函数可具体表述为

$$R_{nl}(r) = N_{nl}\mathrm{e}^{-\xi/2}\xi^l\mathrm{F}(-n+l+1, 2l+2, \xi),$$

其中

$$N_{nl} = \frac{2}{a_{\mathrm{B}}^{3/2}n^2(2l+1)!}\sqrt{\frac{(n+l)!}{(n-l+1)!}}\,, \quad \xi = \frac{2r}{na_{\mathrm{B}}}.$$

一些低激发态的具体表述形式为

$$R_{10} = 2\left(\frac{1}{a_{\mathrm{B}}}\right)^{3/2}\mathrm{e}^{-r/a_{\mathrm{B}}},$$

$$R_{20} = \left(\frac{1}{a_{\mathrm{B}}}\right)^{3/2}\frac{1}{2\sqrt{2}}\left(2 - \frac{r}{a_{\mathrm{B}}}\right)\mathrm{e}^{-r/2a_{\mathrm{B}}}, \quad R_{21} = \left(\frac{1}{a_{\mathrm{B}}}\right)^{3/2}\frac{1}{2\sqrt{6}}\frac{r}{a_{\mathrm{B}}}\mathrm{e}^{-r/2a_{\mathrm{B}}}.$$

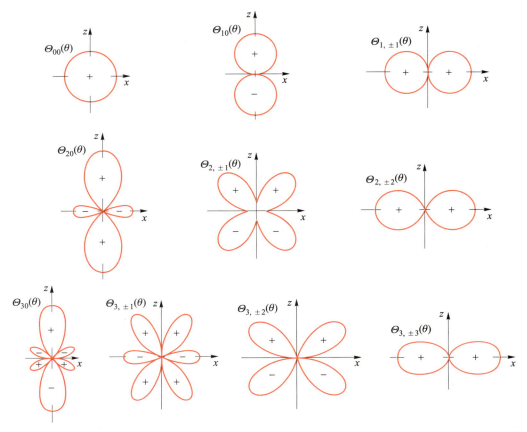

图 2.1 氢原子的角向本征函数在 $l = 0, 1, 2, 3$ 情况下的具体分布行为

对于 $n = 1, 2, 3$, 其具体分布如图 2.2 所示.

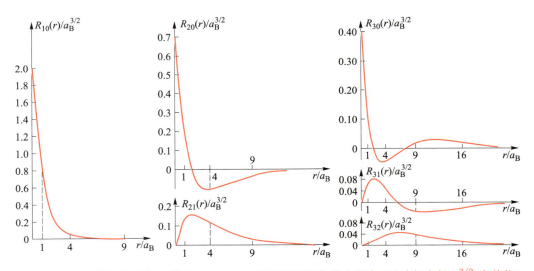

图 2.2 氢原子的径向本征函数在 $n = 1, 2, 3$ 情况下的具体分布行为 (以玻尔半径 $a_B^{3/2}$ 为单位).

(4) 氢原子的宇称

附录二已经述及, 宇称是表征物质状态在空间反演情况下的变换性质的物理量, 常记为 P, 再记物质状态为 $\Psi(\boldsymbol{r})$, 即有

$$\hat{P}\Psi(\boldsymbol{r}) = \Psi(\hat{P}\boldsymbol{r}) = \Psi(-\boldsymbol{r}) = P\Psi(\boldsymbol{r}).$$

对于氢原子, 空间反演使 $\boldsymbol{r}$ 变换为 $-\boldsymbol{r}$, 在球坐标系中表述, 即有

$$\boldsymbol{r} = (r, \theta, \varphi) \xrightarrow{\hat{P}\boldsymbol{r} = -\boldsymbol{r}} -\boldsymbol{r} = (r, \pi - \theta, \pi + \varphi).$$

由于 $R_{nl}(r)$ 与角度无关, 并且在空间反演变换下 r 不变, 因此 $R_{nl}(r)$ 不包含宇称的信息.

因为球谐函数 $Y_{l,m_l}(\theta, \varphi)$ 有以下性质:

$$Y_{l,m_l}(\pi - \theta, \pi + \varphi) = (-1)^l Y_{l,m_l}(\theta, \varphi),$$

$$Y_{l,m_l}^*(\theta, \varphi) = (-1)^{m_l} Y_{l,-m_l}(\theta, \varphi),$$

那么

$$\hat{P}\psi_{nlm_l}(r, \theta, \varphi) = (-1)^l \psi_{nlm_l}(r, \theta, \varphi).$$

所以, 氢原子的宇称 $P = (-1)^l$, 即由轨道角动量量子数 l 决定, 若 l 为偶数, 则为偶宇称; 若 l 为奇数, 则为奇宇称.

例题 2.1 已知氢原子中的电子处于状态 $\psi(r, \theta, \varphi) = 0.1\psi_{321} + b\psi_{210}$, 其中 ψ_{nlm_l} 是氢原子的本征函数. 若测量此态中奇宇称的概率为 80%, 试确定此波函数中 b 的数值.

解: 由宇称的概念可知, 对氢原子的本征函数 $\psi_{nlm_l}(\boldsymbol{r})$ 和空间反演变换 $\hat{P}$, 有

$$\hat{P}\psi_{nlm_l}(\boldsymbol{r}) = \psi_{nlm_l}(-\boldsymbol{r}) = (-1)^l \psi_{nlm_l}(\boldsymbol{r}).$$

即氢原子的本征函数的宇称为 $P_{nlm_l} = (-1)^l$.

这里已知

$$\psi(\boldsymbol{r}) = \psi(r, \theta, \varphi) = 0.1\psi_{321}(r, \theta, \varphi) + b\psi_{210}(r, \theta, \varphi),$$

因为 $P_{321} = (-1)^2 = 1$, $P_{210} = (-1)^1 = -1$, 所以该态中奇宇称部分由 $b\psi_{210}$ 项决定.

由波函数的统计意义和题设条件可知

$$\frac{|b|^2}{0.1^2 + |b|^2} = 0.8.$$

解之得, $b = 0.2\mathrm{e}^{\mathrm{i}\alpha}$, 其中 α 为任意实数.

所以, 题设的波函数中 $b = 0.2\mathrm{e}^{\mathrm{i}\alpha}$, 其中 α 为任意实数.

二、 波函数的实数表示

附录二的讨论表明, 量子力学必须是建立在复空间上的. 对于氢原子, 在上述复空间中表述的波函数是 $\{\hat{H}, \hat{\boldsymbol{L}}^2, \hat{L}_z\}$ 的共同本征函数, 除与原初的基本要求一致外, 还易于讨论本征值及守恒量. 但是, 复数比较复杂, 因此在其它相关学科中, 人们根据态叠加原理通过对角向部分的波函数进行线性组合, 将其实数化.

对于 $l=0$ 情况, 因为 $l=0$、$m_l=0$, $\mathrm{Y}_{0,0}$ 本来就是实的 (常数), 因此不需通过线性组合, 它自然就是实的.

对于 $l=1$ 情况, 考虑欧拉公式, 则有

$$\begin{cases} p_0 \propto \cos\theta, \\ p_{\pm 1} \propto \sin\theta \mathrm{e}^{\pm \mathrm{i}\varphi}, \end{cases} \xrightarrow{\text{实数化为}} \begin{cases} p_z = p_0 \propto \cos\theta \propto z/r, \\ p_x = \dfrac{p_{+1}+p_{-1}}{\sqrt{2}} \propto \sin\theta\cos\varphi \propto x/r, \\ p_y = \dfrac{p_{+1}-p_{-1}}{\sqrt{2}\mathrm{i}} \propto \sin\theta\sin\varphi \propto y/r. \end{cases}$$

对于 $l=2$ 情况, 采用类似于对 $l=1$ 情况的处理方法, 则得

$$\begin{cases} d_0 \propto (3\cos^2\theta - 1), \\ d_{\pm 1} \propto \cos\theta\sin\theta \mathrm{e}^{\pm \mathrm{i}\varphi}, \\ d_{\pm 2} \propto \sin^2\theta \mathrm{e}^{\pm 2\mathrm{i}\varphi}, \end{cases} \xrightarrow{\text{实数化为}} \begin{cases} d_{z^2} = d_0, \\ d_{xz} = \dfrac{d_{+1}+d_{-1}}{\sqrt{2}}, \quad d_{yz} = \dfrac{d_{+1}-d_{-1}}{\sqrt{2}\mathrm{i}}, \\ d_{x^2-y^2} = \dfrac{d_{+2}+d_{-2}}{\sqrt{2}}, \quad d_{xy} = \dfrac{d_{+2}-d_{-2}}{\sqrt{2}\mathrm{i}}. \end{cases}$$

这些实数化后的波函数的分布如图 2.3 所示.

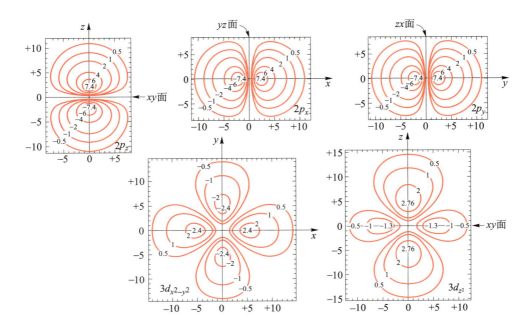

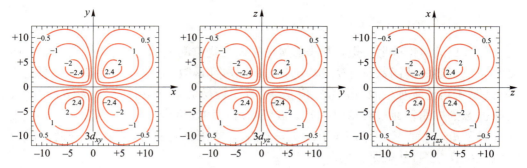

图 2.3　氢原子的一些实数化的波函数在一些坐标平面内的等高线图 (以玻尔半径 a_{B} 为单位)

三、概率分布

1. 径向位置概率分布

由波函数的统计意义易知, 氢原子中的电子在空间体元 $\mathrm{d}\tau = r^2 \sin\theta \mathrm{d}r \mathrm{d}\theta \mathrm{d}\varphi$ 中的概率为

$$W_{nlm}(r,\theta,\varphi)\mathrm{d}\tau = |\psi_{nlm}(r,\theta,\varphi)|^2 r^2 \sin\theta \mathrm{d}r \mathrm{d}\theta \mathrm{d}\varphi. \tag{2.12}$$

因为 $\mathrm{d}\tau = r^2\sin\theta \mathrm{d}r \mathrm{d}\theta \mathrm{d}\varphi = r^2 \mathrm{d}r \mathrm{d}\Omega$, 完成对角向的积分, 则得

$$\begin{aligned} W_{nlm}(r)\mathrm{d}r &= \int_0^\pi \int_0^{2\pi} |\psi_{nlm}(r,\theta,\varphi)|^2 r^2 \sin\theta \mathrm{d}r \mathrm{d}\theta \mathrm{d}\varphi \\ &= \int_0^\pi \int_0^{2\pi} |R_{nl}(r)\mathrm{Y}_{l,m}(\theta,\varphi)|^2 r^2 \sin\theta \mathrm{d}r \mathrm{d}\theta \mathrm{d}\varphi \\ &= R_{nl}^2(r) r^2 \mathrm{d}r = \chi_{nl}^2(r)\mathrm{d}r. \end{aligned}$$

所以, 氢原子中的电子的径向位置概率密度分布为 $W_{nl}(r) = \chi_{nl}^2(r)$.

考虑使 $W_{nl}(r)$ 取最大值的条件

$$\frac{\mathrm{d}W_{nl}(r)}{\mathrm{d}r} = 0, \quad \frac{\mathrm{d}^2 W_{nl}(r)}{\mathrm{d}r^2} < 0,$$

则可解得氢原子中角动量 $l = n-1$ 的电子的最概然半径为

$$r_n = n^2 a_{\mathrm{B}}, \quad (\text{其中 } n = 1, 2, 3, \cdots).$$

由此可知, 玻尔轨道是氢原子中电子在其附近出现概率密度最大的位置的集合, 这也就是说, 玻尔轨道是氢原子结构的粗略近似.

主量子数 $n = 1, 2, 3$ 三种情况下的径向位置概率密度分布如图 2.4 所示.

由图 2.4 易知, 氢原子中的电子的径向位置概率密度分布有下述特点:

(1) 对一个主量子数 n, 角动量为 l 时, $W_{nl}(r)$ 有 $(n-l)$ 个极大值;

(2) 对一个主量子数 n, 角动量 l 越小, 主峰位置距原子核越远;

(3) 对一个角动量 l, 对应的主峰位置随 n 增大而外移.

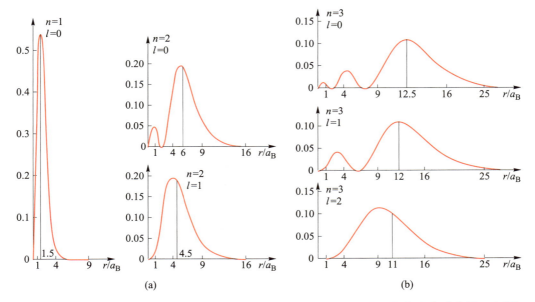

图 2.4 主量子数 $n = 1, 2, 3$ 三种情况下的氢原子中的电子的径向位置概率密度分布图 (以玻尔半径 a_B 为单位)

2. 概率密度分布随角度变化的行为

根据波函数的统计意义, 完成 (2.12) 式中关于 r 的积分, 则得到氢原子中电子的概率密度分布作为角度的函数为

$$W_{lm}(\theta, \varphi) = \int_{r=0}^{\infty} \left| R_{nl}(r) Y_{l,m}(\theta, \varphi) \right|^2 r^2 \mathrm{d}r \mathrm{d}\Omega = \left| Y_{l,m}(\theta, \varphi) \right|^2 \mathrm{d}\Omega.$$

$l = 0, 1, 2, 3$ 情况下, 氢原子中电子的概率密度分布如图 2.5 所示.

由图 2.5 知, 氢原子中电子的概率密度分布随角度变化的行为有下述特点:

(1) 概率密度分布与方位角 φ 无关;

(2) $l = 0$ 情况下的概率密度分布呈球形; $l = 1$ 情况下的概率密度分布近似呈哑铃形; $l = 2$ 情况下的概率密度分布的包络面近似呈椭球形.

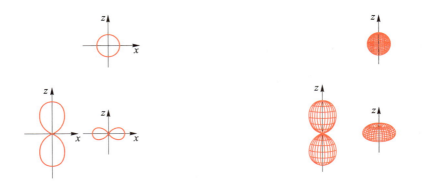

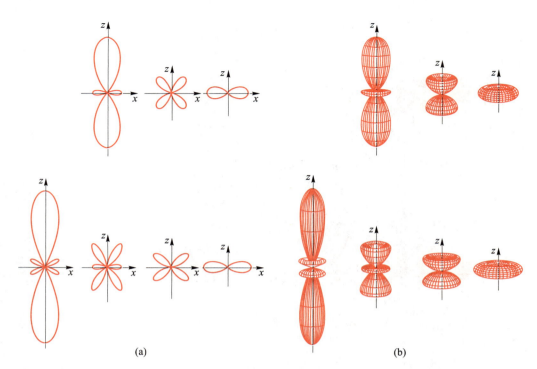

图 2.5　氢原子中电子的概率密度分布随角度变化的行为 $W_{lm}(\theta,\varphi)$ [(a) 为其在 $y-z$ 平面内的投影, (b) 为其立体形状. 自上而下四行分别对应 $l = 0,1,2,3$; 对于 $l \neq 0$ 情况, 自左至右分别对应 $m = 0, \pm 1, \cdots, \pm l$.]

2.3.3　类氢离子的性质

原子核外只有一个电子的离子称为类氢离子, 例如: He^+、Li^{2+}、Be^{3+} 等.

与氢原子相比, 核电荷数为 Z 的类氢离子与氢原子的差别在于原子核的电荷量, 氢原子核的电荷量仅为 $+e$, 而类氢离子的电荷量为 Ze.

一、波函数

由上述类氢离子与氢原子的差别可知, 类氢离子的角向波函数的本征方程与氢原子的完全相同, 类氢离子的径向波函数的本征方程化为

$$\chi''(r) + \left[\frac{2\mu}{\hbar} \left(E + \frac{Ze_s^2}{r} \right) - \frac{l(l+1)}{r^2} \right] \chi(r) = 0.$$

该方程与关于氢原子的相应方程 [(2.7) 式] 相比, 其间的差别仅在于 (2.7) 式中的 e_s^2 换成了 Ze_s^2, 那么, 其解的形式与氢原子的相应方程的解的形式相同. 并且, 由于 $a_B = \dfrac{\hbar^2}{\mu e_s^2}$, 则只需将 (2.11) 式中的 $\dfrac{1}{a_B}$ 替换为 $\dfrac{Z}{a_B}$、$\dfrac{r}{a_B}$ 替换为 $\dfrac{Zr}{a_B}$ 即得类氢离子的径向波函数.

二、 能级及光谱

由于类氢离子与氢原子的本质差别是核电荷数由 1 换为 Z, 相应的变化有

$$e_s^2 \to Z e_s^2, \quad a_{\mathrm{B}} \to \frac{a_{\mathrm{B}}}{Z}, \quad r_n \to \frac{r_n}{Z},$$

那么由变换

$$E_n = -\frac{e_s^2}{2a_{\mathrm{B}}}\frac{1}{n^2} \longrightarrow E_n^{\mathrm{H\text{-}ion}} = -\frac{Z^2 e_s^2}{2a_{\mathrm{B}}}\frac{1}{n^2},$$

即得类氢离子的本征能量.

进一步即得类氢离子相应于氢原子的光谱系的谱线对应的频率和波数分别为

$$\nu^{\mathrm{H\text{-}ion}} = Z^2 \nu^{\mathrm{H}}, \quad \widetilde{\nu}^{\mathrm{H\text{-}ion}} = Z^2 \sigma^{\mathrm{H}}.$$

思考题与习题

2.1. 试证明, 不论角动量的值多大, 在离开坐标原点很远处, 自由粒子的波函数总可以表述为 $\frac{f(\theta)}{r}\mathrm{e}^{\pm \mathrm{i}kr}$, 其中 $k = \frac{\sqrt{2mE}}{\hbar}$, $f(\theta)$ 是由角动量决定的角向宗量 θ 的函数, 并说明指数函数中正负号的物理意义.

2.2. 对于氢原子的能谱和光谱, 人们常引入里德伯常量进行简洁的表述, 试说明为什么利用玻尔的半经典量子论计算得到的氢原子的里德伯常量与实验测量结果之间存在差异, 并给出在量子力学框架下解决这一问题的方案.

2.3. 氢原子光谱的巴耳末系中的一些谱线的波长分别为 366.9 nm、377.1 nm、379.8 nm、383.5 nm、388.9 nm、397.0 nm、410.2 nm、434.0 nm、486.1 nm 和 656.3 nm, 并分别称可见光区波长由长到短的四条分别为 H_α 线、H_β 线、H_γ 线、H_δ 线, 试给出巴耳末系中谱线的波数 $\widetilde{\nu}$ 随 n 变化的曲线, 并确定上述 10 条谱线对应的跃迁的上能级的 n 值.

2.4. 研修物理学的你正在重复以原子氢作为充入气体的弗兰克–赫兹实验, 如果电子的最大动能为 12.5 eV, 你将在氢原子光谱中观测到哪些谱线?

2.5. 试对氢元素的同位素氢、氘、氚形成的氢原子的光谱中的 H_α 线, 给出它们的波长差.

2.6. 试确定哪种类氢离子的光谱的巴耳末系和莱曼系的波长差为 133.7 nm.

2.7. 试确定氢原子光谱的哪些谱线和氦离子 He^+ 光谱的哪些谱线在可见光区 $(400\ \mathrm{nm} \leqslant \lambda \leqslant 770\ \mathrm{nm})$. 你能否识别出氦样品中是否混有氢?

2.8. 对于氢原子、氦离子 He^+ 和锂离子 Li^{2+}, (1) 试给出它们的第一玻尔轨道半径、第二玻尔轨道半径及电子在这些轨道上的速度; (2) 试求电子的结合能; (3) 给出由基态到第一激发态所需的激发能及由第一激发态退激到基态时所发光的波长.

2.9. 一次电离得到的氦离子 He^+ 中的电子从第一激发态向基态跃迁时发射的光子可以使处于基态的氢原子电离, 从而放出电子. 试确定这样放出的电子的速率.

2.10 一个电子与一个正电子形成的束缚系统称为电子偶素. 试确定: (1) 基态的电子偶素中电子与正电子的间距; (2) 基态电子的电离能和由基态到第一激发态的激发能; (3) 由第一激发态退激到基态时发出的光的波长.

2.11. 对于由质子和 μ^- 子 (除质量外, 其它性质都与电子相同的粒子) 形成的束缚态, 人们常称之为 μ^- 原子. 实验测得 μ^- 子的质量为电子的 207 倍, 试给出 μ^- 原子的里德伯常量、第一玻尔轨道半径、最低能量和光谱的莱曼系中的最短波长.

2.12. 对于由质子和 π^- 介子形成的束缚态, 人们常称之为 π^- 原子或 π 介子原子. 实验测得 π^- 介子的质量为约 138 MeV, 试给出 π^- 原子的里德伯常量、第一玻尔轨道半径、最低能量和光谱的莱曼系中的最短波长.

2.13. 试确定氢原子的 $n=2$、$l=1$ 的量子态上电子的径向概率密度最大的位置及在此态上电子的径向坐标的平均值.

2.14. 试从量子力学对于氢原子的解出发证明: 处于 1s、2p 态的氢原子中, 最可能发现电子的位置分别是半径为 a_B、$4a_B$ 的球壳.

2.15. 试确定氢原子中电子的角速度、势能和动能作为主量子数 n 的函数, 并给出它们关于 n 的曲线, 说明它们随电子总能量增加而变化的行为.

2.16. 量子态的宗量空间中找到粒子的概率为零的点称为节点. 试确定类氢离子的 $n \leqslant 3$ 的各量子态的节点的位置.

2.17. 试证明不同量子态的类氢离子的半径的平均值可以由其主量子数 n 和角动量量子数 l 表示为 $\bar{r} = \dfrac{n^2 a_B}{Z}\left[1 + \dfrac{1}{2}\left(1 - \dfrac{l(l+1)}{n^2}\right)\right]$. 并请以平均半径由小到大顺序排列 $n \leqslant 7$ 的各量子态, 说明类氢原子中电子的径向概率密度分布随量子数变化的行为的物理机制.

2.18. 试确定氢原子的主量子数 $n=1, 2, 3$ 的三个玻尔轨道上电子形成的电流以及氢原子的磁矩.

第三章

多电子原子的结构

数字资源

通常原子的绝大多数都是多电子原子, 全同性是量子物理区别经典物理的典型特征之一, 而全同性由微观粒子的内禀属性和运动状态共同决定. 本章简要介绍关于微观粒子的内禀属性——自旋的简单描述方案、量子力学的全同性原理以及研究多电子原子的性质和结构的基本方法之概要. 主要内容包括:

- 单电子的自旋态的描述
- 两电子的自旋的叠加及其波函数
- 全同粒子及其交换对称性
- 多电子原子结构的研究方法概述

3.1 单电子的自旋态的描述

3.1.1 自旋态的描述

一、单纯自旋态的描述

电子自旋 s 的 z 分量仅能取值 $\pm\dfrac{\hbar}{2}$, 即 s_z 有本征值 $\pm\dfrac{\hbar}{2}$, 设其本征态为 $\chi_{m_s}(s_z)$, 则有

$$\hat{s}_z \chi_{m_s}(s_z) = m_s \chi_{m_s}(s_z),$$

其中 $m_s = \pm\dfrac{\hbar}{2}$.

记对应本征值 $\dfrac{\hbar}{2}$、$-\dfrac{\hbar}{2}$ 的本征态分别为 α、β, 则它们可由矩阵表述为

$$\alpha = \chi_{\frac{1}{2}}(s_z) = \begin{pmatrix} 1 \\ 0 \end{pmatrix}, \quad \beta = \chi_{-\frac{1}{2}}(s_z) = \begin{pmatrix} 0 \\ 1 \end{pmatrix}.$$

显然,

$$|\alpha|^2 = (1,0)\begin{pmatrix} 1 \\ 0 \end{pmatrix} = 1, \quad |\beta|^2 = (0,1)\begin{pmatrix} 0 \\ 1 \end{pmatrix} = 1,$$

$$\alpha^\dagger \beta = (1,0)\begin{pmatrix} 0 \\ 1 \end{pmatrix} = 0, \quad \beta^\dagger \alpha = (0,1)\begin{pmatrix} 1 \\ 0 \end{pmatrix} = 0,$$

即 α 和 β 构成电子自旋态空间的一组正交完备基. 那么, 一般的电子自旋态可以表示为

$$\chi(s_z) = a\alpha + b\beta = \begin{pmatrix} a \\ b \end{pmatrix}.$$

其正交归一性可表述为

$$\sum_{s_z=\pm\frac{\hbar}{2}} |\chi(s_z)|^2 = \chi^\dagger \chi = (a^*, b^*)\begin{pmatrix} a \\ b \end{pmatrix} = |a|^2 + |b|^2 = 1.$$

二、包含自旋自由度的电子波函数

因为电子不仅具有三个空间自由度, 还具有一个自旋自由度, 那么描述其状态的波函数应表述为 $\psi(\boldsymbol{r}, s_z)$.

仿照上述关于纯自旋态的讨论, 若记与 $s_z = \dfrac{\hbar}{2}$、$-\dfrac{\hbar}{2}$ 对应的空间波函数分别为

$$\psi\left(\boldsymbol{r}, \frac{\hbar}{2}\right), \quad \psi\left(\boldsymbol{r}, -\frac{\hbar}{2}\right),$$

考虑通常情况下, 空间坐标与自旋自由度可以分离变量, 则一般的波函数可以表示为

$$\psi(\boldsymbol{r}, s_z) = \psi\left(\boldsymbol{r}, \frac{\hbar}{2}\right)\alpha + \psi\left(\boldsymbol{r}, -\frac{\hbar}{2}\right)\beta = \begin{pmatrix} \psi\left(\boldsymbol{r}, \dfrac{\hbar}{2}\right) \\ \psi\left(\boldsymbol{r}, -\dfrac{\hbar}{2}\right) \end{pmatrix}.$$

该一般的波函数 $\psi\left(\boldsymbol{r}, \pm\dfrac{\hbar}{2}\right)$ 通常称为 旋量波函数. 其归一性为

$$\sum_{s_z = \pm\frac{\hbar}{2}} \int \mathrm{d}^3\boldsymbol{r} \left|\Psi(\boldsymbol{r}, s_z)\right|^2 = \int \mathrm{d}^3\boldsymbol{r}\left[\left|\Psi\left(\boldsymbol{r}, \frac{\hbar}{2}\right)\right|^2 + \left|\Psi\left(\boldsymbol{r}, -\frac{\hbar}{2}\right)\right|^2\right] = \int \mathrm{d}^3\boldsymbol{r}\,\psi^\dagger\psi = 1,$$

其中 $\psi^\dagger = \left(\Psi^*\left(\boldsymbol{r}, \dfrac{\hbar}{2}\right), \Psi^*\left(\boldsymbol{r}, -\dfrac{\hbar}{2}\right)\right)$.

值得注意的是, 如此分离变量的条件是: 哈密顿量可以表示为空间部分与自旋部分之和, 或不包含自旋部分.

3.1.2 自旋算符与泡利算符

一、自旋算符

前已述及, 自旋是纯粹量子性质的物理量, 不能表示为坐标和动量的函数, 因此应该抽象地用 自旋算符 $\hat{s}$ 来描述.

1. 对易关系

由于自旋与转动具有相同的特征, 只不过自旋是纯粹的量子性质的转动, 因此 $\hat{s}$ 具有与角动量算符完全相同的性质, 首先它应满足与轨道角动量 $\hat{\boldsymbol{L}}$ 相同的对易关系, 即有

$$[\hat{s}_\alpha, \hat{s}_\beta] = \mathrm{i}\hbar\varepsilon_{\alpha\beta\gamma}\hat{s}_\gamma, \tag{3.1}$$

其中 $\varepsilon_{\alpha\beta\gamma}$ 为 反对称张量.

2. 本征方程、本征值及电子的自旋量子数

由基本假定知, $\boldsymbol{s}$ 在任一方向上的投影都只能取值 $\pm\dfrac{\hbar}{2}$, 所以 $\hat{s}_x$、$\hat{s}_y$、$\hat{s}_z$ 三个算符的本征值都是 $\pm\dfrac{\hbar}{2}$, 于是, 记它们的本征函数为 χ_{m_s}, 则有本征方程:

$$\hat{s}_\alpha\chi_{m_s} = s_\alpha\chi_{m_s} = m_s\hbar\chi_{m_s}, \tag{3.2}$$

▶ 3.1.2
授课视频

其中 $m_s = \pm\dfrac{1}{2}$.

那么,

$$\langle s_x^2 \rangle = \langle s_y^2 \rangle = \langle s_z^2 \rangle = \frac{\hbar^2}{4},$$

$$\langle \boldsymbol{s}^2 \rangle = \langle s_x^2 \rangle + \langle s_y^2 \rangle + \langle s_z^2 \rangle = \frac{3}{4}\hbar^2.$$

与 $\hat{\boldsymbol{L}}^2$ 的本征值方程 $\hat{\boldsymbol{L}}^2 Y_{l,m_l} = l(l+1)\hbar^2 Y_{l,m_l}$ 类比, 记

$$\hat{\boldsymbol{s}}^2 \chi_{sm_s} = s(s+1)\hbar^2 \chi_{sm_s},$$

则有 $s = \dfrac{1}{2}$. 该量子数称为 (电子的) 自旋量子数 (spin quantum number).

二、泡利算符

1. 泡利算符的引入

因为 s 为与角动量有相同特征的物理量, 其本征值 s 具有 $\hbar$ 的量纲, 为简便, 引进量纲一的算符 $\hat{\boldsymbol{\sigma}}$, 使得 $\hat{\boldsymbol{s}} = \dfrac{\hbar}{2}\hat{\boldsymbol{\sigma}}$, 该算符 $\hat{\boldsymbol{\sigma}}$ 称为泡利算符.

2. 泡利算符的代数关系

由 $[\hat{s}_\alpha, \hat{s}_\beta] = \mathrm{i}\hbar\varepsilon_{\alpha\beta\gamma}\hat{s}_\gamma$ 和泡利算符的定义, 经计算可以直接证明, 泡利算符具有下述代数关系:

$$[\hat{\sigma}_\alpha, \hat{\sigma}_\beta] = 2\mathrm{i}\varepsilon_{\alpha\beta\gamma}\hat{\sigma}_\gamma, \tag{3.3}$$

$$\hat{\sigma}_x^2 = \hat{\sigma}_y^2 = \hat{\sigma}_z^2 = 1, \tag{3.4}$$

$$\{\hat{\sigma}_\alpha, \hat{\sigma}_\beta\} = 0, \tag{3.5}$$

$$\hat{\sigma}_\alpha\hat{\sigma}_\beta = -\hat{\sigma}_\beta\hat{\sigma}_\alpha = \mathrm{i}\varepsilon_{\alpha\beta\gamma}\hat{\sigma}_\gamma, \quad (\text{其中}\,\alpha \neq \beta) \tag{3.6}$$

$$\hat{\boldsymbol{\sigma}}^\dagger = \hat{\boldsymbol{\sigma}}. \tag{3.7}$$

并且, 定义 $\hat{\sigma}_\pm = \dfrac{1}{2}(\hat{\sigma}_x \pm \mathrm{i}\hat{\sigma}_y)$, 则

$$\hat{\sigma}_\pm^2 = 0, \quad [\hat{\sigma}_+, \hat{\sigma}_-] = \hat{\sigma}_z, \quad [\hat{\sigma}_z, \hat{\sigma}_\pm] = \pm\hat{\sigma}_\pm. \tag{3.8}$$

这些对易关系 (代数关系) 表明, 泡利算符构成 su(2) 李代数. 也就是说, 与三维空间中的角动量相同, 自旋也具有 SU(2) 对称性 [SO(3) 对称性]. 限于课程范畴, 这里不对此予以展开讨论, 有兴趣的读者, 可参阅群论或李群与李代数的教材或专著.

3. 泡利矩阵

在以 $\hat{s}_z$ 的本征态 α、β 为基矢的空间 (或称在 $\hat{\sigma}_z$ 对角化的表象) 中, 可以把泡利算符表示成矩阵形式.

由定义知, 在 $\hat{\sigma}_z$ 表象中, $\hat{\sigma}_z$ 的本征值只能取 ± 1, 则 $\hat{\sigma}_z$ 可以表示为

$$\hat{\sigma}_z = \begin{pmatrix} 1 & 0 \\ 0 & -1 \end{pmatrix}.$$

显然有

$$\hat{\sigma}_z \alpha = \alpha, \quad \hat{\sigma}_z \beta = -\beta.$$

进一步, 根据前述代数关系 (对易关系) 可得

$$\hat{\sigma}_x = \begin{pmatrix} 0 & 1 \\ 1 & 0 \end{pmatrix}, \quad \hat{\sigma}_y = \begin{pmatrix} 0 & -i \\ i & 0 \end{pmatrix}.$$

$\boldsymbol{\sigma}$ 的这种矩阵表述形式称为泡利矩阵. 严格来讲, $\boldsymbol{\sigma}$ 的这种矩阵表述形式是泡利矩阵在 z 表象中的表述形式. 当然, 泡利矩阵 $\boldsymbol{\sigma}$ 也可以在 x 表象和 y 表象中表述出来, 有兴趣的读者请自己完成这些表象变换的计算.

3.2　两电子的自旋的叠加及其波函数

3.2.1　两电子自旋叠加的概念和代数关系

前述讨论已经表明, 与 "轨道" 角动量类似, 自旋是矢量 (严格来讲, 应该是旋量) . 两自旋的耦合为矢量耦合

$$\boldsymbol{S} = \boldsymbol{s}_1 \oplus \boldsymbol{s}_2.$$

并且, 有关系

$$[\hat{S}_\alpha, \hat{S}_\beta] = i\hbar \varepsilon_{\alpha\beta\gamma} \hat{S}_\gamma, \quad [\hat{S}^2, \hat{S}_\alpha] = 0,$$

其中 $\alpha, \beta = x, y, z$.

由于通常说的两个自旋各自独立, 因此有关系

$$[\hat{s}_{1\alpha}, \hat{s}_{2\beta}] \equiv 0.$$

3.2.2　两电子的总自旋及其波函数

一、　两电子的总自旋的 M–scheme 确定

两电子各有一个自旋自由度, 则两电子系统的自旋有两个自由度, 其可测量量完全集应包含两个物理量. 通常, 人们可以采用非耦合表象或耦合表象来表征两电子自旋系统的状态.

对两电子的自旋态都取 z 表象，则 $\{\hat{s}_{1z}, \hat{s}_{2z}\}$ 即构成非耦合表象中的可测量量完全集. 对于第 i 个电子 $(i=1,2)$，记其自旋在 z 方向的投影的本征态为 $\alpha(i)$ 和 $\beta(i)$，则有

$$\hat{s}_{iz}\alpha(i) = \frac{\hbar}{2}\alpha(i), \quad \hat{s}_{iz}\beta(i) = -\frac{\hbar}{2}\beta(i).$$

并且，由于两电子自旋各自独立，系统的自旋波函数为各自的自旋波函数的直积，即有

$$\{\alpha(1), \beta(1)\} \otimes \{\alpha(2), \beta(2)\} = \{\alpha(1)\alpha(2), \alpha(1)\beta(2), \beta(1)\alpha(2), \beta(1)\beta(2)\}.$$

对于耦合表象，人们通常采用与表征一个角动量的状态相同的方案 (既有角动量，又有角动量在 z 方向的投影)，即取 $\{\hat{\boldsymbol{S}}^2, \hat{S}_z\}$ 为耦合表象中的可测量量完全集.

由 $\hat{S}_z = \hat{s}_{1z} + \hat{s}_{2z}$ 知，耦合表象中系统的总自旋在 z 方向的投影为两电子各自的自旋在 z 方向上的投影的简单叠加，那么，$\alpha(1)\alpha(2)$、$\alpha(1)\beta(2)$、$\beta(1)\alpha(2)$、$\beta(1)\beta(2)$ 对应的 S_z 分别为 1、0、0、-1.

由角动量的 z 分量 m_l 与角动量 l 的关系

$$m_l = 0, \pm 1, \pm 2, \cdots, \pm l$$

可知，上述的 $S_z = \pm 1$ 和一个 $S_z = 0$ 对应 $S = 1$ 在 z 方向的三个投影值，一个 $S_z = 0$ 对应 $S = 0$ 在 z 方向的投影值. 所以，两电子系统 (两自旋量子数都为 $\frac{1}{2}$ 的系统) 的总自旋量子数可能为

$$S = 1, 0.$$

这种通过分析角动量 (自旋) 在 z 方向上的投影、进而确定总角动量 (自旋) 的方法通常称为角动量 (自旋) 叠加的 M–scheme.

二、两电子的总自旋波函数

由定义 $\hat{\boldsymbol{S}} = \hat{s}_1 + \hat{s}_2$ 和自旋算符与泡利算符的关系，可知

$$\begin{aligned}
\hat{\boldsymbol{S}}^2 &= \left(\hat{s}_1 + \hat{s}_2\right)^2 = \hat{s}_1^2 + \hat{s}_2^2 + 2\hat{s}_1 \cdot \hat{s}_2 \\
&= \hat{s}_1^2 + \hat{s}_2^2 + 2\left(\hat{s}_{1x}\hat{s}_{2x} + \hat{s}_{1y}\hat{s}_{2y} + \hat{s}_{1z}\hat{s}_{2z}\right) \\
&= \frac{3}{2}\hbar^2 \hat{I} + \frac{\hbar^2}{2}\left(\hat{\sigma}_{1x}\hat{\sigma}_{2x} + \hat{\sigma}_{1y}\hat{\sigma}_{2y} + \hat{\sigma}_{1z}\hat{\sigma}_{2z}\right) \\
&= \frac{3}{2}\hbar^2 \hat{I} + \frac{\hbar^2}{2}\left[\hat{\sigma}_{1y}\hat{\sigma}_{2y}\left(\hat{I} - \hat{\sigma}_{1z}\hat{\sigma}_{2z}\right) + \hat{\sigma}_{1z}\hat{\sigma}_{2z}\right].
\end{aligned}$$

记 ξ、η 为两电子的编号，由定义和矩阵运算规则则知

$$\hat{\sigma}_{\xi z}\alpha(\eta) = \delta_{\xi\eta}\alpha(\eta), \quad \hat{\sigma}_{\xi z}\beta(\eta) = -\delta_{\xi\eta}\beta(\eta),$$

并且

$$\hat{\sigma}_{\xi y}\alpha(\eta) = i\delta_{\xi\eta}\beta(\eta), \quad \hat{\sigma}_{\xi y}\beta(\eta) = -i\delta_{\xi\eta}\alpha(\eta).$$

于是

$$\hat{\boldsymbol{S}}^2\alpha(1)\alpha(2) = 2\hbar^2\alpha(1)\alpha(2),$$

$$\hat{\boldsymbol{S}}^2\beta(1)\beta(2) = 2\hbar^2\beta(1)\beta(2),$$

$$\hat{\boldsymbol{S}}^2\alpha(1)\beta(2) = \hbar^2\left[\frac{3}{2} + \frac{1}{2}\big(2\hat{\sigma}_{1y}\hat{\sigma}_{2y} - 1\big)\right]\alpha(1)\beta(2) = \hbar^2\alpha(1)\beta(2) + \hbar^2\beta(1)\alpha(2),$$

$$\hat{\boldsymbol{S}}^2\beta(1)\alpha(2) = \hbar^2\left[\frac{3}{2} + \frac{1}{2}\big(2\hat{\sigma}_{1y}\hat{\sigma}_{2y} - 1\big)\right]\beta(1)\alpha(2) = \hbar^2\beta(1)\alpha(2) + \hbar^2\alpha(1)\beta(2).$$

这表明, $\alpha(1)\alpha(2)$ 和 $\beta(1)\beta(2)$ 是 $\hat{\boldsymbol{S}}^2$ 的本征函数, 相应的本征值为 $S = 1$; 但 $\alpha(1)\beta(2)$ 和 $\beta(1)\alpha(2)$ 不是 $\hat{\boldsymbol{S}}^2$ 的本征函数. 然而, 很显然

$$\hat{\boldsymbol{S}}^2\big[\alpha(1)\beta(2) + \beta(1)\alpha(2)\big] = \hbar^2\big[\alpha(1)\beta(2) + \beta(1)\alpha(2)\big] + \hbar^2\big[\beta(1)\alpha(2) + \alpha(1)\beta(2)\big]$$

$$= 2\hbar^2\big[\alpha(1)\beta(2) + \beta(1)\alpha(2)\big],$$

$$\hat{\boldsymbol{S}}^2\big[\alpha(1)\beta(2) - \beta(1)\alpha(2)\big] = \hbar^2\big[\alpha(1)\beta(2) + \beta(1)\alpha(2)\big] - \hbar^2\big[\beta(1)\alpha(2) + \alpha(1)\beta(2)\big]$$

$$= 0 \cdot \big[\alpha(1)\beta(2) - \beta(1)\alpha(2)\big].$$

这表明, $\alpha(1)\beta(2)$ 与 $\beta(1)\alpha(2)$ 的线性组合 $\big[\alpha(1)\beta(2) + \beta(1)\alpha(2)\big]$ 和 $\big[\alpha(1)\beta(2) - \beta(1)\alpha(2)\big]$ 都是 $\hat{\boldsymbol{S}}^2$ 的本征函数, 本征值分别为 $S = 1$、$S = 0$.

总之, 两个自旋都为 $\frac{1}{2}\hbar$ 的电子形成的系统总自旋的量子数为

$$S = 1, 0.$$

并且, 利用李群李代数理论或前述的 M–scheme 可以证明 (利用 M–scheme 方法的直观证明见附录三), 两角动量 l_1、l_2 耦合而成的总角动量可以一般地表述为

$$L = |l_1 - l_2|, |l_1 - l_2| + 1, \cdots, l_1 + l_2 - 1, l_1 + l_2. \tag{3.9}$$

考虑归一化, 则两个自旋都为 $\frac{\hbar}{2}$ 的电子的总自旋的本征函数为

$$\psi_{S=1} = \begin{cases} \chi_{1,1} = \alpha(1)\alpha(2), & (S = 1, M = 1), \quad\text{(a)} \\[2mm] \chi_{1,0} = \dfrac{1}{\sqrt{2}}\big[\alpha(1)\beta(2) + \alpha(2)\beta(1)\big], & (S = 1, M = 0), \quad\text{(b)} \\[2mm] \chi_{1,-1} = \beta(1)\beta(2), & (S = 1, M = -1); \quad\text{(c)} \end{cases}$$

$$\psi_{S=0} = \chi_{0,0} = \frac{1}{\sqrt{2}}\big[\alpha(1)\beta(2) - \alpha(2)\beta(1)\big], \quad (S = 0, M = 0). \tag{d}$$

其直观图像如图 3.1 所示.

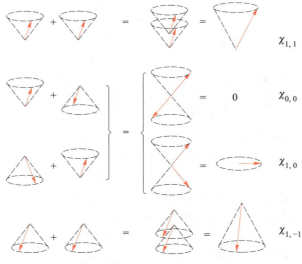

图 3.1　两量子数为 $\frac{1}{2}$ 的自旋的叠加及其形成的态示意图

这些结果具体说明, 总自旋量子数 $S=1$ 的态是三重态, 分别对应 $M_S=1,0,$ $-1;$ 总自旋量子数 $S=0$ 的态为单态, 因为仅有 $M_{S=0} \equiv 0.$ 氦原子有三重态的正氦和单态仲氦正是两自旋量子数都为 $\frac{1}{2}$ 的系统的总自旋态有自旋量子数 $S=1$ 的三重态和 $S=0$ 的单态的直接反映.

三、纠缠态

回顾本章和附录二的讨论及数学原理, 我们知道, 求解多变量的本征方程时, 能够把完整的波函数表述为以各变量为宗量的波函数的乘积 (也就是能够分离变量)的条件是这些变量各自相互独立、相互没有影响. 推而广之, 独立粒子系统的波函数能够表述为各粒子波函数的简单乘积 (严格来讲是直积). 那么, 体系的波函数不能表述为组成体系的各组分粒子的波函数的简单乘积的多粒子体系的各组分粒子之间一定有相互作用, 也就是各组分粒子之间有纠缠. 例如前述的两电子自旋体系的波函数表述为各电子的自旋的波函数 $\{\alpha(i), \beta(i)\}$ 的直积 $\{\alpha(1)\alpha(2), \alpha(1)\beta(2),$ $\beta(1)\alpha(2), \beta(1)\beta(2)\}$ 时, $\alpha(1)\beta(2)$ 和 $\beta(1)\alpha(2)$ 仅仅是各电子的自旋的 z 分量的本征函数, 不是总自旋 $\hat{S} = \hat{s}_1 + \hat{s}_2$ 及其平方的本征函数; 总自旋 $\hat{S} = \hat{s}_1 + \hat{s}_2$ 及其平方的本征函数一定是 $\alpha(1)\beta(2)$ 与 $\beta(1)\alpha(2)$ 的线性组合.

于是, 对于多粒子 (多变量) 系统的量子态, 人们称不能表述为各组分粒子的量子态的简单乘积的量子态为纠缠态. 再如, 两电子的总自旋的波函数中的 (b) 式和 (d) 式.

再回顾前述的两电子自旋的 (总) 波函数, 其中的 χ_{10} 和 χ_{00} 是纠缠态, 而 χ_{11}和 χ_{1-1} 不是纠缠态. 事实上, 人们可以把两电子的四个 (总) 自旋波函数都表述为纠缠态. 例如, 在前述的 $\{\hat{\sigma}_{1z}\hat{\sigma}_{2z}\}$ 表象中, 算符集 $\{\hat{\sigma}_{1x}\hat{\sigma}_{2x}, \hat{\sigma}_{1y}\hat{\sigma}_{2y}\}$、$\{\hat{\sigma}_{1x}\hat{\sigma}_{2y}, \hat{\sigma}_{1y}\hat{\sigma}_{2x}\}$都构成可测量量完全集, 它们的共同本征函数就都是纠缠态 (作为习题, 请读者给出

其具体表达式). 这两个可测量量完全集的各自的共同本征函数系都称为 (著名的) 贝尔基, 在 2–qubits 系统的 (量子信息) 研究中被广泛应用. 对于 3–qubits 系统和 4–qubits 系统, 现在常用的有 GHZ 基 (Greenberger–Horne–Zeilinger state) 等. 限于课程范畴, 这里不再具体讨论. 但需要提请注意, 并不是任意的量子态都可以构成纠缠态. 前述讨论表明, 可以构成纠缠态的条件是它们的组成单元是可测量量完全集中的物理量的共同本征函数.

3.3 __ 全同粒子及其交换对称性

3.3.1 全同粒子体系的概念和基本特征

一、定义

▶ 3.3.1
授课视频

截至目前, 对于微观粒子, 它们除具有我们已经熟知的质量和电荷自由度外, 还具有自旋自由度. 更深入的研究表明, 有些粒子 (例如, 组成质子的夸克和胶子) 还具有颜色自由度. 静质量、电荷和自旋等内禀属性完全相同的同类微观粒子称为全同粒子 (identical particle). 由之组成的多粒子体系称为全同粒子体系.

我们知道, 在经典物理中, 描述粒子状态的物理量都可以连续变化, 无穷小的差别即显示整体状态的不同, 因此不需要全同粒子及全同粒子体系的概念. 而在量子物理中, 物理量都是离散变化的. 因此微观粒子的全同性是对粒子状态量子化的结果, 或者说, 全同性是微观粒子的量子性本质的体现.

二、基本特征 (量子力学基本假设之五)

先考察处于电荷数为 Z 的粒子形成的静电场中的两全同电子, 记其位置坐标分别为 r_1、r_2, 动量分别为 p_1、p_2, 它们组成的体系的哈密顿量为

$$\hat{H} = \frac{\hat{p}_1^2}{2m} + \frac{\hat{p}_2^2}{2m} - \frac{Ze^2}{r_1} - \frac{Ze^2}{r_2} + \frac{e^2}{|r_1 - r_2|}.$$

显然当这两个电子交换时, 该哈密顿量显然不变.

推而广之, 对于全同粒子体系中任何两个粒子的交换, 体系的任何可测量物理量都是不变的. 这是量子力学中的一个基本原理 (或称基本假设), 常称之为全同性原理.

全同性原理与量子态假设、算符假设、测量假设和薛定谔方程一起, 构成量子力学理论体系的理论框架 (或称基石).

3.3.2 全同粒子体系波函数的交换对称性

一、全同粒子体系的波函数的交换对称性及其分类

▶ 3.3.2
授课视频

对一由 N 个全同粒子组成的多粒子体系, 记量子态为

$$\psi(q_1, q_2, \cdots, q_i, \cdots, q_j, \cdots, q_N),$$

其中 $q_i(i = 1, 2, \cdots, N)$ 为表征第 i 个粒子状态的各种自由度的 "坐标", 再记对第 i、第 j 两个粒子的全部坐标进行交换的算符为 $\hat{P}_{ij}$, 则

$$\hat{P}_{ij}\psi(q_1, q_2, \cdots, q_i, \cdots, q_j, \cdots, q_N) = \psi(q_1, q_2, \cdots, q_j, \cdots, q_i, \cdots, q_N).$$

由于粒子具有全同性, 粒子 i 和粒子 j 只是对粒子的人为区分, 其实是不能区分的, 因此 $\hat{P}_{ij}\psi$ 和 ψ 描述的是同一个量子态, 这就是说, 交换系统内部任意两个粒子的坐标不改变系统的状态, 于是有本征方程:

$$\hat{P}_{ij}\psi = c\psi,$$

其中 c 为常数. 那么

$$\hat{P}_{ij}^2\psi = \hat{P}_{ij}\left(\hat{P}_{ij}\psi\right) = \hat{P}_{ij}c\psi = c\hat{P}_{ij}\psi = c^2\psi.$$

另一方面, 直观地, 连续两次交换一定回到其原本的状态, 即有

$$\hat{P}_{ij}^2\psi \equiv \psi.$$

于是有

$$c^2 = 1,$$

所以 (忽略常数相位)

$$c = \pm 1.$$

即交换算符只有两个本征值 $c = +1$ 和 $c = -1$.

如果 $\hat{P}_{ij}\psi = \psi$, 则称 ψ 为对称波函数, 即两粒子互换后, 波函数不变.

如果 $\hat{P}_{ij}\psi = -\psi$, 则称 ψ 为反对称波函数, 即两粒子互换后, 波函数改变符号.

进一步可以证明, 交换算符 $\hat{P}_{ij}$ 是守恒量. 因此, 全同粒子体系的波函数的交换对称性是不随时间改变的. 如果粒子在某一时刻处在对称 (或反对称) 态上, 则它将永远处在对称 (或反对称) 态上.

二、全同粒子的分类

因为对于粒子交换, 全同粒子体系的波函数只有对称和反对称两类, 并且这两种交换对称性是完全确定的, 不随时间而改变, 那么全同粒子系统可以按其波函数的交换对称性分为两类. 根据它们各自遵循的统计分布规律, 分别称之为玻色系统、费米系统.

如果全同粒子系统的波函数对其中的任意两粒子的交换都是对称的, 则称这类粒子为玻色子 (boson). 统计物理学的研究表明, 自旋为 $\hbar$ 的整数倍, 即自旋量子数 $s = 0, 1, 2, \cdots$ 的粒子为玻色子, 其状态按能量的分布规律遵守玻色统计.

如果全同粒子系统的波函数对其中任意两粒子的交换都是反对称的, 则称这类粒子为费米子 (fermion). 统计物理学的研究表明, 自旋为 $\hbar$ 的半奇数倍, 即自旋量子数 $s = \dfrac{1}{2}, \dfrac{3}{2}, \cdots$ 的粒子为费米子, 其状态按能量的分布规律遵守费米统计.

关于玻色子与费米子的区分, 对 "基本粒子" (没有组分结构的粒子) 很简单, 直接考察其内禀自由度——自旋即可 (自旋量子数为整数的是玻色子, 自旋量子数为半奇数的即是费米子). 对 "复合粒子", 即具有组分结构的粒子, 比较复杂, 应该首先考察其内部自由度是否冻结; 如果其内部自由度冻结, 则参照对 "基本粒子" 的分类即可对之分类; 如果其内部结构不冻结, 则应根据其内部组分粒子耦合成的总自旋来分类, 例如对正负电子形成的束缚态 (正负电子偶素) 通常认为是玻色子. 再者, 这里所述的通常对粒子分类的方案是对现实的三维空间中的. 对于二维系统中的粒子, 还有任意子 (anyon, 即兼具玻色子和费米子的性质).

3.3.3
授课视频

3.3.3 仅包含两全同粒子的体系的波函数与泡利不相容原理

由附录二和第二章的讨论可知, 一个量子体系的波函数 (状态) 由体系的相互作用决定, 对于简单的体系, 其状态较容易确定. 对于复杂的体系, 其状态很难确定. 这里对最简单的多粒子体系——两全同粒子组成的体系予以简要讨论.

一、 无相互作用的两个全同粒子组成的体系

1. 哈密顿量

记两粒子的哈密顿量分别为 $\hat{H}(q_1)$、$\hat{H}(q_2)$, 其中 $q_i(i=1,2)$ 为表征粒子 i 的状态的所有坐标, 如果粒子间无相互作用, 则体系的哈密顿量为

$$\hat{H} = \hat{H}(q_1) + \hat{H}(q_2).$$

2. 单粒子波函数

因为单粒子哈密顿量为 $\hat{H}(q)$, 则有本征方程

$$\hat{H}(q)\phi_k(q) = \varepsilon_k \phi_k(q),$$

其中 k 为描述单粒子状态的所有量子数的集合, ε_k 为单粒子能量, $\phi_k(q)$ 为归一化的单粒子波函数.

3. 体系的波函数

因为两粒子之间无相互作用, 则体系的波函数可以分离变量 (因子化) 为两粒子波函数之积, 对两粒子分别以 1、2 编号, 记一个粒子处于 ϕ_{k_1} 态, 另一个粒子处于 ϕ_{k_2} 态, 则因子化后的体系的波函数的构件为

$$\phi_{k_1}(q_1)\phi_{k_2}(q_2) \quad \text{和} \quad \phi_{k_1}(q_2)\phi_{k_2}(q_1).$$

相应的本征能量为

$$E = \varepsilon_{k_1} + \varepsilon_{k_2},$$

即有交换简并.

如果 $k_1 = k_2 = k$, 则 $\phi_k(q_1)\phi_k(q_2)$ 和 $\phi_k(q_2)\phi_k(q_1)$ 是完全区分不开的, 即是对称的.

如果 $k_1 \neq k_2$，则 $\phi_{k_1}(q_1)\phi_{k_2}(q_2)$ 和 $\phi_{k_1}(q_2)\phi_{k_2}(q_1)$ 既不对称也不反对称. 但根据对两电子自旋态的讨论的经验，我们可以通过线性组合得到具有确定交换对称性的波函数. 其中交换对称态为

$$\psi^{\mathrm{S}}_{k_1 k_2} = \frac{1}{\sqrt{2}}\big[\phi_{k_1}(q_1)\phi_{k_2}(q_2) + \phi_{k_1}(q_2)\phi_{k_2}(q_1)\big],$$

交换反对称态为

$$\psi^{\mathrm{AS}}_{k_1 k_2} = \frac{1}{\sqrt{2}}\big[\phi_{k_1}(q_1)\phi_{k_2}(q_2) - \phi_{k_1}(q_2)\phi_{k_2}(q_1)\big].$$

二、 有相互作用的两个全同粒子组成的体系

记两粒子的哈密顿量分别为 $\hat{H}(q_1)$、$\hat{H}(q_2)$，其中 $q_i(i = 1,2)$ 为表征粒子 i 的状态的所有坐标，因为粒子间有相互作用，记之为 $U_{q_1 q_2}$，则体系的哈密顿量为

$$\hat{H} = \hat{H}(q_1) + \hat{H}(q_2) + U_{q_1 q_2}.$$

因为两粒子之间有相互作用，由数学原理知，这两个粒子组成的体系的本征函数的变量不能分离开，即体系的波函数 ϕ 不能因子化为两单粒子波函数之积，但可以一般地表述为 $\phi(q_1, q_2)$. 并且，总可以由本征方程

$$\hat{H}\phi(q_1, q_2) = E\phi(q_1, q_2)$$

解出 (尽管可能很困难) 本征函数 $\phi(q_1, q_2)$. 进而，通过线性组合，我们可以得到体系的交换对称态为

$$\psi^{\mathrm{S}}(q_1, q_2) = \frac{1}{\sqrt{2}}\big[\phi(q_1, q_2) + \phi(q_2, q_1)\big],$$

体系的交换反对称态为

$$\psi^{\mathrm{AS}}(q_1, q_2) = \frac{1}{\sqrt{2}}\big[\phi(q_1, q_2) - \phi(q_2, q_1)\big].$$

三、 泡利不相容原理

对两个费米子组成的体系，如果这两个费米子之间无相互作用，并且每个粒子的波函数可记为 $\phi_{k_i}(q_j)(i, j = 1, 2)$，则体系的波函数 (交换反对称) 为

$$\psi^{\mathrm{AS}}_{k_1 k_2} = \frac{1}{\sqrt{2}}\big[\phi_{k_1}(q_1)\phi_{k_2}(q_2) - \phi_{k_1}(q_2)\phi_{k_2}(q_1)\big].$$

如果 $k_1 = k_2 = k$，则上式中两项相减的结果为 0，即有

$$\psi^{\mathrm{AS}}_{kk} \equiv 0.$$

这就是说，$k_1 = k_2 = k$ 的态实际不存在.

上述讨论表明, 不可能有两个全同的费米子处在同一个 (单粒子) 量子态. 这就是著名的泡利不相容原理 (Pauli exclusion principle, 1925 年 1 月提出). 显然, 该原理对费米系统的波函数给出了很强的限制, 是构建费米系统的波函数时必须遵循的基本规则.

例题 3.1 设有两个相同的自由粒子, 均处于动量本征态, 相应的本征值分别为 $\hbar \boldsymbol{k}_\alpha$、$\hbar \boldsymbol{k}_\beta$, 试就没有交换对称性、交换反对称和交换对称三种情况分别讨论它们在空间的相对位置的概率密度分布.

解: (1) 依题意, 不计及交换对称性时, 两个自由粒子的波函数可以表述为

$$\psi_{\boldsymbol{k}_\alpha \boldsymbol{k}_\beta}(\boldsymbol{r}_1, \boldsymbol{r}_2) = \frac{1}{(2\pi\hbar)^3} \mathrm{e}^{\mathrm{i}(\boldsymbol{k}_\alpha \cdot \boldsymbol{r}_1 + \boldsymbol{k}_\beta \cdot \boldsymbol{r}_2)}.$$

为方便讨论相对位置的概率分布, 我们引入相对坐标 (因为全同, 质量因子已经约掉) $\boldsymbol{r} = \boldsymbol{r}_1 - \boldsymbol{r}_2$、质心坐标 $\boldsymbol{R} = \dfrac{\boldsymbol{r}_1 + \boldsymbol{r}_2}{2}$、相对波矢量 $\boldsymbol{k} = \dfrac{\boldsymbol{k}_\alpha - \boldsymbol{k}_\beta}{2}$ 和总波矢量 $\boldsymbol{K} = \boldsymbol{k}_\alpha + \boldsymbol{k}_\beta$, 则

$$\psi_{\boldsymbol{k}_\alpha \boldsymbol{k}_\beta}(\boldsymbol{r}_1, \boldsymbol{r}_2) = \frac{1}{(2\pi\hbar)^3} \mathrm{e}^{\mathrm{i}(\boldsymbol{k}_\alpha \cdot \boldsymbol{r}_1 + \boldsymbol{k}_\beta \cdot \boldsymbol{r}_2)} = \frac{1}{(2\pi\hbar)^3} \mathrm{e}^{\mathrm{i}(\boldsymbol{K} \cdot \boldsymbol{R} + \boldsymbol{k} \cdot \boldsymbol{r})}.$$

由此知, 这两个全同粒子的相对运动波函数为

$$\phi_{\boldsymbol{k}}(\boldsymbol{r}) = \frac{1}{(2\pi\hbar)^{3/2}} \mathrm{e}^{\mathrm{i}\boldsymbol{k} \cdot \boldsymbol{r}}.$$

根据波函数的物理意义, 我们知道, 在一个粒子周围半径为 $(r, r + \mathrm{d}r)$ 的球壳内出现另一个粒子的概率为

$$4\pi r^2 P(r)\mathrm{d}r = r^2 \mathrm{d}r \int \left| \phi_{\boldsymbol{k}}(\boldsymbol{r}) \right|^2 \mathrm{d}\Omega = r^2 \mathrm{d}r \frac{4\pi}{(2\pi\hbar)^3}.$$

所以相对运动的概率密度为

$$P(r) = \frac{1}{(2\pi\hbar)^3}.$$

(2) 对于交换反对称的情况

根据前述的构建反对称的波函数的规则, 可得该系统的反对称化了的波函数为

$$\psi_{\boldsymbol{k}_\alpha \boldsymbol{k}_\beta}^{\mathrm{AS}}(\boldsymbol{r}_1, \boldsymbol{r}_2) = \frac{1}{(2\pi\hbar)^3} \frac{1}{\sqrt{2}} \left[\mathrm{e}^{\mathrm{i}(\boldsymbol{k}_\alpha \cdot \boldsymbol{r}_1 + \boldsymbol{k}_\beta \cdot \boldsymbol{r}_2)} - \mathrm{e}^{\mathrm{i}(\boldsymbol{k}_\alpha \cdot \boldsymbol{r}_2 + \boldsymbol{k}_\beta \cdot \boldsymbol{r}_1)} \right].$$

采用与前述相同的分离质心运动与相对运动的方案, 则得

$$\begin{aligned} \psi_{\boldsymbol{k}_\alpha \boldsymbol{k}_\beta}(\boldsymbol{r}_1, \boldsymbol{r}_2) &= \frac{1}{(2\pi\hbar)^3} \mathrm{e}^{\mathrm{i}\boldsymbol{K} \cdot \boldsymbol{R}} \frac{1}{\sqrt{2}} \left[\mathrm{e}^{\mathrm{i}\boldsymbol{k} \cdot \boldsymbol{r}} - \mathrm{e}^{-\mathrm{i}\boldsymbol{k} \cdot \boldsymbol{r}} \right] \\ &= \frac{\sqrt{2}\mathrm{i}}{(2\pi\hbar)^3} \mathrm{e}^{\mathrm{i}\boldsymbol{K} \cdot \boldsymbol{R}} \sin(\boldsymbol{k} \cdot \boldsymbol{r}). \end{aligned}$$

由此知, 考虑交换反对称性后, 质心运动部分不发生变化, 相对运动部分改变为

$$\phi_{\boldsymbol{k}}^{\mathrm{AS}}(\boldsymbol{r}) = \frac{\sqrt{2}\mathrm{i}}{(2\pi\hbar)^{3/2}} \sin(\boldsymbol{k} \cdot \boldsymbol{r}).$$

那么，经采用与前述相同的计算方案计算后，得到考虑反对称情况下的相对运动的概率密度分布为

$$P^{\mathrm{AS}}(r) = \frac{1}{(2\pi\hbar)^3}\left[1 - \frac{\sin(2kr)}{2kr}\right].$$

(3) 对于交换对称的情况

根据前述的构建对称的波函数的规则，并采用与前述相同的分离质心运动与相对运动的方案，则得

$$\begin{aligned}
\psi^{\mathrm{S}}_{\boldsymbol{k}_\alpha \boldsymbol{k}_\beta}(\boldsymbol{r}_1, \boldsymbol{r}_2) &= \frac{1}{(2\pi\hbar)^3}\frac{1}{\sqrt{2}}\left[\mathrm{e}^{\mathrm{i}(\boldsymbol{k}_\alpha\cdot\boldsymbol{r}_1 + \boldsymbol{k}_\beta\cdot\boldsymbol{r}_2)} + \mathrm{e}^{\mathrm{i}(\boldsymbol{k}_\alpha\cdot\boldsymbol{r}_2 + \boldsymbol{k}_\beta\cdot\boldsymbol{r}_1)}\right] \\
&= \frac{1}{(2\pi\hbar)^3}\mathrm{e}^{\mathrm{i}\boldsymbol{K}\cdot\boldsymbol{R}}\frac{1}{\sqrt{2}}\left[\mathrm{e}^{\mathrm{i}\boldsymbol{k}\cdot\boldsymbol{r}} + \mathrm{e}^{-\mathrm{i}\boldsymbol{k}\cdot\boldsymbol{r}}\right] \\
&= \frac{\sqrt{2}}{(2\pi\hbar)^3}\mathrm{e}^{\mathrm{i}\boldsymbol{K}\cdot\boldsymbol{R}}\cos(\boldsymbol{k}\cdot\boldsymbol{r}).
\end{aligned}$$

由此知，考虑交换对称性后，质心运动部分不发生变化，相对运动部分改变为

$$\phi^{\mathrm{S}}_{\boldsymbol{k}}(\boldsymbol{r}) = \frac{\sqrt{2}}{(2\pi\hbar)^{3/2}}\cos(\boldsymbol{k}\cdot\boldsymbol{r}).$$

经采用与前述相同的计算方案计算后，得到考虑交换对称情况下的相对运动的概率密度分布为

$$P^{\mathrm{S}}(r) = \frac{1}{(2\pi\hbar)^3}\left[1 + \frac{\sin(2kr)}{2kr}\right].$$

总之，对于没有交换对称性、交换反对称和交换对称三种情况，两全同自由粒子在空间的相对概率密度分布分别为 $\dfrac{1}{(2\pi\hbar)^3}$、$\dfrac{1}{(2\pi\hbar)^3}\left(1 - \dfrac{\sin 2kr}{2kr}\right)$、$\dfrac{1}{(2\pi\hbar)^3}\left(1 + \dfrac{\sin 2kr}{2kr}\right)$. 由此例子可知，是否考虑多粒子系统的交换对称性，系统的状态 (概率密度分布) 有很大差别. 因此，在处理实际问题时，一定要考虑系统的交换对称性.

3.3.4 全同多粒子体系性质研究方法简述

3.3.4 ◀ 授课视频

一、N 个无相互作用的全同粒子组成的体系

1. 哈密顿量

记第 i 个粒子的哈密顿量为 $\hat{H}(q_i)$，由 N 个全同粒子组成的系统的哈密顿量为各粒子哈密顿量的简单相加，即有

$$\hat{H} = \hat{H}(q_1) + \hat{H}(q_2) + \cdots + \hat{H}(q_N).$$

2. 单粒子态

每一粒子有本征方程

$$\hat{H}(q_i)\phi_{k_i}(q_i) = \varepsilon_{k_i}\phi_{k_i}(q_i),$$

其中 ε_{k_i} 为单粒子能量，k_i 表示描述粒子状态的量子数的集合，$\phi_{k_i}(q_i)$ 为体系中 (归一化的) 单粒子的波函数.

3. 系统的波函数

因为各粒子之间无相互作用, $\hat{H} = \hat{H}(q_1) + \hat{H}(q_2) + \cdots + \hat{H}(q_N)$, 则系统的波函数可以分离变量, 也就是可以因子化为各单粒子波函数的乘积, 即有

$$\Phi(q_1, q_2, \cdots, q_N) = \phi_{k_1}(q_1)\phi_{k_2}(q_2)\cdots\phi_{k_N}(q_N),$$

并有本征方程

$$\hat{H}\Phi = E\Phi,$$

系统的能量为

$$E = \varepsilon_{k_1} + \varepsilon_{k_2} + \cdots + \varepsilon_{k_N}.$$

考虑系统波函数的对称性, 需要通过对上述波函数 $\Phi(q_1, q_2, \cdots, q_N)$ 进行各种粒子交换变换来构建.

对费米系统, 其波函数具有反对称性, 则常表述为斯莱特行列式的形式

$$\Psi_{k_1 k_2 \cdots k_N}^{\text{AS}}(q_1, q_2, \cdots, q_N) = \frac{1}{N!} \begin{vmatrix} \phi_{k_1}(q_1) & \phi_{k_1}(q_2) & \cdots & \phi_{k_1}(q_N) \\ \phi_{k_2}(q_1) & \phi_{k_2}(q_2) & \cdots & \phi_{k_2}(q_N) \\ & \cdots\cdots\cdots\cdots & & \\ \phi_{k_N}(q_1) & \phi_{k_N}(q_2) & \cdots & \phi_{k_N}(q_N) \end{vmatrix}.$$

对玻色系统, 因为无泡利不相容原理限制, 则可能有 n_i 个粒子处于 k_i 态, 那么

$$\Psi_{n_1 n_2 \cdots n_N}^{\text{S}}(q_1, q_2, \cdots, q_N) = \sqrt{\frac{\prod\limits_i n_i!}{N!}} \sum_P P\big[\phi_{k_1}(q_1)\phi_{k_1}(q_2)\cdots\phi_{k_1}(q_{n_1})\cdots\phi_{k_N}(q_N)\big],$$

其中的 P 表示所有各种交换变换.

二、有相互作用的全同粒子组成的体系

很复杂, 这里不专门讨论. 在讨论多电子原子的结构和分子的结构时, 予以简要介绍.

3.4__ 多电子原子结构的研究方法概述

▶ 3.4
授课视频

多电子原子即由一个原子核和多个电子形成的束缚态. 由于原子核与各个电子之间都有电磁相互作用 (吸引的)、任意两个电子之间也都有电磁相互作用 (排斥的), 并且电子是 $\left(\text{自旋为 } \dfrac{1}{2}\hbar \text{ 的}\right)$ 费米子, 因此多电子原子是一个典型的有相互作用的费米系统, 很复杂. 这里仅就对之研究的方法予以简单介绍.

3.4.1　一般讨论

参照讨论氢原子时采用的分离质心运动与相对运动的方法, 由于多电子原子中的原子核很重, 因此质心在很靠近原子核的地方, 于是可以把原子核看作固定不动 (或者说我们不关心原子核的自由运动)、原子中的所有电子都相对于原子核运动的方案描述多电子原子. 记多电子原子中原子核的核电荷数为 Z、电子的数目为 n、第 i 个电子相对原子核的位置坐标为 $\boldsymbol{r}_i$, 第 i 个电子与第 j 个电子之间的相对坐标为 $\boldsymbol{r}_{ij} = \boldsymbol{r}_i - \boldsymbol{r}_j$, 则多电子原子的哈密顿量可以表述为

$$\hat{H} = \hat{H}_1 + \hat{H}_2,$$

其中

$$\hat{H}_1 = \sum_i^n \hat{h}_i = \sum_i^n \left(\hat{T}_i + \hat{U}_{Ni} \right) = \sum_i^n \left(\hat{T}_i - \frac{Ze_s^2}{r_i} \right),$$

$$\hat{H}_2 = \sum_{i<j} \frac{e_s^2}{r_{ij}} = \frac{1}{2} \sum_{i \neq j} \frac{e_s^2}{r_{ij}}.$$

波函数则可假设为

$$\Phi = \frac{1}{\sqrt{N!}} \begin{vmatrix} u_{k_1}(q_1) & u_{k_1}(q_2) & \cdots & u_{k_1}(q_n) \\ u_{k_2}(q_1) & u_{k_2}(q_2) & \cdots & u_{k_2}(q_n) \\ \cdots & \cdots & \cdots & \cdots \\ u_{k_\nu}(q_1) & u_{k_\nu}(q_2) & \cdots & u_{k_\nu}(q_n) \end{vmatrix},$$

其中 $k_i(i = 1, 2, \cdots, \nu)$ 为描述粒子状态的量子数的集合中的第 i 个. 由于费米系统受泡利不相容原理的限制, 则 $\nu \geqslant n$. 为保证有唯一解, 则应有 (可测量量完全集保证) $\nu = n$. $u_{k_i}(q_j)$ 为包含所有自由度的单粒子波函数.

此式看似与无相互作用情况下的波函数相同, 但事实上, 由于第 i 个电子不仅受原子核 N 的作用, 还受其它 $(n-1)$ 个电子的作用, 即不能由哈密顿量中包含在 $\hat{H}_1$ 中的 $\hat{h}_i$ 确定, 而应由 $\hat{H}_1$ 和 $\hat{H}_2$ 共同确定. 因此它应通过统一求解本征方程

$$\hat{H}\Phi = E\Phi$$

来确定. 这也正是求解多电子原子 (有相互作用的费米系统) 的困难所在.

当然, 求解了上述关于 Φ 的本征方程即可确定多电子原子的能谱, 进而即可确定多电子原子的结构和其它性质.

3.4.2　哈特里–福克自洽场方法*

由于哈密顿量仅与坐标有关, 包含所有自由度的单粒子波函数 $u_{k_i}(q_j)$ 可以因子化为关于其它自由度的波函数与坐标空间中的单粒子波函数 $\varphi_{k_i}(r_j)$ 的乘积. 并且, 上述多电子原子的哈密顿量可以表述为矩阵形式

$$\hat{H} = \{I_\lambda\} + \frac{1}{2}\{J_{\lambda\mu} - K_{\lambda\mu}\},$$

其中 I_λ 为哈密顿量的矩阵表述形式中的对角元, 也就是单体作用矩阵元,

$$I_\lambda = \langle u_\lambda(q_i)|\hat{h}_i|u_\lambda(q_i)\rangle = \langle \varphi_i(\boldsymbol{r}_i)|\hat{h}_i|\varphi_i(\boldsymbol{r}_i)\rangle.$$

$J_{\lambda\mu}$ 和 $K_{\lambda\mu}$ 为哈密顿量的矩阵表述形式中的非对角元. 由于全同费米子具有不可分辨性, 因此常将两体相互作用表述为假设可以区分粒子的直接作用部分 $J_{\lambda\mu}$, 和交换作用部分 $K_{\lambda\mu}$. 由于电子具有交换反对称性, 因此交换作用在形式上与直接作用相差一负号, 具体即有

$$J_{\lambda\mu} = \langle u_\lambda(q_i)u_\mu(q_j)\Big|\frac{e_s^2}{r_{ij}}\Big|u_\lambda(q_i)u_\mu(q_j)\rangle = \langle \varphi_i(\boldsymbol{r}_i)\varphi_j(\boldsymbol{r}_j)\Big|\frac{e_s^2}{r_{ij}}\Big|\varphi_i(\boldsymbol{r}_i)\varphi_j(\boldsymbol{r}_j)\rangle,$$

$$K_{\lambda\mu} = \langle u_\lambda(q_i)u_\mu(q_j)\Big|\frac{e_s^2}{r_{ij}}\Big|u_\mu(q_i)u_\lambda(q_j)\rangle = \langle \varphi_i(\boldsymbol{r}_j)\varphi_j(\boldsymbol{r}_i)\Big|\frac{e_s^2}{r_{ij}}\Big|\varphi_i(\boldsymbol{r}_i)\varphi_j(\boldsymbol{r}_j)\rangle.$$

具体求解时, 先找一组试探的单粒子波函数 $\{\varphi_i^{(0)}(\boldsymbol{r}_i)\}$, 例如由 $\hat{h}_i$ 决定的单粒子波函数的集合, 完成上述三式所示的计算确定相互作用, 求解相应的本征方程得到一组新的单粒子波函数 $\{\varphi_i^{(1)}(\boldsymbol{r}_i)\}$. 由这组新的单粒子波函数, 重新计算哈密顿量的矩阵元, 确定新的相互作用; 通过求解由新的相互作用构成的本征方程得到更新的单粒子波函数 $\{\varphi_i^{(2)}(\boldsymbol{r}_i)\}$, 由此可以确定再新的相互作用矩阵, 得到再新的哈密顿量. 如此递推计算下去, 直至得到满足精度要求的收敛的解. 这种通过递推计算求解多电子原子问题的方法称为哈特里–福克自洽场方法.

由于这种递推计算极其复杂, 因此在很多计算中都仅考虑两体直接作用、忽略两体交换作用, 这种近似计算方案称为哈特里近似.

3.4.3 密度泛函方法 **

除前述的哈特里–福克自洽场方法外, 还发展了密度泛函等方法. 限于课程范畴, 这里仅对密度泛函方法的大意介绍如下.

前述讨论表明, 研究多电子原子的结构, 或者广义来讲, 研究一般多体系统的组分粒子结构的经典方法是哈特里–福克自洽场方法及其改进. 这类方法的基础是复杂的多电子 (多粒子) 波函数, 计算极其复杂. 为解决这一问题, 人们考虑量子态的波函数的物理意义——波函数的模的平方为粒子的概率密度, 从而建立了直接考虑电子密度分布的密度泛函方法 [Phys. Rev. Lett. 76, 3168 (1996); J. Phys. Chem. 100, 12974 (1996) 等]. 因为对于由 N 个电子 (粒子) 形成的系统, 系统共有 $3N$ 个宗量 (每个粒子有三个空间自由度), 而电子 (粒子) 密度分布仅有三个宗量 (空间自由度), 从而应用起来更简便.

密度泛函方法的概要是体系的基态能量仅仅是电子 (粒子) 密度的泛函, 以基态密度为变量, 将体系能量泛函最小化即得基态能量. 与前述的经典方法一样, 密

度泛函方法中最难处理的也是多体作用问题, 常用的处理方案是将之简化为一个没有相互作用的电子 (粒子) 在有效势场中运动的问题, 有效势场包括外部势场以及电子 (粒子) 间的相互作用 (关联和交换两部分). 最简单的近似求解方法为局域密度近似 (local density approximation, LDA), 它采用均匀电子 (粒子) 气模型来确定体系的交换部分的贡献, 并采用对自由电子 (粒子) 气进行拟合的方法而处理关联部分的贡献. 较实用的方法有广义梯度近似和张量方法等.

目前, 密度泛函方法除了应用于研究多电子原子、分子和多核子原子核等多体束缚系统的性质和结构外, 更多地应用于进行凝聚态物理 (包括高能标下的核物质等) 及材料性质和结构的计算.

思考题与习题

3.1. 试给出泡利矩阵 $\hat{\sigma}_y$ 在 $\hat{\sigma}_z$ 表象中的本征值和本征态.

3.2. 试证明: 对于任意实参数 α, $\mathrm{e}^{\mathrm{i}\alpha\hat{\sigma}_z} = \hat{I}\cos\alpha + \mathrm{i}\hat{\sigma}_z\sin\alpha$.

3.3. 对升降算符 $\hat{\sigma}_\pm = \dfrac{1}{2}(\hat{\sigma}_x \pm \mathrm{i}\hat{\sigma}_y)$, 试证明: $\hat{\sigma}_\pm^2 = 0$.

3.4. 记极角为 θ、方位角为 ϕ 的方向的单位矢量为 $\hat{n}$, 试确定 $\hat{\boldsymbol{\sigma}} \cdot \hat{n}$ 在 $\hat{\sigma}_z$ 表象中的本征态和本征值.

3.5. 现在在与 z 轴正方向成 θ 角的方向上对一投影沿 z 轴正方向的自旋为 $\dfrac{\hbar}{2}$ 的本征态进行测量, 试确定可能测到的自旋值有哪些, 相应的测得概率分别为多大.

3.6. 试给出 z 表象中的泡利矩阵的表述形式与 x 表象中的泡利矩阵的表述形式之间的变换关系.

3.7. 试给出 z 表象中的泡利矩阵的表述形式与 y 表象中的泡利矩阵的表述形式之间的变换关系.

3.8. 一束氢原子通过磁场方向与 z 轴正方向成 θ 角的施特恩–格拉赫磁极后, 进入磁场方向沿 z 轴正方向的第二个施特恩–格拉赫磁极, 试证明通过第二个施特恩–格拉赫磁极后的氢原子束中自旋沿 z 轴正方向的原子数与自旋沿 z 轴反方向的原子数的比值为 $\cos^2\dfrac{\theta}{2} \Big/ \sin^2\dfrac{\theta}{2}$.

3.9. 对描述两自旋量子数都为 $\dfrac{1}{2}$ 的粒子的自旋的泡利算符 $\hat{\boldsymbol{\sigma}}_1, \hat{\boldsymbol{\sigma}}_2$, 试证明: $[\hat{\sigma}_{1x}\hat{\sigma}_{2x}, \hat{\sigma}_{1z}\hat{\sigma}_{2z}] = 0$, $[\hat{\sigma}_{1y}\hat{\sigma}_{2y}, \hat{\sigma}_{1z}\hat{\sigma}_{2z}] = 0$, $[\hat{\sigma}_{1x}\hat{\sigma}_{2y}, \hat{\sigma}_{1z}\hat{\sigma}_{2z}] = 0$, $[\hat{\sigma}_{1y}\hat{\sigma}_{2x}, \hat{\sigma}_{1z}\hat{\sigma}_{2z}] = 0$.

3.10. 试给出算符集 $\{\hat{\sigma}_{1x}\hat{\sigma}_{2x}, \hat{\sigma}_{1y}\hat{\sigma}_{2y}\}$ 的共同本征函数在 $\{\hat{\sigma}_{1z}\hat{\sigma}_{2z}\}$ 表象中的具体表述, 并说明它们是纠缠态.

3.11. 试给出算符集 $\{\hat{\sigma}_{1x}\hat{\sigma}_{2y}, \hat{\sigma}_{1y}\hat{\sigma}_{2x}\}$ 的共同本征函数在 $\{\hat{\sigma}_{1z}\hat{\sigma}_{2z}\}$ 表象中的具体表述, 并说明它们是纠缠态.

3.12. 在关于超导的 BCS 理论中, 导致出现低温超导的关键因素之一是两个电子形成库珀对, 试说明这对电子处于什么样的自旋态及其机制.

3.13. 设自旋为 $\dfrac{1}{2}\hbar$ 的两全同费米子之间有强度随距离增大而减弱的吸引相互作用, 试说明该两费米子系统可能存在哪些自旋态以及其中的哪一个对应系统的基态.

3.14. 试对两个轨道角动量子数都为 1 的电子形成的系统写出: (1) $m_l = 2$、$m_s = 0$, (2) $m_l = 1$、$m_s = 1$, 两种情况下的波函数的行列式表述形式.

3.15. 具有相同质量的无相互作用的两粒子在宽度为 $2a$ 的无限深势阱中运动, 试就 (1) 两个自旋为 $\dfrac{1}{2}\hbar$ 的全同费米子; (2) 两个自旋为 $\dfrac{1}{2}\hbar$ 的非全同费米子; (3) 两个自旋量子数都为 1 的全同玻色子, 三种情况, 分别给出体系的四个低激发态能级的能量值及相应状态的简并度.

3.16. 两个无相互作用的全同粒子在一个一维谐振子势场中运动, 试就 (1) 两个自旋量子数都等于 $\frac{1}{2}$ 的费米子; (2) 两个自旋量子数都等于 1 的玻色子, 两种情况, 分别给出体系的三条低激发能级的能量值和相应状态的简并度.

3.17. 两个全同粒子在一个一维谐振子势场中运动, 这两粒子之间还有与相对间距成正比的相互作用力, 试就 (1) 两个自旋量子数都等于 $\frac{1}{2}$ 的费米子; (2) 两个自旋量子数都等于 0 的玻色子; 两种情况, 给出体系的能量本征值和相应的本征函数.

3.18. 锂原子基态的电子组态为 $(1s)^2(2s)^1$, 试写出 $m_s = \frac{1}{2}$ 的态的波函数的行列式表述形式.

3.19. 试在无相互作用近似下, 写出 $(2p)^2(3s)^1$ 组态的三电子体系的对应于 $m_l = 1$, $m_s = \frac{1}{2}$ 的态的波函数的行列式表述形式.

3.20. 对各自有单粒子态 ψ_1、ψ_2、ψ_3 的三个全同粒子, 记处于各单粒子态的粒子数分别为 n_1、n_2、n_3, 试给出 (1) $n_1 = 3$, $n_2 = n_3 = 0$; (2) $n_1 = 2$, $n_2 = 1$, $n_3 = 0$; (3) $n_1 = n_2 = n_3 = 1$, 三种情况下的对称或反对称的波函数.

3.21. 实验测量发现, 三个质量相同、电荷量相同、自旋量子数都为 $\frac{1}{2}$ 的基本粒子可以形成总自旋量子数为 $\frac{3}{2}$ 的粒子 (处于轨道量子数不激发的束缚系统), 试说明这些基本粒子除具有质量、电荷量和自旋内禀自由度外, 一定还有其它内禀自由度.

3.22. 描述核子的夸克结构的最简单模型是将三个自旋为 $\frac{1}{2}\hbar$ 的夸克束缚在无限深球方势阱中运动而形成的复合粒子. 试给出该模型中单个夸克的基态和三个低激发态的单粒子能级和径向波函数以及核子的能级, 并请提出对上述仅从单粒子出发的模型的修正方案.

原子能级的精细结构与元素周期表

数字资源

原子有精细结构和超精细结构等复杂结构, 它们分别源自微观粒子特有的性质——自身的轨道角动量与自旋的相互作用, 原子核的自旋和电四极矩及同位素效应等因素. 本章简要介绍粒子的自旋轨道耦合作用的直观物理图像、原子的精细结构和超精细结构等的概念、研究方法以及表征原子的结构和性质的元素周期表. 主要内容包括:

- 精细结构的概念与分类
- 电子的自旋与轨道角动量之间有相互作用
- 氢原子和类氢离子的能级的精细结构
- 碱金属原子能级的精细结构
- 多电子原子能级的精细结构
- 原子能级的超精细结构与兰姆移位
- 原子的壳层结构与元素周期表

*4.1*___精细结构的概念与分类

实验发现, 原子能级不仅存在由主量子数 n 和角动量量子数 l 决定的结构, 还有更复杂的结构.

根据更复杂结构的复杂程度 (或数值大小) 及相应的状态分别称之为精细结构、超精细结构和兰姆移位.

*4.2*___电子的自旋与轨道角动量之间有相互作用

4.2.1　自旋–轨道相互作用的概念

一、定义

通常情况下, 与空间有关的轨道角动量 $\hat{l}$ 和与内禀自由度有关的自旋 $\hat{s}$ 之间有相互作用, 这种相互作用称为自旋–轨道相互作用, 简称自旋–轨道耦合.

二、物理机制

直观上, 在原子中, 相对于电子而言, 以原子核为载体的正电荷绕电子运动, 从而产生 "内磁场", 电子的内禀磁矩与该内磁场有相互作用. 由于内磁场与轨道角动量有关, 内禀磁矩与自旋有关, 所以电子的自旋与轨道角动量有相互作用.

更深入的相对论性量子力学层次上的研究表明, 自旋轨道耦合的物理本质是 (相对论性) 量子理论在非相对论近似情况 ($pc \ll mc^2$, 狄拉克方程近似为薛定谔方程) 下的体现.

4.2.2　自旋–轨道相互作用的表述形式

记电子的质量为 m_e, 原子核的质量为 m_N, 电子相对于原子核的位置矢量为 r_{eN}、角动量为 l_e, 原子核相对于电子的位置矢量为 r_{Ne}、速度为 v_{Ne}、即核电荷数

为 Ze 的原子核有电流元 $I = Ze\boldsymbol{v}_{\mathrm{Ne}}$，并且原子核相对于电子运动的动量为 $\boldsymbol{p}_{\mathrm{Ne}} = m_{\mathrm{N}}\boldsymbol{v}_{\mathrm{Ne}}$，再记真空的磁导率为 μ_0，由毕奥–萨伐尔定律知，该与原子核运动相应的电流元在电子所在处产生的磁场的磁感应强度为

$$\boldsymbol{B} = \frac{\mu_0}{4\pi} \frac{Ze\boldsymbol{v}_{\mathrm{Ne}} \times \boldsymbol{r}_{\mathrm{eN}}}{r_{\mathrm{eN}}^3} = \frac{\mu_0}{4\pi} \frac{Zem_{\mathrm{N}}\boldsymbol{v}_{\mathrm{Ne}} \times \boldsymbol{r}_{\mathrm{eN}}}{m_{\mathrm{N}}r_{\mathrm{eN}}^3} = \frac{\mu_0}{4\pi} \frac{Ze\boldsymbol{p}_{\mathrm{Ne}} \times \boldsymbol{r}_{\mathrm{eN}}}{m_{\mathrm{N}}r_{\mathrm{eN}}^3},$$

转换到质心坐标系，并考虑原子核的质量远大于电子的质量，从而质心很靠近原子核、并且电子相对于原子核的位置矢量近似即电子相对于质心的位置矢量 $\boldsymbol{r}$，则有

$$\boldsymbol{B} = \frac{\mu_0}{4\pi} \frac{Ze\frac{m_{\mathrm{e}}}{m_{\mathrm{e}}}\boldsymbol{p}_{\mathrm{Ne}} \times (-\boldsymbol{r}_{\mathrm{eN}})}{m_{\mathrm{N}}r_{\mathrm{eN}}^3} = \frac{\mu_0}{4\pi} \frac{Ze\boldsymbol{r}_{\mathrm{eN}} \times \left(\frac{m_{\mathrm{e}}}{m_{\mathrm{N}}}\boldsymbol{p}_{\mathrm{Ne}}\right)}{m_{\mathrm{e}}r_{\mathrm{eN}}^3} \approx \frac{\mu_0}{4\pi} \frac{Ze\boldsymbol{r}_{\mathrm{eN}} \times \boldsymbol{p}_{\mathrm{eN}}}{m_{\mathrm{e}}r_{\mathrm{eN}}^3}.$$

依定义，$\boldsymbol{r}_{\mathrm{eN}} \times \boldsymbol{p}_{\mathrm{eN}}$ 即电子相对于原子核的轨道角动量 $\boldsymbol{l}_{\mathrm{eN}}$，也就是系统的角动量 $\boldsymbol{l}$. 再考虑 $\varepsilon_0\mu_0 = \frac{1}{c^2}$，则知，

$$\boldsymbol{B} = \frac{\mu_0 Ze\boldsymbol{l}_{\mathrm{eN}}}{4\pi m_{\mathrm{e}}r_{\mathrm{eN}}^3} = \frac{Ze\boldsymbol{l}}{4\pi\varepsilon_0 m_{\mathrm{e}}c^2 r_{\mathrm{eN}}^3}.$$

而电子的自旋磁矩为

$$\boldsymbol{\mu}_s = -\frac{e}{m_{\mathrm{e}}}\boldsymbol{s}.$$

上述磁场与电子的自旋磁矩之间的相互作用为

$$U = -\boldsymbol{\mu}_s \cdot \boldsymbol{B} = -\left(-\frac{e\boldsymbol{s}}{m_{\mathrm{e}}}\right) \cdot \frac{Ze\boldsymbol{l}}{4\pi\varepsilon_0 m_{\mathrm{e}}c^2 r_{\mathrm{eN}}^3} = \frac{Ze_s^2}{m_{\mathrm{e}}^2 c^2 r_{\mathrm{eN}}^3}\boldsymbol{s} \cdot \boldsymbol{l},$$

其中 $e_s^2 = \frac{e^2}{4\pi\varepsilon_0}$.

采用相对论性量子力学在低速情况下的近似的计算可得，电子的自旋–轨道耦合作用可以表述为

$$U_{sl} = \frac{1}{2\mu^2 c^2}\frac{1}{r}\frac{\mathrm{d}U}{\mathrm{d}r}\hat{\boldsymbol{s}} \cdot \hat{\boldsymbol{l}},$$

其中 μ 为电子所处系统的约化质量，U 为电子所处的外场的势能.

比较可知，通过直观物理图像分析、计算得到的结果与考虑了相对论效应的严格计算得到的结果的表述形式类似，只是相互作用强度系数有差别. 因此，人们通常简记之为

$$U_{sl} = \xi(r)\hat{\boldsymbol{s}} \cdot \hat{\boldsymbol{l}}, \tag{4.1}$$

其中的 $\xi(r)$ 由粒子所处的外场决定. 记粒子的质量 (实际为系统的约化质量) 为 μ，则 $\xi(r)$ 可以表述为

$$\xi(r) = -\frac{1}{2\mu^2 c^2}\frac{1}{r}\frac{\mathrm{d}U}{\mathrm{d}r}.$$

其中的符号源自把电子的自旋磁矩的表达式中电子的电荷量 "$-e$" 表述成一般的电荷量标记 "q".

4.2.3 ◀
授课视频

4.2.3　考虑自旋–轨道相互作用下原子的哈密顿量及其本征函数

一、哈密顿量

记考虑库仑作用的哈密顿量为 $\hat{H}_0$, 自旋–轨道耦合作用为 $\hat{H}_{ls}$, 则系统的哈密顿量为

$$\hat{H} = \hat{H}_0 + \hat{H}_{ls}. \tag{4.2}$$

对于氢原子和类氢离子:

$$\hat{H}_{ls} = \xi(r)\hat{\boldsymbol{l}} \cdot \hat{\boldsymbol{s}},$$

对于多电子原子, 通常仅考虑

$$\hat{H}_{ls} = \sum_i \xi(r_i)\hat{\boldsymbol{l}}_i \cdot \hat{\boldsymbol{s}}_i,$$

其中 i 仅包括满壳外的电子 (价电子); 并且不考虑 $\hat{\boldsymbol{l}}_i \cdot \hat{\boldsymbol{s}}_j$、$\hat{\boldsymbol{s}}_i \cdot \hat{\boldsymbol{s}}_j$ 及 $\hat{\boldsymbol{l}}_i \cdot \hat{\boldsymbol{l}}_j$ 等作用.

二、本征函数的标记

1. 总角动量

由于轨道角动量 $\boldsymbol{l}$ 和自旋 $\boldsymbol{s}$ 都是矢量, 则其耦合是矢量耦合. 记两者耦合而成的总角动量为 $\boldsymbol{j}$, 即有 (由于轨道角动量 $\boldsymbol{l}$ 和自旋 $\boldsymbol{s}$ 分别属于不同的空间, 因此它们之间的叠加为直和)

$$\hat{\boldsymbol{j}} = \hat{\boldsymbol{l}} \oplus \hat{\boldsymbol{s}}.$$

由上一章关于两角动量叠加而成的总角动量的结果知 [可以通过李群 (李代数) 表示理论化地证明, 采用 M–scheme 的直观证明见附录三], 轨道角动量与自旋耦合而成的总角动量的量子数为

$$j = |l-s|, |l-s|+1, \cdots, l+s-1, l+s. \tag{4.3}$$

2. 考虑自旋–轨道耦合时的守恒量和共同本征函数

记轨道角动量 l 的任一分量为 $l_\alpha(\alpha = x, y, z)$, 自旋 s 的任一分量为 $s_\beta(\beta = x, y, z)$, 总角动量 j 的任一分量为 $j_\gamma(\gamma = x, y, z)$, 因为对一个原子, 包含库仑作用的 $\hat{H}_0$ 为有心力场, 则轨道角动量、自旋和总角动量都与 $\hat{H}_0$ 对易. 于是, 考察这些角动量是否为守恒量时, 只需考察它们与自旋–轨道耦合作用间的对易关系.

直接计算知

$$\left[\hat{l}_\alpha, \hat{\boldsymbol{s}} \cdot \hat{\boldsymbol{l}}\right] = \left[\hat{l}_\alpha, \hat{s}_x\hat{l}_x + \hat{s}_y\hat{l}_y + \hat{s}_z\hat{l}_z\right] \neq 0,$$

$$\left[\hat{s}_\beta, \hat{\boldsymbol{s}} \cdot \hat{\boldsymbol{l}}\right] = \left[\hat{s}_\beta, \hat{s}_x\hat{l}_x + \hat{s}_y\hat{l}_y + \hat{s}_z\hat{l}_z\right] \neq 0.$$

所以, 考虑自旋–轨道耦合作用时, 轨道角动量 $\hat{\boldsymbol{l}}$ 和自旋 $\hat{\boldsymbol{s}}$ 都不再是守恒量.
但是, 因为

$$\left[\hat{\boldsymbol{l}}^2, \hat{\boldsymbol{s}} \cdot \hat{\boldsymbol{l}}\right] = \left[\hat{l}_x^2 + \hat{l}_y^2 + \hat{l}_z^2, \hat{s}_x\hat{l}_x + \hat{s}_y\hat{l}_y + \hat{s}_z\hat{l}_z\right] = 0,$$

所以, 考虑自旋–轨道耦合作用时, 轨道角动量的平方 $\hat{\boldsymbol{l}}^2$ 仍是守恒量.

记 $\boldsymbol{i}$、$\boldsymbol{j}$、$\boldsymbol{k}$ 分别是 x、y、z 方向的单位矢量,则有

$$[\hat{\boldsymbol{j}}, \hat{\boldsymbol{s}} \cdot \hat{\boldsymbol{l}}] = \boldsymbol{i}[\hat{l}_x + \hat{s}_x, \hat{s}_x\hat{l}_x + \hat{s}_y\hat{l}_y + \hat{s}_z\hat{l}_z] + \boldsymbol{j}[\hat{l}_y + \hat{s}_y, \hat{s}_x\hat{l}_x + \hat{s}_y\hat{l}_y + \hat{s}_z\hat{l}_z]$$
$$+ \boldsymbol{k}[\hat{l}_z + \hat{s}_z, \hat{s}_x\hat{l}_x + \hat{s}_y\hat{l}_y + \hat{s}_z\hat{l}_z] = 0.$$

这表明,在考虑自旋–轨道耦合作用情况下,总角动量 $\boldsymbol{j}$ 及其在三个坐标轴方向上的投影 $j_\alpha(\alpha = x, y, z)$ 都是守恒量.

总之,对于有心力场中运动的粒子,轨道角动量的平方 $\boldsymbol{l}^2$、总角动量的平方 $\boldsymbol{j}^2$ 及总角动量在任一坐标轴方向上的投影 j_α 是守恒量,因此在有心力场中运动的电子的能量本征态可选为 $\{\hat{H}, \hat{\boldsymbol{l}}^2, \hat{\boldsymbol{j}}^2, \hat{j}_z\}$ 的共同本征态. 在泡利表象中,该本征态可以表示为 ψ_{nljm_j},并有

$$\hat{\boldsymbol{l}}^2 \psi_{nljm_j} = l(l+1)\hbar^2 \psi_{nljm_j},$$

$$\hat{\boldsymbol{j}}^2 \psi_{nljm_j} = j(j+1)\hbar^2 \psi_{nljm_j},$$

$$\hat{j}_z \psi_{nljm_j} = m_j \hbar \psi_{nljm_j}.$$

由此知,这种情况下,好量子数不再是 n、l、m_l、s、m_s,而是 n、l、j、m_j,其中 $m_j = m_l + m_s$.

4.3 氢原子和类氢离子的能级的精细结构

▶ 4.3
授课视频

一、能级及其精细结构

我们已经熟知,氢原子和类氢离子都只有一个价电子. 记电子的质量为 m,不考虑自旋–轨道耦合时,氢原子和类氢离子的哈密顿量 (严格来讲是其中相对运动的哈密顿量) 为

$$\hat{H}_0 = \frac{\hat{\boldsymbol{p}}^2}{2m} + U_c(r),$$

其中 r 为电子与原子核之间的间距,$U_c(r)$ 为库仑势,具有球对称性. 可测量量完全集为 $\{\hat{H}, \hat{\boldsymbol{l}}^2, \hat{l}_z, \hat{s}_z\}$,共同本征态为 $\psi_{nlm_lm_s}$,能量本征值为 $E = E_{nl}$,具有关于 m_l 和 m_s 的简并性.

考虑自旋–轨道相互作用时,

$$\hat{H} = \hat{H}_0 + \hat{H}_{ls},$$

其中
$$\hat{H}_{ls} = \xi(r)\hat{\boldsymbol{l}} \cdot \hat{\boldsymbol{s}},$$

可测量量完全集为 $\{\hat{H}, \hat{\boldsymbol{l}}^2, \hat{\boldsymbol{j}}^2, \hat{j}_z\}$,其中 $\hat{\boldsymbol{j}} = \hat{\boldsymbol{l}} + \hat{\boldsymbol{s}}$ 为电子的总角动量,共同本征态为 ψ_{nljm_j}.

因为
$$\hat{\boldsymbol{l}} \cdot \hat{\boldsymbol{s}} = \frac{1}{2}(\hat{\boldsymbol{j}}^2 - \hat{\boldsymbol{l}}^2 - \hat{\boldsymbol{s}}^2)$$

则 $\hat{H}_{ls}$ 的期望值为

$$
\begin{aligned}
E_{ls} &= \langle nljm_j|\hat{H}_{ls}|nljm_j\rangle \\
&= \frac{1}{2}\langle nljm_j|\xi(r)(\hat{\boldsymbol{j}}^2 - \hat{\boldsymbol{l}}^2 - \hat{\boldsymbol{s}}^2)|nljm_j\rangle \\
&= \frac{1}{2}\langle nl|\xi(r)|nl\rangle\langle ljm_j|(\hat{\boldsymbol{j}}^2 - \hat{\boldsymbol{l}}^2 - \hat{\boldsymbol{s}}^2)|ljm_j\rangle \\
&= \frac{1}{2}\xi_{nl}\left[j(j+1) - l(l+1) - \frac{3}{4}\right]\hbar^2 \\
&= E_{nlj}^{ls}.
\end{aligned}
$$

根据角动量叠加的一般规则 $j = |l-s|, |l-s|+1, \cdots, l+s-1, l+s$, 我们知道, 氢原子的总角动量为 $j = l \pm \dfrac{1}{2}$. 于是, 对所有非零 l, 原来由量子数 n 和 l 决定的每一条能级都按 $j = l \pm \dfrac{1}{2}$ 分裂为两条, 它们相对原能级的裂距分别为

$$
\Delta E_{nlj}^{ls} = \begin{cases} \dfrac{1}{2}l\xi_{nl}\hbar^2, & \left(j = l + \dfrac{1}{2}\right); \\[3mm] -\dfrac{1}{2}(l+1)\xi_{nl}\hbar^2, & \left(j = l - \dfrac{1}{2}\right). \end{cases} \tag{4.4}
$$

劈裂后的能级间距为

$$
\Delta E_{nlj_\pm}^{ls} = \frac{1}{2}(2l+1)\xi_{nl}\hbar^2, \tag{4.5}
$$

其中 $\xi_{nl}(r) = \langle nl|\xi(r)|nl\rangle$ 由径向波函数决定.

这种由电子的自旋–轨道相互作用引起的能级结构称为原子能级的精细结构. 由前述的能级的具体表达式知, 对非零轨道角动量, 能级都一分为二, 但仍存在关于 m_j 的 $(2j+1)$ 重简并.

我们还知道, 氢原子和类氢离子中的相互作用势是严格的库仑势, 可严格计算 (第二章已给出其解). 于是可计算出上述诸式中的 ξ_{nl} 为

$$
\begin{aligned}
\xi_{nl} &= \langle nl|\xi(r)|nl\rangle = \int_0^\infty \xi(r)r^2|R_{nl}(r)|^2\mathrm{d}r = \frac{Ze_s^2}{m_e^2c^2}\int_0^\infty \left(\frac{1}{r^3}\right)r^2|R_{nl}(r)|^2\mathrm{d}r \\
&= \frac{Ze_s^2}{m_e^2c^2}\cdot\frac{Z^3}{2l\left(l+\dfrac{1}{2}\right)(l+1)n^3a_B^3} \\
&= \frac{Z^4m_e e_s^8}{n^3\hbar^6c^2}\cdot\frac{1}{2l\left(l+\dfrac{1}{2}\right)(l+1)}.
\end{aligned}
$$

记

$$
\alpha = \frac{e_s^2}{c\hbar}, \tag{4.6}
$$

并称之为精细结构常数 [目前采用的标准值为 $\alpha^{-1} = 137.035\ 999\ 177(21)$], 则

$$\xi_{nl}(r) = \frac{\alpha^2 m_{\mathrm{e}} Z^4 e_s^4}{n^3 \hbar^4} \cdot \frac{1}{2l\left(l + \dfrac{1}{2}\right)(l+1)}. \tag{4.7}$$

我们已经知道, 在不考虑电子的自旋–轨道耦合作用情况下, 氢原子核仅带一个单位正电荷, 即 $Z = 1$, 氢原子的能级仅依赖于主量子数 n, 且有

$$E_n = -\frac{m_{\mathrm{e}} e_s^4}{2n^2 \hbar^2},$$

则氢原子能级的精细结构分裂可改写为

$$\Delta E_{nlj}^{ls} = -\frac{\alpha^2}{n} E_n \frac{j(j+1) - l(l+1) - \dfrac{3}{4}}{2l\left(l + \dfrac{1}{2}\right)(l+1)}. \tag{4.8}$$

考虑高速运动的相对论性修正的计算 (考虑课程范畴, 这里略去严格的计算, 粗略的模型请读者作为习题完成) 给出相对论修正引起的能级分裂为

$$\Delta E_{nlj}^{\mathrm{rel.}} = \frac{\alpha^2}{n} E_n \left(\frac{1}{l + \dfrac{1}{2}} - \frac{3}{4n} \right). \tag{4.9}$$

这显然与自旋–轨道耦合作用引起的能级分裂有相同的数量级. 这表明相对论效应也很重要.

考虑两种效应的氢原子能级精细结构分裂为

$$\Delta E_{nlj}^{\mathrm{total}} = \Delta E_{nlj}^{ls} + \Delta E_{nlj}^{\mathrm{rel.}} = \frac{\alpha^2}{n} E_n \left[\frac{1}{l + \dfrac{1}{2}} - \frac{3}{4n} - \frac{j(j+1) - l(l+1) - \dfrac{3}{4}}{2l\left(l + \dfrac{1}{2}\right)(l+1)} \right].$$

对

$$l \neq 0, \qquad j = l \mp \frac{1}{2},$$

$$\Delta E_{nlj}^{\mathrm{total}} = \frac{\alpha^2}{n} E_n \left(\frac{1}{j + \dfrac{1}{2}} - \frac{3}{4n} \right). \tag{4.10}$$

因为

$$\alpha^2 = \left(\frac{e_s^2}{c\hbar} \right)^2 \cong \frac{1}{137^2} \approx 5.33 \times 10^{-5},$$

$$E_k = -\frac{1}{2}E_n \propto 10^{-5}\ m_{\mathrm{e}}c^2$$

则

$$E_{nlj}^{ls} \propto 10^{-10}\ m_{\mathrm{e}}c^2 \sim 10^{-5}\ \mathrm{eV}$$

总之, 氢原子能级的精细结构分裂解除了关于轨道角动量 l 的简并 (相对论量子力学给出相同结论, 但对 $l=0$ 的能级也有修正), 但对于相同主量子数 n 的态, 仍存在关于总角动量 j 的简并. 图 4.1 给出该精细结构分裂的示意图.

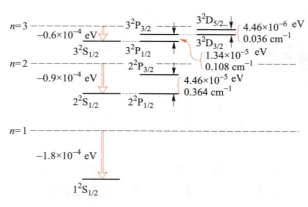

图 4.1　氢原子能级的精细结构分裂示意图

由前述的 (4.7) 式、(4.8) 式和 (4.9) 式知, 类氢离子具有与氢原子完全类似的精细结构, 其数值为氢原子的相应数值的 Z^4 倍.

二、原子态符号

前述讨论 (尤其是关于考虑电子的自旋–轨道耦合作用时原子和离子的可测量量完全集的讨论) 表明, 完整描述原子和离子 (严格来讲是原子和离子中的电子) 的状态需要的量子数有: 主量子数 n、轨道角动量量子数 l、自旋量子数 s、总角动量量子数 j. 为了表述简单, 通常采用一些符号来标记这些量子数, 例如, 对轨道角动量量子数 $l=0$、1、2、3、4、5、6、7、8、$\cdots$, 通常分别由大写字母 S、P、D、F、G、H、I、K、L、$\cdots$, 作为代表符号来标记, 并且对于单电子态通常采用相应的小写字母标记.

相应地, 主量子数为 n、轨道角动量量子数为 l、自旋量子数为 s、总角动量量子数为 j 的电子的状态 (常简称为原子态) 由符号:

$$n^{2s+1}\text{代表轨道角动量量子数 } l \text{ 的字母}_j$$

标记, 例如, $3^2\mathrm{P}_{3/2}$ 代表主量子数 $n=3$、轨道角动量量子数 $l=1$、自旋量子数 $s=1/2$、总角动量量子数 $j=3/2$ 的电子的状态 (原子态), $4^2\mathrm{D}_{3/2}$ 代表主量子数 $n=4$、轨道角动量量子数 $l=2$、自旋量子数 $s=1/2$、总角动量量子数 $j=3/2$ 的电子的状态 (原子态).

4.4 __ 碱金属原子能级的精细结构

我们知道, 只有一个价电子的原子称为碱金属原子.

尽管碱金属原子和类氢离子都只有一个价电子, 但它们并不相同, 因为碱金属原子除有价电子外还有其它电子. 在碱金属原子中, 带电荷量为 Ze 的原子核与价电子之外的其它电子形成原子实, 可以由 Z^* 表示原子实的有效电荷数.

在不考虑自旋–轨道耦合作用的情况下, 碱金属原子 (实际是碱金属原子中的价电子) 的哈密顿量为

$$\hat{H}_0 = \frac{\hat{\boldsymbol{p}}^2}{2m} + U_{\text{eff}}(r),$$

其中 m 为电子的质量, $\hat{\boldsymbol{p}}$ 为电子的动量算符, $U_{\text{eff}}(r)$ 为屏蔽的库仑势 (有效电荷数为 Z^*), 具有球对称性. 与氢原子等类似, 碱金属原子中电子的可测量量完全集为 $\{\hat{H}, \hat{\boldsymbol{l}}^2, \hat{l}_z, \hat{s}_z\}$, 共同本征态可以表述为 $\psi_{nlm_lm_s}$, 能量本征值可以标记为 $E = E_{nl}$, 即具有关于轨道角动量 l 和自旋 s 的简并性 (相应于轨道角动量 l 在 z 方向上的投影 m_l 的不同取值和相应于自旋 s 在 z 方向上的投影 m_s 的不同取值, 原子的能量相同).

考虑自旋–轨道相互作用时, 碱金属原子 (系统) 的哈密顿量为

$$\hat{H} = \hat{H}_0 + \hat{H}_{ls},$$

其中 $\hat{H}_{ls} = \xi(r)\hat{\boldsymbol{l}} \cdot \hat{\boldsymbol{s}}$. 可测量量完全集为 $\{\hat{H}, \hat{\boldsymbol{l}}^2, \hat{\boldsymbol{j}}^2, \hat{j}_z\}$, 其中 $\hat{\boldsymbol{j}} = \hat{\boldsymbol{l}} + \hat{\boldsymbol{s}}$ 为电子的总角动量, 共同本征态可标记为 ψ_{nljm_j}.

因为 $\hat{\boldsymbol{l}} \cdot \hat{\boldsymbol{s}} = \frac{1}{2}(\hat{\boldsymbol{j}}^2 - \hat{\boldsymbol{l}}^2 - \hat{\boldsymbol{s}}^2)$, 则 $\hat{H}_{ls}$ 的本征值 $E_{ls} = E_{nlj}^{ls}$ 的表达形式与氢原子情况下的完全相同, 但由于碱金属原子中的相互作用势不是严格的库仑势, 而是屏蔽的库仑势, 虽然不能严格计算, 但可以近似计算. 从而碱金属原子的自旋–轨道耦合作用的径向因子 $\xi_{nl}(r)$ 可以表述为类似类氢离子的形式, 近似而言, 只需将关于类氢离子的相应表达式中的 Z^4 修改为 Z^{*4}, 其中 Z^* 为考虑屏蔽效应后的有效电荷数. 并且, 碱金属原子的总角动量亦为 $j = l \pm \frac{1}{2}$, 即对所有非零 l, 碱金属原子的一条能级也都按 $j = l \pm \frac{1}{2}$ 分裂为两条, 相对原能级的裂距亦为

$$\Delta E_{nlj}^{ls} = \begin{cases} \dfrac{1}{2}l\xi_{nl}\hbar^2, & \left(j = l + \dfrac{1}{2}\right); \\[3mm] -\dfrac{1}{2}(l+1)\xi_{nl}\hbar^2, & \left(j = l - \dfrac{1}{2}\right). \end{cases}$$

劈裂后的能级间距亦为

$$\Delta E_{nlj_\pm}^{ls} = \frac{1}{2}(2l+1)\xi_{nl}\hbar^2.$$

总之, 碱金属原子能级的精细结构具有与氢原子和类氢离子类似的形式. 这种由电子的自旋–轨道耦合作用引起的能级分裂结构称为 原子能级的精细结构, 它解除

了一些能级简并 {考虑 ξ_{nl} 对于 l 的依赖性, 在氢原子和类氢离子中仍存在的关于 j 的简并 $[(2j+1)$ 重] 也可能解除}. 对于碱金属原子, 这种精细结构引起的能级分裂在 $(10^{-6} \sim 10^{-3})$eV 的量级 (例如, 钠 $4^2P_{3/2}$ 与 $4^2P_{1/2}$ 间的分裂大约为 7×10^{-4} eV, $3^2P_{3/2}$ 与 $3^2P_{1/2}$ 间的分裂大约为 2×10^{-3} eV). 例如, 钠原子能级的部分精细结构如图 4.2 所示.

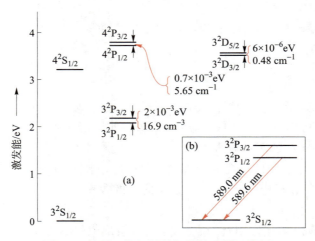

图 4.2 钠原子能级的精细结构分裂示意图

4.5 __多电子原子能级的精细结构

4.5.1 哈密顿量及其求解

推广上一章的讨论, 我们知道, 多电子原子的 (扣除了质心运动或原子核运动部分的) 哈密顿量可以表述为

$$\hat{H} = \hat{H}_0 + \hat{H}_c + \hat{H}_{ls},$$

其中

$$\hat{H}_0 = \sum_i \left[\frac{\hat{\boldsymbol{p}}^2}{2m} + \hat{U}_{i,\text{eff}}(r_i) \right],$$

$$\hat{H}_c = \sum_{i \neq j} \frac{e_s^2}{r_{ij}},$$

$$\hat{H}_{ls} = \sum_i \xi_i(r) \hat{\boldsymbol{l}}_i \cdot \hat{\boldsymbol{s}}_i.$$

上述三式中的求和遍历各 (价) 电子, $U_{i,\text{eff}}(r_i)$ 为第 i 个 (价) 电子所受的主要来自原子实的有效库仑势, 即 $\hat{H}_0$ 为各 (价) 电子在原子核和其它电子共同形成的平均场中运动的哈密顿量; $e_s^2 = \dfrac{e^2}{4\pi\varepsilon_0}$, 即 $\hat{H}_c$ 为各 (价) 电子之间相互作用的哈密顿量; $\hat{H}_{ls}$ 为表征各 (价) 电子的自旋-轨道耦合作用的哈密顿量.

由上一章的讨论容易得知, 在不考虑电子的自旋-轨道耦合作用的情况下, 多电子原子的结构就很难具体严格求解, 近似方法有哈特里-福克自洽场方法、密度泛函方法等. 在考虑电子的自旋-轨道耦合作用情况下, 求解多电子原子问题的难度当然更大. 实用中, 通常从两个极端情况出发进行近似处理, 一个极端情况是 $\hat{H}_{ls} \ll \hat{H}_c$, 从而可以忽略 $\hat{H}_{ls}$. 这种极端情况下, 每个电子都具有确定的轨道角动量、自旋和总角动量等量子数, 即 $\{l, m_l, s, m_s\}$ 为好量子数. 也就是可以采用 *LS* 耦合方式 (*LS coupling scheme*) 近似求解. 另一个极端情况是 $\hat{H}_{ls} \gg \hat{H}_c$. 由上面对于氢原子、类氢离子和碱金属原子的讨论知, 每个电子的轨道角动量 l 和自旋 s 都不是好量子数, 而应先耦合为总角动量 j. 也就是应该采用 *JJ* 耦合方式 (*JJ coupling scheme*) 近似求解.

下面分别对 *LS* 耦合方式和 *JJ* 耦合方式下近似求解多电子原子结构问题予以简要介绍.

4.5.2 *LS* 耦合方式

一、 基本规则与特征

由于在忽略电子的自旋-轨道相互作用情况下, 每个电子的轨道角动量和自旋都是好量子数, 那么对于多电子体系, 人们采用将各个电子的轨道角动量 l_i 和自旋 s_i 分别先耦合得到总轨道角动量

$$\hat{\boldsymbol{L}} = \sum_i \hat{\boldsymbol{l}}_i,$$

和总自旋

$$\hat{\boldsymbol{S}} = \sum_i \hat{\boldsymbol{s}}_i,$$

然后将总轨道角动量 $\hat{\boldsymbol{L}}$ 与总自旋 $\hat{\boldsymbol{S}}$ 耦合得到原子的总角动量

$$\hat{\boldsymbol{J}} = \hat{\boldsymbol{L}} + \hat{\boldsymbol{S}}.$$

这种计算多电子原子结构的方案称为 *LS* 耦合方式 (严格地讲, 上述三式中的和都是直和).

考察体系的基本特征和上述计算过程知, 在 *LS* 耦合方式下, 体系的可测量量完全集 (守恒量) 为: $\{\hat{\boldsymbol{L}}^2, \hat{\boldsymbol{S}}^2, \hat{\boldsymbol{J}}^2, \hat{J}_z\}$, 体系的共同本征态可以表述为: Ψ_{LSJM_J}.

二、 两电子体系实例

我们知道, 每个电子有 3 个空间自由度和 1 个自旋自由度, 两电子体系共有 8 个自由度, 需要 8 个量子数才能完整描述体系的状态. 给定每个电子的主量子数 n_i 和轨道角动量量子数 $l_i, i = 1$、2, 确定了 4 个量子数, 还有 4 个量子数需要确定. 由上述一般讨论知, 可取之为 L、S、J 和 M_J.

回顾前述讨论知, 体系的能级按 L、S 分裂, 但仍保留关于 J 的简并 [相应于 $(2J+1)$ 个不同的 M_J].

由于每个电子有 $(2l+1)(2s+1) = 2(2l+1)$ 个态, 则两电子体系共有 $4(2l_1+1)(2l_2+1)$ 个态.

例如, 对于 $n' \neq n$ 的 $(np, n'p)$ 组态, 共有 36 个态, 按角动量耦合规则, 体系的总轨道角动量 $L = 2, 1, 0$, 即有 D、P、S 三种 (9 个) 态, 体系的总自旋 $S = 1, 0$, 即有三重态和单态, 一共有 36 个态. 按角动量耦合规则 [(4.3) 式], 由总轨道角动量和总自旋耦合成的总角动量 $J = 3、2、1、0$, 即有四种情况, 它们的重复度分别为 1 (仅由 $L=2$ 与 $S=1$ 耦合而成)、3 (可以由 $L=2$ 与 $S=1$ 耦合而成、也可以由 $L=2$ 与 $S=0$ 耦合而成、还可以由 $L=1$ 与 $S=1$ 耦合而成)、4 (分别对应由 $L=2$ 与 $S=1$ 耦合而成、由 $L=1$ 与 $S=1$ 耦合而成、由 $L=1$ 与 $S=0$ 耦合而成、由 $L=0$ 与 $S=1$ 耦合而成)、2 (分别对应由 $L=1$ 与 $S=1$ 耦合而成、由 $L=0$ 与 $S=0$ 耦合而成). 对所有的 $(2J+1)$ 求和则知, 在耦合表象中也是 36 个态.

对于 (np, np) 组态, 由于是全同粒子 (同科电子), 泡利不相容原理要求总波函数具有交换反对称的性质, 这就是说, 仅空间部分对称与自旋部分反对称耦合而成的态和空间部分反对称与自旋部分对称耦合而成的态才是实际存在的态. 根据角动量态的非耦合表象与耦合表象间的变换关系 (CG 系数)

$$\langle j_1 m_1 j_2 m_2 | j_3 m_3 \rangle = (-1)^{j_1+j_2-j_3} \langle j_2 m_2 j_1 m_1 | j_3 m_3 \rangle$$

可知, L 为偶数 (奇数) 的态是空间交换对称 (反对称) 态, S 为奇数 (偶数) 的态是自旋交换对称 (反对称) 态.

关于耦合而成的态的能级顺序, 经验上有洪德定则 (1927 年提出)：在从同一电子组态分裂出来的精细结构中, S 较大的能级较低, L 较大的能级较低; 并且, 在多重态中, 通常 J 小的态的能级较低 (正常情况), 但有 J 越大能级越低的情况出现 (反常情况). 理论上, 将自旋–轨道耦合作用的势能表述形式推广到任意两角动量的耦合, 即有

$$V_{l_1 l_2} = \frac{1}{2\mu^2 c^2} \frac{1}{r} \frac{dU}{dr} \hat{\boldsymbol{l}}_1 \cdot \hat{\boldsymbol{l}}_2,$$

其中 μ 为一个粒子所处系统的约化质量, U 为两粒子间的相互作用势能, 则角动量耦合作用对该相互作用势能的贡献为

$$\langle \hat{\boldsymbol{l}}_1 \cdot \hat{\boldsymbol{l}}_2 \rangle = \frac{1}{2} [L(L+1) - l_1(l_1+1) - l_2(l_2+1)] \hbar^2.$$

显然, L 越大, 对势能贡献的数值越大. 而粒子间的其它作用对该相互作用势能的贡献取决于 $\frac{dU}{dr}$, 对于轨道角动量与轨道角动量间的作用和自旋与自旋间的作用, 其原本的两粒子间的作用是库仑排斥作用, $\frac{dU}{dr} \propto -\frac{1}{r^2} < 0$; 而一个粒子的自旋与其轨道角动量间的作用源自不同电荷的两粒子间的库仑吸引作用, $\frac{dU}{dr} \propto \frac{1}{r^2} > 0$. 综合这两方面的因素, 就有洪德定则所述的关于总轨道角动量 L、总自旋 S 的能级顺序

规律和关于原子的总角动量 J 的正常能级顺序规律. 关于 J 的能级顺序, 除具有正常情况, 还有反常情况. 认真考察分别具有这些现象的原子的结构知, 价电子数不超过其所在壳的半满壳所能容纳电子数的原子具有正常情况, 价电子数多于其所在壳的半满壳所能容纳电子数的原子具有反常情况. 我们知道, 价电子数多于其所在壳的半满壳所能容纳电子数的原子的有效价粒子实际是空穴, 其与原子核之间的作用实际为同类电荷之间的作用, 从而 $\dfrac{\mathrm{d}U}{\mathrm{d}r} < 0$, 所以 J 越大的能级越低.

pp 组态电子耦合而成的体系的能级的精细结构分裂如图 4.3 所示.

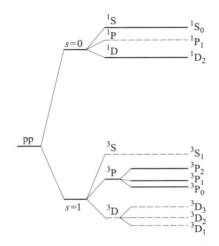

图 4.3 pp 组态电子耦合而成的体系的能级的精细结构分裂示意图 (其中实线对应的态为泡利不相容原理允许的态)

4.5.3 *JJ* 耦合方式

在忽略电子间的库仑相互作用 $\hat{H}_{\mathrm{c}}$ 情况下, 原子的哈密顿量可以表述为

$$\hat{H} = \sum_i \hat{H}_i,$$

其中

$$\hat{H}_i = \frac{\hat{\boldsymbol{p}}_i^2}{2m} + \hat{U}_{i,\mathrm{eff}}(r_i) + \xi_i(r_i)\hat{\boldsymbol{l}}_i \cdot \hat{\boldsymbol{s}}_i.$$

即多电子原子近似为独立粒子体系.

由于每个电子的自旋–轨道耦合作用使得其轨道角动量在各方向上的投影和自旋在各方向上的投影都不是守恒量, 但每个电子的总角动量在各方向上的投影仍然是守恒量, 那么对于多电子体系, 人们采用将各个电子的轨道角动量 $\boldsymbol{l}_i$ 与自旋 $\boldsymbol{s}_i$ 先耦合得到各电子的总角动量

$$\hat{\boldsymbol{j}}_i = \hat{\boldsymbol{l}}_i + \hat{\boldsymbol{s}}_i,$$

然后将各电子的总角动量 $\hat{\boldsymbol{j}}_i$ 叠加得到原子的总角动量

$$\hat{\boldsymbol{J}} = \sum_i \hat{\boldsymbol{j}}_i.$$

这种计算多电子原子结构的方案称为 *JJ 耦合方式* (严格地讲, 上述两式中的和也都是直和).

由各电子的总角动量 j 及其在各方向上的投影为好量子数可知, 这样的多电子原子的本征态可以表示为

$$\Psi \propto \prod_i \psi_{n_i l_i j_i (m_j)_i}.$$

于是, 自旋–轨道耦合作用对原子的能量的贡献可以表述为

$$E_{ls} = \sum_i \langle \psi_i(r_i) | \hat{H}_{i,ls} | \psi_i(r_i) \rangle = \frac{1}{2} \sum_i \xi_i(r) \left[j_i(j_i + 1) - l_i(l_i + 1) - \frac{3}{4} \right] \hbar^2,$$

其中的 $\xi_i(r)$ 可以采用计算碱金属原子的精细结构分裂时采用的方法计算得到. 其结果是能级有按不同 J 分裂的精细结构, 但对于相同的 J 仍然存在简并.

关于 LS 耦合方式和 JJ 耦合方式各自的适用对象, 没有严格的区分规则, 甚至可以说没有区分的理论标准. 根据经验, 对于较轻的原子, 基本按 LS 耦合方式; 对于较重的原子, 基本按 JJ 耦合方式; 对于中重原子, 两种方式都可采用. 图 4.4 给出 pp 组态的两电子的能级结构随原子中电子数目增加由 LS 耦合到 JJ 耦合方式的演化示意图.

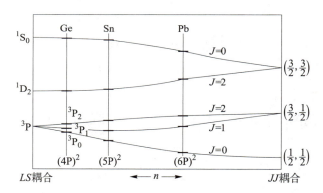

图 4.4　pp 组态的能级结构随原子中电子数目增加由 LS 耦合方式到 JJ 耦合方式的演化示意图

4.6__ 原子能级的超精细结构与兰姆移位

4.6.1　原子能级的超精细结构

一、超精细结构的概念与机制

4.6.1 ◄
授课视频

我们早已熟知, 原子由原子核和电子组成. 通过考虑电子相对于原子核 (严格来讲, 原子的质心) 的运动, 我们得到了原子的能级结构的概貌; 通过考虑原子中电子的自旋–轨道耦合作用, 我们得到了原子能级的精细结构. 从实验角度来看, 利用更高精度的光谱仪测量发现, 原子光谱中具有比原子能级的精细结构决定的光谱更

精细 (上千倍) 的光谱. 人们称比精细结构更精细的光谱的能级结构为原子能级的超精细结构 (hyperfine structure).

对于原子中的电子, 我们已考虑其自旋–轨道耦合作用等各种因素和效应, 实验上观测到原子能级还有超精细结构自然使人们将之归因于尚未考虑过的因素, 即除简单的笼统的库仑作用之外的原子核与电子的相互作用和电子的自旋–轨道耦合作用之外的其它模式的相互作用. 我们知道, 多数原子核由质子和中子组成 (实际还有其它复杂的组分, 具体介绍见第七章, 这里仅考虑最简单情况), 质子和中子都是费米子, 都有自旋, 由它们构成的原子核当然可能有非零自旋, 况且原子核还有多种模式的集体运动, 这些集体运动贡献的角动量与其组分粒子贡献的自旋的叠加使得原子核有自旋; 这些自旋和集体运动还使得原子核具有磁矩、电四极矩、电八极矩等. 记原子核的自旋为 $\boldsymbol{I}$, 电子的总角动量为 $\boldsymbol{J}$, 由它们的叠加 (直和) 形成的原子的总角动量为

$$\boldsymbol{F} = \boldsymbol{I} + \boldsymbol{J}.$$

前面探讨原子中电子的自旋–轨道耦合作用的物理图像时, 人们只是视原子核为带正电荷的点粒子, 它相对于电子的运动引起的磁场与电子的自旋磁矩之间的作用即电子的自旋–轨道耦合作用, 尚未考虑原本的电子绕原子核运动在原子核处产生的磁场与原子核的磁矩之间的相互作用的贡献以及原子核的其它模式的集体运动的贡献. 事实上, 原子核与电子之间的相互作用有多种模式 (例如, 可按多极展开得到磁偶极作用、电四极作用等), 这些作用当然引起原子能级进一步分裂. 由于核子 (质子和中子的统称) 的质量约为电子质量的 1836 倍, 由粒子的磁矩 (无论是轨道磁矩还是自旋磁矩) 与质量的反比关系知, 核子的磁矩 (常简称为核磁子) $\mu_{\mathrm{N}} = \dfrac{1}{1836}\mu_{\mathrm{B}}$. 那么由之引起的原子核与电子之间的相互作用的改变与 μ_{B} 的效应相比在 10^{-3} 的量级, 这样微弱的相互作用引起的原子能级的进一步分裂当然仅有原分裂的 1/1 000 的量级, 也就使得原子具有超精细结构.

二、磁偶极超精细结构 **

记电子的自旋磁矩为 μ_s^{e}, 电子相对于原子核的位置矢量为 $\boldsymbol{r}$, 电子绕原子核运动的速度为 $\boldsymbol{v}$, 由电磁学理论知, 电子绕原子核的运动在原子核处产生的磁场的磁感应强度为

$$
\begin{aligned}
\boldsymbol{B}_{\mathrm{e}} &= \frac{\mu_0}{4\pi}\left[\frac{(-e\boldsymbol{v}) \times (-\boldsymbol{r})}{r^3} - \frac{1}{r^3}\left(\boldsymbol{\mu}_s^{\mathrm{e}} - \frac{3(\boldsymbol{\mu}_s^{\mathrm{e}} \cdot \boldsymbol{r})\boldsymbol{r}}{r^2}\right)\right] \\
&= \frac{\mu_0}{4\pi r^3}\left\{\frac{-e}{m_{\mathrm{e}}}\left[\boldsymbol{r} \times (m_{\mathrm{e}}\boldsymbol{v})\right] - \boldsymbol{\mu}_s^{\mathrm{e}} + \frac{3(\boldsymbol{\mu}_s^{\mathrm{e}} \cdot \boldsymbol{r})\boldsymbol{r}}{r^2}\right\} \\
&= \frac{\mu_0}{4\pi r^3}\left[2\boldsymbol{\mu}_l^{\mathrm{e}} - \boldsymbol{\mu}_s^{\mathrm{e}} + \frac{3(\boldsymbol{\mu}_s^{\mathrm{e}} \cdot \boldsymbol{r})\boldsymbol{r}}{r^2}\right] \\
&= -\frac{\mu_0}{4\pi r^3}2\mu_{\mathrm{B}}\left[\boldsymbol{l}^{\mathrm{e}} - \boldsymbol{s}^{\mathrm{e}} + \frac{3(\boldsymbol{s}^{\mathrm{e}} \cdot \boldsymbol{r})\boldsymbol{r}}{r^2}\right],
\end{aligned}
$$

其中 μ_0 为真空的磁导率, $\mu_{\mathrm{B}} = \dfrac{e\hbar}{2m_{\mathrm{e}}}$ 为玻尔磁子, $\boldsymbol{l}^{\mathrm{e}}$、$\boldsymbol{s}^{\mathrm{e}}$ 分别为以 $\hbar$ 为单位的轨道角动量矢量、自旋矢量.

记

$$\boldsymbol{N} = \boldsymbol{l}^{\mathrm{e}} - \boldsymbol{s}^{\mathrm{e}} + \frac{3(\boldsymbol{s}^{\mathrm{e}} \cdot \boldsymbol{r})\boldsymbol{r}}{r^2},$$

并称之为类 (广义的) 角动量矢量, 则上述磁感应强度在电子的总角动量 $\boldsymbol{J}$ 方向的投影为

$$\boldsymbol{B}_{\mathrm{e}} = -\frac{\mu_0}{4\pi r^3} 2\mu_{\mathrm{B}} \frac{\boldsymbol{N} \cdot \boldsymbol{J}}{J(J+1)} \boldsymbol{J}.$$

另一方面, 为描述磁矩与相应的角动量之间的关系, 人们引入旋磁比 g 的概念. 例如, 质量为 m、带电荷量为 q 的粒子的轨道磁矩、自旋磁矩分别为

$$\boldsymbol{\mu}_l = \frac{q}{2m} \boldsymbol{l}, \quad \boldsymbol{\mu}_s = \frac{q}{m} \boldsymbol{s},$$

记

$$\mu_{\mathrm{B}} = \frac{e\hbar}{2m_{\mathrm{e}}},$$

其中 m_{e} 为电子的静止质量, 则粒子的轨道磁矩、自旋磁矩可以分别表述为

$$\boldsymbol{\mu}_l = \frac{q_{\mathrm{e}}}{m_{m_{\mathrm{e}}}} \frac{\mu_{\mathrm{B}}}{\hbar} \boldsymbol{l}, \quad \boldsymbol{\mu}_s = 2 \frac{q_{\mathrm{e}}}{m_{m_{\mathrm{e}}}} \frac{\mu_{\mathrm{B}}}{\hbar} \boldsymbol{s},$$

其中 q_{e} 是以元电荷 e 为单位的电荷量, $m_{m_{\mathrm{e}}}$ 是以电子的静止质量 m_{e} 为单位的粒子的质量. 粒子的自旋旋磁比定义为粒子的自旋磁矩与玻尔磁子和自旋值的乘积的比值的绝对值, 即

$$g_s = \left| \frac{\mu_s}{\mu_{\mathrm{B}} s} \right| = \left| 2 \frac{q_{\mathrm{e}}}{m_{m_{\mathrm{e}}}} \right|,$$

粒子的轨道旋磁比定义为粒子的轨道磁矩与玻尔磁子和轨道角动量值的乘积的比值的绝对值, 即

$$g_l = \left| \frac{\mu_l}{\mu_{\mathrm{B}} l} \right| = \left| \frac{q_{\mathrm{e}}}{m_{m_{\mathrm{e}}}} \right|.$$

显然, 旋磁比 (gyromagnetic ratio), 亦称为 g 因子, 反映粒子的基本性质. 例如, 对于电子, 在通常情况下有 $g_l^{\mathrm{e}} = 1$, $g_s^{\mathrm{e}} = 2$, 并分别称之为电子的轨道 g 因子、自旋 g 因子. 记原子核的自旋为 $\boldsymbol{I}$, 自旋磁矩为 $\boldsymbol{\mu}_I^N = \dfrac{\mu_I^N}{I} \boldsymbol{I} = g_I \mu_{\mathrm{N}} \dfrac{\boldsymbol{I}}{I}$, 其中 μ_{N} 为核磁子, g_I 为原子核的 g 因子, 那么原子核的自旋磁矩与上述电子产生的磁场之间的相互作用可表述为

$$\hat{H}_{\mathrm{MD}} = -\boldsymbol{\mu}_I^N \cdot \boldsymbol{B}_{\mathrm{e}} = \frac{\mu_0}{4\pi r^3} \frac{2\mu_{\mathrm{B}} \mu_I^N}{I} \frac{\boldsymbol{N} \cdot \boldsymbol{J}}{J(J+1)} \hat{\boldsymbol{I}} \cdot \hat{\boldsymbol{J}}.$$

总之, 原子核与电子之间有磁偶极相互作用

$$\hat{H}_{\mathrm{MD}} = A(J) \hat{\boldsymbol{I}} \cdot \hat{\boldsymbol{J}},$$

其中
$$A(J) = \frac{\mu_0}{4\pi r^3} \frac{2\mu_B \mu_I^N}{I} \frac{\boldsymbol{N} \cdot \boldsymbol{J}}{J(J+1)}.$$

参照对于精细结构的求解方案, 在可测量量完全集 $\{\hat{\boldsymbol{I}}, \hat{\boldsymbol{J}}, \boldsymbol{F}, \hat{\boldsymbol{F}}_z\}$ 的共同本征函数下, 该磁偶极作用引起的能量改变为

$$E_{\text{MD}} = \frac{1}{2} a_J \big[F(F+1) - I(I+1) - J(J+1) \big].$$

考虑角动量耦合规则 $F = |I - J|, |I - J| + 1, \cdots, I + J - 1, I + J$, 上述磁偶极作用引起的能级分裂则为

$$\Delta E_{\text{MD}} = E_{\text{MD}}(F) - E_{\text{MD}}(F-1) = a_J F,$$

其中的 a_J 应根据电子的波函数具体计算而确定, 基本结论是它正比于精细结构常数 α 的 4 次方. 这样的由原子核与电子之间的磁偶极作用引起的比精细结构小很多的能级分裂的结构称为原子能级的磁偶极超精细结构. 相应地, 人们称上述 a_J 为磁偶极超精细结构常数 (实际不是常数, 因为它依赖于原子的状态).

例如, 对氢原子和类氢离子, 其中电子的波函数已严格解得, 进而得到

$$a_J = \frac{\mu_0}{4\pi} \frac{2\mu_B \mu_I^N}{I} \left(\frac{Z}{n a_B} \right)^3 \frac{1}{\left(l + \frac{1}{2} \right) j(j+1)}, \qquad (l \neq 0)$$

$$a_s = \frac{\mu_0}{4\pi} \frac{2\mu_B \mu_I^N}{I} \frac{8}{3} \left(\frac{Z}{n a_B} \right)^3, \qquad (l = 0)$$

其中 Z 为粒子的核电荷数, n 为主量子数, a_B 为第一玻尔轨道半径.

对于氢原子, 原子核的核电荷数 $Z = 1$, 自旋即质子的自旋, 也就是有 $I = \frac{1}{2}$. 氢原子仅包含一个电子, 其基态 $l = 0$、$s_e = \frac{1}{2}$, 从而有 $J = \frac{1}{2}$. 上述两者耦合的总角动量为 $F = 1, 0$. 这表明, 其基态有 $F = 1$ 和 $F = 0$ 的超精细结构. 同理, 氢原子的 $2^2\text{P}_{1/2}$ 态也有 $F = 1$ 和 $F = 0$ 的超精细结构. 实验测得的氢原子能级的超精细结构如图 4.5 所示. 其中的频率 $\nu_{\text{hfs}} = 1\,420.406\ \text{MHz}$ 的超精细光谱线即著名的氢原子的波长 $\lambda = 21\ \text{cm}$ 的光谱线, 这对于早期宇宙的状态及物质形成的研究至关重要.

粗略看来, 上述理论分析计算的结果与实验测量结果符合得相当好. 但经细致认真比较知, 氢原子的超精细结构分裂的能量为

$$a_s = h\nu_{\text{hfs}} = \frac{2}{3} 2 g_p \alpha^4 \left(\frac{m_e}{m_p} \right) (m_e c^2) \left(\frac{Z}{n} \right)^3,$$

其中 $g_p = 5.585\,69$ 为质子的 g 因子, α 为精细结构常数. 该式即关于氢原子的超精细结构的费米公式. 将现在认为的上式包含的各物理量的精确值代入上式计算得

$$\nu_{\text{hfs}}^F = 1\,421.159\,716\ \text{MHz},$$

与实验测量结果

$$\nu_{\text{hfs}}^{\text{Expt}} = 1\ 420.405\ 751\ 766\ 7(10)\ \text{MHz}$$

相比, 误差相当大. 究其原因, 该远超出精度范围的误差源自电子的 g 因子, 即 $g_s^e \neq 2$, 这就是说, 电子具有反常磁矩. 考虑原子核的运动、原子核的有限尺度等影响因素的贡献后, 理论上给出的结果为 $g_s^e = 2.002\ 319\ 304\ 38$. 关于 $g - 2$ 的数值的问题仍是目前人们注重探讨的一个重要问题.

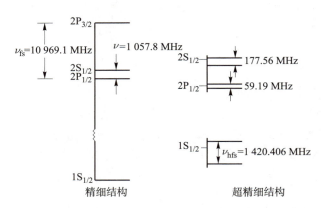

图 4.5 实验测得的氢原子能级的超精细结构示意图及其与部分精细结构的对比

对多电子原子, 由第三章所述的简单情况可以推知, 关于磁偶极相互作用导致的超精细结构的计算极其复杂, 这里不予讨论. 但基本特征与前述结果相同.

另外, 既然作用是相互的, 那么磁偶极超精细作用会导致原子核的能级出现分裂. 由于这种分裂相当复杂, 这里也不予讨论.

前述讨论表明, 氢原子的超精细结构具有典型的谱线——21 cm 线, 其强度反映氢原子的数量, 因此对该谱线的研究是宇宙元素丰度演化研究中关于氢元素丰度演化的核心课题. 我国在贵州建设的 500 m 口径球面射电望远镜 (Five-hundred-meter Aperture Spherical Telescope, 简称 FAST) 的重要科学目标之一即对氢原子的 21 cm 线进行观测研究. 由此可知, 我们国家的科研人员有可能对重大学术问题作出新的重要贡献.

三、电四极精细结构 **

前已述及, 原子核有电四极模式的集体运动 (其实还有电四极振动和转轴沿不同方向的四极转动之分), 并有电四极矩. 原子核的电四极矩在空间各向异性分布, 即有

$$Q_{ij} = \left(3x_i x_j - r^2 \delta_{ij}\right) \rho(\boldsymbol{r}),$$

其中 $\rho(\boldsymbol{r})$ 为空间电荷密度分布. 实用中, 常取其 z 分量, 于是有

$$Q = Q_{33} = \left(3z^2 - r^2\right) \rho(\boldsymbol{r}) = r^2 \left(3\cos^2\theta - 1\right) \rho(\boldsymbol{r}).$$

考虑量子效应情况下, (作为一个整体的) 原子核的电四极矩常由原子核的角动量 I 及其 z 分量 M_I 和其它量子数 α 标记为

$$Q_{IM_I\alpha} = \int r^2 (3\cos^2\theta - 1)\rho_{IM_I\alpha}(\boldsymbol{r})\mathrm{d}^3\boldsymbol{r}.$$

由于原子中的原子核的电四极集体运动的各处感受到的电子所产生的电场的梯度不同, 根据电磁学理论, 这一各处不同使得原子核与电子之间有相互作用

$$H_Q = -\frac{1}{6}\sum_{ij} Q_{ij}\frac{\partial E_j}{\partial x_i}.$$

按照描述原子核性质的习惯, 取 Q_{zz} (即 Q_{33}), 则有

$$H_Q = \frac{1}{6}Q_{zz}\frac{\partial^2 U_{\mathrm{e}}}{\partial z^2},$$

其中 U_{e} 为电子产生的电场在原子核所处区域的势能. 很显然, 对多电子原子, 由于 U_{e} 等都很难确定, 计算其二阶导数在所考虑的体系的量子态下的期望值就更困难, 因此这一计算很复杂, 这里不予细述, 仅给出其引起的能量修正的形式结果如下:

$$\Delta E_{EQ} = \frac{b_I}{4}\frac{\frac{3}{2}K(K+1) - 2I(I+1)J(J+1)}{I(2I-1)J(2J-1)},$$

其中

$$K = F(F+1) - I(I+1) - J(J+1),$$

$$b_I = eQ_{IM_I\alpha}\left\langle\frac{\partial^2 U_{\mathrm{e}}}{\partial z^2}\right\rangle.$$

这一电四极作用引起的对原子能级的修正与磁偶极作用引起的能量修正相近 (稍小), 它使得原子能级按原子的总角动量 F 不同而分裂, 但仍存在关于 F 的简并 [不能区分 $(2F+1)$ 个 M_F], 因此称之为<u>电四极超精细结构</u>. 相应地, 人们称上述 b_I 为<u>电四极超精细结构常数</u> (实际不是常数, 因为它依赖于原子的状态).

完整地研究原子的超精细结构时, 应该既考虑磁偶极超精细结构又考虑电四极超精细结构.

4.6.2 原子能级的同位素移动

我们知道, 原子核由质子、中子和超子等组成. 对于同一质子数 (核电荷数) 的原子核, 它包含的中子数等可以不同, 从而原子核的质量不同. 原子是多粒子束缚态, 对之研究时, 虽然将原子核视为自由粒子, 但考虑电子相对于原子核 (严格来讲是原子的质心) 的运动, 那么起实际作用的不是电子的质量, 而是电子与原子核形成的体系的约化质量 (亦称之为电子的有效质量). 原子核不同当然使得电子的有效质量不同, 于是里德伯常量不同, 原子能级不同.

原子核质量不同当然还影响其磁矩, 从而磁偶极超精细结构常数不同, 超精细结构不同. 不同原子核中的电荷分布不同, 由之形成的电场分布不同, 电四极矩也就不同, 于是原子的能级也不同.

核电荷数相同但中子数不同的原子核称为同位素. 上述原子的能级结构随同位素变化的现象称为同位素移动.

同位素的能级结构不同使得其发射光谱和吸收光谱都不同. 例如, 由原子的里德伯常量的定义知

$$R_A = \frac{\mu e_s^4}{4\pi c\hbar^3} = \frac{m_{\rm N}m_{\rm e}}{m_{\rm N}+m_{\rm e}}\frac{1}{4\pi c\hbar^3}\frac{e^4}{(4\pi\varepsilon_0)^2} = \frac{m_{\rm e}e^4}{8\varepsilon_0^2 h^3 c}\frac{1}{1+\dfrac{m_{\rm e}}{m_{\rm N}}} = R_\infty \frac{1}{1+\dfrac{m_{\rm e}}{m_{\rm N}}}$$

其中 R_∞ 是取原子核质量为无穷大情况下的里德伯常量.

由能级

$$E_n = -\frac{hcZ^{*2}R_A}{n^2}$$

和光的频率

$$\nu = \frac{E_n - E_{n-1}}{h} = R_A cZ^{*2}\left[\frac{1}{(n-1)^2} - \frac{1}{n^2}\right]$$

可知, 原子核质量有改变 $\delta m_{\rm N}$ 时, 原子发出的光的频率的改变为

$$\delta\nu = cZ^{*2}\left[\frac{1}{(n-1)^2} - \frac{1}{n^2}\right]\delta R_A = \nu\frac{m_{\rm e}\delta m_{\rm N}}{m_{\rm N}(m_{\rm N}+\delta m_{\rm N}+m_{\rm e})},$$

光频率的相对变化为

$$\frac{\delta\nu}{\nu} = \frac{m_{\rm e}\delta m_{\rm N}}{m_{\rm N}(m_{\rm N}+\delta m_{\rm N}+m_{\rm e})}.$$

这表明, 对于一系列同位素形成的原子的由相同的量子数决定的光谱线, 对应质量较大的同位素的光子能量较大、频率较高、波长较短, 并且对相同的质量改变量 $\delta m_{\rm N}$, 同位素移动较小.

根据原子光谱有同位素移动的事实, 人们发明了激光分离同位素的技术. 但由上式易知, 对于由重原子核形成的原子, 同位素移动很小, 因此利用激光分离同位素的方法适用于较轻的同位素, 对重元素的同位素这种分离方法的效率较低.

4.6.3　氢原子能级的兰姆移位 *

4.6.3 ◀
授课视频

关于原子能级的精细结构的讨论表明, 考虑了原子内的电子的自旋–轨道耦合作用可以解除一个主量子数下原子能级关于不同角动量 l 的简并, 但氢原子和类氢离子的能级仍存在关于总角动量 j 的简并 (如图 4.1 所示).

1947 年, 美国物理学家兰姆 (W.E. Lamb) 和雷瑟福 (R.C. Retherford) 宣布了他们利用图 4.6(a) 所示的装置重新测量氢原子能级及光谱的实验结果 [Phys. Rev. 72, 241 (1947)]. 实验中, 由高温炉 (约 2 500 K) 产生处于基态的氢原子 [因为氢原子的第一激发态能量 (相对于基态) 约为 3.4 eV, 相当于 35 000 K, 远远高于高温炉内的温度], 这些基态氢原子经单电子能量为 10.2 eV 的电子束轰击后, 其中的一部

分激发到第一激发态 $2^2S_{1/2}$ (本来既可以有 $2S_{1/2}$ 的氢原子也可以有 2P 等激发态的氢原子，但由于氢原子的 2P 激发态的寿命极短，很快即退激发掉)，这些氢原子经射频谐振腔后射到由钨制成的接收极板时，如果它们轰击出电子 (使钨原子中的电子电离，电离能为 7.98 eV)，这些电子即可被检流计检测到. 由于只有与电子发生过非弹性碰撞，处于 $2^2S_{1/2}$ 态的氢原子才具有使钨原子中的电子逸出的能量，因此由检流计记录的电流信号一定是源自处于 $2^2S_{1/2}$ 态的氢原子.

按照氢原子能级的精细结构的理论结果 (见本章第二节)，$2^2S_{1/2}$ 与 $2^2P_{1/2}$ 简并，而 $2^2P_{3/2}$ 态比 $2^2P_{1/2}$ 高 4.46×10^{-5} eV. 这表明，利用射频电磁场 (光子) 使处于 $2^2S_{1/2}$ 和 $2^2P_{1/2}$ 态的氢原子激发到 $2^2P_{3/2}$ 时，需要射频电磁场的频率 ν 为 10 970 MHz (亦即波数 $\tilde{\nu} = 0.364$ cm^{-1}). 这就是说，加频率 $\nu = 10$ 970 MHz 的射频电磁波时可以使到达接收钨板的处于 $2^2S_{1/2}$ 态和 $2^2P_{1/2}$ 态的氢原子减少，从而检流计记录到的电流减小. 但实际实验中发现，加频率 $\nu = 9$ 970 MHz 的射频电磁波时，检流计即记录到电流减小. 这说明，氢原子的 $2^2S_{1/2}$ 态的能级比 $2^2P_{1/2}$ 态的能级高 1 000 MHz (0.033 cm^{-1}). 这一氢原子的 $2^2S_{1/2}$ 态的能级与 $2^2P_{1/2}$ 态的能级不简并、而稍高的现象称为 兰姆移位 (Lamb shift)，如图 4.6(b) 所示. 更精确的实验测量得到的高出值是 $4.374\ 62 \times 10^{-6}$ eV ($0.035\ 283\ 4$ cm^{-1}).

目前，实验上已经对很多元素的原子能级都测量到了兰姆移位 [近期的综述可参见 J. Phys. Chem. Ref. Data 45, 043102 (2016)]. 基于实验上的这一发现，兰姆获得了 1955 年的诺贝尔物理学奖. 兰姆移位表明，相应于同一主量子数 n 的关于总角动量 j 的简并可以解除 (严格来讲，应该是在该精度的测量中，它们本就不简并). 究其机制，兰姆移位源自量子真空的涨落 [纯粹的量子效应. 美国物理学家休斯顿 (W.V.Houston) 和华人物理学家谢玉铭 (Y.M.Hsieh) 在 1934 年就将实验测量到的精细结构常数与理论结果不一致归因于理论计算时忽略了原子与辐射场之间的相互作用 (自具能)]，并可以由量子电动力学 (Quantum Electrodynamics, QED) 描述. 对兰姆移位和前述的电子反常磁矩的研究推动了关于 QED 的重整化理论的建立，基于相应研究成果 (推动了 QED 的发展)，朝永振一郎、施温格和费曼获得了 1965 年的诺贝尔物理学奖.

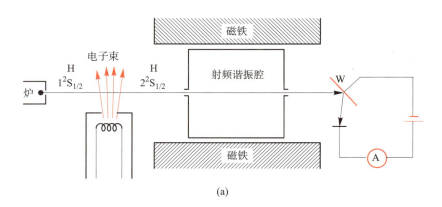

(a)

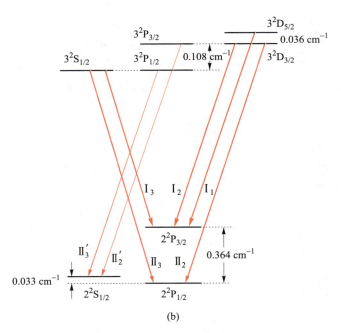

(b)

图 4.6　测量兰姆移位的实验装置示意图 (a) 及兰姆移位示意图 (b)

4.7＿ 原子的壳层结构与元素周期表

4.7.1　单电子能级的壳层结构与电子填充

一、壳层的概念和标记

4.7.1
授课视频

所谓原子中的单电子能级即仅考虑一个电子与原子核形成的体系 (亦即类氢离子) 中电子的能级.

在第二章中, 我们已经给出, 核电荷数为 Z 的类氢离子的能级为

$$E_n = -\frac{Z^2 e_s^2}{2a_{\mathrm{B}}} \frac{1}{n^2}, \quad \left(a_{\mathrm{B}} = \frac{\hbar^2}{\mu e_s^2}, \mu\,\text{为电子所处系统的约化质量}\right)$$

这表明, (核电荷数为 Z 的) 类氢离子的能级仅依赖于主量子数 n, 与其包含的轨道角动量 l 及其 z 分量 m_l 无关, 具有 n^2 重的简并性.

即使考虑精细结构和超精细结构等因素, 相应于同一个 n 的不同轨道角动量 l、不同总角动量 j 的简并解除, 其能级分裂仅仅是 $10^{-5}E_n$ 的量级, 甚至更小. 显然, 对于不同的主量子数, 其决定的能量间的差别相对很大, 因此, 人们称主量子数 n 决定的能级为一个壳 (也称主壳, 或大壳). 对于同一个 n, 不同的 l 等决定的能级称为支壳 (也称子壳).

为表述方便, 人们通常称 $n = 1, 2, 3, 4, 5, 6, 7, \cdots$ 决定的 (主) 壳分别记作 K, L, M, N, O, P, Q, $\cdots$ 壳, 并称 $l = 0, 1, 2, 3, 4, 5, 6, 7, 8, 9, 10, \cdots$ 决定的支壳分别为 S, P, D, F, G, H, I, K, L, M, N, $\cdots$ 支壳 (实用中, 通常不区分大小写). 例如,

由前几章和本章前几节的讨论知, K 壳仅有 S 支壳, 或者说它没有子壳结构; 而 M (主) 壳具有 S、P、D 三个子壳.

二、电子填充规则与壳结构

电子为费米子, 遵守泡利不相容原理, 因此每个量子态最多只能有一个电子. 又由于电子的自旋 $s = \frac{1}{2}\hbar$, 则轨道角动量为 $l\hbar$ 的支壳包含的量子态的数目为 $(2s + 1) \cdot (2l + 1) = 2(2l + 1)$, 即可填充 $2(2l + 1)$ 个电子, 那么每个主壳可以容纳的电子数为

$$N_{主壳} = \sum_l 2 \cdot (2l + 1).$$

于是, K 壳 $(n = 1, l = 0)$ 可以容纳的电子数为 $N_K = 2 \cdot (2 \cdot 0 + 1) = 2$;
L 壳 $(n = 2, l = 0、1)$ 可以容纳的电子数为 $N_L = 2 + 2(2 \cdot 1 + 1) = 8$;
M 壳 $(n = 3, l = 0、1、2)$ 可以容纳的电子数为 $N_M = 8 + 2(2 \cdot 2 + 1) = 18$;
N 壳 $(n = 4, l = 0、1、2、3)$ 可以容纳的电子数为 $N_N = 18 + 2(2 \cdot 3 + 1) = 32$;
O 壳 $(n = 5, l = 0、1、2、3、4)$ 可以容纳的电子数为 $N_O = 32 + 18 = 50$;
P 壳 $(n = 6, l = 0、1、2、3、4、5)$ 可以容纳的电子数为 $N_P = 50 + 22 = 72$;
⋯⋯⋯⋯⋯

因为一个主壳与另一个主壳之间的能量差与一个主壳内各子壳之间的能量差相比大得多, 所以改变具有各主壳总共可以容纳的电子数 (2、10、28、60、110 等) 的原子的状态需要的能量要大很多, 例如, 实验测得的一系列原子的电离能 (使原子中的一个电子脱离束缚成为自由电子所需要的能量, 亦称为逸出功) 随核电荷数 (亦称为原子序数) 变化的行为如图 4.7 所示. 实验测得的一些原子的芯电子的结合能随原子序数变化的行为如图 4.8 所示.

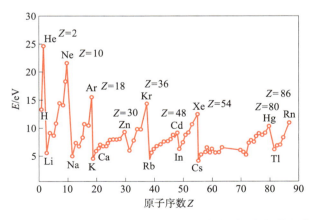

图 4.7　原子的电离能随原子序数 (核电荷数) 变化的行为

将前述的由单电子填充方式的理论分析给出的稳定原子的核电荷数与图 4.7 所示的实验测量结果比较知, 上述单电子填充的理论结果仅对轻元素原子很好地成立. 这一方面说明原子确实具有壳层结构, 另一方面也说明, 前述的单电子填充形成的

壳结构对重元素原子不正确. 因此, 对于多电子原子的填充方式和形成的壳结构, 需要系统认真地专门讨论.

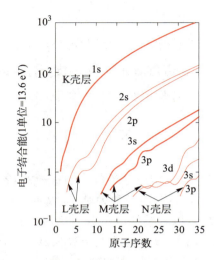

图 4.8　一些原子的芯电子的结合能随原子序数变化的行为

4.7.2　多电子原子中电子的填充

多电子原子即由一个原子核和多个电子形成的原子. 由于原子核和电子都带电、都有磁矩, 因此它们之间 (原子核与电子之间、电子与电子之间) 有很复杂的相互作用. 相应地, 电子在各单电子量子态的实际填充方式和形成的壳层结构等都需要认真讨论.

一、 基本特征

1. 原子实的电荷屏蔽

原子由原子核与电子组成, 电子按单电子量子态而出现壳层结构, 主壳被填满的状态称为满壳. 原子核 (记其电荷数为 Z) 与满壳电子形成的体系称为原子实. 由于一个主壳内的电子的能量与另一个主壳内的电子的能量相差较大, 因此原子实相当稳定. 有时, 人们也称原子核与满子壳电子形成的体系为原子实.

如果原子实外只有一个电子, 该电子所受的作用相当于来自一个正电荷, 但这一正电荷的电荷量不严格等于一个单位正电荷的电荷量, 这种现象称为原子实的电荷屏蔽. 另一方面, 在不考虑芯电子形成原子实的情况下, 由于其它电子的存在, 仅就电作用而言, 原子中的每个电子所受的作用与一个单位电荷量的负电荷和 Z 个单位电荷量的正电荷之间的作用都有差别, 而相当于带电荷量为 $-e$ 的点电荷与带电荷量为 Z^*e 的点电荷之间的作用, 并且有效电荷数 Z^* 因原子而异. 这种情况亦称为电荷屏蔽, 并在此前简述过.

2. 简并解除

在原子实外有多个电子的情况下, 由于原子实与各个电子之间及电子与电子之间的作用, 原子实外的各个电子感受到的有效电荷数 Z^* 不同, 从而不同支壳上的电子所受屏蔽后的作用不同. 于是, 对于同一个主量子数 n, 不同轨道角动量 l 态的能量不同, 也就是 l 简并因此而解除, 并有量子数亏损 $\Delta(n,l)$, 使得主量子数 n 发生变化:

$$n \to n^* = n - \Delta(n,l),$$

因而原子能级 (严格来讲, 原子内电子的能级) 有改变:
仅考虑电荷屏蔽:

$$E_n = -\frac{hcZ^2 R_A}{n^2} \Longrightarrow E_n = -\frac{hcZ^{*2} R_A}{n^2},$$

既考虑电荷屏蔽又考虑量子数亏损:

$$E_n = -\frac{hcZ^2 R_A}{n^2} \Longrightarrow E_n = -\frac{hcZ^{*2} R_A}{n^{*2}},$$

亦即, 相对于前述的单电子壳结构, 多电子原子的壳结构与之不同.

二、电子填充规律

原子中电子在量子态上的填充 (电子处于相应的量子态) 遵循泡利不相容原理和能量最低原理. 根据前述理论分析和计算结果以及实验测量结果, 人们得到电子处于 (填充) 量子态的顺序如图 4.9 中自上而下、由左到右的箭头标记的方向所示.

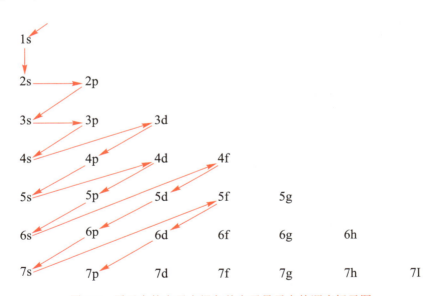

图 4.9　原子中的电子占据各单电子量子态的顺序标示图

由图 4.9 可知, 1s 态构成一个主壳——K 壳, 2s 和 2p 态构成一个主壳——L 壳, 3s 和 3p 态构成一个主壳——M 壳, 4s、3d 和 4p 态构成一个主壳——N 壳, 5s、4d 和 5p 态构成一个主壳——O 壳, 6s、4f、5d 和 6p 态构成一个主壳——P 壳, 7s、5f、6d 和 7p 态构成一个主壳——Q 壳等.

三、 自旋对电子态填充的影响与多电子原子的电子组态

我们已经熟知, 电子是自旋为 $\frac{1}{2}\hbar$ 的费米子, 自旋态的简并度为 $2s+1=2$, 因此前述的考虑了各种相互作用效应的多电子原子中电子填充单电子量子态形成的各主壳可以容纳的电子数为

$$N_{n=1}=2, \qquad\qquad\qquad N_{n=2}=2\cdot(1+3)=8,$$
$$N_{n=3}=2\cdot(1+3)=8, \qquad\qquad N_{n=4}=2\cdot(1+5+3)=18,$$
$$N_{n=5}=2\cdot(1+5+3)=18, \qquad\qquad N_{n=6}=2\cdot(1+7+5+3)=32,$$
$$N_{n=7}=2\cdot(1+7+5+3)=32, \qquad\qquad \cdots\cdots\cdots$$

由此知, 随原子中电子数 (原子核的核电荷数) 由小到大变化, 稳定原子对应的电子数分别为 2、10、18、36、54、86、118 等, 即稳定原子依次分别是氦 (He)、氖 (Ne)、氩 (Ar)、氪 (Kr)、氙 (Xe)、氡 (Rn) 等. 这样的壳层结构和各壳最多可能填充的电子数及相应的原子总结于图 4.10 中. 这与图 4.7 所示的实验测量结果完全一致. 从而确认原子具有壳层结构, 并且该壳层结构可以由量子力学描述.

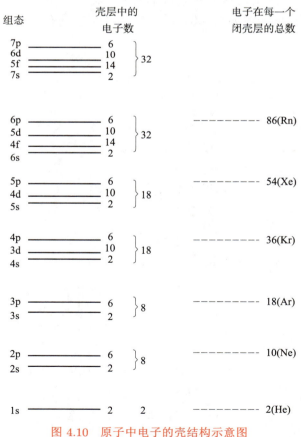

图 4.10　原子中电子的壳结构示意图

关于每一个壳层内电子自旋态的具体占据方式, 由于多电子形成的原子的波函数应该是全反对称的. 通常情况下, 波函数的自旋部分与空间部分可以分离变量 (更严格地, 波函数中的径向部分可以与角向及自旋部分分离变量), 应有

$$
\text{多电子原子的波函数} = \begin{cases} \text{自旋部分对称的波函数} \otimes \text{空间部分反对称的波函数}, \\ \text{自旋部分反对称的波函数} \otimes \text{空间部分对称的波函数}. \end{cases}
$$

我们知道, 如果空间部分波函数具有交换对称性, 即交换后体系的波函数严格不变, 则 (这两个) 电子相互靠得很近, 其间的排斥能较大. 如果空间部分波函数具有交换反对称性, 即交换后体系的波函数改变一个符号, 也就是说电子在空间上向不同方向延伸, 从而其间的排斥能较小. 因此, 在同一个支壳内, 电子倾向于先以自旋取向相同、"轨道" 取向分散填充, 从而自旋部分波函数具有交换对称性、空间部分波函数具有交换反对称性, 保证体系的能量最低. 总之, 根据上述原则, 多电子原子的电子组态可以由其中的各电子态的主量子数、标记轨道角动量的字符和处于相应状态的电子数标记为 $(ns)^{\zeta}(n'\text{p})^{\eta}(n''\text{d})^{\varsigma} \cdots$ 的形式. 并且, 为了简洁, 通常还将满壳状态的原子实以相应的元素符号标记, 而仅明确给出价电子的组态. 于是, 各天然元素形成的原子的电子组态、原子基态及电离能如附录四所示.

4.7.3 元素周期表

根据原子中电子填充各量子态的规律, 人们总结排列出了元素周期表. 我们知道, 多数元素都以前述的规律填充各量子态, 于是人们以主壳层决定周期, 或者说, 基态情况下, 电子填充在同一个主壳层内的各原子构成一个周期内的原子. 因为现在发现的原子中电子的主壳层有 K, L, M, N, O, P 和 Q, 共七个, 所以人们把元素 (原子) 分为七个周期. 并且, 人们还称价电子填充形成的量子态组态方式相同的原子构成一个族, 具体的价电子组态与族序等的对应关系如表 4.1 所示. 由此知, 同族原子 (元素) 具有相似的性质.

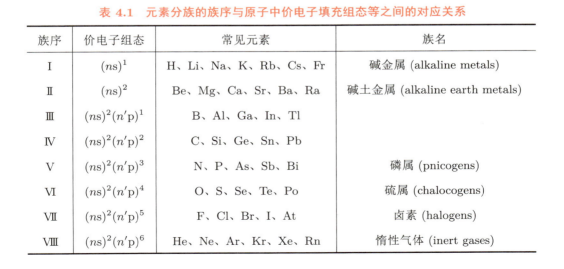

表 4.1　元素分族的族序与原子中价电子填充组态等之间的对应关系

族序	价电子组态	常见元素	族名
I	$(ns)^1$	H、Li、Na、K、Rb、Cs、Fr	碱金属 (alkaline metals)
II	$(ns)^2$	Be、Mg、Ca、Sr、Ba、Ra	碱土金属 (alkaline earth metals)
III	$(ns)^2(n'\text{p})^1$	B、Al、Ga、In、Tl	
IV	$(ns)^2(n'\text{p})^2$	C、Si、Ge、Sn、Pb	
V	$(ns)^2(n'\text{p})^3$	N、P、As、Sb、Bi	磷属 (pnicogens)
VI	$(ns)^2(n'\text{p})^4$	O、S、Se、Te、Po	硫属 (chalocogens)
VII	$(ns)^2(n'\text{p})^5$	F、Cl、Br、I、At	卤素 (halogens)
VIII	$(ns)^2(n'\text{p})^6$	He、Ne、Ar、Kr、Xe、Rn	惰性气体 (inert gases)

4.7.3
授课视频

元素周期表有立式和横式两种, 横式较常见 (最新的元素周期表见图 4.11), 因为由之较易得知原子的结构和性质. 立式也为一部分学者所青睐, 因为它也能较好地显示原子的结构, 限于篇幅, 这里不予具体展示, 有兴趣的读者可参阅赵凯华、罗蔚茵,《新概念物理教程 · 量子物理》(高等教育出版社) .

但是, 由表 4.1 知, 由于重原子的电子填充方式是先填外层、再填内层, 因此过渡区原子 (元素) 的结构和性质都比较复杂, 并且不具有周期性. 以 3D – 4D 态为价壳层的过渡区元素和以 4F – 5D 及 6D – 5F 为价壳层的稀土区元素也很复杂. 这里不再细述.

元素周期表最早由俄国化学家门捷列夫于 1869 年根据当时已知的 63 种元素 (实际是由之形成的原子) 的性质与质量的对应关系排列给出. 门捷列夫在排列时发现有 4 个空位. 用现在的语言来讲就是, 根据系统规律预言还存在 4 种元素. 它们分别是: 1874—1875 年被发现的钪 (Sc, $Z = 21$, 类铝), 1875 年被发现的镓 (Ga, $Z = 31$, 类铝), 1886 年被发现的锗 (Ge, $Z = 32$, 类硼) 和 1898 年被发现的钋 (Po, $Z = 84$). 这充分说明了元素周期表的重要性. 关于镓的比重的确定 (中文介绍见赵凯华、罗蔚茵著《新概念物理教程 · 量子物理》) 更说明元素周期表不仅对定性研究重要, 对定量研究也有指导意义.

由于原子是由原子核与电子形成的量子束缚态, 元素周期表的版图的大小当然依赖于原子核的多少, 例如 1869 年, 门捷列夫最早给出元素周期表时, 仅包含 63 种元素 (原子) , 同时预言还有 4 种元素 (原子) 存在. 现在的元素周期表已经扩大到包含 118 种元素, 见图 4.11. 其中最重的天然元素是铀 ($Z = 92$), 由此知, 已经纳入元素周期表的人工合成的元素已有 26 种 (从 $Z = 93$ 的锕系区超铀元素镎开始).

族→ 周期↓	1	2	3		4	5	6	7	8	9	10	11	12	13	14	15	16	17	18
1	1 H																		2 He
2	3 Li	4 Be												5 B	6 C	7 N	8 O	9 F	10 Ne
3	11 Na	12 Mg												13 Al	14 Si	15 P	16 S	17 Cl	18 Ar
4	19 K	20 Ca	21 Sc		22 Ti	23 V	24 Cr	25 Mn	26 Fe	27 Co	28 Ni	29 Cu	30 Zn	31 Ga	32 Ge	33 As	34 Se	35 Br	36 Kr
5	37 Rb	38 Sr	39 Y		40 Zr	41 Nb	42 Mo	43 Tc	44 Ru	45 Rh	46 Pd	47 Ag	48 Cd	49 In	50 Sn	51 Sb	52 Te	53 I	54 Xe
6	55 Cs	56 Ba	57 La	*	72 Hf	73 Ta	74 W	75 Re	76 Os	77 Ir	78 Pt	79 Au	80 Hg	81 Tl	82 Pb	83 Bi	84 Po	85 At	86 Rn
7	87 Fr	88 Ra	89 Ac	**	104 Rf	105 Db	106 Sg	107 Bh	108 Hs	109 Mt	110 Ds	111 Rg	112 Cn	113 Nh	114 Fl	115 Mc	116 Lv	117 Ts	118 Og
				*	58 Ce	59 Pr	60 Nd	61 Pm	62 Sm	63 Eu	64 Gd	65 Tb	66 Dy	67 Ho	68 Er	69 Tm	70 Yb	71 Lu	
				**	90 Th	91 Pa	92 U	93 Np	94 Pu	95 Am	96 Cm	97 Bk	98 Cf	99 Es	100 Fm	101 Md	102 No	103 Lr	

图 4.11　最新的横式表述的元素周期表

人工合成新元素的工作自 20 世纪 40 年代就已开始, 并且 1945 年在日本长崎爆炸的原子弹就是由 (至少掺有) 人工合成的超铀元素钚制成的钚弹. 到 1961 年, 人们合成出了到 $Z = 103$ 的所有锕系区超铀元素, 到 20 世纪 70 年代中前期, 人们又合成了 104 号元素 Rf、105 号元素 Db 和 106 号元素 Sg. 经过 20 多年的探索, 1996 年和 1997 年, 德国重离子物理研究中心 (GSI) 和俄罗斯杜布纳联合核子研究所 (JINR) 合成了 107—112 号元素, 1999 年, 俄罗斯杜布纳联合核子研究所合成了 114 号元素, 2004 年, 日本理化学研究所 (RIKEN) 合成了 113 号元素、俄罗斯杜布纳联合核子研究所与美国劳伦斯–伯克利国家实验室 (LBNL) 合作合成了 115 号元素. 2006 年, 俄罗斯杜布纳联合核子研究所与美国劳伦斯–伯克利国家实验室合作合成了 116 号元素和 118 号元素、并于 2010 年合成了 117 号元素. 在人工合成超重元素的漫长研究中, 我国也作出了重要贡献, 在国内的装置上合成了超重新核素 ^{259}Db 和 ^{265}Bh (此外还有超铀新核素 ^{219,220,223,224}Np 和 ^{235}Am 以及其它 28 个新核素). 有兴趣深入探究超重核合成研究的读者可参阅 Reviews of Modern Physics 72: 733 (2000); Journal of Physics: Nuclear and Particle Physics 34: R165 (2007) 等文献.

元素的产生 (与合成) 一直是原子物理、原子核物理和宇宙学等领域共同致力探索的重要课题, 现在的研究结果表明, 轻元素可以通过宇宙大爆炸之后不久的原初核合成 (核聚变) 而产生, 由于 ^{62}Ni 的结合能最大, 通过聚变反应只能合成到 ^{62}Ni (通常也认为仅能到 ^{56}Fe). 比 ^{62}Ni (^{56}Fe) 重的元素主要通过快速中子俘获过程 (继之以 β 衰变) 而产生. 然而, 2017 年, 激光干涉引力波天文台 (LIGO) 观测到的 GW170817 双中子星并合事件的产物中存在大量的重元素金属表明, 非超重的重元素的产生机制需要重新认真审视. 因此, 重元素的合成及其结构和性质的研究仍是当代核物理炙手可热的重要前沿课题.

回顾上一章开篇所述和本章内容知, 随着光谱技术的进步, 到 19 世纪末和 20 世纪初, 人们发现了众多当时无法解释的现象, 从而发现并提出了一些重要问题; 追根求源、探求真理的兴趣驱动, 使人们建立了微观粒子具有自旋自由度的学说; 再经演绎推理、归纳总结, 人们认识到自旋与 "轨道" 角动量之间有耦合作用, 经数学计算而完善提高, 建立了自旋–轨道耦合作用理论, 不仅解决了当时发现的原子光谱的精细结构、反常塞曼效应 (下章予以具体讨论)、原子壳层结构、原子光谱的超精细结构等重要问题, 并经合理推广, (在后来) 解决了原子核的壳层结构问题 (具体讨论见第七章), 还提出材料等具有自旋霍耳效应 (见本章习题 4.30) 等新见解. 由此知, 追根求源、探求真理的科学精神, 尊重科学、应用科学的科学素养和演绎推理、总结归纳、合理外推的科研方法是进行创新性研究、解决重大基本问题的法宝, 值得我们细细钻研, 并很好地传承应用.

思考题与习题

4.1. 回顾电磁学中关于磁矩 $\boldsymbol{\mu}$ 与外磁场 $\boldsymbol{B}$ 之间的相互作用势能 $V = -\boldsymbol{\mu} \cdot \boldsymbol{B}$ 的导出过程.

4.2. 试计算 He$^+$ 离子的自旋–轨道相互作用引起的劈裂能.

4.3. 已知自旋–轨道相互作用引起 $\boldsymbol{L}$ 和 $\boldsymbol{S}$ 绕它们的合矢量 $\boldsymbol{J}$ ($\boldsymbol{J}$ 是恒定的) 进动. 试证明,

在此情况下, 虽然 J_z 的值是恒定的, 但 L_z 和 S_z 都不能具有明确的值, 从而 M_L 和 M_S 不是好的量子数, 但 M_J 是一好的量子数.

4.4. 对具有强的自旋–轨道耦合的两个等效 d 电子, 试分别在 LS 耦合方式和 JJ 耦合方式下, 确定系统的总角动量 J 的可能值. 并讨论, 两种情况下相同的 J 值出现的次数是否相同.

4.5. 自旋–轨道相互作用引起的 LSJ 多重项的不同能级之间的相对间距可以看作正比于 $\langle \boldsymbol{S} \cdot \boldsymbol{J} \rangle$. 试画出与 $^3\text{F} \rightarrow \,^3\text{D}$、$^4\text{D} \rightarrow \,^4\text{P}$ 和 $^4\text{P} \rightarrow \,^4\text{S}$ 跃迁相关的各多重项的能级.

4.6. 试证明考虑氢原子中电子高速运动的相对论效应时氢原子能级分裂的表达式 (4.9) 式 (提示: 仅考虑动能修正).

4.7. 试根据图 4.2 中给出的数值, 确定钠的 D 线的波长间距. 根据所得结果, 对于 3^2P 态, 估算 $E_{SL} = a\langle \boldsymbol{S} \cdot \boldsymbol{L} \rangle$ 中的常量 a 的值.

4.8. 试根据图 4.2, 分析钠原子的 $3^2\text{D} \rightarrow 3^2\text{P}$ 跃迁的精细结构及可能的辐射的波长间隔.

4.9. 将氢原子能级的精细结构分裂表达式推广到类氢离子, 其中的各量应该如何表述.

4.10. 试画出 Li^{2+} 离子的主量子数 $n = 2$ 和 $n = 1$ 的精细结构能级, 确定其中的最大波数和最小波数及其差值.

4.11. 试给出 pd、df、fg 电子组态的精细结构分裂的图示, 并通过比较耦合态空间和非耦合态空间中系统状态的数目检验所得结果的正确性.

4.12. 试给出 ff 和 gg 电子组态的精细结构分裂的图示, 并具体分析说明哪些态才是实际可能存在的.

4.13. 试给出 ppp、ddd、fff、ggg、ddddd、fffff 和 ggggg 电子组态所对应的基态原子组态.

4.14. 试给出 dddd、ffff 和 gggg 电子组态所对应的原子组态.

4.15. 试给出 $^1\text{S}_0$、$^2\text{S}_{1/2}$、$^1\text{P}_1$、$^3\text{P}_2$、$^3\text{F}_4$、$^5\text{D}_1$、$^1\text{D}_2$ 和 $^4\text{D}_{7/2}$、$^6\text{F}_{9/2}$ 原子态的自旋 S、轨道角动量 L 和总角动量 J 的值.

4.16. 试确定 $^4\text{D}_{3/2}$ 态的总角动量与轨道角动量之间的夹角以及总角动量与自旋之间的夹角.

4.17. 试在考虑自旋–轨道相互作用的情况下, 确定轨道角动量为 $\boldsymbol{l}$、自旋为 $\boldsymbol{s}$ 的质子和轨道角动量为 $\boldsymbol{l}$、自旋为 $\boldsymbol{s}$ 的电子的磁矩.

4.18. 试具体计算氢原子的磁偶极超精细结构常数, 并给出氢原子的磁偶极超精细结构的能级劈裂和相应的跃迁所发出的光的频率差及波数差.

4.19. 实验发现, 钠原子光谱的波长为 589.6 nm 的 D1 线具有相距为 0.002 3 nm 的超精细结构, 并且认识到其根源是钠原子的 $3^2\text{S}_{1/2}$ 能级一分为二. 试确定该能级的两个子能级的间距.

4.20. 试给出原子核的半径 r 改变 δr 时, 原子光谱的频率的相对改变量.

4.21. 根据角动量耦合的规则证明: 如果一原子的所有子壳层都填满了电子, 则该原子的基态一定是 $^1\text{S}_0$.

4.22. 试由图 4.9 总结归纳出多电子原子中的电子填充单电子量子态的顺序的规律的语言表述.

4.23. 试确定核电荷数 $Z = 3$、6、8、12、15 的原子的基态电子组态和原子态.

4.24. 试确定 V、Fe、Np 原子的基态的电子组态和原子态.

4.25. Pb 原子基的两个价电子处于 6p 态, 若其中一个被激发到 7s 态, 试在 LS 耦合方式和 JJ 耦合方式两种情况下, 确定该 Pb 激发态原子态.

4.26. 试证明, 在 LS 耦合中, 同一多重态中两相邻能级间隔之比等于有关两总角动量 J 中较大值的比. (附注: 该规律常被称为朗德间隔定则.)

4.27. 实验测得一原子的某能级的多重结构中两相邻能级间隔之比为 5:3, 试确定相关能级的原子态.

4.28. 氦原子能级由低到高的原子态顺序是 S、P、D、F, 这刚好与洪德定则所述相反. 试说明其原因.

4.29. 壳模型是研究量子系统的结构和性质的基本方法.(1) 试述壳模型的基本思想; (2) 对于质量为 m、自旋为 $\frac{1}{2}\hbar$ 在平均场近似为谐振子势场 $U(r) = \frac{1}{2}m\omega^2 r^2$ 中运动的费米子, 其单粒子能级由主量子数 $N(\geqslant 0)$、轨道角动量量子数 L 等决定. 其中主量子数 N 决定主壳层能量 $\varepsilon_{NL} = \left(N + \frac{1}{2}\right)\hbar\omega$, 并使得轨道角动量 L 取值为 $L = N, N-2, N-4, \cdots, 1,$ 或0; 对于对应于一个主量子数 N 的不同轨道角动量态, 其能量随 L 增大而降低. 考虑自旋–轨道耦合作用, 则每一个 $L \neq 0$ 的能级都出现精细结构. 假设对于较大轨道角动量 $(\geqslant 3)$ 的态, 尤其是满壳层以上、另一壳中的轨道角动量最大的态, 其自旋轨道劈裂与主量子数决定的能级间距相近甚至还稍大, 试画出该系统的单粒子能谱、标出各能级的量子数和可能填充的粒子数, 并说明将出现幻数 (即满壳层可以容纳的粒子数) 2、8、20、28、50、82 等.

4.30. 将一块导体或半导体置于磁场内, 垂直于磁场方向通电流, 在垂直于磁场和电流的方向上会产生电压, 这一现象称为霍耳效应. 将材料置于电场中时, 自旋向上的和自旋向下的电子由于自旋形成的磁矩方向相反, 也会分别在相反的方向上累积, 相当于出现自旋的输运, 这一现象称为自旋霍耳效应 [最早的直接实验观测见 Science. 306: 1910 (2004)]. 试从自旋–轨道相互作用出发, 构建一个直观图像, 并给出图示, 说明自旋霍耳效应输运自旋的过程.

原子状态的改变与外电磁场中的原子

数字资源

原子的状态有多种改变方式，这些方式相应的状态改变不仅给我们带来了光明，还提供了揭示原子和材料的内部结构、探究物质演化过程的手段，并由之发展了很多造福人类的技术. 作为电磁相互作用形成的量子束缚体系，原子的状态当然受外电磁场的影响，并以之为基础发展建立了很多实用的方法和技术. 本章简要介绍原子状态改变的方式、外电磁场对原子状态影响的方式和效应、以之为基础发展建立的一些技术，以及原子物理的一些新近进展. 主要内容包括:

- 原子状态的改变
- 磁场中的原子
- 电场中的原子
- 磁共振
- 量子相位
- 冷原子囚禁与玻色–爱因斯坦凝聚

*5.1*__ 原子状态的改变

5.1.1　概述

一、　原子状态改变的方式

5.1.1 授课视频

我们知道，原子由一个原子核和若干个电子组成，电子与原子核和电子与电子之间的相互作用都是电磁作用. 这就是说，原子是电磁作用形成的多体 (中重和重原子) 或少体 (轻原子) 量子束缚体系，因此原子可以处于各种量子态. 由于原子核质量远大于电子的质量，因此通常可以近似为由运动的电子与固定不动 (严格来讲是近似自由运动) 的原子核形成的束缚体系，并且以其中电子的 (量子) 状态近似表征原子的 (量子) 状态.

原子中的电子的状态除遵从量子力学规律外，还遵从统计规律，因此其各状态的能量 (能级) 都不取严格的确定值 (不确定度为 0) 而有一定的宽度 (即能量有非 0 的不确定度，并且该不确定度因状态而异)，从而原子中各电子的状态的寿命都不是无限长，即原子具有自身不稳定性. 由于原子自身不稳定性的影响或受外界影响，原子中的电子的状态会发生变化. 电子状态改变的方式可以概括为: 电子由原子中逸出，电子由一个量子态跃迁到另一量子态，电子被原子核俘获 (或吸收).

由于原子是由电磁作用形成的量子束缚态，因此外电磁场是影响原子状态的重要因素. 本章对原子状态的改变及外电磁场对原子状态的影响予以讨论.

二、　原子状态改变的表现

由于原子本身是电中性的复合粒子 (量子束缚态)，当有电子逸出原子后，原子不再呈电中性，因此这一变化表现为中性原子转变为带电离子，并可在外界观测到电子.

当原子内的电子发生量子态之间的跃迁时, 其量子态之间的能量改变量都以光子的形式释放. 如果这样的光子直接逸出原子, 其表现方式即为发光. 根据其改变的量子态不同, 形成的光子的能量不同, 所发出的光可能是红外线、可见光、紫外线, 也可能是 X 射线. 如果是人为控制而实现的能级间的跃迁则形成激光. 如果所释放出的光子被原子内原处于较高能态的电子吸收, 则可使该电子脱离束缚 (电离), 从而放出电子, 即发生内光电效应, 并观测到俄歇电子 (因其发现人而命名).

当原子中内层的电子被原子核俘获或吸收时, 原子核的核电荷数发生变化. 例如, 质子数为 Z 的原子核俘获一个电子后, 其核电荷数转变为 $Z-1$, 从而发生元素变化, 并且原子由一类中性原子转变为另一类中性原子.

5.1.2 基本概念和规律

一、 电离

处于原子内的束缚态电子吸收能量而逸出原子的现象称为原子的电离, 亦称为原子中电子的电离. 电离之后, 电子成为自由粒子或按外场决定的行为运动的粒子, 原子则成为离子.

5.1.2
授课视频

在电离过程中, 体系保持能量守恒和动量守恒. 根据能量守恒定律, 原子中的电子电离时, 其能量至少为其在原子内部时的束缚能, 即其所处状态相对于基态的能量差. 记电子原处于主量子数为 n、轨道角动量量子数为 l、总角动量量子数为 j 的状态, 相应状态的能量为 E_{nlj}, 则

$$E_{\mathrm{I}} = -E_{nlj} \tag{5.1}$$

称为相应状态电子的电离能. 在没有其它外场情况下, 如果该能量态的电子吸收的能量 E_{a} 恰好为 E_{I}, 则逸出的电子处于静止状态. 如果电子吸收的能量大于 E_{I}, 则电子以 $E_{\mathrm{a}} - E_{\mathrm{I}} - E_{\mathrm{r}}$ 为动能 (其中 E_{r} 为离子由动量守恒决定的反冲能量) , 以动量守恒决定的方向运动. 如果还有其它外场, 逸出的电子将按照由外场决定的运动行为及原能量守恒和动量守恒决定的运动行为耦合而成的行为运动.

二、 电子俘获

如前所述, 由于自身的不稳定性和外界的影响, 处于原子内层的电子被原子核俘获或吸收的现象称为电子俘获, 并根据被俘获的电子原来所处的壳层简称为 K 俘获、L 俘获等. 由于最内层的电子壳层称为 K 壳层, 因此最可能发生的电子俘获是 K 俘获. 由于电子俘获过程是既涉及核外电子又涉及原子核的过程, 因此有关具体讨论留待第七章第三节。

三、 量子态之间的跃迁

量子系统从一个定态到另一个定态的演化称为跃迁.

人们常根据引起跃迁的原因对跃迁进行分类. 量子态自身的不稳定性引起的由高能量态自发地退激到低能量态的跃迁称为自发跃迁. 受外界影响而产生的由一个

量子态到另一个量子态的跃迁称为 受激跃迁. 如果受激跃迁使系统由高能量态转变到低能量态, 则称之为 受激发射. 如果受激跃迁使系统由低能量态转变到高能量态, 则称之为 受激吸收.

既然跃迁是量子态 (定态) 之间的演化, 那么与原子状态的跃迁相对应, 原子中电子的分布 (或者说, 电磁场的分布) 发生变化. 这种变化的主要特征和表现可以根据电磁场的多极展开原理和方法 (具体可参阅电磁学或电动力学的教材或有关专著) 来表征, 于是人们将原子状态的跃迁分为电偶极、磁偶极、电四极等极次的跃迁.

关于描述量子态之间跃迁的一般方法, 我们已在附录二第七节予以简要介绍, 这里不再重述. 下面简要讨论量子态跃迁的发射系数和吸收系数, 以及常见的低极次跃迁的一般性质和规律.

1. 发射系数、吸收系数与原子态寿命

根据能量守恒定律, 对于能量分别为 $E_{k'}$、E_k 间的跃迁, 无论是发射或吸收, 它们都必须满足量子化条件 (能量守恒定律的反映)

$$\hbar\omega_{k'k} = \left| E_{k'} - E_k \right| = h\nu_{k'k}, \tag{5.2}$$

其中 $\omega_{k'k}$、$\nu_{k'k}$ 分别为发射或吸收的能量对应的量子态的圆频率、频率, 其间有关系 $\omega_{k'k} = 2\pi\nu_{k'k}$. 前已述及, 发射是由高能态向低能态的转变, 包括自发跃迁和受激跃迁, 则 $\omega_{k'k}$ ($\nu_{k'k}$) 为发射出的光子的圆频率 (频率). 吸收则使得原子由低能态转变到高能态, 只有在外界提供能量的情况下才能够发生, 这就是说仅有受激吸收, $\omega_{k'k}$ ($\nu_{k'k}$) 则为相应原子所吸收能量的量子态的圆频率 (频率).

记时刻 t 单位体积内处于 E_k、$E_{k'}$ 态的原子数分别为 N_k、$N_{k'}$, 假设 $E_{k'} > E_k$, 并仅考虑线性响应, 对自发发射 ($k' \to k$), 则有

$$\frac{\mathrm{d}N_{k'}}{\mathrm{d}t} = -\frac{\mathrm{d}N_k}{\mathrm{d}t} = -A_{k'k}N_{k'}, \tag{5.3}$$

其中 $A_{k'k}$ 称为 自发发射系数.

记温度 T 情况下辐射场在单位频率内的能量密度为 $\rho(\nu_{k'k}, T)$, 也仅考虑线性响应, 对受激发射 ($k' \to k$) 则有

$$\frac{\mathrm{d}N_{k'}}{\mathrm{d}t} = -\frac{\mathrm{d}N_k}{\mathrm{d}t} = -B_{k'k}N_{k'}\rho(\nu_{k'k}, T), \tag{5.4}$$

其中 $B_{k'k}$ 称为 受激发射系数. 对受激吸收 ($k \to k'$), 则有

$$\frac{\mathrm{d}N_{k'}}{\mathrm{d}t} = -\frac{\mathrm{d}N_k}{\mathrm{d}t} = C_{kk'}N_k\rho(\nu_{k'k}, T), \tag{5.5}$$

其中 $C_{kk'}$ 称为 受激吸收系数.

不存在外场的情况下, 只有自发发射, 记初始时刻处于 k' 态的原子数为 $N_{k'0}$, 那么在线性响应下, 求解方程 (5.3), 则得时刻 t 仍处于 k' 态的原子数为

$$N_{k'} = N_{k'0}\mathrm{e}^{-A_{k'k}t}. \tag{5.6}$$

在有外场的情况下, 无论外场如何, 一个状态的原子数目的增加率一定等于与跃迁相应的另一状态的原子数目的减少率, 于是有

$$\frac{\mathrm{d}N_{k'}}{\mathrm{d}t} = -\frac{\mathrm{d}N_k}{\mathrm{d}t} = -A_{k'k}N_{k'} - B_{k'k}N_{k'}\rho(\nu_{k'k}, T) + C_{kk'}N_k\rho(\nu_{k'k}, T). \tag{5.7}$$

按照直观意义, 原子处于 k' 态的寿命即令相应的原子数由 $N_{k'0}$ 变化到 0 的时间, 于是, 对于无外场情况, 该寿命可以表述为

$$\tau = \frac{1}{N_{k'0}} \int_{N_{k'0}}^{0} t|\mathrm{d}N_{k'}| = \int_0^\infty t\mathrm{e}^{-A_{k'k}t}A_{k'k}\mathrm{d}t = \frac{1}{A_{k'k}}.$$

对于有外场情况, 一般情况下, 外场使得处于各量子态的粒子数变化剧烈, 难以确定各相应态的寿命. 因此, 人们通常讨论达到动态平衡、宏观上受激发的量子态数目的变化率与退激发的量子态数目的变化率相同的状态 (人们常简称这样的态为稳态, 相应的辐射称为稳定辐射), 即 $\frac{\mathrm{d}N_{k'}}{\mathrm{d}t} = -\frac{\mathrm{d}N_k}{\mathrm{d}t} = 0$ 的寿命. 由稳态的定义知, 相应于有关跃迁的自发发射系数、受激发射系数、受激吸收系数及外场的能量密度之间应满足关系

$$\left[A_{k'k} + B_{k'k}\rho(\nu_{k'k}, T)\right]N_{k'} = C_{kk'}\rho(\nu_{k'k}, T)N_k. \tag{5.8}$$

由温度为 T 的热平衡态下微观 (能量) 状态的统计分布规律

$$N_k = N_0\mathrm{e}^{-\frac{E_k}{k_\mathrm{B}T}}$$

知, 分别处于 E_k、$E_{k'}$ 的原子数之间有关系

$$\frac{N_k}{N_{k'}} = \mathrm{e}^{\frac{E_{k'} - E_k}{k_\mathrm{B}T}}.$$

由于通常的无耗散情况下的受激吸收与受激发射为可逆过程, 即有 $B_{k'k} = C_{kk'}$, 那么相应于稳态情况的外场能量密度可以表述为

$$\rho(\nu_{k'k}, T) = \frac{A_{k'k}}{B_{k'k}}\frac{N_{k'}}{N_k - N_{k'}} = \frac{A_{k'k}}{B_{k'k}}\frac{1}{\mathrm{e}^{\frac{\hbar\omega_{k'k}}{k_\mathrm{B}T}} - 1},$$

其中 $\hbar\omega_{k'k} = E_{k'} - E_k$ 为由 k' 态到 k 态退激而发出的光的本征频率.

在极高温情况下, $k_B T \gg \hbar\omega_{k'k}$, 上式化为

$$\rho(\nu_{k'k}, T) = \frac{A_{k'k}}{B_{k'k}} \frac{1}{\frac{\hbar\omega_{k'k}}{k_B T}} = \frac{A_{k'k}}{B_{k'k}} \frac{k_B T}{\hbar\omega_{k'k}},$$

于是有

$$A_{k'k} = \rho(\nu_{k'k}, T) \frac{\hbar\omega_{k'k}}{k_B T} B_{k'k}.$$

由 (高温情况下成立的黑体辐射本领的) 瑞利 – 金斯公式知

$$\rho(\nu_{k'k}, T) = \frac{\omega_{k'k}^2}{\pi^2 c^3} k_B T.$$

由此可得

$$A_{k'k} = \frac{\hbar\omega_{k'k}^3}{\pi^2 c^3} B_{k'k},$$

亦即有

$$B_{k'k} = \frac{\pi^2 c^3}{\hbar\omega_{k'k}^3} A_{k'k}.$$

这表明, 对于稳态情况, 只要确定了自发发射系数 $A_{k'k}$, 即可确定受激发射系数 $B_{k'k}$, 进而可以确定原子态 k' 的寿命.

2. 低极次跃迁的性质和规律

(1) 电偶极跃迁的规律

⟨i⟩ 相互作用与跃迁概率

电偶极 (E1) 作用对应于附录五中所描述的电磁场展开中的 $\lambda = E$、$K = 1$. 由附录五知, 电偶极作用可以改写为电偶极矩与电场间的相互作用, 即

$$\hat{H}' = -\boldsymbol{p} \cdot \boldsymbol{E}, \tag{5.9}$$

其中 $\boldsymbol{p}$ 为电偶极矩, $\boldsymbol{E}$ 为电场强度, 对于通常的电磁波中的电场, 它可以表述为

$$\boldsymbol{E} = \boldsymbol{E}_0 \cos(\omega t - \boldsymbol{k} \cdot \boldsymbol{r}) \approx \boldsymbol{E}_0' \cos\omega t,$$

其中 ω 为电磁场的圆频率.

对于由 $k\{n, l, j\}$ 态到 $k'\{n', l', j'\}$ 态的跃迁, 根据含时间微扰的计算方法, 跃迁概率可以表述为

$$W_{k \to k'} = \frac{\pi |F_{k'k}|^2}{\hbar^2} \frac{\sin^2[(\omega_{k'k} - \omega)t/2]}{[(\omega_{k'k} - \omega)/2]^2} = \frac{2\pi t}{\hbar} |F_{k'k}|^2 \delta(E_{k'} - E_k \pm \hbar\omega), \tag{5.10}$$

其中 $\omega_{k'k} = \dfrac{E_{k'} - E_k}{\hbar}$，$F_{k'k} = \langle \hat{H}' \rangle = \int \psi_{k'}^*(-\boldsymbol{p} \cdot \boldsymbol{E}_0)\psi_k \mathrm{d}\tau$，$\mathrm{d}\tau$ 为对标记原子 (电子所处) 的量子状态的所有自由度积分的体积元 (既包括对连续变量的积分又包括对分离变量的求和).

〈ii〉跃迁选择定则

由跃迁概率的表达式 [(5.10) 式] 知，只有在 $E_{k'} - E_k \pm \hbar\omega = 0$ 的情况下，跃迁概率才可能不为 0，因此有能量选择定则：

$$\omega = \omega_{k'k} = \frac{|E_{k'} - E_k|}{\hbar}. \tag{5.11}$$

电偶极作用是电磁作用的最低极形式. 由于电磁作用过程中，系统的宇称是守恒量，而系统的宇称由系统的轨道角动量决定，根据宇称与轨道角动量的关系，则有

$$\prod_{\mathrm{ED}} = (-1)^{\sum l_i} = 常量. \tag{5.12}$$

定性地，光子宇称为 -1，根据总宇称保持不变，则要求原子的初末态宇称改变. 该规律称为拉波特定则.

具体地，原子的电偶极矩由原子内电子的分布状态决定. 对于碱金属原子和类氢离子，它可以由价电子的电荷量及其位置矢量表述为 $\boldsymbol{p} = -e\boldsymbol{r}$. 因此，由 $k\{n, l, j\}$ 态到 $k'\{n', l', j'\}$ 态跃迁的跃迁矩阵元为

$$F_{k'k} = \langle \hat{H}' \rangle = \langle n'l'j' | (-\boldsymbol{p} \cdot \boldsymbol{E}_0) | nlj \rangle = e\langle n'l'j' | (\boldsymbol{r} \cdot \boldsymbol{E}_0) | nlj \rangle.$$

记 $\boldsymbol{E}_0$ 沿 z 方向，$\boldsymbol{r}$ 与 z 方向间的夹角为 θ，则

$$F_{k'k} = \langle \hat{H}' \rangle = eE_0 \langle n'l' | r | nl \rangle \cdot \langle l'j'm_{l'} | \cos\theta | ljm_l \rangle.$$

因为 $\cos\theta = \dfrac{2\sqrt{3\pi}}{3}Y_{10}$，则

$$F_{k'k} = \langle \hat{H}' \rangle = \frac{2\sqrt{3\pi}eE_0}{3} \langle n'l' | r | nl \rangle \delta(l' - l \mp 1)\delta(m_{l'} - m_l).$$

因为 $\langle n'l' | r | nl \rangle$ 为 r 在径向波函数间的积分，不会为 0，所以跃迁矩阵元是否为 0，或者说所说的跃迁是否能够发生，取决于 $\delta(l' - l \mp 1)$ 和 $\delta(m_{l'} - m_l)$ 是否等于 0.

于是，我们有电偶极跃迁的关于角动量的选择定则：

$$\begin{cases} \Delta l = l_i - l_f = l - l' = \pm 1; \\ \Delta m_l = m_{l_i} - m_{l_f} = m_l - m_{l'} = 0; \\ \Delta j = j_i - j_f = j - j' = 0, \pm 1; \\ \Delta m_j = m_{j_i} - m_{j_f} = m_j - m_{j'} = 0, \pm 1. \end{cases} \tag{5.13}$$

对于多电子原子, 上一章的讨论表明, 角动量的耦合有 LS 耦合和 JJ 耦合两种方式.

对于 LS 耦合方式, 由于其耦合规则是先将各电子的轨道角动量耦合成原子的总轨道角动量、各电子的自旋耦合成原子的总自旋, 然后再将所有电子的总轨道角动量与所有电子的总自旋耦合成原子的总角动量, 而电偶极作用与自旋无关, 因此, LS 耦合方式下多电子原子的电偶极跃迁的角动量选择定则是

$$
\begin{cases}
\Delta S \equiv 0; \\
\Delta L = 0, \pm 1; \\
\Delta J = 0, \pm 1; \quad (0 \to 0\text{除外}).
\end{cases} \tag{5.14}
$$

对于 JJ 耦合方式, 由于其耦合规则是先将各电子的轨道角动量与其自旋耦合成该电子的总角动量, 然后再将各电子的总角动量耦合成原子的总角动量, 而与自旋无关的电偶极作用实际与每个电子的轨道角动量进行作用, 因此, JJ 耦合方式下多电子原子的电偶极跃迁的角动量的选择定则是

$$
\begin{cases}
\Delta j_1 = 0, \quad \Delta j_2 = 0, \pm 1 \quad \text{或} \quad \Delta j_1 = 0, \pm 1, \quad \Delta j_2 = 0; \\
\Delta J = 0, \pm 1; \quad (0 \to 0\text{除外}).
\end{cases} \tag{5.15}
$$

关于通过电偶极跃迁发出的光的偏振性质, 通常约定 $\Delta M_J = 0$ 的光为 π 光, 即线偏振光; $\Delta M_J = \pm 1$ 的光为 σ 光, 亦即圆偏振光. 按照迎着光的传播方向看光的偏振旋向的约定, 电矢量作顺时针转动的称为右旋偏振光, 电矢量作逆时针转动的称为左旋偏振光. 也就是说, 对应 $\Delta M = -1$ 的跃迁产生的 σ 光 (亦记为 σ^- 光) 为右旋光, 对应 $\Delta M = +1$ 的跃迁产生的 σ 光 (亦记为 σ^+ 光) 为左旋光. 这样约定的基础是光子的自旋在其传播方向上的投影的改变与原子 (电子) 的角动量在光的传播方向上的投影的改变相反.

一般地, 对电 K 极跃迁, 原子的初、末态宇称的乘积满足关系

$$
\prod_{E,i} \prod_{E,f} = (-1)^{l_i}(-1)^{l_f} = (-1)^K, \tag{5.16}
$$

从而, 对 $K = $ 奇数时的电跃迁, 角动量的选择定则是

$$
\Delta L = L_i - L_f = \pm K, \pm(K-2), \cdots, \pm 1.
$$

对 $K = $ 偶数时的电跃迁, 角动量的选择定则是

$$
\Delta L = L_i - L_f = \pm K, \pm(K-2), \cdots, 0.
$$

(2) 磁偶极跃迁的规律

磁偶极 (M1) 作用对应于附录五中所述的电磁场展开中的 $\lambda = M$、$K = 1$. 由附录五知, 对单价电子原子 (离子), 磁偶极作用可以改写为磁矩与径矢间的作用, 并有一阶球谐函数作为系数, 即相互作用的形式可以表述为

$$\hat{H}' \propto \cos\theta Y_{10}(\theta, \phi) \propto Y_{00}(\theta, \phi).$$

因此, 磁偶极跃迁除有与电偶极跃迁相同的能量选择定则外, 还有角动量选择定则

$$\Delta l = 0.$$

并可直接推广到多电子原子:

$$\Delta n = 0, \quad \begin{cases} \Delta L = 0; & \Delta S = 0; \\ \Delta J = 0, \pm 1; & \Delta M_J = 0, \pm 1. \end{cases} \tag{5.17}$$

对于通过磁偶极跃迁发出的光的偏振性质, 通常约定 $\Delta M_J = 0$ 的光为 σ 光, $\Delta M_J = \pm 1$ 的光为 π 光.

比较附录五中给出的 M1 跃迁的跃迁概率的表达式与 E1 跃迁的跃迁概率的表达式知, M1 跃迁的概率比 E1 跃迁的概率低, 辐射的能量也较低, 亦即发出的光的频率较低、波长较长.

一般地, 对磁 K 极跃迁, 原子的初、末态宇称的乘积满足关系

$$\prod_{M,i}\prod_{M,f} = (-1)^{l_i}(-1)^{l_f} = (-1)^{K+1}. \tag{5.18}$$

因此, 对 $K =$ 奇数时的磁跃迁, 角动量的选择定则是

$$\Delta L = L_i - L_f = \pm(K-1), \pm(K-3), \cdots, 0.$$

对 $K =$ 偶数时的磁跃迁, 角动量的选择定则是

$$\Delta L = L_i - L_f = \pm(K-1), \pm(K-3), \cdots, \pm 1.$$

5.1.3 原子光谱

一、来源

前已述及, 原子光谱是原子内的价电子跃迁释放能量 (发射光子) 或吸收能量 (吸收光子) 形成的, 是原子内部量子状态的指纹, 由之可以直接得到原子内部 (电子的) 能级结构的信息, 并可以根据光谱线的强度进一步提取出原子内部电子状态分布的结构信息和相互作用的行为及规律.

5.1.3 授课视频

二、 选择定则

前已说明, 任何物理过程都必须遵守能量守恒定律 (一般地考虑相对论效应情况下, 四动量的模方守恒), 并且原子是电磁相互作用决定的量子束缚系统, 其中发生的任何物理过程还必须保证系统的宇称守恒, 因此, 对于哪些状态之间可以发生跃迁, 从而发出或吸收光, 并形成可以直接观测的光谱, 除需要保证能量守恒外, 对角动量还有选择定则. 关于常见允许跃迁的角动量选择定则如上一小节所述, 这里不再重复.

事实上, 在一些特殊情况下, 不满足角动量选择定则的过程也可以发生, 这种跃迁称为禁戒跃迁. 一般来讲, 禁戒跃迁的强度远小于允许跃迁的强度. 禁戒跃迁实际上是一些原因或机制尚不准确清楚的复杂过程.

三、 谱线规律

第一章已介绍过, 人们通常采用波数表征光谱的规律, 并发现有里德伯 – 里兹组合原理, 即任何一个光谱线的波数都可以表述为两个光谱项的差值, 即有

$$\tilde{\nu} = T(n_2) - T(n_1),$$

其中 $T(n_k)$ 称为光谱项. 再者, 顾名思义, 波数即单位长度区间内波的数目, 也就是波长和频率的标记, 在光谱中这些信息称为谱线的位置.

前面还讨论过跃迁概率. 当然, 跃迁概率大即产生或吸收的光子数多, 为表征跃迁概率的大小, 人们引入了表征相应辐射或吸收的总功率的谱线强度的概念.

我们知道, 量子态对应的能级都具有自然宽度, 况且在量子态之间跃迁形成光时, 往往还伴随有速度变化等引起的连续光谱, 因此, 原子光谱的谱线实际不是几何意义上的线, 而是有一定宽度的 "峰" 甚至 "包", 通常人们称之为谱线轮廓. 更严谨地讲, 谱线轮廓是指辐射强度关于频率 ν 或波长 λ 的函数关系的图示, 最常用的特征指标有半峰宽度、等值宽度、线翼等. 所谓的半峰宽度即谱线强度 (谱线高度) 为其最大值的一半处对应的谱线宽度, 而等值宽度(常简称为线宽) 则指保证以最大强度 (对应于线心, 即不考虑谱线宽度时的频率) 为高, 保证以线心为中线向两边均匀展开为宽形成的矩形的面积与该谱线峰覆盖的面积相等的宽度.

由于谱线强度和谱线轮廓的计算和分析都比较复杂, 超出本课程的范畴, 因此下面仅对原子光谱的谱线位置及谱线结构等予以简要讨论.

1. 氢原子和类氢离子的光谱

第一章和第二章的讨论表明, 氢原子和类氢离子的光谱项可以表述为

$$T(n) = \frac{\tilde{R}_{\mathrm{H}}}{n^2},$$

其中 $\tilde{R}_{\mathrm{H}} = \frac{Z^2 \mu_e e^4}{8\varepsilon_0^2 h^3 c} = 1.096\,775\,8 \times 10^7 \mathrm{m}^{-1}$ 称为里德伯常量, μ_e 为系统的约化质量, Z 为核电荷数, n 为标记量子态的主量子数. 并且在考虑了原子内的电子运动速率很高的情况下, 有 $\frac{Z^2 \alpha^2}{n^2}$ (其中 α 为精细结构常数) 的相对论性效应.

并且按照发现人 (亦即由跃迁联系的原子的末态的主量子数) 将氢原子的光谱分为不同的谱线系. 例如, 相应于 $n_f = 1$ 的称为莱曼系, 相应于 $n_f = 2$ 的称为巴耳末系, 相应于 $n_f = 3$ 的称为帕邢系等. 不考虑相对论性修正情况下的氢原子的光谱线系如图 1.14 所示, 考虑了相对论性修正的氢原子的光谱线系 (最早由索末菲给出. 具体计算已作为习题 1.40, 由读者自己完成) 如图 5.1 所示. 比较图 5.1 和图 1.14 知, 考虑相对论性修正的氢原子光谱与不考虑相对论性修正的氢原子光谱定性没有差别, 仅定量上有约 10^{-4} 的修正$\left(\text{因为 } \alpha \approx \dfrac{1}{137}\right)$.

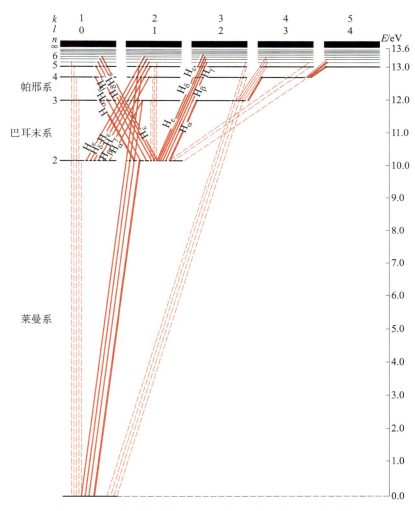

图 5.1 考虑了相对论性修正的氢原子的光谱线系示意图

再考虑自旋–轨道耦合作用, 我们知道, 每一个轨道角动量量子数 $l \neq 0$ 的能级都分裂为两条, 即能级具有精细结构, 部分结果如图 4.1 所示. 相应地, 巴耳末系、帕邢系、布拉开系等线系的光谱中原来的一条谱线分裂为三条; 但对于莱曼系, 一条谱线仅分裂为两条.

2. 碱金属原子的光谱

碱金属原子即仅有一个价电子的 Li、Na、K、Rb、Cs、Fr 等原子, 是简单程度仅次于氢原子和类氢离子的原子, 其光谱项仍可表示为类似于氢原子和类氢离子的光谱项的形式, 即有

$$T_A(n) = \frac{\tilde{R}_A}{(n^*)^2} \tag{5.19}$$

其中 $\tilde{R}_A$ 为碱金属原子 A 的里德伯常量, 其形式可认为与类氢离子的相同, 只是核电荷数 Z 应修改为相应的原子实的有效电荷. $n^* = n - \Delta(n, l)$ 为考虑了多电子作用后的有效的主量子数, $\Delta(n, l)$ 为量子数亏损 (quantum defect) , 通常由实验确定, 现由量子亏损理论计算.

碱金属原子的光谱线通常分为主线系、第一辅线系、第二辅线系、伯格曼系等. 主线系即由跃迁 $np \to n's(n \geqslant n' \geqslant 2)$ 形成的光的谱线系; 第一辅线系也称为漫线系, 它是由跃迁 $nd \to n'p(n \geqslant n' \geqslant 2)$ 形成的光的谱线系; 第二辅线系也称为锐线系, 它是由跃迁 $ns \to n'p(n \geqslant 3, n' \geqslant 2, n > n')$ 形成的光的谱线系; 伯格曼系也称为基线系, 它是由跃迁 $nf \to n'd(n \geqslant n' \geqslant 3)$ 形成的光的谱线系. 其基本特征以锂原子的光谱线系为例, 图示于图 5.2.

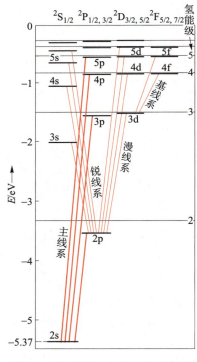

图 5.2　锂原子的光谱线系示意图

再考虑电子的自旋–轨道耦合作用, 碱金属原子的所有轨道角动量量子数 $l \neq 0$ 的能级都发生分裂, 因为电子的自旋量子数为 $\frac{1}{2}$, 从而其总角动量量子数 $j = l \pm \frac{1}{2}$,

即所有 $l \neq 0$ 的态实际都是"双"态,那么碱金属原子的多数谱线都有精细结构,具体表现是主线系和锐线系有双线,漫线系和基线系有三线,如图5.3所示.

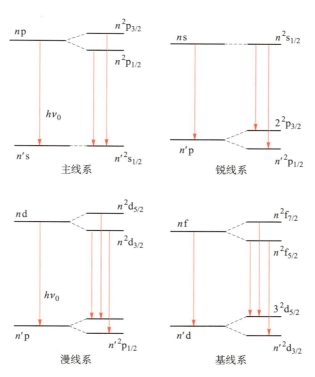

图 5.3　碱金属原子光谱的一些线系的精细结构示意图

3. 多价电子原子的光谱

由第三章和第四章的讨论知,多电子原子的能级和状态都很复杂. 相应地,由不同状态间跃迁所发出或吸收的光谱很复杂,对于较轻元素形成的原子,由于其角动量耦合可以采用 LS 耦合方式,因此通常按总自旋 S 的取值对之分组,例如,氦原子的光谱按正氦和仲氦分为多重谱线和单线两组,如图5.4所示. 但对于较重元素形成的原子,由于其角动量耦合通常采用 JJ 耦合方式,因此对其光谱线的分组相对困难很多,例如,汞原子的部分光谱线如图5.5所示. 很显然,汞原子的光谱不如氦原子的光谱规则、简单,尽管其价电子都是两个.

4. 禁戒跃迁举例

我们知道,能量选择定则和角动量选择定则是原子中发生能级跃迁、从而产生或者吸收光时遵循的基本原理. 但在上面曾经提到,在一些特殊情况下,不满足角动量选择定则的过程也可以发生,并将这种跃迁称为禁戒跃迁;还曾提到,禁戒跃迁实际上是一些原因或机制尚不准确清楚的过程,很复杂. 这里仅以 1S—2S 间的跃迁为例对禁戒跃迁予以简单说明,但不予深入讨论.

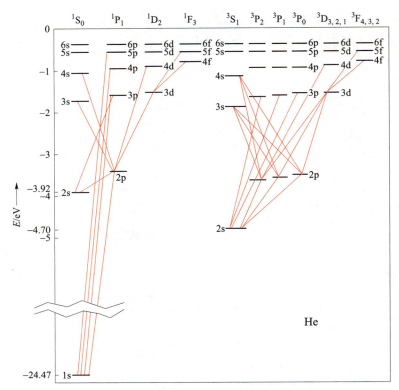

图 5.4 氦原子的光谱线系示意图

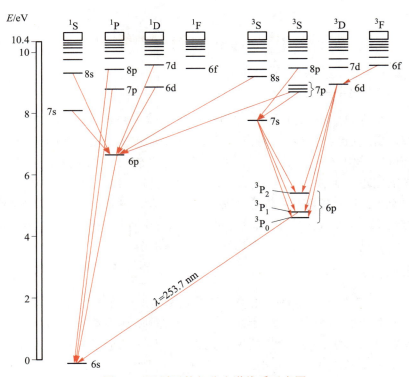

图 5.5 汞原子的部分光谱线系示意图

第五章 原子状态的改变与外电磁场中的原子

根据角动量选择定则, 1S—2S 态之间不能发生跃迁. 但是, 如果假定在 1S 与 2S 态之间有一轨道角动量为 1 的 (虚) 态, 如图 5.6 的 (a) 子图中的水平虚线所示, 则在 1S 与 2S 态之间即可以存在 S—P 和 P—S 的两步过程而发生跃迁. 由于在上述的两步过程中分别有能量为 $h\nu_1$、$h\nu_2$ 的光子发射或吸收, 因此人们也称之为双光子跃迁.

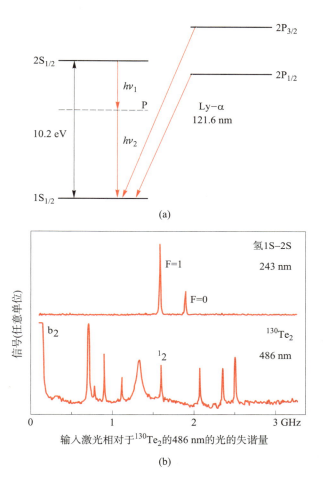

图 5.6　氢原子的 2S → 1S 跃迁原理示意图 (a) 及实验测量结果 (b)

　　有了上述双光子跃迁机制, 1S—2S 态之间即可发生所谓的禁戒跃迁. 20 世纪 80 年代中期, 人们完成了一系列高精度的实验证实了氢原子的 1S—2S 态之间的禁戒跃迁 [Physical Review Letters 54, 1913 (1985); ibid. 56, 576 (1986) 等]. 图 5.6 的 (b) 子图给出了在 4×10^{-10} 精度下以 $^{130}Te_2$ 的波长 486 nm 的谱线为标准校准的装置上对氢原子的1S—2S态之间的双光子跃迁测量的结果. 实验测得对应于氢原子的 1S—2S 间跃迁发出的光的频率为 $\nu(1S—2S) = 2\,466\,061\,395.6(4.8)$ MHz (图中所标的 243 nm 为原泵浦光的波长, 从而很好地证明了氢原子的 1S—2S 态之间的双光子跃迁.

四、应用举例

1. 量子频标

我们早已熟知,计时标准和长度计量标准不仅对精密测定基本物理常量和原子及分子的能级结构、天体及宇宙观测、大地测量等基础研究具有重要意义,对通信、导航、火箭制导、卫星跟踪、精密仪器校准、电网调节、交通管理、电视等现代技术和社会生产运行及日常生活都发挥着重要作用. 本章和前几章的讨论表明,每一种原子的量子态跃迁形成的光谱都有其确定的位置,即有确定的频率、波长和周期. 于是,人们可以之作为时间和长度的度量基准. 利用原子内部稳定的量子跃迁频率做成参考标准来锁定信号源的电磁振荡频率的计量标准器具称为**量子频率标准** (quantum frequency standard) . 更具体地,能够连续地对原子内部的跃迁频率信号进行周期积累计数,从而给出秒、分、时等时刻信号的计量标准器具称为**原子钟**.

量子频标按作用原理可分为被激型和自激型两种. **被激型量子频标**由量子跃迁检测装置、受控频率信号发生器 (一般为石英晶体振荡器)、频率变换装置和电子自动控制装置组成. 信号发生器产生标准频率输出信号,同时通过频率变换装置提供合适频率的电磁振荡,以激励原子系统的量子跃迁. 跃迁信号与激励频率的关系呈以 $\nu_0 = \dfrac{E_n - E_{n'}}{h}$ 为中心频率的共振光谱线形状,其中 h 为普朗克常量,E_n 和 $E_{n'}$ 为与取定的作为标准频率相对应的原子量子态的能量. 正常情况下标准频率产生的激励信号频率正好落在中心频率上. 当信号发生器频率发生变化时,激励信号频率偏离中心频率,检测装置根据检测到的跃迁信号来判定激励频率偏离中心的方向与大小,给出误差信号,通过自动控制装置使信号频率纠正到正确位置,保证输出频率不变. 常用的有铯原子束频标和铷气室频标等. **自激型量子频标**是以量子跃迁检测装置接收微波受激发射放大器产生的频谱极窄的辐射信号,并与受控信号发生器产生的经频率变换而得的激励信号进行相位比较,得到误差信号,进而调整输出频率、使之保持不变. 氢激射器及以可见光波段的吸收谱线来稳定激光频率的装置等都是自激型量子频标.

量子频标的主要性能指标是频率准确度和稳定度. **频率准确度**指频标输出频率与标称频率的接近程度,以相对频率偏差 $\delta\nu/\nu_0$ 表征. 目前,频率基准都采用实验室铯原子频标,铯原子喷泉频标的准确度已高达 1×10^{-15}. 因此,现在的时间基准单位 "秒" 定义为无干扰的铯 (更准确地, ^{133}Cs) 原子基态超精细跃迁的辐射周期的 9 192 631 770 倍;并以之为基础,进而定义长度基本单位米为 $\dfrac{1}{299\,792\,458}$ s 时间内光在真空中传输的距离 (因为真空中的光速为常量). **频率稳定度**指一定取样时间内平均频率随时间的相对变化. 实用中,人们除关注上述两个主要指标外,还关注频率漂移率、复现性、频率温度系数等指标. 目前,射频波段的电磁波频率变换已成为常规技术,但仍有许多研究和改进的余地. 在光频段的频率变换方面,现在发明了基于飞秒锁模激光器的光频梳状发生器,其频率间隔可严格锁定在射频信号上,完成了光频和射频的链接,由此实现了光频标 (光钟) ,还发展建立了进一步加大光的频率和强度的啁啾技术 (已被授予 2018 年的诺贝尔物理学奖) 和光梳技术等,使得对频率和时间的计量精度更高. 由于这些专业性都较强, 这里不予细述, 有兴趣的读者可参阅王义遒等的著作《量子频标原理》(科学出版社).

2. 天体和宇宙物质的结构与性质的探测

回顾已讨论过的原子光谱 (包括精细结构、超精细结构等), 并提前引述此后将讨论的 X 射线、分子光谱和原子核的光谱的特征, 我们知道, 常见的由束缚量子态之间跃迁发射或吸收的光谱的一些基本特征和典型实例如表 5.1 所示.

表 5.1 常见的束缚态之间跃迁发射或吸收的能量、所处谱线区及实例概览

跃迁	能量/eV	谱区	典型实例
超精细结构	10^{-5}	射电	21 cm 氢线
自旋–轨道耦合	10^{-5}	射电	OH^{-1} 的 1 666 MHz 跃迁线
分子转动	$10^{-2} \sim 10^{-4}$	毫米、红外	CO 分子的 2.6 mm$(1 \to 0)$ 线
分子转动–振动	$1 \sim 10^{-1}$	红外	H_2 分子的 $\sim 2~\mu m$ 线
原子精细结构	$1 \sim 10^{-3}$	红外	12.8 μm 的 NeII 线
原子、离子和分子的电子跃迁	$10^{-2} \sim 10$	紫外、可见光、红外	氢的莱曼线、巴耳末线、CI, HeI 共振线
	$10 \sim 10^4$	紫外、X射线	K、L 壳层电子的线
核跃迁	$> 10^4$	γ 射线	15.11 MeV的^{12}C 线
电子湮没	$\gtrsim 10^4$		511 keV 线

第一章讨论原子光谱时曾经提过, 通过棱镜等分光器件即可得到线状光谱. 那么, 在适当选取的分光器件前端配以望远镜即可观测并记录星体、星际物质乃至宇宙深处物质的光谱. 并且, 前已述及, 原子光谱是物质原子的结构和性质的指纹. 推而广之则知, 天体及宇宙物质的光谱就是天体和宇宙物质组分的结构和性质的指纹. 而光谱的性质包括谱线位置、谱线强度和谱线轮廓等方面, 那么光谱线性质的这些不同侧面表征天体和宇宙物质 (包括星体物质、星际物质及宇宙深处物质等) 的组分结构 (亦即元素认证)、丰度、运动速度、温度、压力、重力及磁场等性质. 具体的对应关系如下:

$$
\begin{array}{ccc}
\text{谱线的位置} & \Longrightarrow & \text{元素的认证,} \\
\text{谱线强度或等值宽度} & \Longrightarrow & \text{化学组成, 元素丰度,} \\
\text{谱线位置和轮廓} & \Longrightarrow & \text{宏观速度场,} \\
\text{谱线强度, 宽度} & \Longrightarrow & \text{温度、压力、重力,} \\
\text{谱线轮廓} & \Longrightarrow & \text{微观速度场,} \\
\text{塞曼分裂, 偏振} & \Longrightarrow & \text{磁场.}
\end{array}
$$

由于天体物质都处于运动状态, 因此在作天体或宇宙物质的光谱线分析时, 不能像对地球上的通常物质的光谱分析一样, 仅关心以频率 ν、波长 λ、波数 $\tilde{\nu} = \dfrac{1}{\lambda}$ (cm^{-1}) 或能量 $h\nu$ (eV) 标记的谱线位置和谱线强度及谱线轮廓, 还应该特别注意考察多普勒 (Doppler) 效应的影响. 例如, 记天体辐射源相对于观测者以相对速度 v 运动, 观测者对某谱线的波长的观测值 λ' 与实验室中静止光源的波长 λ 有差值

$\Delta \lambda = \lambda' - \lambda$, 通常对其以红移量

$$z = \frac{\Delta \lambda}{\lambda}$$

表征. 由力学原理知, 对于低速运动情况, 有

$$\Delta \lambda = \frac{v}{c} \lambda,$$

亦即红移量 z 与相对速度 v 之间有关系

$$z = \frac{v}{c}.$$

而对于高红移 (v 很大) 情况, 有

$$\frac{v}{c} = \frac{(1+z)^2 - 1}{(1+z)^2 + 1}.$$

由此知, 当天体远离观测者时, $v > 0$, $\Delta \lambda > 0$, $z > 0$, 即出现真正的红移; 当天体趋近观测者时, $v < 0$, $\Delta \lambda < 0$, $z < 0$, 即实际出现蓝移.

利用星体的光谱线的红移还可以测定星体表面的温度. 例如, 对一星体物质所发光谱线测量到其强度减弱到最强的一半时的红移量为 z, 如果该星体物质可以近似为摩尔质量为 M 的气体, 则该星体的表面温度为

$$T = \frac{Mc}{2R \ln 2} z^2,$$

其中 R 为摩尔气体常量.

5.1.4 ◀
授课视频

5.1.4 内层电子跃迁与 X 射线谱

一、内层电子跃迁

回顾上一章的讨论知, 原子内电子所处的量子态按壳结构分层, 并且由内向外填充这些量子态. 由于电子是费米子, 泡利不相容原理使得一个量子态最多只可能由一个电子占据, 也就是说, 如果一个较低能量的量子态已经有一个电子占据, 其它电子不可能再处于这一量子态, 这一现象 (实际是规律) 常被称为泡利堵塞(Pauli blocking). 因此, 通常的原子内的量子态之间的跃迁主要是处于外层的量子态之间的跃迁. 由于处于外层的量子态之间的能量差较小, 因此释放出的光子的能量较低, 亦即发出的光的频率较低、波长较长, 较粗略地估计知,

$$\nu = \frac{E_n - E_{n-1}}{h} \approx Z^2 R_{\text{H}} \left[\frac{1}{(n-1)^2} - \frac{1}{n^2} \right] \approx \frac{R_{\text{H}}}{n^2} \frac{2Z^2}{n-1}.$$

这表明, 随着壳层靠外, 即随着主量子数 n 增大, 所发出的光的频率减小、波长变长.

然而, 当有外场影响时, 原子 (内的电子) 的状态可以随之变化. 当外场能量较高时, 可以使原子内层的电子激发 (受泡利原理限制) 或电离, 从而使内层出现量子态的空位, 通常我们称之为空穴. 如图 5.7 中较宽的空心箭头所示, 如果 K 层电子被激发或电离, K 层即出现空穴; 如果 L 层电子被激发或电离, L 层即出现空穴; 如果 M 层电子被激发或电离, M 层即出现空穴.

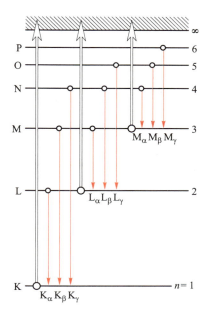

图 5.7　原子的内层电子逸出或激发及可能引起的后续跃迁形成的光谱线系示意图

在内层电子被电离或激发到高能量态、从而内层出现空穴的情况下, 较高能量态的电子可以跃迁到该空穴态, 辐射出光子, 形成光, 如图 5.7 中标记为 K_α、K_β、K_γ、L_α、L_β、L_γ 等的实心箭头标记的跃迁所示.

这样形成的光显然具有能量较高 (高达 $1 \sim 100\,\mathrm{keV}$)、波长较短 ($0.01 \sim 1.0\,\mathrm{nm}$) 等特点.

二、X 射线谱

1. X 射线的产生与发现

如果原子受能量较高的外场影响, 使内壳层出现空穴, 较高能量态 (较外层) 的电子跃迁到该空穴形成的光逸出原子, 即发射出能量较高、波长较短的光. 由于最早认识到这种光时, 所掌握的它的特点仅仅是其能量较通常光的能量高、穿透能力强 (有著名的伦琴夫人的手指骨的照片, 因为很多教材和其它书刊资料上都有该照片, 这里略去), 考虑其神秘性和本质的不确定性, 称之为 X 射线.

现在, 人们通常利用 X 射线管 (有阴阳两极的高真空管) 产生 X 射线, 实验中常用的 X 射线管如图 5.8 所示, 由阴极逸出的电子经很高电压的电场加速后轰击靶材料 (通常为金属), 使靶原子的内层出现空穴, 从而产生 X 射线.

考察 X 射线发现的历史, 我们知道, 1879 年, 英国物理学家克鲁克斯 (W. Crookes) 发现阴极射线管附近的照相底板莫名其妙地被曝光, 并记录有模糊的阴影. 1890 年, 古德斯彼德 (A. W. Goodspeed) 和詹宁斯 (W. W. Jennings) 也发现了阴极射线管附近的照相底板被曝光. 然而, 他们均把阴极射线管附近的照相底板被曝光认为是包装不严密, 致使它们被曝了光. 1895 年 11 月上旬, 德国物理学家伦琴 (W. K. Röntgen) 在暗室中进行阴极射线管中气体放电实验时, 为了避免可见光和紫外线的影响,就采用黑色纸板将阴极射线管罩起来. 但他却发现一段距离之外的荧光屏上出现了微弱的荧光. 经反复多次实验后, 伦琴确认荧光屏上的荧光不是其包裹不严实、从而由阴极射线引起, 而是由阴极射线管发射出的穿透能力极强的东西所致. 其后的一个多月内, 伦琴进行了很多实验, 发现这种东西沿直线传播, 不被折射或反射, 也不被磁场偏转, 并由之拍摄到了密闭盒子内的天平、鸟枪等物体轮廓的照片, 尤其是拍摄到了他夫人的手指骨的照片, 由于手指骨上的皮肤和肌肉绝不可能对手指骨包裹不严, 因此充分说明阴极射线管会放出不同于阴极射线的具有极强穿透能力的射线. 于是, 伦琴在 1895 年底宣读了他的以 "论新的射线" 为题目的报告. 1896 年, 很多国家的物理学家们都确认了伦琴的发现, 并在伦琴宣布其结果的短短三个月之后, 维也纳的医院就在外科治疗中应用了 X 射线来拍片. 基于伦琴的这一重大发现和重要应用, 他获得了 1901 年的诺贝尔物理学奖 (首个).

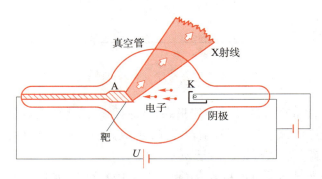

图 5.8　产生 X 射线的 X 射线管装置示意图

关于 X 射线的本质, 由于伦琴测量到它沿直线传播、不被磁场偏转, 没有测量到其折射和衍射, 因此伦琴在早期时误认为它与光无关. 1906 年, 英国物理学家巴克拉 (C. G. Barkla) 发现 X 射线具有偏振性, 1912 年, 德国物理学家劳厄 (M. von Laue) 等进行了 X 射线在岩盐晶体上衍射的实验, 说明 X 射线具有与通常的光相同的波动性 [W. Friedrich, P. Knipping, M. Laue, Ann. Physik. 41, 971 (1913)], 从而揭示出 X 射线就是波长较短的光的本质. 据此, 劳厄获得了 1914 年的诺贝尔物理学奖.

我们回顾这段历史发现, 敏锐的物理直觉和发现问题的能力在科学研究中至关重要, 并且我们不仅需要批判性思维的精神和意识, 更需要的是批判性思维的能力和独立严谨思考 (不跟风逐流) 的能力. 当然, 敏锐的物理直觉和发现问题的能力、独立严谨思考能力、批判能力等科学素养的养成需要长期的积累和融会贯通. 因此, X 射线的发现及其本质的确定为我们树立了一个勤奋学习、打牢基础、融会贯通、灵活应用取得创新成果的典范. 并且, 这一过程中反映出的实事求是、追求真理的精神和大公无私、奉献社会的精神 (当时一些医疗设备厂家向伦琴建议一起申请专利, 但伦琴拒绝了那些建议) 等也是我们学习的榜样.

2. X 射线的线系

考虑 X 射线形成的机制, 人们按电子被激发后形成空穴的能态将 X 射线的线状光谱分为不同线系, 并称 K 壳 (主量子数 $n = 1$ 的壳) 出现空穴, 较高能态的电子向之跃迁形成的 X 射线的光谱为K 线系, 并有 K_α 线 (由 $n = 2$ 的能态跃迁发出的光) 、K_β 线 (由 $n = 3$ 的能态跃迁发出的光)、K_γ 线 (由 $n = 4$ 的能态跃迁发出的光) 等. 相应地, 人们称 L 壳 (主量子数 $n = 2$ 的壳) 出现空穴、较高能态的电子向之跃迁形成的 X 射线的光谱为L 线系, 并有 L_α 线 (由 $n = 3$ 的能态跃迁发出的光) 、L_β 线 (由 $n = 4$ 的能态跃迁发出的光) 、L_γ 线 (由 $n = 5$ 的能态跃迁发出的光) 等; M 壳 (主量子数 $n = 3$ 的壳) 出现空穴、较高能态的电子向之跃迁形成的 X 射线的光谱为M 线系, 并有 M_α 线 (由 $n = 4$ 的能态跃迁发出的光) 、M_β 线 (由 $n = 5$ 的能态跃迁发出的光)、M_γ 线 (由 $n = 6$ 的能态跃迁发出的光) 等. 图 5.7 除给出了内层电子被激发形成空穴的示意图外, 还给出了较高能态电子向空穴跃迁产生的 X 射线的光谱线系的分类及其标记.

3. X 射线标示谱

电子被激发过程中作减速运动, 发出连续的韧致辐射 (bremsstrahlung) 谱. 叠加在韧致辐射连续谱基础上的 X 射线线状谱线系称为X 射线标识谱[1906 年, 巴克拉 (C. G. Barkla) 发现. 巴克拉据此获得了 1917 年的诺贝尔物理学奖]. X 射线标识谱的基本特征如图 5.9 所示.

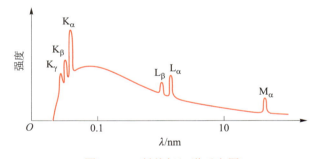

图 5.9　X 射线标识谱示意图

考察 X 射线的标识谱易知, 它存在最短波长, 也就是存在紫限. 我们已知, X 射线是芯电子受外来影响被激发形成空穴后, 较高能量态的电子向空穴态跃迁而形成的. 记外来影响是带单位电荷量的粒子 (例如, 电子或质子) , 其在电压为 V 的外加电场中获得的能量 (动能) 为

$$E_k = q \cdot V = 1e \cdot V,$$

由之产生空穴并引起电子向空穴跃迁产生的 X 射线的能量最大不会超过 E_k. 记这样形成的光子的能量为 $h\nu_{max}$, 相应的波长为 λ_{min}, 则有

$$h\nu_{max} = \frac{hc}{\lambda_{min}} = E_k = 1e \cdot V,$$

于是有

$$\lambda_{min} = \frac{hc}{1e \cdot V}.$$

将常量的数值代入计算, 则得

$$\lambda_{\min} = \frac{1.24}{V} \text{nm/kV},$$

其中 kV 表示外加电压以千伏为单位.

上式表明, X 射线标识谱的最短波长仅由产生 X 射线时外加电场的电压决定, 与产生 X 射线的具体物质 (原子) 无关 (在一些不同电压下以金属钨作为源产生的 X 射线的发射谱及在一个确定电压下以金属钨和金属钼作为源产生的 X 射线的发射谱如图 5.10 所示). 因此, 这一最短波长通常被称为 X 射线的量子极限. 该规律最早由美国物理学家杜安 (W. Duane) 和亨特 (P. Hunt) 通过分析总结大量实验结果而给出, 并由之测定了普朗克常量, 所得结果与由光电效应得到的结果相同 [Physical Review 5 (8) , 166 (1915)].

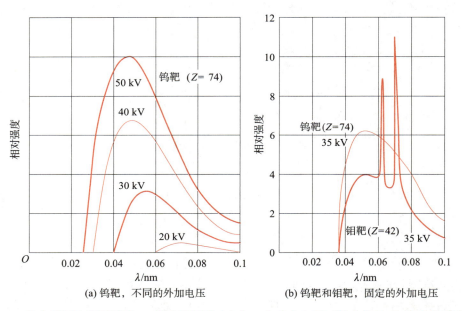

(a) 钨靶, 不同的外加电压   (b) 钨靶和钼靶, 固定的外加电压

图 5.10 几个不同电压下钨的 X 射线发射谱 (a) 和一个确定电压下钨和钼的 X 射线发射谱 (b)

三、莫塞莱定律与莫塞莱图

上述讨论表明, 只有量子态具有多个壳层的较重的原子的芯电子跃迁才产生 X 射线. 对于较重原子内的芯电子, 由于电子屏蔽, 其感受到的核电荷不是 Ze, 而应该是等效电荷 Z^*e, 该等效电荷可以通过引入一个屏蔽电荷数来表征, 即有

$$Z^* = Z - \sigma_n.$$

那么, 参照类氢离子的光谱项的表述形式, 可以将 X 射线的光谱项表述为

$$T_{\mathrm{X}}(n) = -\frac{\tilde{R}_A}{n^2}(Z - \sigma_n)^2,\qquad(5.20)$$

其中 $\tilde{R}_A$ 为质量数为 A 的原子的里德伯常量.

于是, 对于 X 射线的 K 线系, 其各谱线的波数可以由形成该谱线的电子原初所处状态的主量子数 n 和相应的屏蔽电荷数表述为

$$\tilde{\nu}_{\mathrm{K}} = \tilde{R}_A\left[\frac{(Z - \sigma_1)^2}{1^2} - \frac{(Z - \sigma_n)^2}{n^2}\right].$$

英国学者莫塞莱 (H.G.J. Moseley) 博士通过分析归纳各谱线系中的谱线的波数发现, 上式可以改写为

$$\tilde{\nu}_{\mathrm{K}} = \tilde{R}_A\left(\frac{1}{1^2} - \frac{1}{n^2}\right)\left(Z - \sigma_{\mathrm{K}}\right)^2 \propto \left(Z - \sigma_{\mathrm{K}}\right)^2.$$

L 线系中各谱线的波数可以表述为

$$\tilde{\nu}_{\mathrm{L}} = \tilde{R}_A\left(\frac{1}{2^2} - \frac{1}{n^2}\right)\left(Z - \sigma_{\mathrm{L}}\right)^2 \propto \left(Z - \sigma_{\mathrm{L}}\right)^2.$$

并且, 对各谱线系中的谱线的波数, 都可以一般地表述为

$$\sqrt{\tilde{\nu}} \propto Z - \sigma_\alpha,\qquad(5.21)$$

其中的 σ_α 称为产生相应线系的激发电子的电荷屏蔽数. 该关系称为莫塞莱定律, 相应的关系图称为莫塞莱图 (1913—1914 年提出), 一些原子所发射的 X 射线的莫塞莱图示于图 5.11 中.

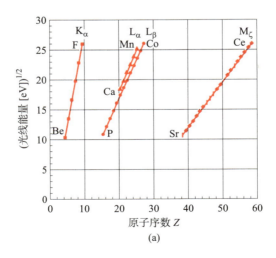

(a)

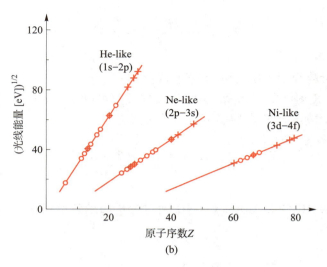

图 5.11　一些原子所发射的 X 射线的莫塞莱图

由于莫塞莱定律是经验规律, 其中的激发电子的电荷屏蔽数也仅有经验值: σ_K = 1、σ_L = 7.4 等.

由莫塞莱定律和莫塞莱图知, 总结确定了产生 X 射线的激发电子的电荷屏蔽数之后, 人们可以由 X 射线谱确定原子 (元素) 的核电荷数, 也就是确定现在通常所说的原子序数. 事实上, 至此才有原子序数的概念. 显然, 莫塞莱定律给出的原子辐射特征线与其原子序数之间的关系, 为 X 射线光谱学奠定了基础. 此外, 还值得称颂的是, 在英国因参加第一次世界大战, 而需要年轻人参军的时候, 莫塞莱毅然入伍, 并参加第一次世界大战, 树立了国家需要之时挺身而出的典范.

既然 X 射线的光谱位置及其结构仅由产生 X 射线的元素的原子序数决定, 那么, 当然可以由之分析物质材料的成分. 目前, 由 X 射线荧光光谱分析物质材料成分的方法已经成为普遍采用的基本方法, 并依使原子内层产生量子态空穴时所用的源的不同而命名. 例如, 以电子束产生空穴、进而发射 X 射线而展开的分析称为电子 X (e–X) 荧光分析, 以质子束产生空穴、进而发射 X 射线而展开的分析称为质子 X (p–X) 荧光分析, 以离子束产生空穴、进而发射 X 射线而展开的分析称为离子 X (I–X) 荧光分析, 以 X 射线产生空穴、进而发射 X 射线而展开的分析称为 X (X–X) 荧光分析等.

四、内光电效应与俄歇电子谱

1. 内光电效应

芯电子被电离或激发到高能量态后, 内层出现空穴, 较高能量态的电子可以跃迁到该空穴态, 发出光子. 这类光子如果辐射出去, 即形成 X 射线；如果传递给另一较高能态 (处于较高壳层) 的电子, 则可使之电离, 这种现象称为内光电效应, 电离出来的电子称为俄歇电子 (1923 年由 P. Auger 发现).

2. 俄歇电子谱

以 L 层电子退激到 K 壳层、辐射的光子使 M 壳层的电子电离为例, 根据能量

守恒定律, 俄歇电子的能量为

$$E_d^A = E_L - E_K + E_M. \qquad (5.22)$$

依此类推, 人们可以确定由其他壳层上的电子电离形成的俄歇电子的能量.

3. K 壳层荧光产额

前已说明, 当原子中的低能量态出现空穴时, 较高能量态的电子可以跃迁到该空穴态, 发出光子, 这类光子可以辐射出去, 形成 X 射线; 也可以传递给另一较高能态的电子, 使之电离, 从而出现俄歇电子. 一个值得探究的问题自然是形成 X 射线的概率和形成俄歇电子的概率各为多大? 为清楚表征这一问题, 人们以原初出现空穴的壳层为基础, 引入相应壳层荧光产额的概念表征其产生 X 射线的概率. 例如, 对于原初在 K 壳层出现空穴的情况, 记一定量的 (即原子总数确定的) 物质中, 在 K 壳层出现空穴的数目为 N_K^h, 形成 X 射线的光子数为 N_K^X, 则 K 壳层荧光产额, 亦即 X 射线产生概率, 为

$$\omega_K = \frac{N_K^X}{N_K^h}. \qquad (5.23)$$

考虑能量守恒定律, 或唯象地讲, 光子的量子本质及光子数守恒, 俄歇电子产生概率则为 $1 - \omega_K$.

目前, 尚无简单清楚的理论方法可以用来有效地计算 K 壳层及其他低壳层的荧光产额, 但有经验规律: 随核电荷数 Z 增大, K 壳层荧光产额 ω_K 增大.

4. 应用简述

由 (5.22) 式知, 俄歇电子的能量由三个能级的能量决定, 这表明, 与通常的光谱相比, 原子的俄歇电子能量谱或动量谱可以更清楚全面地反映原子结构的信息. 俄歇电子产额揭示了原子内不同过程的概率或趋向性. 因此, 俄歇电子动量谱或能量谱已被广泛应用于对原子结构、表面物性、材料结构、化学反应动力学等领域的研究工作, 并在电子、冶金等领域进行高灵敏度的检测与快速分析.

5.1.5 激光及其产生原理

任何大量物理状态的体系都满足统计规律, 因此通常情况下, 绝大多数物质的原子都处于其基态, 但也有少部分处于激发态. 即使是对原子的基态, 其中的各电子态的能级也都有非零的宽度, 即这些量子态的寿命都不是无限长, 而是仅有有限的寿命, 这些量子态之间的自发跃迁使原子发出光. 由于这些态之间满足跃迁的角动量选择定则的态很多, 因此通过自发辐射发出的光包含有各种各样跃迁的贡献. 又由于各原子中的这种自发辐射完全各自独立, 各原子发出的光极有可能全然不同, 因此我们通常看到的可见光大多为包含有多种波长成分的白光, 并且强度不大. 那么, 仅利用自然的原子能级间的跃迁, 我们无法得到期望的波长和强度的光, 从而必须人为控制原子中各量子态的数目, 以得到人们期望的波长和强度的光. 于是, 人们发明了激光. 激光是 "受激辐射光放大器" 的简称, 其英文表述 laser 是 "light amplification by stimulated emission of radiation" 的各主要单词的首字母缩写.

▶ 5.1.5
授课视频

以三能级系统为例, 激光产生的原理如图 5.12 所示. 按照大量微观状态的统计规律, 原子大多处于基态, 一些原子处于具有较高能量的亚稳态, 更少的原子处于能量更高的短寿命态. 但是, 人们可以通过施加外场, 将处于基态的电子泵浦到具有相当高能量的短寿命态, 处于能量较高的短寿命态的原子会通过自发辐射退激发到具有较长寿命的亚稳态, 从而出现处于亚稳的激发态的原子数比处于基态的原子数还多的情况, 也就是出现能级反转 (或者称按能量状态的粒子数反转). 这样的很多处于亚稳态的原子向基态自发跃迁时即可得到较高强度的频率相同、初相位相同、偏振方向相同的光, 也就可以通过受激辐射有选择地使一些特殊的光的强度得到放大.

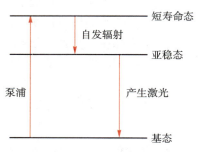

图 5.12　激光产生原理示意图

上述的 "通过受激辐射有选择地使一些特殊的光的强度得到放大" 的可能性不会自发地成为现实, 因为从原子发出的频率等性质相同的光的传播方向各不相同. 为真正实现 "强度得到放大", 人们还需要对这些出射方向各不相同的光进行调制. 因此, 实现激光的第二个条件是必须有一个具有正反馈、谐振和输出作用的光学谐振腔. 在谐振腔中, 偏离工作物质轴向的光子逸出腔外, 只有沿着轴向传播的光子在谐振腔两端反射镜作用下才能往返传播; 这些光子就成为引起受激辐射的激发因子, 它们可导致轴向受激辐射的产生. 受激辐射发出的光子与引起受激辐射的光子有相同的频率、相位、传播方向和偏振状态, 它们沿轴线方向不断地往返, 穿过已实现粒子数反转的工作物质, 从而不断地引发受激辐射, 使轴向行进的光子不断得到放大. 这种可谓雪崩式的光放大过程使得谐振腔内沿轴线方向的光子数 (光的强度) 骤然增大, 并可从谐振腔的部分反射镜端引出, 从而得到激光 (束).

上述使光强得以放大的反射镜都有一定的强度上限, 因此不可能得到很高强度的激光. 为得到高频率高强度的激光, 人们发展建立了啁啾脉冲放大技术 (chirped pulse amplification, 简称 CPA). 其基本原理如图 5.13 (a) 所示, 对于正常的短脉冲激光, 利用一对光栅脉冲展宽器把脉冲拉宽, 即使激光的频率降低, 从而使激光的峰值功率降低, 保证前述的反射放大镜不被损毁. 然后对展宽的 (频率降低的) 脉冲进行放大, 这样仍可保证反射放大镜正常工作. 再利用一对光栅脉冲压缩器对脉冲进行压缩, 即使激光的频率急剧增高, 从而激光的峰值功率得以大幅度提高, 这样就得到了高频率高强度的激光. 利用这样的啁啾脉冲放大技术对聚焦光强的提升效果如图 5.13 (b) 所示 (聚焦的峰值功率密度由约 10^{14} W/cm^2 提高到约 10^{22} W/cm^2). 基于啁啾脉冲放大技术在提高激光品质、拓展激光应用领域方面的突破性贡献, 其

发明人莫罗 (G. Mourou) 和斯特里克兰 (D. Strickland) 获得了 2018 年的诺贝尔物理学奖.

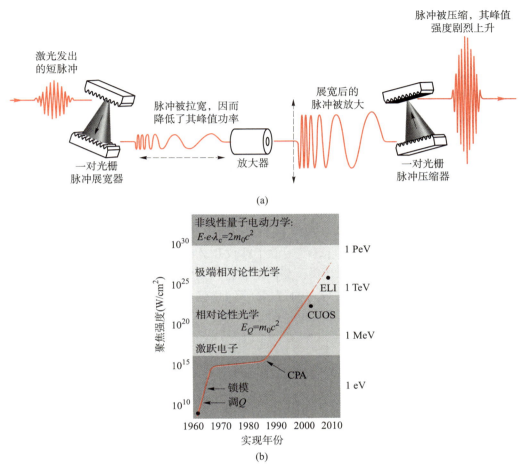

图 5.13　激光的啁啾脉冲放大技术示意图 (a) 及其对聚焦强度的提高效果示意图 (b)

最近研究表明, 通过半导体表面随机分布的空穴、非对称微腔引起的混沌运动等也可以帮助得到高品质的激光, 有兴趣的读者可参阅 Physical Review Letters 82, 2278 (1999)；Nature 503, 200 (2013)；Science 358, 344 (2018)；Science 361, 1225 (2018) 等文献.

前述讨论表明, 通过人工操控原子状态, 可以得到原子层次上的高强度激光, 但单光子能量 E_γ 仅 10^0—10^2 eV, X 射线激光可以得到的单光子能量也就是 $E_X \approx 10^1$—10^2 keV. 为得到单光子能量更高 (从而强度更大) 的激光, 人们提出了人工操控原子核状态的方法, 并有报告声称, 利用单光子能量约 40 keV 的 X 射线泵浦半衰期为 31 年的 ^{178}Hf 原子核, 得到了单光子能量 $E_\gamma = 2.446$ MeV 的核 X 射线激光. 这样的激光不仅单光子能量很高, 其能量增益 (约 60) 也远高于原子层次上激光的能量增益 (约 15). 有兴趣的读者可参阅 Physical Review Letters 82, 695 (1999) 等文献.

5.2 __磁场中的原子

上一节曾经述及, 在外场很强或外来粒子的能量很高的情况下, 原子中的芯电子可能被电离, 导致内层出现空穴, 进而引起 X 射线或俄歇电子. 由第三章的讨论知, 原子中的电子具有轨道磁矩和自旋磁矩. 由电磁学原理知, 这些磁矩与外磁场之间有相互作用. 那么, 即使在外磁场的强度没有达到可以使原子中的电子电离的情况下, 电子的磁矩与外磁场之间的相互作用也会使原子中的量子态发生变化, 并引起可观测效应. 本节对这类效应予以讨论.

5.2.1 较强磁场中的原子

一、 实验事实

5.2.1
授课视频

1896 年, 荷兰物理学家塞曼 (P. Zeeman) 首先发现, 如果把原子放入较强磁场中, 原子发出的每条光谱线都分裂为三条. 1897—1899 年, 美国物理学家迈克耳孙 (A. A. Michelson) 利用他自己发明的干涉仪和分辨本领更高的阶梯光栅证实了塞曼的发现, 并得到更精细的结果; 英国学者普列斯顿 (T. Preston) 给出了各种磁致分裂的图像. 考虑最早的发现人的贡献, 人们称这种光谱分裂现象为<u>正常塞曼效应</u> (normal Zeeman effect). 塞曼据此获得了 1902 年的诺贝尔物理学奖.

二、 强磁场中原子内电子的能级

电磁学原理表明, 磁感应强度为 $\boldsymbol{B}$ 的磁场与磁矩 $\boldsymbol{\mu}$ 之间的相互作用势为

$$U_{\mu B} = -\hat{\boldsymbol{\mu}} \cdot \boldsymbol{B}.$$

原子中轨道角动量为 $\boldsymbol{l}$ 的电子有 "轨道" 磁矩:

$$\hat{\boldsymbol{\mu}}_{l,e} = -\frac{\mu_{\mathrm{B}} \hat{\boldsymbol{l}}}{\hbar},$$

记外磁场沿 $\boldsymbol{z}$ 方向, 则原子内的电子的 "轨道" 磁矩与外磁场间的相互作用可以表述为

$$U_{\mu B} = -\hat{\boldsymbol{\mu}} \cdot \boldsymbol{B} = \hat{\mu}_{l_z} B = \frac{eB}{2m_{\mathrm{e}}} \hat{l}_z,$$

其中 m_{e} 为电子的静质量. 相应地, 电子的哈密顿量可以表述为

$$\hat{H} = -\frac{\hbar^2}{2m_{\mathrm{e}}} \nabla^2 - \frac{Ze_s^2}{r} + \frac{eB}{2m_e} \hat{l}_z.$$

直接计算知, 在这种情况下, 角动量 $\boldsymbol{l}$ 不再守恒, 但 $\boldsymbol{l}^2$ 和 l_z 仍守恒, 因此, 电子仍有本征函数

$$\psi_{nlm_l} = R_{nl}(r) \mathrm{Y}_{l,m_l}(\theta, \varphi),$$

相应的本征能量则为

$$E_{nlm_l}^{\mathrm{B}} = E_n + \frac{eB}{2m_{\mathrm{e}}} m_l \hbar,$$

其中 m_l 为角动量 $\boldsymbol{l}$ 在 z 轴方向上的投影量子数. 因为对一个给定的 l, 有

$$m_l = 0, \pm 1, \pm 2, \cdots, \pm l,$$

即有 $2l+1$ 个值, 则原来的一条能级分裂为 $(2l+1)$ 条, 关于 l 的简并被解除. 例如, 对 d 态能级, $l=2$, $m_l = 0, \pm 1, \pm 2$, 有 5 个值, 在强磁场中分裂为 5 条能级, 相邻能级的间距为 $\Delta E = \dfrac{e\hbar}{2m_{\mathrm{e}}} B$.

记上述能级分裂以后的间距为

$$\Delta E = E_{nlm_l} - E_{nl(m_l-1)} = \frac{eB}{2m_{\mathrm{e}}} \hbar = \hbar \omega_{\mathrm{L}},$$

其中的

$$\omega_{\mathrm{L}} = \frac{eB}{2m_{\mathrm{e}}}$$

常被称为拉莫尔频率 (Larmor frequency) .

三、 正常塞曼效应下的光谱

相应于原子内电子状态变化, 电子的位置 $\boldsymbol{r}$ 变化, 形成偶极振子 $\boldsymbol{P} = q\boldsymbol{r} = -e\boldsymbol{r}$, 那么, 不同状态间的跃迁矩阵元可表述为

$$T \propto \langle n'l'm_l' | \hat{\boldsymbol{r}} | nlm_l \rangle.$$

因为位置矢量 $\boldsymbol{r}$ 可以表述为

$$\boldsymbol{r} = \hat{\boldsymbol{i}} x + \hat{\boldsymbol{j}} y + \hat{\boldsymbol{k}} z,$$

其中 $\hat{\boldsymbol{i}}$、$\hat{\boldsymbol{j}}$、$\hat{\boldsymbol{k}}$ 分别为 x、y、z 方向的单位矢量. 并且, 由直角坐标系的坐标 (x, y, z) 与球坐标系中的坐标 (r, θ, ϕ) 之间的关系

$$x = r\sin\theta\cos\varphi = \frac{r}{2}\sin\theta\big(\mathrm{e}^{\mathrm{i}\varphi} + \mathrm{e}^{-\mathrm{i}\varphi}\big) = -\sqrt{\frac{2\pi}{3}}\, r\big[\mathrm{Y}_{11}(\theta,\varphi) + \mathrm{Y}_{1-1}(\theta,\varphi)\big]$$

$$y = r\sin\theta\sin\varphi = \frac{r}{2\mathrm{i}}\sin\theta\big(\mathrm{e}^{\mathrm{i}\varphi} - \mathrm{e}^{-\mathrm{i}\varphi}\big) = \sqrt{\frac{2\pi}{3}}\,\mathrm{i} r\big[\mathrm{Y}_{11}(\theta,\varphi) + \mathrm{Y}_{1-1}(\theta,\varphi)\big]$$

$$z = r\cos\theta = \sqrt{\frac{4\pi}{3}}\, r\mathrm{Y}_{10}(\theta,\varphi),$$

可知, 上述跃迁矩阵元可改写为

$$T \propto \langle n'l'm_l' | \hat{\boldsymbol{r}} | nlm_l \rangle = \sum_q \alpha_{lq} \langle l'm_l' | \mathrm{Y}_{1q} | lm_l \rangle,$$

其中 $\alpha_{lq} = \langle n'l'|r|nl \rangle$.

根据角动量理论, 对任意非 0 的 l, 都有

$$l' = |l-1|, l, l+1, \quad m_l' = m_l + q.$$

再考虑电偶极光子的宇称为 -1, 即相应的角动量为 1, 则有角动量选择定则 (实际上, 上一节已述):

$$\Delta l = l - l' = \pm 1, \quad \Delta m_l = m_l - m_l' = 0, \pm 1.$$

考虑强磁场中的原子的能级与磁量子数 m_l 的关系

$$E_{nlm_l} = E_n + \frac{eB}{2m_e} m_l \hbar$$

则知, 原来的每条光谱线都只能分裂为分别对应于 $\Delta m_l = 0, \pm 1$ 的三条, 相应光子 (光谱线) 的能量分别为

$$E_\gamma = E_{nlm_l} - E_{n'l'm_{l'}} = \begin{cases} h\nu_0 - \dfrac{eB\hbar}{2m_e}, \\ h\nu_0, \\ h\nu_0 + \dfrac{eB\hbar}{2m_e}. \end{cases} \tag{5.24}$$

例如, 某单电子原子 d $\to$ p 跃迁的正常塞曼效应如图 5.14 所示. 在较强的磁场中, 其 d 态能级、p 态能级分别分裂为 5 条和 3 条, 根据跃迁的角动量选择定则, 可能的跃迁仅有相应于 $\Delta m_l = -1$ 的由 $m_l = -2$ 到 $m_l' = -1$ 的跃迁、由 $m_l = -1$ 到 $m_l' = 0$ 的跃迁、由 $m_l = 0$ 到 $m_l' = 1$ 的跃迁, 相应于 $\Delta m_l = 0$ 的由 $m_l = -1$ 到 $m_l' = -1$ 的跃迁、由 $m_l = 0$ 到 $m_l' = 0$ 的跃迁、由 $m_l = 1$ 到 $m_l' = 1$ 的跃迁, 和相应于 $\Delta m_l = 1$ 的由 $m_l = 2$ 到 $m_l' = 1$ 的跃迁、由 $m_l = 1$ 到 $m_l' = 0$ 的跃迁、由 $m_l = 0$ 到 $m_l' = -1$ 的跃迁, 这表明, 跃迁形成的光子的能量仅有三种情况, 也就是仅有三条光谱线. 亦即原来的一条光谱线在较强的磁场中时分裂为三条.

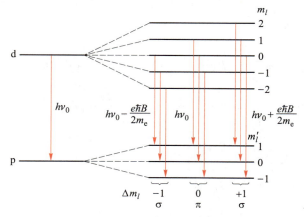

图 5.14　某单电子原子的 p 态和 d 态的能级结构及相应光谱的正常塞曼效应示意图

考虑能级分裂及光谱线分裂情况下各谱线的偏振状态, 按照电偶极辐射发光的约定, $\Delta m_l = \pm 1$ 的为 σ 光, $\Delta m_l = 0$ 的为 π 光, 这就是说, 与原光谱线相比, 波长 (频率) 保持不变的是 π 光, 波长 (频率) 增大 (减小) 和波长 (频率) 减小 (增大) 的是 σ 光.

四、 电子自旋与正常塞曼效应

我们知道, 电子除有轨道磁矩外, 还有自旋磁矩. 在强磁场中, 自旋–轨道耦合作用可忽略, 则电子的哈密顿量为

$$\hat{H} = \frac{\hat{\boldsymbol{p}}^2}{2m_{\mathrm{e}}} + U(r) + \frac{eB}{2m_{\mathrm{e}}}(\hat{l}_z + 2\hat{s}_z),$$

其中 $\dfrac{eB}{2m_{\mathrm{e}}}\hat{l}_z = -\left[\dfrac{(-e)\hat{l}_z}{2m_{\mathrm{e}}}\right]B$ 为轨道磁矩的贡献, $\dfrac{eB}{m_{\mathrm{e}}}\hat{s}_z = -\left[\dfrac{(-e)\hat{s}_z}{m_{\mathrm{e}}}\right]B$ 为自旋磁矩的贡献.

直接计算知, 系统的可测量量完全集为 $\{\hat{H}, \hat{\boldsymbol{l}}^2, \hat{l}_z, \hat{s}_z\}$, 它们的共同本征函数为

$$\psi_{nlm_l m_s}(r, \theta, \varphi, s_z) = R_{nl}(r)\mathrm{Y}_{l,m_l}(\theta, \varphi)\chi_{m_s}(s_z),$$

能量本征值为

$$E = E_{nl} + \frac{eB}{2m_{\mathrm{e}}}(m_l + 2m_s)\hbar, \tag{5.25}$$

其中 $m_s = \pm\dfrac{1}{2}$.

因为 $\boldsymbol{r}$ 与 s_z 无关, 则电偶极跃迁对于自旋的选择定则是

$$\Delta m_s = 0.$$

那么, 跃迁只能在 $m_s = \dfrac{1}{2}$ 和 $m_s = -\dfrac{1}{2}$ 两组能级内部进行. 并且, 仍有 $\Delta m_j = 0, \pm 1$ 的选择定则. 因此, 尽管电子的自旋对能级分裂有贡献, 但对正常塞曼效应的光谱分裂没有影响.

例如, 考虑电子自旋情况下的前述原子的单电子能谱如图 5.15 中的水平线所示, 显然, 考虑自旋效应后, d 态分裂为 $\mathrm{d}_{5/2}$ 态和 $\mathrm{d}_{3/2}$ 态, p 态分裂为 $\mathrm{p}_{3/2}$ 态和 $\mathrm{p}_{1/2}$ 态. 当把该原子置于磁场中时, 对应 $\mathrm{d}_{5/2}$ 态的能级分裂为 6 条, 对应 $\mathrm{d}_{3/2}$ 态和 $\mathrm{p}_{3/2}$ 态的能级都分裂为 4 条, 对应 $\mathrm{p}_{1/2}$ 态的能级分裂为 2 条. 由前述的关于自旋的选择定则知, 上述能级间跃迁发光时, 自旋朝上的 $\mathrm{d}_{5/2}$ 态只能跃迁到自旋朝上的 $\mathrm{p}_{3/2}$ 态, 自旋朝下的 $\mathrm{d}_{3/2}$ 态只能跃迁到自旋朝下的 $\mathrm{p}_{1/2}$ 态. 对于更具体的跃迁, 由 $\Delta m_j = 0, \pm 1$ 的选择定则决定. 于是, 置于强磁场中的该原子的单电子最长波长光谱线的塞曼效应如图 5.15 (未考虑实际情况的简单示意图) 中带箭头的竖线所示, 即原来的一条谱线分裂为三条, 相应的光子能量仍如 (5.24) 式所示.

认真对比图 5.15 所示的能谱和 (5.25) 式给出的能谱, 我们可以发现, 两者并不一定完全一致. 在磁场中时, 图 5.15 所示的以 $\{j, m_j\}$ 标记的所有态的能量相对于

无磁场情况下的能量都有移动; 但是, 由 (5.25) 式知, 对 $m_l + 2m_s = 0$ 的态, 在较强磁场中的能量与无磁场情况下的能量没有差别. 例如, 对 3s 和 3p 单粒子态, 不考虑磁场效应、仅考虑磁场与轨道磁矩的作用、既考虑磁场与轨道磁矩的作用又考虑磁场与自旋磁矩的作用三种情况下的能级分别如图 5.16 的左边部分、中间部分、右边部分所示. 可能发出光的跃迁由图中带箭头的竖线所示. 显然, 由 $m_l = 1$ 与

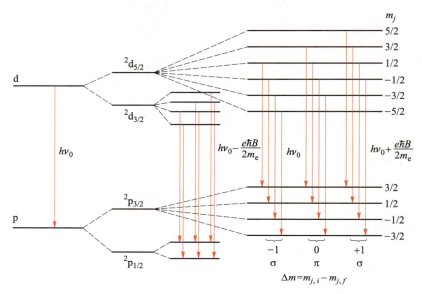

图 5.15 考虑电子自旋 (但忽略相对论效应) 情况下, 单电子 d 态和 p 态的能级结构及相应光谱的正常塞曼效应示意图

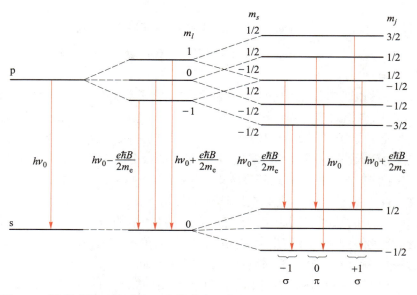

图 5.16 较强磁场下 p 态和 s 态的单电子能级及光谱的帕邢–巴克效应示意图

$m_s = -\frac{1}{2}$ 耦合而成的 $m_j = \frac{1}{2}$ 与由 $m_l = -1$ 与 $m_s = \frac{1}{2}$ 耦合而成的 $m_j = -\frac{1}{2}$ 简并, 即有能级 "丢失", 但原来的一条光谱线仍然分裂为三条. 这种现象称为 帕邢–巴克效应.

5.2.2　弱磁场中的原子

一、反常塞曼效应

紧随正常塞曼效应的发现, 美国物理学家迈克耳孙于 1897 年即发现, 一条光谱线在磁场中会分裂为两条. 随后的一系列工作 (迈克耳孙、普列斯顿、龙格、帕邢、拜克、朗德等的) 都表明, 在弱磁场中, 原子的光谱线分裂成偶数条. 例如, 在弱磁场中, 钠黄光的 D1 线 (波长为 589.6 nm) 分裂成 4 条, D2 线 (波长为 589.0 nm) 分裂成 6 条. 这一现象显然与前述的很规则的三线分裂不同, 并且在当时无法解释, 因此称之为 反常塞曼效应 (anomalous Zeeman effect).

▶ 5.2.2
授课视频

二、反常塞曼效应的物理根源与描述

在弱磁场中, 电子的自旋–轨道耦合作用不能忽略. 于是, 哈密顿量应表述为

$$\hat{H} = \frac{\hat{\boldsymbol{p}}^2}{2m_e} + U(r) + \xi(r)\hat{\boldsymbol{l}} \cdot \hat{\boldsymbol{s}} + \frac{eB}{2m_e}(\hat{l}_z + 2\hat{s}_z)$$

$$= \frac{\hat{\boldsymbol{p}}^2}{2m_e} + U(r) + \xi(r)\hat{\boldsymbol{l}} \cdot \hat{\boldsymbol{s}} + \frac{eB}{2m_e}\hat{j}_z + \frac{eB}{2m_e}\hat{s}_z,$$

其中 $\hat{j}_z = \hat{l}_z + \hat{s}_z$ 为电子的总角动量在 z 方向投影的算符.

忽略最后一项, 系统的可测量量完全集可取为

$$\{\hat{H}, \hat{\boldsymbol{l}}^2, \hat{\boldsymbol{j}}^2, \hat{j}_z\},$$

其共同本征函数为

$$\psi_{nljm_j}(r, \theta, \varphi, s_z) = R_{nlj}(r)\phi_{ljm_j}(\theta, \varphi, s_z),$$

相应的能量本征值为

$$E = E_{nlj} + g_j m_j \hbar \omega_L = E_{nlj} + g_j m_j \mu_B B,$$

其中 $\omega_L = \dfrac{eB}{2m_e}$ 为拉莫尔频率, g_j 为相应于原子或电子的总角动量的 g 因子, E_{nlj} 为由库仑作用 $U(r)$ 和自旋–轨道耦合作用 $\xi \boldsymbol{l} \cdot \boldsymbol{s}$ 决定的原子 (实际为电子) 的能级.

由角动量量子化的基本原理知

$$m_j = -j, -j+1, -j+2, \cdots, j-2, j-1, j,$$

则没有外磁场时, E_{nlj} 是 $2j+1$ 重简并的. 当加上外磁场时, E_{nljm_j} 按 m_j 的不同而分裂为 $2j+1$ 条. 因为 $j = l - \frac{1}{2}, l + \frac{1}{2}$ 为半整数, 则 $2j+1 =$ 偶数, 这表明,

原子 (中电子) 的一条能级都分裂为偶数条. 再考虑跃迁选择定则, 则知, 在弱磁场中, 原子光谱线的一条谱线分裂成偶数条, 即有实验观测到的反常塞曼效应. 并且, 相邻能级分裂为

$$\Delta E = \left|g_j\right| \frac{e\hbar}{2m_e} B = \left|g_j\right| \mu_B B.$$

选择定则与上一节所述的电偶极跃迁的选择定则相同, 即有

$$\Delta l = \pm 1; \quad \Delta j = 0, \pm 1; \quad \Delta m_j = 0, \pm 1.$$

例如, 通常情况下由 3p → 3s 跃迁形成的钠黄光 D 线 (波长 589.3 nm), 具有精细结构 D1 线和 D2 线 (波长分别为 589.6 nm、589.0 nm), 它们分别源自考虑自旋–轨道耦合作用引起的 $p_{3/2}$ 态与 $p_{1/2}$ 态之间的能级分裂. 但它们关于 $j = \frac{3}{2}$、$j = \frac{1}{2}$ 的各 m_j 分别是简并的. 当钠原子处于较弱的磁场中时, 相应于 D1 线的初态 $\left(j_i = \frac{1}{2}\right)$ 和末态 $\left(j_f = \frac{1}{2}\right)$ 的能级都分裂为 2 条, 分别相应于 $m_j = \frac{1}{2}$、$-\frac{1}{2}$; 相应于 D2 线的初态 $\left(j_i = \frac{3}{2}\right)$、末态 $\left(j_f = \frac{1}{2}\right)$ 的能级分别分裂为 4 条、2 条. 根据前述跃迁选择定则, 与原 D1 线的初、末态相应的任何两能级之间都可以发生跃迁, 所以原 D1 线分裂为 4 条. 与原 D2 线的初、末态相应的分裂出的能级中, $\frac{3}{2} \to -\frac{1}{2}$ 的跃迁和 $-\frac{3}{2} \to \frac{1}{2}$ 的跃迁不能够发生, 其它的 6 种跃迁可以发生, 所以原 D2 线分裂为 6 条. 该分裂情况如图 5.17 所示.

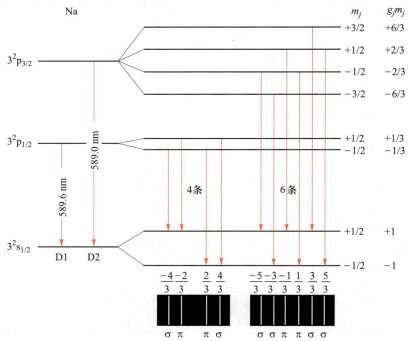

图 5.17 钠原子的能级结构及光谱的反常塞曼效应示意图

三、 朗德 g 因子的确定

由上述关于原子的反常塞曼效应的能级及光谱分裂的表达式知, 为定量确定反常塞曼效应引起的光谱分裂, 我们需要确定电子的朗德 g 因子 (亦即总旋磁比).

将上一章中讨论过的关于粒子的轨道旋磁比 g_l 和自旋旋磁比 g_s 的定义推广, 则知粒子的总旋磁比 (亦即 g 因子) 可表述为

$$g_j = \left| \frac{\mu_j}{\mu_B \langle j \rangle} \right|,$$

其中 $\langle j \rangle$ 为总角动量 $\boldsymbol{j}$ 的大小的值 (期望值). 下面我们确定单电子的朗德 g 因子和多电子体系在 LS 和 JJ 两种耦合方式下的朗德 g 因子.

1. 单电子的朗德 g 因子

根据电子的轨道磁矩和自旋磁矩的定义

$$\boldsymbol{\mu}_l = -\frac{\mu_B}{\hbar} \boldsymbol{l}, \quad \boldsymbol{\mu}_s = -\frac{2\mu_B}{\hbar} \boldsymbol{s},$$

其中 $\mu_B = \dfrac{e\hbar}{2m_e}$, m_e 为电子的质量, 将 $\hat{\boldsymbol{l}}$、$\hat{\boldsymbol{s}}$ 的本征值代入, 则有

$$\mu_l = \sqrt{l(l+1)}\mu_B, \quad \mu_s = 2\sqrt{s(s+1)}\mu_B,$$

与

$$\mu_l = g_l \frac{\langle \hat{\boldsymbol{l}} \rangle}{\hbar} \mu_B, \quad \mu_s = g_s \frac{\langle \hat{\boldsymbol{s}} \rangle}{\hbar} \mu_B,$$

比较知, 电子的轨道 g 因子、自旋 g 因子分别为 $g_l = 1$, $\quad g_s = 2$.

根据角动量耦合的规则, 电子的总角动量

$$\hat{\boldsymbol{j}} = \hat{\boldsymbol{l}} \oplus \hat{\boldsymbol{s}},$$

其大小为 $\sqrt{j(j+1)}\hbar$, j 的取值为 $j = |l-s|, |l-s|+1, \cdots, l+s-1, l+s$. 而电子的总磁矩为

$$\hat{\boldsymbol{\mu}}_t = \hat{\boldsymbol{\mu}}_l + \hat{\boldsymbol{\mu}}_s.$$

电子的这些矢量耦合如图 5.18 所示.

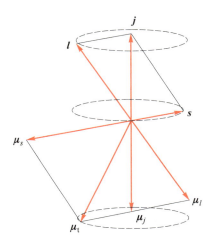

图 5.18 电子的角动量耦合及磁矩耦合示意图

由图 5.18 易知, 尽管 $\boldsymbol{\mu}_l$ 与 $\boldsymbol{l}$ 共线反向、$\boldsymbol{\mu}_s$ 与 $\boldsymbol{s}$ 共线反向, 但由于转换为 $\boldsymbol{l}$ 与 $\boldsymbol{s}$ 叠加后的叠加系数不同, 电子的总磁矩 $\boldsymbol{\mu}_t$ 一般不与 $\boldsymbol{j}$ 共线反向. 但是, 人们仍习惯上将 $\boldsymbol{\mu}_t$ 在 $\boldsymbol{j}$ 上的投影作为电子的总磁矩, 并记电子的总磁矩的大小为

$$\mu_j = g_j \sqrt{j(j+1)}\mu_B.$$

由图 5.18 还易知

$$\mu_j = \left[\sqrt{l(l+1)}\cos\theta_{(\boldsymbol{l},\boldsymbol{j})} + 2\sqrt{s(s+1)}\cos\theta_{(\boldsymbol{s},\boldsymbol{j})}\right]\mu_B,$$

于是有

$$g_j = \frac{\sqrt{l(l+1)}\cos\theta_{(\boldsymbol{l},\boldsymbol{j})} + 2\sqrt{s(s+1)}\cos\theta_{(\boldsymbol{s},\boldsymbol{j})}}{\sqrt{j(j+1)}}.$$

由余弦定理知

$$s(s+1) = l(l+1) + j(j+1) - 2\sqrt{l(l+1)j(j+1)}\cos\theta_{(\boldsymbol{l},\boldsymbol{j})},$$

$$l(l+1) = s(s+1) + j(j+1) - 2\sqrt{s(s+1)j(j+1)}\cos\theta_{(\boldsymbol{s},\boldsymbol{j})}.$$

由此解出 $\cos\theta_{(\boldsymbol{l},\boldsymbol{j})}$ 和 $\cos\theta_{(\boldsymbol{s},\boldsymbol{j})}$, 代入 g_j 的表达式, 则得

$$g_j = 1 + \frac{j(j+1) - l(l+1) + s(s+1)}{2j(j+1)}. \tag{5.26}$$

例如,

$$g_j(^2s_{1/2}) = 1 + \frac{j(j+1) - l(l+1) + s(s+1)}{2j(j+1)} = 2,$$

$$g_j(^2p_{1/2}) = 1 + \frac{j(j+1) - l(l+1) + s(s+1)}{2j(j+1)} = \frac{2}{3},$$

$$g_j(^2p_{3/2}) = 1 + \frac{j(j+1) - l(l+1) + s(s+1)}{2j(j+1)} = \frac{4}{3}.$$

因此, 对于钠原子的反常塞曼效应的能谱和光谱分裂, 我们有图 5.17 中标记的 $g_j M_j$ 之值.

2. 多电子 LS 耦合方式的 g 因子

由前两章的讨论知, 多电子体系的角动量的 LS 耦合方式是先分别将每个电子的轨道角动量 $\boldsymbol{l}_i$、自旋 $\boldsymbol{s}_i$ 耦合得到总轨道角动量 $\boldsymbol{L} = \sum_{i\oplus}\boldsymbol{l}_i$、总自旋 $\boldsymbol{S} = \sum_{i}{}_\oplus\boldsymbol{s}_i$, 然后将 $\boldsymbol{L}$ 与 $\boldsymbol{S}$ 耦合得到体系的总角动量 $\boldsymbol{J} = \boldsymbol{L} \oplus \boldsymbol{S}$, J 的取值为

$$J = |L - S|, |L - S| + 1, \cdots, L + S - 1, L + S,$$

其中 L、S 的取值由同样的耦合规则确定. 例如, 对三粒子系统, 采用两步耦合的方案: 先由

$$\boldsymbol{L}_{12} = \boldsymbol{l}_1 \oplus \boldsymbol{l}_2, \quad \boldsymbol{S}_{12} = \boldsymbol{s}_1 \oplus \boldsymbol{s}_2$$

得两个粒子的轨道角动量 L_{12} 和 S_{12}

$$L_{12} = |l_1 - l_2|, |l_1 - l_2| + 1, \cdots l_1 + l_2 - 1, l_1 + l_2,$$

$$S_{12} = |s_1 - s_2|, |s_1 - s_2| + 1, \cdots, s_1 + s_2 - 1, s_1 + s_2,$$

然后将 $\boldsymbol{L}_{12}$ 与 $\boldsymbol{l}_3$ 耦合得体系的总轨道角动量

$$\boldsymbol{L} = \boldsymbol{L}_{12} \oplus \boldsymbol{l}_3,$$

其中 L 的取值为

$$L = \left| L_{12} - l_3 \right|, \left| L_{12} - l_3 \right| + 1, \cdots, L_{12} + l_3 - 1, L_{12} + l_3;$$

将 $\boldsymbol{S}_{12}$ 与 $\boldsymbol{s}_3$ 耦合得体系的总自旋

$$\boldsymbol{S} = \boldsymbol{S}_{12} \oplus \boldsymbol{s}_3,$$

其中 S 的取值为

$$S = \left| S_{12} - s_3 \right|, \left| S_{12} - s_3 \right| + 1, \cdots, S_{12} + s_3 - 1, S_{12} + s_3.$$

由上述角动量耦合规则知, LS 耦合方式下总轨道角动量与总自旋耦合得到体系的总角动量以及各磁矩的耦合都与单粒子情况下的相同, 并且我们通常考察的磁矩仍然是

$$\boldsymbol{\mu}_{\mathrm{t}} = \boldsymbol{\mu}_L + \boldsymbol{\mu}_S,$$

在 $\boldsymbol{J}$ 方向上的投影为 μ_J, g 因子亦即

$$g_J = \frac{\mu_J}{\sqrt{J(J+1)}\mu_{\mathrm{B}}},$$

于是, 我们有

$$g_J = 1 + \frac{J(J+1) - L(L+1) + S(S+1)}{2J(J+1)}. \tag{5.27}$$

相应地, 总磁矩在 z 方向上的投影为

$$\mu_{J_z} = g_J M_J \mu_{\mathrm{B}}.$$

例如, 对我们曾讨论过的银原子, 其价电子组态为 $(4d)^{10}(5s)^1$, $(4d)^{10}$ 作为一个支壳, 其轨道角动量和自旋分别为

$$L_{\text{Sub-Shell}} = 0, \quad S_{\text{Sub-Shell}} = 0;$$

$(5s)^1$ 态的轨道角动量和自旋分别为

$$l_{\text{V}} = 0, \quad s_{\text{V}} = \frac{1}{2};$$

从而, 银原子的总轨道角动量 $\boldsymbol{L} = \boldsymbol{L}_{\text{Sub-Shell}} \oplus \boldsymbol{l}_{\text{V}}$、总自旋 $\boldsymbol{S} = \boldsymbol{S}_{\text{Sub-Shell}} \oplus \boldsymbol{s}_{\text{V}}$、总角动量 $\boldsymbol{J} = \boldsymbol{L} \oplus \boldsymbol{S}$ 的值 (以 $\hbar$ 为单位) 分别为

$$L = 0, \quad S = \frac{1}{2}, \quad J = \frac{1}{2}.$$

朗德 g 因子 (旋磁比) 为

$$g_J = 1 + \frac{\dfrac{1}{2}\left(\dfrac{1}{2}+1\right) - 0(0+1) + \dfrac{1}{2}\left(\dfrac{1}{2}+1\right)}{2 \cdot \dfrac{1}{2}\left(\dfrac{1}{2}+1\right)} = 2.$$

由于 $J = \dfrac{1}{2}$, 则 $M_J = \pm\dfrac{1}{2}$, 于是 $\mu_{J_z} = g_J M_J \mu_{\text{B}} = \pm\mu_{\text{B}}$, 从而在通过与其束流方向垂直的不均匀磁场的施特恩–格拉赫实验中, 银原子束分裂为两束 (分列在束流对应线的上下两侧).

3. 多电子 JJ 耦合方式的 g 因子

由前两章的讨论知, 多电子体系的角动量的 JJ 耦合方式是先将每个电子的轨道角动量 $\boldsymbol{l}_i$ 与自旋 $\boldsymbol{s}_i$ 耦合得到其角动量 $\boldsymbol{j}_i = \boldsymbol{l}_i \oplus \boldsymbol{s}_i$, 然后将各 $\boldsymbol{j}_i$ 耦合得到体系的总角动量

$$\boldsymbol{J} = \sum_{i\oplus} \boldsymbol{j}_i,$$

其中各 j_i 及 J 的取值遵循一般的角动量耦合的规则. 以两电子体系为例的这些矢量耦合如图 5.19 所示, 其中 J 的可取值为

$$J = |j_1 - j_2|, |j_1 - j_2| + 1, \cdots, j_1 + j_2 - 1, j_1 + j_2.$$

由图 5.19 并参照图 5.18 易知, 体系中每个电子的磁矩的大小为

$$\mu_{j_i} = g_{j_i}\sqrt{j_i(j_i+1)}\,\mu_{\text{B}},$$

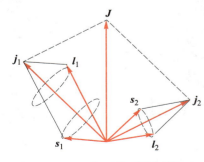

图 5.19 以两电子体系为例的 JJ 耦合方式下的角动量耦合示意图

方向沿 $\boldsymbol{j}_i$ 的反方向, 但这些磁矩直接耦合得到的总磁矩 $\boldsymbol{\mu}_{\mathrm{t}} = \sum_i \boldsymbol{\mu}_{j_i}$ 可能并不沿 $\boldsymbol{J}$ 的反方向. 与单电子情况等相同, 人们仍然取 $\boldsymbol{\mu}_{\mathrm{t}}$ 在 $\boldsymbol{J}$ 方向的投影 μ_J 作为体系的总磁矩, 并且定义体系的朗德 g 因子 (旋磁比) 为

$$g_J = \frac{\mu_J}{\sqrt{J(J+1)}\mu_{\mathrm{B}}}.$$

对两电子系统, 直接计算其总磁矩

$$
\begin{aligned}
\mu_J ={}& \mu_{j_1}\cos\theta_{(\boldsymbol{J},\boldsymbol{j}_1)} + \mu_{j_2}\cos\theta_{(\boldsymbol{J},\boldsymbol{j}_2)} \\
={}& g_{j_1}\sqrt{j_1(j_1+1)}\mu_{\mathrm{B}}\frac{J(J+1)+j_1(j_1+1)-j_2(j_2+1)}{2\sqrt{J(J+1)j_1(j_1+1)}} \\
& + g_{j_2}\sqrt{j_2(j_2+1)}\mu_{\mathrm{B}}\frac{J(J+1)+j_2(j_2+1)-j_1(j_1+1)}{2\sqrt{J(J+1)j_2(j_2+1)}},
\end{aligned}
$$

所以, 体系的朗德 g 因子为

$$
\begin{aligned}
g_J ={}& g_{j_1}\frac{J(J+1)+j_1(j_1+1)-j_2(j_2+1)}{2J(J+1)} \\
& + g_{j_2}\frac{J(J+1)+j_2(j_2+1)-j_1(j_1+1)}{2J(J+1)}.
\end{aligned}
\tag{5.28}
$$

5.3___ 电场中的原子

前面讨论了磁场中的原子, 并得知, 在磁场影响下, 原子的能级和光谱都会发生分裂, 并根据发现人的贡献, 将之命名为正常塞曼效应、反常塞曼效应、帕邢–巴克效应. 进一步的研究表明, 将原子置于电场中时, 其能谱和光谱也会发生分裂. 该现象最早由德国物理学家斯塔克 (J. Stark) 于 1913 年在氢原子光谱的巴耳末系中发现, 因此称之为斯塔克效应. 斯塔克因此获得了 1919 年的诺贝尔物理学奖. 由于多电子原子很复杂, 因此在这里我们仅具体讨论碱金属原子和类氢离子的斯塔克效应.

▶ 5.3.1
授课视频

5.3.1 相互作用势与哈密顿量

一、相互作用势

我们已知, 电势为 V 的电场与电荷量 q 间的相互作用势为

$$U' = qV = -\boldsymbol{p}\cdot\boldsymbol{E},$$

其中 $\boldsymbol{E}$ 为电场强度, $\boldsymbol{p}$ 为电偶极矩.

那么, 对置于沿 z 方向的电场 ε 中的原子内的电子, 则有

$$U' = -(-e\boldsymbol{r}) \cdot \boldsymbol{\varepsilon} = e\varepsilon r \cos\theta,$$

其中 θ 为 $\boldsymbol{r}$ 与 z 方向 ($\boldsymbol{\varepsilon}$ 方向) 间的夹角.

二、 哈密顿量

将核电荷数为 Z 的类氢离子置于沿 z 方向的电场中, 电子除受原子核的作用外, 还受外电场的作用. 记电子与原子核之间的间距为 r, 则其哈密顿量可以表述为

$$\hat{H} = -\frac{\hbar^2}{2m}\nabla^2 - \frac{Ze_s^2}{r} + e\varepsilon r \cos\theta.$$

由原子的半径大约在 0.1 nm 的量级甚至更小知, 原子内的电场强度大约为 10^{11} V/m. 因为现在通常能够实现的外电场的电场强度 $V_{\text{ext}} \leqslant 10^8$ V/m, 则有 $V_{\text{ext}} \ll V_{\text{in}}$, 所以

$$U' = e\varepsilon r \cos\theta$$

可视为微扰.

5.3.2 能级分裂和光谱分裂

因为外电场作用可视为微扰, 则可以采用微扰方法进行计算. 由前几章的讨论和实验观测到的外电场中的原子的能级和光谱发生分裂的现象知, 在不考虑外电场影响时, 原子中的电子的一些能态是简并的, 因此我们应该采用简并定态微扰方法进行计算.

根据微扰计算方法的基本原理, 记简并态的能量为 $E_k^{(0)} = E_{nlm}^{(0)}$, 本征函数可取为

$$\psi_{nlm}^{(i,0)} = R_{nl}(r)Y_{l,m}(\theta, \varphi),$$

$i = 1, 2, \cdots, d, d$ 为简并度. 因为

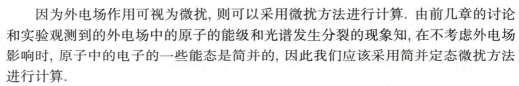

$$\cos\theta Y_{l,m}(\theta, \varphi) = \sqrt{\frac{(l+1)^2 - m^2}{(2l+1)(2l+3)}}Y_{(l+1)m}(\theta, \varphi) + \sqrt{\frac{l^2 - m^2}{(2l-1)(2l+1)}}Y_{(l-1)m}(\theta, \varphi),$$

则微扰作用矩阵元

$$H'_{ji} = \langle l'm'|\hat{U}'|lm\rangle = \alpha_{+1}\delta_{l'(l+1)}\delta_{m'm} + \alpha_{-1}\delta_{l'(l-1)}\delta_{m'm},$$

其中 i、j 分别为标记 $|lm\rangle$、$|l'm'\rangle$ 的 d 重简并态的序号, $\alpha_{\pm 1}$ 为 r 在径向波函数矩阵元决定的常数.

由此可确定简并微扰方法中的本征值方程为

$$\sum_{i=1}^{d} \left[H'_{ji} - \lambda E_n^{(1)}\delta_{ji}\right]c_i^{(0)} = 0, (j = 1, 2, \cdots, d).$$

解此本征方程即可确定能量修正 $\lambda E_k^{(1)}$ (即相对于原简并能量 $E_{nlm}^{(0)}$ 的分裂) 及相应的波函数 $\psi = \sum_i c_i^{(0)}\psi_{nlm}^{(i,0)}$.

例如, 氢原子莱曼系第一条谱线的斯塔克效应.

我们已知, 氢原子莱曼系第一条谱线来自跃迁:

$$\psi_{2lm}(r, \theta, \varphi) \longrightarrow \psi_{100}(r, \theta, \varphi),$$

即在没有外场影响时, 该跃迁的末态是唯一的 (非简并的), 但初态 $\{l, m\} = \{0, 0\}, \{1, 1\}$, $\{1, 0\}, \{1, -1\}$ 是四重简并态. 为下面计算方便, 我们分别记之为 ϕ_1、ϕ_2、ϕ_3、ϕ_4.

当置于电场中时, 记氢原子 (中的电子) 的波函数为 $\psi_j = \sum_i^4 c_i^{(0)} \phi_i$, 因为

$$H'_{13} = \langle \phi_1 | \hat{U}' | \phi_3 \rangle$$

$$= \iiint \frac{1}{4\sqrt{2}\pi a_{\mathrm{B}}^{3/2}} \Big(2 - \frac{r}{a_{\mathrm{B}}}\Big) \mathrm{e}^{-r/2a_{\mathrm{B}}} e\varepsilon r \cos\theta \frac{r}{4\sqrt{2}\pi a_{\mathrm{B}}^{5/2}} \mathrm{e}^{-r/2a_{\mathrm{B}}} \cos\theta r^2 \sin\theta \mathrm{d}r \mathrm{d}\theta \mathrm{d}\varphi$$

$$= \frac{e\varepsilon}{32\pi a_{\mathrm{B}}^4} \int_0^\infty \Big(2 - \frac{r}{a_{\mathrm{B}}}\Big) r^4 \mathrm{e}^{-r/a_{\mathrm{B}}} \mathrm{d}r \int_0^\pi \cos^2\theta \sin\theta \mathrm{d}\theta \int_0^{2\pi} \mathrm{d}\varphi = -3e\varepsilon a_{\mathrm{B}},$$

$$H'_{31} = -3e\varepsilon a_{\mathrm{B}},$$

$$H'_{11} = H'_{12} = H'_{14}$$
$$= H'_{21} = H'_{22} = H'_{23} = H'_{24}$$
$$= H'_{32} = H'_{33} = H'_{34}$$
$$= H'_{41} = H'_{42} = H'_{43} = H'_{44}$$
$$= 0,$$

则有保证本征方程有非零解的久期方程

$$\begin{vmatrix} -\lambda E^{(1)} & 0 & -3e\varepsilon a_{\mathrm{B}} & 0 \\ 0 & -\lambda E^{(1)} & 0 & 0 \\ -3e\varepsilon a_{\mathrm{B}} & 0 & -\lambda E^{(1)} & 0 \\ 0 & 0 & 0 & -\lambda E^{(1)} \end{vmatrix} = 0,$$

亦即有

$$\big(\lambda E^{(1)}\big)^2 \big[\big(\lambda E^{(1)}\big)^2 - \big(3e\varepsilon a_{\mathrm{B}}\big)^2\big] = 0.$$

解之得

$$\lambda E_{21}^{(1)} = 3e\varepsilon a_{\mathrm{B}}, \quad \lambda E_{23}^{(1)} = -3e\varepsilon a_{\mathrm{B}}, \quad \lambda E_{22}^{(1)} = \lambda E_{24}^{(1)} = 0.$$

由此知, 氢原子的 ψ_{2lm} 态的简并部分解除, 仍简并的两个态的能量与原来的相同, 解除简并的两个态的能量分别增大、减小 $3e\varepsilon a_{\mathrm{B}}$. 从而, 光谱线由一条变为三条, 如图 5.20 所示.

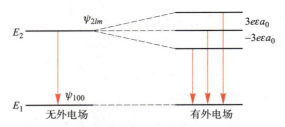

图 5.20 氢原子能级及光谱的斯塔克效应示意图

进而可以解得, 相对于无外电场时的简并波函数 ψ_{200}、ψ_{211}、ψ_{210}、ψ_{21-1}, 在沿 z 方向的外电场 ε 中的氢原子的波函数变化为

$$\psi_{21}^{(0)} = \frac{1}{\sqrt{2}}(\psi_{200} - \psi_{210}), \quad \psi_{22}^{(0)} = \psi_{211},$$

$$\psi_{23}^{(0)} = \frac{1}{\sqrt{2}}(\psi_{200} + \psi_{210}), \quad \psi_{24}^{(0)} = \psi_{21-1}.$$

由此可以讨论氢原子的其它性质的变化.

5.4 __磁共振

5.4.1 拉莫尔进动

将自旋指向 (θ, φ) 方向的粒子置于沿 z 方向的磁场 $\boldsymbol{B}$ 中, 记粒子的磁矩为 $\boldsymbol{\mu}_{\mathrm{M}}$, 则其与磁场间的相互作用为

$$\hat{H} = -\boldsymbol{\mu}_{\mathrm{M}} \cdot \boldsymbol{B} = -\mu_{\mathrm{M}}\hat{\sigma}_z B = \begin{pmatrix} -\mu_{\mathrm{M}}B & 0 \\ 0 & \mu_{\mathrm{M}}B \end{pmatrix}.$$

记任意时刻的自旋态为 $\psi = C_\uparrow \chi_{1/2} + C_\downarrow \chi_{-1/2}$, 则自旋状态随时间变化满足的薛定谔方程 $\mathrm{i}\hbar\frac{\partial \psi}{\partial t} = \hat{H}\psi$ 可以以矩阵形式表述为

$$\mathrm{i}\hbar\frac{\partial}{\partial t}\begin{pmatrix} C_\uparrow \\ C_\downarrow \end{pmatrix} = \begin{pmatrix} -\mu_{\mathrm{M}}B & 0 \\ 0 & \mu_{\mathrm{M}}B \end{pmatrix}\begin{pmatrix} C_\uparrow \\ C_\downarrow \end{pmatrix},$$

即有

$$\mathrm{i}\hbar\frac{\partial C_\uparrow}{\partial t} = -\mu_{\mathrm{M}}B C_\uparrow, \qquad \mathrm{i}\hbar\frac{\partial C_\downarrow}{\partial t} = \mu_{\mathrm{M}}B C_\downarrow.$$

解之得

$$C_\uparrow(t) = \mathrm{e}^{\mathrm{i}\frac{\mu_{\mathrm{M}}B}{\hbar}t}C_\uparrow(0), \qquad C_\downarrow(t) = \mathrm{e}^{-\mathrm{i}\frac{\mu_{\mathrm{M}}B}{\hbar}t}C_\downarrow(0).$$

取初始条件为 (其原因已作为习题 3.9 和 3.10 由读者们自己讨论过)

$$\begin{pmatrix} C_\uparrow(0) \\ C_\downarrow(0) \end{pmatrix} = \begin{pmatrix} \cos\dfrac{\theta}{2}\mathrm{e}^{\mathrm{i}\varphi/2} \\ \sin\dfrac{\theta}{2}\mathrm{e}^{-\mathrm{i}\varphi/2} \end{pmatrix},$$

则

$$\begin{pmatrix} C_\uparrow(t) \\ C_\downarrow(t) \end{pmatrix} = \begin{pmatrix} \cos\dfrac{\theta}{2}\mathrm{e}^{\mathrm{i}(2\omega_\mathrm{L}t+\varphi)/2} \\ \sin\dfrac{\theta}{2}\mathrm{e}^{-\mathrm{i}(2\omega_\mathrm{L}t+\varphi)/2} \end{pmatrix},$$

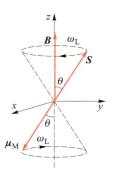

图 5.21　带负电荷的粒子的拉莫尔进动 (自旋磁矩与自旋反向) 示意图

▶ 5.4.2　授课视频

其中 $\omega_\mathrm{L} = \dfrac{\mu_\mathrm{M}B}{\hbar} = \dfrac{qB}{2m}$ 为拉莫尔频率.

由此知, 粒子的自旋矢量与极轴的夹角保持固定值 θ, 但以角速度 ω_L 绕极轴转动, 如图 5.21 所示. 这种转动称为拉莫尔进动. ω_L 称为拉莫尔进动角速度.

5.4.2　磁共振的理论描述 *

在 z 方向有恒定磁场 B_z, x 方向有交变磁场

$$B_x = B_0\cos\omega t = \frac{B_0}{2}(\mathrm{e}^{\mathrm{i}\omega t} + \mathrm{e}^{-\mathrm{i}\omega t})$$

情况下, 自旋所受作用的哈密顿量为

$$\hat{H} = -\mu_\mathrm{M}\big(B_z\sigma_z + B_x\sigma_x\big) = \mu_\mathrm{M}\begin{pmatrix} -B_z & -\dfrac{B_0}{2}(\mathrm{e}^{\mathrm{i}\omega t} + \mathrm{e}^{-\mathrm{i}\omega t}) \\ -\dfrac{B_0}{2}(\mathrm{e}^{\mathrm{i}\omega t} + \mathrm{e}^{-\mathrm{i}\omega t}) & B_z \end{pmatrix}.$$

对粒子的自旋态, 则记之为 $\psi = C_\uparrow\chi_{1/2} + C_\downarrow\chi_{-1/2}$, 考虑 χ_{m_s} 的矩阵表述形式和原始的薛定谔方程, 则有

$$\mathrm{i}\hbar\frac{\partial C_\uparrow}{\partial t} = -\mu_\mathrm{M}B_zC_\uparrow - \frac{\mu_\mathrm{M}B_0}{2}(\mathrm{e}^{\mathrm{i}\omega t} + \mathrm{e}^{-\mathrm{i}\omega t})C_\downarrow,$$

$$\mathrm{i}\hbar\frac{\partial C_\downarrow}{\partial t} = \mu_\mathrm{M}B_zC_\downarrow - \frac{\mu_\mathrm{M}B_0}{2}(\mathrm{e}^{\mathrm{i}\omega t} + \mathrm{e}^{-\mathrm{i}\omega t})C_\uparrow.$$

在忽略以 $\omega + \dfrac{2\mu_\mathrm{M}B_z}{\hbar}$ 为圆频率的反共振 (频率太高, 难以观测到) 的情况下, 考虑 $t = 0$ 时系统处于态 $|\boldsymbol{\mu}\rangle = |\downarrow\rangle$ 的初始条件, 求解该微分方程组, 得

$$C_\uparrow(t) = \mathrm{i}\frac{\mu_\mathrm{M}B_0}{\hbar\omega_\mathrm{R}}\sin\frac{\omega_\mathrm{R}t}{2}\mathrm{e}^{-\mathrm{i}\frac{\Delta\omega}{2}t},$$

$$C_\downarrow(t) = \Big[\cos\frac{\omega_\mathrm{R}t}{2} + \mathrm{i}\frac{(\omega - 2\mu_\mathrm{M}B_z/\hbar)}{\omega_\mathrm{R}}\sin\frac{\omega_\mathrm{R}t}{2}\Big]\mathrm{e}^{\mathrm{i}\frac{\Delta\omega}{2}t},$$

其中

$$\Delta\omega = \omega - \frac{2\mu_\mathrm{M}B_z}{\hbar}, \quad \omega_\mathrm{R} = \sqrt{\Delta\omega^2 + \Big(\frac{\mu_\mathrm{M}B_0}{\hbar}\Big)^2}.$$

该解称为拉比 (I. I. Rabi) 严格解.

于是有概率密度

$$P_\uparrow(t) = \left|C_\uparrow(t)\right|^2 = \left(\frac{\mu_M B_0}{\hbar\omega_R}\right)^2 \sin^2\frac{\omega_R t}{2},$$

$$P_\downarrow(t) = \left|C_\downarrow(t)\right|^2 = 1 - \left(\frac{\mu_M B_0}{\hbar\omega_R}\right)^2 \sin^2\frac{\omega_R t}{2}.$$

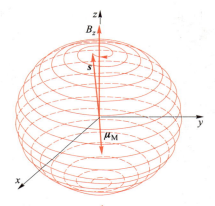

图 5.22　量子数为 $\frac{1}{2}$ 的自旋态在 z 方向恒定 x 方向交变的磁场中运动状态示意图

并且, 在 $0 \to t$ 时间内系统由 $|\downarrow\rangle$ 到 $|\uparrow\rangle$ 的跃迁概率为

$$P(\downarrow\to\uparrow) = \left(\frac{\mu_M B_0}{\hbar\omega_R}\right)^2 \sin^2\frac{\omega_R t}{2}.$$

显然, 该跃迁概率以拉比角频率 ω_R 周期变化.

对共振情形, 即有 $\omega = 2\dfrac{\mu_M B_z}{\hbar} = 2\omega_L$, 则 $\omega_R = \dfrac{\mu_M B_0}{\hbar}$, 变化振幅为 1; 对非共振情形, 周期和幅度都随频率失谐量 $\Delta\omega = |\omega - \omega_L|$ 增大而减小. 这样变化的经典图像如图 5.22 所示.

这表明, 在一个方向恒定、另一个方向交变的磁场中的自旋态除具有自旋之外, 还有进动和章动. 这与经典物理中的陀螺完全相同, 亦即有量子陀螺. (美国物理学家) 拉比以此为基础, 发展建立了巧妙利用原子的超精细结构与塞曼能级间的共振跃迁的分子束共振法, 以 10^{-3} 的精度测得一些原子核的磁矩 (比其导师施特恩的精度高两个量级). 据此他获得了 1944 年的诺贝尔物理学奖.

5.4.3
授课视频

5.4.3　顺磁共振

上一小节的讨论表明, 处于磁场中的原子的能级会发生塞曼分裂, 分裂的相邻能级的间距为 $\Delta E = g\mu_B B$. 那么, 在外加光场的光量子能量满足条件

$$\hbar\omega = h\nu = \Delta E = g\mu_B B$$

的情况下, 电子会吸收这份能量发生能级之间的跃迁, 从而使电子状态或磁矩取向改变. 这种共振吸收现象称为电子顺磁共振 (electron paramagnetic resonance, 简称 EPR). 将 μ_B 的值和通常的磁感应强度 B 的值代入 ΔE 的表达式计算知, 能够引起顺磁共振的光的频率在微波波段 ($10^{-3} \sim 10^{-1}$ m).

5.4.4　核磁共振

我们知道, 与电子和原子一样, 核子和原子核也有磁矩, 核子磁矩以核磁子 μ_N 为单位,

$$\mu_N = \frac{e\hbar}{2m_p} = \frac{1}{1836}\mu_B.$$

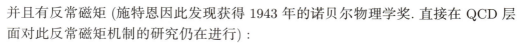

▶ 5.4.4
授课视频

并且有反常磁矩 (施特恩因此发现获得 1943 年的诺贝尔物理学奖. 直接在 QCD 层面对此反常磁矩机制的研究仍在进行):

$$\mu_p = 2.793\mu_N, \quad \mu_n = -1.913\,5\mu_N.$$

那么, 使分子束 (或原子束) 通过强度合适且交变的磁场时, 核能级会像电子 (原子) 能级一样发生分裂, 并且核自旋的取向会周期性地变化.

令固定频率的射频无线电波通过原子束场, 并对之进行测量, 则应有吸收谱, 共振吸收条件为

$$h\nu = |g_N|\mu_N B.$$

该现象称为核磁共振(nuclear magnetic resonance, 简称 NMR)吸收现象. 由于核子磁矩仅仅是电子磁矩的 $\dfrac{1}{1836}$, 于是有

$$\left(\frac{\nu}{B}\right)_{\text{电子}} = \frac{g_e\mu_B}{h} = 14g_e \text{ GHz/T}, \quad \left(\frac{\nu}{B}\right)_{\text{质子}} = \frac{g_N\mu_N}{h} = 7.6g_N \text{ MHz/T}.$$

由此知, 比引起电子顺磁共振的磁场强度小约三个数量级的磁场即可引起核磁共振, 并且在 10^3 高斯量级的磁场下, 核能级的裂距在射频波段, 在特斯拉量级的磁场强度下, 可以得到很高的精度. 由于大量微观状态形成的系统一定满足统计规律, 那么磁场中粒子的能级由于塞曼效应发生分裂后, 处于下能级的粒子数一定多于处于上能级的粒子数, 即可能发生受激吸收的粒子数多于可能发生受激发射的粒子数, 那么在利用外加射频场测量时, 整体上应观测到吸收谱. 例如, 实验观测到的 ^{7}Li 原子束的核磁共振吸收谱如图 5.23 所示.

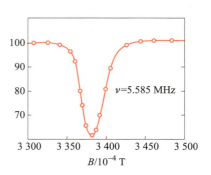

图 5.23　^{7}Li 的核磁共振吸收谱

根据上述讨论, 在精确控制磁场的情况下, 人们可以利用核磁共振来测定原子核的磁矩. 反过来, 如果已知原子核的磁矩, 人们则可利用核磁共振来灵敏地控制磁场或进行精确测量.

利用束流方法进行核磁共振测量, 需要将物质粒子化, 至少形成原子束流, 技术要求很高, 因此 (在当时) 应用范围受限. 1945 年底和 1946 年初, 美国麻省理工学院的珀塞耳 (E.M. Purcell) 课题组、美国斯坦福大学的布洛赫 (F. Bloch) 课题组分

别在石蜡样品、水样品中直接观测到核磁共振现象, 从而使核磁共振测量大大简化, 因此他们获得了 1952 年的诺贝尔物理学奖.

回顾上述讨论, 我们在考察外磁场与原子核 (甚至核子) 的作用时, 都仅考虑了它们之间的直接的 (或者说, 裸的原子核或核子的) 作用. 事实上, 由于原子中的电子对原子核的屏蔽, 并且电子绕核运动产生的磁场一定与外加磁场方向相反 (负电荷决定), 因此真正对原子核有作用的磁场是扣除了核外电子屏蔽之后的磁场 $B_{有效}$. 具体深入的研究表明, 对于外磁场 $B_{外}$, 电子屏蔽引起的抗磁场为 $-\sigma B_{外}$, 其中 $\sigma > 0$、并且因原子不同和分子不同而不同, 即有

$$B_{有效} = B_{外} - \sigma B_{外}.$$

记引起标准氢原子核核磁共振的外磁场为 $B_{外标}$, 引起不同环境中的氢原子核核磁共振的外磁场 $B_{外}$ 与 $B_{外标}$ 必有偏离, 于是, 人们定义

$$\delta = \frac{B_{外标} - B_{外}}{B_{外标}} \times 10^6 \text{ ppm},$$

其中 ppm (parts per million) 意为百万分之几, 并称之为 化学位移. 1950 年, 美国物理学家普洛克特 (W. G. Proctor) 和我国物理学家虞福春 (长期担任北京大学教授、技术物理系副主任) 首先在测量 ^{14}N 的核磁矩时发现化学位移, 美国物理学家狄更孙 (W. C. Dickinson) 在对 ^{17}F 的化合物的测量中也发现类似现象. 这样, 人们完全确认了同一原子的不同化合物的 "共振磁场" 有化学位移. 由此知, 化学位移是不同物质及同一类组分但不同结构的物质的指纹. 从而, 核磁共振成为准确、快速并且无破坏地获得物质组成的结构、进行物质结构研究、进行医学诊断等的有效方法. 图 5.24 给出了现在所用的核磁共振谱仪的结构示意图、实验测量到的酒精的核磁共振吸收谱和利用核磁共振做层析扫描得到的正常人类脑部图像及患有肿瘤的脑部图像举例. 近年, 人们还将之应用于进行量子模拟及量子计算模拟. 并且, 基于与核磁共振类似原理的同时对核自旋和电子自旋进行操控的方法成为可能实现量子计算的重要候选者之一.

由于核磁共振的作用巨大, 对在其不同发展阶段作出重要贡献或扩展其应用领域的科学家曾多次授予诺贝尔奖. 例如, 瑞士化学家恩斯特 (R. R. Ernst) 因提出由非常短而强的射频脉冲取代缓慢改变照射脉冲, 从而大大提高了核磁共振测量的灵敏度而获得 1991 年的诺贝尔化学奖; 瑞士化学家维特里希 (K. Wüthrich) 因提出将核磁共振测量方法延伸到生物大分子的想法, 并率先确定了一个蛋白质的结构而获得 2002 年的诺贝尔化学奖; 美国科学家劳特伯 (P. Lauterbur) 和英国科学家曼斯菲尔德 (P. Mansfield) 因提出在静磁场中使用梯度场, 从而可以获得物体的二维和三维图像, 促使核磁共振在医疗和其它领域得以广泛应用而获得 2003 年的诺贝尔生理学或医学奖.

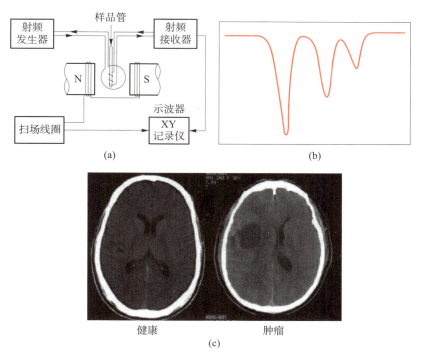

图 5.24　现在所用的核磁共振谱仪的结构示意图 (a)、实验测量到的酒精的核磁共振吸收谱 (b) 及利用核磁共振做层析扫描得到的健康的人类脑部图像和有肿瘤的人类脑部图像举例 (c)

5.5　量子相位

　　附录二讨论描述量子态的波函数的物理意义时曾经说过, 定常的相因子对物理态没有贡献, 因为它不影响量子态的概率密度分布, 然而有些量子相位却非常重要, 尤其是对于置于电磁场中的原子, 会表现出丰富的、有趣的物理现象.　前几节已经讨论过, 置于电磁场中的原子具有塞曼效应、斯塔克效应、顺磁共振效应、核磁共振效应等, 它们表现为原子的能级发生分裂和移动, 从而光谱有改变、或者在梯度场作用下原子束受力并偏折、或者自旋状态出现周期性变化等.　更为有趣的是, 在一些特定的电场和磁场的组合设置中, 除上述效应外, 中性原子之质心轨道的量子运动还有可能俘获到一种所谓的几何相位, 其本质是纯粹拓扑性的, 与原子质心的动力学状态无关, 尽管在经典力学意义上没有任何外场力施加到所考虑的粒子之上, 但在量子力学层面上会引起可观测效应.　这里简略讨论一些量子相位的重要表现.

5.5.1

授课视频

5.5.1　阿哈罗诺夫–玻姆效应

　　我们已经熟知, 粒子的波函数可以一般地表述为

$$\psi(\boldsymbol{r}) = C(\boldsymbol{r}) \mathrm{e}^{\mathrm{i}\varphi(\boldsymbol{r})}.$$

由于相位变化通常远快于振幅变化, 则

$$\hat{\pmb{p}}\psi(\pmb{r}) = -\mathrm{i}\hbar\nabla\big[C(\pmb{r})\mathrm{e}^{\mathrm{i}\varphi(\pmb{r})}\big] = -\mathrm{i}\hbar C(\pmb{r})[\mathrm{i}\nabla\varphi(\pmb{r})]\mathrm{e}^{\mathrm{i}\varphi(\pmb{r})} - \mathrm{i}\hbar\big[\nabla C(\pmb{r})\big]\mathrm{e}^{\mathrm{i}\varphi(\pmb{r})}$$

$$\cong \hbar[\nabla\varphi(\pmb{r})]\psi(\pmb{r}),$$

于是有近似关系

$$\hat{\pmb{p}} = \hbar\nabla\varphi(\pmb{r}),$$

即粒子的动量算符由表征粒子状态的波函数的相位的梯度决定. 反过来, 表征粒子状态的相位的空间变化率对应粒子的动量算符, 从而波函数的相位的变化可以通过与动量相关的观测效应来反映.

另一方面, 磁场中的带电粒子的动量为

$$\pmb{p} = \pmb{p}_{粒子} + \pmb{p}_{场} = m\pmb{v} + q\pmb{A}(\pmb{r}),$$

于是有

$$\nabla\varphi(\pmb{r}) = \frac{1}{\hbar}\big[m\pmb{v} + q\pmb{A}(\pmb{r})\big],$$

其中 m 为粒子的质量, $\pmb{v}$ 为粒子的速度, q 为粒子所带的电荷量, $\pmb{A}(\pmb{r})$ 为磁场的矢量势.

与没有磁场情况下的波函数的相位的梯度相比知, 多出了一项 $\dfrac{q\pmb{A}(\pmb{r})}{\hbar}$. 选定原点 O, 则在另一点 P, 带电粒子的波函数有附加相位

$$(\nabla\varphi)_{磁} = \frac{q}{\hbar}\int_{O}^{P}\pmb{A}(\pmb{r})\cdot\mathrm{d}\pmb{l}.$$

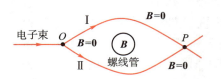

使一电子束分为两束从不同侧面绕过一载流螺线管后再会合, 如图 5.25 所示, 由于由螺线管的不同侧面到达 P 点的电子的波函数间有不同的附加相位, 于是有相位差:

图 5.25 使一电子束分为两束从不同侧面绕过一载流螺线管后再会合的示意图

$$\Delta\varphi = (\nabla\varphi)_{磁} = \frac{q}{\hbar}\Big[\int_{(\mathrm{I})}\pmb{A}(\pmb{r})\cdot\mathrm{d}\pmb{l} - \int_{(\mathrm{II})}\pmb{A}(\pmb{r})\cdot\mathrm{d}\pmb{l}\Big],$$

亦即有

$$\Delta\varphi = \frac{q}{\hbar}\oint\pmb{A}(\pmb{r})\cdot\mathrm{d}\pmb{l} = \frac{q}{\hbar}\oint(\nabla\times\pmb{A})\cdot\mathrm{d}\pmb{S} = \frac{q}{\hbar}\oint\pmb{B}\cdot\mathrm{d}\pmb{S} = \frac{q}{\hbar}\Phi_{B},$$

其中 Φ_B 为通过闭合回路的磁通量. 那么, 在相遇处 P 点应具有干涉效应. 这一效应由阿哈罗诺夫 (Y. Aharonov) 和玻姆 (D. Bohm) 于 1959 年预言 [Physical Review 115, 485 (1959)], 因此称之为阿哈罗诺夫–玻姆 (Aharonov–Bohm)效应, 常简称为AB 效应.

我们知道, 理论上, 无限长螺线管外 $\boldsymbol{B} = \boldsymbol{0}$, $\boldsymbol{A} \neq \boldsymbol{0}$, 那么, 如果在 P 点确实有干涉效应出现, 则其表明电子可以在没有磁场的地方感知磁矢势的物理效应. 也就说明, 磁矢势不仅是研究电磁场性质时为计算方便和形式对称而引入的辅助场, 而且还是有实际效应的物理场.

该效应于 1960 年得到初步验证 [R.G. Chambers. Physical Review Letters 5, 3 (1960)], 但由于保证 $\boldsymbol{B}_{内部} \neq \boldsymbol{0}$, $\boldsymbol{B}_{外部} \equiv \boldsymbol{0}$ 的无限长螺线管难以真正实现, 因此上述检验的精度和可信度都不很高. 直到 1985 年, 外村彰 (A. Tonomura) 采用带超导屏蔽层的磁环代替螺线管的方案才精确验证了 AB 效应 [Physical Review Letters 56, 792 (1986)].

外村彰实验采用的带超导屏蔽层的磁环如图 5.26 (a) 所示.

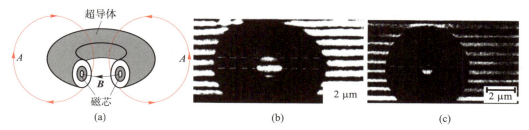

图 5.26　外村彰实验采用的带超导屏蔽层的磁环示意图 (a) 和实验测量到的表征干涉效应的全息图 (b) 和 (c)

记

$$\Phi_0 = \frac{h}{2e},$$

则对于 $q = -e$ 的电子, 当

$$\Delta\varphi = (\nabla\varphi)_{磁} = \frac{q}{\hbar}\Phi_B = -\frac{\Phi_B}{\Phi_0}\pi = n\pi,$$

且 n 为偶数时, 出现全息干涉增强；n 为奇数时, 出现全息干涉相消.

实验测量到的温度为 4.5 K (保证所用的作为超导屏蔽层的 Nb 材料处于超导态) 情况下的全息干涉图样如图 5.26 (b) (对应于 $n =$ 奇数) 和 (c) (对应于 $n =$ 偶数) 所示. 图中环形的带子为超导环的阴影, (b) 图的环内外干涉条纹明亮相反、(c) 图的环内外干涉条纹明亮相同充分表明确实存在 AB 效应.

外村彰实验还表明, $\dfrac{\Phi_B}{\Phi_0}$ 为整数, 即磁通量是量子化的.

5.5.2 阿哈罗诺夫-凯什效应

1984 年, 阿哈罗诺夫和凯什 (A. Casher) 提出 [Physical Review Letters 53, 319 (1984)], 具有磁矩的中性粒子可以受到电场的影响, 当通过电场时, 会发生相位变化, 这种现象称为阿哈罗诺夫-凯什效应, 简称AC 效应. 其原理如图 5.27 的上半部分 [取自 Phys. Rev. Lett. 63, 380 (1989)] 所示, 其中 (a) 为上一小节已经讨论过的 AB 效应的图示, 荷电束流在无限长螺线管的一侧分裂成的两束在螺线管的另一侧相遇处有附加的量子相位, 或者说有拓扑相移, 从而产生可观测的干涉效应. 螺线管的每一匝都是一个环形电流线圈, 都具有磁矩, 那么无限长的螺线管相当于无限多个顺排的小磁矩元形成的磁矩柱, 如图 5.27 (b) 所示. 从相对运动的角度来看, 产生 AB 效应的荷电束流从两侧绕过顺排的磁矩柱等价于磁矩束流从两侧绕过荷电柱之后再相遇, 如图 5.27 (c) 所示. AB 效应是附加的拓扑相移

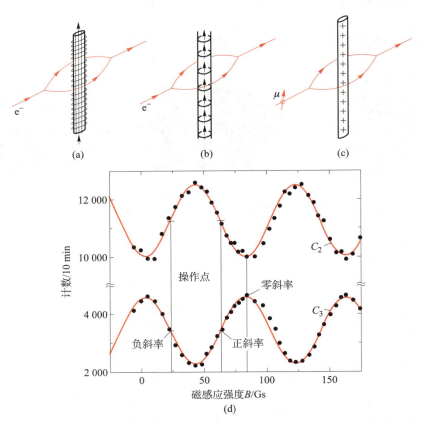

图 5.27   AC 效应原理示意图 [(a) 、(b) 、(c)] 和对中子测量的结果 (d)

$$\Delta\varphi_{AB} = (\nabla\varphi)_{\text{磁}} = \frac{q}{\hbar} \oint \boldsymbol{A}(\boldsymbol{r}) \cdot \mathrm{d}\boldsymbol{l} = \frac{q}{\hbar}\Phi_B$$

所致, 那么, 尽管不带电但具有磁矩 $\boldsymbol{\mu}$ 的粒子通过电场 $\boldsymbol{E}$ 时, 由于电场的影响, 也会发生相位变化

$$\Delta\varphi_{\mathrm{AC}} = \frac{1}{\hbar}\oint(\boldsymbol{\mu}\times\boldsymbol{E})\cdot\mathrm{d}\boldsymbol{l} = \Pi\frac{4\pi\mu\Lambda}{\hbar},$$

其中 Π 表征中性粒子的自旋极化状态, 取值 ± 1 分别对应自旋朝上、自旋朝下, Λ 为形成电场的荷电柱体上的电荷线密度.

AC 效应提出不久, 奇米诺 (A. Cimmino) 等即利用中子干涉谱仪测量了通过电压为 30 kV/mm 的真空带电柱系统附近的热中子的干涉图样, 测得结果见图 5.27(d) [取自 Phys. Rev. Lett. 63, 380 (1989)]. 其中 C_2、C_3 为探测器测量到的分别由带电柱的两侧到达探测器的热中子数, 两计数 C_2、C_3 与上述拓扑相移 (附加相位) 之间的关系可以表述为

$$C_2 = a_2 - b_2\cos\Delta\varphi_{\mathrm{AC}}, \quad C_3 = \frac{1}{3}a_2 + b_2\cos\Delta\varphi_{\mathrm{AC}},$$

a_2、b_2 是由实验装置决定的常量, 有关实验装置的具体介绍在这里略去. 实验测得 $\Delta\varphi_{\mathrm{AC}}^{\text{中子}} = (2.19 \pm 0.52)$ mrad, 与 1.50 mrad 的理论结果较好符合, 从而证实了 AC 效应.

5.5.3　何–迈克凯勒–威尔肯斯–尉–韩–尉效应

我们知道, 在经典情况下, 置于外电场中的电偶极矩会受到电场的作用, 使之状态发生变化, 例如使电介质极化; 置于外磁场中的电偶极矩不受外磁场作用, 不会出现可观测的效应. 然而在 AB 效应的启发下, 何小刚和迈克凯勒 (B.H.J. McKellar) [Phys. Rev. A 47 (1993)，3424] 以及威尔肯斯 (M.Wilkens) [Phys. Rev. Lett. 72 (1994)，5] 提出, 置于磁场中的电偶极矩会受到磁场的作用, 产生附加的量子相位. 在他们的理论和建议的实验装置中考察的携带永久电偶极矩的中性粒子还要有一条线状分布的磁单极子场源. 可是真正单独存在的磁单极子从来没有被实验探测到, 即便是 Wilkens 建议的用穿孔的永久磁性材料箔产生一条近似的磁单极子线也很不容易实现, 况且实验中经常采用的原子束都不携带永久电偶极矩. 这两个困难都由不久后我国学者尉海清、韩汝珊和尉秀清提出 [Phys. Rev. Lett. 75 (1995)，2071] 的装置予以解决. 其装置的特点是在以柱坐标 (r,θ,z) 描述的柱状体中引入一个径向的柱对称的非均匀电场 $\boldsymbol{E}\propto\dfrac{\boldsymbol{r}}{r^2}$ 和一个轴向的均匀磁场 $\boldsymbol{B}=B\dfrac{\boldsymbol{z}}{z}$. 在这样的电磁场中以速度 $\boldsymbol{v}$ 在平面 (r,θ) 内运动的质量为 m、具有电极化率 α 的中性原子获得一个诱导的电偶极矩, 从而

$$\boldsymbol{P} = \alpha\boldsymbol{E}' = \alpha(\boldsymbol{E} + \boldsymbol{v}\times\boldsymbol{B}),$$

其中 $\boldsymbol{E}'$ 是原子在其质心参考系中所感受到的电场 (包括外电场和感应电场), 该电场引起电极化势能

$$U = -\frac{1}{2}\alpha\boldsymbol{E}'\cdot\boldsymbol{E}' = -\frac{1}{2}\alpha(\boldsymbol{E} + \boldsymbol{v}\times\boldsymbol{B})^2.$$

那么, 在实验室参考系中, 决定原子平面运动的拉格朗日量可以写成

$$L = \frac{1}{2}mv^2 + \frac{1}{2}\alpha(\boldsymbol{E} + \boldsymbol{v} \times \boldsymbol{B})^2$$

$$= \frac{1}{2}(m + \alpha\boldsymbol{B}^2)\boldsymbol{v}^2 + \frac{1}{2}\alpha\boldsymbol{E}^2 + \alpha\boldsymbol{v} \cdot (\boldsymbol{B} \times \boldsymbol{E}), \tag{5.29}$$

其中最后一项 $\alpha\boldsymbol{v} \cdot (\boldsymbol{B} \times \boldsymbol{E}) = \boldsymbol{v} \cdot \dfrac{\boldsymbol{a}}{r}$, $\boldsymbol{a}$ 为沿角 θ 方向的大小确定的向量. 这表明存在一个纯粹拓扑性质的几何相位, 该几何相位与带电粒子在细长通电螺线管外运动所得的阿哈罗诺夫–玻姆相位在数学形式上完全一致. 容易验证, 这样的几何相位项在经典物理意义下不引起任何力学效应, 但只要 $\boldsymbol{a}$ 的取值不刚好为 $\hbar$ 的整数倍, 它在量子力学中却会导致可观测的量子态干涉或者能级移动效应. 认真考察尉–韩–尉装置知, 其中的静电磁场组合 $\boldsymbol{B} \times \boldsymbol{E}$ 在引入任何试验粒子之前就已经在空间中固化了一个方向沿角度 θ、大小反比于间距 r 的反常作用, 从而确立了装置的拓扑不平凡特性. 对任何中性原子或分子, 只要它具有非零的电极化率 α, 就会自然地、成正比例地俘获这一反常, 使其空间运动呈现出不平凡的拓扑性质. 另外, 由于原子和分子束干涉技术日臻成熟并已广泛采用, 这种装置所需要的可极化的中性试验粒子很容易实现.

为了探寻和验证中性粒子的几何相位效应, 世界各地的原子和分子束实验物理学家们做了很多努力, 设计和改进精密的物质波干涉仪器, 特别是在干涉装置中引入电场和磁场, 并在近几年陆续得到了一些与 $\boldsymbol{B} \times \boldsymbol{E}$ 成正比关系的几何相位的迹象 [Phys. Rev. Lett. 109, 120404 (2012); Phys. Rev. Lett. 111, 030401 (2013); Phys. Rev. A 93, 023637 (2016) 等].

再考察尉–韩–尉 (Wei–Han–Wei) 装置的拉格朗日量中的正比于 $\boldsymbol{v}^2$ 的项, 其系数可改写为

$$\frac{1}{2}(m + \alpha\boldsymbol{B}^2) = \frac{1}{2}m\left(1 + \alpha\frac{\boldsymbol{B}^2}{m}\right),$$

即磁场的作用使得中性原子的质量 m 成为有效质量

$$m_\alpha = m\left(1 + \alpha\frac{\boldsymbol{B}^2}{m}\right).$$

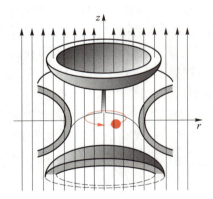

图 5.28 彭宁离子阱磁回旋质谱仪的设置示意图, 由一个环形电极和两个盖状电极产生的电四极场将待测离子束缚在 $z \approx 0$ 的范围, 电四极场和沿 z 方向的均匀磁场合起来把待测离子进一步限制在 $r \approx 0$ 的区域, 而且迫使其在垂直于磁场的平面内作非常精确的回旋运动

该有效质量相比于其原固有质量 m 通常仅有约 10^{-9} 的修正. 由关于磁共振的讨论知, 这一质量修正会引起磁回旋质谱仪中运动的原子的回旋频率有相同量级的修正. 2004 年, 美国麻省理工学院的普理查德 (D. E. Pritchard) 教授的研究组

率先采用图 5.28 所示的彭宁离子阱精密质谱实验装置观测到了这一回旋频率修正,
图 5.29 是他们所报道的对 CO^+ 离子和 N_2^+ 离子的相对磁回旋频率为时三天半的
追踪观测结果 [Nature 430, 58 (2004)]. MIT 研究组同时还强调了 αB^2 引起的有
效质量修正在许多基于精确质量对比的检验基本物理定律 (例如, CPT 对称性、爱
因斯坦质能关系等) 的实验、原子和分子的电极化率数值测量实验、以及物理化学
和生物化学研究者使用的磁回旋共振的质谱分析中, 都会是一个重要因素.

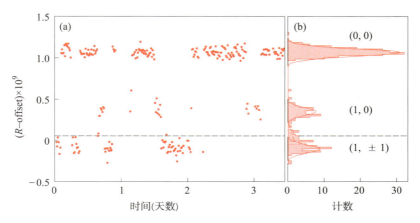

图 5.29 对彭宁阱中 CO^+ 离子和 N_2^+ 离子的相对磁回旋频率近 90 小时的观测数据, 其中
$R\text{-offset} = (m_{\text{eff}}[CO^+]/m_{\text{eff}}[N_2^+]) - 1$, $m_{\text{eff}}[CO^+]$ 和 $m_{\text{eff}}[N_2^+]$ 分别为 CO^+ 离子、N_2^+ 离子在
磁场中的有效质量, 由于 N_2^+ 离子的结构对称性, 其电极化率是固定的, 数据中明显的三个量子
化等级清晰地揭示了 CO^+ 离子的三个量子化了的电极化率, 分别对应于 CO^+ 离子的三个不同
的量子转动态, 同一个 CO^+ 离子通过吸收或发射一个背景辐射光子而实现不同量子转动态之间
的跃迁

尉–韩–尉 (Wei-Han-Wei) 还预言 $\alpha(B \times E)$ 几何相位会在中性超流体中引起
可观测的宏观量子干涉效应 [Phys. Rev. Lett. 75, 2071 (1995)]. 在 1995 年之
前, 激光制冷而产生的稀薄气体的玻色–爱因斯坦凝聚态尚未在实验中观测到, 电中
性的超流现象只能在液态的 ^{4}He 和 ^{3}He 中发生, 其中尤以 ^{4}He 超流体较易制备.
但是 ^{4}He 原子既不带电, 也不携带固有的电极矩或磁矩, 所以欲通过施加外场来影
响和控制 ^{4}He 超流体并不容易. 不过, 经由强电场诱导电偶极矩而获得几何相位效
应会提供一条途径. 2001 年, 加利福尼亚大学伯克利分校的 Packard 研究组通过
采用纳米尺度的小孔阵列作为超流弱连结首次观测到了基于 ^{3}He 超流体的宏观量
子 "双缝" 干涉效应 [Nature 412, 55 (2001)]. 2006 年, 基于 ^{4}He 超流体的宏观量
子干涉效应也由实验证实 [Phys. Rev. B 74, 100509 (R) (2006)]. 此外, 还有不
少研究建议在固体中的电子–空穴对的玻色–爱因斯坦凝聚体、稀薄气体的玻色–爱
因斯坦凝聚体等量子态中寻找诱导的电偶极矩的几何相位效应 [例如, Phys. Rev.
Lett. 102, 106407 (2009); Phys. Rev. Lett. 116, 250403 (2016) 等]. 总之, 中
性粒子在静电磁场中的几何相位及其效应已得到证实, 但精细的物理研究仍在广泛
开展.

5.6 冷原子囚禁与玻色–爱因斯坦凝聚*

受电磁场的影响, 原子可以被限制在较小的区域内, 这种现象称为原子囚禁, 形成原子囚禁的作用称为原子阱. 由于无规则运动程度越低的原子越容易被囚禁, 因此通常的原子囚禁都是冷原子囚禁.

常见的原子阱有: 磁阱、激光阱、磁光阱等. 下面简要介绍磁场提供 "束缚阱" 的基本原理.

我们知道, 经典情况下, 电磁场可以由电场强度 E 和磁感应强度 B 描述, 也可以由电势 φ 和磁矢势 A 构成的四矢量 $A_\mu = (\varphi, A)$ 描述. 在通常的量子化方案下, 电磁场中以速度 v 运动的质量为 m (相应的机械动量为 $p = mv$) 、带电荷量为 q 的粒子的哈密顿量为 (导出过程见附录五)

$$\hat{H} = \frac{(\hat{P} - qA)^2}{2m} + q\varphi,$$

其中 P 为粒子的正则动量, 可以量子化为 $\hat{P} = -\mathrm{i}\hbar\nabla$.

对于仅有沿 z 方向的均匀磁场 B 的情况, 由定义 $B = \nabla \times A$ 知, 磁矢势可以表述为

$$A = \frac{1}{2}B \times r = -\frac{1}{2}By\boldsymbol{i} + \frac{1}{2}Bx\boldsymbol{j},$$

其中 $\boldsymbol{i}$、$\boldsymbol{j}$ 分别是 x、y 方向的单位矢量. 并且, 电势 $\varphi \equiv 0$. 于是有哈密顿量

$$\hat{H} = \frac{1}{2m}(\hat{P} - qA)^2 + q\varphi = \frac{1}{2m}\left[\left(\hat{P}_x + \frac{q}{2}By\right)^2 + \left(\hat{P}_y - \frac{q}{2}Bx\right)^2 + \hat{P}_z^2\right].$$

即有

$$\hat{H} = \frac{1}{2m}\left[\hat{P}_x^2 + \hat{P}_y^2 + \left(\frac{qB}{2}\right)^2(x^2 + y^2) - qB(x\hat{P}_y - y\hat{P}_x) + \hat{P}_z^2\right],$$

亦即

$$\hat{H} = \frac{1}{2m}\left[\hat{P}_x^2 + \hat{P}_y^2 + \left(\frac{qB}{2}\right)^2(x^2 + y^2) - qB\hat{L}_z + \hat{P}_z^2\right].$$

由轨道磁矩的定义知, $\dfrac{q\hat{L}_z}{2m}$ 为电荷量为 q 的粒子的轨道磁矩的 z 分量, 再考虑所考察磁场的方向, 则上式可改写为

$$\hat{H} = \frac{1}{2m}\left[\hat{P}_x^2 + \hat{P}_y^2 + \left(\frac{qB}{2}\right)^2(x^2 + y^2)\right] - \boldsymbol{\mu}_{l,q} \cdot B + \frac{\hat{P}_z^2}{2m}.$$

我们知道, $\dfrac{qB}{2m}$ 为拉莫尔 (Larmor) 频率 ω_L, 则有

$$\hat{H} = \frac{1}{2m}(\hat{P}_x^2 + \hat{P}_y^2) + \frac{1}{2}m\omega_\mathrm{L}^2(x^2 + y^2) - \omega_\mathrm{L}\hat{L}_z + \frac{\hat{P}_z^2}{2m}.$$

这是一在 z 方向自由运动、在 $x-y$ 平面内的二维谐振子势场中绕 z 方向转动的粒子的哈密顿量. 显然, 该谐振子势场提供了一个囚禁作用. 这表明, 外磁场对带电粒子提供一个自然的囚禁势阱, 也就是说, 磁场和光场可以用来囚禁原子, 甚至像一把镊子来操控原子.

由第三章根据粒子的自旋值对多粒子系统进行分类的方案, 多粒子系统可分为费米系统和玻色系统. 根据多粒子系按微观运动状态的统计分布规律, 玻色系统的每一个量子态可以容纳的粒子数不受限制, 或者说多个玻色子可以处在相同的量子态. 这样的多个玻色子都处在能量最低态的现象称为玻色–爱因斯坦凝聚 (Bose-Einstein condensation, 常简记为 BEC). 通常, 如果被囚禁的原子都处于能量最低的量子态 (基态, 亦称零能态), 即称之为玻色–爱因斯坦凝聚. 考虑有限体积效应下的玻色–爱因斯坦统计规律 (与通常的热力学极限下的玻色–爱因斯坦分布律相比, 需要采取把最低能量态单独出来作修正), 可以得到体积为 V 的区间内的 N 个玻色子处于零能态的临界温度为

$$T_c = \frac{2\pi\hbar^2}{mk_B}\left(\frac{N}{2.612V}\right)^{2/3},$$

其中的具体数字 2.612 来自对非零能量态求和 (按连续变量积分) 时得到的 3/2 阶的黎曼函数 $\zeta_{3/2}(1)$. 制冷和冷原子囚禁领域的研究已经取得丰硕成果, 可以使人们获得 10^{-10} K 的低温, 从而实现了玻色–爱因斯坦凝聚及对少量原子系统, 甚至单原子, 进行操控, 并已获得 BEC 关联与 BCS 关联之间连续过渡的信息 [Nature 435, 1047 (2005)] 以及相互作用多粒子体系由单体运动到集体运动的信息 [例如已经观测到对关联及自旋取向差异引起系统形变 (pairing induced deformation)] 的迹象 [Nature 442, 54 (2006); Science 311, 492 (2006); Science 311, 503 (2006); Nature 451, 689 (2008); Nature 454, 744 (2008); Nature 480, 75 (2011); 等].

为实现原子囚禁、玻色–爱因斯坦凝聚和原子操控, 当然需要先降低原子无规则运动的活跃程度, 也就是需要先对原子系统冷却. 对原子系统进行冷却的技术主要是激光冷却技术, 具体包括多普勒冷却及后续发展的 "光学粘胶" 技术.

关于多普勒冷却的原理, 记原子基态的能量为 E_0, 激发态的能量为 E_i, 对于静止的原子, 在外加电磁场 (由激光提供) 的频率 $\nu_0 = \frac{E_i - E_0}{h}$ (其中 h 为普朗克常量) 的情况下, 原子即由基态跃迁到激发态. 事实上, 原子都处于无规则运动状态, 记其无规则运动的速率为 v, 由多普勒效应知, 对于运动方向与光传输方向相对的原子, 使其实现由基态到激发态跃迁的光场的频率应为 $\nu = \left(1 - \frac{v}{c}\right)\nu_0$ (共振吸收条件). 由微观粒子按其状态分布的规律知, 粒子处于激发态的概率极小, 因此前述被激发的原子会通过发射光子退激回基态 (即具有受激发射). 根据动量守恒原理, 发射光子的原子会获得与所发射光子运动方向相反的动量, 由于原子发射光子是各向同性的, 因此原来沿各方向运动的原子都会因发射光子而减速, 从而降低其无规则运动程度. 经过多次吸收外来光子而发射光子, 原子系统的无规则运动

程度将降至很低, 从而系统的温度降到很低. 并且外加光场来自相对的不同方向时, 降温的效率会很高.

然而, 由于共振吸收条件的限制, 多普勒冷却 (或者说, 由多普勒效应诱导的对于原子运动的黏性力导致的冷却) 具有冷却下限. 事实上, 外电磁场会使原子极化, 即出现电偶极矩, 诱导的电偶极矩与外电磁场之间有相互作用. 与该相互作用相应的力的一部分即上述的受激发射光子而引起系统降温的黏性力. 与该相互作用相应的力的另一部分是与光强梯度相关的黏性力, 这部分黏性力不受共振吸收条件的限制, 因此没有冷却降温的下限. 因为相关内容比较专业, 这里不予深入具体讨论, 有兴趣深入探究的读者可参阅王义道等的《原子的激光冷却与陷俘》, 或 Cohen-Tannoudji 等的《Advances in Atomic Physics: An Overview》.

激光冷却技术的发明和玻色–爱因斯坦凝聚的发现无疑是科学技术方面的巨大进步, 并引领了一系列其它的发展. 因此, 激光冷却原子的最早实现者朱棣文 (美籍华人物理学家)、Cohen-Tannoudji (法国物理学家) 和 W. Phillips (美国物理学家) 获得了 1997 年的诺贝尔物理学奖; 激光冷却原子原理的提出者 T. Hänsch (德国物理学家) 获得了 2005 年的诺贝尔物理学奖; 利用激光冷却和磁阱囚禁实现冷原子的玻色–爱因斯坦凝聚的 C. Wieman (美国物理学家)、E. Cornell (美国物理学家) 和 W. Ketterle (德国物理学家) 获得了 2001 年的诺贝尔物理学奖; 实现了少量原子或离子体系的囚禁与操控的 S. Haroche (法国物理学家) 和 D. Wineland (美国物理学家) 获得了 2012 年的诺贝尔物理学奖; 利用光镊操控单个大分子技术的提出者 A. Ashkin (美国物理学家) 获得了 2018 年的诺贝尔物理学奖.

思考题与习题

5.1. 试说明核电荷数为 Z 的类氢离子的通常的光谱线系的波数都可以简单表述为

$$\frac{1}{\lambda} = \tilde{R}_A Z^2 \left(\frac{1}{m^2} - \frac{1}{n^2} \right),$$

(其中 $\tilde{R}_A$ 为其里德伯常量) 的原理; 并说明不同原子的里德伯常量是否相同及其原理.

5.2. 试归纳总结氢原子、类氢离子、碱金属原子、一般的多电子原子的光谱的频率及波数的可能的表达式, 并说明其中各量分别如何确定.

5.3. 试通过具体计算说明, 在不考虑和考虑电子自旋效应两种情况下, 原子分别通过电偶极跃迁、电四极跃迁、磁偶极跃迁、电八极跃迁而发光的选择定则.

5.4. 试以 eV 为单位, 给出 "红色" (650 nm) 和 "蓝色" (400 nm) 光子的能量, 并确定钙的单态和三重态跃迁中有哪些是在波谱的可见区.

5.5. 锌原子基态满壳外的电子中的两个处于 $(4s)^2$ 组态. 试分别就其中一个电子被激发到 5s 态或 4p 态两种情况, 分析考虑 LS 耦合情况下的原子态, 画出相应的能级图, 并讨论分别由它们向低能级跃迁时实际可能出现的跃迁有哪些.

5.6. 具有一个价电子的多电子原子的价电子的能级可以表述为

$$E_n = -Rhc(Z - S)^2/(n - \Delta)^2,$$

其中 S 是屏蔽常数, Δ 是量子数亏损 (取决于特定价电子的 n 和 l 值). 实验测得, 锂和钠的 s、p、d 态的 Δ 值如下

	s	p	d
Li($Z = 3$)	0.40	0.04	0.00,
Na($Z = 11$)	1.37	0.88	0.01.

试在取 S 的值等于原子实中的电子数的情况下, 确定锂和钠中价电子的基态和前两个受激态的能量.

5.7. 实验测得从钠原子的 3p 能级到 3s 能级的跃迁产生一条波长为 589 nm 的谱线. 试在略去双线结构情况下, 利用上题的表达式给出的能级的值, 确定 3p → 3s 跃迁产生的光的波长, 并与实验值相比较. 对于锂的 2p → 2s 跃迁及对钾的 4p → 4s 跃迁, 结果如何?

5.8. 碱金属原子中的 $np \to ns(n \geqslant 2)$ 跃迁产生的光谱线系称为碱金属光谱的主线系. 实验测得钾原子光谱的主线系的第一条谱线的波长为 766.5 nm, 系限波长为 285.8 nm, 试确定钾原子的 s、p 光谱项的量子数亏损值.

5.9. 试构建一个简单模型, 计算氦原子的电荷屏蔽因子, 并计算氦原子的完全电离能.

5.10. 试说明表征不同原子的 X 射线谱的 K 线系和 L 线系的波数的规律的表达式及其中各量的意义.

5.11. 试说明激光的产生原理和在中重原子层次上得到的激光的能量范围; 为得到波长比 2×10^{-4} nm 短的超高频 X 射线激光, 应该在什么层次上进行操作? 并畅想如何操作.

5.12. 试说明 X 射线和俄歇电子的产生机制以及 X 射线与通常的光线的差别, 并说明通过测量俄歇电子的动量谱可以得到原子结构的信息的原理.

5.13. 试说明 X 射线标识谱与通常的原子光谱的差别, 并说明利用 X 射线线系的莫塞莱图可以确定原子的原子序数及其中激发电子的屏蔽数的原理.

5.14. 实验测得下列 K_α 线:

原子	镁	硫	钙	铬	钴	铜	铷	钨
波长 /nm	0.987	0.536	0.335	0.229	0.179	0.154	0.093	0.021

试画出 K_α 线的频率的平方根关于元素的原子序数的曲线. 并根据所得曲线, 验证莫塞莱定律 $\sqrt{\tilde{\nu}} = A(Z - \sigma_K)$, 给出参数 A 和 σ_K 的值.

5.15. 利用上题给出的莫塞莱函数, 计算铝、钾、铁、镍、锌、钼和银的 K_α X 射线的波长和能量.

5.16. 实验测得钴的 K_α 线的波长为 0.178 5 nm. 试确定钴原子中 1s 和 2p 态之间的能量差. 并将所得结果与氢原子中 1s 和 2p 态之间的能量差比较, 说明初末态分别相同的跃迁产生的 X 射线的能量随原子序数增大而变化的行为及其机制.

5.17. 实验测得钨的 K 吸收限为 0.017 8 nm. 如果考虑能级的精细结构, K 线系的各谱线实际都为双线, 实验测得 K 线系谱线的平均波长为 $K_\alpha = 0.021\ 0$ nm, $K_\beta = 0.018\ 4$ nm, $K_\gamma = 0.017\ 9$ nm. 试画出钨的 X 射线能级图, 并给出激发钨的 L 线系所需的最小能量以及 L_α 线的波长.

5.18. 主量子数 $n = 2$ 的主壳称为 L 壳, 根据角动量与主量子数之间的关系, L 壳实际包含 $2^2S_{1/2}$、$2^2P_{1/2}$ 和 $2^2P_{3/2}$ 三条能级, 并分别称为 L1、L2、L3 能级. 实验测得钨的 L1 吸收限为 0.102 nm. 假定在一内光电效应过程中, 一个 K_α 光子被一个 2s 态电子所吸收, 试确定所产生的光电子的速度.

5.19. 实验测得铀原子的 K 吸收限波长为 0.010 7 nm, K_α 线的波长为 0.012 6 nm, 试确定铀原子的 L 吸收限的波长.

5.20. 试根据图 4.8 所示芯电子随原子序数变化的行为, 估算铁、铬、钛、钪、钙、镁、铝、氧、碳的 K 和 L 吸收限的能量, 画出在此区域内这些物质的 X 射线吸收曲线.

5.21. 试就与自旋–轨道相互作用相比, 磁场很弱和磁场很强两种情况, 确定磁场所引起的氢的 3d 能级的劈裂.

5.22. 试在磁场与自旋–轨道相互作用相比很弱的情况下, 确定电子的 3d → 2p 跃迁发出的光谱线的劈裂情况.

5.23. 已知钠黄光的 589.3 nm 的谱线到 589.0 nm 和 589.6 nm 的精细结构分裂分别是由 $^3P_{3/2} \to {}^3S_{1/2}$、$^3P_{1/2} \to {}^3S_{1/2}$ 的跃迁产生的, 试确定钠原子中内磁场的磁感应强度为多大.

5.24. 试定量分析钠原子的 3p → 3s 的跃迁所产生的光谱线的正常塞曼效应和反常塞曼效应, 说明它们的基本特征, 画出可能的跃迁示意图.

5.25. 试定量分析钾原子的 4p → 4s 的跃迁所产生的光谱线的正常塞曼效应和反常塞曼效应, 说明它们的基本特征, 画出可能的跃迁示意图.

5.26. 对上题所述问题, 如果实验所用光谱仪的能量测量精度为 1.0×10^{-6} eV, 那么为测量到正常塞曼效应, 所加外磁场的磁感应强度至少为多大?

5.27. 再对上题所述问题, 如果实验可用的外磁场的磁感应强度最大仅 2 T, 那么为测量到正常塞曼效应, 所用光谱仪的波长分辨率 $\dfrac{\delta\lambda}{\lambda}$ 应至少为多大?

5.28. 将氦原子置于 "足够强" 的磁场中, 用一台波长测量精度 $\dfrac{\delta\lambda}{\lambda} = 10^{-5}$ 的摄谱仪测量其塞曼效应, 对氦原子 $1s3p\,^1P_1 \to 1s2s\,^1S_0$ 跃迁产生的波长为 501.6 nm 的谱线, 磁感应强度应达到多大才能观测到其正常塞曼效应?

5.29. 试画出在有磁场存在情况下, 氢原子的 4f 和 3d 态的能级图; 并证明, 在 4f → 3d 跃迁中, 光谱线的数目为 3. 如果磁场为 0.5 T, 并假定分光计的分辨率为 10^{-11} m, 试问这些谱线能否被观察到?

5.30. 通过实验观察塞曼效应, 能够确定粒子的荷质比 q/m. 如果在一大小为 0.450 T 的磁场中, 氢原子的两条光谱线的间距为 0.629×10^{10} Hz, 试确定电子的荷质比.

5.31. 试确定钙原子的 $^3F \to {}^3D$ 和 $^1F \to {}^1D$ 跃迁产生的光谱线在弱磁场和强磁场作用下的分裂情况.

5.32. 通常情况下, 钙原子中的 $4^1D_2 \to 4^1P_1$ 跃迁产生一条波长为 643.9 nm 的单线. 如果把钙原子置于 1.40 T 的磁场中, 能够观察到哪些波长的光谱线?

5.33. 在没有外磁场情况下, 实验测得钠原子的 $^2P_{1/2} \to {}^2S_{1/2}$ 态跃迁引起的辐射的波长为 589.59 nm. 试确定将钠原子置于 2 T 的磁场中时, 其可能的各跃迁辐射的波长的改变量.

5.34. 将钠原子置于 2 T 的磁场中, 试确定钠原子的 $3^2P_{1/2}$ 态和 $3^2S_{1/2}$ 态的塞曼分裂; 并说明为测量到钠原子的所有相应的正常塞曼效应引起的光谱线, 所用摄谱仪的波长测量精度至少为多大.

5.35. 假设自旋–轨道耦合作用比其与外磁场间的作用强得多, 试确定置于 0.05 T 的磁场中的氢原子的 $^2D_{3/2}$ 态和 $^2D_{5/2}$ 态的反常塞曼分裂. 为测量到所有这些塞曼分裂, 所用摄谱仪的波长测量精度至少为多大?

5.36. 实验测得 ^7Li 原子核的基态的轨道角动量为 $\hbar$、总角动量为 $\dfrac{3}{2}\hbar$、磁矩为 $3.26\mu_N$. 将一个自由的 ^7Li 原子核置于 2.16 T 的磁场中, 试确定其基态能级分裂的情况 (包括分裂为多少条、相邻能级的能量间隔多大、测量其光谱时可能测得的波长等).

5.37. 在 LS 耦合方式下, 原子的磁矩可以表述为

$$M_{平均} = -\frac{e}{2m_e}g\boldsymbol{J},$$

其中的 $\boldsymbol{J}$ 为原子的总角动量. 试确定钙原子和铝原子的 g 因子, 并讨论在弱磁场作用下它们的 3p 态的分裂情况, 以及强磁场作用下的裂距.

5.38. 将基态钠原子置于有恒定磁场的微波谐振腔中, 频率为 1.0×10^{10} Hz 的电磁波经波导输入到谐振腔内, 为测量到电磁波的能量被强烈吸收, 所加磁场应为多大?

5.39. 在 0.10 T 的磁场中, 什么样的射频信号才能引起从平行取向改变为反平行取向 (或与此相反) 的电子自旋跃迁?

5.40. 将基态铯原子置于 2 T 的磁场中, 试确定该铯原子的塞曼分裂能量差; 为测量到该塞曼分裂, 所用摄谱仪的波长测量精度至少为多大? 若要使电子自旋转变方向, 外加振荡电磁场的频率应该为多大?

5.41. 在一个顺磁共振实验中, 微波发生器的频率为 2.00×10^{10} Hz, 当磁场调制到 1.7 T 时, 观测到电子组态为 $^2P_{1/2}$ 的铊原子的顺磁共振现象. 试确定电子的荷质比.

5.42. 将一顺磁物质的原子置于恒定磁场为 1.8 T 的磁场中, 将与磁场垂直的微波的频率调制到 2.01×10^{10} Hz 时, 观测到该原子的顺磁共振, 试确定该原子的朗德 g 因子及其所处的状态.

5.43. 说明利用核磁共振可以观测物质的结构和内部状态的原理.

5.44. 将含氢样品置于恒定磁场为 1 T 的核磁共振谱仪中, 当共振频率调制到 42.57 MHz 时, 观测到样品的共振吸收. 试确定该含氢样品的 "核" 的旋磁比.

5.45. 接上题, 当共振频率调制到 16.55 MHz 时, 观测到 ^{7}Li 样品的共振吸收. 假设样品为角动量为 $\frac{3}{2}\hbar$ 的 ^{7}Li 原子核, 试确定 ^{7}Li 原子核的 g 因子和磁矩.

分子光谱与分子结构初步

数字资源

作为原子束缚态的分子, 除具有与原子中的类似的电子的运动外, 还具有全新模式的运动——集体运动, 其模式及相应的性质和结构由其光谱表征出来. 本章简要介绍分子光谱的基本特征和描述方法, 以及研究分子结构的方法要义. 主要内容包括:

- 分子能级和分子光谱
- 分子结构描述方法概论
- 分子键与共价键理论初步

6.1 分子能级和分子光谱

6.1.1 概述

6.1.1 ◀ 授课视频

分子光谱及其基本特征

我们知道, 光谱是量子系统的结构和性质的指纹, 并且光谱包括发射光谱和吸收光谱. 我们还知道物质由分子组成, 即分子是宏观物质的构成单元. 更严格地, 分子是物质中能够独立存在的相对稳定并决定物质的物理和化学性质的最小单元.

实验发现, 液态物质具有频率近似为常量 (不随角动量增大而明显变化) 的振动光谱, 气态物质具有宽斑纹的光谱线, 实验测得的氯化氢 (HCl) 分子的吸收光谱如图 6.1 所示, 这表明, 在每一振动光谱线附近有密排的频率随角动量增大近似线性增大的转动能级, 即在振动基础上还有转动谱.

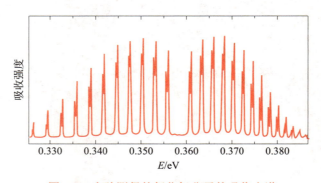

图 6.1 实验测得的氯化氢分子的吸收光谱

由物质结构和分子的概念知, 人们看到的物质的光谱实质上是组成物质的分子的光谱. 从观测到的分子光谱的谱线分布区域看, 分子光谱分布在从微波到红外、再到可见光、直至紫外广阔的范围内, 以波长表述, 即由约 10^0 m 到 10^2 nm 的范围内. 也就是说, 分子发射或吸收的光子的能量在由约 10^0 μeV 到 10^1 eV 的范围内.

由于 "分子光谱与分子结构" 通常都有专门的课程, 因此这里仅作简单介绍.

6.1.2 分子内部运动模式及其能标间的比较

上述简介表明, 分子光谱具有近似等频率的振动谱和频率近似线性变化的转动谱以及振动基础上的转动谱. 这些光谱特征明显与原子光谱不同.

另一方面, 我们已经熟知, 分子由原子组成. 具体来说, 一部分分子由少数几个原子核和几个电子组成, 多数分子由多个原子核和多个电子组成. 这一方面说明分子的结构很复杂, 另一方面, 根据实验测量到的光谱所拥有的振动谱及转动谱的特征, 以及原子光谱反映出的由一个原子核 (核心) 和一些电子形成的电子系统 [光谱项可表述为 $\sigma = T(n_2) - T(n_1)$, 其中 $T(n) = \dfrac{\tilde{R}_A}{n^2}$] 不具有振动、转动光谱, 我们知道, 分子中的各组分结合得很紧密, 从而作整体运动, 亦即有集体运动.

那么, 作为由多个原子核和多个电子形成的量子多体系统 (极少数是量子少体系统), 分子除具有其各组分电子所拥有的 (单粒子) 运动外, 更重要的是还具有振动、转动等集体运动.

这里对分子内部的这些运动模式及其能量区域和相对大小予以简要讨论.

1. 电子运动

分子中的电子当然局限在分子内运动, 将分子近似为球体, 小分子 (通常的无机物分子等) 的半径在 10^{-11} m (10^{-2} nm) 的量级, 大分子 (有机物的分子, 尤其是生物大分子等) 在 10^{-9} m (10^0 nm) 的量级, 一般来讲 (平均来讲), 分子的半径在 10^{-10} m (10^{-1} nm) 的量级. 也就是说, 分子中的电子的位置不确定度为 $\Delta r \sim R_M \sim 10^{-1}$ nm, 那么, 根据不确定关系, 分子内运动的电子的动量不确定度为 $\Delta p \cong \dfrac{h}{\Delta r} \sim \dfrac{h}{R_M}$, 其中 h 为普朗克常量, 记电子的质量为 m_e, 则其动能大约为

$$E_e = \frac{p^2}{2m_e} \sim \frac{(\Delta p)^2}{2m_e} \sim \frac{\pi^2 \hbar^2}{m_e R_M^2} \sim (10^1 \sim 10^2) \text{ eV}.$$

2. 振动

分子的振动与机械振动的图像基本相同, 是组成分子的组分单元在其平衡位置附近的振动. 粗略来讲, 分子的组分单元是原子. 严格来讲, 考虑电子不仅局限在原子内, 分子的组分单元是以原子核为质量主要携带者的离子和电子. 记分子内的原子核的质量为 M_N, 与振动相应的劲度系数为 k, 则分子的振动能可表述为

$$E_V = \hbar \omega = h \nu_V = \hbar \sqrt{\frac{k}{M_N}}.$$

因为多数原子核的质量 $M_N \approx 10^4 \sim 10^5 m_e$, 简谐振动的弹性系数可以由电子的动能和分子的半径 (将电子的运动视为在相应于分子振动的谐振子势场中的运动) 表述为 $k \approx \dfrac{E_e}{R_M^2} = m_e \omega_e^2$, 于是有

$$E_V \approx 10^{-2} \hbar \sqrt{\frac{E_e}{m_e R_M^2}} \sim 10^{-2} \hbar \sqrt{\omega_e^2} = 10^{-2} \hbar \omega_e = 10^{-2} E_e.$$

3. 转动

转动即分子作为一个整体绕某一轴或某一点转动. 记分子的转动角动量为 L、转动惯量为 I, 则分子的转动能为

$$E_{\mathrm{R}} = \frac{L^2}{2I}.$$

记原子核的质量为 M_{N}, 亦即分子的绝大部分质量为 M_{N}, 则分子的转动惯量 $I \approx M_{\mathrm{N}} R_{\mathrm{M}}^2$, 那么, 对通常的低角动量转动态

$$E_{\mathrm{R}} = \frac{\langle \hat{\boldsymbol{L}}^2 \rangle}{2I} \approx \frac{\hbar^2}{M_{\mathrm{N}} R_{\mathrm{M}}^2} \approx 10^{-4} \frac{\hbar^2}{m_{\mathrm{e}} R_{\mathrm{M}}^2} \approx 10^{-4} \hbar^2 \frac{\omega_{\mathrm{e}}^2}{E_{\mathrm{e}}} = 10^{-4} \frac{E_{\mathrm{e}}^2}{E_{\mathrm{e}}} = 10^{-4} E_{\mathrm{e}}.$$

4. 总能量

前已说明, 分子内的运动既有各组分电子的运动, 又有分子作为整体的振动、转动等集体运动, 则分子的能量为其组分电子的能量与分子的振动能及转动能之和, 即有

$$E = E_{\mathrm{e}} + E_{\mathrm{V}} + E_{\mathrm{R}}.$$

由上述关于不同形式运动的能量的相对大小关系知, 分子的能量主要是其中各电子的动能 (之和), 分子的振动能大约是其电子运动能量的百分之一的量级, 分子的转动能大约是其电子运动能量的万分之一的量级, 亦即其振动能的大约百分之一的量级. 因此, 对于分子光谱, 人们有 (较容易观测到) 振动谱, 并且在每一振动谱线附近有密排的转动谱. 并且, 在主要研究分子的某一自由度时, 比其能量高或低的模式的运动都可忽略.

6.1.3　分子的转动能级和转动光谱

一、转动能级

分子是量子束缚系统, 其转动行为可以由一般的描述量子系统转动的方法和方案来描述. 附录二和第二章已经讨论过一般量子系统的转动, 这里以前述结果为基础讨论分子的转动.

1. 理想模型——刚性转子模型

前面的讨论已经给出, 对于标准的刚性转子, 记其转动惯量为 I、角动量量子数为 L, 则其能量为

$$E_{\mathrm{R}} = \frac{\langle \hat{\boldsymbol{L}}^2 \rangle}{2I} = \frac{L(L+1)}{2I} \hbar^2. \tag{6.1}$$

对双原子分子, 记其两组分集团 (原子) 的质量分别为 m_1、m_2, 与转轴间的距离分别为 r_1、r_2, 则其转动惯量为

$$I = m_1 r_1^2 + m_2 r_2^2 = \mu R^2, \tag{6.2}$$

其中 $\mu = \dfrac{m_1 m_2}{m_1 + m_2}$ 为其约化质量, $R = r_1 + r_2$ 为两原子间的距离. 其基本特征如图 6.2(a) 所示, 其中转轴取到了 z 轴.

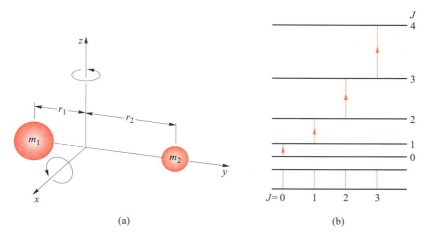

图 6.2　以双原子分子为例的分子转动示意图 (a) 和产生转动光谱的吸收谱的跃迁示意图 (b)

2. 实际的转子模型

对于实际的分子, 由关于原子的讨论可以推知, 其径向波函数和角向波函数都是角动量依赖的, 也就是说, 分子中的组分物质的分布随着角动量的变化而变化, 即使其转轴确定, 其转动惯量也是依赖于角动量的, 因此, 我们可以采用可变转动惯量模型来较现实地描述分子的转动状态和能谱.

简单的可变转动惯量模型通常表述为

$$I = I_0\big[1 + f_1 L(L+1) + f_2 L^2(L+1)^2\big], \tag{6.3}$$

或

$$I = I_0\sqrt{1 + g_1 L(L+1)}, \tag{6.4}$$

其中 I_0 为常量, f_1、f_2、g_1 为常数, 根据实际情况, 其具体数值可为正数也可为负数.

更现实的可变转动惯量模型中, 人们把上述常数表述为角动量或频率的函数, 或者简单地将定轴转动的能级公式近似修改为

$$E_R^C = hc\big[BL(L+1) - DL^2(L+1)^2\big], \tag{6.5}$$

其中的参量 B、D 反映转动偏离定常转动惯量情况的程度, 可由实验测到的光谱确定.

较深入的研究表明, 对于单粒子总角动量量子数为 j、磁量子数为 m_j 的粒子形成的全同粒子体系, 记这些粒子的产生算符为 $a_{jm_j}^{\dagger}$ (j 秩不可约张量), 与湮没算符 $a_{jm_j'}$ 相应的不可约张量为 $\tilde{a}_{jm_j'}$[具体关系为 $\tilde{a}_{jm_j'} = (-1)^{j+m_j'} a_{j(-m_j')}$], 则体系的角动量算符为 $\hat{L}_q \sim (a_j^{\dagger} \tilde{a}_j)_q^1$, 具体规则即前几章所述的角动量耦合 ($|jm_j\rangle|jm_j'\rangle \longrightarrow |1q\rangle$) 规则. 由此知, 分子的转动能为分子中各组分粒子的两体相互作用的一种表征, 可变转动惯量模型是考虑了分子中多体作用效应的唯象表述.

二、转动光谱

我们已经熟知, 光是量子系统的定态之间发生退激发跃迁时发出的, 并且在受激跃迁时会吸收光, 光谱是这样的定态间跃迁的表征. 参照上一章所述, 分子的定态间的跃迁对应有电偶极矩的形成, 也就是说, 分子转动光谱通常都是电偶极跃迁谱. 于是, 我们有角动量选择定则:

$$\Delta L = \pm 1. \tag{6.6}$$

并且, 发射光子的能量可以表述为

$$E_R = E(L+1) - E(L) = \frac{(L+1)\hbar^2}{I}. \tag{6.7}$$

其典型特征如图 6.2(b) 所示.

光谱线的波数则为

$$\tilde{\nu}_R = \frac{E_R}{hc} = \frac{(L+1)h}{4\pi^2 I c},$$

通常记之为

$$\tilde{\nu}_R = 2B(L+1). \tag{6.8}$$

由此易知, 分子的转动光谱的波数间距恒定为

$$2B = \frac{h}{4\pi^2 I c}. \tag{6.9}$$

那么, 根据实验测得的转动光谱, 我们可以直接确定参量 B 的值, 由其定义即可得到分子的转动惯量

$$I = \frac{h}{8\pi^2 B c}. \tag{6.10}$$

对于简单的双原子分子, 由此可以得到分子中的原子核之间的间距.

例题 6.1 实验测得 HCl 分子的远红外吸收光谱线的波数近似为常量 $20.68\ \text{cm}^{-1}$, 试确定该分子中 H 离子与 Cl 离子间的间距.

解: 本题目要求由已知波数差的光谱确定双原子分子的两原子 (实际为两离子) 之间的间距, 是典型的直接应用公式的问题.

假设分子的转动是标准的定轴转动, 由其能级 $E_R = \dfrac{L(L+1)\hbar^2}{2I}$ 知, 转动光谱的频率与分子的角动量量子数 L 及转动惯量 I 之间的关系为

$$\nu_R = \frac{E_\gamma(L+1 \to L)}{h} = \frac{(L+1)h}{4\pi^2 I}.$$

由波长与频率之间的关系 $\lambda = \dfrac{c}{\nu}$ 得, 转动光谱的波数与分子的角动量量子数 L 及转动惯量 I 之间的关系为

$$\tilde{\nu}_R = \frac{1}{\lambda_R} = \frac{\nu_R}{c} = \frac{(L+1)h}{4\pi^2 I c}.$$

于是其相邻谱线的波数差为

$$\Delta \tilde{\nu}_R = \tilde{\nu}_R(L+1) - \tilde{\nu}_R(L) = \frac{h}{4\pi^2 Ic}.$$

记 HCl 分子中 H 离子与 Cl 离子的间距为 R, 则其转动惯量可近似表述为

$$I = \mu R^2 = \frac{m_H m_{Cl}}{m_H + m_{Cl}} R^2,$$

则

$$\Delta \tilde{\nu}_R = \frac{h}{4\pi^2 \dfrac{m_H m_{Cl}}{m_H + m_{Cl}} R^2 c}.$$

由此可得

$$R^2 = \frac{m_H + m_{Cl}}{m_H m_{Cl}} \frac{h}{4\pi^2 c \Delta \tilde{\nu}_R}.$$

考虑 H 和 Cl 的天然丰度, $m_H = m_p$, $m_{Cl} \approx 35 m_p$, 将各常量的值代入上式得

$$R^2 = \frac{1+35}{35(1.673 \times 10^{-27})} \frac{6.626 \times 10^{-34}}{4 \times 3.142^2 \times 299\,792\,458 \times (20.68 \times 10^2)} \text{ m}^2 = 1.664 \times 10^{-20} \text{ m}^2,$$

即有

$$R = 1.290 \times 10^{-10} \text{ m}.$$

所以, HCl 分子中 H 离子与 Cl 离子的间距为 $R = 1.290 \times 10^{-10}$ m.

6.1.4 分子的振动能级、振动光谱及振动转动光谱

一、振动模型

▶ 6.1.4
授课视频

本节开始时已说明, 液态物质具有频率近似为常量的振动光谱; 气态物质具有宽斑纹的光谱线, 也就是既有振动光谱又有振动基础上的转动光谱, 例如, 实验测得的氯化氢 (HCl) 的光谱如图 6.1 所示.

为描述分子的振动光谱, 人们建立了振动模型.

1. 理想模型——谐振子模型

附录二关于量子力学初步的讨论曾经说明, 在平衡位置附近作小振动的体系都可以由谐振子模型近似描述. 分子是量子束缚体系, 其结构很稳定, 因此其中各组分单元仅能够在各自的平衡位置附近作小振动, 从而可以由谐振子模型近似描述.

谐振子模型的势场如图 6.3(a) 所示, 并可解析表述为

$$U(r) = U_0 + \frac{1}{2} k(r - r_0)^2, \tag{6.11}$$

其中 k 为振动系统的劲度系数 (亦常称为弹性系数), 并可由振动粒子的质量 μ 和由之决定的振动的圆频率 ω 表述为 $k = \mu \omega^2$.

相应的振动能级为

$$E_V = \left(n + \frac{1}{2}\right) \hbar \omega = \left(n + \frac{1}{2}\right) h\nu, \tag{6.12}$$

其中 n 为振动量子数, 取值为 $n = 0, 1, 2, 3, \cdots$; ν 为振动频率, 并可表述为 $\nu = \dfrac{1}{2\pi} \sqrt{\dfrac{k}{\mu}} =$ 常量.

由此知, 分子的标准振动光谱的频率为常量 $\nu = \dfrac{1}{2\pi}\sqrt{\dfrac{k}{\mu}}$, 相应的波长亦为常量.

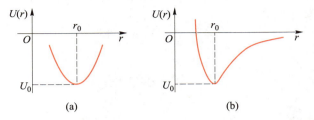

图 6.3　谐振子模型的势场示意图 (a) 和非谐振子模型的势场示意图 (b)

例题 6.2　实验测得氢分子的振动光谱的波长近似为常量 2.3 μm, 试确定氢分子的弹性系数.

解: 由实验测得的氢分子的振动光谱的波长得氢分子的振动光谱的频率为

$$\nu = \frac{c}{\lambda} \approx \frac{3 \times 10^8}{2.3 \times 10^{-6}} \ \text{Hz} = 1.304 \times 10^{14} \ \text{Hz}.$$

由此知, 氢分子的振动能级之间的能量差为

$$\Delta E_{\text{V}} = h\nu = (6.626 \times 10^{-34}) \times (1.304 \times 10^{14}) \ \text{J} = 8.640 \times 10^{-20} \ \text{J} = 0.539 \ \text{eV}.$$

在很小的区间内 [由图 6.11 (见 6.3.2 节) 所示的氢分子的势能曲线知, 对于间距在 $R = 0.074$ nm 附近 $\Delta R \approx 0.017$ nm 范围内的两氢原子], 氢分子的势能可以很好地近似为谐振子势, 于是, 由

$$\Delta E_{\text{V}} = \frac{1}{2} k \Delta R^2$$

得

$$k = \frac{2\Delta E_{\text{V}}}{\Delta R^2} = \frac{2 \times 0.539}{(0.017 \times 10^{-9})^2} \ \text{eV/m}^2 = 3.73 \times 10^{21} \ \text{eV/m}^2.$$

所以, 氢分子的弹性系数大约为 3.73×10^{21} eV/m^2.

2. 非谐振子模型

如关于分子转动模型的讨论所述, 振动是分子状态的表征, 那么分子振动的频率由其中各组分的量子态决定. 也就是说, 振动频率 ν 是状态依赖的, 不为常量, 此即非谐振子模型. 考虑通常的分子中的振动集团为带电离子, 带电离子相距较近时, 其间有很强的排斥, 那么, 非谐振子模型的势场可以表述为图 6.3(b) 所示的形式.

相应地, 振动能级有修正, 例如, 可以把前述的振动频率 ν 表述为振动量子数 n 的函数, 也可以把振动能量直接改写为

$$E_{\text{V}} = \left(n + \frac{1}{2}\right)h\nu + \left(n + \frac{1}{2}\right)^2 b, \tag{6.13}$$

其中 b 由修正时的弹性系数 k 的实际变化情况确定.

这表明, 实际的分子的振动光谱的频率稍微偏离常量 $\nu = \dfrac{1}{2\pi}\sqrt{\dfrac{k}{\mu}}$.

二、振动-转动能级

前面已给出分子的振动能级和转动能级，并且由转动相对于振动的能量关系知，转动能级分布在振动能级的基础上，也就是在振动能级附近有密排的转动能级，并可具体表述为

$$E_{V,R} = \left(n + \frac{1}{2}\right)\hbar\omega + \frac{L(L+1)}{2I}\hbar^2. \tag{6.14}$$

对于常见的电偶极跃迁，角动量 L 与振动量子数之间的关系与氢原子的轨道角动量与主量子数的关系类似，可以表述为

$$L = n, n-1, n-2, \cdots, 1, 0. \tag{6.15}$$

对于电四极跃迁，上述关系则可表述为

$$L = n, n-2, n-4, \cdots, 1 \text{ 或 } 0. \tag{6.16}$$

三、振动-转动光谱

1. 选择定则

与产生原子光谱的跃迁的选择定则的原理相同，对于常见的电偶极跃迁，其选择定则为

$$\Delta n = \pm 1, \quad \Delta L = \pm 1. \tag{6.17}$$

由此知，对于每一 $\Delta n = 1$ 或 -1 的跃迁产生的振动谱线附近，都有相应于 $\Delta L = 1$ 或 -1 跃迁产生的转动光谱线。通常，人们称 $\Delta L = L_f - L_i = -1$，即由 $L \to L-1$ 的跃迁形成的光谱称为 P 分支，相应于 $\Delta L = L_f - L_i = +1$，即由 $L \to L+1$ 的跃迁形成的光谱称为 R 分支。人们亦常以 $L_i - L_f$ 定义 ΔL。在这样的定义下，R 分支与 P 分支的定义中的标准数值相反。一些低激发能级间的跃迁如图 6.4 所示.

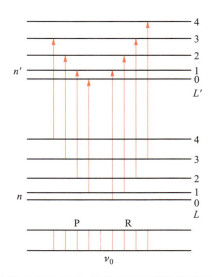

图 6.4 产生分子的振动-转动光谱的吸收谱的跃迁示意图

2. 理想模型下的频率、波数和光谱特征

根据上述关于角动量和振动量子数的选择定则以及能量选择定则,P 分支的频率为

$$\nu_{\mathrm{P}} = \frac{E_{n+1}(L-1) - E_n(L)}{h} = \frac{1}{2\pi}\omega - \frac{\hbar}{2\pi I}L, \tag{6.18}$$

R 分支的频率则为

$$\nu_{\mathrm{R}} = \frac{E_{n+1}(L+1) - E_n(L)}{h} = \frac{1}{2\pi}\omega + \frac{\hbar}{2\pi I}(L+1). \tag{6.19}$$

相应的波数分别为

$$\tilde{\nu}_{\mathrm{P}} = \frac{1}{\lambda_{\mathrm{P}}} = \frac{\nu_{\mathrm{P}}}{c} = \tilde{\nu}_0 - 2BL, \tag{6.20}$$

$$\tilde{\nu}_{\mathrm{R}} = \frac{1}{\lambda_{\mathrm{R}}} = \frac{\nu_{\mathrm{R}}}{c} = \tilde{\nu}_0 + 2B(L+1), \tag{6.21}$$

其中

$$\tilde{\nu}_0 = \frac{\omega}{2\pi c} = \frac{1}{2\pi c}\sqrt{\frac{k}{\mu}}, \qquad B = \frac{\hbar}{4\pi I c}. \tag{6.22}$$

根据这样的频率和波数, 在理想的振动–转动模型下, 分子的振动–转动光谱的特征是中央基线两侧有对称排开的间距均匀的谱线, 其中的基线对应 $\nu = \nu_0$ 的空位. 例如, 图 6.4 所示的中间空隙左侧有间距均匀的 P 分支谱线, 右侧有间距均匀的 R 分支谱线.

3. 修正

前述讨论没有涉及电子的能级及其间跃迁产生或吸收的光谱线. 如果电子能级也发生变化, $\Delta L = 0$ 的跃迁也为允许跃迁 (类似于原子态跃迁中的磁偶极跃迁) , 于是光谱线中还出现相应于 $\Delta L = 0$ 的 Q 分支, 并且谱线波数中的 B 会改变.

考虑前述的现实的非简谐振动模型和可变转动惯量模型, 上述的谱线的频率和波数都应进行相应的修正.

对于本章概述中所述的图 6.1 所示的氯化氢分子的红外吸收光谱, 其空位出现在 $E = \hbar\omega \approx 0.358$ eV, 线间距约 0.002 6 eV, 这表明 HCl 分子的振动光谱的基线对应的能量为约 0.358 eV, 在其基础上的转动光谱的能量间隔为约 0.002 6 eV, 由此可知 (具体计算由读者作为习题完成) , HCl 分子的弹性系数为约 3.01×10^{21} eV/m². 更精细地考察该光谱知, 其频率谱并不等间隔, 而是随着频率增大逐渐变窄; 并且谱线强度也不相同, 具体地, 在角动量 $L = 3$ 处谱线最强; 每条谱线还都包含强度不同的两条谱线. 频率谱不等间隔而随频率增大逐渐变窄表明, HCl 分子的转动惯量随频率增大而增大, 相应地, 氢离子与氯离子之间的平衡间距随频率增大而增大. 谱线强度各不相同而呈有规律的分布表明, 处于不同转动态 (以角动量 L 标记) 的分子数目遵循统计分布规律, 考虑简单的玻耳兹曼分布律

$$P(E_{nl}) = N(2L+1)\mathrm{e}^{-\frac{E_{nl}}{k_{\mathrm{B}}T}}, \tag{6.23}$$

其中 N 为分子总数, T 为系统的温度, $2L+1$ 为能量 $E_{nl} = \dfrac{L(L+1)\hbar^2}{2I}$ 的态的简并度, 对室温 (约 23 °C, 亦即 0.025 5 eV) 情况, 计算使上述 $P(E_{nl})$ 取得极大值的 L, 得到分子数目最多的态的角动量为 $L_{\max} \approx 3$, 与实验测量到的对应于 $L = 3$ 的转动光谱线最强一致. 关于每一条谱线实际都包含两条谱线, 这是由于氯原子的原子核有同位素 ^{35}Cl (丰度约 75.8%) 和 ^{37}Cl (丰度约 24.2%), 由 ^{35}Cl 形成的 HCl 分子的约化质量比由 ^{37}Cl 形成的 HCl 分子的约化质量小, 从而转动惯量有差异, 转动能量有差异, 所以吸收光谱线实际为与它们各自相应的两条.

6.1.5 拉曼光谱

一、 拉曼散射与拉曼光谱概述

6.1.5
授课视频

光学中已经讨论过, 光通过密度不均匀的介质或由热运动引起密度涨落的介质时发生的散射称为瑞利散射, 这种散射不影响光的频率, 其强度与光的频率的四次方成正比, 据此可以解释我们在正常情况下看到的天空呈蓝色.

实验发现 [印度物理学家拉曼 (C.V. Raman) 经长期研究, 于 1928 年发现], 光射到很多材料上时, 在散射光中, 除有与入射光频率相同的成分外, 还有不同频率的成分, 其频率的改变与入射光的频率无关, 仅与介质分子的性质有关, 这一现象称为拉曼效应, 这种散射称为拉曼散射, 相应的光谱称为拉曼光谱. 据此发现, 拉曼获得了 1930 年的诺贝尔物理学奖.

具体地, 在散射光的频率发生变化的光中, 既有频率比原入射光频率高的光, 也有比原入射光的频率低的光. 拉曼光谱中, 频率比入射光频率低的谱线称为斯托克斯线, 频率比入射光频率高的谱线称为反斯托克斯线.

二、 拉曼散射的本质

我们知道, 散射光频率保持不变表明能量守恒, 相应的散射为弹性散射; 散射光频率发生变化表明能量有改变, 相应的散射为非弹性散射. 那么, 瑞利散射仅仅是弹性散射, 拉曼散射既有弹性散射又有非弹性散射.

将光的散射表述为入射光被介质分子吸收、然后介质分子再发出光的过程, 则可具体表述为, 介质分子吸收入射光子, 由一个量子态跃迁到另一个量子态, 能级发生变化, 例如图 6.5 所示的由标记为 0 的能级变化到标记为 0′ 的能级, 由标记为 1 的能级变化到标记为 1′ 的能级. 如果退激发时由标记为 0′ 的能级退回到标记为 0 的能级, 由标记为 1′ 的能级退回到标记为 1 的能级, 该退激发过程发出的光显然与原入射光的频率相同, 即仅有弹性散射, 也就是仅有瑞利散射. 但是, 在退激发时, 如果由标记为 0′ 的能级退回到标记为 1 的能级, 由标记为 1′ 的能级退回到标记为 0 的能级, 则发出的光的频率分别比原入射光的频率低、比原入射光的频率高, 即发出的光既有频率比原入射光的频率低的成分又有比原入射光的频率高的成分. 于是, 既有弹性散射又有非弹性散射的拉曼散射可以形象地表述为一次二级过程. 并且, 由标记为 0′ 的能级退激发到标记为 1 的能级而发出的光对应的光谱线即斯托克斯线, 其能量相对于原入射光变小, 波长变长, 亦即有红移; 由标记为 1′ 的能级退激发到标记为 0 的能级发出的光对应的光谱线即反斯托克斯线, 其能量相对于原入射光增大, 波长变短, 亦即有蓝移.

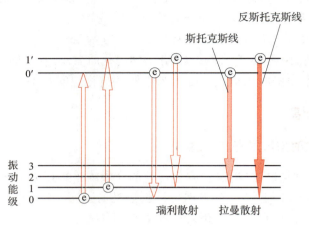

图 6.5　拉曼散射原理示意图

由于激发态不稳定, 很快 (10^{-8} s 以内) 就跃回原基态, 因此大部分跃迁能量不变, 小部分才产生位移.

又由于能量状态都遵守统计分布律, 那么室温时处于能量较高的激发态 (振动) 能级的分子很少, 因此反斯托克斯线远少于斯托克斯线. 例如, 实验测量到的 CCl_4 分子的拉曼光谱如图 6.6 所示, 由图可以明显看出, 斯托克斯线的强度远大于反斯托克斯线的强度, 这正是反斯托克斯线远少于斯托克斯线的反映.

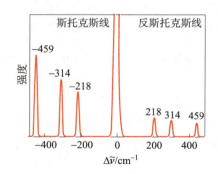

图 6.6　CCl_4 分子的拉曼光谱

因为随着温度升高, 处于激发态的分子数会增多. 相应地, 反斯托克斯线增强.

三、转动拉曼光谱

分子是由两个或多个原子核与多个电子形成的束缚态系统. 由于原子核和电子都处于 (高速) 运动状态, 因此分子中总有感生电偶极矩. 另一方面, 分子有转动, 与之相应, 感生的电偶极矩也会转动, 从而使得分子表现出电四极形变, 出现电四极矩, 发生电四极跃迁. 按照前述的拉曼散射是一次二级过程的直观图像, 其中的每一级都与原子的因电子状态变化而发生电偶极跃迁一样, 其算符都可以表述为 $\propto r$, 那么描述完整的一次二级过程的算符 $\propto r_1 \otimes r_2 \propto rr$, 即为电四极过程.

对于弹性散射, 退激发与激发对应, 四极矩不变, 极化率不变, 既无红外活性也没有拉曼活性. 对于非弹性散射过程, 退激发与激发的初末态交换, 这种交换使得分子的极化率有变化, 四极矩发生相应变化 (形象地, 相当于长短轴交替的椭球在转动), 从而既有红外活性又有拉曼活性.

由于其过程是电四极过程, 因此其角动量选择定则为

$$\Delta L = 0, \pm 2, \tag{6.24}$$

其中, 与 $\Delta L = 0$ 对应的跃迁产生的光谱线为瑞利线; 与 $\Delta L = +2$ 对应的跃迁产生的光谱线为斯托克斯线, 并称之为构成 S 支; 与 $\Delta L = -2$ 对应的跃迁产生的光谱线为反斯托克斯线, 并称之为构成 O 支.

根据上述角动量选择定则和能量守恒定律, 拉曼散射产生的光的频率为

$$\nu = \pm \frac{E_n(L+2) - E_n(L)}{h} = \pm \frac{4L+6}{8\pi^2 I} h, \tag{6.25}$$

相应的波数为

$$\tilde{\nu} = \pm B(4L+6), \tag{6.26}$$

其中 $B = \dfrac{h}{8\pi^2 I c}$, I 为分子的转动惯量. 那么, 标准拉曼转动谱的相邻波数间距为

$$\Delta \tilde{\nu} = \pm 8B. \tag{6.27}$$

与分子的一般的转动光谱一样, 分子的拉曼转动谱为我们提供转动惯量和分子键长的信息.

四、 振动–转动拉曼光谱

由分子的振动–转动能级间跃迁引起的拉曼光谱称为振动–转动拉曼光谱.

1. 基本特征

与一般的振动–转动光谱类似, 振动–转动拉曼光谱的典型特征也是一条较强的振动谱线两侧有对称分布且密集等距的较弱的谱线 (散射线).

2. 频率差

也与一般的振动–转动光谱类似, 较强谱线的频率为

$$\nu = \nu_{\mathrm{V}} = \frac{1}{2\pi} \sqrt{\frac{k}{\mu}}. \tag{6.28}$$

在理想的谐振子模型下, 该频率为常量.

密排的转动谱部分相邻谱线之间的波数差为

$$\Delta \tilde{\nu}_{L,n} = 8B. \tag{6.29}$$

3. 应用

由 ν_V 和 $\Delta\tilde{\nu}_{L,n}$ 的表达式及 B 的表达式知, 分子的振动–转动拉曼光谱可以为我们提供更精确的分子键的强度及长度的信息, 从而 (振动–转动) 拉曼光谱的测量与分析成为现代材料结构和性质研究的重要手段.

回顾拉曼散射的发现过程和拉曼的成长历程很有意思, 拉曼出生于印度南部的一个书香门第, 父亲是一位大学数学、物理教授. 他天资出众, 16 岁大学毕业, 19 岁以优异成绩获得硕士学位 (18 岁时即在英国著名学术杂志《自然》发表关于光的衍射效应的论文). 然而, 由于生病, 他失去了到英国攻读博士学位的机会. 其后, 他在财政部工作, 任总会计助理 (尽管他极其优秀, 但由于没有博士学位, 从而没有在科学文化界任职的资格). 但拉曼仍执着于其科学研究. 当时, 加尔各答大学的科普机构——印度科学教育协会有对社会开放的实验室, 拉曼就把其业余时间全都用于在那里进行声学和光学研究, 持续十六年之久, 靠自己努力取得一批成果, 并发表论文, 于是加尔各答大学在 1916 年破例聘任拉曼担任物理学教授, 才使其可以专心进行科研和教育工作. 拉曼不仅在其学术生涯早期勤奋刻苦, 在成名之后仍然异常勤奋, 有口皆碑的是其在 1921 年夏赴英国讲学的途中, 他随身携带仪器, 在轮船上对海水呈深蓝色的机制进行研究, 并完成两篇论文. 拉曼的成长历程和学术成就是矢志不渝、艰苦奋斗、探究真理、不懈努力、"有志者, 事竟成"的典范.

6.2 分子结构描述方法概论

6.2.1 分子的哈密顿量与本征方程

6.2.1
授课视频

通常的分子由不止一个原子核和多个电子组成, 不同的原子之间、原子核与电子之间、电子与电子之间都有相互作用. 记一个分子具有的原子核的数目和电子的数目分别为 N、n, 在非相对论近似和点粒子近似下, 上述相互作用都可表述为库仑势的形式, 若不考虑自旋效应, 则有哈密顿量:

$$\hat{H} = \sum_{p=1}^{N}\left(-\frac{\hbar^2}{2M_p}\nabla_p^2\right) + \sum_{i=1}^{n}\left(-\frac{\hbar^2}{2m_i}\nabla_i^2\right)$$
$$+ \sum_{p=1}^{N-1}\sum_{q<p}\left(\frac{Z_p Z_q e_s^2}{r_{pq}}\right) + \sum_{k=1}^{n-1}\sum_{i<k}\left(\frac{e_s^2}{r_{ik}}\right) - \sum_{p=1}^{N}\sum_{i=1}^{n}\left(\frac{Z_p e_s^2}{r_{pi}}\right), \tag{6.30}$$

其中 M_p 为第 $p(p=1,2,\cdots,N)$ 个原子核的质量, m_i 为第 $i(i=1,2,\cdots,n)$ 个电子的质量, Z_p 为第 $p(p=1,2,\cdots,N)$ 个原子核的核电荷数, r_{pq} 为第 p 个原子核与第 q 个原子核之间的间距 $|\boldsymbol{r}_p - \boldsymbol{r}_q|$, r_{ik} 为第 i 个电子与第 k 个电子之间的间距 $|\boldsymbol{r}_i - \boldsymbol{r}_k|$, r_{pi} 为第 p 个原子核与第 i 个电子之间的间距 $|\boldsymbol{r}_p - \boldsymbol{r}_i|$, $e_s^2 = \dfrac{e^2}{4\pi\varepsilon_0}$.

上述哈密顿量可简记为

$$\hat{H} = \hat{T}_{\mathrm{N}} + \hat{T}_{\mathrm{e}} + \hat{U}_{\mathrm{NN}} + \hat{U}_{\mathrm{ee}} + \hat{U}_{\mathrm{Ne}}, \tag{6.30'}$$

相应的本征方程可表示为

$$\hat{H}\Psi(\boldsymbol{R},\boldsymbol{r}) = E\Psi(\boldsymbol{R},\boldsymbol{r}). \tag{6.31}$$

6.2.2 玻恩–奥本海默近似 *

▶ 6.2.2

授课视频

上述方程原则上可解. 但是, 由于其涉及的间距既有原子核与原子核之间的, 还有原子核与电子之间以及电子与电子之间的, 其本征函数的宗量 $\boldsymbol{r}$ 和 $\boldsymbol{R}$ 很难准确反映这样多种间距对应的相互作用的所有宗量. 并且, 这样的涉及多种间距的相互作用不是有心力场, 太复杂, 实际上无法严格求解, 因而必须进行近似.

一、初步近似

为了简化, 或者说为了解决上述实际无法严格求解的问题, 人们发展了对电子和原子核分别逐步求解的近似方法. 之所以能够这样, 是因为原子核的质量远大于电子的质量, 在粗略的近似下可以忽略各原子核的动能. 在这种情况下, 电子的哈密顿量为

$$\hat{H}_{\mathrm{e}} \approx \hat{T}_{\mathrm{e}} + \hat{U}, \tag{6.32}$$

其中

$$\hat{U} = \hat{U}_{\mathrm{NN}} + \hat{U}_{\mathrm{ee}} + \hat{U}_{\mathrm{Ne}}.$$

求解本征方程

$$\hat{H}_{\mathrm{e}} u_m(\boldsymbol{R},\boldsymbol{r}) = E_m(\boldsymbol{r}) u_m(\boldsymbol{R},\boldsymbol{r}), \tag{6.33}$$

可以确定电子的运动状态.

确定了电子运动状态之后, 再确定原子核的运动.

取上述电子方程的本征函数为基矢, 则分子的波函数可表示为

$$\Psi(\boldsymbol{R},\boldsymbol{r}) = \sum_m v_m(\boldsymbol{R}) u_m(\boldsymbol{R},\boldsymbol{r}), \tag{6.34}$$

其中 $v_m(\boldsymbol{R})$ 为待求的概率幅. 将上式代入原完整哈密顿量的本征方程 $\hat{H}\Psi(\boldsymbol{r},\boldsymbol{R}) = E\Psi(\boldsymbol{R},\boldsymbol{r})$, 则有

$$\left(\hat{T}_{\mathrm{N}} + \hat{H}_{\mathrm{e}}\right) \sum_m v_m u_m = E \sum_m v_m u_m,$$

即

$$\sum_m \left[\hat{T}_{\mathrm{N}} v_m u_m + v_m E_m(\boldsymbol{R}) u_m - E v_m u_m \right] = 0.$$

方程两边同乘以 $u_n^*(\boldsymbol{R},\boldsymbol{r})$, 然后对所有电子坐标积分, 则得

$$\left[E_n(\boldsymbol{R}) - E \right] v_n(\boldsymbol{R}) + \sum_m \langle u_n | \hat{T}_{\mathrm{N}} | v_m u_m \rangle = 0.$$

因为上述关于电子的近似的本征方程中包含有 U_{NN} 和 U_{Ne} 项, 并且其本征函数包含有原子核的宗量, 则

$$\hat{T}_N|v_m u_m\rangle = |\hat{T}_N v_m\rangle|u_m\rangle - \sum_p \frac{1}{2m_p}\{2(\nabla_p v_m)\cdot(\nabla_p u_m) + (\nabla_p^2 u_m)v_m\}.$$

那么,

$$\sum_m \langle u_n|\hat{T}_N|v_m u_m\rangle = \hat{T}_N|v_n\rangle - \sum_m\Big\{\sum_p \frac{1}{m_p}[\langle u_n|\nabla_p|u_m\rangle\cdot\nabla_p$$
$$+\langle u_n|\frac{1}{2}\nabla_p^2|u_m\rangle]|v_m\rangle\Big\}.$$

并可简记为

$$\sum_m \langle u_n|\hat{T}_N|v_m u_m\rangle = \hat{T}_N|v_n\rangle - \sum_m C_{nm}|v_m\rangle,$$

于是, $|v_n\rangle$ 满足的方程可以具体表述为

$$[\hat{T}_N + E_n(\boldsymbol{R})]|v_n(\boldsymbol{R})\rangle - \sum_m C_{nm}|v_m(\boldsymbol{R})\rangle = E|v_n(\boldsymbol{R})\rangle, \tag{6.35}$$

解之, 即可确定原子核的运动.

二、 玻恩–奥本海默近似

上述方程形式上可解, 但计算交叉矩阵元

$$C_{nm} = \sum_p \frac{1}{m_p}\Big[\langle u_n|\nabla_p|u_m\rangle\cdot\nabla_p + \langle u_n|\frac{1}{2}\nabla_p^2|u_m\rangle\Big] \tag{6.36}$$

比较复杂. 因为 m_p 很大, 则可忽略交叉项 $\sum_m C_{nm}|v_m(\boldsymbol{r})\rangle$, 该近似称为玻恩–奥本海默近似 (Born–Oppenheimer approximation, 简称 B–O 近似). 形式上看, 这一近似使得完整的本征函数中的展开系数 $v_n(\boldsymbol{R})$ 与 $v_m(\boldsymbol{R})$ 互不相关, 即忽略了本来依赖于不同原子核之间相互作用的不同态之间的相互影响, 因此也称之为绝热近似.

总之, 在玻恩–奥本海默近似下, 原子核的本征方程为

$$[\hat{T}_N + E_n(\boldsymbol{R})]|v_n(\boldsymbol{R})\rangle = E|v_n(\boldsymbol{R})\rangle. \tag{6.37}$$

该方程形式上可解, 尽管实际求解仍很困难.

6.2.3
授课视频

6.2.3 "分子轨道" 与自洽场方法

一、 "分子轨道"

在玻恩–奥本海默近似下, 分子中电子的运动方程为

$$[\hat{T}_e + \hat{U}_{ee} + \hat{U}_{Ne} + \hat{U}_{NN}]u_m(\boldsymbol{R},\boldsymbol{r}) = E_m(\boldsymbol{R})u_m(\boldsymbol{R},\boldsymbol{r}),$$

在多电子原子中, 电子的运动方程为

$$[\hat{T}_{e} + \hat{U}_{ee} + \hat{U}_{Ne}]\psi(\boldsymbol{q}) = E\psi(\boldsymbol{q}).$$

两者形式基本相同, 差别在于相互作用不同, 本征能量不同, 原子中电子的本征能量由电子的状态决定 (原子核的影响反映在系统的约化质量上), 而分子中电子的本征能量既由电子的状态决定又与原子核的状态相关, 并且是原子核的宗量 $\boldsymbol{R}$ 的显函数.

原子中电子的运动状态可以用平均场方法确定, 分子中电子的运动状态应该也可以由平均场方法确定.

原子中电子的本征方程中的 $\hat{U}_{Ne}^{A}$ (A 标记相应的原子) 可近似由坐标原点在原子核上的坐标系表示, 每个电子的空间运动状态可以用 "轨道" 表示. 在分子中, 假设原子核不动, 电子在多个原子核和电子共同形成的平均场中运动, 也可认为各有一个 "轨道", 该单电子 "轨道" 称为 "分子轨道".

由于分子中有多个原子核, 分子中电子的本征方程中的 $\hat{U}_{Ne}^{M}$ 很难由一个坐标表示出来, 因此 "分子轨道" 较 "原子轨道" 复杂得多.

二、 现实的计算方法

对于多电子原子, 其中电子的状态可以采用平均场方法或哈特里–福克自洽场方法或密度泛函方法等确定. 根据运动方程本身的相似性, 分子中电子的状态也可以采用平均场方法或哈特里–福克自洽场方法或密度泛函方法等确定.

关于平均场方法、哈特里–福克自洽场方法和密度泛函方法等, 第三章中已有介绍, 这里不再重述.

但是, 应该注意, 在原子内的电子的运动方程中, 除在近似考虑情况下有与原子核的质量相关的有效质量外, 没有与原子核的位置等相关的宗量. 在分子内电子的运动方程中却明显包含关于原子核的位置等的宗量, 并且电子的状态影响原子核的状态. 这样, 在对分子状态进行自洽求解时, 应该对其电子的方程和原子核的方程进行联立自洽求解.

6.3　分子键与共价键理论初步

6.3.1　分子键概述

一、 分子键的概念

6.3.1

授课视频

分子由原子组成. 分子光谱表明, 分子具有集体运动, 即组成分子的原子间具有较强的关联或相互作用. 为直观形象地表述这种相互作用, 人们引入了分子键 (molecular bond) 的概念. 所谓分子键即分子中原子与原子之间 (或者说, 离子与离子之间) 的相互作用力, 亦常称为化学键.

我们知道, 表征相互作用力的特征量包括相互作用的强度 (或大小)、相互作用的力程等, 因此表征分子键的特征量主要有键强、键长等. 由于分子是多体 (或少体) 束缚系统, 因此一个分子中通常具有多条分子键. 为表征不同分子键之间的关系, 人们引入了键角的概念. 顾名思义, 键角即分子键之间的夹角.

由一般的稳定束缚条件知, 分子键的作用是使多个原子组成的束缚态 (分子) 的能量小于这些原子无相互作用而分立存在时的总能量.

二、 分子键的分类

如前所述, 从本质上来讲, 分子中的各组分间的相互作用是电磁相互作用. 为清楚具体地表征分子键的性质, 人们根据具体的形成分子键的相互作用的特征和成因 (亦即机制) 将之分为离子键、共价键、氢键、范德瓦耳斯键和金属键等.

形成分子的各原子单独存在时都呈电中性, 但它们束缚在一起形成分子时, 一个原子的价电子会转移到另一个原子, 使得两个原子都成为离子, 这样的正负离子间的静电吸引作用使多个原子形成分子, 这种作用称为离子键 (ionic bond) . 根据原子的电子结构, 我们知道, 由满壳外仅有一个价电子的碱金属原子与差一个电子就形成满壳的卤族元素原子形成的分子的分子键主要为离子键. 由于在离子间距很小的情况下其间的吸引作用很强, 因此离子键为强键.

在相当多的分子中, 一个原子的价电子并不是清楚分明地转移到另一个原子, 而是由两个或多个原子所共有, 即分子间有电子云重合. 由于原子间电子云重合而使原子束缚在一起形成分子的作用称为共价键. 例如, 常见气体氮气、氧气等的分子中的分子键即为共价键.

在包含有氢原子的分子中, 如果该分子主要由一个氢原子受到两个原子的吸引作用而形成, 则称这种作用为氢键. 例如, 水分子中的分子键主要为氢键, 但也有共价键等成分 (因此极其复杂).

如果分子中既没有明显清楚的离子也没有明显的共用电子形成的电子云, 而是由原子之间瞬时感应出的电偶极矩的作用束缚形成分子, 则称这种作用为范德瓦耳斯键. 例如, 氖和氩等惰性气体分子的分子键即以范德瓦耳斯键为主要特征.

在金属和合金中, 各组分原子的一些电子成为传导电子, 而原子实对应的离子成为相当稳定的晶格. 金属和合金中的传导电子和金属晶格上的离子之间的相互作用称为金属键.

由前述定义知, 离子键类似于静电作用, 可以库仑力为基础进行研究, 甚至作库仑力近似, 并且键的能量都比较大. 例如, 氯化钠 (NaCl) 分子即典型的由离子键形成的分子, 其势能随 Na^+ 与 Cl^- 之间的间距变化的行为如图 6.7 所示. 由图 6.7 可看出描述离子键的一些特征量, 对应于最深束缚的间距 r_0 即稳定分子的两离子中心间的距离, 也就是离子键的键长, 由此 r_0 直接可得由离子键形成的分子的电偶极矩的大小 $p = er_0$; 由实验测量到的电偶极矩与这一理论值的比值即得到分子键中离子键所占的成分, 通常称之为电离度. 相应于 r_0 的离子键的能量的绝对值即键能, 亦即键强, 也就是分子的离解能. 一些常见的双原子分子的键长和键能 (离解能) 如表 6.1 所示.

表 6.1　一些常见的双原子分子的键长和键能

分子	NaCl	NaF	NaH	LiCl	LiH	KCl	KBr	RbCl	RbF
键长/nm	0.236	0.193	0.189	0.202	0.239	0.267	0.282	0.279	0.227
键能/eV	4.26	4.99	2.08	4.86	2.47	4.43	3.97	4.64	5.12

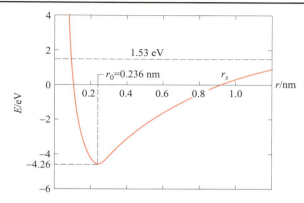

图 6.7　NaCl 分子的以两离子的间距 r 为宗量的相互作用势能示意图

相应于分子势能为零的离子间距 r_s 即由离子键形成的分子的离解直径, 亦即最大直径. 相应于原子, 我们知道, 从原子中移走一个电子、并使之保持静止状态所需的能量称为原子的电离能, 其数值为相应电子态相对于基态的能量差值; 而中性原子吸收一个电子所释放出的能量称为该原子的电子亲和势. 以 NaCl 分子为例, 由 Na 原子和 Cl 原子的结构知, Na 原子的电离能为 5.14 eV, Cl 原子的电子亲和势为 3.61 eV, 故由 Na^+ 与 Cl^- 以离子键形式形成 NaCl 分子时还有束缚能 1.53 eV. 根据离子键的形成机理, 应有

$$\frac{e^2}{4\pi\varepsilon_0 r_s} = 1.53 \text{ eV},$$

由此可解得 $r_s = 0.941$ nm. 与实验测量值符合得很好. 由于离子键很强, 因此由离子键构成的分子形成的物质具有硬度、熔点、沸点等都较高的特点.

由金属键的定义知, 金属键也是库仑作用势, 但由多体作用而形成分子键, 因此也是强键, 并且由金属键构成的分子形成的物质具有有光泽、有较强的导电性和导热性及延展性等特点. 由于范德瓦耳斯键是原子之间瞬时感应的电偶极矩的作用而形成, 尽管也是电作用势, 但感应的电偶极矩的瞬时性使得范德瓦耳斯键较弱, 例如氦的结合能仅约为 0.088 eV, 并且感应的瞬时性和随机性使得范德瓦耳斯键的机制比较复杂. 由氢键的定义知, 氢键也很复杂. 因此这里我们仅就共价键予以讨论.

6.3.2　共价键的描述方法

一、共价键的描述方法之一——分子轨函法

1. 分子轨函的概念

记在所有原子核和其它电子形成的平均场中运动的单电子波函数为 ψ_i ($i = 1, 2, \cdots, n$), 该单电子波函数称为分子轨函 (molecular orbital, 简称 MO). 比较该

▶ 6.3.2
授课视频

定义和前述的分子轨道的定义知，分子轨函即前述的分子轨道。由于分子轨函涉及分子包含的所有原子核和电子，或者说涉及所有原子，因此分子轨函由原子轨函线性组合 (linear combination of atomic orbitals, 简称 LCAO) 而成.

2. 分子轨函的能量关系

以双原子分子为例，记电子相对于原子核 a 的波函数为 ψ_a，电子相对于原子核 b 的波函数为 ψ_b，则其简单 (近似) 的线性组合为

$$\psi^+ \propto \psi_a + \psi_b, \quad \psi^- \propto \psi_a - \psi_b.$$

这样的电子态常被称为原子轨函.

记原子轨函相应的能量分别为 E_+、E_-，原子核 a、b 间的库仑排斥势能为 V_p，则分子的能量为

$$E^\pm = E_\pm + V_p$$

由于电子为费米子，因此构建 (严格来讲应该是通过求解来确定) 分子轨函时，应该注意必须满足泡利不相容原理.

根据束缚系统稳定的基本要求，分子轨函还应该遵循能量最低原理. 因此，严格来讲，在确定了电子相应于不同原子核的波函数 (原子轨函) 之后构建分子轨函时，应该引入待定系数来表征线性叠加时的叠加系数 (相对权重)，例如，对上述的 ψ^+ 和 ψ^- 分别记之为 $\psi^+ = c_a^+ \psi_a + c_b^+ \psi_b$, $\psi^- = c_a^- \psi_a + c_b^- \psi_b$，然后利用基于能量最低原理的变分原理确定待定系数 c_a^+、c_b^+、c_a^- 和 c_b^-.

3. 分子轨函的分类

由上述讨论知，分子轨函通常很复杂. 为表述方便，人们采用不同的方案来对分子轨函进行分类.

(1) 根据相对于键轴的对称性进行分类

所谓的键轴即分子中任意两原子中心间的连线.

根据分子轨函相对于键轴的对称性，人们将分子轨函分为 σ 轨函、π 轨函、δ 轨函等.

相对于键轴呈轴对称分布的分子轨函称为 σ 轨函. 参照氢原子的波函数的空间分布，我们知道，s 态波函数与 s 态波函数形成的分子轨函，p_z 态波函数与 p_z 态波函数形成的分子轨函，以及 s 态波函数与 p_z 态波函数形成的分子轨函等是 σ 轨函.

由前述的关于双原子分子的分子轨函及相应的分子的能量简单讨论知，分子轨函有的使分子 (总) 能量降低，也有的使分子能量升高，人们通常称使分子能量降低的作用为成键，而称使能量升高的作用为反键，分别记为 σ、σ^*.

相对于通过键轴的节面呈反对称分布的分子轨函称为 π 轨函. 也参照对氢原子的波函数的空间分布 (尤其是实数表示的) 的认识，我们知道，p_x 态与 p_x 态波函数形成的分子轨函和 p_y 态与 p_y 态形成的分子轨函等是 π 轨函.

π 轨函也有成键和反键两种，其意义与 σ 轨函下的相同.

对于通过键轴且互相垂直的两个节面都对称的分子轨函称为 δ 轨函. 同样参照对氢原子的波函数的空间分布 (尤其是实数表示的) 的认识，我们知道，d_{xy} 态与 d_{xy} 态组合形成的分子轨函和 $d_{x^2-y^2}$ 态与 $d_{x^2-y^2}$ 态组合形成的分子轨函等是 δ 轨函.

δ 轨函也有成键和反键两种, 其意义也与 σ 轨函下的相同, 即: 使系统能量较低的作用称为成键, 使系统能量较高的作用称为反键.

深入的研究表明, 这三种轨函下的能级排序是:

$$\sigma_{1s} < \sigma_{1s}^* < \sigma_{2s} < \sigma_{2s}^* < \sigma_{2p_z} < \pi_{2p_x} < \pi_{2p_y} < \pi_{2p_x}^* < \pi_{2p_y}^* < \sigma_{2p_z}^*.$$

(2) 根据相对于中心反射的奇偶性进行分类

与一般的根据量子态相对于中心反射的奇偶性将之分为偶宇称态、奇宇称态一样, 根据相对于中心反射的奇偶性, 人们将分子轨函分为偶轨函、奇轨函两类. 相对于中心反射保持不变 (即为偶函数) 的分子轨函称为偶轨函, 记为 g. 相对于中心反射改变符号 (即为奇函数) 的分子轨函称为奇轨函, 记为 u.

4. 实例

为稍微具体地了解分子轨函法, 我们对与氦分子 (实际即氦原子, 由一个原子核和两个电子组成) 类似的氢分子离子予以具体讨论.

氢分子离子由两个氢原子核 (质子) 和一个电子组成. 记两个氢原子核分别位于 a、b, 其间的间距为 R, 一个电子相对于氢原子核 a 的间距为 r_a, 相对于氢原子核 b 的间距为 r_b, 如图 6.8 所示.

仅考虑电子与氢原子核 a 或氢原子核 b 形成的 (子) 系统, 它们都相当于一个氢原子, 其基态波函数 (原子轨函) 可分别表述为

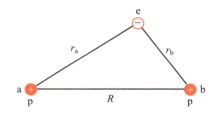

图 6.8　氢分子离子的组分结构示意图

$$\psi_a(r_a) = 2\left(\frac{Z^*}{a_B}\right)^{3/2} e^{-Z^* r_a/a_B},$$

$$\psi_b(r_b) = 2\left(\frac{Z^*}{a_B}\right)^{3/2} e^{-Z^* r_b/a_B},$$

其中 a_B 为第一玻尔轨道半径, Z^* 为考虑了实际存在的其它电荷情况下一个氢原子核的有效电荷. 分子轨函则可表述为

$$\psi^+ \propto \psi_a(r_a) + \psi_b(r_b), \quad \psi^- \propto \psi_a(r_a) - \psi_b(r_b).$$

记上述波函数间的重叠为

$$\int \psi_a^* \psi_b \mathrm{d}\tau = \int \psi_b^* \psi_a \mathrm{d}\tau = S \neq 0,$$

由简并微扰方法得, 氢分子离子的能量为

$$E^\pm = E_0 \mp A,$$

其中 E_0、A 分别为不考虑两氢原子核之间的库仑排斥作用情况下的直接矩阵元、交叉矩阵元. 氢分子离子的能量应该为上述能量与两氢原子核之间的库仑排斥能

$V_C = \dfrac{e^2}{4\pi\varepsilon_0 R}$ 之和. 具体计算结果如图 6.9(a) 所示. 由图 6.9(a) 易知, $E^+ + V_C$ 整体具有短程排斥、中长程吸引的特征, 从而相应的状态为束缚态, 即形成氢分子离子 H_2^+; 而 $E^- + V_C$ 在任何间距下都仅有排斥的特征, 从而相应的状态不为束缚态.

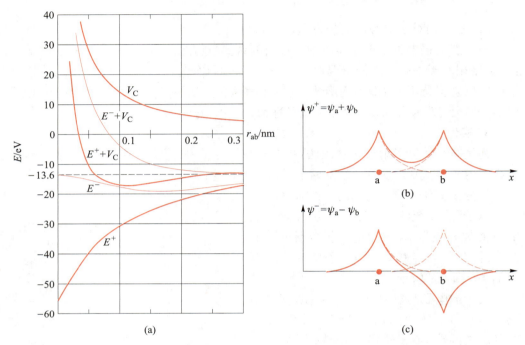

图 6.9 氢分子离子的成键、反键两种情况的键势能示意图 (a) 及相应的电子态分布示意图 (b、c)

由分子轨函法确定的氢分子离子波函数为

$$\psi^{\pm} = \frac{1}{\sqrt{2(1 \pm S)}} \left(\psi_a \pm \psi_b \right).$$

其关于两氢原子核的间距 $R = r_{ab}$ 的分布如图 6.9(b)、(c) 所示. 由图 6.9(b)、(c) 易知, 在 $r_{ab} \to \infty$ 极限下, $\psi^{\pm} \to \psi_{1s}^H$, 相应地,

$$E^{\pm} \approx E_1^H = -13.6 \text{ eV}.$$

在 $r_{ab} \to 0$ 极限下, $\psi^+ \to \psi_{1s}^H$, $\psi^- \to \psi_{2p}^H$, 相应地,

$$E^+ \approx Z^{*2} E_1^H \approx -54.4 \text{ eV}, \quad E^- \approx \frac{Z^{*2}}{n^2} E_1^H \approx E_1^H = -13.6 \text{ eV}.$$

再加上两氢原子核的库仑排斥能之后即呈图 6.9(a) 所示行为, 即相应于 ψ^- 的态不为束缚态, 相应于 ψ^+ 的态为束缚态. 并且可以具体得到氢分子离子的离解能为 $E_B = 2.648 \text{ eV}$, 键长为 $r_0 = 0.106 \text{ nm}$, 即两氢原子核相距恰好为氢原子基态的直径的情况下形成氢分子离子.

二、 共价键的描述方法之二——电子配对法

1. 电子配对法概要

如果形成分子的每个原子中都有自旋未配对的量子态, 则原子间这些未配对的量子态会形成总自旋为 0 的对, 即形成自旋反对称态, 根据电子的费米子本质, 其空间波函数应该是对称的, 从而有较大的重叠. 这种自旋相反的电子对对应的空间上有较大重叠的量子态即形成共价键, 使原子结合成分子, 这种方法称为电子配对法, 相应的理论称为电子配对理论, 也称共价键理论. (1927 年, 由 W. Heitler 和 F. London 提出, 而后在 1930 年代, 由 L.C. Pauling 完善成理论. Pauling 因此获得 1954 年的诺贝尔化学奖.)

2. 实例

(1) 氢分子

氢分子由两个氢原子组成, 更具体地, 氢分子由两个质子 (原子核) 和两个电子组成. 记两个质子分别位于 a、b, 其间距为 R, 两个电子分别位于 1、2, 其间距为 r_{12}, 这两个电子相对于质子 a 的间距分别为 r_{a1}、r_{a2}, 相对于质子 b 的间距分别为 r_{b1}、r_{b2}, 其组分结构如图 6.10 所示.

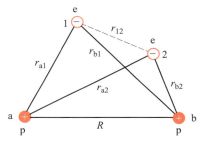

图 6.10 氢分子的组分结构示意图

作为一个四离子系统, 氢分子的忽略了原子核 (质子) 动能的哈密顿量 (下面简称为氢分子的哈密顿量) 为

$$\hat{H} = -\frac{\hbar^2}{2m_e}\left(\nabla_1^2 + \nabla_2^2\right) + \frac{e_s^2}{r_{12}} - e_s^2\left(\frac{1}{r_{a1}} + \frac{1}{r_{a2}} + \frac{1}{r_{b1}} + \frac{1}{r_{b2}}\right) + \frac{e_s^2}{R}.$$

一个电子相对于一个原子核的基态波函数 (s 波) 为

$$\psi_a(i) = 2\left(\frac{\lambda}{a_B}\right)^{3/2} e^{-\lambda r_{ai}/a_B},$$

$$\psi_b(i) = 2\left(\frac{\lambda}{a_B}\right)^{3/2} e^{-\lambda r_{bi}/a_B},$$

其中 a_B 为玻尔第一轨道半径, λ 为考虑了实际存在其它电荷情况下一个质子的有效电荷.

考虑到两电子配对及电子的全同性, 氢分子基态波函数可以表述为

$$\Psi_\pm = \frac{1}{\sqrt{2(1+S^2)}}\left[\psi_a(1)\psi_b(2) \pm \psi_a(2)\psi_b(1)\right],$$

其中

$$S = \int \psi_a^*(i)\psi_b(i)\mathrm{d}\tau_i = \int \psi_b^*(i)\psi_a(i)\mathrm{d}\tau_i.$$

那么, 直接计算可得氢分子的哈密顿量的矩阵元:

$$H_{++} = \langle \Psi_+ | \hat{H} | \Psi_+ \rangle = E_+, \qquad H_{+-} = \langle \Psi_+ | \hat{H} | \Psi_- \rangle = 0,$$

$$H_{-+} = \langle \Psi_- | \hat{H} | \Psi_+ \rangle = 0, \qquad H_{--} = \langle \Psi_- | \hat{H} | \Psi_- \rangle = E_-.$$

解此哈密顿量构成的本征方程可得本征能量分别为 E_+、E_-.

以有效电荷数 λ 和两氢原子核的间距 R 为变分参量, 即可确定氢分子的状态和能量. 例如, 以 λ 为变分参量, 得到氢分子的能量 $E = E_\pm + V_C(R)$ 随 R 的变化分别如图 6.11(a) 中标记为 $\uparrow\downarrow\,^1\Sigma_g^+$、$\uparrow\uparrow\,^3\Sigma_u^-$ 的曲线所示. 相应的波函数分布分别如图 6.11(b) 中标记为 $\uparrow\downarrow\,^1\Sigma_g^+$、$\uparrow\uparrow\,^3\Sigma_u^-$ 的子图所示.

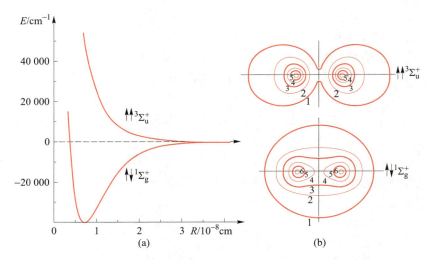

图 6.11　氢分子的成键、反键两种情况的键 (势) 能示意图 (a) 及相应的电子态分布示意图 (b)

由图 6.11 易知, 相应于 Ψ_+ 的态为束缚态, 相应于 Ψ_- 的态不为束缚态. 由 $\psi_\pm$ 的表达式知, Ψ_+ 为空间部分对称的态, Ψ_- 为空间部分反对称的态. 根据电子的费米子本质知, 与 Ψ_+ 相对应的自旋态为交换反对称的单态 $(S = 0)$, 与 Ψ_- 相对应的自旋态为交换对称的三重态 $(S = 1)$. 因此在图 6.11 中除标有直接标记成键、反键的符号 g、u 外, 还有自旋取向的标记. 推而广之, 成键的共价键一定是相应于自旋相反的电子形成的交换反对称的对与原子核共同作用而成. 另一方面, 再对 R 作变分, 则得平衡 (稳定的) 氢分子中两氢原子核的间距为 $R_0 = 0.077$ nm. 由此 R_0 计算出相应的能量 E, 再加上谐振子近似下 R_0 附近的零点振动能, 则得氢分子的离解能为 $E_B = 3.54$ eV. 与实验测量值 $R_0 = 0.074\,2$ nm、$E_B = 4.45$ eV 分别符合得相当好.

(2) 氮分子 N_2、氧分子 O_2、一氧化碳分子 CO

由第四章中关于多电子原子的电子组态的讨论知, 氮分子中的氮原子的电子组态为: $(1s)^2(2s)^2(2p)^3$, 即主量子数 $n = 1$ 的两 s 态电子的自旋已配成反对称的对, 主量子数 $n = 2$ 的两 s 态电子的自旋也已配成反对称的对, 而主量子数 $n = 2$ 的三个 p 态电子的自旋都未配对. 两个氮原子靠近到一定程度时, 一个氮原子中的三个自旋未配对的 p 态电子中的某一个与另一个氮原子中的三个自旋未配对的 p 态电子中的某一个配成自旋反对称的对, 从而出现三个共价键, 使两个氮原子束缚成一个氮分子.

氧分子中的氧原子的电子组态为: $(1s)^2(2s)^2(2p)^2(2p_x2p_y)$, 即主量子数 $n = 1$ 的两 s 态电子的自旋已配对, 主量子数 $n = 2$ 的两 s 态和两 p 态电子的自旋也已分别配对, 而主量子数 $n = 2$ 的另两个 p 态电子的自旋尚未配 (成自旋为 0 的) 对. 当两个氧原子靠近到一定程度时, 一个氧原子中的两个自旋未配对的 p 态电子中的某一个与另一个氧原子中的两个自旋未配对的 p 态电子中的某一个配对, 从而出现两个共价键, 使两个氧原子束缚成一个氧分子.

一氧化碳分子中的碳原子的电子组态为: $(1s)^2(2s)^2(2p)^2$, 即主量子数 $n = 1$ 的两 s 态电子、主量子数 $n = 2$ 的两 s 态电子已分别形成自旋反对称的对, 而主量子数 $n = 2$ 的两个 p 态电子都未配对. 氧原子的电子组态为: $(1s)^2(2s)^2(2p)^2(2p_x2p_y)$, 即主量子数 $n = 2$ 的四个 p 态电子中有两个尚未配成自旋反对称的对. 当一个碳原子与一个氧原子靠近到一定程度时, 一个碳原子中的两个未配成自旋反对称态对的 p 态电子中的某一个与氧原子中的两个未配成自旋反对称态对的 p 态电子中的某一个配对, 从而出现两个共价键, 使一个碳原子与一个氧原子束缚成一个一氧化碳分子. 一氧化碳分子中的两原子还有瞬时极化, 即有范德瓦耳斯键. 所以一氧化碳分子虽然是双原子分子, 但它有三条化学键.

采用与描述氢分子相同的方法, 即可对这些分子的结构进行定量研究. 由于较氢分子复杂很多, 这里不予具体讨论.

三、 关于共价键的一般讨论

1. 分子轨函法与电子配对法的比较

(1) 基矢

由上述关于分子轨函法和电子配对法的讨论知, 两种方法基本相同, 主要差别在于表述分子轨函的基矢.

分子轨函法以分子轨函为基矢, 即以分子轨函为基本构建单元, 按照多粒子系统的波函数的构建方法来构建, 以每个原子仅有一个价电子的双原子分子为例, 即有

$$\psi_{MO} = \frac{1}{2(1+S)}\left[\psi_a(1) \pm \psi_b(1)\right]\left[\psi_a(2) \pm \psi_b(2)\right].$$

电子配对法以原子轨函为基矢, 也就是以原子轨函为基本构建单元, 按照多粒子系统的波函数的构建方法来构建, 也以每个原子仅有一个价电子的双原子分子为例, 即有

$$\psi_{VB} = \frac{1}{\sqrt{2(1+S^2)}}\left[\psi_a(1)\psi_b(2) \pm \psi_b(1)\psi_a(2)\right].$$

比较知, 电子配对法的基矢仅考虑了相对于不同原子核的电子态之间的关联 $\psi_a(1)\psi_b(2)$、$\psi_b(1)\psi_a(2)$, 而分子轨函法的基矢不仅考虑了电子配对法考虑了的相对

于不同原子核的电子态之间的关联, 还考虑了相对于同一个原子核的价电子态之间的关联 $\psi_a(1)\psi_a(2)$、$\psi_b(1)\psi_b(2)$. 因此, 电子配对法给出的仅仅是考虑了定域效应情况的结果, 分子轨函法给出的是考虑了全域效应的结果.

(2) 适用对象

由前述的关于基矢的比较和实例知, 电子配对法采用基于能量最低原理的变分法进行计算, 适用于对分子基态的研究. 分子轨函法不仅适用于研究基态, 还适用于激发态, 进而还可以研究不同状态之间的跃迁.

并且, 电子配对法比较简单, 易于应用, 分子轨函法复杂.

2. 共价键的键能

分子的共价键的结合能即原子中形成共价键的组分间的关联强度, 亦即键能, 或称键强. 具体研究表明, 共价键的结合能为 $10^{-1} \sim 1$ eV.

共价键的键能 (键强) 通常由解除共价键所需的能量来表征和测量. 我们知道, 空气中的氧分子分解为两个氧原子, 与燃烧物中的 C、H 原子结合成稳定的分子, 氧原子由弱共价键转变为强共价键的过程中释放出来的能量为燃烧热. 因此, 共价键的键能可以类比于分子的燃烧热.

基于共价键的重要性及目前应用方面的需求, 关于分子共价键的键能的研究非常活跃. 例如, 现代的定向靶药的研制需要关于病毒和细菌的共价键等分子键的键能及功能等的准确信息, 以便设计合适的药物分子, 使之能够有效地解除病毒或细菌的 (其主要作用的) 重要分子键、或堵塞其破坏功能的通道, 达到有效治疗疾病的效果.

四、 轨函杂化

1. 轨函杂化概念

(1) 定义与基本要求

原子化合成分子时, 由于原子间的相互影响和成键要求, 应对原有的原子轨函进行线性组合, 形成新的正交归一的分子轨函, 这种过程称为轨函杂化.

为了保证分子的状态不因杂化而发生变化, 杂化过程必须保证轨函数目不变.

(2) 效应

由定义知, 轨函杂化会使得分子轨函中各原子轨函的相对权重发生变化, 从而使分子态的能量发生变化, 并且成键能力及键的空间分布也会改变.

2. 轨函杂化的分类

由于常见的原子轨函有 s 轨函、p 轨函、d 轨函等, 因此常见的轨函杂化有: sp、sp^2、sp^3、dsp^2、dsp^3、d^2sp^3 等.

如果轨函杂化时, 各组分原子轨函的概率相同, 则称之为等性杂化; 如果各组分原子轨函的概率不同, 则称之为不等性杂化.

常见的等性 sp 杂化可以表述为

$$\psi_1 = \frac{1}{\sqrt{2}}(s + p_z), \quad \psi_2 = \frac{1}{\sqrt{2}}(s - p_z).$$

其基本特征如图 6.12(a) 所示. 例如, 乙炔 (C_2H_2) 分子 H—C≡C—H、丙二烯 (C_3H_4) 分子 H_2—C=C=C—H_2、氯化汞 ($HgCl_2$) 分子 Cl—Hg—Cl 等分子就是这种轨函杂化的分子. 乙炔和丙二烯的分子结构如图 6.12(b) 所示.

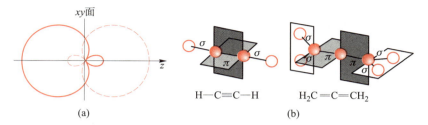

图 6.12　等性 sp 轨道杂化示意图 (a) 及丙二烯等分子的结构示意图 (b)

常见的等性 sp^2 杂化可以表述为

$$\psi_1 = \frac{1}{\sqrt{3}}s + \frac{2}{\sqrt{6}}p_x, \quad \psi_2 = \frac{1}{\sqrt{3}}s - \frac{1}{\sqrt{6}}p_x + \frac{1}{\sqrt{2}}p_y, \quad \psi_3 = \frac{1}{\sqrt{3}}s - \frac{1}{\sqrt{6}}p_x - \frac{1}{\sqrt{2}}p_y.$$

其基本特征如图 6.13(a) 所示.

例如, 乙烯 (C_2H_4) 分子 H_2=C=C=H_2 是典型的这类杂化的分子, 如图 6.13(b) 所示.

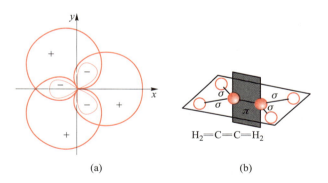

图 6.13　等性 sp^2 轨道杂化示意图 (a) 及乙烯分子的结构示意图 (b)

等性 sp^3 杂化可以表述为

$$\psi_1 = \frac{1}{2}\left(s + p_x + p_y + p_z\right), \quad \psi_2 = \frac{1}{2}\left(s + p_x - p_y - p_z\right),$$
$$\psi_3 = \frac{1}{2}\left(s - p_x + p_y - p_z\right), \quad \psi_4 = \frac{1}{2}\left(s - p_x - p_y + p_z\right).$$

其基本特征如图 6.14(a) 所示.

这类轨函杂化的典型分子有甲烷 (CH_4, C 原子周围有分别通过 σ 键联系的四个氢原子) 和辛烷等, 它们的结构示意图如图 6.14(b) 所示.

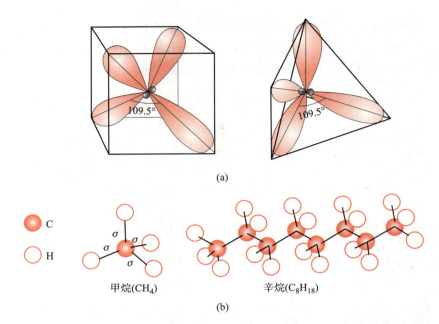

(a)

甲烷(CH₄)

辛烷(C₈H₁₈)

(b)

图 6.14　等性 sp³ 轨道杂化示意图 (a) 及甲烷和辛烷分子的结构示意图 (b)

不等性杂化 即不按各原子轨函的对称性直接给出其间的杂化 (叠加) 系数, 而是通过分子轨函法或电子配对法进行实际计算, 给出杂化系数和实际的键角. 例如, 水分子的结构如图 6.15 所示.

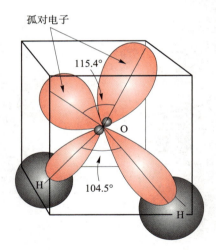

图 6.15　水分子的结构示意图

经复杂计算给出其不等性杂化的分子轨函为

$$\psi_{键1} = 0.448s + 0.500(p_x + p_y) - 0.547p_z,$$
$$\psi_{键2} = 0.448s - 0.500(p_x + p_y) - 0.547p_z,$$
$$\psi_{孤1} = 0.547s + 0.500(p_x - p_y) - 0.448p_z,$$
$$\psi_{孤2} = 0.547s - 0.500(p_x - p_y) + 0.448p_z,$$

其中的两个孤对电子中的一个为氧原子中原有的 $(2p)^2$ 对, 另一个是氧原子中的一个 2s 态电子激发到 2p 态而与原来的一个 2p 态电子配成的对. 另外两条共价键由氧原子中的 2s、2p 态电子与两个氢原子的电子形成.

思考题与习题

6.1. 实验测得 NaCl 分子中 Na 离子与 Cl 离子的间距约为 0.236 nm, 试确定 NaCl 分子的转动光谱中前三条谱线 (即分别对应角动量态之间的跃迁 $1 \to 0$、$2 \to 1$、$3 \to 2$ 的谱线) 的波长及相应的能级间距.

6.2. 实验测得氢分子 H_2 的转动光谱中前三条谱线 (即分别对应角动量态之间的跃迁 $1 \to 0$、$2 \to 1$、$3 \to 2$ 的谱线) 的波长分别为 $81.9\ \mu m$、$40.9\ \mu m$、$27.3\ \mu m$, 试确定氢分子中两氢原子核的间距.

6.3. 实验测得氯化氢分子 HCl 的转动光谱中包含有波长: $120.3\ \mu m$、$96.0\ \mu m$、$80.4\ \mu m$、$68.9\ \mu m$、$60.4\ \mu m$. 如果该分子中的 H、Cl 分别是 ^1H、^{35}Cl, 并且 ^{35}Cl 的质量为 $5.81 \times 10^{-26}\ kg$, 试确定 HCl 分子中氢原子核与氯原子核之间的距离.

6.4. 实验测得溴化氢分子 HBr 的远红外光谱的谱线间隔为 $16.94\ cm^{-1}$, 试确定 HBr 的转动惯量、核间距以及相应于角动量 $L = 4$ 的转动频率.

6.5. 长期探测表明, ^{16}O 的天然丰度很接近 100%, ^{12}C 天然丰度不到 98%, 因此常见的一氧化碳分子有 $^{12}C^{16}O$, 也有 $^xC^{16}O$. 实验测得 $^{12}C^{16}O$、$^xC^{16}O$ 的使角动量发生 $0 \to 1$ 变化的转动吸收光谱线的频率分别为 $1.153 \times 10^{11}\ Hz$、$1.102 \times 10^{11}\ Hz$, 试确定碳同位素 ^xC 的质量数 x.

6.6. 对于一微观粒子系统的转动光谱, 如果已知各量子态的角动量, 我们可以由转动能量或跃迁发出的光子的能量确定系统的转动惯量. 如果实验上尚未准确确定各能级的角动量, 试说明能否定义一个不依赖于角动量的转动惯量以描述其转动性质. 若能, 请写出该定义的表达形式.

6.7. 具有两个不同的主转动惯量的分子的转动能级可以表述为

$$E_R = \frac{L(L+1)\hbar^2}{2I_1} + \frac{1}{2}\left(\frac{1}{I_2} - \frac{1}{I_1}\right)m^2\hbar^2,$$

其中 I_1 为相应于 x、y 轴的转动惯量, I_2 为相应于 z 轴的转动惯量, 试给出 $I_2 = 0.8I_1$ 和 $I_2 = 1.2I_1$ 两种情况下的分子的转动能级的相对位置 $\left(\text{以} \dfrac{\hbar^2}{2I_1} \text{为单位}\right)$, 并画出能级图.

6.8. 由于分子实际不是刚性转子, 因此由于离心效应, 双原子分子中的两原子之间的距离随分子的角动量的增大而增大, 试说明这种伸长使得分子的能级相对于刚性转子的能级有何变化. 如果这种伸长情况下的转动能可以表述为

$$E_R = \frac{\hbar^2}{2I}\left\{L(L+1) - \delta[L(L+1)]^2\right\},$$

其中 δ 为伸长常量, I 为原来的转动惯量, 试给出这些转动能级之间跃迁引起的转动光谱的频率的表达形式, 并说明伸长效应在频率上的表现.

6.9. 实验测得某双原子分子的光谱相对于标准的定轴转动的光谱稍有偏离, 其具体表现为: 波数有一偏离因子 $[1 - L(L+1)/10\,000]$, 试说明该分子中的物质分布随角动量增大而变化的行为.

6.10. 试由图 6.1 所示氯化氢分子的红外吸收光谱提取氯化氢分子的弹性系数和其中氯离子与氢离子的平衡间距.

6.11. 实验测得 HCl 分子的振动光谱的频率为 $9 \times 10^{13}\ Hz$, 试确定 HCl 分子的弹性系数和零点能.

6.12. 实验测得氢分子的振动光谱可以很好地近似为弹性系数为 $573\ N/m$ 的谐振子的光谱, 并且其离解能为 $4.52\ eV$, 试确定氢原子的振动吸收光谱中可能的最高的振动量子数.

6.13. 实验测得 H_2 分子可以吸收波长为 $2.3\ \mu m$ 的红外辐射. 如果由氢同位素形成的分子 HD 和 D_2 有与 H_2 分子的相同的弹性系数, 试确定 HD 和 D_2 分子的振动频率.

6.14. 试由双原子分子的振动光谱表现出的振动频率 ν 随能量变大或变小的行为说明形成分子的原子间束缚情况分别如何变化.

6.15. 如果相应于氮分子 N_2 转动的 $\dfrac{\hbar^2}{2I} = 250\ \mu eV$, 相应于 N_2 的振动零点能为 $145\ meV$, 并且对应于每一个振动能级都有五条转动能级, 试确定 N_2 分子受激跃迁到 $n = 1$ 的振动能级后的退激发过程中可能发出的光的频率.

6.16. 假设 CO 分子中两原子核之间的平衡间距为 0.113 nm, 试确定室温下 CO 分子的振动–转动吸收光谱中强度最大的吸收线对应的角动量.

6.17. 实验测得 CO 分子的对应于 $0 \to 1$ 的振动激发下的振动–转动吸收光谱带中的 R 支的波数如下表

L	0	1	2	3	4	5
$\tilde{\nu}_R/\text{cm}^{-1}$	2 147.084	2 150.858	2 154.599	2 158.301	2 161.971	2 165.602

试确定: (1) 形成该 R 支光谱带的带头的角动量量子数 L_0 为多大; (2) 给出该 R 支光谱带波数的一次差分的平均值, 并由一次差分与角动量 L 的关系给出 CO 分子的转动惯量.

6.18. 研究表明, 分子等由多个粒子形成的量子多体系统具有多种模式的集体运动, 这些集体运动模式可以近似分为振动和转动两类. 如果对应于每一个振动态的主量子数 n 都有一系列角动量量子数 S, 其取值依赖于与跃迁相应的相互作用的极次 (例如, 对偶极作用, $S = n, n-1, \cdots, 0$; 对四极作用, $S = n, n-2, \cdots, 1$ 或 0). 对所有由高能量状态向低能量状态的电四极跃迁, 定义每一个跃迁发出的光子的能量与相应初态角动量的比值为 $R_{\text{EGOS}} = \dfrac{E_\gamma(S \to S-2)}{S}$, 试给出对应于振动能谱的 $R_{\text{EGOS}}^{\text{V}}$ 和对应于转动能谱的 $R_{\text{EGOS}}^{\text{R}}$ 作为 S 的函数的具体形式, 并画出示意图, 说明 $R_{\text{EGOS}}^{\text{V}}$ 和 $R_{\text{EGOS}}^{\text{R}}$ 分别随角动量 S 增大而变化的行为. 并进而说明, 通过考察对应于实验观测到的能 (光) 谱的 R_{EGOS} 可以分析讨论相应的量子态的集体运动模式的演化 (相变); 并说明, 由分子光谱难以据此分析其集体运动模式相变的原因.

6.19. 试分析计算分子结构比计算多电子原子结构更复杂和困难之处.

6.20. 试分析讨论玻恩–奥本海默近似的物理意义.

6.21. 实验测得 H_2 分子中的两质子的间距为 0.074 nm, 结合能为 4.52 eV. 现构建一个两质子之间连线的中点上放置一个负电荷的模型, 使其性质与前述的 H_2 分子的性质相同, 所放置的负电荷的电荷量应为多大?

6.22. 对 F_2 分子和氟离子 F_2^+、F_2^-, 试分析确定它们的结合能的高低顺序及稳定性的顺序.

6.23. 两离子之间的相互作用势能 $U(r)$ 与它们的间距 r 之间的关系可以近似表述为

$$U(r) = -\frac{e^2}{4\pi\varepsilon_0 r} + \frac{b}{r^9}.$$

对于 KCl 分子, 实验测得其两离子的平衡间距为 $r_0 = 0.267$ nm, 试确定相应于上式的相互作用势的参量 b 以及 KCl 分子的相应于该平衡间距的势能.

6.24. 由离子键形成的双原子分子中两离子之间的相互作用势能 $U(r)$ 与它们的间距 r 之间的关系可以相当精确地表述为

$$U(r) = -\frac{Z^{*2}e^2}{4\pi\varepsilon_0 r} + be^{-ar} - \frac{d}{r^6},$$

其中 Z^* 为离子的有效电荷数, a、b、d 为由实验确定的常量. 对于氟化锂 LiF 分子, 实验测得这些常量为 $a = 3.25 \times 10^{10}$ m^{-1}, $b = 895$ eV, $d = 2.68 \times 10^{-6}$ nm^{6}eV, 其键长为 0.154 nm, 试确定把 LiF 分子离解为两个离子所需要的能量. 实验还测得 Li 原子的电离能为 5.39 eV, F 原子的电子亲和势为 3.45 eV, 试确定将 LiF 分子离解为两个中性原子所需的能量.

6.25. 实验测得 KI 分子的离解能为 3.33 eV, K 的电离能为 4.34 eV, I 的电子亲和势为 3.06 eV, 试确定 KI 分子的键长.

6.26. 实验测得 NaCl 分子的离解能为 4.26 eV, Na 的电离能为 5.14 eV, Cl 的电子亲和势为 3.61 eV. 如果该分子中的离子 Na^+、Cl^- 都可近似为点粒子, 其间的相互作用可由静电作用近似表述, 试确定这两个离子的平衡间距.

6.27. 实验测得 BaO 分子的两离子的平衡间距为 0.194 nm, 电偶极矩为 2.65×10^{-29} cm, 试确定该分子的电离度, 并说明对 BaO 分子采用离子键描述的不合理性.

6.28. 试分析 NO 分子和 N_2 分子的电子组态和键结构, 并说明哪一种分子比较稳定.

6.29. 试分析 LiH 分子、CN 分子、SO 分子、ClF 分子和 HI 分子的电子组态和键结构, 并说明其中哪些是极性分子. 如果是极性分子, 试确定其哪一端带正电、哪一端带负电.

6.30. 试分析 CO_2 分子、CS_2 分子、CSTe 分子、C_3 分子、$CdCl_2$ 分子、OCl_2 分子、ONCl 分子和 $SnCl_2$ 分子的键结构, 并说明其中哪些是线性的、哪些是弯曲的.

6.31. 试分析 H_2CO 分子的键结构, 并说明它是否是平面的.

6.32. 试分析 AsH_3 分子、SbF_3 分子、PCl_3 分子和 PF_3 分子的键结构, 并说明其中哪些是平面的、哪些是棱锥形的.

6.33. 水是我们每天都必须摄取的物质. 试通过分析比较说明, 我们不能每天都摄取重水.

6.34. 试分析比较研究分子的共价键的分子轨函法和电子配对法的异同.

6.35. 试证明等性 sp^3 杂化的四个杂化波函数是正交的.

亚原子物理初步

我们已经知道, 宏观物质由分子组成, 分子由原子组成. 从物质的结构层次来讲, 原子的下一层次是原子核, 对于原子核的研究当然是物理学的一个重要分支. 因此, 传统上, 人们称研究原子核的性质、结构、反应及其与物质相互作用的物理学分支学科为原子核物理. 随着研究的深入, 原子核物理的定义和范畴都有很大的扩展. 按照现代 (国际上) 的观念, 研究原子核的性质、结构、反应、与物质相互作用、及原子核的组分 (强子) 的结构、性质和由之形成的物质的性质、起源等的物理学分支学科称为原子核物理. 援用国内将原子核物理与强子物理区分为不同学科的习惯, 本教材不统称之为原子核物理, 而称之为亚原子物理. 本章对此予以简单介绍, 具体包括下述内容:

- 原子核的组分、运动模式及一些特征量
- 核力简介
- 原子核的衰变
- 原子核结构模型
- 核反应及其研究方法
- 粒子家族及其基本规律
- 现代核物理的整体框架

*7.1*__ 原子核的组分、运动模式及一些特征量

7.1.1　原子核的组分及其描述

一、原子核的组分

20 世纪初叶的 α 粒子轰击金箔实验表明, 原子由电子和原子核组成, 原子核带正电、集中在很小的空间范围内, 携带原子的绝大部分质量. 随后即对原子核的组分展开研究.

1919 年, 卢瑟福根据气体室内的闪耀亮度, 推测 α 粒子轰击空气中的氮气的原子核可能产生氢原子核及其它原子核, 即有

$$\ce{^4_2He} + \ce{^{14}_7N} \longrightarrow \ce{^1_1H} + X,$$

并于 1920 年就认为原子核包含质子和质量与质子质量很接近的电中性粒子. 到 1925 年, 布拉凯特 (P.M.S. Blackett) 通过认真分析 4 万多条在氮气中运动的 α 粒子的径迹 (分布在 2 万多张云室照片中), 认定卢瑟福推测的可能的转变过程是

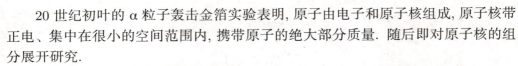

$$\ce{^4_2He} + \ce{^{14}_7N} \longrightarrow \ce{^{18}_9F} \longrightarrow \ce{^1_1H} + \ce{^{17}_8O}.$$

这表明, 原子核中包含有质子. 随后, 卢瑟福与查德威克 (J. Chadwick) 完成了 α 粒子轰击多种轻元素的实验, 确认了上述先形成复合核、复合核再发出质子的过程, 从而确认原子核包含质子. 现在测定的质子的内禀性质是: 静质量 $m = (938.272\,081\pm$

0.000 006) MeV、带电荷量为 1 个元电荷 ($q = 1$ e)、自旋 $s = \frac{1}{2}\hbar$, 自旋磁矩 $\mu_{\mathrm{p}} = (2.792\ 847\ 351 \pm 0.000\ 000\ 000\ 9)\mu_{\mathrm{N}}$.

1930 年, 玻特 (W. Bothe) 和贝克 (H. Becker) 在 α 粒子轰击铍原子核的实验中发现有穿透能力极强的射线, 还有人发现硼也有类似性质, 并估计这种粒子的能量高达约 10 MeV. 1932 年 1 月, 居里夫妇 (Joliot–Curie) 宣布这种射线是 γ 射线, 它可以把质子从石蜡中打出来. 查德威克再认真分析其从 1921 年就开始进行的寻找原子核包含有质量与质子质量很接近的电中性粒子的实验, 并重新进行 α 粒子轰击 Be、Be 的辐射轰击 N 等实验, 通过全面分析出射的质子、电中性粒子及反冲核的能量、动量关系, 并利用云室测定前述辐射的质量, 说明上述实验中的电中性粒子不是 γ 光子, 而是质量与质子质量很接近的电中性粒子, 也就是命名为中子的粒子 (并于 1932 年 2 月发表其研究结果, 查德威克因该发现获得了 1935 年的诺贝尔物理学奖). 现在测定的中子的内禀性质是: 静质量 $m = (939.565\ 413 \pm 0.000\ 006)$ MeV、带电荷量为 0、自旋 $s = \frac{1}{2}\hbar$, 自旋磁矩 $\mu_{\mathrm{n}} = (-1.913\ 042\ 7 \pm 0.000\ 000\ 5)\mu_{\mathrm{N}}$. 这样, 人们就确认了原子核包含有质子和中子.

由于实验观测到原子核会释放电子 (β⁻ 衰变), 因此人们自然推测原子核包含有电子. 但由于实验观测到的 β⁻ 衰变发出的电子的能量远远小于根据不确定关系计算得到的从原子核中释放出来的电子的能量, 从而排除了原子核包含电子的可能性. 这样, 到 20 世纪 30 年代中期, 人们就确认原子核由质子和中子组成, 或者说原子核的组分单元是核子 (质子和中子的统称).

1952 年, 波兰科学家丹尼什 (M. Danysz) 和普涅夫斯基 (J. Pniewski) 在观测暴露于宇宙线中的核乳胶时发现, 存在一些推迟裂解的较重的核碎块 [Phil. Mag. 44: 348 (1953)]. 深入探究其性质发现, 这些推迟裂解的较重的核碎块 (原子核) 除具有与通常的由质子与中子结合而成的原子核类似的性质外, 其中还包含有性质与中子基本相同、但质量较大的粒子. 由于当时对这类原子核的本质不清楚, 就沿用对超导体、超流体的命名方案, 称这类原子核为超核(hypernucleus), 并称性质与中子基本相同、但质量较大的粒子为超子(hyperon). 随着研究的深入, 人们称这类组成原子核的电中性粒子为 Λ 超子. 到 20 世纪 70 年代中期, 人们测定了包含 Λ 超子的碳原子核的结合能等性质 [Phys. Lett. B 53: 297 (1974)]. 此后, 人们逐渐发现了包含带负电荷的 Σ 超子的原子核 [Σ 超核; Nucl. Phys A. 508: 99c(1990), Nucl. Phys. A 639: 103c (1998)] 以及包含带负电荷的 Ξ 超子的原子核 [Ξ 超核; Ann. Phys. 146: 309 (1983)]. 近年还发现了包含反 Λ 超子的氢原子核 [Science 328: 58 (2010)]. 这些发现表明, 原子核组分主要是质子和中子, 但超子也是原子核 (至少一部分原子核) 的重要组成单元. 再后来的研究发现, 核子主要由上夸克和下夸克组成 (质子由两个上夸克和一个下夸克组成, 中子由一个上夸克和两个下夸克组成), 超子还包含有奇异夸克, 因此通常称超核为奇异性原子核(或奇异核).

上述讨论表明, 原子核由核子和超子组成. 另一方面, 使核子 (以及超子) 束缚成原子核的媒介粒子为介子(meson). 因此, 传统上, 人们认为, 介子仅仅是媒介粒子,对原子核的组分结构和质量没有直观可见的贡献. 到 20 世纪 90 年代, 对 K$^+$ 介子与原子核之间的散射等实验的研究 [Physical Review Letters 68: 290 (1992); Science 259: 773 (1993)] 和我国学者吴式枢先生等的理论研究表明 [Chinese Physics Letters 12: 344 (1995), *ibid* 13: 347(1996)], 介子对原子核的基态性质有相当可观的贡献 (可能高达 10%).

由于核子 (质子和中子)、超子和介子都是参与强相互作用的粒子, 因此统称为强子. 那么, 广义来讲, 原子核由强子组成, 即原子核的组分粒子为强子. 具体地, 多数原子核的组分粒子是核子, 相当一部分原子核的组分粒子既有核子, 又有超子. 并且, 介子也是原子核的重要组成部分.

二、 原子核的标记

由于多数原子核由质子和中子组成, 因此, 通常原子核由其质量数 A 和其包含的质子数 Z(中子数 $N = A - Z$) 标记为

$$_Z^A 元素符号_N .$$

并且, 人们直观地称质子数和中子数都为偶数的原子核为偶偶核、质子数和中子数都为奇数的原子核为奇奇核, 质子数为偶数中子数为奇数和质子数为奇数中子数为偶数的原子核为奇偶核或偶奇核(并统称为奇-A 核).

实验还发现, 存在质量数相同但能量不同的原子核, 人们称为同核异能态, 通常记为

$$_Z^{Am} 元素符号_N .$$

实验测量还发现, 对于相同的核电荷数 Z, 存在中子数 N 不同的原子核. 人们称质子数相同但中子数不同的原子核为同位素. 不同同位素在自然界中的丰度不同, 实验测得的不同同位素的天然丰度见附录六. 类似地, 人们称中子数相同质子数不同的原子核为同中子素. 并且, 人们还称质量数相同但中子数和质子数各不相同的原子核为同量异位素.

对于超核, 人们通常记之为

$$_{nY}^A 元素符号_N ,$$

其中 n 为超核包含的超子的数目, Y 为超子的统称, 根据实际情况具体化为 Λ、Ξ、Σ, 例如 $_{2\Lambda}^{12}C_4$ 表示包含有两个 Λ 超子的超碳-12 原子核.

三、 同位旋

由于质子和中子是静质量很接近 (差别仅约 1.3 MeV) 的自旋都为 $\frac{1}{2}\hbar$ 的费米子, 并且质子带一个单位正电荷、中子不带电, 因此, 如果将其间很小的质量差异视为电磁作用所致, 则在强相互作用层面上, 质子和中子可以视为核子的二重态. 为描述这一二重态性质, 人们引入同位旋(isospin) 的概念, 类似于电子的自旋投影具

有朝上和朝下两种情况, 人们称质子为同位旋在 z 方向投影为 $\frac{1}{2}$ 的态、中子为同位旋在 z 方向投影为 $-\frac{1}{2}$ 的态. 那么, 包含有 Z 个质子和 N 个中子的原子核的同位旋在 z 方向的投影则为

$$I_z = I_3 = \frac{Z - N}{2}. \tag{7.1}$$

与角动量及其在 z 方向的投影的量子数之间的关系一样, 这样的原子核的同位旋的最小值即上述 I_3 的绝对值, 也就是有

$$I_{\min} = |I_3| = \frac{N - Z}{2}.$$

另外, 习惯上, 标记同位旋的符号也常用希腊字母 τ 或英文字母 T.

7.1.2 原子核的结合能与液滴模型

一、原子核的结合能与质量亏损

▶ 7.1.2
授课视频

我们知道, 对于氢原子, 由之裂解成静止的质子和静止的电子的能量称为氢原子的电离能, 或离解能, 也就是其结合能 (binding energy). 将此概念推广, 人们称原子的静质量能和电子的静质量能之和与原子的静质量能之差为原子的结合能, 即有

$$E_{\mathrm{B}}^{原子} = M_{原子核}c^2 + m_{电子}c^2 - M_{原子}c^2,$$

其中 $m_{电子}$ 为所有电子的静质量之和, c 为真空中的光速.

类似地, 人们称组成通常的原子核的所有组分粒子的静质量能之和与原子核的静质量能的差值为原子核的结合能, 对于由 Z 个质子和 N 个中子组成的简单的原子核, 即有

$$E_{\mathrm{B}}^{原子核} = Zm_{\mathrm{p}}c^2 + Nm_{\mathrm{n}}c^2 - M_{原子核}c^2, \tag{7.2}$$

其中 m_{p}、m_{n}、$M_{原子核}$ 分别为质子、中子、原子核的静质量. 同时, 人们称通常原子核的所有质子和中子的静质量之和与原子核的静质量之间的差值

$$\Delta M = Zm_{\mathrm{p}} + Nm_{\mathrm{n}} - M_{原子核} \tag{7.3}$$

为原子核的质量亏损(也称质量盈余). 显然, 原子核的结合能等于原子核的质量亏损对应的静质量能. 再者, 与氢原子的电离能 (结合能) 类似, 在适当选取能量参考点的情况下, 原子核的结合能等于原子核的基态能量的负值.

另一方面, 对于所含质子数不同、中子数不同的原子核, 上述结合能的差异可能很大, 不方便比较. 为方便分析和比较, 人们引进了比结合能的概念. 所谓的比结合能, 即每个核子的平均结合能, 即有

$$\varepsilon_{\mathrm{B}} = \frac{E_{\mathrm{B}}^{原子核}}{A}. \tag{7.4}$$

同时, 人们称使通常的原子核逸出一个 (两个) 核子并保持其 "静止" 的能量为原子核的单核子分离能 (双核子分离能). 由定义知, 原子核的比结合能可以近似地通过测量原子核的单核子分离能而确定, 但是, 这样测定的比结合能仅仅是原来处于确定状态的核子的结合能.

实验测量得到的由轻到重的通常的原子核的比结合能随原子核的总核子数变化的行为如图 7.1 所示. 由图 7.1 易知, 原子核 $^{62}_{28}\text{Ni}$ 附近的原子核的比结合能最大. 这表明, 较 ^{62}Ni 轻的原子核通过聚变方式产生时放出能量 (常简称为放热), 较 ^{62}Ni 重的原子核通过裂变方式转变为两个或多个较轻的原子核时放出能量. 这显然为核能应用提供了基础和指导. 目前, 对于重核, 我们可以通过裂变方式利用核能; 对于轻核, 我们可以利用聚变方式利用核能. 裂变能应用技术已经成熟, 并已广泛应用. 聚变能应用方面, 无准确控制的放能技术也已成功应用, 准确控制的放能技术是目前重要的研究课题, 国内的中国科学院等离子体物理研究所已经实现了短时间的 "人造太阳", 国际上各大国都在争相研究, 并有 ITER 国际合作研究计划 (场址在法国) 正在实施.

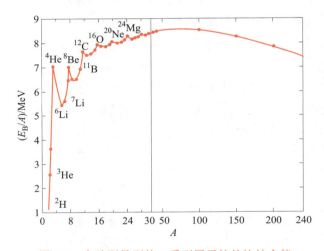

图 7.1　实验测量到的一系列原子核的比结合能

由于原子核的各组分粒子间的相互作用与粒子的种类有关, 因此, 除了上述的通常的原子核, 对于超核, 人们称使超核中逸出一个超子并保持其 "静止" 的能量为超核中超子的分离能, 也简称之为超子的结合能.

二、原子核的液滴模型

我们已经知道, 原子核是由强子组成的量子束缚系统. 根据量子物理的基本原理, 原子核是量子化的波. 但是, 参照我们对氢原子描述的经验, 按照其中物质 (处于量子态的粒子) 最概然分布的区域, 原子核也可以被认为是一个有一定空间体积的复合粒子, 并且, 尽管其不可压缩系数很大, 但该粒子不是一个刚球, 因此可以将之视为一个液滴, 从而建立了原子核的液滴模型[魏扎克 (C.F.von Weizsäcker) 于 1935 年 (最早的) 提出的关于原子核的宏观模型].

因为原子核 (液滴) 都有一定的体积, 所以它一定有体积能E_V. 由于原子核有表面, 相应地就有表面能E_S. 由于原子核的重要组成部分质子带正电、中子不带电, 因此原子核具有静电能, 或者说库仑能E_C. 尽管原子核的重要组成部分质子与中子除了与电磁性质相关的之外的性质很接近外, 但并不完全相同, 因此原子核还有由于其组成部分性质不同而引起的能量, 即有质子与中子之间的不对称能 E_{AS}, 习惯上考虑表述简洁, 人们称之为对称能. 更精细地, 考虑质子数及中子数的奇偶性不同带来的影响, 原子核的能量还包含有奇偶能E_{OE}.

直观地, 体积能 E_V 正比于原子核的体积, 表面能 E_S 正比于原子核的表面积, 库仑能反比于原子核的平均半径. 假设原子核的平均半径 (或者说, 将原子核近似为球体时, 它对应的球体的半径) 为 R, 实验测量表明原子核的平均半径正比于原子核包含的核子数 A 的三分之一次方, 于是有 $E_V \propto V \propto R^3 \propto A$, $E_S \propto S \propto R^2 \propto A^{2/3}$, $E_C \propto R^{-1} Z^2 \propto A^{-1/3} Z^2$. 对于对称能, 目前尚未研究清楚, 基本共识是, 在最低阶近似下, 对称能正比于原子核的同位旋的第三分量的平方, 即有 $E_{AS} \propto I_3^2 \propto (N - Z)^2$. 对于奇偶能, 经验表明, $E_{OE} \propto A^{-1/2}$. 于是, 原子核的总能量 (亦即质量) 可以由原子核的组分表述为

$$E_{\text{原子核}} = \alpha_V A + \alpha_S B_S A^{2/3} + \alpha_C B_C Z^2 A^{-1/3} + \alpha (N - Z)^2 + \alpha_P \delta A^{-1/2}, \quad (7.5)$$

其中 α_V 为体积能系数, α_S 为表面能系数, α_C 为库仑能系数, α 为对称能系数, α_P 为奇偶能系数, 其数值和符号通常由拟合一些原子核的质量而定. B_S、B_C 分别为与液滴 (原子核) 形状相关的修正因子 (对球形核, $B_S = B_C = 1$). 并且, 对不同类原子核, δ 的取值为

$$\delta = \begin{cases} 1, & \text{偶偶核}, \\ 0, & \text{奇-}A\text{核}, \\ -1, & \text{奇奇核}. \end{cases}$$

传统的液滴模型对于原子核质量的计算都是通过拟合原子核的质量确定下前述公式中的参数, 然后应用于计算其它原子核的质量. 后来发展建立了先通过核结构理论方法确定下前述的参数, 然后进行计算, 或者说发展建立了考虑核结构效应修正的液滴模型 [例如, Phys. Rev. C 81: 044322 (2010) 等]. 利用考虑了核结构效应等修正的液滴模型来对原子核质量计算的结果与实验测量结果之间的差值如图 7.2 所示.

由图 7.2 知, (考虑了核结构效应等修正的) 液滴模型可以相当好地描述原子核的质量等性质. 但是, 由于核能应用研究的需要, 人们需要原子核质量 (能量) 的很准确的数值, 因此相关的改进方案等的研究仍在更深入地开展. 另一方面, 上述的关于对称能的讨论仅适用于通常的原子核, 对于较高密度情况, 对称能系数尚未确定, 甚至其正负符号都未确定, 可能的情况如图 7.3 所示. 因此, 关于对称能及对称能系数的研究仍是目前的一个重要课题.

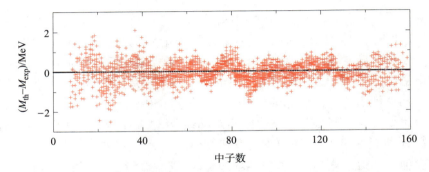

图 7.2　较精细地考虑了核结构效应等修正的液滴模型对原子核质量计算的结果与实验测量结果之间的差值 [取自 Phys. Rev. C 81: 044322 (2010)]

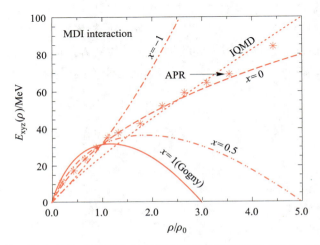

图 7.3　关于原子核及核物质的对称能随密度变化行为的计算结果 [取自 Phys. Rev. Lett. 102: 062502 (2009), 其中 ρ_0 为饱和核物质密度, 亦即通常的原子核的密度, 其数值为 $\rho_0 \approx 0.16$ 核子/fm$^3 \approx 0.15\,\mathrm{GeV/fm^3}$, x 相当于前述的 α, 其它标记为不同理论方法的标记.]

7.1.3 ◀
授课视频

7.1.3　原子核的集体运动

一、原子核有集体运动

1. 实验测量事实

实验发现, 相当多的原子核都具有不同于单粒子能谱的能谱, 并且表现出辐射频率近似为常量的振动谱、或辐射频率与量子态角动量近似成正比的转动谱的特征. 对于原子核的电磁性质的测量表明, 很多原子核具有远大于仅由单纯价核子状态决定的电四极 (E2) 矩和仅由单纯价核子状态变化引起的 E2 跃迁概率. 这些事实表明, 原子核不仅具有单粒子运动, 还有所有核子都共同参与的集体运动, 并且这种集体运动具有不同的模式.

2. 原子核的集体运动模式

由实验测得的振动谱知, 原子核的集体运动具有振动 (vibration) 模式. 具体地, 振动可以是体积保持不变、但其中核物质分布不同的振动, 例如具有空间反演对称性的四极振动、或空间反演不对称的八极振动、或质子部分质心与中子部分质心分离开的偶极振动, 还可以是体积改变的呼吸模式的单极振动等. 由于体积保持不变的振动所需能量较低, 因此最常见的振动模式是电四极振动、其次是电八极振动, 由于偶极振动和单极振动所需能量较高, 因此常称之为巨共振(giant resonance).

由实验测得的辐射频率与量子态角动量近似成正比的转动谱知, 原子核具有转动模式. 由第五章关于原子和第六章关于分子的讨论知, 作为一个量子束缚态的原子核的转动可能是定轴转动 (axial rotation), 也可能是不定轴转动 (有公转和章动). 对于轴对称的定轴转动, 人们通常称转动轴与对称轴垂直的转动为长椭球转动(prolate rotation), 而称转动轴沿对称轴的转动为扁椭球转动(oblate rotation). 转动还可能是有固定轴、但转轴不沿原子核的任何一个惯量主轴的转动, 人们称轴对称原子核的这种转动为三轴转动 (triaxial rotation). 所谓不定轴转动, 即转轴的方向不确定, 对于轴对称原子核, 人们称这种转动为 γ–软转动 (γ–soft rotation) 或 γ–不稳定转动 (γ –unstable rotation).

二、 原子核的形状及其描述

1. 原子核的形状

形成原子核的物质分布的包络面的形状称为原子核的形状. 根据原子核的液滴模型, 组分确定并且体积也确定的原子核的能量由其表面积决定. 由几何原理知, 对于体积确定的物体, 球形的表面积最小. 再根据能量最低原理, 球形原子核的能量最低. 前已述及, 实验发现, 原子核对应的球体的半径与其核子数 A 的三分之一次方成正比, 即有

$$R_{球形原子核} = r_0 A^{1/3}, \tag{7.6}$$

其中较轻原子核的 r_0 较大, 重原子核的 r_0 较小, 基本上 $r_0 = (1.05 \sim 1.25)$ fm. 这类处于基态的简单形状原子核中的组分物质分布如图 7.4 所示, 并可参数化表述为

$$\rho(r) = \frac{\rho_0}{1 + e^{(r-R)/a}}, \tag{7.7}$$

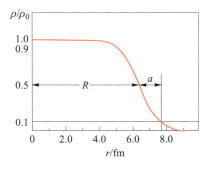

图 7.4 处于基态的简单形状重原子核中的组分物质的正常分布示意图

其中 ρ_0 为原子核中心附近的密度, R 为原子核的半径, a 相当于原子核物质分布的表面的厚度.

事实上, 作为量子束缚态的原子态有多种模式的集体运动, 从而多数原子核的形状都偏离球形, 也就是有**变形**(或称**形变**). 预言并且已经观测到的原子核的形状多种多样, 通常将核半径按球谐函数 $Y_{km}(\theta, \phi)$ 展开, 并将相应的形变称为 2^k 极形变, 例如, 对应于 $k = 2$ 的变形核称为四极形变核, 由球谐函数的性质 (第二章关于氢原子的讨论中已说明) 知, 这种形变核呈椭球形; 对应于 $k = 3$ 的变形核称为八极形变核, 由球谐函数的性质知, 这种形变核根据 m 取值不同呈梨形、镉形、香蕉形等; 对应于 $k = 4$ 的形变核称为十六极形变核, 由球谐函数的性质知, 这种形变核呈棱被光滑掉的类四棱柱形、纺锤形等. 它们的横截面如图 7.5 所示. 这些形变中, 最简单也是最重要的是四极形变, 实验上已经观测到的最高极形变是 16 极形变 [Europhysics News. 31 (2001)], 同时原子核还可能有形状共存现象 [近期的综述介绍见 Reviews of Modern Physics 83: 1467 (2011)]. 基态形变核普遍存在于各个质量区 [Europhysics News 31 (2001)], 尤其值得注意的是超重核区也存在变形核和形状共存, 而且结构更加丰富 [Nature 433: 705 (2005)]. 而激发态核的形变则更富含物理内容, 如超形变带、回弯现象、同核异能态等都与形变直接相关. 总之, 原子核具有多种集体运动模式 (或状态), 并且有多种模式共存和各种奇异的状态. 因此, 对原子核的集体运动模式和形状的研究是原子核结构研究的核心内容之一.

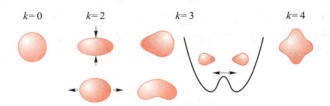

图 7.5 $k = 0, 2, 3, 4$ 对应的 2^k 极形变, 实验上观测到的最高极形变是十六极形变 [取自 Europhysics News 31 (2001)]

2. 原子核形状的 Hill−Wheeler 参数化描述

相应于原子核的集体运动, 原子核呈现不同的形状 (严格来讲, 组成原子核的物质分布的包络面呈不同的形状). 为表述原子核的集体运动的性质, 人们发展建立了集体模型 [其简单的情况即几何模型, 人们也常称之为 Bohr−Mottelson 模型, Dan. Mat.-Fys. Medd. 27: No. 16 (1953); *ibid*, 30: No. 1 (1955)].

原子核形状的研究一直是原子核结构理论中的一个重要问题, 这是因为原子核形状与原子核组成成分的两种运动形式 (集体运动和单粒子运动) 都密切相关, 并且不同形状原子核的振动、转动等集体运动模式也各不相同; 同时原子核的形状由所有核子的空间分布决定 [Phys. Rev. 89: 1102 (1953)], 而且随集体运动模式的不同而变化.

为简单地表述原子核的形状, 人们将原子核假设为由多个核子集体关联而整体运动形成的液滴, 并采用三个欧拉角 $(\theta_1, \theta_2, \theta_3)$ 和两个内禀变量 θ、ϕ 来表述其形状和空间取向, 其中三个欧拉角定义随体坐标的方向, 两个内禀变量决定的函数表征原子核的形状 (形变), 于是原子核的形状可以由其按球谐函数展开表示的空间分

布来描述, 即有

$$R(\theta,\phi) = R_0 \Big[1 + \sum_{k\mu} \alpha^*_{k\mu} Y_{k\mu}(\theta,\phi) \Big], \tag{7.8}$$

其中 θ、ϕ 为实验室坐标系中表示方向的坐标. 实验室坐标系与随体坐标系之间的关系可以由展开系数张量 $\alpha_{k\mu}$ 之间的关系表述为

$$\begin{aligned} \alpha^*_{k\mu} &= \sum_{\nu} a_{k\nu} D^k_{\mu\nu}(\Omega), \\ \Omega &= (\theta_1, \theta_2, \theta_3), \end{aligned} \tag{7.9}$$

其中 D 函数是 Wigner 转动矩阵. 对于常见的较简单的四极相变, 系数 $a_{2\nu} = a_\nu$ 可以由 Hill−Wheeler 参数化方案 (Phys. Rev. 89: 1102 (1953)) 表示为

$$\begin{aligned} a_0 &= \beta\cos\gamma, \\ a_{\pm 2} &= \frac{1}{\sqrt{2}}\beta\sin\gamma, \\ a_{\pm 1} &= 0. \end{aligned} \tag{7.10}$$

人们还约定, $\beta > 0, \gamma > 0$ 对应类长椭球形变, $\beta < 0, \gamma > 0$ 或 $\beta > 0, \gamma < 0$ 对应类扁椭球形变.

哈密顿量则可表述为

$$\begin{aligned} \hat{H} = {}& -\frac{\hbar^2}{2B}\Bigg\{ \frac{1}{\beta^4}\frac{\partial}{\partial\beta}\beta^4\frac{\partial}{\partial\beta} + \frac{1}{\beta^2}\bigg(\frac{1}{\sin 3\gamma}\frac{\partial}{\partial\gamma}\sin 3\gamma\frac{\partial}{\partial\gamma} - \frac{1}{4}\sum_k \frac{L_K'^2}{\big[\sin\big(\gamma-\frac{2}{3}n\pi\big)\big]^2} \bigg) \Bigg\} \\ & + U(\beta,\gamma), \end{aligned} \tag{7.11}$$

其中 B 为集体质量参数, L_K' 为沿随体坐标系的 $K-$ 轴 (亦即 $z-$ 轴) 方向的角动量, $U(\beta,\gamma)$ 为在形变参数空间表述的相互作用势. 考虑正弦函数周期性, 人们把前述的对于参数的约定进一步修改为: $\beta > 0, \gamma \in \left[0,\frac{\pi}{3}\right]$ 对应长椭球形变, $\beta < 0, \gamma \in \left[0,\frac{\pi}{3}\right]$ 或 $\beta > 0, \gamma \in \left[-\frac{\pi}{3},0\right]$ 对应扁椭球形变.

三、 关于原子核集体运动的一些可测量量

1. 原子核的自旋

与电子一样, 组成原子核的各种强子都有自旋, 并且质子、中子和超子的自旋都是 $\frac{1}{2}\hbar$, π 介子的自旋为 0. 这些组分粒子的自旋与轨道角动量叠加在一起构成组分粒子的总自旋. 另一方面, 原子核有集体运动, 这种集体运动中的转动使得原子核有一个整体的自旋. 那么, 原子核的组分粒子的总自旋与集体运动自旋的叠加构成原子核的 (总) 自旋.

实验测量表明, 所有偶偶核的基态自旋都为零, 并有角动量相差 $2\hbar$ 的基态转动带. 奇-A 核的基态自旋都为 $\hbar$ 的半奇数倍, 奇奇核的基态自旋都为 $\hbar$ 的整数倍 (相

当大一部分为 0). 与原子中电子的自旋与轨道角动量的关系类似, 原子核的稳定性 (能量最低原理) 要求其中的组分粒子的自旋倾向于反向排列 (即配成自旋为 0 的对), 而离心势能最低要求它们的轨道角动量取它们的最小值, 于是原子核的组分粒子总自旋通常都很小. 进而, 低能量态原子核的自旋一般都是原子核的集体运动自旋 (角动量). 但是, 对于集体运动角动量 (自旋) 很高 (达到几十 $\hbar$) 的核态, 相应于集体转动的离心力使得组分粒子的对关联解除, 出现组分粒子自旋顺排 (alignment), 从而对原子核的自旋有较大的贡献, 甚至出现集体带终止 (band termination), 原子核的自旋相当大一部分来自其组分粒子的自旋.

2. 原子核的磁矩

原子核由强子组成, 与电子一样, 相应于组成原子核的各种强子的轨道运动和自旋都有磁矩. 参照电子的轨道磁矩和自旋磁矩

$$\boldsymbol{\mu}_l^{\mathrm{e}} = -\mu_{\mathrm{B}}\frac{\boldsymbol{l}}{\hbar}, \qquad \boldsymbol{\mu}_s = -2\mu_{\mathrm{B}}\frac{\boldsymbol{s}}{\hbar},$$

其中

$$\mu_{\mathrm{B}} = \frac{e\hbar}{2m_{\mathrm{e}}},$$

m_{e} 为电子的静质量, 负号由电子带一个单位负电荷所致, 我们可以定义原子核中的费米子的轨道磁矩和自旋磁矩为

$$\boldsymbol{\mu}_l^{\mathrm{H}} = \frac{q^{\mathrm{H}}}{m_{m_{\mathrm{p}}}^{\mathrm{H}}}\mu_{\mathrm{N}}\frac{\boldsymbol{l}}{\hbar}, \qquad \boldsymbol{\mu}_s = 2\frac{q^{\mathrm{H}}}{m_{m_{\mathrm{p}}}^{\mathrm{H}}}\mu_{\mathrm{N}}\frac{\boldsymbol{s}}{\hbar}, \tag{7.12}$$

其中 q^{H} 是以元电荷 e 为单位的强子 H 的带电荷量, $m_{m_{\mathrm{p}}}^{\mathrm{H}}$ 是以质子的静质量为单位的强子 H 的质量,

$$\mu_{\mathrm{N}} = \frac{e\hbar}{2m_{\mathrm{p}}}$$

为核磁子. 由于质子的静质量约为电子的静质量的 1 836 倍, 因此核磁子仅约为玻尔磁子的 $\frac{1}{1\,836}$.

按照这一观点, 质子、中子的自旋磁矩分别为 μ_{N}、0. 但实验发现 (施特恩, 1932 年) 质子、中子的自旋磁矩分别为约 $2.8\mu_{\mathrm{N}}$、$-1.9\mu_{\mathrm{N}}$, 与上述传统理论结果明显不符. 这表明质子和中子都具有反常磁矩 [目前的准确值分别为 $\mu_{\mathrm{p}} = (2.792\,847\,351 \pm 0.000\,000\,000\,9)\mu_{\mathrm{N}}$, $\mu_{\mathrm{n}} = (-1.913\,042\,7 \pm 0.000\,000\,5)\mu_{\mathrm{N}}$]. 考虑强子的夸克结构模型可以解释核子的反常磁矩的存在性, 但在强相互作用的基本理论——量子色动力学层次上对核子反常磁矩的机制和定量描述的研究仍在探索之中, 关于核子的组分粒子的反常磁矩的初步探讨可参见 Phys. Rev. Lett. 106: 072001 (2011) 等文献.

既然原子核的各组分粒子有磁矩, 其集体运动也有磁矩, 那么, 与自旋类似, 原子核的磁矩也为其各组分粒子的磁矩与集体运动磁矩的叠加.

与原子的磁矩类似, 实验上对于原子核磁矩的测量通常也局限于其在某一方向上的投影, 例如, 通常取其沿原子核的自旋 $\boldsymbol{J}$ 方向. 于是, 原子核的磁矩算符定义为

$$\hat{\mu}_z = \hat{\mu}_{l,z} + \hat{\mu}_{s,z} = g_J \mu_{\mathrm{N}} \hat{J}, \tag{7.13}$$

其中 g_J 为原子核的旋磁比 (亦即朗德 g 因子. 其确定可采用与确定原子的 g 因子完全相同的方案). 记原子核的状态为 $|J\,M\rangle$ (J、M 分别为角动量及其 z 分量量子数), 则原子核的基态的磁矩为

$$\mu = \langle J\,M|\hat{\mu}_z|J\,M\rangle|_{M=J}. \tag{7.14}$$

对于单粒子态, 容易算得

$$\mu = \begin{cases} \left(g_l l + \dfrac{1}{2}g_s\right)\mu_{\mathrm{N}}, & \text{当 } j = l + \dfrac{1}{2}; \\[3mm] \dfrac{j}{j+1}\left[g_l(l+1) - \dfrac{1}{2}g_s\right]\mu_{\mathrm{N}}, & \text{当 } j = l - \dfrac{1}{2}; \end{cases}$$

其中 g_l、g_s 分别为单核子的轨道 g 因子、自旋 g 因子, 其数值与电子的相应值相同, 即 $g_l = 1$、$g_s = 2$. 该公式常被称为 Schmidt 磁矩公式.

比较上述理论结果和实验测量结果表明, 对于单价核子原子核的磁矩, 理论与实验基本符合, 但是定量上仍有相当大差异, 其原因是原子核的磁矩很强地依赖于原子核的状态. 因此, 实际的计算应该是利用原子核结构理论 (模型) 确定的核态的波函数 (例如, 组态混合等) 进行计算.

3. 原子核的电四极矩

第四章讨论原子能级的超精细结构时曾经提到, 由于原子核中物质分布非各向同性, 因此原子核有电四极矩. 附录五介绍电磁场的多极展开时也曾提到, 电荷分布不均匀会带来电四极矩. 电荷密度为 $\rho(\boldsymbol{r})[\boldsymbol{r} = (r,\theta,\phi)]$ 的区域的电四极矩为

$$Q_{ij} = (3x_i x_j - r^2)\rho(\boldsymbol{r}),$$

其中 $x_i(i=1,2,3)$ 为 $\boldsymbol{r}$ 在直角坐标系中的表述. 实用中, 通常取其 z 分量 (即第 3 分量), 则

$$Q = Q_{33} = (3z^2 - r^2)\rho(\boldsymbol{r}) = r^2(3\cos^2\theta - 1)\rho(\boldsymbol{r}) = \sqrt{\frac{16\pi}{5}}\,r^2 \mathrm{Y}_{20}(\theta,\phi)\rho(\boldsymbol{r}),$$

其中 $\mathrm{Y}_{20}(\theta,\phi)$ 为对应于 $m=0$ 的 2 阶球谐函数.

通常的原子核由质子和中子组成, 质子带一个单位正电荷 e, 那么, 质子的电四极算符可以一般地表述为

$$\hat{q}_{2m} = \sqrt{\frac{16\pi}{5}}\,e\,r^2 \mathrm{Y}_{2m}(\theta,\phi).$$

通常取其第 3 分量, 即取 $m = 0$, 于是有

$$\hat{q} = \hat{q}_{20} = \sqrt{\frac{16\pi}{5}}\, e\, r^2\, \mathrm{Y}_{20}(\theta, \phi). \tag{7.15}$$

由于中子不带电, 因此单个中子的电四极矩算符为 0. 这样, 原子核的电四极矩算符为

$$\hat{Q}_{2m} = \sum_{i=1}^{Z} \hat{q}_{20}(i). \tag{7.16}$$

实用中, 对由单粒子态构建的原子核态, 通常通过计算 (7.16) 式所示的四极矩算符在相应核态的矩阵元确定. 对直接由集体坐标标记的原子核态, 通常通过计算 (7.15) 式所示的四极矩算符在相应核态的矩阵元确定. 对沿对称轴方向的半轴为 c、垂直对称轴方向的两半轴为 a 的椭球形原子核, 其电四极矩为

$$Q = \frac{2}{5}\left(c^2 - a^2\right)Z.$$

由前述电四极矩算符的定义和计算方案知, 原子核的电四极矩的量纲是 $[\mathrm{m}]^2$, 通常以靶作为单位, 简记为 b, 并且 $1\ \mathrm{b} = 10^{-28}\ \mathrm{m}^2 = 100\ \mathrm{fm}^2$.

四、 原子核的形状相变

如上所述, 原子核的形状由其所有粒子的空间分布的包络面的形状决定, 而这些组分粒子的空间分布不仅随集体运动模式的不同而变化, 还依赖于组分粒子自身的运动状态, 因此, 原子核的集体运动模式和形状必然是集体运动和单粒子运动相互影响的结果. 我们知道, 不均匀的状态中组分相同、物理和化学性质相同的均匀部分的状态称为物质的相. 由于对应于不同集体运动模式 (形状), 原子核的组分粒子相同, 但其状态不同, 由物质的相的定义则知, 原子核的不同集体运动模式 (不同形状) 即原子核的不同相, 由一种集体运动模式 (形状) 到另一种集体运动模式 (形状) 的演化就是集体运动模式 (形状) 相变. 由于原子核的状态 (集体运动模式、形状等) 与原子核包含的中子质子比、激发态能量及自旋、环境温度及密度等多种因素有关, 因此影响原子核形状相变 (集体运动模式相变) 的因素有中子质子比、激发态能量及自旋 (角动量)、环境温度及密度等. 较具体地, 在某个同位素链 (或同中子素链) 中原子核的基态的集体运动模式 (原子核形状) 会随着中子数 (质子数) 的变化而变化. 21 世纪初, 振动与不定轴转动之间相变的临界点 (附近的) 原子核、定轴转动与不定轴转动之间相变的临界点 (附近) 的原子核、临界状态的对称性和三相点的陆续发现 [较系统的介绍见张宇博士论文 (北京大学, 2009 年)], 更加丰富了人们对于基态原子核形状相变的认识. 由于实验上 γ 射线探测器阵列技术的进步, 使得我们不仅可以对原子核基态的形状进行研究, 而且可以对激发态、尤其是高自旋态的核形状进行研究, 2003 年观测到的沿 Yrast 带 (由能量最低的不同角动量态形成的能量态 (带) 称为Yrast 态 (带)) 出现的集体振动模式到定轴转动模式的变化, 给出了低激发态中可能存在转动 (或角动量) 驱动的形状相变的实验证据 [Phys. Rev.

Lett. 90: 152502 (2003)]. 事实上, 理论上对于自旋和温度引起的原子核形状相变的研究自 20 世纪 80 年代中期即开始, 并且一直没有中断 [Phys. Rev. Lett. 57: 539 (1986); Phys. Rev. C 35: 2338 (1987) 等]. 对应于不同组态混合或形状组态的核态称为形状共存(shape coexistence). 这样的单粒子运动和集体运动较强耦合形成的核态对于深入认识原子核的结构至关重要, 因此是原子核形状及形状相变研究关注的重点之一, 有兴趣深入探讨的读者可参阅 Rev. Mod. Phys. 83: 1467 (2011).

另一方面, 原子核的确定的形状和集体运动模式与一定的动力学对称性相联系 [J. Math. Phys. 20: 891 (1979) 等], 因此对原子核的形状和集体运动模式, 尤其是它们的演化 (即相变) 的研究往往与量子多体系统的动力学对称性的破缺或恢复相联系, 从而, 关于原子核形状相变的研究不仅是原子核物理领域中的重要课题, 还引起了有限量子多体系统领域和统计物理学界的极大关注.

7.2 __ 核力简介

7.2
授课视频

7.2.1 核力及其基本特征

原子核主要由质子和中子组成, 但超核除包含质子和中子外还包含有超子. 广义来讲, 原子核的这些组分单元之间的作用力称为核力. 狭义地, 原子核中核子–核子之间的相互作用力称为核力.

实验发现, 核力具有短程性和饱和性、电荷无关性、短程排斥芯、包含有心力成分和非有心力成分、自旋–轨道耦合等基本特征.

一、 核力的短程性和饱和性

实验表明, 核力的力程很短, 仅在 fm 量级. 前已说明, 原子核的平均半径在 $A^{1/3}$ fm(A 为组成原子核的核子数), 因此, 原子核中组分粒子仅与其周围的几个粒子作用, 也就是具有饱和性.

二、 电荷无关性

原子核的组成部分有带正电荷的质子、不带电的中子 (超核还包含有不带电的 Λ 超子和带电的 Σ 超子等), 带电粒子之间当然有电磁作用. 实验测量表明, 在不计及电磁作用的情况下, 在相互作用力程内的处于相同状态的任意两个核子之间的相互作用都相同, 平均结合能 (相互作用势能) 约 8.44 MeV. 这一规律称为核力的电荷无关性.

三、 具有短程排斥芯

实验发现, 核力具有与分子力类似的特征, 即当两核子相距很近时, 其间有很强的排斥作用; 当两核子相距不是很近时, 其间有吸引作用; 当两核子相距较远时, 其间没有作用; 其基本行为如图 7.6 所示. 核子之间相距很近时的很强的排斥作用称为核力的排斥芯.

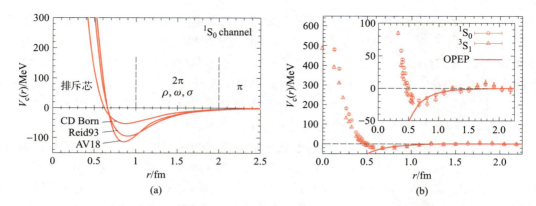

图 7.6 核力的有心力场部分以相互作用势表述的示意图及与现代的多参数核力模型的比较 (a) 和格点 QCD 对 S 道自旋单态及自旋三态作用的计算结果及其与最简单的单 π 交换模型的比较 (b) [取自 Phys. Rev. Lett. 99: 022001 (2007)]

四、核力的有心力成分和非有心力成分

前已述及, 简单来讲, 核力是组成原子核的核子与核子之间的相互作用, 核子都是自旋为 $\frac{1}{2}\hbar$ 的费米子, 并且可以处于不同的状态, 那么核力一定是与所考虑的核子的状态相关的, 例如与两核子的相对轨道角动量相关, 与两核子的总自旋相关. 这就是说, 核力具有非有心力成分. 与自旋相关的核力的非有心力成分可以表述为

$$V_{\mathrm{NC}} = V_{\mathrm{T}}(r)\big[3(\boldsymbol{\sigma}_1 \cdot \hat{\boldsymbol{r}})(\boldsymbol{\sigma}_2 \cdot \hat{\boldsymbol{r}}) - (\boldsymbol{\sigma}_1 \cdot \boldsymbol{\sigma}_2)\big]. \tag{7.17}$$

其中 $\hat{\boldsymbol{r}}$ 为两核子间相对位置矢量方向的单位矢量, $\boldsymbol{\sigma}_1$ 和 $\boldsymbol{\sigma}_2$ 为与两核子的自旋相应的泡利矩阵. 核力的非有心力成分通常也被称为张量力 (tensor force).

实验测量表明, 核力还包含有心力成分. 对于核力的有心力成分, 人们已建立了多种模型, 常用的有

(1) 球方势阱:

$$V_{\mathrm{C}}(r) = \begin{cases} -V_0, & r \leqslant r_0, \\ 0, & r > r_0. \end{cases}$$

(2) 谐振子势:

$$V_{\mathrm{C}}(r) = V_0 r^2.$$

(3) 高斯势:

$$V_{\mathrm{C}}(r) = -V_0 \mathrm{e}^{-r^2/r_{\mathrm{N}}^2},$$

其中 r_{N} 为原子核的半径.

(4) 指数势:

$$V_{\mathrm{C}}(r) = -V_0 \mathrm{e}^{-r/r_{\mathrm{N}}}.$$

(5) 汤川势:

$$V_{\mathrm{C}}(r) = -\frac{V_0}{r} \mathrm{e}^{-r/r_{\mathrm{N}}}.$$

(6) 伍兹–萨克森势:

$$V_C(r) = -\frac{V_0}{1 + e^{(r-R)/a}},$$

其中 R 为原子核的半径, a 相当于原子核内物质分布表面的厚度.

为了提高精度, 或者说更好地系统描述原子核的性质, 人们还建立了很多多参数模型. 目前常用的有 CD Born 势、Reid 93 势、巴黎势、Argonne AV18 势等. 由于它们的表述形式都很复杂, 这里不予具体介绍.

五、 核力具有自旋–轨道耦合作用成分

与原子中的电子具有自旋–轨道耦合作用一样, 直观地, 原子核中的任何两个核子中的一个的自旋磁矩都会感受到另一个核子 (或者说, 其它所有核子) 在其所在区域产生的磁场的作用, 自旋磁矩正比于其自旋 s, 磁场的磁感应强度正比于其自身的轨道角动量 l, 因此核力也有自旋–轨道耦合作用成分, 并且也可以表述为

$$V_{ls} = V_{ls}(r)\hat{\boldsymbol{l}} \cdot \hat{\boldsymbol{s}}, \tag{7.18}$$

其中 $V_{ls}(r)$ 也可以由核子所处的平均场 $U(r)$ 及系统的约化质量 μ 表述为

$$V_{ls}(r) = -\frac{1}{2\mu^2 c^2}\frac{1}{r}\frac{\partial U(r)}{\partial r}.$$

注意, 该表达式与电子的相差一个负号, 其原因是电子带负电、原子核带正电, 而核力具有电荷无关性.

具体分析知, 核力中自旋–轨道耦合作用强得多, 其贡献比电子的自旋–轨道耦合作用对其能级精细结构的贡献大很多, 具体讨论见 7.4 节关于原子核结构的壳模型的讨论.

7.2.2 核力研究的理论方法

前面关于核力的定义中讲到, 核力是原子核中两组分粒子间的相互作用力. 但事实上, 每个核子的状态都与其它核子相关, 因此核力不仅仅是简单的两体作用力, 而是多体作用共同产生的. 那么, 关于核力的研究是一个非常困难的重要课题, 并仍是目前原子核物理和高能物理研究的重要课题. 由于从多体系统出发的研究太困难, 甚至可以说无法真正实现, 因此通常对之作两体作用近似.

我们知道, 带电粒子之间的电磁作用是靠电磁场传递而实现的, 具体而言是由光子 (场) 传递的. 类似地, 核子之间的相互作用也是通过交换媒介粒子而传递的, 这种粒子称为介子. 于是, 人们建立了关于核力的介子交换理论. 最早建立的介子交换理论与电磁作用极其相似, 仅交换一个 π 介子 (与光子一样, 也是玻色子, 自旋量子数为 0, 质量不为 0). 前面给出的关于核力的有心力部分的汤川模型即是单 π 介子交换模型 (one−pion exchange potential, OPEP) 的直接结果 (严格的导出较复杂, 类似的简单讨论可参见数学物理方法中关于格林函数的讨论). 此后发展建立了同时交换 π 介子、ρ 介子、ω 介子、σ 介子、η 介子以及双 π 介子的理论. 各作用道的贡献如图 7.6 中的标记所示.

更深入的研究表明, π 介子是赝戈德斯通 (Goldstone) 粒子, 即伴随手征对称性动力学破缺而产生的粒子. 于是, 人们可以从手征理论出发对核力进行研究.

在讨论原子核的组分粒子时曾经述及, 原子核的组分粒子统称为强子. 更深入的研究表明, 强子也有结构, 它们由夸克和胶子组成. 夸克和胶子除具有自旋等内禀量子属性外, 还具有颜色自由度, 这就是说使夸克形成强子的强相互作用是色作用, 相应的动力学即量子色动力学(quantum chromodynamics, QCD). 这样, 核力可以被认为是夸克之间色作用的剩余作用, 于是, 人们可以利用 QCD 对核力进行研究, 并发展建立了相应的 QCD 有效场论、格点 QCD 等计算方法, 目前已取得丰硕成果. 例如, 格点 QCD 对于 $^1S_0$ 道和 $^3S_1$ 道核力的计算结果如图 7.6 (b) 所示, 对这些数值结果作参数化拟合得到 π 介子交换道对核力的有心力部分的贡献为

$$V_C^\pi(r) = \frac{g_{\pi N}^2}{4\pi} \frac{(\boldsymbol{\tau}_1 \cdot \boldsymbol{\tau}_2)(\boldsymbol{\sigma}_1 \cdot \boldsymbol{\sigma}_2)}{3} \left(\frac{m_\pi}{2m_N}\right)^2 \frac{\mathrm{e}^{-m_\pi \cdot r}}{r},$$

其中 $g_{\pi N}$ 为 π 介子与核子作用的耦合常量, $\boldsymbol{\sigma}_i$、$\boldsymbol{\tau}_i$ ($i = 1$、2) 分别是两核子的泡利算符 (矩阵)、同位旋算符. 并且 η 介子交换道对核力的有心力部分的贡献为

$$V_C^\eta(r) = \frac{g_{\eta N}^2}{4\pi} \frac{\boldsymbol{\sigma}_1 \cdot \boldsymbol{\sigma}_2}{3} \left(\frac{m_\eta}{2m_N}\right)^2 \left(\frac{1}{r} - \frac{m_0^2}{2m_\eta}\right) \mathrm{e}^{-m_\eta \cdot r},$$

其中 $g_{\eta N}$ 为 η 介子与核子作用的耦合常量, m_0 为一个质量参数.

由于这些方法比较深奥, 需要的基础知识较多, 这里不予介绍.

7.3__ 原子核的衰变

7.3.1 原子核的衰变及其规律的一般描述

一、衰变模式与分类

7.3.1 ◀
授课视频

人们已经发现了 2 000 多种原子核 (亦称核素), 但其中仅有约 300 种是稳定的. 这就是说, 绝大多数原子核都是不稳定的, 它们会自发地蜕变为另一种原子核, 并伴随释放出一个或多个粒子. 人们称原子核的这种自发蜕变为放射性蜕变, 简称为核衰变(nuclear decay), 并常以释放出的粒子来对核衰变进行分类, 例如: 释放出 α 粒子 (处于基态的 ^{4}He 原子核) 的蜕变称为 α 衰变, 释放出 γ 光子的蜕变称为 γ 衰变, 释放出电子或正电子的蜕变称为 β 衰变, 并且称一个原子核自发地分裂为两个或多个原子核的现象为自发裂变(spontaneous fission), 也称这种衰变为大 (多) 集团衰变. 除了这些常见模式的衰变, 原子核还有其它模式的衰变.

二、关于衰变的一般描述及其特征量

1. 指数衰变律与寿命

关于原子核衰变的理论描述, 严格来讲很复杂, 但通常人们采用线性响应方案. 所谓衰变, 即一类原子核 (或处于激发态的原子核) 转变为另一类原子核 (或较低能

态的原子核), 也就是说原来状态的原子核的数目一定减少. 记某时刻处于所考察状态的原子核的数目为 N, 经时间 dt 后, 处于所考察状态的原子核的数目减少 dN, 该减少量一定是 N 和 dt 的函数, 在线性响应下, 则有

$$dN = -\lambda N dt,$$

其中的 λ 称为衰变常量. 解此方程, 则得所考察状态的原子核的数目随时间变化的规律为

$$N(t) = N_0 e^{-\lambda t}, \tag{7.19}$$

其中 N_0 为初始时刻处于所考察状态的原子核的数目, λ 由所考虑衰变的机制 (或者说相互作用等) 决定. 这表明, 原子核的状态按其寿命的分布律 $d(t) = \dfrac{|dN|}{N_0 dt}$ 为

$$d(t) = \lambda e^{-\lambda t}. \tag{7.20}$$

为具体考察原子核衰变的速率, 人们通常以所考察状态的原子核的数目减少到原来的一半的时间作为特征量, 并称之为半衰期, 记为 $\tau_{1/2}$.

$$\tau_{1/2} = \frac{1}{\lambda} \ln 2. \tag{7.21}$$

对于所考察状态的原子核的平均寿命 τ, 直观地考察由 N_0 变为 0 所需的时间, 即有

$$\tau = \int_0^\infty d(t)\, t\, dt.$$

将 $d(t)$ 的表达式代入上式, 并完成积分, 得

$$\tau = \frac{1}{\lambda} = \frac{\tau_{1/2}}{\ln 2}. \tag{7.22}$$

自然界中存在的一些原子核的半衰期如附录六所示.

2. 级联衰变

实验观测到的原子核的衰变不仅只有一步衰变, 还有多步级联的衰变, 即 A 状态的原子核衰变到 B 状态的原子核、B 状态的原子核衰变到 C 状态的原子核、如此一级接连一级地进行下去. 那么, 对于该衰变链中的 B 状态的原子核, 它除了按前述的指数规律衰变到 C 之外, 还有按指数规律由 A 状态衰变来的作为补充. 显然, 在线性响应下, B 状态的原子核的数目变化行为与第五章讨论的原子的辐射的行为相同, 其数目随时间的变化率可以表述为

$$\frac{dN_B}{dt} = \lambda_A N_A - \lambda_B N_B. \tag{7.23}$$

解之则得

$$N_B(t) = \frac{\lambda_A}{\lambda_B - \lambda_A} N_{A0} \left(e^{-\lambda_A t} - e^{-\lambda_B t} \right), \tag{7.24}$$

其中 N_{A0} 为级联衰变过程中初始时刻处于母态 A 的原子核的数目. 显然, 中间状态 B 变化的行为不仅与其自身的衰变常量 λ_B 有关, 还与该级联衰变链的母态 A 的衰变常量 λ_A 等都有关.

3. 放射性活度

放射性原子核在单位时间内发生衰变的数目称为该原子核的放射性活度 (radioactivity), 通常记为 A. 定义知,

$$A(t) = -\frac{\mathrm{d}N}{\mathrm{d}t} = \lambda N_0 \mathrm{e}^{-\lambda t} = \lambda N(t). \tag{7.25}$$

放射性活度的单位有贝可 (为纪念贝可勒尔最早发现放射性而命名, 常简记为 Bq) 和居里 (为纪念居里夫人发现钍、钋、镭的放射性而命名, 常简记为 Ci). 1 Bq 定义为 1g 的镭在每秒钟内发生一次核衰变, 1 Ci 定义为每秒钟内发生 3.7×10^{10} 次核衰变 [亦即: 质量为 1 g 的镭 (Ra) 在 1 s 内的放射性衰变数], 两者之间有关系

$$1\ \mathrm{Ci} = 3.7 \times 10^{10}\ \mathrm{Bq}.$$

显然, Bq 单位很小, Ci 单位很大, 因此, 实用的单位有毫居里 (mCi, 即 10^{-3} Ci) 和微居里 (μ Ci, 即 10^{-6} Ci).

由定义知, 测量放射性活度是测定原子核的半衰期的基本方法.

综上所述, 原子核有多种放射性, 由于不同种类的放射性取决于不同模式的相互作用, 因此各自有其独特的行为和规律, 下面对这些衰变分别予以简要介绍.

7.3.2 γ 衰变

与原子一样, 处于激发态的原子核是不稳定的, 它会向低激发态跃迁, 同时放出 γ 光子, 原子核的这种衰变称为 γ 衰变, 也称为 γ 跃迁. 在忽略原子核的反冲能 E_R 的情况下, 原子核释放出的 γ 光子的能量可以由高能量态的能量 E_h、低能量态的能量 E_l 表述为

$$E_\gamma = E_h - E_l. \tag{7.26}$$

由于原子核一般比原子小 4 个数量级, 根据不确定关系, 其能量的不确定度比原子的能量的不确定度一般大 4 个数量级, 因此原子核的 γ 跃迁释放的光子的能量比通常的原子释放出的光子的能量大很多, 一般在 keV 到十几 MeV 的范围 (原子放出的光子的能量在 eV 到 keV 的范围).

前已说明, 原子核除有内部组分粒子的单粒子运动外, 还有多种模式的集体运动, 并且电磁作用也有多种模式 (多极展开), 因此原子核的 γ 跃迁也有多种模式. 不同模式的 γ 跃迁满足的选择定则与前面几章讨论的原子和分子的辐射发光的选择定则相同, 这里不再重述. 需要说明的是, 对于不同模式的集体运动状态内部及其之间的级联的 γ 跃迁给出不同特征的 γ 跃迁能谱 (光谱), 例如, 最常见的电四极跃迁给出角动量量子数相差 2 的相同宇称态的集体振动带和集体转动带, 与八极形变相关的电偶极跃迁给出角动量量子数相差 1 的不同宇称态之间的光谱带 $\cdots 10^+ \rightarrow$

$9^- \rightarrow 8^+ \rightarrow 7^- \rightarrow 6^+ \rightarrow 5^- \rightarrow 4^+ \rightarrow 3^- \rightarrow 2^+ \rightarrow 1^- \rightarrow 0^+$ 等. 由此知, γ 跃迁能谱 (光谱) 是研究原子核的集体运动模式及其相变的重要特征量.

7.3.3 α 衰变

7.3.3 授课视频

一、α 衰变的条件与机制

我们知道, 原子核的 α 衰变即释放出基态氦-4 原子核的衰变, 由于氦-4 原子核的质量数为 4、核电荷数为 2, 则质量数为 A、核电荷数为 Z 的原子核 X 的 α 衰变可以一般地表示为

$$\ce{^A_Z X} \longrightarrow \ce{^{A-4}_{Z-2} Y} + \alpha.$$

假设衰变前母核 X 处于静止状态, 根据能量守恒定律, 我们有

$$m_{\mathrm{X}} c^2 = m_{\mathrm{Y}} c^2 + m_\alpha c^2 + E_\alpha + E_{\mathrm{r}}, \tag{7.27}$$

其中 m_{X}、m_{Y} 和 m_α 分别为母核、子核和 α 粒子的静质量, E_α 和 E_{r} 分别为 α 粒子的动能和子核的反冲动能. 定义 E_α 与 E_{r} 之和为 "α 衰变能", 并记之为 Q_α, 则有

$$Q_\alpha \equiv E_\alpha + E_{\mathrm{r}} = \big[m_{\mathrm{X}} - (m_{\mathrm{Y}} + m_\alpha) \big] c^2. \tag{7.28}$$

由于通常的核素性质所述的质量都是原子质量, 而非原子核的质量, 记母态原子、子态原子、氦原子和电子的质量分别为 M_{X}、M_{Y}、M_{He}、m_{e}, 则

$$m_{\mathrm{X}} = M_{\mathrm{X}} - Z m_{\mathrm{e}}, \quad m_{\mathrm{Y}} = M_{\mathrm{Y}} - (Z-2) m_{\mathrm{e}}, \quad m_\alpha = M_{\mathrm{He}} - 2 m_{\mathrm{e}}.$$

于是, α 衰变能 Q_α 可以表示为

$$Q_\alpha = \big[M_{\mathrm{X}} - (M_{\mathrm{Y}} + M_{\mathrm{He}}) \big] c^2. \tag{7.29}$$

显然, 为保证 α 衰变发生, 必须有 $Q_\alpha > 0$, 即

$$M_{\mathrm{X}}(Z, A) > M_{\mathrm{Y}}(Z-2, A-4) + M_{\mathrm{He}}. \tag{7.30}$$

总之, 一个核素发生 α 衰变的条件是其相应原子的质量必须大于衰变达到的子核原子质量与氦原子质量之和.

α 衰变释放出的 α 粒子来自原子核, 在核内时, 它受到核力提供的吸引作用; 在核外, 它受到原子核提供的库仑排斥作用. 吸引的核力与排斥的库仑力的叠加在核表面形成一个势垒, 如图 7.7 所示. 稍具体地, 该势垒的高度可以近似地由 α 粒子刚逸出母核时与子核之间的库仑排斥能表征, 即有

$$U_{\mathrm{B}} = \frac{1}{4\pi\varepsilon_0} \frac{2 Z e^2}{R}.$$

记子核、α 粒子的半径分别为 $r_Y = r_0 A_Y^{1/3}$、$r_\alpha = r_0 A_\alpha^{1/3}$、$r_0 = 1.2$ fm, 其中 A_Y、A_α 分别为子核、α 粒子的质量数; 再考虑 $\dfrac{e^2}{4\pi\varepsilon_0} = 1.44$ fm·MeV, 则得以 MeV 为单位的势垒高度为

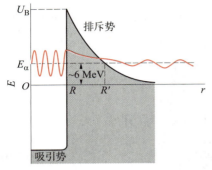

图 7.7 原子核的 α 衰变的势垒示意图

$$U_B = \frac{2Z \times 1.44}{1.2(A_Y^{1/3} + A_\alpha^{1/3})} = 2.4\frac{Z}{A_Y^{1/3} + A_\alpha^{1/3}}.$$

例如, 对于 $^{212}_{84}\mathrm{Po}$, 可得到 $U_B \approx 26$ MeV, 明显大于实验测量到的它释放出的 α 粒子的动能 (8.78 MeV). 那么, 原子核的 α 衰变是原本处于核内的 α 粒子通过量子隧道效应、穿过上述位垒而逸出原子核所致. 因此, 原子核的 α 衰变的机制是强作用和电磁作用共同形成的势场中的量子隧穿, 如图 7.7 中由 E_α 标记的虚线附近的曲线所示.

二、 α 衰变核的寿命*

认识到了 α 衰变是 α 粒子在强作用和电磁作用共同形成的势场中的量子隧穿所致, 我们即可利用量子力学的势垒隧穿理论对之进行描述. 由于完整相互作用很复杂, 难以进行严格的计算. 近似地, 我们可以采用量子力学的准经典近似方法——WKB 近似方法进行计算. 回顾附录二关于量子隧穿的简单讨论, 我们知道, 对于 0 到 a 之间高度为 U_0 的位垒, 能量为 $E < U_0$ 的粒子的透射系数为

$$\left|T\right|^2 \approx \frac{16E(U_0 - E)}{U_0^2}\mathrm{e}^{-\frac{2a}{\hbar}\sqrt{2m(U_0 - E)}}.$$

简记之为 $\left|T\right|^2 \propto P = \mathrm{e}^{-G}$, 则易知, 透射系数正比于穿透概率 $P = \mathrm{e}^{-G}$, 其中的 $G = \dfrac{2a}{\hbar}\sqrt{2m(U_0 - E)}$ 为常量 $\dfrac{2}{\hbar}\sqrt{2m(U_0 - E)}$ 在位垒所处区域 $[0, a]$ 的积分. 那么对于分布在 $[x_1, x_2]$ 区间内的任意位垒 $U(x)$, 我们有

$$G = 2\frac{\sqrt{2m}}{\hbar}\int_{x_1}^{x_2}\sqrt{U(x) - E}\,\mathrm{d}x.$$

对于库仑位垒, 对应能量为 E_α 的间距为

$$R_{\mathrm{out}} = R' = \frac{1}{4\pi\varepsilon_0}\frac{Z_1 Z_2 e^2}{E_\alpha},$$

则

$$\int_R^{R_{\mathrm{out}}}\left[\frac{1}{4\pi\varepsilon_0}\frac{Z_1 Z_2 e^2}{r} - E\right]^{1/2}\mathrm{d}r = \sqrt{\frac{1}{4\pi\varepsilon_0}Z_1 Z_2 e^2}\int_R^{R_{\mathrm{out}}}\left[\frac{1}{r} - \frac{1}{R_{\mathrm{out}}}\right]^{1/2}\mathrm{d}r$$

$$= R_{\text{out}} \left(\frac{1}{4\pi\varepsilon_0} \frac{Z_1 Z_2 e^2}{R_{\text{out}}} \right)^{1/2} \left[\arccos \sqrt{\frac{R}{R_{\text{out}}}} - \sqrt{\frac{R}{R_{\text{out}}} \left(1 - \frac{R}{R_{\text{out}}} \right)} \right]$$

$$= \sqrt{\frac{Z_1 Z_2 e^2 R_{\text{out}}}{4\pi\varepsilon_0}} F(R/R_{\text{out}}).$$

在 $R_{\text{out}}/R \gg 1$ 情况下作一级近似

$$F\left(\frac{R}{R_{\text{out}}} \right) \approx \frac{\pi}{2} - 2\sqrt{\frac{R}{R_{\text{out}}}}.$$

从而,

$$G \approx 2\sqrt{\frac{2m}{\hbar^2}} \frac{1}{4\pi\varepsilon_0} \frac{Z_1 Z_2 e^2}{\sqrt{E_\alpha}} \left(\frac{\pi}{2} - 2\sqrt{\frac{R}{R_{\text{out}}}} \right).$$

将 $Z_1 = Z_\alpha = 2$, $m_\alpha c^2 = 3\,750$ MeV 代入, 对于核电荷数为 $Z_2 = Z$ 的子核,

$$G \approx \frac{4Z}{\sqrt{E_\alpha}} - 3\sqrt{ZR},$$

其中释放出的 α 粒子的动能 E_α 以 MeV 为单位; $R \approx 1.2\left(A_Y^{1/3} + A_\alpha^{1/3}\right)$. 进而即可得到 α 粒子撞击势垒而穿过的概率 $P = \mathrm{e}^{-G}$.

记 α 粒子在母核内运动的速率为 v, 母核的半径为 R_P, 则一秒钟内 α 粒子撞击位垒的次数可以直观地近似表述为

$$n = \frac{v}{2R_P}.$$

而 α 粒子在母核内运动的速率可以由其动能 E_k 表述为

$$v = \sqrt{\frac{2E_k}{m_\alpha}} = c\sqrt{\frac{2E_k}{m_\alpha c^2}}.$$

取 E_k 以 MeV 为单位, 则

$$v = c\sqrt{\frac{2E_k}{3\,750}} \approx \left(6.9 \times 10^6 \right) \sqrt{E_k}\,(\mathrm{m/s}).$$

记母核的质量数为 A_P, 则母核的半径 $R_P = r_0 A_P^{1/3}$, 于是有

$$n \approx \left(3 \times 10^{21} \right) A_P^{-1/3} E_k^{1/2}\,(\mathrm{s}^{-1}).$$

那么, α 衰变的平均寿命可以近似表述为

$$\tau = \frac{1}{\lambda} = \frac{1}{nP} \approx \left(3.5 \times 10^{-22} \right) A_P^{1/3} \frac{1}{\sqrt{E_k}} \exp\left(\frac{4Z}{\sqrt{E_\alpha}} - 3\sqrt{ZR} \right). \tag{7.31}$$

由此即得 α 衰变的寿命 τ 与 α 粒子的能量 E_α 之间有近似关系

$$\ln \tau = A E_\alpha^{-1/2} + B, \tag{7.32}$$

其中 A 与 B 为依赖于母核结构的参量, τ 以 s 为单位, E_α 以 MeV 为单位. 原始地, 该公式由总结实验测量数据而得到, 亦即经验公式, 并常被称为盖革–努塔尔定律.

按上述粗略估计计算很难得到可以与实验测量结果相比较的结果, 因此实际应用中需要精细地考虑原子核中 α 粒子的能量状态及衰变位垒 (亦即原子核结构等) 的信息. 作为一个例子, 较精细地考虑了核结构和相互作用效应情况下对一些重原子核的 α 衰变的半衰期的计算结果与实验测量结果的比较如图 7.8 所示. 由图 7.8 知, 在较精细地考虑了核结构等效应情况下, 人们可以很好地描述原子核的 α 衰变的寿命. 计入了量子数变化效应的改进的盖革–努塔尔定律也可以很好地描述原子核 α 衰变寿命随衰变能变化的关系 [具体可参见 Phys. Rev. C 85: 044608 (2012) 等文献].

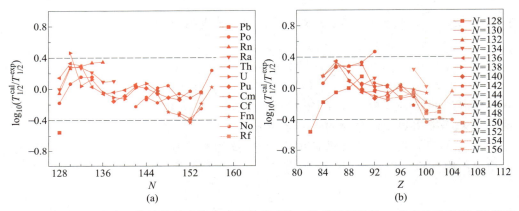

图 7.8   较精细地考虑了核结构效应影响下计算得到的一些重原子核的 α 衰变的半衰期 (按其以秒为单位的数值的以 10 为底的对数表述) 与实验测量结果的比较 [取自 Phys. Rev. C 83: 044317 (2011)]

三、α 衰变能与核能级图

由于衰变前母核可近似为静止, 动量为零, 记子核和 α 粒子的质量分别为 m_Y、m_α, 速度分别为 v_Y、v_α, 由动量守恒定律, 知

$$m_Y v_Y = m_\alpha v_\alpha.$$

那么, 子核的反冲能为

$$E_r = \frac{1}{2} m_Y v_Y^2 = \frac{1}{2} m_\alpha v_\alpha^2 \cdot \frac{m_\alpha}{m_Y} = \frac{m_\alpha}{m_Y} E_\alpha.$$

由衰变能的定义, 则得

$$Q_\alpha = E_\alpha + E_r = \left(1 + \frac{m_\alpha}{m_Y}\right) E_\alpha \approx \left(1 + \frac{4}{A_P - 4}\right) E_\alpha = \frac{A_P}{A_P - 4} E_\alpha,$$

其中 A_P 为母核的质量数. 由此可知, 从实验测量到的 α 粒子的动能 E_α 可以直接确定 α 衰变的衰变能.

实验测量结果表明, α 粒子的能谱具有分立、不连续的特征. 这表明, 子核具有分立的能量状态. 由此知, 通过测量 α 衰变出的 α 粒子的能谱可以得到原子核的能级. 由此测定的原子核的能谱称为 α 衰变的能级纲图.

再者, 对于由未知的新核素的级联的 α 衰变, 如果其最后的子核为已知核, 那么由测量到的 α 粒子的能谱即可确定新核素的质量和核电荷数. 由此知, 关于 α 衰变的测量是寻找新核素和超重元素的最重要方法.

7.3.4　β 衰变

一、β 衰变的概念

7.3.4
授课视频

前已说明, 原子核放出电子而发生蜕变的现象称为β 衰变. 实验发现, 这里所说的电子分带负电荷的通常的电子 e^- 和带正电荷的正电子 e^+ 两种, 因此通常的 β 衰变常被分为 β$^-$ 衰变和 β$^+$ 衰变. 自然地, 释放出通常的电子 e^- 的衰变称为β$^-$ 衰变, 释放出通常的正电子 e^+ 的衰变称为β$^+$ 衰变.

对于前述的 β$^-$ 衰变, 最早实验观察到有电子出射, 即由母核转变成了子核和电子. 认真分析这一过程的能量动量和角动量发现, 如果仅有上述的子核和电子 e^-, 则系统的能量动量不守恒、角动量也不守恒, 因此一定还存在质量很小、自旋为 $\hbar/2$ 的电中性费米子, [由衰变前后系统的电荷守恒知, 新的粒子一定是电中性的. 由能动量关系知, 其质量很小. 记母核的总自旋量子数为 J_P, 子核的总自旋量子数为 J_D, 由于衰变不改变原子核包含的核子数, 则 J_D 与 J_P 至少同为整数或半奇数. 但是 J_D 仅与电子的自旋 $\left(量子数为 \dfrac{1}{2}\right)$ 耦合的结果不可能保持与 J_D 同为整数或半奇数, 从而不可能与 J_P 同为整数或半奇数. 更严格地, 角动量守恒原理要求衰变后的系统的总角动量量子数必须等于 J_P, 因此一定存在自旋量子数为 $\dfrac{1}{2}$ 的 (当时没有测量到的新) 粒子.], 从而预言了中微子的存在 [泡利最早提出, 并一致被人们认为其质量 m_ν 为零. 近年来已有实验表明 $m_\nu \neq 0$, 但尚待进一步证明. 并且即使 $m_\nu \neq 0$, 它的数值也是很微小的 (不超过 10 eV)]. 这样, 母核 $^A_Z\mathrm{X}$ 的 β$^-$ 衰变可以表述为

$$^A_Z\mathrm{X} \longrightarrow {}^A_{Z+1}\mathrm{Y} + e^- + \bar{\nu}_e,$$

其中 $\bar{\nu}_e$ 为反电子型中微子. 之所以是反中微子, 是轻子数守恒所致 [衰变前轻子数为 0, 衰变后电子的轻子数为 1, 为保证轻子数守恒 (为 0), 衰变产物中的中微子实际应为轻子数为–1 的反中微子].

其衰变能 (包括中微子的能量) 可以由母核、子核和电子的质量表述为

$$Q_{\beta^-} = \left[m_\mathrm{X} - (m_\mathrm{Y} + m_e)\right]c^2.$$

参照关于 α 衰变的讨论, 实验上实际测量的是原子的蜕变, 考虑核质量与原子质量的关系, 上述 β$^-$ 衰变的衰变能可以由母核原子的静质量 M_X 和子核原子的静能量 M_Y 表述为

$$Q_{\beta^-} = \left[M_\mathrm{X} - M_\mathrm{Y}\right]c^2.$$

β⁻ 衰变的发生说明一定有 $Q_{\beta^-} > 0$, 所以, 发生 β⁻ 衰变的条件为

$$M_{\mathrm{X}}(Z, A) > M_{\mathrm{Y}}(Z+1, A).$$

这就是说, 对于电荷数分别为 Z 和 $Z+1$ 的两个同量异位素, 只有在前者的原子质量大于后者的原子质量的情况下, 才能发生 β⁻ 衰变.

同理, 母核 $^A_Z\mathrm{X}$ 的 β⁺ 衰变可以表述为

$$^A_Z\mathrm{X} \longrightarrow {}^A_{Z-1}\mathrm{Y} + \mathrm{e}^+ + \nu_\mathrm{e},$$

其衰变能为

$$Q_{\beta^+} = \left[m_{\mathrm{X}} - (m_{\mathrm{Y}} + m_\mathrm{e})\right]c^2 = M_{\mathrm{X}} - M_{\mathrm{Y}} - 2m_\mathrm{e},$$

产生 β⁺ 衰变的条件为

$$M_{\mathrm{X}}(Z, A) > M_{\mathrm{Y}}(Z-1, A) + 2m_\mathrm{e},$$

即, 对于电荷数分别为 Z 和 $(Z-1)$ 的两个同量异位素, 只有在电荷数为 Z 的核素的原子的静质量比电荷数为 $(Z-1)$ 的原子的静质量大出 $2m_\mathrm{e}$ (1.02 MeV 稍多) 的情况下, 才能发生 β⁺ 衰变.

二、 β 衰变的衰变能与原子核的能级

自贝可勒尔发现原子 (核) 的放射性放出的粒子中的一种是电子 (即有 β⁻ 射线), 之后的十多年内, 人们进行了一系列认真的测量, 结果表明, β⁻ 射线的能量都很低, 并且能谱是连续的, 即释放出的电子的能量在零到某一最大值 $E_{\beta,\max}$ 之间任意取值, 例如实验观测到的 ^{210}Bi 原子核的 β 射线能谱如图 7.9 所示. 这显然与实验测量到的 α 衰变释放出的 α 粒子具有分立能谱的现象不相同.

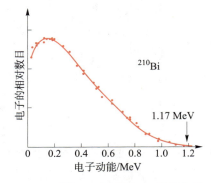

图 7.9 ^{210}Bi 原子核的 β 射线能谱

由前述的 β 衰变涉及的粒子知, 该过程的衰变能可以由释放出的电子的能量 E_{e^-}、反电子型中微子的能量 $E_{\bar{\nu}_\mathrm{e}}$ 以及子核的反冲能 E_r 表述为

$$Q_{\beta^-} = E_{\mathrm{e}^-} + E_{\bar{\nu}_\mathrm{e}} + E_\mathrm{r}.$$

由于电子的质量远小于原子核的质量, 则子核的反冲能 $E_\mathrm{r} \approx 0$, 因而衰变能 Q_β 主要在电子和反中微子之间分配. 当反中微子的能量 $E_{\bar{\nu}} \approx 0$ 时, $E_\mathrm{e} \approx E_{\beta,\max} \approx Q_\beta$, 从而电子的能量取极大值; 当 $E_{\bar{\nu}} \approx Q_\beta$ 时, $E_\mathrm{e} \approx 0$. 因此, 电子可以取从 0 到 $E_{\beta,\max}$ 之间的任何能量值, 从而 β 衰变的 β 射线能谱为连续谱.

尽管 β 衰变释放的 β 射线能谱是连续谱, 但实验测量结果表明, β 衰变的衰变能 $Q_\beta \approx E_{\beta,\max}$ 却是分立的. 回顾 β 衰变的衰变能的定义知, 对于一系列级联 β 衰变, 衰变能的量子化行为说明衰变链中的原子核的状态是量子化的, 从而利用 β 衰变可以测定原子核的能谱. 这样测定的能谱通常称为 β 衰变的能级纲图.

三、β 衰变过程中宇称不守恒

我们知道, 宇称是描述量子态在空间反演情况下的变化行为的特征量. 具体地, 如果空间反演后量子态的波函数保持不变, 则称其宇称为偶宇称(even parity); 如果空间反演后量子态的波函数改变符号, 则称其宇称为奇宇称(odd parity); 例如, 第二章中讨论氢原子的宇称时曾讨论过的, $\hat{P}\psi_{nlm}(r,\theta,\varphi) = \psi_{nlm}(r,\pi-\theta,\pi+\varphi) = (-1)^l\psi_{nlm}(r,\theta,\varphi)$. 关于强相互作用和电磁作用的研究表明, 在这些相互作用过程中, 系统的宇称守恒, 即作用前后的宇称不会发生变化, 或者说不会发生混合.

对于原子 ^{60}Co, 记其自旋向上, 它在空间反演下的镜像的自旋则向下. 当沿着自旋的反方向发射 β 粒子时, 其镜像过程就沿着 (原) 自旋方向发射 β 粒子. 如果 β 衰变过程中宇称守恒, 则互为镜像的两种过程都能实现. 因而原子核在沿着自旋方向和沿着自旋反方向发射 β 粒子的概率应该一样. 否则, 宇称不守恒.

事实上, 由于热运动 (或者说平衡态的熵最大原理要求), 原子核通常都是非极化的, 即原子核的自旋取向是杂乱的. 在非极化情形, 即使每个原子核发射 β 粒子有一定的角分布, 即发射 β 粒子的概率随原子核自旋方向与发射粒子方向之间的夹角不同而不同, 但对于放射源, 由于包含大量原子核, 它们的自旋取向也是杂乱的, 因而就观察不到 β 粒子的角分布. 为了检验宇称是否守恒, 就需要把 β 放射源中的原子核按自旋的取向排列起来, 即所谓极化. 要使原子核极化, 一是要降温, 使热运动对原子核自旋取向的影响减弱; 二是加磁场, 通过磁场与原子核磁矩的作用使原子核的自旋顺排起来.

1957 年, 美籍华裔物理学家吴健雄等人进行了在 0.004 K 左右的低温 (通过绝热退磁获得) 下测量混入硝酸铈镁单晶的表面层内的 ^{60}Co 源的 β 衰变的实验 [利用硝酸铈镁 (一种顺磁盐) 在外磁场作用下可以磁化, 产生一个很强的内磁场, 进而使 ^{60}Co 极化]. 测量结果清楚地表明, β 粒子沿着自旋方向发射的概率小于沿自旋反方向发射的概率. 从而率先说明 β 衰变过程中宇称不守恒. 其后不久, 实验又证明了一些介子的衰变过程中宇称也不守恒 (并说明, 原来所说的 τ 和 θ 介子都是 K 介子, 所谓的 "θ–衰变" 和 "τ–衰变" 是 K 介子的不同衰变模式). 从而证明了我国物理学家李政道和杨振宁为解决所谓的 "θ − τ 疑难" 于 1956 年 (当时, 他们虽然身处美国, 但国籍都是中国) 提出的弱相互作用中宇称不守恒的观点 (从此开启了对称性破缺研究之门). 李政道和杨振宁因为提出弱相互作用过程中宇称不守恒的学说而获得了 1957 年的诺贝尔物理学奖.

四、β 衰变的机制

由不确定关系知, 原子核内不可能本来就有电子, 因为实验测量到的 β^- 衰变放出的电子的能量远小于由原子核的大小决定的空间内释放出的电子的能量, 而是通过元过程可以表述为

$$n \rightarrow p + e^- + \bar{\nu}_e$$

的弱相互作用过程产生的 (其中的 $\bar{\nu}_e$ 为反电子型中微子).

描述弱相互作用的规律的理论最早由意大利物理学家费米提出. 在费米理论中, 质子和中子为核子的同位旋二重态, 伴随 β 衰变而出现的质子与中子之间的转变是同位旋二重态之间的量子跃迁, 类比于原子发光相应的原子的两量子态. 再类比于原子发光是电磁相互作用所致, 光子为电磁作用的媒介粒子, β 衰变是弱作用所致, 电子和中微子是弱作用的媒介粒子 (如下述, 深入的研究表明, 事实并非如此, 这只是早期的唯象模型). 电磁作用是矢量作用 (由电磁场的四矢势表征), 弱作用除具有矢量作用道之外, 还有轴矢量作用道作用. 由于轴矢量即空间反演时不改变方向的矢量, 从而弱作用过程中宇称不守恒. 因为这些作用的准确表述至少需要将量子力学扩展到与狭义相对论相结合的形式, 比较复杂. 因此这里不予具体讨论. 由于弱作用比较复杂, 对于 β 衰变的寿命 (或者说半衰期) 的理论描述很复杂, 受课程范畴限制, 这里也不予讨论.

关于弱作用和电磁作用的系统严谨的理论, 到 20 世纪 60 年代中后期 (20 世纪 50 年代中期即开始研究), 美国物理学家格拉肖 (S. L. Glashow)、温伯格 (S. Weinberg) 和巴基斯坦物理学家萨拉姆 (A. Salam) 建立了统一描述弱作用与电磁作用的电弱统一理论, 预言了传递弱作用的媒介粒子 $W^{\pm}$ 和 Z^0 粒子的性质 [$W^{\pm}$ 和 Z^0 粒子以及 γ 光子为电弱统一的具有 $SU(2) \otimes U(1)$ 对称性的规范场对应的粒子, 由于弱相互作用是短程作用, 因此其媒介玻色子 $W^{\pm}$ 和 Z^0 的质量很大] 才得以建立. 1983 年, 欧洲核子研究中心测量到了电弱统一理论中的 $W^{\pm}$ 和 Z^0 粒子, 证实了电弱统一理论的正确性, 自然确立了关于弱作用的理论. 格拉肖、温伯格和萨拉姆因为建立电弱统一理论而获得了 1979 年的诺贝尔物理学奖. 在测量到 $W^{\pm}$ 和 Z^0 玻色子的大规模实验中起关键作用的鲁比亚 (C. Rubbia, 意大利物理学家) 和范德米尔 (S. van der Meer, 荷兰物理学家) 获得了 1984 年的诺贝尔物理学奖.

7.3.5 其它模式的衰变

回顾前述的 γ 衰变、α 衰变和 β 衰变的机制, 它们分别是电磁作用决定的核过程、强作用与电磁作用共同决定的核过程、弱作用决定的核过程, 或者说它们分别是释放 γ 光子、原子核、轻子的核蜕变过程. 事实上, 原子核还有其它的分别释放上述三类粒子的过程, 甚至释放不止一类粒子的过程. 对于分别释放上述三类粒子中的一类的过程分别称为类 γ 衰变过程、类 α 衰变过程、类 β 衰变过程. 下面分别对它们予以简单介绍.

一、 类 γ 衰变的衰变

1. 内转换电子过程

所谓内转换电子过程即类似第五章中讨论过的原子中的内光电效应 (从而释放出俄歇电子) 的过程. 因此, 这里不再重述.

2. 穆斯堡尔效应

穆斯堡尔效应即无反冲 γ 共振吸收现象, 由于这种现象最早由德国物理学家穆斯堡尔 (R. L. Mössbauer) 于 1958 年发现而命名 (穆斯堡尔因此获得了 1961 年的诺贝尔物理学奖).

前面讨论 γ 跃迁释放出的光子的能量时曾经提到, (7.26) 式是在忽略原子核的反冲能 E_R 的假设下的结果. 事实上, 由于释放出的光子有动量 (动能), 因此原子核一定有反冲运动. 将原子核的反冲能考虑进来, 则有

$$E_0 = E_h - E_l = E_\gamma + E_R = h\nu + E_R,$$

其中 ν 为释放的光子的频率.

假设释放 γ 光子之前, 原子核处于静止状态, 根据动量守恒定律, 释放 γ 光子后的原子核的动量大小 $p = Mv$ 等于释放出的 γ 光子的动量大小. 那么,

$$E_R = \frac{p^2}{2M} = \frac{(h\nu)^2}{2Mc^2} = h\nu \frac{h\nu}{2Mc^2}.$$

因为原子核的静质量能通常远大于其释放出的 γ 光子的能量, 因此相比于 γ 光子的能量 $E_\gamma = h\nu$, E_R 仅仅是一个小量. 但是, 相比于激发态的能级宽度 Γ(可以由实验测得的 γ 跃迁的半衰期和不确定关系确定), E_R 却可能是一个相当大的量, 例如, 释放 $E_\gamma = 14.4$ keV 的光子引起的 ^{57m}Fe 原子核的反冲能为约 2×10^{-3} eV, 而其能级宽度仅约 4.7×10^{-9} eV(实验测得相应能级的半衰期为 9.8×10^{-8} s).

对于原子, 利用同样的计算可以得知, 原子发出 γ 光子后的反冲能通常都远远小于相应跃迁的能级宽度, 对应于钠 D 线的光子引起的钠原子的反冲能为约 10^{-11} eV, 而相应激发态的能级宽度为约 10^{-8} eV. 由于 E_R 相对很小, 完全可以忽略, 因此在实验上非常容易观察到共振吸收.

对于原子核, 上述讨论表明, 放出 γ 射线的原子核的反冲使得放出的 γ 射线的能量略有减少, 从而释放出的光子的实际能量为

$$E_{\gamma,\mathrm{em}} = E_0 - E_R.$$

相应地, 吸收光子的核也会有反冲, 那么, 保证共振吸收能够发生的能量应为

$$E_{\gamma,\mathrm{ab}} = E_0 + E_R.$$

由此知, 实际发射的光子的能量与发生吸收要求的光子的能量相差 $2E_R$. 由于 E_R 很小, 只有当发射谱与吸收谱基本相互重叠时, 原子核才能发生 γ 共振吸收. 也就是说, 应该有 $E_R < \Gamma$. 考察 E_R 的表达式知, 提高反冲体的质量可以减小 E_R. 那么, 将放射性核素置于固体晶格中, 其释放光子时发生反冲的就不是单个原子核而是整块晶体, 由于整块晶体的质量很大, 则 E_R 趋向于零. 于是整个过程可视为无反冲过程, 这就是穆斯堡尔效应.

在无反冲发射 γ 或共振吸收情况下, 可以测量的精度大大提高, 例如, 对前述的 ^{57m}Fe 原子核的 $E_\gamma \approx 14.4$ keV 跃迁, 关于能级宽度的测量精度 Γ/E_0 会高达 3×10^{-13}, 即任何与此量级相对应的微小扰动均可被测量到. 因此, 穆斯堡尔效应在各种精密频差测量中都发挥有极其重要的作用.

目前为止, 已发现的具有穆斯堡尔效应的元素有近 50 个, 具有穆斯堡尔效应的核素超过 90 个, 与穆斯堡尔效应相应的跃迁多达 110 多个. 最为常见的核素有: ^{57}Fe、^{119}Sn 和 ^{151}Eu. 能量分辨率特别高的穆斯堡尔跃迁有: ^{67}Zn 的 93.3 keV 线 ($\Gamma/E_0 \approx 5.3 \times 10^{-16}$)、^{181}Ta 的 6.23 keV 线 ($\Gamma/E_0 \approx 1.1 \times 10^{-14}$) 以及 ^{73}Ge 的 13.3 keV 线 ($\Gamma/E_0 \approx 8.6 \times 10^{-14}$). 有兴趣深入了解穆斯堡尔效应的读者可参阅夏元复和陈懿编著的《穆斯堡尔谱学基础和应用》.

二、 类 α 衰变的衰变

前已述及, 释放原子核的核蜕变称为类 α 衰变. 由于原子核可以是最简单的原子核——质子, 也可以是较重的原子核, 并且还可以释放多个原子核, 因此类 α 衰变包括质子放射性、大集团衰变和多集团衰变等. 由于多集团衰变很复杂, 这里仅对质子放射性和大集团衰变予以简单介绍.

1. 质子放射性

仅从字面来看, "质子放射性"可以有两个意思: 其一是如同前面所讨论的常见的原子核的衰变, 指原子核释放出质子的现象. 其二指质子本身的衰变. 在通常的低能量核物理范畴内, 质子放射性一般指原子核释放出质子的现象, 为避免歧义, 人们通常强调加定语 "原子核的", 即称之为原子核的质子逸出 (proton emission of nucleus). 而在高能物理范畴内, 质子放射性则指质子本身的衰变.

对于原子核的质子放射性, 1982 年之前仅发现一个从原子核的同质异能态发出质子的实例: ^{53m}Co 释放出能量为 1.59 MeV 的质子 ($\tau_{1/2} = 17$ s), 并有几十个 β 缓发质子 (在 β 衰变后接着释放质子) 事例. 关于从基态直接释放质子的事例, 直到 1982 年才被发现. 其第一例是利用融合反应 ^{58}Ni $+$ ^{96}Ru 产生的新核素 $^{151}_{71}$Lu$_{80}$ (极端丰质子核, 或者说极端缺中子核, 因为它比自然界存在的稳定核素 ^{175}Lu$_{80}$ 缺少了 24 个中子) 释放出 1.23 MeV 的质子 ($\tau_{1/2} \approx 85$ ms). 其第二例是利用融合反应 ^{58}Ni $+$ ^{92}Mo 形成的极端丰质子核 ^{147}Tm$_{78}$ (比自然界存在的 ^{169}Tm 原子核缺少了 22 个中子) 释放出 1.05 MeV 的质子 ($\tau_{1/2} \approx 0.42$ s).

原子核的质子放射性, 或者说质子逸出, 现在已经观测到很多例, 从而成为丰质子核性质研究领域中极其活跃的重要课题之一.

2. 大集团衰变

1980 年, 罗马尼亚物理学家 A. Sandelescu 和德国物理学家 W. Greiner 等人预言 [系统的介绍见 Phys. Rev. C 32: 572 (1985) 和 Rep. Prog. Phys. 55: 1423 (1992)], 除了 α 衰变和质子逸出外, 镭和钍等一些重核素有可能自发地发射 ^{14}C、^{24}Ne、^{26}Mg、^{28}Si、Ar 和 Ca 等重离子, 也就是存在大集团衰变. 其后不久 (1984 年年初), 英国的实验核物理学家即发现了 ^{223}Ra 发射 ^{14}C 的事件 [Nature 307: 245 (1984)]. 随后, 陆续发现了 ^{222}Ra 和 ^{224}Ra 的 ^{14}C 放射性、^{232}U 的 ^{24}Ne 发射性、^{234}U 的 ^{24,28}Mg 放射性、^{241}Am 的 ^{28}Si 发射性等, 从而确认原子核还有大集团衰变. 我国物理学家任中洲等从微观理论出发对大集团衰变进行了较系统的研究, 较好地描述了很多大集团衰变的半衰期, 有兴趣深入探讨的读者可参阅 Phys. Rev. C 78:

044310 (2008) 等文献. 既然原子核具有大集团衰变, 人们自然可以推测一些原子核本来就由一些较大的集团 (cluster) 组成. 原子核的集团结构也是目前原子核结构领域中很活跃的研究课题.

三、类 β 衰变的衰变

1. 电子俘获

除母原子核发生 β⁻ 衰变 (放出电子) 外, 母核还可以俘获核外轨道的一个电子, 使母核中的一个质子转为中子, 过渡到子核的同时放出一个中微子, 这种现象称为轨道电子俘获(electron capture, EC). 由于 K 层电子最 "靠近" 原子核, 所以 K 电子俘获的概率最大, 也可能还有 L 电子俘获等.

原子核 $_Z^A\text{X}$ 的电子俘获可以一般地表示为

$$_Z^A\text{X} + \text{e}_i^- \longrightarrow {}_{Z-1}^A\text{Y} + \nu_\text{e},$$

其中 i 表示被俘获电子所处的壳层. 记 i 层电子在原子中的结合能为 W_i, 则相应的电子俘获过程的衰变能为

$$Q_{\text{EC},i} = \left[m_\text{X} + m_\text{e} - m_\text{Y} \right] c^2 - W_i.$$

上式还可以由原子质量表述为

$$Q_{\text{EC},i} = \left[M_\text{X} - M_\text{Y} \right] c^2 - W_i.$$

于是, 发生轨道电子俘获的条件可以表述为

$$M_\text{X}(Z, A) - M_\text{Y}(Z - 1, A) > W_i,$$

其中各量都以能量单位 (例如, MeV) 为单位. 这表明, 在两个相邻的同量异位素中, 只有当母核的原子质量与子核原子的质量之差大于第 i 层电子的结合能相应的质量的情况下, 才能发生第 i 层电子的轨道电子俘获.

目前已观测到很多轨道电子俘获, 并与 β 衰变一样, 由之可以确定原子核的能级纲图.

这样, 从原子核 (或者说, 核素) 的变化的角度来看, β⁻ 衰变、β⁺ 衰变和电子俘获都是可能引起核素变化的模式, 并且不同模式之间存在竞争. 为了描述以不同模式发生变化的概率, 人们引入分支比的概念, 例如, ⁶⁴Cu 发生 β⁻ 衰变、发生 K 电子俘获衰变到 ⁶⁴Ni 的激发态、发生 K 电子俘获衰变到 ⁶⁴Ni 的基态、发生 β⁺ 衰变转化到 ⁶⁴Ni 的基态的分支比分别为 40%、0.6%、40.4%、19%.

由上述关于电子俘获过程的描述知, 电子俘获是电子型中微子的重要产生源. 我们知道, 在温度或/和密度较高的情况下, 原子核会离解成强子物质 [在温度或/和密度很高的情况下, 强子物质中的强子又会熔化成夸克胶子物质]. 对于核心塌缩型超新星爆发, 人们发展建立了中微子再加热的机制 [恒星演化后期, 内部强相互作用物质的简并压与引力不能平衡, 从而外层物质向内收缩, 这种收缩撞击到以 ⁵⁶Fe 为主要成分的内核上时, 即发生反弹, 形成反弹激波. 这种反弹激波在物质中很快衰减掉, 因此不能引起超新星爆发. 但事实上, 人们观测到了很多这类超新星爆发. 为解

决这一问题, Bethe 提出了物质中的电子俘获过程会产生大量中微子, 这些中微子可以对反弹激波进行再加热, 以至于它有足够的强度传播足够远, 从而导致超新星爆发]. 中微子再加热机制中的中微子来源于电子俘获反应. 由于电子俘获过程是弱相互作用过程, 因此可以由弱相互作用理论描述. 又由于与电子发生反应形成中子和电子型中微子的质子处于原子核内, 其状态受原子核环境的影响, 或者说受核介质的影响, 因此相应描述很复杂, 是原子核物理研究中的一个重要课题. 即使是对其元过程 $p + e^- \longrightarrow n + \nu_e$, 完整考虑核介质效应 (影响) 情况下的研究仍然是当代原子核物理和核天体物理的重要课题, 初步的研究可参阅 The Astrophysical Journal 678, 1517 (2008) 等文献.

2. 中微子吸收

前面提到核心塌缩型超新星爆发的中微子再加热机制. 所谓中微子再加热即中微子被物质吸收, 并将能量传输给物质. 于是, 中微子吸收就也是一个很重要的物理过程. 中微子吸收的元过程可以表述为

$$\bar{\nu} + p \longrightarrow n + e^+, \quad 和 \quad \nu + n \longrightarrow p + e^-$$

最早 [1956 年, 莱恩斯 (F. Reines) 和科万 (C. L. Cowan)] 在实验中发现中微子 (严格说, 是反中微子) 正是测量到了 (反) 中微子的吸收 [Phys. Rev. 113: 273 (1959)]. 他们的实验还说明, 中微子与物质的相互作用截面很小 (对于它们穿过地球的过程, 其被俘获的概率只有 10^{-12}). 那么, 对于前述的中微子再加热, 由其被吸收截面决定的再加热效率的温度密度依赖行为就自然成了一个需要认真深入研究的问题.

3. 双 β 衰变

顾名思义, 双 β 衰变即核电荷数改变 2、同时释放出两个电子和两个反电子型中微子的过程, 例如:

$$^{130}_{52}\text{Te} \longrightarrow\ ^{130}_{54}\text{Xe} + 2\,e^- + 2\,\bar{\nu}_e,$$
$$^{82}_{34}\text{Se} \longrightarrow\ ^{82}_{36}\text{Kr} + 2\,e^- + 2\,\bar{\nu}_e,$$

等.

实验上最早测量到的双 β 衰变即是上述 $^{82}_{34}\text{Se}$ 的双 β 衰变 [经过将近 11 个月的时间, 以 68% 置信度测量到了 ^{82}Se 发生的 36 个双 β 衰变事例, 半衰期为 $(1.1 \pm 0.8) \times 10^{20}$ 年. Phys. Rev. Lett. 59: 2020 (1987)]. 现已对双 β 衰变的衰变寿命与衰变能之间的关系进行了较深入的研究, 总结出的系统规律可以很好地描述实验数据 [具体可参见 Phys. Rev. C 89: 064603 (2014) 等文献].

前已说明, 中微子是自旋为 $\dfrac{\hbar}{2}$ 的费米子. 理论上, 费米子分Dirac 费米子、Majorana 费米子和Weyl 费米子. Dirac 费米子和 Weyl 费米子都是其反粒子与之不同的费米子 (分别对应于 Dirac 方程的正负能量态解), 而 Majorana 费米子是反粒子与其本身相同的费米子. 那么, 如果在双 β 衰变中释放出的中微子是 Majorana 中微子, 由于其正反粒子相同, 释放出的这两个 Majorana 中微子就会湮没, 从而实际不释放出中微子. 这样的双 β 衰变称为无中微子双 β 衰变 (neutrinoless double β decay, 0νββ decay). 由于其涉及基本粒子的存在性, 因此无中微子双 β 衰变的研究是目前核物理和高能物理领域共同关心的重要问题之一, 有兴趣深入了解相关情况的读者可参阅 Rev. Mod. Phys. 87: 137 (2015) 等文献.

4. β 延迟中子发射

回顾前述讨论, β 衰变是原子核的核电荷数改变 1, 从而形成其它原子核并释放出电子或正电子以及反电子型中微子或中微子的现象. 实验发现, 有些原子核, 尤其远离 β 稳定线的原子核, 在发生 β 衰变之后会释放出中子. 这种现象称为 β 延迟中子发射. 例如, 丰中子核 ^{87}Br 会以 70% 的分支比衰变到 ^{87}Kr 的激发态 (半衰期为 55.6 s), 然后立刻放出一个中子变成 ^{86}Kr. 实验上还发现了 β 延迟双中子发射, 例如, 丰中子核 ^{11}Li 先以 β⁻ 衰变转变为 ^{11}Be 的激发态 (半衰期为 8.5 ms), 子核 ^{11}Be 立刻释放两个中子转变为 ^{9}Be.

显然, β 延迟中子发射是丰中子原子核的重要物理现象. 由于核反应堆的裂变产物中可能存在大量丰中子原子核, β 延迟发射的中子对于核反应堆的建造和运行是一个至关重要的问题.

5. β 延迟质子发射及 α 粒子发射

实验发现, 丰质子原子核在发生 β 衰变之后会释放质子、甚至 α 粒子, 这种现象分别称为 β 延迟质子发射、β 延迟 α 粒子发射. 例如, ^{114}Cs 以 β⁺ 衰变到 ^{114}Xe 的激发态后, 立即释放一个质子变为 ^{113}I, 也有可观的概率释放一个 α 粒子而变为 ^{110}Te 等.

7.3.6　稳定谷

前述讨论表明, 多数原子核都具有放射性, 即它们是不稳定的. 但有少部分原子核却是稳定的. 稳定原子核、不稳定原子核以及可能存在但尚未确定的原子核在其包含的中子数和质子数张成的空间中的分布分别如图 7.10 中的方块区域、浅灰色区域和深灰色区域所示. 其中, 稳定原子核与其包含的质子数和中子数的函数关系称为原子核的 (β) 稳定线. β 稳定线的严格确定当然是核物理学科中普遍关注的一个重要问题, 因为它涉及前述的各种衰变过程而引起的不稳定性, 而这些衰变过程都与其结构和所处环境密切相关. 经验上, β 稳定线可以由原子核包含的质子数 Z 和其质量数 A 近似表述为

$$Z = \frac{A}{1.98 + 0.015\,5A^{2/3}}.$$

较系统地, 原子核的稳定性通常由图 7.11 所示的以原子核包含的质子数 Z 和中子数 N 为宗量的位能面表述. 其中能量最低的稳定原子核的分布称为原子核的稳定谷. 与稳定谷相对应, 我们有质子 (中子) 滴线(drip line) 的概念. 所谓的质子 (中子) 滴线即对于不稳定原子核再添加一个质子 (中子) 就不能够再形成原子核的质子 (中子) 数的集合. 由图可知, 原子核的质子滴线已大概确定, 而中子滴线仍不清楚. 相应地, 对于稳定原子核的最大质子数, 或者说最重的稳定原子核的质子数是

▶ 7.3.6
授课视频

多少, 以及超重元素岛在核素图上的准确位置, 仍然是目前核物理学科的重要前沿课题 (关于超重核合成的进展情况见本书第四章关于元素周期表的讨论).

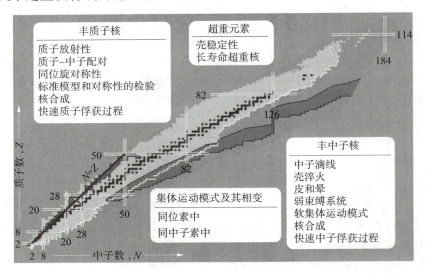

图 7.10 稳定原子核、不稳定原子核以及尚未确定的原子核在其包含的中子数和质子数张成的空间中的分布以及与同位旋 (中子数与质子数之差) 相关的核物理涉及的主要问题概览

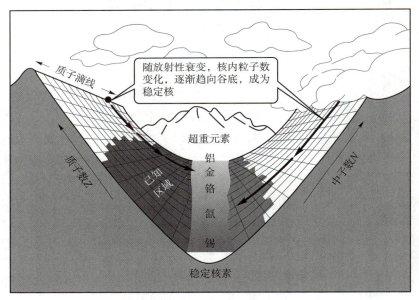

图 7.11 原子核的稳定谷示意图

7.4 __ 原子核结构模型

7.4.1
授课视频

除少数原子核为量子少体束缚系统外, 绝大多数原子核都是量子多体系统. 由第三章、第四章和第六章的讨论知, 我们难以对量子多体系统的性质严格地从多体相互作用出发进行全面系统的研究, 因此, 对于原子核, 人们建立并发展了一些模

型, 从而揭示原子核的性质和内部结构. 本节对一些重要的原子核结构模型予以简单介绍.

7.4.1 壳模型

一、壳模型 (shell model) 的实验基础

20 世纪 40 年代, 随着实验技术的进步, 人们发现, 处于 α 衰变和 β 衰变等天然放射性衰变链终点的原子核都具有特殊的质子数目和特殊的中子数目, 具有这些特殊数目的质子和特殊数目的中子的原子核的丰度远大于由其它数目的质子和中子形成的原子核的丰度. 当时发现的具有这些特殊性质的质子数目和中子数目有 2、8、20、28、50、82、126(对中子). 由于尚不清楚其中的机制, 人们认为这些数具有魔幻作用, 因此称之为 幻数(magic number). 人们还发现, 在一系列同位素中, 中子数等于幻数的原子核的中子吸收截面远小于相邻原子核的中子吸收截面, 中子数为幻数的原子核的最后一个中子的结合能远大于相邻同位素的最后一个中子的结合能, 中子数或质子数为幻数的原子核由基态到第一激发态的激发能远大于相邻原子核的相同激发的激发能 (实验观测结果如图 7.12 所示), 中子数或质子数为幻数的原子核的单粒子分离能远大于相邻原子核的单粒子分离能. 此外, 核子数为幻数的原子核的电四极矩不仅远小于相邻原子核的电四极矩, 而且接近 0.

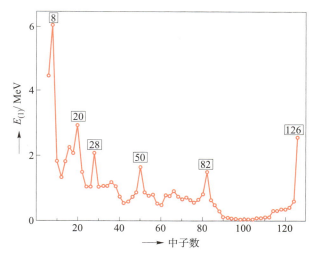

图 7.12　由基态到第一激发态的激发能随中子数变化的行为
[取自海德 (K.L.G.Heyde)《The Nuclear Shell Model》]

这些实验观测事实表明, 与原子具有壳层结构一样, 可以容纳粒 (核) 子数为不同幻数之间的数的能级之间具有较大间距, 例如, 可以填充核子的数目在 2 ~ 8 之间的能级与可以填充核子的数目在 9 ~ 20 之间的能级之间具有较大间距, 而容纳粒子数目在 2 ~ 8 之间数目的核子的不同能级间的间距以及容纳粒子数目在 9 ~ 20 之间的数目的不同能级间的间距相对较小. 于是, 人们认为, 原子核的单粒子能级具有壳结构, 并据此提出了原子核结构的壳模型.

二、壳模型的基本理论框架

1. 基本思想

人们知道,原子核包含多个核子 (质子和中子)、甚至超子,也就是说,原子核是由核子–核子之间及多核子之间的相互作用形成的量子多体束缚系统 (束缚态). 核子–核子之间的两体作用很复杂,多核子之间的相互作用更复杂,很难直接从第一原理出发进行研究. 于是,人们提出平均场近似的思想,认为每个核子都在其它核子共同形成的平均场中运动,除平均场之外,核子–核子之间的剩余相互作用可以作微扰处理. 这样,原子核的哈密顿量可以表示为

$$\hat{H} = \sum_{i=1}^{A} \left[\hat{T}_i + U(i) \right] + \sum_{i<j} U'(ij), \tag{7.33}$$

其中 $\hat{T}_i = \dfrac{\hat{p}_i}{2m}$ 为第 i 个核子的动能,$U(i)$ 为第 i 个核子所受的平均场 (也称为单粒子位势),$U'(ij)$ 是第 i 个核子和第 j 个核子之间的剩余相互作用势,并且可以按微扰来处理. 原子核的状态由求解这一平均场近似下的本征方程所得的状态来描述. 总之,壳模型的基本思想是平均场近似,图 7.13 为其示意图.

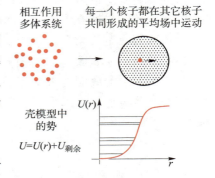

图 7.13　壳模型的平均场近似的基本思想示意图

2. 平均场的形式

因为每个核子感受的平均场由所有其它核子共同提供,所以人们认为该平均场近似地正比于原子核的密度分布,于是,该平均场可以表示为 [Phys. Rev. 95: 577 (1954)]

$$U(r) = \frac{-U_0}{1 + \exp\left(\dfrac{r - R_0}{a}\right)}, \tag{7.34}$$

其中 U_0 为作用强度,取值大约在 50 MeV,或者稍大; R_0 为原子核的半径,可以表示为 $R_0 = r_0 A^{1/3}$, A 为原子核的质量数,$r_0 = (1.05 \sim 1.25)$ fm; a 为原子核的表面厚度,其数值大约为 0.65 fm. 该平均场位势通常称为伍兹–萨克森 (Woods–Saxon)势.

很显然,伍兹–萨克森势的形式很复杂,难以由之进行计算 (尤其在过去计算机资源不够发达的年代). 考察伍兹–萨克森势随径向坐标 r 变化的行为知,伍兹–萨克森势表述的平均有心力场的径向变化行为介于方势阱势和谐振子势之间,因此人们通常采用谐振子势近似模拟核子所受的平均场.

三、单粒子壳模型

1. 基本思想

所谓单粒子壳模型即假设原子核的状态仅由在所有其它核子形成的平均场中运动的一个核子的状态描述.

2. 相互作用势及其修正方案

前已述及, 原子核内每个核子所感受的平均场可以由伍兹–萨克森势近似表述. 然而它仅考虑了其它核子的分布提供的平均相互作用, 既没有考虑质子与中子之间的差异, 也没有考虑质子与质子之间的库仑排斥作用. 于是, 人们提出应该考虑上述两种因素的贡献, 从而提出对核子所受平均场的修正方案, 即对伍兹–萨克森势中的作用强度做下列修正:

(1) 考虑质子与中子之间的差异, 从而引入不对称能修正. 这一修正通常经验地表述为

$$\Delta U_s = \pm 32 \left[\frac{N-Z}{A} \right] \text{ (MeV)}, \tag{7.35}$$

其中的 + 号适用于质子, − 号适用于中子.

(2) 对于质子, 考虑其间的库仑排斥作用, 并将之表述为

$$U_{\mathrm{C}}(r) = \begin{cases} \dfrac{Zke^2}{R_{\mathrm{C}}} \left\{ 1 + \dfrac{1}{2} \left[1 - \left(\dfrac{r}{R_{\mathrm{C}}} \right)^2 \right] \right\}, & r < R_{\mathrm{C}}; \\ \dfrac{Zke^2}{r}, & r > R_{\mathrm{C}}; \end{cases} \tag{7.36}$$

其中 R_{C} 为原子核的电荷分布半径 (不同于伍兹–萨克森势中的核物质分布半径), k 为常量.

然而, 尽管上述方案已经相当周全完备, 但由之得到的原子核的单粒子能级结构仍然不能描述实验测量结果所反映的原子核的壳结构, 或者说幻数. 由上上节关于核力的讨论知, 还应该考虑核子的自旋–轨道耦合作用. 考察伍兹–萨克森势的形式, 其梯度 (即其径向变化率) 在核内部区域基本为 0, 在核表面具有很大的正的数值 [如图 7.14 的 (a) 子图所示], 将这一梯度代入自旋–轨道耦合势

$$U_{sl} = -\xi(r)\hat{\boldsymbol{s}} \cdot \hat{\boldsymbol{l}} = -\frac{1}{2m^2c^2} \frac{1}{r} \frac{\mathrm{d}U(r)}{\mathrm{d}r} \, \hat{\boldsymbol{s}} \cdot \hat{\boldsymbol{l}}$$

知, 在伍兹–萨克森势所示的平均场情况下, 自旋–轨道耦合作用很强, 并且类似于表面相互作用. 于是, 对平均场还应该考虑自旋–轨道耦合相互作用的修正, 这一思想最早由梅耶夫人 (M.G. Mayer) 和延森 (J.H.D. Jensen) 等提出 [Phys. Rev. 75: 1766 (1949); ibid, 75: 1969 (1949); ibid, 78: 22 (1950)].

3. 原子核的单粒子能级与壳结构

再认真考察平均场为伍兹–萨克森势情况下的自旋–轨道耦合作用的效应知, 由于伍兹–萨克森势的梯度在核表面附近有一个很大的正的数值, 因此对于非零轨道角动量 (量子数为 l) 的态, 自旋–轨道耦合作用引起的能级分裂行为是 $j = l + \dfrac{1}{2}$ 的能级降低, $j = l - \dfrac{1}{2}$ 的能级升高 [如图 7.14 的 (b) 子图所示].

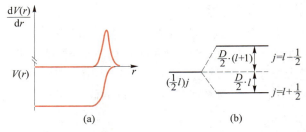

图 7.14　伍兹–萨克森势情况下自旋轨道耦合作用及其引起的能级分裂示意图
[取自海德 (K.L.G.Heyde)《The Nuclear Shell Model》]

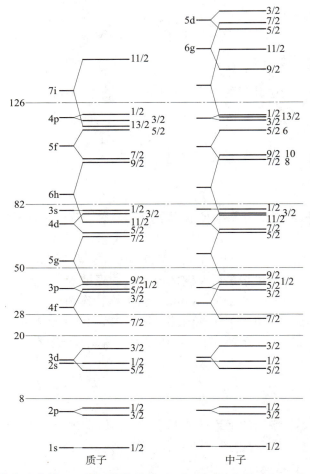

图 7.15　伍兹–萨克森势情况下原子核的单粒子 (左右两侧分别对应于质子、中子) 能级图
[取自海德 (K.L.G. Heyde)《The Nuclear Shell Model》]

在求解平均场近似的单粒子能谱的基础上, 考虑上述自旋–轨道耦合作用引起的能级分裂效应, 人们得到原子核的单粒子能谱如图 7.15 所示. 由图 7.15 知, 无论是质子的能谱还是中子的能谱都呈现明显的壳层结构, 并且较大的能级间距 (或者说, 能隙) 都出现在粒子数等于 2、8、20、28、50、82、126, 这些粒子数正是实验测量结果表明的幻数 (当然, 质子幻数 126 尚未被实验证实. 目前人们发现天然存在

和人工合成的原子核的最大质子数才到 118). 这样, 考虑自旋–轨道耦合作用后, 采用平均场近似的壳模型计算可以很好地描述实验测得的原子核的壳层结构和幻数. 这表明, 壳模型可以成功地描述原子核的一些性质和结构. 梅耶夫人和延森据此获得了 1963 年的诺贝尔物理学奖.

近年关于极端丰中子核和极端丰质子核的研究表明, 这些远离 β 稳定线的原子核的幻数会偏离上述正常值, 因此成为核结构研究的重要问题. 当然, 对于超重核的壳结构 (和幻数) 的研究也是核结构研究的核心问题.

四、 多粒子壳模型的框架结构及需要解决的关键问题

多粒子壳模型即考虑原子核的多体束缚系统本质的壳模型, 其表述形式和实际计算都很复杂, 因此, 考虑课程范畴, 我们在这里仅简要介绍多粒子壳模型的框架结构和需要解决的关键问题.

1. 理论框架

(1) 全同费米子系统的对称性与波函数的形式表述**

数学上, 对于一个 n 维向量 $\boldsymbol{X}$ (量子态) 进行操作 $\hat{T}$ 可以使之转变为另一个向量 $\boldsymbol{X}' = \hat{T}\boldsymbol{X}$. 如果变换为保模变换, 即有 $|\boldsymbol{X}'|^2 = |\boldsymbol{X}|^2$, 则称向量 (量子态) 集合 $\{\boldsymbol{X}\}$ 具有幺正对称性, 这样的变换的集合构成幺正群, 亦称为西群, 记为 U(n,C), 其中保证变换的行列式为 +1 的称为特殊西群, 简记为 SU(n). 如果变换保证 $\tilde{\boldsymbol{X}}'\boldsymbol{X}' = \tilde{\boldsymbol{X}}\boldsymbol{X}$, 则称向量 (量子态) 集合 $\{\boldsymbol{X}\}$ 具有正交对称性, 这样的变换的集合构成正交群, 记为 O(n,C), 其中保证变换的行列式为 +1 的称为特殊正交群, 简记为 SO(n). 如果向量为偶数维, 即有 $\boldsymbol{X} = (x_1, x_2, \cdots, x_n, x_{n+1}, x_{n+2}, \cdots, x_{2n})$, $\boldsymbol{Y} = (y_1, y_2, \cdots, y_n, y_{n+1}, y_{n+2}, \cdots, y_{2n})$, 变换 $\boldsymbol{X}' = \hat{T}\boldsymbol{X}$ 和 $\boldsymbol{Y}' = \hat{T}\boldsymbol{Y}$ 保证

$$\sum_{i=1}^{n} \left(x_i' y_{n+i}' - y_i' x_{n+i}' \right) = \sum_{i=1}^{n} \left(x_i y_{n+i} - y_i x_{n+i} \right),$$

则称这样的向量 (量子态) 集合 $\{\boldsymbol{X}\}$ 具有斜交对称性, 这样的变换的集合构成斜交群, 亦称为辛群, 记为 SP($2n$,C). 对于无穷小变换, 操作 $\hat{T}$ 可以由矩阵形式表述. 稍具体地, 记第 ξ 行第 ξ' 列的矩阵元为 1、其它矩阵元都为 0 的 $n \times n$ 矩阵为 $E_{\xi'}^{\xi}$, 显然有

$$[E_{\xi'}^{\xi}, E_{\zeta'}^{\zeta}] = E_{\zeta'}^{\xi}\delta_{\xi'\zeta} - E_{\xi'}^{\zeta}\delta_{\xi\zeta'},$$

这样的 $E_{\xi'}^{\xi}$ 的集合构成保证所有 n 维空间中的向量 $\boldsymbol{X}$ 具有幺正对称性的变换的基, 也就是说, $E_{\xi'}^{\xi}$ 的集合为 U(n) 群的无穷小生成元. 有限变换则可由指数实现表述为 $\hat{U} = \mathrm{e}^{\mathrm{i}\lambda^{\mu}\Theta_{\mu}}$ (其中 $\{\lambda^{\mu}\}$ 为该幺正群的无穷小生成元, Θ_{μ} 为变换参数). 对全同粒子系统, 记每个粒子的产生算符为 $\hat{a}_{jm}^{\dagger}$、湮没算符为 $\hat{a}_{jm}$, 则其耦合 $\hat{a}_{jm}^{\dagger}\hat{a}_{jm'}$ 具有与 $E_m^{m'}$ 完全相同的代数关系, 这表明 (详细证明见孙洪洲、韩其智编著的《李代数李超代数及在物理中的应用》或刘玉鑫编著的《物理学家用李群李代数》), 单粒子角动量为 j 的全同粒子系统具有幺正对称性 U($2j+1$), 其不可约基础表示即系统包含的全同粒子的数目. 并且对于全同费米子 (玻色子) 系统, 该幺正群具有子群

$\mathrm{SP}(2j{+}1)[\mathrm{SO}(2j{+}1)]$, 其不可约基础表示即系统包含的全同粒子中不配成角动量为 0 的对的粒子的数目 (常简称之为 辛弱数). 那么, 粒子数确定的具有转动不变性的全同费米子系统具有动力学对称性群链

$$\mathrm{U}(2j{+}1) \supset \mathrm{SP}(2j{+}1) \supset \mathrm{SO}(3). \tag{7.37}$$

从而系统的状态 (波函数) 可以由标记上述群链中各群的不可约表示的量子数来分类, 于是, 全同费米子系统的波函数的基可以表述为

$$|n\tau\alpha JM\rangle,$$

其中 n 为全同费米子的数目, τ 为系统的辛弱数, J 为系统的总角动量量子数, M 是 J 的 z 方向投影量子数, α 为区分相同的 $\{n, \tau, J\}$ 的不同态的附加量子数.

推而广之, 由单粒子角动量分别为 j_μ 的多种全同费米子组成的系统具有对称性 $\mathrm{U}[\sum_\mu(2j_\mu + 1)]$. 总核子数为 $N = \sum_\mu n_\mu$、总角动量为 J 的核态的波函数可以一般地表示为

$$|N, J\rangle = \sum_{n_\mu \tau_\mu \alpha_\mu J_\mu \kappa} A_{n_\mu \tau_\mu \alpha_\mu J_\mu \kappa} \prod_{\otimes n_\mu \tau_\mu \alpha_\mu J_\mu \kappa} \left[|(|n_\mu \tau_\mu \alpha_\mu J_\mu\rangle) ; \kappa; J\rangle \right], \tag{7.38}$$

$A_{n_\mu \tau_\mu \alpha_\mu J_\mu \kappa}$ 为需要通过求解确定的系数, $\prod_{\otimes n_\mu \tau_\mu \alpha_\mu J_\mu \kappa} |(|n_\mu \tau_\mu \alpha_\mu J_\mu\rangle) ; \kappa; J\rangle$ 为波函数的基, 其中 n_μ 为单核子轨道 j_μ 上的核子数, τ_μ 为单核子总角动量为 j_μ 的核子的辛弱数, 它可以由 $\mathrm{U}(2j_\mu{+}1)$ 的不可约表示 $[1^{n_\mu}]$ 按群链 $\mathrm{U}(2j_\mu{+}1) \supset \mathrm{SP}(2j_\mu{+}1)$ 约化 (即 $[1^{n_\mu}] = \oplus_{\tau_\mu}(1^{\tau_\mu})$) 的规则 (约化分支律) 确定, 具体即

$$\tau_\mu = \begin{cases} n_\mu, n_\mu - 2, \cdots, 0, & n_\mu = \text{偶数} \\ n_\mu, n_\mu - 2, \cdots, 1, & n_\mu = \text{奇数} \end{cases} \tag{7.39}$$

α_μ 为区分 n_μ、τ_μ、J_μ 都相同的态的附加量子数, κ 为区分各相同的 n_μ、τ_μ、α_μ、J_μ 耦合成的相同的 J 的附加量子数.

(2) 哈密顿量

如前所述, 壳模型的基本思想是把每个核子的运动都看作在其它核子形成的平均场中的运动, 并且该平均场通常可以近似为有心力场, 例如伍兹–萨克森势的形式. 对于满壳外只有一个价核子的情况, 即上小节所述的单粒子壳模型情况, 我们可以直接在坐标空间中实现计算. 但对于满壳外有多个核子的情况, 采用坐标表象很难实现计算, 因此人们采用占有数表象(亦即二次量子化表象) 处理这一复杂问题.

推广附录二中关于一维谐振子的代数解法, 记角动量分别为 j_α、j_β 的核子的产生、湮没算符分别为 $a_\alpha^\dagger$、a_β, 它们服从费米子的反对易规则

$$\{a_\alpha, a_\beta\} = \{a_\alpha^\dagger, a_\beta^\dagger\} = 0, \{a_\beta, a_\alpha^\dagger\} = \delta_{\beta\alpha},$$

那么, 在占有数表象中, 包含核子 (费米子) 的单体和两体相互作用并且保持粒子数守恒的哈密顿量可以表述为

$$H = E_0 + \sum_{\alpha\beta} \varepsilon_{\alpha\beta} a_\alpha^\dagger a_\beta + \sum_{\alpha\beta\gamma\delta} \frac{1}{2} u_{\alpha\beta\gamma\delta} a_\alpha^\dagger a_\beta^\dagger a_\gamma a_\delta. \tag{7.40}$$

为保证宇称守恒要求, 这些核子所处单粒子 "轨道" 的轨道角动量满足 $l_\alpha + l_\beta + l_\gamma + l_\delta = $ 偶数.

通常, 人们也将之表示为多极展开的形式, 即有

$$H = E_0 + \sum_\alpha \varepsilon_\alpha \hat{n}_\alpha + \sum_K \Lambda_K (a_\alpha^\dagger \tilde{a}_\gamma)^K \cdot (a_\beta^\dagger \tilde{a}_\delta)^K, \tag{7.41}$$

其中 $\hat{n}_\alpha = \sum_{m_\alpha} a_{l_\alpha, m_\alpha}^\dagger a_{l_\alpha, m_\alpha}$ 为单粒子轨道 j_α 上的核子数算符, Λ_K 为 K 极相互作用强度, $\tilde{a}_\alpha = (-1)^{j_\alpha + m_\alpha} a_{l_\alpha, -m_\alpha}$ 为与 $a_{l_\alpha, m_\alpha}^\dagger$ 共轭的 j_α 秩球张量, $[AB]^K$ 表示 A 和 B 两个球张量耦合而成的 K 秩球张量, 即有

$$[A^\lambda B^{\lambda'}]_M^K = \sum_{mm'} \langle \lambda m \lambda' \, m' | KM \rangle A_{\lambda m} B_{\lambda' m'}, \tag{7.42}$$

其中求和中的系数 $\langle \lambda m \lambda' \, m' | KM \rangle$ 为 CG 系数. $(A^\lambda \cdot B^\lambda)$ 表示同阶的两个球张量 A 和 B 耦合成标量, 由下式定义

$$(A^\lambda \cdot B^\lambda) = (-1)^\lambda (2\lambda + 1)^{1/2} [A^\lambda B^\lambda]^0 = \sum_m (-1)^m A_m^\lambda B_{-m}^\lambda. \tag{7.43}$$

2. 需要解决的关键问题

为具体求解并确定由多个 (价) 核子形成的原子核的状态 (能谱和波函数等), 我们需要先对角化哈密顿量在前述的基矢空间中的哈密顿量矩阵确定相应状态的能量, 然后求解出相应能量下的波函数 (即确定前述的 $A_{n_\mu \tau_\mu \alpha_\mu J_\mu \kappa}$). 为此, 我们需要首先确定上述基矢, 然后计算出所有的矩阵元, 再求解线性方程组.

为确定基矢, 需要确定 τ_μ 个全同的角动量为 j_μ 的核子 [另外 $(n_\mu - \tau_\mu)$ 个核子两两形成角动量为 0 的对] 耦合形成的总角动量 J_μ 和相应的附加量子数 α_μ, 于是, 我们需要解决的关键问题就转化为确定 J_μ 的重复度 $\eta_\mu (\eta_\mu = 0$ 表明不存在总角动量为 J_μ 的态, $\eta_\mu \neq 0$ 表明存在 η_μ 个总角动量为 J_μ 的态, 那么取 $\alpha_\mu \in [1, \eta_\mu]$ 即可确定附加量子数), 用数学语言讲, 即确定 $U(2j+1)$ 群的不可约表示 $[1^{n_\mu}]$ 按群链 $U(2j+1) \supset SP(2j+1) \supset SO(3)$ 约化的约化分支律.

为确定矩阵元, 我们可以采用插入各种可能粒子数的态的完备集的方案将之转化为计算单体算符的矩阵元, 于是需要解决的关键问题就归结为计算矩阵元

$\langle j_\mu n_\mu \tau_\mu \alpha_\mu L_\mu | a_\mu^\dagger | j_\mu (n_\mu - 1) \tau_\mu' \alpha_\mu' L_\mu' \rangle$ 和 $\langle j_\mu n_\mu \tau_\mu \alpha_\mu L_\mu | \tilde{a}_\mu | j_\mu (n_\mu + 1) \tau_\mu' \alpha_\mu' L_\mu' \rangle$,

亦即确定 $U(2j+1)$ 群的不可约表示 $[1^{n_\mu}]$ 按群链 $U(2j+1) \supset SP(2j+1) \supset SO(3)$ 约化的母分系数(coefficient of fractional parentage, CFP, 即按递推方式形成的总的不

具有确定对称性的态中包含的具有确定对称性的态的概率). 这些内容既数学化又比较复杂, 因此这里不予具体介绍, 有兴趣的读者可参阅孙洪洲、韩其智《李代数李超代数及其应用》或刘玉鑫《物理学家用李群李代数》.

按照这种方案, 对 (7.40) 式所示的哈密顿量中的相互作用强度 $\varepsilon_{\alpha\beta}$、$u_{\alpha\beta\gamma\delta}$ 采用根据经验模型化的数值的实际计算, 即通常的多粒子壳模型. 如果对这些相互作用强度采用由关于核力的基本理论而确定的数值, 即为基于第一性原理的多粒子壳模型 (ab initial calculation). 并且称不仅考虑通常的价核子而把所有核子都统一考虑的壳模型为无核心壳模型(no-core shell model). 目前, 这些多粒子壳模型已经可以成功地应用于描述 $A \leqslant 28$ 的原子核的性质.

显然, 多粒子壳模型具有理论基本的优点. 但同时也具有维数巨大 [例如, 对于 ^{56}Ni 到 ^{64}Ge 区域的原子核其空间维数和非零项数目高达 10^{12} (Rev. Mod. Phys. 75: 427 (2005))]、计算量巨大的问题. 为在壳模型框架下解决这一问题, 人们建立了蒙特卡罗壳模型(Monte Carlo shell model)、SD 对壳模型等改进方案, 有兴趣的读者可参阅 Phys. Rev. Lett. 75: 1284 (1995); Phys. Rev. Lett. 77: 3315 (1996); Phys. Rep. 278: 1 (1997); Prog. Part. Nucl. Phys. 47: 319 (2001); Nucl. Phys. A 626: 686 (1997), ibid 639: 615 (1998) 等文献. 由于 SD 对壳模型考虑了原子核内价核子之间的通常的对关联 (S 对) 和四极对关联 (D 对), 并且不作其它近似, 因此它还可以描述原子核的集体运动.

五、 基于壳模型的研究集体运动的方法概述

前已说明, 原子核的壳模型是直接考虑原子核的组分粒子之间相互作用的关于原子核结构的模型方法, 但实际计算的模型空间太大, 不易应用, 特别是在计算机数值计算资源还不太发达的年代难以应用于研究原子核的集体运动性质. 为了在壳模型框架下 (或者说, 在壳模型精神下) 研究原子核的集体运动性质, 人们发展建立了考虑核子对关联的 BCS 方法、以准粒子表征集体运动的通过自洽递推进行计算的 Hartree–Fock–Bogoliubov (HFB) 方法、考虑基态关联的无规相位近似 (random phase approximation, RPA) 方法、考虑集体运动转动效应的推转壳模型 (cranking shell model, CSM) 方法、粒子转子模型 (particle–rotor model, PRM) 方法和投影壳模型 (projection shell model, PSM) 方法等模型方法, 并从不同侧面较好地描述了原子核的集体运动性质.

由于这些方法比较专门, 涉及的基础及具体计算方案超出该课程范畴, 这里不予具体介绍, 有兴趣深入学习的读者可参阅 P. Ring 和 P. Schuck《The Nuclear Many-Body Problem》、曾谨言和孙洪洲《原子核结构理论》、胡济民等《原子核理论》(第一卷)、徐躬耦和杨亚天《原子核理论》等著作.

7.4.2 集体模型

前已说明, 原子核既具有其组分粒子的单粒子运动又具有集体运动. 为直观地描述原子核的集体运动, 人们建立了原子核的几何模型和集体模型, 很好地描述了

7.4.2 ◀
授课视频

原子核的集体振动和集体转动性质. 其建立人 A. 玻尔 (A. Bohr)、莫特尔松 (B. R. Mottelson) 和雷恩沃特 (L. J. Rainwater) 获得了 1975 年的诺贝尔物理学奖. 本小节对之予以简要介绍.

一、 几何模型

实验表明, 原子核具有集体振动和集体转动, 将原子核近似为一个液滴, 则原子核的振动和转动状态即可由液滴的振动和转动表征, 从而可以建立关于原子核振动的谐振子及非谐振子模型, 也可以建立关于原子核转动的定轴转动模型和可变转动惯量模型, 即有关于原子核集体运动的几何模型, 也称玻尔—莫特尔松模型, 甚至简称为玻尔模型.

在几何模型, 或者说液滴模型下, 如本章第一节所述, 原子核中物质的分布由方向相关的径向间距决定, 即有

$$R(\theta, \phi) = R_0 \Big[1 + \sum_{k\mu} \alpha_{k\mu}^* Y_{k\mu}(\theta, \phi) \Big],$$

其中 θ、ϕ 为实验室坐标系中表示方向的坐标. 那么, 其对应的相互作用位势可以按其幂级数展开表述为

$$U(R) = U(0) + \frac{1}{2} \sum_{\lambda\mu} C_\lambda |\alpha_{\lambda\mu}|^2,$$

其中 C_λ 为与形变极次 2^λ 相关的弹性系数. 直接推广 $\frac{1}{2}mv^2$ 的概念则可将其动能表述为

$$T(R) = \frac{1}{2} \sum_{\lambda\mu} B_\lambda |\dot{\alpha}_{\lambda\mu}|^2,$$

其中 B_λ 为与形变极次 2^λ 相关的集体质量参数.

采用与附录二讨论过的关于一维谐振子的代数解法完全相同的方案, 我们知道, 上述两式中的 C_λ 和 B_λ 可以与振动圆频率 ω 联系起来, 具体即有 $C_\lambda = B_\lambda \omega^2$, 并且由上述集体坐标 $\alpha_{\lambda\mu}$ 和 $\dot{\alpha}_{\lambda\mu}$ 可定义角动量为 λ、角动量在 z 方向上的投影为 μ 的准玻色子的湮没算符、产生算符分别为

$$b_{\lambda\mu} = \frac{1}{2} \Big[\sqrt{\frac{2B_\lambda \omega}{\hbar}} \alpha_{\lambda\mu} + \mathrm{i} \sqrt{\frac{2B_\lambda}{\hbar\omega}} \dot{\alpha}_{\lambda\mu} \Big],$$

$$b_{\lambda\mu}^\dagger = \frac{1}{2} \Big[\sqrt{\frac{2B_\lambda \omega}{\hbar}} (-1)^{\lambda+\mu} \alpha_{\lambda-\mu} - \mathrm{i} \sqrt{\frac{2B_\lambda}{\hbar\omega}} \dot{\alpha}_{\lambda\mu}^* \Big].$$

进而, 哈密顿量 $\hat{H} = \hat{T} + U(R)$ 可以表述为

$$\hat{H} = \hbar\omega \sum_{\lambda\mu} \Big[b_{\lambda\mu}^\dagger b_{\lambda\mu} + \frac{1}{2} \Big].$$

并且 $\sum_{\mu} b_{\lambda\mu}^{\dagger} b_{\lambda\mu}$ 为角动量为 λ 的准玻色子数算符. 那么, 对于 $\lambda = 2, 3, 4$, 即有

$$
\begin{aligned}
E_{\mathrm{QV}} &= \left(N_{\mathrm{d}} + \frac{5}{2}\right)\hbar\omega, \\
E_{\mathrm{OV}} &= \left(N_{\mathrm{f}} + \frac{7}{2}\right)\hbar\omega, \\
E_{\mathrm{HV}} &= \left(N_{\mathrm{g}} + \frac{9}{2}\right)\hbar\omega.
\end{aligned}
\tag{7.44}
$$

这表明, 利用这一方案可以很好地描述原子核的四极振动、八极振动、十六极振动等集体振动. 参照关于分子的非谐振动谱的讨论, 我们也可以对上述标准的简谐振动谱进行修正, 建立描述非谐振动的振动模型, 并取得成功.

对于定轴转动, 与描述分子的集体转动的方案完全相同, 人们可以建立关于原子核定轴转动的理想模型, 并给出定轴转动能谱

$$
E_{\mathrm{R}} = \frac{L(L+1)}{2I}\hbar^2,
\tag{7.45}
$$

其中 I 为原子核的转动惯量, L 为原子核的角动量量子数. 并且也可以建立可变转动惯量模型以描述真实的核转动能谱. 常用的原子核的可变转动惯量模型与上一章所述的分子的可变转动惯量模型类似, 这里不再重述.

一般地, 描述原子核集体运动的哈密顿量可以表述为 (7.11) 式所示的形式, 并常称之为玻尔哈密顿量. 由之可以相当好地描述原子核的集体运动性质, 尤其是振动与转动之间没有较强耦合的集体运动态.

二、集体模型

我们知道, 原子核是由强子形成的量子束缚体系, 其中的组分强子既有单粒子运动也有集体运动. 雷恩沃特最早提出 (1950 年, 因此与 A. 玻尔及莫特尔松一起获得了 1975 年的诺贝尔物理学奖): 具有大的电四极矩的原子核不是球形的, 而是被价核子永久地变形了. 这就是说, 对于有形变的集体运动核态, 价核子在变形的场中运动, 变形的场由玻尔模型表述. 这样同时考虑价核子和变形集体运动以及其间的相互作用的核结构模型即原子核结构的集体模型 (collective model).

集体模型中最简单常用的, 是尼尔森 (S. G. Nilsson) 提出的将价核子与变形集体运动之间的相互作用表述为谐振子场的模型 (常称之为 Nilsson model), 从而有尼尔森能级. 显然尼尔森能级可以是振动频率依赖的. 将之推广, 价核子的能级是振动频率、转动频率依赖的 (并称之为 Rothian), 也常表述为形变参数 (例如, 四极形变的参数 $\{\beta, \gamma\}$) 依赖的, 也就是说, 原子核的壳层结构实际是状态相关的, 尤其是高自旋、大形变核态的壳结构会与球形核的明显不同, 一个简单的例子如图 7.16 所示. 相应的研究仍是目前的重要课题.

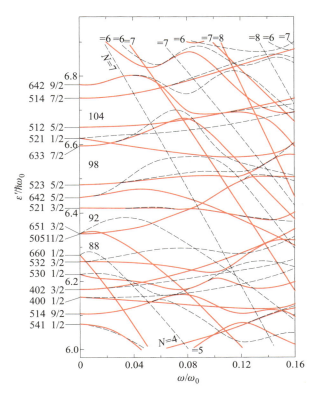

图 7.16 中重原子核的 Rothian 示意图, 其中推转圆频率 ω 以原子核的固有圆频率 ω_0 为单位 [取自 P.Ring 和 P.Schuck 《The Nuclear Many-body Problem》]

7.4.3 代数模型

一、概述

由前两小节的讨论知, 壳模型, 特别是多粒子壳模型, 是从核子–核子相互作用出发的研究原子核结构的基本理论, 但其模型空间太大、计算量太大. 集体模型考虑了集体运动的特征, 自由度很少, 但对振动转动耦合较强的核态不能准确描述, 并失去了原子核的量子多体系统的本质. 于是, 需要建立既保持量子多体系统本质、模型空间又较小的理论模型. 从而, 代数模型应运而生. 所谓代数模型, 即利用代数 (或者说, 对称性) 方法描述原子核的结构和性质的理论模型.

目前, 已经建立了很多代数模型, 其中主要的是 SU(3) 模型 [J. P. Elliott. Proceedings of the Royal Society of London, Series A: Mathematical and Physical Sciences 245: 1240 (1958); ibid 245: 1243 (1958)]、Pseudo-SU(3) 模型 [J.P. Draayer, et al. Nuclear Physics A 202: 433 (1973); Physical Review Letters 68: 2133 (1992)]、相互作用玻色子模型 (IBM) 及其扩展 [F. Iachello, A. Arima, et al. Physics Letters B 53: 309 (1974); Physical Review Letters 35: 1069 (1975) 等]、SO(8) 模型 [J. N. Ginocchio. Annals of Physics 126: 234 (1980) 等]、费米子动力学对称模型 (FDSM) [吴承礼、陈金全、陈选根、冯达璇、M. Guidry, et al. Physics Letters B 168: 313

▶ 7.4.3
授课视频

(1986); Physical Review C 36: 1157 (1987) 等]. 这些模型采用的方法接近, 考虑模型的直观性和使用的广普性以及课程范畴限制, 这里仅就相互作用玻色子模型予以简要介绍. 有兴趣对相互作用玻色子模型和费米子动力学对称模型等进行深入学习的读者可参阅刘玉鑫编著的《物理学家用李群李代数》.

二、 相互作用玻色子模型的理论框架 *

1. 基本假定

偶偶核的所有价核子或价空穴都配成对, 这些核子对或空穴对可以近似为玻色子; 原子核拥有的玻色子的数目等于价核子或价空穴数的一半.

2. 哈密顿量

占有数表象 (二次量子化表象) 中, 包含玻色子的单体和两体相互作用并且保持粒子数守恒的哈密顿量可以表述为

$$H = E_0 + \sum_{\alpha\beta} \varepsilon_{\alpha\beta} b_\alpha^\dagger b_\beta + \sum_{\alpha\beta\gamma\delta} \frac{1}{2} u_{\alpha\beta\gamma\delta} b_\alpha^\dagger b_\beta^\dagger b_\gamma b_\delta, \tag{7.46}$$

其中 $b_\alpha^\dagger$、b_β 分别为角动量为 l_α、l_β 的玻色子的产生、湮没算符, 服从玻色子的对易规则. 为保证宇称守恒要求 $l_\alpha + l_\beta + l_\gamma + l_\delta =$ 偶数. 通常, 人们也将之表示为多极展开的形式, 即有

$$H = E_0 + \sum_{\alpha\beta} \varepsilon_{\alpha\beta} b_\alpha^\dagger b_\beta + \sum_K \Lambda_K \left(b_\alpha^\dagger \tilde{b}_\gamma \right)^K \cdot \left(b_\beta^\dagger \tilde{b}_\delta \right)^K, \tag{7.47}$$

其中 Λ_K 为 K 极相互作用强度, $\tilde{b}_\alpha = (-1)^{l_\alpha + m_\alpha} b_{l_\alpha, -m_\alpha}$ 为与 $b_{l_\alpha, m_\alpha}^\dagger$ 共轭的 l_α 秩不可约张量, $[AB]^K$ 表示 A 和 B 两个不可约张量耦合而成的 K 秩不可约张量, $(A^\lambda \cdot B^\lambda)$ 表示同阶的两个不可约张量 A 和 B 耦合成标量, 分别与前述的 (7.42) 式和 (7.43) 式相同.

3. 波函数

总玻色子数为 N、总角动量为 L 的核态的波函数可以一般地表示为

$$|N, L\rangle = \sum_{n_\mu \tau_\mu \alpha_\mu \kappa} A_{n_\mu \tau_\mu \alpha_\mu \kappa} \prod_{\otimes n_\mu \tau_\mu L_\mu} [|n_s; |n_\mu \tau_\mu \alpha_\mu L_\mu\rangle ; \kappa L\rangle], \tag{7.48}$$

其中 $n_s = N - \sum_\mu n_\mu$ 为系统中的 s 玻色子数, n_μ 为角动量为 $l_\mu \neq 0$ 的玻色子数, τ_μ 为角动量为 l_μ 的玻色子的辛弱数 (即不配成角动量为 0 的对的玻色子数), α_μ 为区分 n_μ、τ_μ、L_μ 都相同的态的附加量子数, 其数值取 1 到由 τ_μ 约化到 $L_\mu [\mathrm{O}(2l_\mu + 1)$ 到 $\mathrm{O}(3)$ 的约化] 的重复度之间的各种值 (如果相应态的重复度为 0, 则这种态不存在); κ 为区分各 L_μ 合成的相同的 L 的附加量子数. 系数 $A_{n_\mu \tau_\mu \alpha_\mu \kappa}$ 需要通过对角化哈密顿量确定.

4. 跃迁算符

为了研究原子核的电磁性质及能级间的电磁跃迁, 还要研究玻色子与电磁场的相互作用, 为了使模型能反映原子核的集体运动, 这种相互作用也唯象地引入. 如限于单体相互作用, 由于跃迁算符在转动变换下是 K 秩不可约张量, 所以可以由玻色子算符表示为

$$T_\mu^K = t_0^0 \delta_{K0} + \sum_{ll'} t_{ll'}^K [b_l^\dagger \tilde{b}_{l'}]_\mu^K. \tag{7.49}$$

由此可以得到 E0、M1、E2、M3、E4 等跃迁的算符, 由之即可计算原子核的相应极次的电磁 (约化) 跃迁概率和多极矩 (例如, 电四极矩、磁矩、电偶极矩等) 等电磁性质.

如果利用多极展开形式则可以简单地表述为

$$
\begin{aligned}
\hat{T}_0^{E0} &= \gamma_0' + \sum \beta_0' \hat{n}_\alpha, \\
\hat{T}_\mu^{M1} &= \beta_1' \hat{L}_\mu, \\
\hat{T}_\mu^{E2} &= \alpha_2 \hat{Q}_\mu, \\
\hat{T}_\mu^{M3} &= \beta_3 \hat{U}_\mu, \\
\hat{T}_\mu^{E4} &= \beta_4 \hat{V}_\mu,
\end{aligned}
\tag{7.50}
$$

其中 $\hat{L}$ 为角动量算符, $\hat{Q}_\mu = \hat{Q}_\mu^2$ 为电四极算符, $\hat{U}_\mu = \hat{U}_\mu^3$ 为磁八极算符, $\hat{Q}_\mu = \hat{V}_\mu^4$ 为电十六极算符.

5. 相互作用玻色子模型的分类

根据原子核包含的玻色子组分 (例如, s 玻色子、d 玻色子、g 玻色子、p 玻色子、f 玻色子等) 而分为 sdIBM、sdgIBM、spdfIBM、spdfgIBM 等.

根据是否区分质子–质子关联对近似而成的玻色子和中子–中子关联对近似而成的玻色子而分为 IBM1、IBM2. 不区分质子玻色子和中子玻色子的称为 IBM1; 区分的称为 IBM2 .

根据是否考虑质子与中子关联形成的玻色子而分为 IBM1 或 IBM2 及 IBM3 或 IBM4. 仅考虑质子与质子关联形成的玻色子和中子与中子关联形成的玻色子、而不考虑质子与中子关联形成的玻色子的称为 IBM1 或 IBM2; 不仅考虑质子与质子形成的玻色子和中子与中子形成的玻色子、还考虑质子与中子形成的玻色子的称为 IBM3、IBM4.

由于最早确立的相互作用玻色子模型为 sdIBM1, 因此通常将其组分标记省略, 于是, 现在常用的相互作用玻色子模型 (IBM) 分为 IBM1、IBM2、IBM3、IBM4、sdgIBM、spdfIBM、spdfgIBM 等. 此外, 对于奇-A 核, 人们将 IBM 推广, 建立了相互作用玻色子–费米子模型 (IBFM), 并有玻色子与费米子 “对称” 的超对称模型; 对于奇奇核, 人们建立了相互作用玻色子–费米子–费米子模型 (IBFFM).

由于这些理论方法涉及李群李代数的知识, 超出本课程的范畴, 因此下面仅对最简单最常用的 IBM1 予以简要介绍.

三、 最简单的相互作用玻色子模型——IBM1[*]

1. IBM1 的基本内容

前面的简单介绍表明, IBM1 是不区分质子玻色子和中子玻色子且仅考虑角动量分别为 0、2 的 s、d 玻色子的相互作用玻色子模型, 因此, IBM1 是最简单的相互作用玻色子模型. 由于其简单, 人们对 IBM1 的性质的认识最深入最清楚. 研究表明, IBM1 的最大对称群为 U(6), 具有 U(5)、O(6)、SU(3) 三种动力学对称性. 对其代数结构 (从而改写哈密顿量及电磁跃迁算符等, 使它们与群的生成元、卡西米尔 (Casimir) 算子等相联系)、群表示约化分支律 (从而确定相应原子核的能谱和波函数等) 等有兴趣深入探讨的读者可参阅 Iachello 和 Arima 的《The Interacting Boson Model》、或曾谨言和孙洪洲的《原子核结构理论》或刘玉鑫的《物理学家用李群李代数》.

经过一些计算知, IBM1 的哈密顿量还可以由其涉及的各群的卡西米尔算子表述为

$$\hat{H} = H_0 + A_1\, C_{1\mathrm{U}(5)} + A_2\, C_{2\mathrm{U}(5)} + A_3\, C_{2\mathrm{SU}(3)} + A_4\, C_{2\mathrm{O}(6)} + B\, C_{2\mathrm{O}(5)} + C\, C_{2\mathrm{O}(3)},$$

其中 $C_{1\mathrm{U}(5)}$ 即 U(5) 的一阶 Casimir 算子, 亦即 d 玻色子数算符; $C_{2\mathrm{G}}$ 为群 G 的二阶 Casimir 算子 (在群 G 表征的变换下保持不变的两体作用算符).

显然, 取 $A_3 = A_4 = 0$, 即有 U(5) 动力学对称性极限的哈密顿量; 取 $A_1 = A_2 = A_4 = B = 0$, 即有 SU(3) 动力学对称性极限的哈密顿量; 取 $A_1 = A_2 = A_3 = 0$, 即有 O(6) 动力学对称性极限的哈密顿量.

U(5) 动力学对称核态的波函数可以表示为

$$\psi_{\mathrm{U}(5)} = \big| N, n_{\mathrm{d}}, \tau, \alpha, L, M \big\rangle,$$

其中 N 为 s 玻色子和 d 玻色子的总数目, n_{d} 为 d 玻色子数目, $\tau = n_{\mathrm{d}} - 2n_\beta$ 为不配成角动量为 0 的对的 d 玻色子的数目, 亦即 d 玻色子的辛弱数, 其中 n_β 为耦合成角动量 $L = 0$ 的玻色子对的数目; L、M 分别为原子核的角动量、角动量在 z 方向的投影. 为明确区分各量子数都相同的简并状态还需要一个附加量子数 α. 如果记对应同一个 τ 的角动量为 L 的态的重复度为 κ, 则附加量子数 $\alpha \in [1, \kappa]$. 直观地, 记三个 d 玻色子组合成 $L = 0$ 的集团数目为 n_Δ, 则可取 $\alpha = n_\Delta$. 由群表示约化规则 (分支律) 知, 各量子数的取值规则如下:

$$N = 总玻色子数;$$
$$n_{\mathrm{d}} = N, N-1, \cdots, 1, 0;$$
$$\tau = n_{\mathrm{d}}, n_{\mathrm{d}} - 2, \cdots, 1 \text{ 或 } 0\ (n_{\mathrm{d}} = \text{奇数 或 偶数});$$
$$L = \tau - 3n_\Delta, \tau - 3n_\Delta + 1, \cdots, 2(\tau - 3n_\Delta) - 2, 2(\tau - 3n_\Delta);$$
$$n_\Delta = 0, 1, 2, \cdots, \left[\frac{\tau}{3}\right].$$

该态的能量 $\langle \psi_{\mathrm{U}(5)} | \hat{H}_{\mathrm{U}(5)} | \psi_{\mathrm{U}(5)} \rangle$ 可以由标记它的量子数表示为

$$E([N], n_{\mathrm{d}}, \tau, n_\Delta, L, M) = E_0 + A_1 n_{\mathrm{d}} + A_2 n_{\mathrm{d}}(n_{\mathrm{d}} + 4) + B\,\tau(\tau + 3) + C\,L(L+1).$$

以总玻色子数等于 3 为例的具有 U(5) 对称性的原子核的典型能谱及其与近满壳核 ^{110}Cd 的低激发态能谱的实验测量结果的比较如图 7.17 所示. 由图 7.17 知, IBM1 的 U(5) 动力学对称性极限可以相当好地描述原子核的四极振动态.

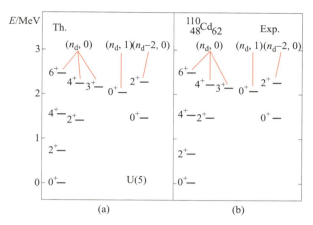
(a)   (b)

图 7.17　以总玻色子数等于 3 为例的具有 U(5) 动力学对称性的典型能谱 (a) 及其与 ^{110}Cd 的低激发态能谱的实验观测结果 (b) 的比较, 图中上方所标为 (τ, n_Δ) 之值, 自下而上的横向各组分别对应 $n_{\rm d}= 0, 1, 2, 3$.

[取自 Iachello 和 Arima 的《The Interacting Boson Model》]

记电四极跃迁算符为

$$\hat{T}(\text{E2})_q = q_2\{(s^\dagger\tilde{d} + d^\dagger\tilde{s})^2_q + \chi(d^\dagger\tilde{d})^2_q\},$$

其中 q_2 为有效电荷参量, χ 决定 $\hat{T}(\text{E2})_q$ 中两项的相对重要性, 称为 $\hat{T}(\text{E2})_q$ 的形式参量 (或结构参量). E2 跃迁的约化跃迁概率为

$$B(\text{E2}, L_i \to L_f) = \frac{|\langle L_f\|\hat{T}(\text{E2})\|L_i\rangle|^2}{2L_i + 1}.$$

并且, 在 U(5) 动力学对称性极限下, 常取 $\chi = 0$. 比较计算结果和实验测量结果表明, IBM1 的 U(5) 对称性极限可以很好地描述四极振动核态的电磁跃迁性质.

具有 SU(3) 对称性的核态可以由标记群链中各群的不可约表示的量子数表述为

$$\big|[N], (\lambda, \mu), \kappa, L, M\big\rangle$$

其中 (λ, μ) 为 SU(3) 群的不可约表示, κ 为由 SU(3) 的不可约表示约化到 O(3) 的不可约表示时所引入的附加量子数, 其作用相当于转动带的 K 值. 根据群表示的约化规则, 各量子数取值如下:

$$
\begin{aligned}
&N = \text{总玻色子数}, \\
&(\lambda, \mu) = (2N - 4p - 6q, 2p), \quad p \geqslant 0, q \geqslant 0, \lambda \geqslant 0, \\
&\kappa = 0, 2, \cdots, \min\{\lambda, \mu\}, \\
&L = \begin{cases} 0, 2, \cdots, \lambda + \mu, & \kappa = 0; \\ \kappa, \kappa + 1, \cdots, \kappa - 1 + \max(\lambda, \mu), & \kappa \neq 0. \end{cases}
\end{aligned}
$$

该具有 SU(3) 对称性的核态的能量为

$$E([N], (\lambda, \mu), \kappa, L, M) = E_0 + A_3[\lambda^2 + \mu^2 + \lambda\mu + 3(\lambda + \mu)]/2 + C\,L(L+1).$$

以总玻色子数等于 12 为例的具有 SU(3) 对称性的原子核的典型能谱的一部分如图 7.18 所示. 由图 7.18 知, 对于每一系列由一个 SU(3) 的不可约表示 (λ, μ) 决定的态, 其能量随角动量 L 的变化都具有 $L(L+1)$ 的行为. 与实验测量结果比较表明, SU(3) 动力学对称性极限可以很好地描述原子核的四极转动态的能谱.

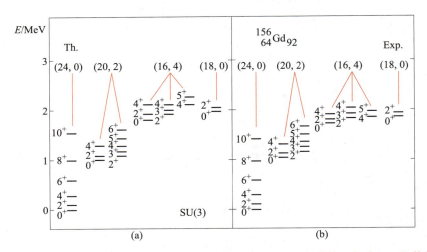

图 7.18　以总玻色子数为 12 为例的 SU(3) 动力学对称性的典型能谱的一部分 (a) 及其与 ^{156}Gd 的低激发态能谱的实验观测结果 (b) 的比较 [图内上方所标为 (λ, μ)].
[取自 Iachello 和 Arima 的《The Interacting Boson Model》]

在 SU(3) 动力学对称性极限下, E2 跃迁算符为

$$\hat{T}(\mathrm{E2})_\mu = q_2\hat{Q}_\mu = q_2\left\{(d^\dagger s + s^\dagger\tilde{d})_\mu^2 - \frac{\sqrt{7}}{2}(d^\dagger\tilde{d})_\mu^2\right\},$$

其中 q_2 为有效电荷. 显然, 该 $\hat{T}(\mathrm{E2})$ 正比于 SU(3) 群的无穷小生成元 Q_μ^2, 于是有 E2 跃迁的选择定则为

$$\Delta\lambda = 0, \quad \Delta\mu = 0.$$

由此知, 不同转动带之间的跃迁原则上都是禁戒的. 并且, 基态带内的 E2 跃迁的约化跃迁概率为

$$B[\mathrm{E2}, (L+2)_g \to L_g] = q_2^2\frac{3(L+1)(L+2)}{4(2L+3)(2L+5)}(2N-L)(2N+L+3),$$

基态带内角动量为 L 的态的电四极矩为

$$Q(L) = -q_2\sqrt{\frac{2\pi}{5}}\frac{L}{2L+3}(4N+3).$$

比较计算结果和实验测量结果可知, IBM1 的 SU(3) 对称性极限可以很好地描述定轴的四极形变转动态的电磁性质.

具有 O(6) 动力学对称性的核态的态矢可以写为

$$\left| N, \sigma, \tau, n_\Delta, L, M \right\rangle,$$

其中 σ 为 O(6) 的不可约表示, 对应未配对的玻色子数, 通常称之为广义辛弱数. τ 为 O(5) 的不可约表示, 对应除去 s 玻色子后的未配对的 d 玻色子数. 各量子数取值可由群表示的约化的分支律表述为

$$\sigma = N, N-2, \cdots, 1 或 0 \quad (N = 奇数或偶数);$$
$$\tau = \sigma, \sigma - 1, \cdots, 0$$
$$L = \tau - 3n_\Delta, \tau - 3n_\Delta - 1, \cdots, 2(\tau - 3n_\Delta) - 2, 2(\tau - 3n_\Delta);$$
$$n_\Delta = 0, 1, 2, \cdots, \left[\frac{\tau}{3}\right].$$

由量子数 σ、τ、n_Δ 和 L 标记的具有 O(6) 对称性的核态的能量为

$$E([N], \sigma, \tau, n_\Delta, L, M) = E_0 + A_4 \sigma(\sigma + 4) + B\,\tau(\tau + 3) + C\,L(L+1)$$

以总玻色子数等于 6 为例的具有 O(6) 对称性的原子核的典型能谱的一部分如图 7.19 所示.

考察图 7.19(a), 横向整体来看, 具有 O(6) 对称性的核态的能谱与 U(5) 对称的核态的能谱具有类似之处 (但一些多重态的顺序有差别); 上下来看, 具有 O(6) 对称性的核态的每一条能带具有近似的转动特征, 因此 O(6) 动力学对称性极限对应不定轴转动核态.

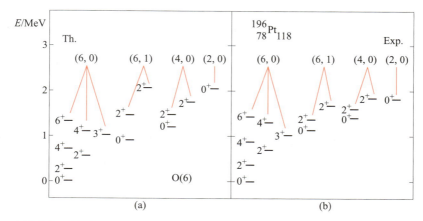

图 7.19 以总玻色子数等于 6 为例的 O(6) 动力学对称性的典型能谱的一部分 (a) 及其与 ^{196}Pt 的低激发态能谱的实验观测结果 (b) 的比较 [图内上方所标为 (σ, n_Δ) 之值, 自下而上的各左上至右下的能级组分别对应 $\tau = 0, 1, 2, 3, \cdots$.]

[取自 F. Iachello 和 A. Arima 的《The Interacting Boson Model》]

O(6) 动力学对称性极限下, E2 跃迁算符为

$$\hat{T}(\text{E2})_\mu = q_2(d^\dagger \tilde{s} + s^\dagger \tilde{d})^2_\mu,$$

其中, q_2 为有效电荷参量. 由于 $\hat{T}(\text{E2})_\mu$ 正比于 O(6) 群的无穷小生成元, 则其跃迁的选择定则为

$$\Delta\sigma = 0, \quad \Delta\tau = \pm 1.$$

并且, 容易得到 O(6) 极限下的 E2 跃迁的约化跃迁概率, 例如

$$B[\text{E2}, \sigma\,\sigma\,(\tau+1)\,0\,(2\tau+2) \to \sigma\,\sigma\,\tau\,0\,2\tau] = q_2^2 \frac{(\sigma-\tau)(\sigma+\tau+4)(\tau+1)}{2\tau+5},$$

$$B(\text{E2}, \sigma\,\sigma\,(\tau+1)\,0\,2\tau \to \sigma\,\sigma\,\tau\,0\,2\tau) = q_2^2 \frac{(\sigma-\tau)(\sigma+\tau+4)(4\tau+2)}{(2\tau+5)(4\tau-1)},$$

等. 比较计算结果和实验测量结果表明, IBM1 的 O(6) 对称性极限可以很好地描述不定轴的四极形变转动态的电磁性质.

对于常用的考虑四极作用和转动效应的哈密顿量

$$\hat{H} = \varepsilon_{\text{d}}\hat{n}_{\text{d}} - k\,\hat{Q}(\chi)\cdot\hat{Q}(\chi) + k'\,\hat{L}\cdot\hat{L},$$

其中 ε_{d} 为单 d-玻色子能量, k、k' 为相互作用强度, χ 为结构常数, $\hat{n}_{\text{d}}$ 为 U(5) 的一阶卡西米尔算子, $\hat{L}$ 为角动量算符, $\hat{Q}(\chi)$ 为四极算符, 可以具体表示为

$$\hat{Q}(\chi) = [d^\dagger s + s^\dagger \tilde{d}]_\mu^2 + \chi[d^\dagger \tilde{d}]_\mu^2.$$

细致分析其对称性知, 该哈密顿量可以由各个群的卡西米尔算子表述为

$$\hat{H} = \left[\varepsilon_{\text{d}} - \frac{2k\chi}{7}\left(\chi + \frac{\sqrt{7}}{2}\right)\right]C_{1\text{U}(5)} - \frac{2k\chi}{7}\left(\chi + \frac{\sqrt{7}}{2}\right)C_{2\text{U}(5)}$$

$$+ \frac{k\chi}{\sqrt{7}}C_{2\text{SU}(3)} - \frac{2k}{\sqrt{7}}\left(\chi + \frac{\sqrt{7}}{2}\right)C_{2\text{O}(6)}$$

$$+ \frac{2k}{7}\left(\chi + \frac{\sqrt{7}}{2}\right)\left(\chi + \sqrt{7}\right)C_{2\text{O}(5)} + \left[k' - \frac{k\chi}{14}\left(\chi + 2\sqrt{7}\right)\right]C_{2\text{O}(3)}.$$

显然, 对单 d-玻色子能量、相互作用强度和结构常数 (常统称为控制参量) 选取特殊的数值, 我们可以得到具有确定对称性的哈密顿量 [即: 使系统由 U(6) 对称破缺到指定的对称性]. 三种极限情况分别对应的控制参量的取值为

$$\text{U}(5) \quad : \quad k \to 0,\ \chi \to \infty,\ k\chi \to 0,\ k\chi^2 \to \text{有限值};$$

$$\text{SU}(3) \quad : \quad \varepsilon_{\text{d}} = 0,\ \chi = -\sqrt{7}/2;$$

$$\text{O}(6) \quad : \quad \varepsilon_{\text{d}} = 0,\ \chi = 0.$$

如果使控制参量在某两种对称性要求的特殊数值之间变化, 我们即可由之研究这两种对称性之间的过渡区的原子核的性质.

2. 相互作用玻色子模型与几何模型的关系

附录二中曾经提到, 将对一维谐振子的基态进行平移操作的方案推广, 可以建立描述多粒子系统集体运动的投影相干态方法, 并有习题 F2.25、推广习题 F2.25, 并采用类似 Hill—Wheeler 参数化方案的参数化方案, IBM1 下包含有 N 个 s、d 玻色子的原子核的内禀相干态可以表述为

$$\left| N; \beta_2, \gamma_2 \right\rangle = C \left[s^\dagger + \beta_2 \cos \gamma_2 d_0^\dagger + \frac{1}{\sqrt{2}} \beta_2 \sin \gamma_2 \left(d_2^\dagger + d_{-2}^\dagger \right) \right]^N \left| 0 \right\rangle,$$

其中 C 为归一化系数. 通过比较相应于该状态的原子核的电四极矩与玻尔模型给出的电四极矩 (不同方法给出的物理量必须相同), 可以得到玻尔模型中的四极形变参数 $\{\beta, \gamma\}$ 与上述投影相干态中的参数之间的关系为

$$\beta \approx 0.15 \beta_2, \quad \gamma = \gamma_2.$$

考虑这些关系, 此后我们不区分 β_2 与 β, 也不区分 γ_2 与 γ. 并且, 对于基态, 有位能面泛函

$$E(N; \beta, \gamma) = \frac{\langle N; \beta, \gamma | H | N; \beta, \gamma \rangle}{\langle N; \beta, \gamma | N; \beta, \gamma \rangle}.$$

对于激发态, 则应考虑角动量投影, 将内禀相干态改写为

$$\left| N; \beta_2, \gamma_2; L \right\rangle = C P_{MK}^L \left[s^\dagger + \beta_2 \cos \gamma_2 d_0^\dagger + \frac{1}{\sqrt{2}} \beta_2 \sin \gamma_2 \left(d_2^\dagger + d_{-2}^\dagger \right) \right]^N \left| 0 \right\rangle,$$

其中 P_{MK}^L 为角动量投影算符

$$P_{MK}^L = \frac{2L+1}{8\pi^2} \int D_{MK}^{*L}(\Omega) R(\Omega) \mathrm{d}\Omega,$$

$R(\Omega)$ 为转动算符, $D_{MK}^L(\Omega)$ 为转动矩阵, Ω 为欧拉转动角 $(\alpha', \beta', \gamma')$, L 为角动量, M、K 分别为角动量在实验室坐标系的 z 轴、随体坐标系的 z 轴上的投影. 对于基态带中的各态, $K = M = 0$. 经过角动量投影后, 原子核的基带中各态的能量泛函可以表示为

$$E(L, \beta, \gamma) = \left\langle \hat{H} \right\rangle_{G,L} = \frac{\langle N; \beta, \gamma | H P_{00}^L | N; \beta, \gamma \rangle}{\langle N; \beta, \gamma | P_{00}^L | N; \beta, \gamma \rangle}.$$

然后根据稳定性条件

$$\frac{\partial E}{\partial \beta} = 0, \qquad \frac{\partial E}{\partial \gamma} = 0,$$

即可确定对应于位能面极小值的形变参量, 即得稳定核态的形状.

分别取哈密顿量为 U(5)、SU(3)、O(6) 动力学对称性极限下的哈密顿量, 具体计算具有 U(5)、SU(3)、O(6) 动力学对称性的基态能量 (自由能) 泛函曲面知, 在 N 趋于无穷大极限情况下, 对于 U(5) 动力学对称性极限, 位能面泛函与 γ 无关,

而在 $\beta = 0$ 处有一个极小值, 所以它对应的形状为球形. 对于 SU(3) 动力学对称性极限, 位能面泛函在 $\gamma = 0$、$\beta_2 = \sqrt{2}$ ($\beta \approx 0.192$) 处有一个极小值, 所以它对应的形状为长椭球形. 对于 O(6) 动力学对称性极限, 位能面泛函与 γ 无关, 而在 $\beta_2 = 1$ ($\beta \approx 0.15$) 处有一个极小值, 所以它对应的形状为不定轴转动的椭球形.

计算得到的分别具有 U(5)、SU(3)、O(6) 动力学对称性的基态带中一些态的能量 (自由能) 泛函曲面分别如图 7.20、图 7.21、图 7.22 所示.

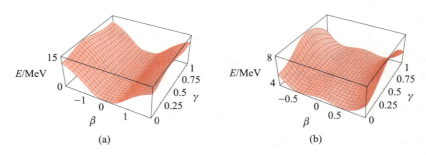

图 7.20　总玻色子数为 15 的具有 U(5) 对称性的角动量 $L = 2$ (左侧) 和角动量 $L = 10$(右侧) 的态的自由能泛函曲面 (对应哈密顿量中的具体参数取值为 $A_1 = 1.0$ MeV、$A_2 = 0.15$ MeV、$B = -0.4$ MeV、$C = 0.006$ MeV、$A_3 = A_4 = 0$)
[取自 Int. J. Mod. Phys. E 15: 1711 (2006)]

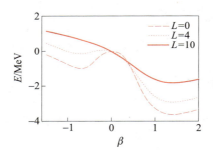

图 7.21　总玻色子数等于 15 的具有 SU(3) 对称性的角动量 $L = 0$、4、10 的态的自由能泛函曲面 (对应哈密顿量中的具体参数取值为 $A_3 = 1$、$A_1 = A_2 = A_4 = B = C = 0$)
[取自穆良柱博士论文 (北京大学, 2005 年)]

由图 7.20、图 7.21、图 7.22 知, 在低角动量情况下, 具有 U(5) 对称性的核态对应球形振动态, 具有 SU(3) 对称性的核态对应定轴 (长) 椭球转动态, 并且, 随着角动量增大, 这种定轴转动特征更加稳定 (对应于扁椭球形状的亚稳态逐渐消失); 具有 O(6) 对称性的低角动量核态对应不定轴椭球转动态. 但是随着角动量增大, 位能面的极小值的位置会发生变化, 具有 U(5) 对称性的核态转变为定轴转动态 $\Big($ 自由能泛函极小值出现在 $\beta_2 = \pm 0.5$、$\gamma = 0$ 和 $\dfrac{\pi}{3}\Big)$, 具有 O(6) 对称性的核态转变为三轴转动态 $\Big($ 自由能泛函极小值出现在 $\beta_2 = \pm 1$、$\gamma = \dfrac{\pi}{6}\Big)$; 而当角动量很大时, 转变为形状共存 $\big((\beta_2, \gamma) = (0, 不确定)\big)$ 的振动态与 $\Big(\gamma = \dfrac{\pi}{6}, \beta$ 不确定 $\Big)$ 的三轴转动的呼吸模式态.

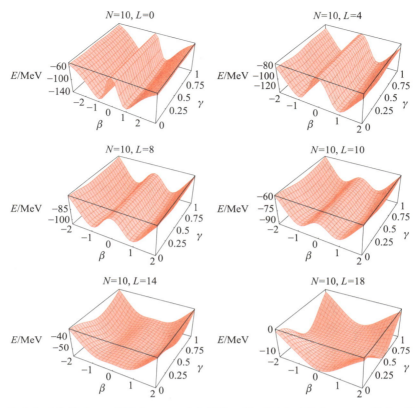

图 7.22　总玻色子数等于 10 的具有 O(6) 对称性的一些不同角动量态 (Yrast 带内) 的自由能曲面 (对应哈密顿量中具体参数取值为 $A_4 = -1$ MeV、$A_1 = A_2 = A_3 = B = C = 0$)
[取自 Int. J. Mod. Phys. E 15: 1711 (2006)]

　　这些结果表明, IBM1 不仅与几何模型具有密切的关系, 还可以描述角动量驱动的原子核集体运动模式的演化 (形状相变). 将包含三种动力学对称性的哈密顿量中的相互作用强度参量 κ 和结构常量 χ 视为由同位旋决定的函数, 那么, IBM1 还可以描述同位旋驱动的 (沿同位素链的或沿同中子素链的) 集体运动模式相变 (形状相变).

　　具体的研究表明, 振动与不定轴转动之间的相变为二级相变, 振动到定轴转动之间的相变为一级相变, 定轴转动与不定轴转动之间的演化为连续过渡. 除了上述的自由能泛函曲面外, 描述原子核集体运动模式相变 (形状相变) 的物理量还有: 能谱中一些低激发态能量的比值、E2 跃迁概率的比值、E2 跃迁中光子的能量与核自旋的比值、波函数与动力学对称性极限下的波函数的重叠等. 其中能谱中一些低激发态能量的比值和 E2 跃迁中光子的能量与核自旋的比值比较简单, 请读者作为习题予以论证, 其它判据比较专业, 这里不再予以介绍.

　　关于集体模型的深入研究表明, 对集体模型中的相互作用势能取为仅依赖于 β 的无限深势阱, 可以得到解析解, 该解析解可以描述振动与不定轴转动之间的二级相变的临界点状态的性质, 称之为E(5) 对称性态[Phys. Rev. Lett. 85: 3580 (2000)].

假设集体模型中的相互作用势能可以分离变量, 对其中依赖于 β 的部分仍取为无限深势阱, 依赖于 γ 的部分取为一维谐振子势, 也可以得到解析解, 该解析解可以描述振动到定轴转动之间的一级相变, 称之为 X(5) 对称性态 [Phys. Rev. Lett. 87: 052502 (2001)]. 对其中依赖于 β 的部分取为一维谐振子势, 依赖于 γ 的部分取为无限深势阱, 也可以得到解析解, 该解析解可以描述长椭球转动与扁椭球转动的临界点状态, 称之为 Y(5) 对称性态 [Phys. Rev. Lett. 91: 132502 (2003)]. 在相互作用玻色子模型下也可以描述这些核形状相变的临界点状态, 并且已经建立了可以统一描述这些临界点对称性核态的具有清楚的代数结构的 F(5) 模型 [Phys. Lett. B 732: 55 (2014)].

3. 相互作用玻色子模型与壳模型的关系

我们知道, 壳模型是以原子核的基本构成单元——核子为自由度、在平均场近似下描述原子核的结构和性质的理论方法, 尤其是改进之后的壳模型已经可以直接从核子–核子两体作用以及核子间的三体相互作用等出发研究原子核的结构和性质, 因此壳模型是原子核结构模型的基础和基本方法. 相互作用玻色子模型是为了解决壳模型中态 (计算) 空间巨大问题而提出的唯象模型, 后来发现 IBM 可以与几何模型建立直接的联系, 描述原子核的各种模式的集体运动及原子核的形状相变. 采用玻色映射方法 [例如, Holstein-Primakoff 映射 (HP 型映射)、Dyson 映射 (D 型映射)、Otsuka-Arima-Iachello 映射、杨–卢–周映射、杨–刘–齐映射等], 并在操作中, 保证所考虑费米子表述的代数的所有生成元在映射到玻色子空间之后有同样的代数结构; 使所有物理算符在玻色子空间与在费米子空间的矩阵元相等, 从而保证映射的完整性; 除去由费米子空间映射到玻色子空间中的假态, 从而保证映射一一对应; 则可以证明, 相互作用玻色子模型是壳模型的很好近似. 但现在仍有一般方案计算量太大、作近似后无法保证对假态除去得绝对干净等问题需要解决.

7.5 核反应及其研究方法

我们知道, 粒子经靶作用后出射的现象称为散射, 并且, 如果出射粒子的能量与入射粒子的能量相同, 称之为弹性散射. 如果出射粒子的能量与入射粒子的能量不同, 则称之为非弹性散射. 显然, 通过考察散射的行为和特征, 人们可以获取粒子与靶相互作用及靶的结构的信息, 因此, 对于散射的研究是近现代科学研究与技术研发的最重要过程和手段, 例如: 对于原子结构的认识、对于原子核的性质与结构的认识、对于强子结构的认识、对于材料的结构与性质的认识、对于新药的研制与开发等. 因此, 关于散射的研究与关于束缚态的研究同样重要!

对于线度极小的原子核, 根据成像分辨率的瑞利判据和不确定关系, 为观测原子核的性质和结构, 必须采用较高能量粒子/离子作为探针 (或者说光源). 因此, 原子核反应比散射更广义、意义也更重大, 既包括散射, 即出射粒子和原子核的组分不变的现象, 也包括出射粒子和原子核的组分都发生变化的现象. 也就是说, 所有有原子核参与的各种各样的组分不变的过程和组分改变的过程统称为原子核反应.

由此知, 核反应对于原子核的结构和性质的研究、强相互作用的行为和规律的研究以及新的物质形态的探究等都至关重要.

7.5.1 核反应的分类与遵循的基本规律

▶ 7.5.1
授课视频

一、 核反应的分类

上面提到, 原子核反应对于原子核结构和性质的研究、强相互作用的行为和规律的研究以及新的物质形态的探究等都至关重要, 它包括入射粒子与靶核相互作用后而出射的散射现象, 也包括出射粒子和原子核都发生变化的现象, 因此核反应是很广义的相互作用过程的统称, 通常以靶原子核 A、入射粒子 (包括原子核)a、生成 (或者说, 剩余) 原子核 B、出射粒子 (也包括原子核)b、c、d 等表述为

$$a + A \to B + b + c + d + \cdots, \tag{7.51}$$

或

$$A(a, bcd \cdots) B. \tag{7.52}$$

如果反应后只有 B + b, 则称之为二体反应; 以此类推, 我们有三体反应、四体反应、$\cdots$ 等多体反应.

由上述定义和一般表述方式知, 原子核反应有多种类型, 并且可以按出射粒子种类、入射粒子种类、入射粒子能量区间、靶核质量、反应机制等多种方式对之进行分类.

关于以出射粒子种类对核反应进行的分类, 以二体反应为例, 如果 b = a、B = A, 则称之为弹性散射; 如果 b = a′、B = A′, 即种类都不发生变化, 但能量状态有变化, 则称之为非弹性散射; 如果 b ≠ a、B ≠ A, 即相对于靶核和入射粒子, 剩余核和出射粒子的组分单元有变化, 则称之为核转变.

关于按入射粒子种类对核反应的分类, 如果入射粒子 a 为不带电的中性粒子 (例如: 中子 n、中微子 ν 等), 则称之为中性粒子核反应. 如果入射粒子 a 为带电粒子 (例如: 质子 p、氘核 d、碳原子核 C、电子 $e^{\pm}$、缪子 $\mu^{\pm}$、反质子 $\bar{p}$ 等), 则称之为带电粒子核反应. 如果入射粒子为光子 γ, 则称之为光核反应, 例如: $\gamma + d \to p + n$、$\gamma + {}^{9}_{4}Be \to {}^{8}_{4}Be + n$ 等. 如果入射粒子为较重的原子核 (至少在 α 粒子之上), 则称之为重离子核反应.

关于按入射粒子能量对核反应进行的分类, 人们通常称入射能量 $E_k < 50$ MeV 的反应为低能核反应, 50 MeV $< E_k < 1$ GeV 的核反应为中能核反应, $E_k > 1$ GeV 的核反应为高能核反应.

关于按靶核的质量数对核反应进行的分类, 人们通常称靶核的质量数 $A \leqslant 40$ 的反应为轻核反应, $40 < A < 150$ 的核反应为中等重量核反应, $A > 150$ 的核反应为重核反应.

关于按核反应机制对核反应进行的分类, 如果核反应是通过入射粒子与靶核中少数组分粒子直接作用而完成的, 则称之为直接反应. 如果一个核反应可分为入射

粒子与靶核作用而融合成激发态的新原子核 (复合核), 以及复合核分解为出射粒子和剩余核两个独立的阶段, 例如, 对二体反应, 如果可以表述为

$$A + a \rightarrow C \rightarrow B + b,$$

则称之为复合核反应. 如果入射粒子的能量远低于其与靶核之间的库仑势垒, 以至于不能够发生直接反应或复合核反应, 但能够使靶核激发, 则称这样的核反应为库仑激发. 如果核反应是一个重原子核裂解成两个或多个原子核, 则称之为裂变反应. 如果核反应是两个轻核融合成一个较重的原子核, 则称之为聚变反应.

对于直接反应, 如果入射离子达到靶核附近, 其中有一个或多个核子转移到靶核, 剩余部分继续飞行, 则称之削裂反应, 例如: $^7\mathrm{Li}(\alpha, d)^9\mathrm{Be}$、$^3\mathrm{H}(d, n)^4\mathrm{He}$、$^{14}_{7}\mathrm{N}(\alpha, p)^{17}_{8}\mathrm{O}$ (1919 年卢瑟福最早确认核内存在质子的反应)、$^9_4\mathrm{Be}(\alpha, n)^{12}_{6}\mathrm{C}$ (1930 年博特最早完成, 1932 年查德威克发现中子的反应) 等反应. 如果入射粒子达到靶核附近, 从靶核中拾取一个或多个核子后形成较重的粒子 (离子) 后继续飞行, 则称之拾取反应, 例如: $^{13}\mathrm{C}(^3\mathrm{He}, \alpha)^{12}\mathrm{C}$ 等 $(^3\mathrm{He}, \alpha)$ 反应, 以及 (p, d)、(n, d)、(p, t)、(p, α) 等反应. 如果入射粒子把部分能量直接转交给靶核中的一个或多个核子使之飞出靶核, 则称之为敲出反应, 例如: 各种 (p, pn)、$(p, p2n)$、$(p, p\alpha)$ 等反应, 及类似 $^{63}\mathrm{Cu}(p, pn6\alpha)^{38}\mathrm{Cl}$ 的各种反应. 如果入射粒子与靶核之间作用的效果是不交换粒子而交换电荷, 则称之为电荷交换反应, 例如各种 $(^3\mathrm{He}, t)$ 等反应, 各种 (π^+, π^-) 反应等.

二、 核反应遵循的基本规律

核反应过程涉及的相互作用主要有强相互作用、弱相互作用和电磁相互作用. 其应遵循的规律有能量守恒、动量守恒、电荷守恒、角动量守恒和重子数守恒.

由于空间转动不变对应的守恒律为角动量守恒, 核反应不因所取方向不同而不同, 即具有空间转动不变性, 因此核反应遵循总角动量守恒的基本原理. 例如, 前面讨论 β 衰变时所说的释放的中微子的自旋为 $\frac{1}{2}\hbar$, 即为角动量守恒的表现 $\Big[$ 中子、质子、电子的自旋都为 $\frac{1}{2}\hbar$, 中子转变为质子、电子和反电子型中微子时, 质子和电子的总自旋为 0 或 $\hbar$, 角动量守恒要求末态的总自旋应与初态的 $\frac{1}{2}\hbar$ 相同, 因此 (反电子型) 中微子的自旋为 $\frac{1}{2}\hbar \Big]$.

粗略来讲, 能量守恒对应通常意义上的物质不灭原理, 自然界中的物质的质量主要由质子、中子、超子等强子携带, 电子和中微子的质量相对小很多, 而质子、中子和超子因其质量较大而被称为重子, 因此在核反应中总重子数应保持不变, 即有重子数守恒; 总轻子数保持不变, 即有轻子数守恒. 例如, 前述的 β 衰变过程, 初态为中子, 其重子数为 1、电荷数为 0、轻子数为 0; 实验观测到了带一个单位负电荷的电子, 其重子数为 0, 轻子数为 1; 由电荷守恒和重子数守恒知, 末态中一定存在重子数为 1、带一个单位正电荷的粒子, 再考虑能量守恒, 该粒子一定是质子; 再考虑

轻子数守恒, 生成的粒子中一定有轻子数为 −1 的反轻子, 进一步考虑能量守恒, 则该粒子即为质量近似为 0 的反电子型中微子.

除了这些普遍成立的守恒律之外, 还有一些确定条件下成立的守恒律. 例如, 在只涉及强相互作用的核反应中, 同位旋守恒; 在只涉及强相互作用和电磁相互作用的核反应中, 宇称守恒; 对于低能核反应, 奇异数也守恒.

三、 反应热与反应阈能

能量动量守恒和电荷守恒是任何现实的物理过程必须遵循的基本原理, 因此核反应一定也遵循能量守恒定律、动量守恒定律和电荷守恒定律, 并且据此可以确定核反应中的反应能(也称为反应热), 例如, 对二体反应 A(a,b)B 有

$$Q = E_A + E_a - E_B - E_b, \tag{7.53}$$

其中 E_i 为反应中第 i 组分的总能量, 由 $E_i = m_i c^2$ 确定. 通常, 人们称 $Q > 0$ 的反应为放热反应, $Q < 0$ 的反应为吸热反应. 进一步, 人们定义能够使核反应发生的最低的入射粒子的动能为核反应的反应阈能(threshold). 显然, 放热反应的反应阈能 $E_{th} = 0$. 对于吸热反应, 直观地, 反应阈能对应质心系中反应物的总动能, 记实验室坐标系的坐标原点位于靶核 A, 经坐标变换即可得到

$$E_{th} = \begin{cases} \left(1 + \dfrac{m_a}{m_A}\right)|Q|, & \text{非相对论情况;} \\ \dfrac{1}{2m_A}(m_a + m_A + m_b + m_B)|Q|, & \text{相对论情况.} \end{cases} \tag{7.54}$$

假设反应之前, 在实验室坐标系中靶核静止, 记入射粒子、出射粒子、剩余核的动量分别为 $\boldsymbol{p}_a$、$\boldsymbol{p}_b$、$\boldsymbol{p}_B$, 相应的动能分别为 $E_{k,a}$、$E_{k,b}$、$E_{k,B}$, 并且出射粒子、剩余核的出射角分别为 θ、ϕ, 对非相对论情况, 由动量守恒知

$$\boldsymbol{p}_a = \boldsymbol{p}_b + \boldsymbol{p}_B,$$

由能量守恒知, (7.53) 式所示的反应能可以由入射粒子、出射粒子和剩余核的动能表述为

$$Q = E_{k,b} + E_{k,B} - E_{k,a}.$$

再考虑质量为 m 的粒子的动能与动量之间的关系 $\boldsymbol{p}^2 = 2mE_k$, 即可解得

$$Q = \left(\frac{m_b}{m_B} + 1\right)E_{k,b} + \left(\frac{m_a}{m_B} - 1\right)E_{k,a} - \frac{2\sqrt{m_a m_b E_{k,a} E_{k,b}}}{m_B}\cos\theta.$$

该关系常被称为核反应的 Q 方程. 关于相对论情况的 Q 方程, 有兴趣的读者请自己导出.

7.5.2 一般描述方案*

一、出射的运动状态

7.5.2 ◀
授课视频

由附录二的讨论知, 质量为 m 的入射粒子的状态可以由平面波形式表述为

$$\psi_{\text{in}} = e^{i\boldsymbol{k}\cdot\boldsymbol{r}} = e^{ikr\cos\theta}. \tag{7.55}$$

对之作球面波展开, 则有

$$\psi_{\text{in}} = \sqrt{4\pi}\sum_{l=0}^{\infty}\sqrt{2l+1}\,i^l j_l(kr)Y_{l0}(\cos\theta)$$

$$\xrightarrow{kr\to\infty}\frac{\sqrt{\pi}}{kr}\sum_{l=0}^{\infty}\sqrt{2l+1}\,i^{l+1}\left[e^{-i\left(kr-\frac{l\pi}{2}\right)}-e^{i\left(kr-\frac{l\pi}{2}\right)}\right]Y_{l0}(\cos\theta).$$

经过与靶作用 [记之为 $U(r)$], 表征粒子状态的振幅和相位都可能发生变化, 其渐近行为可以表述为

$$\psi_{\text{out}}\xrightarrow{kr\to\infty}\frac{\sqrt{\pi}}{kr}\sum_{l=0}^{\infty}\sqrt{2l+1}\,i^{l+1}\left[e^{-i\left(kr-\frac{l\pi}{2}\right)}-S_l(k)e^{i\left(kr-\frac{l\pi}{2}\right)}\right]Y_{l0}(\cos\theta),$$

亦即

$$\psi_{\text{out}}\xrightarrow{r\to\infty}e^{ikr\cos\theta}+f(\theta)\frac{e^{ikr}}{r}.$$

其中

$$f(\theta) = \frac{\sqrt{\pi}}{kr}\sum_{l=0}^{\infty}\sqrt{2l+1}\,i^{l+1}\left[1-S_l(k)\right]e^{-i\frac{l\pi}{2}}Y_{l0}(\cos\theta)$$

$$= \frac{\sqrt{\pi}}{kr}\sum_{l=0}^{\infty}\sqrt{2l+1}\,i\left[1-S_l(k)\right]Y_{l0}(\cos\theta),$$

上述诸式中的 $S_l(k)$ 常被称为出射波系数, $f(\theta)$ 常被称为散射振幅.

显然, 如果 $S_l(k)=1$, 则 $f(\theta)=0$, 从而 $\psi_{\text{out}}(\boldsymbol{r})=\psi_{\text{in}}(\boldsymbol{r})$, 即粒子处于自由运动状态.

如果 $\left|S_l(k)\right|=1$, 记之为 $S_l(k)=e^{2i\delta_l(k)}$, 则

$$f(\theta) = \frac{1}{k}\sum_{l=0}^{\infty}(2l+1)e^{i\delta_l(k)}\sin\delta_l(k)P_l(\cos\theta).$$

这表明, 粒子的出射振幅没有变化, 但相位发生了变化, 从而可以描述弹性散射. 上式中的相位改变 $\delta_l(k)$ 常被称为 l 波散射相移(phase shift).

如果 $\left|S_l(k)\right|<1$, 则出射波振幅减小, 也就是出射粒子数减少, 这表明发生了吸收, 由之既可以描述非弹性散射也可以描述核转变.

二、 微分散射截面与散射截面

对稳定流密度 j_{in} 的入射, 出射到 $\{\theta, \phi\}$ 方向的立体角 $\mathrm{d}\Omega$ 内的粒子数定义为

$$\mathrm{d}n(\theta, \phi) = \sigma(\theta, \phi) j_{\text{in}} \mathrm{d}\Omega,$$

其中

$$\sigma(\theta, \phi) = \frac{1}{j_{\text{in}}} \left(\frac{\mathrm{d}n}{\mathrm{d}\Omega} \right),$$

称为 (微分) 散射截面[或 (微分) 碰撞截面, (微分) 反应截面], 表示单位时间内被一个粒子散射到 θ 方向单位立体角内的粒子数占单位时间内入射到单位靶面上的总粒子数的比例. 对全立体角求和即得总截面

$$\sigma_{\text{t}} = \int \sigma(\theta, \phi) \mathrm{d}\Omega = \int_0^{2\pi} \left[\int_0^\pi \sigma(\theta, \phi) \sin\theta \mathrm{d}\theta \right] \mathrm{d}\phi.$$

将前述的入射粒子状态代入流密度的定义式, 经简单计算知, 入射流密度可以表示为

$$j_{\text{in}} = -\mathrm{i}\hbar \frac{1}{2m} \left[\psi_{\text{i}}^* \nabla \psi_{\text{i}} - \psi_{\text{i}} \nabla \psi_{\text{i}}^* \right] = \frac{\hbar k}{m}.$$

将前述的出射粒子状态代入流密度的定义式, 则得散射流密度 (径向) 为

$$j_{\text{out}} = \frac{-\mathrm{i}\hbar}{2m} \left[f^*(\theta) \frac{-\mathrm{e}^{\mathrm{i}k'r}}{r} \frac{\partial}{\partial r} \left(f(\theta) \frac{\mathrm{e}^{\mathrm{i}k'r}}{r} \right) - f(\theta) \frac{\mathrm{e}^{\mathrm{i}k'r}}{r} \frac{\partial}{\partial r} \left(f^*(\theta) \frac{-\mathrm{e}^{\mathrm{i}k'r}}{r} \right) \right] = \frac{\hbar k'}{m} \frac{|f(\theta)|^2}{r^2}.$$

那么, 单位时间内进入 θ 方向立体角 $\mathrm{d}\Omega$ 中的粒子数为

$$\mathrm{d}n_{\text{out}} = j_{\text{out}} r^2 \mathrm{d}\Omega = \frac{\hbar k'}{m} |f(\theta)|^2 \mathrm{d}\Omega,$$

因此, 微分散射截面可以表述为

$$\sigma(\theta) = \frac{1}{j_{\text{in}}} \left(\frac{\mathrm{d}n}{\mathrm{d}\Omega} \right) = \frac{k'}{k} |f(\theta)|^2.$$

由此知, (在量子力学层面上) 研究核反应截面的核心问题是求解相互作用势 $U(r)$ 下的薛定谔方程, 得到其渐近行为, 确定下函数 $f(\theta)$ 以及其中的散射相移 δ_l 等.

显然, 微分散射截面既表征粒子出射到各方向上的概率, 又表征不同角度之间的关联, 这就是说微分散射截面既描述核反应的角分布又描述核反应的角关联. 进一步来讲, 通过考虑粒子的极化状态对应的简并因子及其变化还可以使得对核反应的描述更精细.

前已述及, 核反应既包括散射也包括吸收, 记其相应的总截面分别为 σ_{sc}、σ_{a}, 容易证明:

$$\sigma_{\text{sc}} = \frac{\pi}{k^2} \sum_{l=0}^\infty (2l+1) |1 - S_l(k)|^2, \qquad \sigma_{\text{a}} = \frac{\pi}{k^2} \sum_{l=0}^\infty (2l+1) \left(1 - |S_l(k)|^2 \right),$$

并有

$$\sigma_{\mathrm{t}} = \sigma_{\mathrm{sc}} + \sigma_{\mathrm{a}} = \frac{4\pi}{k}\mathrm{Im}[f(\theta)]$$

该规律常被称为散射 (截面) 的黄金规则.

三、 细致平衡原理

记入射道 a + A 为 α, 出射道 b + B 为 β, 由附录二中关于量子跃迁的讨论知, 单位时间内的跃迁概率 (亦即反应概率) 为

$$\lambda_{\beta\alpha} = \frac{2\pi}{\hbar}|H_{\beta\alpha}|^2\frac{\mathrm{d}n}{\mathrm{d}E_{\beta}}$$

其中 $H_{\beta\alpha}$ 为引起反应的微扰作用矩阵元, $\dfrac{\mathrm{d}n}{\mathrm{d}E_{\beta}}$ 为末态的态密度.

记出射道中的自旋权重因子为 S_{β}, 则

$$\mathrm{d}n = S_{\beta}\frac{4\pi p_{\beta}^2\mathrm{d}p_{\beta}}{(2\pi\hbar)^3}V = \frac{4\pi p_{\beta}^2\mathrm{d}p_{\beta}}{(2\pi\hbar)^3}(2L_{\mathrm{b}}+1)(2L_{\mathrm{B}}+1)V,$$

其中 L_{b}、L_{B} 分别为反应后两粒子的自旋. 又因为 $E_{\beta} \cong \dfrac{1}{2}\mu_{\beta}\nu_{\beta}^2$, 即 $\mathrm{d}E_{\beta} = \mu_{\beta}\nu_{\beta}\mathrm{d}\nu_{\beta} = \nu_{\beta}\mathrm{d}p_{\beta}$, 则

$$\lambda_{\beta\alpha} = \frac{V}{\pi\hbar^4}\frac{p_{\beta}^2}{\nu_{\beta}}|H_{\beta\alpha}|^2(2L_{\mathrm{b}}+1)(2L_{\mathrm{B}}+1).$$

那么, 由反应截面的定义知

$$\sigma_{\beta\alpha} = \frac{\lambda_{\beta\alpha}}{\Phi_{\alpha}} = \frac{\lambda_{\beta\alpha}}{n_{\alpha}\nu_{\alpha}} = \frac{\lambda_{\beta\alpha}}{\nu_{\alpha}/V}.$$

将 $\lambda_{\beta\alpha}$ 的表达式代入, 则有

$$\sigma_{\beta\alpha} = \frac{1}{\pi\hbar^4}\frac{p_{\beta}^2}{\nu_{\alpha}\nu_{\beta}}|VH_{\beta\alpha}|^2(2L_{\mathrm{b}}+1)(2L_{\mathrm{B}}+1).$$

因为通常情况下, $|H_{\beta\alpha}|^2 = |H_{\alpha\beta}|^2$, 则

$$\frac{\sigma_{\beta\alpha}}{\sigma_{\alpha\beta}} = \frac{p_{\beta}^2(2L_{\mathrm{b}}+1)(2L_{\mathrm{B}}+1)}{p_{\alpha}^2(2L_{\mathrm{a}}+1)(2L_{\mathrm{A}}+1)},$$

$$\frac{\dfrac{\mathrm{d}\sigma_{\beta\alpha}}{\mathrm{d}\Omega}}{\dfrac{\mathrm{d}\sigma_{\alpha\beta}}{\mathrm{d}\Omega}} = \frac{p_{\beta}^2(2L_{\mathrm{b}}+1)(2L_{\mathrm{B}}+1)}{p_{\alpha}^2(2L_{\mathrm{a}}+1)(2L_{\mathrm{A}}+1)},$$

其中 L_{a}、L_{A} 分别为反应前两粒子的自旋.

这些反应截面间的关系称为细致平衡原理. 由此知, 只要知道了反应 a + A → b + B 的反应截面, 也就知道了反应 b + B → a + A 的反应截面. 因此, 对于很难实现的核反应, 人们可以利用细致平衡原理, 由其逆反应对之进行研究.

四、 Lippmann – Schwinger 方程及 T 矩阵与 S 矩阵

前已述及, 研究核反应的关键是确定出射粒子的波函数. 下面简要介绍确定出射粒子波函数的一般方法.

记 c 道内部的哈密顿量为 $\hat{H}_c$, 与靶间作用为 U_c, 系统波函数为 ψ_c, 能量为 E, 则有 Schrödinger 方程:

$$(\hat{H}_c + \hat{U}_c)\psi_c = E\psi_c,$$

亦即有

$$(E - \hat{H}_c)\psi_c = \hat{U}_c\psi_c.$$

记 c 道内本征波函数为 φ_c, 即有

$$(E - \hat{H}_c)\varphi_c = 0.$$

上述两式相减, 得

$$(E - \hat{H}_c)(\psi_c - \varphi_c) = \hat{U}_c\psi_c$$

因为

$$\frac{1}{E_0 - \hat{H}_c}\varphi_c = \frac{1}{E_0 - E}\varphi_c$$

在 $E = E_0$ 时发散, 则应采取措施消除这一发散. 理论上, 消除这样的发散的方法称为重整化. 这里不系统介绍重整化理论, 仅直观地引入 "重整化系数" (无穷小参量 ε), 则有

$$\frac{1}{E_0 - \hat{E}_c + \mathrm{i}\varepsilon}(E - \hat{H}_c)(\psi_c - \varphi_c) = \frac{1}{E_0 - \hat{E}_c + \mathrm{i}\varepsilon}\hat{U}_c\psi_c.$$

显然, $\frac{1}{E_0 - \hat{E}_c + \mathrm{i}\varepsilon}(E - \hat{H}_c) \to 1$, 即上式表征相互作用引起的 c 道波函数的变化. 记向外、向内运动的波函数分别为 $\psi_c^{(+)}$、$\psi_c^{(-)}$, 则有

$$\varphi_c^{(\pm)} = \varphi_c + \frac{1}{E_0 - \hat{E}_c + \mathrm{i}\varepsilon}\hat{U}_c\varphi_c^{(\pm)},$$

此即Lippmann–Schwinger (LS) 方程, 可以通过递推的方法进行求解. 其中的 $(E_0 - \hat{E}_c + \mathrm{i}\varepsilon)^{-1}$ 称为格林函数算符.

对 $\varphi_c^{(+)} \xrightarrow{\hat{U}_{c'}} \varphi_{c'}$, 则有 T 矩阵:

$$\mathrm{T}_{c'c} = \langle \varphi_{c'} | \hat{U}_{c'} | \varphi_c^{(+)} \rangle.$$

记 $\hat{\mathrm{S}} = 1 + 2\mathrm{i}\hat{\mathrm{T}}$, 则有 S 矩阵:

$$\mathrm{S}_{c'c} = \langle \varphi_{c'} | \hat{\mathrm{S}} | \varphi_c \rangle.$$

7.5.3 ◀

授课视频

7.5.3 光学势、玻恩近似、分波分析等研究方法概述 *

一、光学势

我们知道, 核反应不仅有散射, 还有吸收. 并且, 对于散射问题和束缚态问题, 相互作用势都表述为实数形式. 为描述既有散射又有吸收的核反应问题, 人们采用推广对电磁场 (光) 既有散射又有吸收的描述方案, 记引起核反应的相互作用势不仅有实部而且有虚部, 并且对实部既考虑与核内物质分布相应的部分, 又考虑与库仑作用相应的部分和自旋–轨道耦合作用, 即有

$$\hat{U}(r) = \hat{U}_0(r) + \hat{U}_C(r) + U_{ls}(r)\boldsymbol{l}\cdot\boldsymbol{s} + \mathrm{i}\hat{W}(r),$$

其中, $\hat{U}_0(r)$ 常被取为伍兹–萨克森势的形式, $\hat{U}_C(r)$ 常被取为库仑势的形式 $\Big[$ 对核电磁作用半径 $R_C = r_C A^{1/3}$ 之外, 取为库仑势, 对 R_C 之内, 取为 $\dfrac{Z_a Z_A e^2}{2R_C}\Big(3 - \dfrac{r^2}{R_C^2}\Big)\Big]$, 自旋–轨道耦合作用中的径向相关的强度 $U_{ls}(r)$ 也取为相应于伍兹–萨克森势的形式, 吸收势常被分为体吸收和面吸收两部分, 体吸收势常被取为形如伍兹–萨克森势的形式, 面吸收势常被取为与 $U_{ls}(r)$ 相同的形式. 其中的作用强度都像核结构的壳模型中一样, 考虑库仑修正和质子中子不对称 (同位旋) 修正等效应.

对于变形核, 常采用一般的将径向分布表述为球谐函数展开的形式, 并有相应的变形核光学势.

二、玻恩近似

我们知道, 如果入射粒子与靶间的作用可作微扰近似, 则 $\psi(\boldsymbol{r}')$ 可由零级近似表述为 $\mathrm{e}^{\mathrm{i}\boldsymbol{k}\cdot\boldsymbol{r}'}$. 于是, 质量为 m 的粒子的波函数为

$$\psi(\boldsymbol{r}) = \mathrm{e}^{\mathrm{i}\boldsymbol{k}\cdot\boldsymbol{r}} - \frac{m}{2\pi\hbar^2}\int \hat{U}(\boldsymbol{r}')\mathrm{e}^{\mathrm{i}\boldsymbol{k}\cdot\boldsymbol{r}'}\frac{\mathrm{e}^{\mathrm{i}\boldsymbol{k}'\cdot(\boldsymbol{r}-\boldsymbol{r}')}}{|\boldsymbol{r}-\boldsymbol{r}'|}\mathrm{d}^3\boldsymbol{r}'.$$

对

$$|\boldsymbol{r} - \boldsymbol{r}'| = (r^2 - 2\boldsymbol{r}\cdot\boldsymbol{r}' + r'^2)^{1/2} \approx r(1 - \boldsymbol{r}\cdot\boldsymbol{r}'/r^2),$$

则有

$$\psi_{\mathrm{out}}(\boldsymbol{r}) \xrightarrow{r\to\infty} -\frac{m\mathrm{e}^{\mathrm{i}k'r}}{2\pi\hbar^2 r}\int \hat{U}(\boldsymbol{r}')\mathrm{e}^{-\mathrm{i}(\boldsymbol{k}'-\boldsymbol{k})\cdot\boldsymbol{r}'}\mathrm{d}^3\boldsymbol{r}',$$

$$f(\theta,\varphi) = -\frac{m}{2\pi\hbar^2}\int \hat{U}(\boldsymbol{r}')\mathrm{e}^{-\mathrm{i}(\boldsymbol{k}'-\boldsymbol{k})\cdot\boldsymbol{r}'}\mathrm{d}^3\boldsymbol{r}'.$$

进而即可确定散射截面、反应截面等.

三、分波分析及道耦合等方法概述

由上一小节的讨论知, 出射粒子的状态和反应截面等特征量都与入射粒子与靶作用后的分波相移密切相关, 因此, 在描述和研究核反应时, 人们常通过具体求解相

应于具体情况的薛定谔方程, 得到其出射态波函数, 然后对之进行球面波展开, 分析出射态波函数在无穷远处的渐近行为与入射的平面波态在无穷远处的渐近行为的差异, 确定下反应的分波相移 δ_l, 进而得到反应截面等信息.

显然, 分波相移 δ_l 是入射粒子与靶核之间相互作用的反映, 一般而言, 对应于吸引相互作用的分波相移 $\delta_l > 0$, 对应于排斥作用的分波相移 $\delta_l < 0$.

实用中, 为简化计算, 人们通常仅对对应于小角动量的低分波分别进行计算和讨论, 例如, 仅分别讨论 s 波、p 波、d 波等的行为. 事实上, 出射态包含有各种分波. 将一些分波耦合在一起完整地讨论反应的行为和规律的方法即为**道耦合方法**(channel coupling method, CCM). 相应地还有**扭曲波玻恩近似**(distorted wave Born approximation, DWBA)、**扭曲波冲量近似**(distorted wave impulse approximation, DWIA) 等近似方法. 这些方法的基本思想与前述方法相同, 具体处理的近似方案有所不同. 因为对于它们的具体讨论比较数学化, 所以这里不予具体展开.

7.6 __ 粒子家族及其基本规律

7.6.1 微观粒子家族

▶ 7.6.1

授课视频

前已提到, 原子核由强子 (hadron) 组成, 原子核的 β 衰变过程释放出电子和 (反电子型) 中微子. 由于电子和中微的质量很小, 因此人们直观地称之为**轻子**(lepton). 由此知, 实验测量到的粒子有强子和轻子两大类.

已发现的强子有七百多种, 具体地, 强子分为重子 (baryon) 和介子 (meson). 介子包括 π 介子、K 介子、ρ 介子、ω 介子等. 它们通常由其自旋 s、轨道角动量 l 和总角动量 (总自旋) J 来分类 (严格来讲是由夸克与反夸克形成这些介子的相互作用形式分类), 并记为 J^P, $P = (-1)^{l+1}$ 为宇称 (其机制见下一小节), 由轨道角动量 l 决定; J 为总自旋, 例如: 0^+ 标记标量介子, 其自旋、轨道角动量都为 1, 总自旋都为 0; 0^- 标记赝标量介子, 其自旋、轨道角动量和总自旋都为 0; 1^- 为矢量介子, 其自旋、轨道角动量、总自旋分别为 1、0、1; 1^+ 标记轴矢量介子, 其自旋、轨道角动量、总自旋分别为 0、1、1; 还有 $J^P = 2^+$ 和 $J^P = 2^-$ 的张量介子. 前面还曾简单提到, 强子有 (总) 自旋 J、电荷 Q 和奇异数 S 等内禀属性, 前述的各类介子通常可以由这些内禀属性分为赝标介子八 (九) 重态、矢量介子八 (九) 重态等, 并常由图 7.23 标记 (这种分类有利于分析它们的组分结构, 具体讨论见下小节).

重子包括质子 p、中子 n 和各种超子, 它们通常由其自旋 s、轨道角动量 l 和总角动量 (总自旋) J 来分类, 并记为 J^P, $P = (-1)^l$ 为宇称, 由轨道角动量 l 决定; J 为总自旋, 前面还曾简单提到, 强子有 (总) 自旋 J、电荷 Q 和奇异数 S 等内禀属性, 前述的重子通常也由这些内禀属性分为重子八重态、重子十重态等, 并常由图 7.24 标记 (这种分类也有利于分析它们的组分结构, 具体讨论见下小节, 上述的奇异数 S 由强子所包含的奇异夸克的数目决定, 并规定一个奇异夸克的奇异数为 -1、一个反奇异夸克的奇异数为 1). 为方便表述粒子的性质, 人们还引入了超荷 Y 的概念.

记一个重子的重子数为 1, 则其超荷数为

$$Y = B + S, \tag{7.56}$$

其中 B 为重子数. 并且, 强子的电荷数可以由其同位旋第三分量 I_3 和超荷数 Y 表述为

$$Q = I_3 + \frac{1}{2}Y. \tag{7.57}$$

该关系常被称为盖尔曼–西岛关系(Gell-Mann–Nishijima relation).

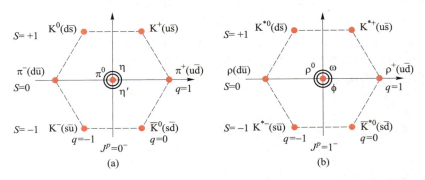

图 7.23　轻赝标介子的八 (九) 重态 (a) 和矢量介子的八 (九) 重态 (b) 的示意图

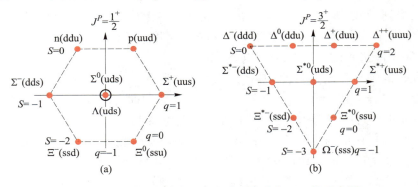

图 7.24　轻重子八重态 (a) 和重子十重态 (b) 的示意图

已发现的轻子除电子及其相应的中微子和它们相应的反粒子外, 还有 μ 子、τ 子和它们对应的中微子以及它们的反粒子.

7.6.2　强子的组分粒子及强子的夸克模型

一、强子有结构

20 世纪 50 年代中期到 60 年代初进行了一系列 电子与质子的深度非弹性散射等实验, 实验测量到的散射截面如图 7.25 所示. 图中带有误差棒的点为对不同入射能量测得的数据, 实线和虚线为对靶质子作点粒子近似下的理论结果. 很显然, 对于较高能量 (875 MeV 以上) 的反应, 将质子作为点粒子的理论不能描述高能质子等散射的散射截面, 说明其形状因子与点粒子的形状因子不同, 从而质子等所谓的 "基本粒子" 不是点粒子, 而是有结构的. 推而广之, 强子是由其它粒子组成的.

7.6.2 ◀
授课视频

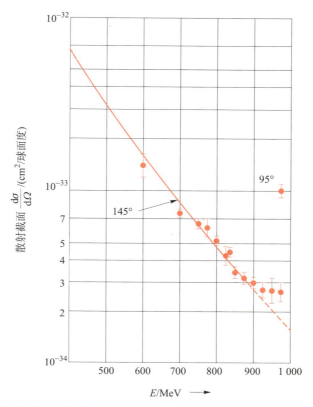

图 7.25 电子–质子深度非弹性散射的散射截面 [取自 Phys. Rev. 124: 1623 (1961)]

二、 夸克的基本性质

直观地, 人们称组成强子的粒子为部分子. 较细致地, 它们分为与原子核的组分中的重子类似的费米子和核力的介子交换理论中的介子类似的玻色子, 并且直观地称这类玻色子为胶子, 并称费米子为夸克[在早期, 我国学者称之为层子]. 夸克具有流质量 (不严谨地, 俗称之为裸质量, 甚至静质量)、自旋、宇称、电荷、超荷、同位旋、重子数、奇异数等量子数. 按夸克的流质量 (由 Higgs 机制表述的对称性自发破缺而产生) 等性质, 人们将组成常见的轻强子的夸克称为上夸克、下夸克、奇异夸克. 到 20 世纪 70 年代人们发现了较重的粲夸克, 之后又发现了更重的底夸克和顶夸克. 现在, 人们把按照流质量不同对夸克的分类也称为夸克具有不同的味 (道), 并整体将之分为三代. 基态 (轨道角动量 $l = 0$) 夸克的宇称都被认定为偶 (+) 宇称, 其它量子数如表 7.1 所示. 显然, 这些量子数之间除有关系 $Y = B + S$ 外, 还满足

$$Q = I_3 + \frac{1}{2}(Y + C + B' + T) \tag{7.58}$$

(7.58) 式称为推广的盖尔曼–西岛关系.

各种味道的夸克都有对应的反粒子——反夸克. 反夸克的所有量子数都为相应夸克的量子数的负值, 并有内禀奇宇称.

表 7.1 夸克的内禀性质一览表 [其中第 1 代夸克的流质量以 MeV 为单位, 第 2 代和第 3 代夸克的流质量以 GeV 为单位]

代次	味道 (F)	流质量 (m_0)	重子数 (B)	电荷 $[Q\,(\mathrm{e})]$	超荷 (Y)	同位旋三分量 (I_3)	粲数 (C)	奇异数 (S)	顶数 (T)	底数 (B')
1	上 (u)	$2.3^{+0.7}_{-0.5}$	$\frac{1}{3}$	$\frac{2}{3}$	$\frac{1}{3}$	$\frac{1}{2}$	0	0	0	0
1	下 (d)	$4.8^{+0.7}_{-0.3}$	$\frac{1}{3}$	$-\frac{1}{3}$	$\frac{1}{3}$	$-\frac{1}{2}$	0	0	0	0
2	粲 (c)	1.275 ± 0.025	$\frac{1}{3}$	$\frac{2}{3}$	$\frac{1}{3}$	0	1	0	0	0
2	奇异 (s)	0.095 ± 0.005	$\frac{1}{3}$	$-\frac{1}{3}$	$-\frac{2}{3}$	0	0	-1	0	0
3	顶 (t)	$173.5 \pm 0.6 \pm 0.8$	$\frac{1}{3}$	$\frac{2}{3}$	$\frac{1}{3}$	0	0	0	1	0
3	底 (b)	4.18 ± 0.03	$\frac{1}{3}$	$-\frac{1}{3}$	$\frac{1}{3}$	0	0	0	0	-1

到 20 世纪 60 年代前期, 对强子谱的研究表明, 在夸克模型框架下, 如果夸克仅具有前述的 (裸) 质量、电荷、自旋、同位旋等内禀自由度, 则无法解释实验观测到的 $\Delta^{++}\left(\frac{3}{2}\right)$ 的存在性 [自旋量子数 $\frac{3}{2}$ 说明其中的 3 个夸克都处于 $\left|\frac{1}{2}\frac{1}{2}\right\rangle$ 状态, 带 2 个单位正电荷说明其中的 3 个夸克都处于带电荷 $\frac{2}{3}e$ 状态, 即该粒子是由 3 个处于相同状态的 u 夸克组合而成. 这显然与泡利不相容原理矛盾]. 那么, 夸克 (反夸克) 除具有前述的内禀自由度外, 还有其它的重要自由度, 人们称之为颜色. 由于实验上观测到的强子都不带颜色自由度, 也就是无色的, 因此人们认为颜色自由度有三维, 通常由三原色——红 (red, r)、绿 (green, g)、蓝 (blue, b) 标记, 并且认为夸克所带颜色具有色 SU(3) 对称性, 且处于其基础表示 $[1]_3$(下标标记其维数) [色自由度最早是在对抽象的仲粒子 (para–particle) 系统的统计规律的研究中引入的, 并被认为是没有实际意义的 para 自由度, 后来的正负电子碰撞产物和介子衰变产物等实验研究 (例如对 $\mathrm{e^+e^-} \rightarrow$ 强子的产额与 $\mathrm{e^+e^-} \rightarrow \mu^+\mu^-$ 的产额的比值的研究) 要求该自由度是现实的, 并称之为颜色]. 与上述颜色相对, 还有反色, 即反红 $(\bar{\mathrm{r}})$、反绿 $(\bar{\mathrm{g}})$、反蓝 $(\bar{\mathrm{b}})$. 由于实验上没有看到带颜色的夸克, 因此人们认为夸克是禁闭的.

三、 轻味强子的夸克结构

从 20 世纪 50—60 年代开始直到现在, 人们已经发现了数量庞大的强子. 这些大量的强子仅仅由少数几种夸克构成. 其中的轻强子, 同时也是实验上最早观测到的强子, 都由 u、d、s 三味夸克 (或其中一两种) 构成. 由于这三味夸克性质相近, 由它们及它们构成的强子具有近似的 SU(3) 对称性. 所谓 SU(3) 对称性即夸克场在变换

$$q(x) = \begin{pmatrix} u(x) \\ d(x) \\ s(x) \end{pmatrix} \Longrightarrow q'(x) = \exp\left(-i\Gamma \sum_{a=1}^{8} \xi_a(x)\lambda_a\right) q(x)$$

及类似形式的变换 [其中 $\xi_a(x)$ $(a = 1, 2, \cdots, 8)$ 为变换参数, λ_a 为盖尔曼矩阵 (将前述的对两维情况的泡利矩阵推广到三维的形式), Γ 为具体到某相互作用道的作用算符 (矩阵)] 下保证幺正幺模不变.

在夸克模型中, 介子是由一个夸克与一个反夸克构成的束缚态, 其味空间和色空间的表示都可以由夸克、反夸克的相应表示的直积约化 (即角动量的由非耦合空间到耦合空间的变换的推广) 按维数标记表述为 $3 \otimes \bar{3} = 8 \oplus 1$. 对于色空间, 上述一维表示为对应于色单态 (色禁闭) 的表示, 即 $[111]_1$ 或 $(00)_1$ 表示 (其中下标 1 表征表示的维数), 它可以显式地表述为

$$|1\rangle = \frac{1}{\sqrt{3}}(r\bar{r} + g\bar{g} + b\bar{b}).$$

因为介子为无色的强子, 因此介子的色空间表示即上述表示. 上述八维表示是对应于显色的表示, 以其作为组分时 (例如, 讨论多夸克态时) 常被称为隐色道.

对于味空间, 上述一维表示和八维表示分别对应味单态介子和味八重态介子. 考虑夸克与反夸克的自旋量子数都为 $\frac{1}{2}$, 由之形成的束缚态的自旋量子数 $S = 0$、1; 再考虑夸克的内禀宇称为偶、反夸克的内禀宇称为奇, 则其中组分间相对轨道角动量量子数为 l 的介子的宇称 P 可以由其轨道角动量量子数表述为 $P = (-1)^{l+1}$. 那么, 组分中夸克与反夸克的相对轨道角动量量子数 $l = 0$、1 的轻味系统有 9 个 (基态) 赝标量介子 ($J^P = 0^-$, $S = l = 0$) 和 9 个 (基态) 矢量介子 ($J^P = 1^-$, $S = 1$, $l = 0$), 它们的夸克组分结构如图 7.23 中的括号内的标记所示. 并且赝标量介子的质量相对较小, 例如其中的 π 介子是所有强子中最轻的粒子 (并常称之为赝戈德斯通粒子).

重子由三个夸克构成, 反重子由三个反夸克构成, 其色空间的单态波函数可以表述为

$$|1\rangle = \frac{1}{\sqrt{6}}(rgb - rbg + gbr - grb + brg - bgr).$$

由以维数标记的夸克的味 SU(3) 的基础表示的约化 $3 \otimes 3 \otimes 3 = 10 \oplus 8 \oplus 8 \oplus 1$, 知, 轻味重子有八重态和十重态, 它们与常说的粒子的对应以及它们的夸克组分结构如图 7.24 所示. 其中重子十重态中的 $\Omega^- \left(\frac{3}{2}\right)$ 先由理论预言, 后来才在美国布鲁克海文国家实验室被观测到. 它的存在确立了轻强子的 SU(3) 味对称性, 为夸克模型的确立奠定了基础.

夸克模型已经取得巨大成功, 但它缺乏强相互作用的基本理论——QCD 的基础, 并且无法像前几章讨论原子结构时那样研究强子中夸克的具体分布. 因此必须发展到在 QCD 层面上对强子性质及其结构进行研究. 截至目前, 与 QCD 的

Dyson−Schwinger 方程 (目前建立起来的几乎唯一的同时具有 QCD 的手征对称性及其动力学破缺和色禁闭性质的连续场论方法) 相结合的 Bethe−Salpeter 方程 (描述相对论性两体束缚态问题的基本方程) 方法已经可以很好地描述基态赝标量和矢量介子的性质, 与 QCD 的 DS 方程相结合的 Faddeev 方程 (描述三体束缚态问题的基本方程) 方法描述重子性质的研究也取得长足进展 [目前, 已有德国学者 Eichmann 和我国学者秦思学建立起了求解与 QCD 的 DS 方程相结合的四维协变 (相对论性) 的 Faddeev 方程的计算程序包, 并取得了一些相当好的数据结果]. 关于轻味强子结构的 QCD 研究是目前强子物理 (亚原子核物理, 或者说原子核物理的一个分支) 学科的最重要领域之一.

四、 奇异强子与重味强子

前述的强子的自旋和轨道角动量实际分别指它们的组分夸克的总自旋、相对轨道角动量, 强相互作用的基本对称性对自旋和轨道角动量耦合而成的总自旋及宇称有特殊的限制, 因此这些强子态被称为正常态. 事实上, 除了上述由轨道角动量决定的通常的宇称外, 还有由电荷共轭变换量子数决定的 C 宇称以及由沿同位旋第二方向的投影及电荷共轭变换联合决定的 G 宇称. 量子数 C 和 G 都与强子的具体夸克组分结构有关, 并且 G 的理论化程度很高, 这里不予细述. 不满足前述量子数限制规则的强子态称为奇异强子态 (exotic hadron state). 对于奇异强子态的研究当然是强子物理 (或者说亚原子核物理) 的重要内容. 再者, 如果强子的组分结构不是夸克而是胶子, 则称这类强子为胶球 (glue ball). 如果强子的组分结构既有夸克又有胶子, 则称之为混杂态 (hybrid state). 胶球和混杂态当然也是奇异强子态.

除了前述的由三个组分夸克形成的重子和由一个夸克与一个反夸克形成的介子外, 理论预言 (实验上也有一些迹象表明) 还可能存在由六个夸克、五个夸克 (严格来讲, 其中一个为反夸克)、四个夸克 (严格来讲, 其中两个为反夸克) 组成的多夸克态. 这类多夸克态也称为奇异强子态. 这些奇异强子态也可以由其夸克组分结构来分类.

除奇异强子态之外, 通常还有处于激发态的强子态.

关于奇异强子态和强子激发态的性质与结构的研究是目前强子物理方向的一个重要领域.

前面一直在讨论由轻味夸克形成的轻味强子态. 实验发现, 重味夸克也可以形成强子. 事实上, c 夸克就是通过实验上发现其偶素 J/Ψ 粒子而发现的. 截至目前, 实验上已发现了很多包含重味夸克的介子, 例如 J/Ψ 粒子、多种 D 介子 (包含有轻味夸克和 c 夸克的介子) 和多种 B 介子 (包含有轻味夸克和 b 夸克的介子). 并且, 最近实验上还发现了包含两个 c 夸克的双粲重子 Ξ_{cc}^{++}(3620) [Phys. Rev. Lett. 119: 112001 (2017)], 以及包含一个 c 夸克和一个 $\bar{c}$ 夸克的五夸克态 Z_c(4380)、Z_c(4450)[Phys. Rev. Lett. 115, 072001 (2015)]; 并于最近更新为 Z_c(4380)、Z_c(4450)、Z_c(4380)[Phys. Rev. Lett. 115, 072001 (2019)]. 由此知, 目前关于重味多夸克态的研究特别活跃, 相关的理论研究也取得了长足进展. 并且, 我国学者在相关研究中做出了重要贡献, 例如: 高原宁等对在 LHC 的实验中寻找重味多夸克态做出了突出贡献.

7.6.3
授课视频

7.6.3 强相互作用的基本性质 *

研究表明, 强相互作用具有渐近自由、色禁闭和手征对称性动力学破缺三个基本性质. 这里对它们的基本特征予以简要介绍.

一、渐近自由

渐近自由是指相互作用的耦合强度随着转移动量增大而减小的行为. 由不确定关系知, 渐近自由亦指部分子之间的相互作用随其间距减小而减小. 该规律由 G.′t Hooft、H. D. Politzer、H. J. Gross 和 F. Wilczek 发现 [Phys. Rev. Lett. 30: 1343 (1973); Phys. Rev. Lett. 30: 1346 (1973); Nucl. Phys. B 72: 461 (1974)]. 事实上, 在四维时空中非阿贝耳规范场论是唯一具有渐近自由特征的理论 [S. Coleman, and D. J. Gross, Phys. Rev. Lett. 31: 851 (1973)].

QCD 本身并不能预言耦合常量 α_s 的值, 但是微扰 QCD 能够确定在转移动量 q 很大情况下的耦合常数的函数形式 $\alpha_s(q^2)$. 例如, 在单圈微扰 QCD 下, 耦合常量与转移动量 q 之间的关系可以表述为

$$\alpha_s(q^2) = \frac{4\pi}{\beta_0 \ln \left[q^2/(\Lambda_{\mathrm{QCD}}^{N_f})^2 \right]},$$

其中 $\beta_0 = 11 - \frac{2}{3} N_f$ 为 QCD 的反常量纲, $\Lambda_{\mathrm{QCD}}^{N_f}$ 为相应于味道数 N_f 的 QCD 的特征能量. 从上式可以看到, $\alpha_s(q^2)$ 随着 q^2 增大而对数压低. 为了检验 QCD, 必须在不同能标下测量 α_s. 直到最近的不同实验测得的 α_s 的结果如图 7.26 所示, 其中曲

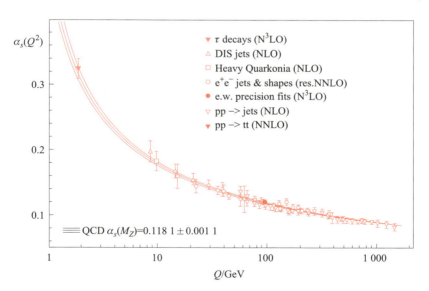

图 7.26　不同能标下实验测量得到的耦合常量 (跑动耦合常量)α_s
[取自 Nucl. Part. Phys. Proc. 282-284: 149 (2017)]

线是 4 圈微扰 QCD 计算结合实验平均值 $\alpha_s(M_{Z^0}) = 0.118\,1 \pm 0.001\,1$ 得到的结果. 我们可以看到, 在高转移动量情况下, (微扰)QCD 的结果与实验测量符合得非常好, 这一方面说明强相互作用确实具有渐近自由的性质, 另一方面也说明在高能情况下微扰 QCD 是正确的理论. 从图 7.26 我们还可以看出, $\alpha_s(q \leqslant 1\ \text{GeV}) \sim \mathcal{O}(1)$, 按 α_s 的幂次展开的微扰理论方法即不再适用, 必须发展非微扰方法求解 QCD.

二、手征对称性及其动力学破缺

在 QCD 下, 其基本自由度是夸克和胶子, 规范对称群为 $\text{SU}_c(3)$. 夸克态对应 $\text{SU}_c(3)$ 的基础表示, 胶子态对应 $\text{SU}_c(3)$ 的伴随表示, 其中 c 即颜色的简称. 在标准模型中一共有 6 味夸克——{u, d, s, c, b, t}, 每一味夸克有 3 种不同的颜色, 即 (在不考虑自旋的情况下) 具有 18 种夸克; 胶子有 8 种不同的颜色. QCD 的拉氏量为

$$\mathcal{L}_{\text{QCD}} = \sum_{f=1}^{N_f} \bar{q}_f(x)(\mathrm{i}\slashed{D} - m_f^0)q_f(x) - \frac{1}{4}G_{\mu\nu}^a(x)G_a^{\mu\nu}(x),$$

其中 $q_f(x)$ 表示夸克场, N_f 为夸克味道数, m_f^0 为 f 味道夸克的流质量. $\slashed{D} = \gamma \cdot D$, $D_\mu = \partial_\mu - \mathrm{i}g\dfrac{\lambda^a}{2}A_\mu^a$ 为协变微分, g 为耦合常数, $\dfrac{\lambda^a}{2}$ 为 $\text{SU}_c(3)$ 的生成元. $G_{\mu\nu}^a(x)$ 为胶子场的场强张量, 定义为

$$G_{\mu\nu}^a(x) = \partial_\mu A_\nu^a(x) - \partial_\nu A_\mu^a(x) + gf^{abc}A_\mu^b(x)A_\nu^c(x),$$

其中 $A_\mu^a(x)$ 表示胶子场, f^{abc} 为 $\text{SU}_c(3)$ 群的结构常数. 由上述两式可以看到, 胶子之间具有自相互作用 (这是 QCD 与 QED 的最重要区别).

为讨论强相互作用的手征对称性及其破缺的性质, 人们引入左手和右手转动投影算符

$$\mathcal{P}^{L,R} = \frac{1}{2}(1 \pm \gamma_5), \tag{7.59}$$

其中 $\gamma_5 = \gamma_1\gamma_2\gamma_3\gamma_4$ 为螺旋度算符, $\{\gamma_\mu, \mu = 1, 2, 3, 4\}$ 为 Dirac 矩阵[①], 将夸克分为左手和右手转动两类, 即有

$$q^{L,R} = \mathcal{P}^{L,R}q = \frac{1}{2}(1 \pm \gamma_5)q. \tag{7.60}$$

相应地,

$$\overline{q^{L,R}} = (\gamma_4 q^{L,R})^\dagger = \bar{q}\frac{1}{2}(1 \mp \gamma_5).$$

---

① 具体地, $\gamma_k = \begin{pmatrix} 0 & -\mathrm{i}\sigma_k \\ \mathrm{i}\sigma_k & 0 \end{pmatrix}$ (其中 $\sigma_k, k = 1, 2, 3$, 为泡利矩阵), $\gamma_4 = \begin{pmatrix} I_{2\times2} & 0 \\ 0 & -I_{2\times2} \end{pmatrix}$. 显然有 $\gamma_\mu^\dagger = \gamma_\mu, \{\gamma_\mu, \gamma_\nu\} = 2\delta_{\mu\nu}$ ($\mu, \nu = 1, 2, 3, 4$); $\gamma_5 = \begin{pmatrix} 0 & -I_{2\times2} \\ -I_{2\times2} & 0 \end{pmatrix}$, $\gamma_5^\dagger = \gamma_5, \{\gamma_5, \gamma_\mu\} = 0$ ($\mu = 1, 2, 3, 4$).

于是有

$$\bar{q}_f(x)\not{D}\,q_f(x) = \bar{q}_f^L(x)\not{D}\,q_f^L(x) + \bar{q}_f^R(x)\not{D}\,q_f^R(x). \tag{7.61}$$

这表明, 左手夸克与右手夸克不会通过胶子直接发生相互作用.

在手征转动变换 $\mathrm{e}^{-\mathrm{i}\gamma_5\Theta}$

$$q_f^L \to \mathrm{e}^{-\mathrm{i}\Theta_L}q_f^L, \quad q_f^R \to \mathrm{e}^{-\mathrm{i}\Theta_R}q_f^R \tag{7.62}$$

下, (7.61) 式的形式保持不变, 即具有手征转动不变性. 对于纯规范场部分, 由于其不含夸克, 在手征变换下自然保持不变. 那么, 零质量的费米子系统具有手征 (转动) 对称性.

但是, 由手征转动变换算符知, 费米子的质量项

$$m_f^0 \bar{q}_f(x)q_f(x) = m_f^0\left[\bar{q}_f^R(x)q_f^L(x) + \bar{q}_f^L(x)q_f^R(x)\right] \tag{7.63}$$

会破坏手征对称性.

总之, 在 $m_f = 0$ 的情况下, QCD 的拉氏量具有手征对称性; 当 $m_f \neq 0$ 时, 手征对称性发生破缺. 这就说明, 手征对称性破缺使零质量的费米子转变为有质量的费米子. 更进一步, 手征对称性破缺是费米子获得质量的源泉.

手征对称性破缺的方式有两种, 一种是手征对称性自发破缺(spontaneous chiral symmetry breaking, 常简记为 SCSB), 另一种称为手征对称性明显破缺(explicit chiral symmetry breaking, 常简记为 ECSB). 手征对称性自发破缺是真空自发破缺, 相应于希格斯机制, 使得夸克具有固有质量 (严格来讲, 应称为流质量, 或重整化标度不变的质量), 从而在系统的拉格朗日量中出现明显破缺手征对称性的质量项, 也就是出现手征对称性明显破缺 (亦称为硬破缺). 如果手征对称性破缺由动力学相互作用 (可能是相互作用形式, 也可能仅仅是相互作用强度) 所致, 则称之为手征对称性动力学破缺(dynamical chiral symmetry breaking, 常简记为 DCSB). 如果 DCSB 仅仅由作用强度变化引起, 而相互作用的形式保持不变, 则它实际是 SCSB.

较具体地, 目前的研究表明, 希格斯机制使轻味夸克 (u, d) 获得的质量约为 $2.3 \sim 4.8\,\mathrm{MeV}$, 根据重子由三个夸克组成的基本观点, 如果夸克仅有上述由希格斯机制而获得的固有质量, 则核子的质量约为 $10\,\mathrm{MeV}$, 但实验测得的核子质量为约 $939\,\mathrm{MeV}$, 那么组成核子的 u、d 夸克的组分质量约为 $330\,\mathrm{MeV}$, 甚至更大. 由此知, 希格斯机制对核子质量的贡献小于 2%, 使轻夸克和我们宇宙中的可见物质获得质量的主要因素不是 (狭义上的) 希格斯机制, 而应该是其它方式, 该方式即手征对称性动力学破缺.

利用 QCD 的 DS 方程方法计算得到的表征手征对称性破缺的一些特征量 (组分夸克质量、夸克凝聚、π 介子质量等) 随相互作用强度变化的行为如图 7.27 所示. 由图 7.27 很容易得知, 在手征极限情况下, 如果相互作用强度不足够大, 则组分夸克质量、夸克凝聚和 π 介子衰变常数都保持手征对称情况下的零数值; 在相互作用强度大于一个临界值的情况下, 组分夸克质量、夸克凝聚和 π 介子的衰变常数才

具有相应于手征对称性破缺的非零值, π 介子质量变为相应于 (戈德斯通定理决定的) 手征对称性破缺的零值, 并且这些非零值的绝对值随相互作用强度增大而增大, π 介子的零质量保持不变. 这些结果清楚地表明, 相互作用是手征对称性破缺的源泉, 也就是一定存在手征对称性动力学破缺. 所以, 手征对称性动力学破缺是夸克组分质量及可见物质的质量的最主要来源的物理机制. 并且, 在超越手征极限情况下, 也就是在具有硬破缺的情况下, 手征对称性动力学破缺仍然是可见物质的质量的最主要来源. 比较具有硬破缺与没有硬破缺情况可知, 质量产生的过程和机制基本相同, 只是具有硬破缺情况下, 在临界作用强度下各特征量渐变增大, 而在无硬破缺情况下, 其变化为突变. 更精细的研究表明, 无硬破缺情况下的质量产生过程 (即手征对称性动力学破缺过程) 是二级相变, 有硬破缺情况下的质量产生过程是连续过渡, 有兴趣的读者可参阅 Phys. Rev. Lett. 106, 172301 (2011) 和 Phys. Rev. D 94, 076009 (2016) 等文献.

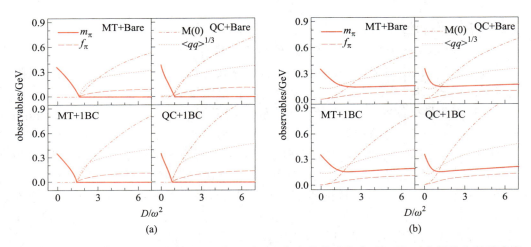

图 7.27 组分夸克质量、夸克凝聚、π 介子质量和衰变常数随夸克–胶子相互作用的有效强度变化的行为 [取自 Phys. Rev. D 86, 114001 (2012)], 其中 (a) 为对应手征极限 ($m_f^0 = 0$) 情况的结果, 其中 (b) 为对应超越手征极限 ($m_f^0 = 5$ MeV) 情况的结果, MT+Bare、QC+1BC 等代表所用胶子模型和夸克–胶子相互作用模型

　　具体到包含 u、d 两味夸克的系统, 手征极限下, 即夸克的流质量为 0 (严格来讲, 是重整化能标下的流质量为 0) 情况下, 它具有 $SU_L(2) \otimes SU_R(2)$ 对称性, 并可以改写为 $SU_V(2) \otimes SU_{AV}(2)$ 对称性. 这表明, 对于由夸克组成的每一个 (零质量) 强子, 都有一个自旋和重子数等量子数都分别相同但宇称相反的 (零质量) 强子与之对应, 但实验测得的强子谱中从未发现这样的宇称伴侣态 (例如, $J^P = 0^-$ 的基态赝标量介子 π 的质量为约 138 MeV, 而 $J^P = 0^+$ 的标量介子 σ 的质量约为 (400 ∼ 550) MeV; $J^P = 1^-$ 的基态矢量介子 ρ 的质量为约 775 MeV, 而 $J^P = 1^+$ 的轴矢量介子 a_1 的质量约为 1 230 MeV). 由此知, 上述对称性一定发生了破缺. 由于重子数守恒, 或者说各向同性的同位旋转动对称性仍然保持, 则手征对称性破缺可以表述为 $SU_L(2) \otimes SU_R(2) \supset SU_V(2) \otimes U_A(1)$, 从而手征对称变换使得每一个强

子变换为一个宇称相反的强子和一个零质量的戈德斯通玻色子. 在超越手征极限情况下, 上述零质量的戈德斯通玻色子变为赝戈德斯通玻色子. 并且可以得到能够描述强子性质等的以介子为自由度的拉氏量.

对于包含 u、d、s 三味夸克的系统, 在手征极限下, 系统具有手征对称性 $SU_L(3) \otimes SU_R(3)$, 并有破缺方式

$$SU_L(3) \otimes SU_R(3) \supset SU_V(3) \otimes U_A(1) .$$

在超越手征极限情况下, 应该考虑流质量引起的硬破缺的贡献, 由之也可以得到能够描述强子性质等的以介子为自由度的拉格朗日量, 并相当好地描述强子等的性质, 例如, 赝标量的赝戈德斯通玻色子 – π 等介子的质量、轻衰变常量与夸克的流质量 (m_u^0, m_d^0, m_d^0) 及由 DCSB 引起的手征夸克凝聚 ($\langle \bar{q}q \rangle$) 之间有关系 (常被称为 Gell-Mann-Oakes-Renner 关系, 简称 GOR 关系):

$$m_\pi^2 f_\pi^2 = -\left(m_u^0 + m_d^0\right)\langle \bar{q}q \rangle_0, \qquad m_{K^+}^2 f_\pi^2 = -\left(m_u^0 + m_s^0\right)\langle \bar{q}q \rangle_0,$$

$$m_{K^0}^2 f_\pi^2 = -\left(m_d^0 + m_s^0\right)\langle \bar{q}q \rangle_0, \qquad m_{\eta^0}^2 f_\pi^2 = -\frac{1}{3}\left(m_u^0 + m_d^0 + 4m_s^0\right)\langle \bar{q}q \rangle_0,$$

$$m_{\pi\eta}^2 f_\pi^2 = -\frac{1}{\sqrt{3}}\left(m_u^0 - m_d^0\right)\langle \bar{q}q \rangle_0,$$

其中 $m_{\pi\eta}$ 为 π^0 与 η^0 的混合态的质量.

具体计算知, 狭义的自发破缺赋予宇称相反的强子伙伴态的质量差异不会太大, 然而实验上测得质量差异却很大, 例如, 矢量介子 ρ 的质量为约 775 MeV, 轴矢量介子 a_1 的质量为约 1 230 MeV, 450 多 MeV 的质量差异一定不仅源自手征对称性自发破缺, 而且手征对称性动力学破缺发挥了更重要的作用, 精细的计算 [例如, Phys. Rev. C 85, 052201(R), 2012] 表明, 只有在同时考虑手征对称性动力学破缺对夸克传播子和对夸克–胶子相互作用顶角的贡献 [关于考虑了手征对称性动力学破缺效应的夸克–胶子相互作用顶角的表述, 目前建立有 Chang-Liu-Roberts-Qin 模型 [Phys. Rev. Lett. 106: 072001 (2011); Phys. Lett. B 722: 384 (2013); Phys. Rev. D 100: 056001 (2019)] 的情况下, 这一质量劈裂才能得以较好描述].

总之, 手征对称性及其动力学破缺是强相互作用的基本特征 (性质), 是利用 QCD 研究可见物质质量起源和强子质量谱及强子结构的最重要的因素. 目前, 手征对称性及其破缺的概念和研究方法已被应用于宇宙学、电弱对称性破缺、凝聚态物理、光物理等其它学科的研究中, 例如: (反) 铁磁相变、超流现象、超导现象、液晶、光的偏振等, 凡此种种, 已经很广泛, 限于篇幅和课程范畴, 这里不展开介绍.

三、色禁闭

色禁闭是 QCD 的另一个重要特征, 它指的是: 带色荷的粒子不可能被单独分离出来, 从而不可能被观测到, 它们相互结合, 以色单态的集团整体的形式存在. 色禁闭是一个经验事实, 尽管已有很多探讨色禁闭的机制的努力 [Phys. Rev. D 10:

2445 (1974); Nucl. Phys. B 139: 1 (1978); Prog. Theor. Phys. Suppl. 66: 1 (1979); Eur. Phys. J. C 10: 91 (1999); Phys. Rev. D 87, 085039 (2013); 等], 但到目前为止仍然缺少公认的理论证明.

关于色禁闭的表征, 目前的研究认为, 可以与可观测量对应的 Schwinger 函数满足反射正定性公理, 满足反射正定性公理的一个必要条件是 Schwinger 函数是正定的 [Phys. Rev. D 70: 014014 (2004); Prog. Part. Nucl. Phys. 77: 1 (2014) 等], 因此 Schwinger 函数的解析性可以表征色禁闭 [Int. J. Mod. Phys. A 7: 5607 (1992); Prog. Part. Nucl. Phys. 61: 50 (2008) 等]. Schwinger 函数通常由夸克的传播子或谱密度函数定义为

$$D_\pm(\tau, |\boldsymbol{p}| = 0) = T \sum_n \mathrm{e}^{-\mathrm{i}\omega_n \tau} S_\pm(\mathrm{i}\omega_n + \mu, |\boldsymbol{p}| = 0)$$

$$= \int_{-\infty}^{+\infty} \frac{\mathrm{d}\omega}{2\pi} \rho_\pm(\omega, |\boldsymbol{p}| = 0) \frac{\mathrm{e}^{-(\omega+\mu)\tau}}{1 + \mathrm{e}^{-(\omega+\mu)/T}},$$

其中 $S_\pm$ 是投影的夸克传播子, 其与传播子的关系为 $S = S_+ L_+ + S_- L_-$ $[L_\pm = \frac{1}{2}(1 \pm \gamma_4)]$, $\rho_\pm$ 为相应的谱密度函数. 显然, (具有渐近自由态的) 真实粒子具有正定的谱密度函数. 由上述 Schwinger 函数与谱密度函数的关系知, Schwinger 函数的正定性与谱密度函数的正定性不一定完全一致, 因为非正定的谱密度函数经积分后可能得到正定的 Schwinger 函数. QCD 的 DS 方程方法下计算得到的 Schwinger 函数及其一些偶数阶导数在零化学势、较高的有限化学势和一些温度下的行为如图 7.28 所示. 由图 7.28 可以明显看出, 无论是零化学势还是有限化学势情况, 高温度下的 Schwinger 函数都具有正定性, 其二阶、四阶、六阶导数也有正定性, 两者一致, 说明夸克是不禁闭的; 并且低温下的 Schwinger 函数也具有正定性, 但其四阶或六阶导数却不正定; 我们知道, 低温下夸克是禁闭在强子中的. 这表明, Schwinger 函数的偶数阶导数的正定性可以与谱密度函数的正定性一致, 从而可以较准确地表征禁闭与不禁闭之间的转变 (相变).

色禁闭是否与手征对称性的动力学破缺伴随产生尚不清楚, 从理论方面看, 色禁闭的理论不具有共形对称性, 因此色禁闭会导致质量标度的产生, 从而色禁闭与 DCSB 相关. 从唯象考察事实的角度看, 它们至少是紧密关联的, 并已有很多关于色禁闭与手征对称性动力学破缺伴随产生的所谓实证 [例如: Phys. Rev. Lett. 45: 100 (1980); Phys. Rev. Lett. 50: 393 (1983); Phys. Rept. 353: 281 (2001); Phys. Rev. C 85: 065202 (2012); Phys. Rev. D 93: 094019 (2016) 等文献]. 然而, 仍然存在很大争议, 例如 Nucl. Phys. A. 796: 83 (2007) 等文献认为存在手征对称性恢复但仍然处于色禁闭的状态 (这种状态称为 quarkyonic 相), 从而出现禁闭与手征对称性动力学破缺可能不相伴产生的观点. 但是, 事实上, 考虑强子相与夸克相之间转换 (相变) 时两相物质之间有有限的分界面 (有有限的曲率半径), 该分界面使得这类相变与宏观物质相变一样具有过冷、过热现象 [Phys. Rev. D 89: 074041 (2014); Phys. Rev. D 94: 094030 (2016); Phys. Rev. D 97: 056011 (2018)], quarkyonic 相

则是过热阶段的物质 [Phys. Rev. D 97: 056011 (2018)], 因此, quarkyonic 相的存在可能正是色禁闭与手征对称性动力学破缺相伴产生的表现. 再者, 禁闭与手征对称性动力学破缺是否相伴产生可能还很强地依赖于夸克的味道, 例如, 最近的研究 [Phys. Rev.D 102: 054015(2020)] 表明, 对轻味系统, 两类相变相伴发生; 对重味系统, 禁闭在较高温度就发生.

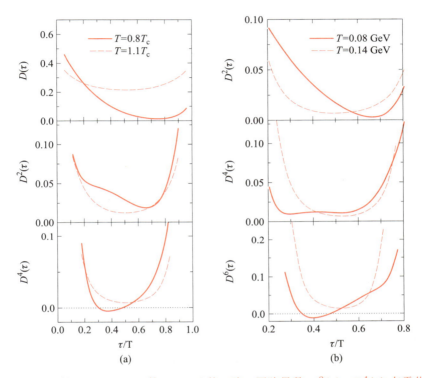

(a)   (b)

图 7.28   计算得到的 Schwinger 函数 $D(\tau)$ 及其二阶、四阶导数 $D^2(\tau)$、$D^4(\tau)$ 在零化学势、温度分别为 $0.8\,T_c^\chi$、$1.1\,T_c^\chi$ (其中 T_c^χ 为手征对称性恢复的临界温度) 两种情况下的行为 (a) 和 $D^2(\tau)$、$D^4(\tau)$、$D^6(\tau)$ 在夸克化学势为 110 MeV、温度分别为 140 MeV、80 MeV 两种情况下的行为 (b) [取自 Phys. Rev. D. 94: 076009 (2016)]

7.6.4   基本相互作用的规范对称性

前已述及, 在涉及原子核、强子以及轻子的现象和过程中, 有电磁作用、强作用和弱作用. 由附录五关于经典电磁场的讨论知, 电磁作用过程具有规范不变性, 亦即规范对称性. 具体分析知, 这种由电磁场 (量子化之后即光子) 传递的相互作用的对称性为 U(1) 对称性, 对应的守恒荷 (量) 为电荷. 深入的研究表明, 由带颜色的胶子传递的强相互作用 (简单来讲, 即使夸克束缚成为强子的作用) 具有 SU(3) 对称性, 由 W$^\pm$ 和 Z 玻色子传递的弱相互作用具有 SU(2) 对称性. 并且, 统一描述电磁作用与弱作用的电弱作用具有 SU(2)⊗U(1) 对称性, 统一描述电磁作用、弱作用和强作用的 (大) 统一作用具有 SU(3)⊗SU(2)⊗U(1) 对称性.

这些理论已经取得巨大进展和成功, 但仍存在一些问题, 例如, 非微扰量子色动

力学 (QCD) 的规范条件具有多解, 从而出现 Gribov 拷贝的问题, 从基本理论层面上来讲, 色禁闭的机制问题、关于质子寿命的理论计算结果与实验相差两个数量级 [实验测得 $\tau_p \approx 10^{32}$ 年, 但 SU(5) 大统一模型给出约 10^{30} 年的结果] 问题等. 目前, 人们仍在致力解决这些问题 [一个可能解决前述问题并且可能预言新物理的理论有超对称 (Supersymmetry) 模型、人工色 (technicolor) 模型、复合希格斯 (composite Higgs) 模型等], 致力于统一四种基本相互作用的超大统一理论的研究也很活跃.

由于这些内容涉及的物理思想和数学方法都比较深奥、专门, 这里不予具体介绍, 有兴趣的读者可参阅最新的规范场理论及粒子物理的专著.

7.7 现代核物理的整体框架

7.7 授课视频

7.7.1 整体框架概述

回顾前面几节讨论的影响原子核的性质和结构的因素我们知道, 它们主要有原子核的组分, 包括其包含的质子数、中子数和超子数, 尤其是中子数与质子数之间的差值, 以及原子核的形变等. 中子数与质子数之间的差值可以由同位旋表征, 超子数可以由奇异数表征; 形变与集体运动模式相关, 更直接地, 由原子核的角动量决定; 因此, 现代核物理的整体框架包括同位旋相关的核物理、角动量 (或形变) 相关的核物理、奇异数相关的核物理. 另一方面, 我们知道, 当能量满足粒子的以能量质量关系表述的在壳条件时即有粒子产生, 也就是说增大能量会产生粒子. 再者, 增大能量会影响系统的温度等介质因素, 从而原子核的状态和性质会改变, 甚至使原子核离解成为核物质, 更有甚者引起组成原子核的强子碎裂成为夸克胶子物质. 狭义而言, 由核子和超子等强相互作用粒子形成的物质称为核物质或强子物质; 广义来讲 (很多文献中都如此表述), 强子物质、夸克胶子物质、以及强子物质与夸克胶子物质的混合体统称为核物质, 笔者倾向于称广义上的核物质为强相互作用物质. 这些现象表明, 能量是可能对原子核产生极其丰富的物理效应的因素, 因此现代核物理的另一个极其活跃的分支即是能量相关的核物理.

7.7.2 同位旋相关的核物理*

与同位旋 (中子数与质子数之差) 相关的核物理涉及的主要问题如图 7.10 所列. 其中上边部分所列的是主要与质子数 (增多) 相关的重要问题, 下边部分所列的是主要与中子数 (增多) 相关的重要问题, 由深灰色标记的区域实际是未知的需要探索的区域. 事实上, 与质子数增多相关, 也有皮 (skin) 和晕 (halo) 的问题, 也有集体运动模式及其相变 [Modes of collective motion and their phase transitions, (CM & PT)] 的问题, 也有壳消失或者说壳熔化及形成新的壳结构的问题. 与质子中子都相关的核合成问题除了快速中子俘获过程 (r process) 和快速质子俘获过程 (rp process) 外, 还有 $\beta-$ 延迟的中子俘获过程等. 这些问题不仅与自然界中重元素的产生有关, 还与致密天体物理及宇宙物质演化等相关. 当然, 如第三章和本章第三节所述, 关于超重元素岛的具体位置和边界、实验室中对于超重元素的合成、超重元素的性质和结构等的研究也是核物理领域最活跃的前沿领域. 由于极端质子数中子数比情况下的原子核一般都有很强的放射性, 因此该领域也常被称为放射性束核物理.

7.7.3　角动量相关的核物理 *

主要与角动量 (形变) 相关的核物理涉及的现象和重要问题如图 7.29 所列.

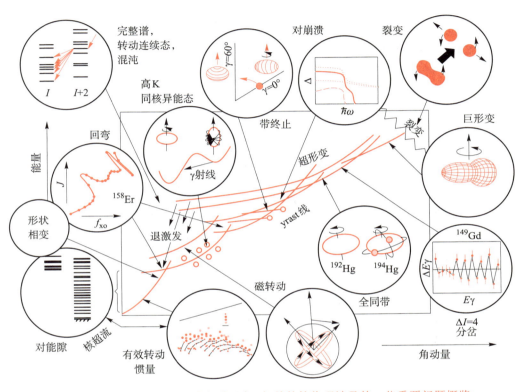

图 7.29　主要与角动量 (或者说形变) 相关的核物理涉及的一些重要问题概览

　　这些现象和问题中特别值得注意的是与形状相变和对崩溃(pairing collapse) 及带终止(band termination) 都相关的带终止后集体运动恢复 (或者说再现) 的问题. 此前已经讨论过, 原子核的集体运动是由核内核子等的 (多极) 对关联引起的, 随着角动量增大, 离心力增强, 多极对关联会逐渐减弱, 以至于出现对崩溃, 从而不再具有集体运动, 即出现集体带终止. 自 20 世纪 90 年代至 2006 年, 实验上发现了很多集体带终止的实例. 但 2007 年 Physical Review Letters 发表的一篇文章 [98: 012501 (2007)] 报道了发现 ^{158}Er 原子核在集体带终止之后又出现集体运动带的现象, 其后又对其它原子核发现了很多类似的现象. 这一现象显然是对现有的核结构理论提出严重挑战的问题, 因为按照现有的出现集体运动的机制, 重现集体运动带说明对关联得以恢复, 在具有很大离心力情况下对关联恢复的机制当然是对物理学基本原理提出严重挑战的一个重要的问题; 如果不采用现有的集体运动的机制, 原子核的集体运动的起因当然也是更需要探讨的重要问题.

7.7.4 能量相关的核物理 *

如前所述, 原子核的组分由质能关系决定的粒子产生条件、电荷守恒、β 平衡等条件决定, 那么, 与超核相关的问题, 或者说奇异性核物理实际是同位旋与能量等之间交叉的方向. 既然粒子产生的条件是以质能关系表述的在壳条件, 那么整个强子物理都属于此范畴.

前已述及, 由参与强相互作用的粒子形成的物质称为强相互作用物质, 甚至简称为核物质, 包括由原子核形成的物质、由强子形成的物质、由夸克胶子形成的物质以及由强子和夸克胶子形成的 (混合) 物质. 与宏观物质一样, 状态方程、各种 (力学的、热学的、电磁的) 宏观性质 (包括黏滞、热传导、电传导、扩散等输运性质)、以及状态的演化 (相变) 等都是目前关注的有关强相互作用物质的重要课题.

另一方面, 由我们熟知的宏观物质由分子组成、分子由原子组成、原子由原子核和电子组成、原子核由强子组成以及强子由夸克和胶子组成的物质结构学说知, 自然界中不同层次上的物质及宇宙演化过程中不同阶段的物质的基本组分都是夸克和胶子, 根据 "相是组分相同的不均匀物质状态中, 物理和化学性质相同 (且可以利用力学手段分离开) 的各均匀部分的状态" 的定义知, 宇宙演化过程的不同阶段的宇宙物质即处于不同相的夸克胶子物质 (强相互作用物质), 那么, 宇宙的演化过程, 尤其是早期宇宙强相互作用物质的演化过程, 可以归结为强相互作用物质的相变, 亦即 QCD 相变. 类比宏观物质的液固相变和气液相变 (都是关联相对较弱的相与关联相对较强的相之间的相变) 都可以由温度驱动或由密度 (或者说, 化学势) 驱动或由它们二者共同驱动知, 早期宇宙强相互作用物质的夸克胶子相与强子相之间的相变也可以由温度和密度 (化学势) 驱动. 直观地, 将强子视为由束缚有夸克场和胶子场的口袋, 口袋有一定的 (耐压) 强度, 当温度升高到一定程度时, 袋内压强高于口袋的强度, 从而口袋破裂, 强子物质相变为夸克胶子物质; 升高密度可以增大压强将口袋挤破 (具体计算表明, 随着温度密度升高, 这样的口袋会涨大, 更易相互挤压, 以致破裂), 从而实现由强子相到夸克胶子相的相变. 由关于原子核的 β 衰变的讨论知, 同位旋是决定物质 β 稳定性的重要因素, 从而它与密度密切相关. 对于现在认识到的早期宇宙强相互作用物质的相变 (包括可见物质质量的起源、强子的产生等重大基本问题), 由于描述强相互作用的基本理论是 QCD, 因此常简称之为 QCD 相变, 目前认识到的 QCD 相图仅能半定量地表述为图 7.30 所示的形式.

前面说影响 QCD 物质的相及相变的因素 (亦即 QCD 物质的状态参量, 或者说控制参量) 有温度和压强等介质因素. 这些因素的调控当然需要通过能量来实现. 实验上正是通过让两束以相对论性的高速度运动的原子核对撞 (常称之为相对论性重离子碰撞, 简记为 RHIC) 来使碰撞形成的火球升温增密, 以致实现前述的相变, 人们常说的在实验中制造出了全新形态的物质即指这样形成的夸克胶子物质, 因为自然界中没有可以直接测量到的夸克胶子物质. 图 7.30 中所列的 RHIC 和 LHC 分别为在美国布鲁克海文国家实验室、欧洲核子研究中心运行的这样的装置, FAIR 为正在德国建造的这样的装置, NICA 为俄罗斯正计划在杜布纳建造的这样的装置,我国也已计划了 HIAF, 并已开始在广东惠州建造. 事实上, 这样产生的"全新形态的物质", 或者说"全新的物质形态"是我们所处的宇宙及宇宙中的强相互作用物质在其演化的早期阶段的形态, 因此, 我们说核物理是实现物理学揭示早期宇宙物质的起源、形态及其演化规律的目标的具体载体.

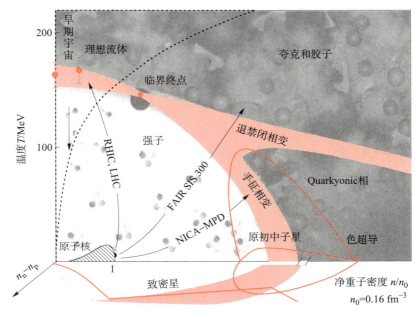

图 7.30　QCD 相图示意图

图 7.30 还标有 Quarkyonic 相、临界终点等区域或状态 (点), 由之说明目前该领域中人们关注的最重要的问题. 所谓 Quarkyonic 相, 即手征对称性已经恢复但仍处于禁闭状态的夸克胶子物质状态, 对其研究的学术意义和重要性这里不再重述. 关于临界终点 (critical endpoint, 常简记为 CEP), 其意义是区分一级相变区和连续过渡区的状态, 与对宏观物质常说的在其对应的温度和密度之上不能通过等温压缩使气体液化的状态对应. 其存在性和具体位置当然是揭示 QCD 相变的行为和规律以及强相互作用的规律的试金石, 实验上, 美国布鲁克海文国家实验室正在进行的 RHIC 的升级工程 [实现低能量高流强的碰撞, 并进行能量扫描 (beam energy scan, 简称 BES)] 和 FAIR、NICA、HIAF 等的建造的最重要物理目标之一都是寻找临界终点. 对于临界终点的存在性及位置, 目前已有在 QCD 的 DS 方程方法和泛函重整化群 (FRG) 方法下的研究和预言的结果 [例如, Phys. Rev. Lett. 106: 172301 (2011); Phys. Rev. D 90: 076006 (2014); Phys. Rev. D 94: 076009 (2016); Phys. Rev. D101: 054032(2020); Phys. Rev. D102: 034027(2020); Phys. Rev. D110: 014036(2024) 等], 实验上寻找临界终点的困难在于实验不能直接测定 QCD 相变的相边界曲线, 仅能够测量化学析出 (chemical freeze out) 后的强子, 所谓的化学析出状态即强子之间不再发生非弹性碰撞的临界状态. 尽管已有很多探索, 但相边界曲线与化学析出线之间的关系 (差距) 仍未确定. 为推进相关研究的发展, 近年来国际

上有一年一度的专题研讨会对其进行研讨和交流进展情况.

7.7.5 奇异数相关的核物理及学科交叉 *

前已述及, 与奇异数相关的核物理, 亦即超核物理, 实际是能量相关的核物理与同位旋相关的核物理等的交叉学科. 这里不再细述, 有兴趣深入探讨的读者可参阅宁平治等《奇异性核物理》等专著或教材.

前面也已提到, 强子物理、QCD 相变与重离子碰撞物理等与能量相关的核物理实际是原子核物理与高能物理之间的交叉学科.

再者, 我们已经熟知, 自由中子是不稳定粒子, 其寿命仅约 15 min($\tau_{1/2} \approx 10.6$ 分钟). 但当其被束缚在很小的空间范围内形成原子核时, 原子核却可以是稳定的, 这一现象表明, 粒子的寿命等性质除与同位旋相关外, 还与其所处的环境密切相关. 因此粒子及原子核的性质对温度密度等环境因素的依赖行为是现代核物理的一个重要问题.

在天体物理中, 人们除关心观测技术及观测数据分析外, 也关心星体及星际物质的组分结构及其状态, 因为观测到的数据是由其组分粒子结构及状态决定的, 例如, 第五章关于原子光谱在天体物理研究中的应用的讨论就是一个例证. 再者, 由于加速器技术和同类电荷之间具有很强的库仑排斥的基本原理限制, 人们难以得到流强很高而能量不很高的重离子束流, 从而无法在实验室中得到很高密度但温度较低的强相互作用物质. 致密天体当然为我们提供了天然的实验室 (例如, 现在已观测到半径仅约 13 km、质量却在 2 倍以上太阳质量的脉冲星; LIGO 也已测量到双中子星并合). 因此原子核物理与天体物理的交叉自然产生了核天体物理.

另一方面, 原子核的裂变能的应用及对聚变能开发的研究、量子态结构与衰变相应的核 X 射线的研究等使得原子核物理成为能源技术领域的重要分支, 基于原子核性质的原子的超精细结构及其光谱、核磁共振等已经成为对物质材料结构、人类健康状况等进行精细测量和改善的最重要手段. 强相互作用物质的状态方程及其重要特征量的研究不仅是与揭示可见物质和其质量产生等重大问题直接相关的课题, 还是与核武器性能评估等极大实用价值相关的课题. 凡此种种, 不胜枚举, 原子核物理已经具有极其广泛的应用, 并已造福人类.

总之, 亚原子物理学, 或者说原子核物理学, 是一个既涉及最基本物理问题, 又与其它学科广泛交叉, 还具有广泛应用的学科, 是一个国家需要加大投入、人们值得投身的重要学科.

思考题与习题

7.1. 试述说明原子核包含有质子和中子的主要实验事实.

7.2. 试述存在超核的观测事实.

7.3. 试通过调研文献, 说明 π 介子对原子核的基态性质具有实质性贡献的实验事实及理论依据.

7.4. 试通过具体分析, 说明对哪些质量区的原子核, 人们可以利用其裂变能; 对哪些质量区的原子核, 人们可以利用其聚变能.

7.5. 试述关于原子核质量的 (7.5) 式中各项的物理意义及其来源机制.

7.6. 试查阅一篇关于原子核质量研究的文献, 说明其研究结果的精度, 并与图 7.2 所示结果进行比较.

7.7. 试分析 (7.10) 式所示的关于原子核四极形变的 Hill−Wheeler 参数化方案中 $a_{\pm 1} = 0$ 物理机制.

7.8. 试说明集体运动角动量较低情况下, 原子核的自旋 (角动量) 的主要来源及其物理机制.

7.9. 试导出单价核子的磁矩的施密特 (Schmidt) 公式.

7.10. 试述原子核具有电四极矩的物理机制及理论上确定原子核的电四极矩的方案.

7.11. 试述将原子核的集体运动模式 (形状) 的演化表述为原子核的集体运动模式 (形状) 相变的物理机制.

7.12. 试述核力的基本特征和性质.

7.13. 试从静电势的表述形式, 或者较理论化地讲, 从静电场的格林函数出发, 说明核力的汤川势即单 π 介子交换势.

7.14. 试分析核子的自旋–轨道耦合作用的表述形式与电子的自旋–轨道耦合作用的表述形式之间的异同, 及其效应的异同.

7.15. 我们知道, 对器物中 ^{14}C 含量的分析已经成为考古工作中对器物进行断代的标准技术, 记 ^{14}C 的半衰期为 $\tau_{1/2}$, 实验测得一器物中 ^{14}C 与 ^{12}C 的存量比为 ρ, 现在的空气中的 ^{14}C 与 ^{12}C 的含量比为 ρ_0, 试确定该器物距今的时间.

7.16. 很重的核素很可能是在超新星爆发中直接合成的, 它们合成之后散布于星际空间中, 然后经吸集成为恒星及其行星的成分. 假设 ^{235}U 与 ^{238}U 在很久之前的一次超新星爆发中被合成时的丰度相同, ^{235}U、^{238}U 的半衰期分别为 7.0×10^8、4.5×10^9 年, 现测得它们在地球上的丰度分别为 0.7%、99.3%, 试确定合成它们的那次超新星爆发发生在多少年之前.

7.17. 试参照关于 α 衰变条件的讨论, 给出原子核自发发射质子的条件, 并选择一些核素考察其是否满足这样的条件.

7.18. 试具体分析原子核的各主壳层可以容纳的核子数, 说明存在幻数 2、8、20、28、50、82、126(对中子).

7.19. 试建立一个简单的模型, 描述原子核的非简谐振动能谱.

7.20. 试建立一个简单的可变转动惯量模型, 描述原子核的非刚性转动.

7.21. 试查阅两篇关于原子核的可变转动惯量模型的文献, 说明其表述形式的异同及研究结果的精度的异同.

7.22. 试述 IBM 和 IBFM 的物理内容及数学结构.

7.23. 试具体给出玻色子数为 4 的原子核的 U(5) 对称模型下的能谱.

7.24. 试具体给出玻色子数为 4 的原子核的 SU(3) 对称模型下的能谱.

7.25. 试具体给出玻色子数为 4 的原子核的 O(6) 对称模型下的能谱.

7.26. 试具体分析比较 U(5)、SU(3)、O(6) 对称性极限模型下, 原子核的一些低激发态能量的比值, 例如: E_{4_1}/E_{2_1}、E_{6_1}/E_{2_1}、E_{8_1}/E_{2_1}、E_{0_2}/E_{2_1}、E_{6_1}/E_{0_2} 等, 说明低激发态能量的比值可以作为表征原子核集体运动模式 (形状) 相变的标志量.

7.27. 假设原子核的所有由高能量态向低能量态的跃迁都是电四极跃迁, 定义初态角动量为 S 的态的跃迁发出的光子的能量与相应初态角动量的比值为 $R_{\mathrm{EGOS}} = \dfrac{E_\gamma(S \to S - 2)}{S}$, 试分别给出 U(5)、SU(3) 和 O(6) 对称性极限模型下的 R_{EGOS} (可对其能谱作理想化近似) 作为 S 的函数的具体形式, 并画出示意图, 说明其各自随角动量 S 增大而变化的行为. 并进而说明, 通过考

察实验观测到的能 (光) 谱的 $R_{\mathrm{EGOS}}(S)$ 可以分析讨论原子核的集体运动模式 (形状) 随角动量增大而变化的行为, 亦即 $R_{\mathrm{EGOS}}(S)$ 可以作为一个表征角动量驱动的原子核形状相变的标志量.

7.28. 试查阅 Nuclear Data Sheets 或 Atomic Data and Nuclear Data Tables 或 Physical Review C 等学术刊物, 分析一些原子核的 $R_{\mathrm{EGOS}}(S)$ 随 S 变化的行为, 找到一个角动量驱动的由振动到定轴转动的集体运动模式相变的实例.

7.29. 一个质量为 m_i 的粒子, 以动能 E_k(实验室系中) 入射到一个质量为 M_i、处于静止状态的原子核上, 如果该系统的各组分都可以作非相对论近似, 试证明: (1) 在质心系中, 该系统的总动能为 $\dfrac{E_k M_i}{m_i + M_i}$; (2) 对于两体反应 $M_i(m_i, m_f)M_f$, 记反应热为 Q, 则该反应中可利用的总能量为 $Q + \dfrac{E_k M_i}{m_i + M_i}$; (3) 在实验室系中, 如果 $Q < 0$, 则 m_i 的阈动能为 $-Q\dfrac{M_i + m_i}{M_i}$.

7.30. 试对狭义相对论情况, 给出 7.29 题中所述的三个具体问题的答案.

7.31. 试计算裂解反应: (1) $^4\mathrm{He} \to {}^3\mathrm{H} + \mathrm{p}$, (2) $^4\mathrm{He} \to {}^3\mathrm{He} + \mathrm{n}$, 所需要的能量. 并请根据核力的性质, 说明这些能量之间的差别.

7.32. 如果 $^7\mathrm{Be}$ 原子核的准确的质量数为 7.016 929, 试证明该原子核可以发生电子俘获反应, 并请给出反应后子核 $^7\mathrm{Li}$ 的动能及释放出的中微子的能量.

7.33. 实验测得原子核 $^{24}\mathrm{Mg}$ 和 $^{23}\mathrm{Mg}$ 的静质量数的准确值分别为 23.985 04、22.994 12, 试确定光核反应 $^{24}\mathrm{Mg}(\gamma, \mathrm{n})^{23}\mathrm{Mg}$ 的光子阈能.

[1] 杨福家. 原子物理学 [M]. 5 版. 北京: 高等教育出版社, 2019.

[2] 赵凯华, 罗蔚茵. 新概念物理教程·量子物理 [M]. 北京: 高等教育出版社, 2001.

[3] 王正行. 近代物理学 [M]. 北京: 北京大学出版社, 1995.

[4] 高政祥. 原子和亚原子物理学 [M]. 北京: 北京大学出版社, 2001.

[5] 陆果. 基础物理学·下卷 [M]. 北京: 高等教育出版社, 1997.

[6] 褚圣麟. 原子物理学 [M]. 2 版. 北京: 高等教育出版社, 2022.

[7] 赵伊军, 张志杰. 原子结构的计算 [M]. 北京: 科学出版社, 1987.

[8] 王国文. 原子与分子光谱导论 [M]. 北京: 北京大学出版社, 1985.

[9] 张允武, 陆庆正, 刘玉申 [M]. 分子光谱学 [M]. 合肥: 中国科学技术大学出版社, 1988.

[10] 曾谨言. 量子力学导论 [M]. 2 版. 北京: 北京大学出版社, 1998.

[11] 苏汝铿. 量子力学 [M]. 北京: 高等教育出版社, 2002.

[12] 卢希庭, 江栋兴, 叶沿林. 原子核物理 [M]. 2 版. 北京: 原子能出版社, 1981.

[13] 王义遒. 原子的激光冷却与陷俘 [M]. 北京: 北京大学出版社, 2007.

[14] 李宗伟, 肖兴华. 天体物理学 [M]. 北京: 高等教育出版社, 2000.

[15] M. Alonso, E. J. Finn. Fundamental University Physics[M]. 3rd Ed. Boston: Addison−Welsey Pub. Com., 1978, 有中译本 (梁宝洪. 北京: 人民教育出版社, 1981.)

[16] C. J. Foot. Atomic Physics[M]. 北京: 科学出版社, 2009.

[17] H. Haken, H. C. Wolf. The Physics of Atoms and Quanta[M]. 6th Ed. Berlin: Springer−Verlag, 2003.

[18] C. Cohen-Tannoudji, D. Guéry-Odelin. Advances in Atomic Physics: An Overview[M]. Singapore: World Scientific Publishing Co. Pte. Ltd. , 2011. 有中译本 (王义遒, 周小计等. 北京: 北京大学出版社, 2014.)

卢瑟福散射公式的导出

1. 库仑公式

记质量为 m、入射能量为 E_{k}、带电荷量为 $Z_1 e$ 的粒子与带电荷量为 $Z_2 e$ 的固定靶间的瞄准距离 (亦称为碰撞参数) 为 b, 对其散射过程, 由确定质量的粒子的牛顿第二定律 $\boldsymbol{F} = m\dfrac{\mathrm{d}\boldsymbol{v}}{\mathrm{d}t}$ 可知

$$\frac{Z_1 Z_2 e^2}{4\pi\varepsilon_0 r^2}\boldsymbol{e}_r = m\frac{\mathrm{d}\boldsymbol{v}}{\mathrm{d}t} = m\frac{\mathrm{d}\boldsymbol{v}}{\mathrm{d}\phi}\frac{\mathrm{d}\phi}{\mathrm{d}t}.$$

由有心力场中运动的粒子的角动量为守恒量知

$$L = rmv = rmr\omega = mr^2\frac{\mathrm{d}\phi}{\mathrm{d}t} = 常量,$$

则

$$\mathrm{d}\boldsymbol{v} = \frac{Z_1 Z_2 e^2}{4\pi\varepsilon_0 m r^2\dfrac{\mathrm{d}\phi}{\mathrm{d}t}}\mathrm{d}\phi\boldsymbol{e}_r = \frac{Z_1 Z_2 e^2}{4\pi\varepsilon_0 L}\mathrm{d}\phi\boldsymbol{e}_r,$$

积分则得

$$|\boldsymbol{v}_f - \boldsymbol{v}_i|\boldsymbol{u} = \frac{Z_1 Z_2 e^2}{4\pi\varepsilon_0 L}\int \boldsymbol{e}_r\mathrm{d}\phi,$$

其中 $\boldsymbol{u}$ 为粒子速度增量方向的单位矢量, 如图 F1.1 所示.

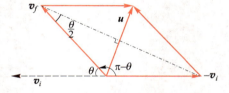

图 F1.1　两粒子散射的速度及其增量示意图

对于圆周运动, 向心力不做功, 由能量守恒 $\dfrac{1}{2}m\boldsymbol{v}_f^2 = \dfrac{1}{2}m\boldsymbol{v}_i^2$ 可知, $v_f = v_i = v$.

又因为

$$\int \boldsymbol{e}_r\mathrm{d}\phi = \int_0^{\pi-\theta}(\boldsymbol{i}\cos\phi + \boldsymbol{j}\sin\phi)\mathrm{d}\phi = \boldsymbol{i}\sin\theta + \boldsymbol{j}(\cos\theta + 1)$$

$$= 2\cos\frac{\theta}{2}\Big(\boldsymbol{i}\sin\frac{\theta}{2} + \boldsymbol{j}\cos\frac{\theta}{2}\Big),$$

其中 $\boldsymbol{i}$、$\boldsymbol{j}$ 分别为沿 $-\boldsymbol{v}_i$ 的 x 方向、(图中) 竖直向上的 y 方向的单位向量. 而

$$\boldsymbol{i}\sin\frac{\theta}{2} + \boldsymbol{j}\cos\frac{\theta}{2} = \boldsymbol{u},$$

那么

$$v\sin\frac{\theta}{2} = \frac{Z_1 Z_2 e^2}{4\pi\varepsilon_0 L}\cos\frac{\theta}{2} = \frac{Z_1 Z_2 e^2}{4\pi\varepsilon_0 mvb}\cos\frac{\theta}{2},$$

所以

$$b = \frac{Z_1 Z_2 e^2}{4\pi\varepsilon_0 mv^2\sin\dfrac{\theta}{2}}\cos\frac{\theta}{2} = \frac{1}{2}\frac{Z_1 Z_2 e^2}{4\pi\varepsilon_0 E_{\mathrm{k}}}\cot\frac{\theta}{2}.$$

2. 卢瑟福散射公式

在固定靶近似下, 如图 1.10 所示, 瞄准距离在 $b \sim b + \mathrm{d}b$ 范围内的入射粒子 (α) 一定散射到角度 $\theta \sim \theta + \mathrm{d}\theta$ 的环面上, 记金箔 (靶) 的面积为 S, 则其散射截面为

$$\mathrm{d}\sigma(\theta) = 2\pi b |\mathrm{d}b|.$$

将库仑公式确定的 b 代入, 则得

$$\mathrm{d}\sigma(\theta) = 2\pi \frac{Z_1 Z_2 e^2}{4\pi\varepsilon_0 2E_\mathrm{k}} \frac{\cos\dfrac{\theta}{2}}{\sin\dfrac{\theta}{2}} \frac{Z_1 Z_2 e^2}{4\pi\varepsilon_0 2E_\mathrm{k}} \frac{1}{\sin^2\dfrac{\theta}{2}} \frac{\mathrm{d}\theta}{2}$$

$$= \pi \left(\frac{1}{4\pi\varepsilon_0}\right)^2 \left(\frac{Z_1 Z_2 e^2}{2E_\mathrm{k}}\right)^2 \frac{\cos\dfrac{\theta}{2}}{\sin^3\dfrac{\theta}{2}} \mathrm{d}\theta.$$

考虑立体角 $\mathrm{d}\Omega$ 的定义

$$\mathrm{d}\Omega = \frac{2\pi r \sin\theta \cdot r\mathrm{d}\theta}{r^2} = 2\pi \sin\theta\,\mathrm{d}\theta = 4\pi \sin\frac{\theta}{2}\cos\frac{\theta}{2}\,\mathrm{d}\theta,$$

则有

$$\frac{\mathrm{d}\sigma(\theta)}{\mathrm{d}\Omega} = \frac{1}{4\pi \sin\dfrac{\theta}{2}\cos\dfrac{\theta}{2}\mathrm{d}\theta} \pi \left(\frac{Z_1 Z_2 e^2}{4\pi\varepsilon_0 2E_\mathrm{k}}\right)^2 \frac{\cos\dfrac{\theta}{2}}{\sin^3\dfrac{\theta}{2}} \mathrm{d}\theta = \left(\frac{Z_1 Z_2 e^2}{4\pi\varepsilon_0 4E_\mathrm{k}}\right)^2 \frac{1}{\sin^4\dfrac{\theta}{2}}.$$

量子力学初步

数字资源

从物质微观结构层次上看, 原子是最粗浅的微观层次, 正由于此, 原子是与物质宏观性质联系最密切的微观层次. 既然是最粗浅的微观层次, 其性质和结构可以由最粗浅的量子理论、非相对论性量子力学 (常简称为量子力学) 来描述. 退一步, 为描述原子的性质和状态, 我们需要知道如何表征原子状态及相应需要的标志量, 简单来讲即需要知道表征量子态的量子数的集合和相应的物理量应满足的条件. 这些表征原子状态的方案和需要的物理量及量子数的集合的确定是量子力学中的基本内容. 因此, 较系统地学习原子物理学需要了解量子力学的基本原理. 另一方面, 部分高校在同学们学习过量子力学课程之后再修读原子物理学, 另一部分高校则相反; 实行完全学分制的高校更是如此. 为使没有修读过量子力学的同学在学习原子物理学时没有原则上的困难, 本书将量子力学初步作为一个附录, 供尚未学习过量子力学的读者学习和由老师讲授. 对于学习过量子力学的读者, 完全可以跳过该附录, 直接进入第二章关于氢原子和类氢离子的性质和结构的研修. 本附录主要包括:

- 物质波的概念及其波函数描述
- 物理量与物理量算符
- 量子态与态叠加原理
- 可测量量完全集及其共同本征函数
- 量子态和物理量随时间的演化
- 一维定态问题举例
- 微扰计算方法

*F2.1*___物质波的概念及其波函数描述

F2.1.1   物质波的描述——波函数

F2.1.1 ◀
授课视频

自从德布罗意提出物质波的概念、薛定谔给出其动力学描述, 很多实验表明, 微观客体都具有波动性. 我们知道, 波可以用函数表示, 那么, 微观客体的状态可以用函数 $\Psi(\boldsymbol{r}, t) = \Psi_0 \mathrm{e}^{\mathrm{i}(\boldsymbol{k}\cdot\boldsymbol{r} - \omega t)}$ 表示, 考虑德布罗意关系, 则有

$$\Psi(\boldsymbol{r}, t) = \Psi_0 \mathrm{e}^{\mathrm{i}(\boldsymbol{p}\cdot\boldsymbol{r} - Et)/\hbar}, \tag{F2.1}$$

其中 Ψ_0 为振幅 (更具体的意义如下述). 该表征微观客体状态的函数称为微观客体的波函数.

F2.1.2   波函数的统计诠释

F2.1.2 ◀
授课视频

电磁学研究表明, 光 (电磁场) 的强度由其电场强度的平方决定, 即 $I \propto |\boldsymbol{E}|^2$. 在爱因斯坦的光量子理论下, 光场的强度对应光子出现的概率密度, 亦即光波的模的平方为光子出现的概率. 对于描述物质粒子状态的波函数 Ψ, 定义 $|\Psi|^2 = \Psi^*\Psi$, 通过具体计算两个自由粒子间散射的散射截面 (不同方向出射的概率密度分布), 参

照光波 (电场强度) 的模的平方对应光子出现的概率的原理, 英国物理学家马克斯 · 玻恩 (Max Born) 于 1927 年 [Nature 119: 354 (1927)] 提出

$$|\Psi(\boldsymbol{r},t)|^2 \Delta x \Delta y \Delta z$$

表示 t 时刻粒子出现在空间 $\boldsymbol{r}$ 处的小体元 $\Delta^{(3)}\boldsymbol{r} = \Delta x \Delta y \Delta z$ 中的概率. 也就是说, $|\Psi(\boldsymbol{r},t)|^2$ 为 t 时刻的概率密度.

例如, 束流极弱的电子的双棱镜干涉实验表明, 在很短时间内, 电子在通过双棱镜后随机分布; 但在相当长时间后, 记录屏上清晰记录下了与光的双缝衍射结果相同的图样. 由于电子束流极弱, 因此记录屏上记录到的图样不可能是电子束整体的效应, 而是每个电子都相应于一列波, 其通过双棱镜后的分布就是其波函数的模的平方表征的概率密度分布.

F2.1.3　统计诠释及其它物理条件对波函数的要求

▶ F2.1.3 授课视频

波函数的统计诠释揭示了波函数的物理本质, 从而对波函数给出了要求, 或者说自然地提供了限制条件. 既然波函数是描述微观粒子状态的概率密度波, 那么它自然应该由粒子所处环境及相应的动力学规律决定. 因此波函数的统计诠释和其它物理条件都对波函数给出限制, 根据这些限制我们可以得到波函数的基本特征. 本小节对此予以讨论.

一、 统计诠释对波函数的要求

1. 波函数是有限的、可以归一化的函数

根据波函数的统计诠释, $|\Psi(\boldsymbol{r})|^2$ 是粒子出现在位形空间中 $\boldsymbol{r}$ 附近的概率密度, 是关于宗量 $\boldsymbol{r}$ 的非负函数, 由于粒子出现在位形空间中任一 $\boldsymbol{r}$ 附近的概率不可能是无穷大, 即 $|\Psi(\boldsymbol{r})|^2$ 不可能是无穷大, 因此波函数 $\Psi(\boldsymbol{r})$ 一定是有限的函数.

据此, 我们可以对波函数的行为给出定性的限制. 例如, 对半径为 r 的小空腔内的粒子的波函数, 根据 $|\Psi(\boldsymbol{r})|^2 r^3$ 有限的自然条件, 我们知道, 粒子出现在球心附近很小的区间内的概率是有限的, 亦即 $\lim\limits_{r\to 0} |\Psi(\boldsymbol{r})|^2 r^3$ 为有限值. 记 $\Psi \sim \dfrac{1}{r^s}$, 则 $|\Psi|^2 \sim r^{-2s}$, 为保证 $\lim\limits_{r\to 0} |\Psi(\boldsymbol{r})|^2 r^3$ 为有限值, 即 $\lim\limits_{r\to 0} r^{3-2s}$ 为有限值, 应该有 $3 - 2s \to 0^+$, 所以 $s < \dfrac{3}{2}$.

由于在不同时刻, 物质粒子一定出现在完整的位形空间中的某一处附近, 亦即粒子出现在全空间 $\boldsymbol{r} \in (-\infty, \infty)$ 中的概率为 1, 也就是粒子在全空间中各处附近出现的概率的总和等于 1. 概括来讲, 即波函数应该是归一化的. 以数学形式表述, 即有

$$\int |\Psi(\boldsymbol{r})|^2 \mathrm{d}^3\boldsymbol{r} = 1. \tag{F2.2}$$

这也就是说, 波函数一定是模平方可积的.

根据波函数应该是归一化的基本要求, 如果某波函数 $\Psi(\boldsymbol{r})$ 尚未归一化, 即

$$\int |\Psi(\boldsymbol{r})|^2 \mathrm{d}^3\boldsymbol{r} = C,$$

则可引入归一化因子 $\dfrac{1}{\sqrt{C}}$ 使之归一化.

需要注意的是, 散射波 $\Psi_S(\boldsymbol{r}) = C\mathrm{e}^{\mathrm{i}\boldsymbol{p}\cdot\boldsymbol{r}/\hbar}$ (其中 C 为常量) 不能直接归一化, 因为 $|\Psi_S(\boldsymbol{r})|^2 = |C|^2$, 则

$$\int_{-\infty}^{\infty} |\Psi_S(\boldsymbol{r})|^2 \mathrm{d}^3\boldsymbol{r} = \int_{-\infty}^{\infty} |C|^2 \mathrm{d}^3\boldsymbol{r} = |C|^2 \int_{-\infty}^{\infty} 1 \mathrm{d}^3\boldsymbol{r} = \infty,$$

从而 C 的数值无法确定, 即不能直接归一化. 为解决这一问题, 人们通常引入扭曲, 例如记扭曲因子为 $f_d(\boldsymbol{r})$, 它在全空间平方可积, 则 $f_d(\boldsymbol{r})\Psi_S(\boldsymbol{r})$ 即可归一化. 另一个解决方案是采用 δ 函数归一化方案等进行归一化.

2. 波函数是单值函数

由于概率密度 $|\Psi(\boldsymbol{r},t)|^2$ 在任意时刻 t 都是确定的, 也就是说 $\Psi(\boldsymbol{r},t)$ 在任意时刻 t 都是确定的, 因此波函数 $\Psi(\boldsymbol{r},t)$ 应该是时间 t 和空间 $\boldsymbol{r}$ 的单值函数. 由此可得下述两个推论.

(1) 在量子力学中, 具有重要的实在意义的是相对概率分布.

例如, 对波函数 $\Psi(\boldsymbol{r})$ 和 $C\Psi(\boldsymbol{r})$, 因为对任意两点 $\boldsymbol{r}_1$、$\boldsymbol{r}_2$,

$$\frac{|C\Psi(\boldsymbol{r}_1)|^2}{|C\Psi(\boldsymbol{r}_2)|^2} = \frac{|\Psi(\boldsymbol{r}_1)|^2}{|\Psi(\boldsymbol{r}_2)|^2},$$

所以 $C\Psi(\boldsymbol{r})$ 和 $\Psi(\boldsymbol{r})$ 描述的相对概率分布完全相同, 亦即 $C\Psi(\boldsymbol{r})$ 与 $\Psi(\boldsymbol{r})$ 描述同一个概率波.

(2) 在通常情况下, 物质粒子的波函数具有常数相位不确定性.

例如, 对于常数 α, 由于

$$|\mathrm{e}^{\mathrm{i}\alpha}\Psi(\boldsymbol{r})|^2 = \mathrm{e}^{-\mathrm{i}\alpha}\Psi^*(\boldsymbol{r})\mathrm{e}^{\mathrm{i}\alpha}\Psi(\boldsymbol{r}) = \Psi^*(\boldsymbol{r})\Psi(\boldsymbol{r}) = |\Psi(\boldsymbol{r})|^2,$$

即 $\mathrm{e}^{\mathrm{i}\alpha}\Psi(\boldsymbol{r})$ 与 $\Psi(\boldsymbol{r})$ 对应的概率密度分布相同, 因此 $\mathrm{e}^{\mathrm{i}\alpha}\Psi(\boldsymbol{r})$ 与 $\Psi(\boldsymbol{r})$ 表示同一个概率波. 这表明, 在通常情况下, 物质粒子的波函数可以相差一个常数相位, 也就是具有常数相位不确定性.

物质粒子的波函数具有常数相位不确定性, 它们可以相差常数相位, 并不是说量子相位不重要. 相反, 深入的研究表明, 量子相位很重要, 例如阿哈罗诺夫 – 玻姆 (Aharonov-Bohm, AB) 效应、几何相位 (Berry Phase) 及其它相关拓扑相及相变、具有电极化率的中性复合粒子在磁场中的有效质量等都是量子相位的重要性的体现.

二、 势场性质和边界条件对波函数的要求

前已述及, 波函数的统计诠释对波函数的具体行为提供了自然的限制条件. 事实上, 既然波函数是描述微观粒子状态的概率密度波, 那么它应该由粒子所处势场环境及相应的动力学规律决定. 因此粒子所处的势场和边界条件等都对波函数给出限制, 根据这些限制我们可以得到波函数的基本特征. 这里对此予以简要的讨论.

1. 波函数 $\Psi(\boldsymbol{r}, t)$ 及其梯度 $\nabla\Psi(\boldsymbol{r}, t)$ 应连续

1926 年, 奥地利物理学家薛定谔将其关于氢原子中的电子的物质波的动力学描述方案推广到包含时间宗量, 提出在势场 $U(\boldsymbol{r})$ 中运动的物质粒子的波函数应满足运动方程 (通常简称为 薛定谔方程):

$$\mathrm{i}\hbar\frac{\partial}{\partial t}\Psi(\boldsymbol{r}, t) = \left[-\frac{\hbar^2}{2m}\nabla^2 + U(\boldsymbol{r}) \right]\Psi(\boldsymbol{r}, t),$$

其中 $-\dfrac{\hbar^2}{2m}\nabla^2 + U(\boldsymbol{r})$ 称 为系统的哈密顿量 (Hamiltonian), 常记作 $\hat{H}$.

显然, 该运动方程 (动力学方程) 是波函数关于时间的一阶导数和波函数关于空间的二阶导数构成的微分方程. 为保证表征粒子状态的波函数确实存在, 即上述方程有确定的解, 至少要求在势场为 $U(\boldsymbol{r})$ 的情况下, 上述方程一定成立, 即波函数关于时间的一阶导数 $\dfrac{\partial\Psi(\boldsymbol{r}, t)}{\partial t}$ 和波函数关于空间的二阶导数 $\nabla^2\Psi(\boldsymbol{r}, t)$ 都必须存在. 为保证上述一阶导数和二阶导数都存在, 则要求, 在 $U(\boldsymbol{r})$ 是 $\boldsymbol{r}$ 的连续函数的情况下, 波函数 $\Psi(\boldsymbol{r}, t)$ 及其梯度 $\nabla\Psi(\boldsymbol{r}, t)$ 都应该是连续的函数.

2. 对于束缚态, 波函数在无穷远处一定为零

顾名思义, 束缚态是仅存在于限定的空间内的状态, 即粒子在无穷远处的概率密度一定为 0 (否则, 为散射态). 也就是说, $\left|\Psi(\boldsymbol{r})\right|^2_{r\to\infty} = 0$, 所以 $\Psi(\boldsymbol{r})|_{r\to\infty} = 0$, 即对于束缚态, 其波函数在无穷远处一定为零.

上述条件对波函数给出了限制, 由此我们可以确定波函数中的一些参量. 下面介绍一个应用实例.

例题 F2.1 假设 $\Psi(x) = Ax(a-x)$ 为在区间 $[0, a]$ 中运动的粒子的波函数, 试确定: (1) 常数 A 的数值; (2) 粒子在何位置附近出现的概率最大.

解: (1) 因为已知 $\Psi(x) = Ax(a-x)$ 为 $[0, a]$ 区间内粒子的波函数, 待解决问题之一是确定波函数的表达式中的归一化系数 A. 为解决这一问题, 我们先根据波函数的统计诠释确定粒子在题设区间内的概率. 直观地, 有

$$\int_0^a |\Psi(x)|^2\mathrm{d}x = \int_0^a A^2 x^2(a-x)^2\mathrm{d}x$$

$$= A^2\left[a^2\frac{x^3}{3} - 2a\frac{x^4}{4} + \frac{x^5}{5} \right]\Big|_0^a = A^2\frac{a^5}{30}.$$

由波函数的归一化条件可知

$$\int_0^a |\Psi(x)|^2\mathrm{d}x = A^2\frac{a^5}{30} = 1.$$

解之得

$$A = \sqrt{30/a^5}.$$

所以, 波函数中待定的常数 $A = \sqrt{30/a^5}$.

(2) 确定粒子在何处附近出现的概率最大, 即确定该波函数表征的粒子状态的概率密度取得最大值的位置. 依题意, 粒子在 x 处出现的概率为

$$\left|\Psi(x)\right|^2 = A^2 x^2 (a-x)^2 = \frac{30}{a^5} x^2 (a-x)^2.$$

显然, 这是一个关于 x 的四次函数.

依题意, 确定使粒子出现的概率密度取得最大值的位置即为确定保证上述四次函数取得极大值的位置. 由极值条件知, 当

$$\frac{\mathrm{d}}{\mathrm{d}x}\left|\Psi(x)\right|^2 = \frac{30}{a^5}\left[2x(a-x)^2 - 2x^2(a-x)\right]$$

$$= \frac{60}{a^5} x(a-x)(a-2x) = 0$$

时, $\left|\Psi(x)\right|^2$ 有极值. 解上述方程知, $x = 0, \dfrac{a}{2}, a$ 处有极值.

又因为函数取得极大值的条件是极值处函数关于宗量的二阶导数小于 0, 直接计算上述三个极值处的二阶导数知

$$\frac{\mathrm{d}^2}{\mathrm{d}x^2}\left|\Psi(x)\right|^2\big|_{x=0} = \frac{60}{a^3} > 0,$$

$$\frac{\mathrm{d}^2}{\mathrm{d}x^2}\left|\Psi(x)\right|^2\big|_{x=a/2} = -\frac{30}{a^3} < 0,$$

$$\frac{\mathrm{d}^2}{\mathrm{d}x^2}\left|\Psi(x)\right|^2\big|_{x=a} = \frac{60}{a^3} > 0.$$

显然, 仅 $\dfrac{\mathrm{d}^2}{\mathrm{d}x^2}\left|\Psi(x)\right|^2\big|_{x=a/2} < 0$, 所以, 粒子在 $x = \dfrac{a}{2}$ 附近出现的概率最大.

F2.2 __物理量与物理量算符

F2.2.1　物理量的平均值及其计算规则

F2.2.1 ◀
授课视频

我们已经知道, 量子物理中的物理量不能被准确测定 (严格来讲, 应该是共轭物理量不能同时被准确测定). 于是, 为描述量子态和相应情况下的物理量的性质, 人们采用统计规律确定物理量的平均值. 对于由波函数 $\Psi(\boldsymbol{r})$ 表述的量子态, $\left|\Psi(\boldsymbol{r})\right|^2$ 为该量子态在 $\boldsymbol{r}$ 附近的概率密度, 也就是相当于统计力学中的配分函数 (或称分布函数). 那么, 按照统计力学中计算物理量的平均值的规则, 物理量 Q 的平均值可以表述为

$$\overline{Q} = \langle Q \rangle = \int_{-\infty}^{\infty} \left|\Psi(\boldsymbol{r})\right|^2 Q \mathrm{d}\boldsymbol{r}.$$

下面我们先按此规则计算一些常见的物理量的平均值.

(1) 位置 x 及其函数 $U(x)$ 的平均值

按照前述经典情况下的一般规则直接计算, 有

$$\overline{x} = \langle x \rangle = \int_{-\infty}^{\infty} |\Psi(x)|^2 x \mathrm{d}x = \int_{-\infty}^{\infty} \Psi^*(x)\Psi(x)x\mathrm{d}x$$

$$= \int_{-\infty}^{\infty} \Psi^*(x)x\Psi(x)\mathrm{d}x,$$

$$\overline{U(x)} = \langle U(x) \rangle = \int_{-\infty}^{\infty} |\Psi(x)|^2 U(x)\mathrm{d}x$$

$$= \int_{-\infty}^{\infty} \Psi^*(x)U(x)\Psi(x)\mathrm{d}x.$$

显然, 按照积分规则, 完成上式中的积分即可得到位置 x 的平均值及以位置为自变量的函数 $U(x)$ 的平均值. 数学上, 通常将上述积分简记为 $(\Psi(x), U(x)\Psi(x))$, 并称之为 $\Psi(x)$ 与 $U(x)\Psi(x)$ 的内积 (这里可仅看作是上述积分的一个简化标记, 下下小节对其性质予以简要讨论). 于是, 对于以波函数 $\Psi(x)$ 表述的量子态, 物理量 $U(x)$ 的平均值常简单地表述为

$$\overline{U(x)} = (\Psi(x), \quad U(x)\Psi(x)).$$

也可以用狄拉克符号标记为

$$\overline{U(x)} = \langle \Psi(x)|U(x)|\Psi(x) \rangle.$$

(2) 动量的平均值

按经典定义, 动量的平均值为

$$\overline{p} = \langle p(x) \rangle = \int_{-\infty}^{\infty} |\Psi(x)|^2 p\mathrm{d}x.$$

形式上, 完成上式中的积分, 即可确定动量的平均值. 然而, 在量子物理中, 根据不确定关系, 在确定的位置 x 处, 动量 p 完全不确定, 那么上述积分实际上无意义, 也就是当然不可积, 由此无法直接确定动量的平均值. 简言之, 即

$$\overline{p} = \langle p(x) \rangle \neq \int_{-\infty}^{\infty} |\Psi(x)|^2 p\mathrm{d}x.$$

回顾前述确定物理量的平均值的方案知, 仅从概念上来讲, 这里采用的计算动量平均值的方案并无原则错误. 但是, 仔细考察数学或统计力学层面上计算统计平均值的方法知, 在已知概率密度分布情况下计算物理量的平均值时, 必须将概率密度分布和物理量表述为同一个宗量空间的函数. 前述的计算动量平均值时遇到的问题正是出在尚未把动量表述为位置的函数. 由量子物理中的不确定关系可知, 无法将动量 p 表述为位置 x 的通常意义上的解析函数.

换一个角度来考虑问题, 既然无法在位置空间中直接利用前述原理计算动量的平均值, 我们就按照数学上或统计力学上计算平均值的规则, 将上述计算转换到动量空间中, 于是有

$$\overline{p} = \int_{-\infty}^{\infty} |\varPhi(p)|^2 p \mathrm{d}p = \int_{-\infty}^{\infty} \varPhi^*(p) p \varPhi(p) \mathrm{d}p.$$

由傅里叶变换知, 上述波函数 $\varPsi(x)$ 在动量空间中的对应形式为

$$\varPhi(p) = \frac{1}{(2\pi\hbar)^{1/2}} \int_{-\infty}^{\infty} \varPsi(x) \mathrm{e}^{-\mathrm{i}px/\hbar} \mathrm{d}x.$$

将之代入上式中的 $\varPhi^*(p)$, 则得

$$\overline{p} = \int_{-\infty}^{\infty} \left[\frac{1}{(2\pi\hbar)^{1/2}} \int_{-\infty}^{\infty} \varPsi(x) \mathrm{e}^{-\mathrm{i}px/\hbar} \mathrm{d}x \right]^* p \varPhi(p) \mathrm{d}p$$

$$= \int_{-\infty}^{\infty} \int_{-\infty}^{\infty} \frac{1}{(2\pi\hbar)^{1/2}} \varPsi^*(x) \mathrm{e}^{\mathrm{i}px/\hbar} p \varPhi(p) \mathrm{d}p \mathrm{d}x.$$

因为

$$\frac{\partial}{\partial x} \mathrm{e}^{\mathrm{i}px/\hbar} = \mathrm{e}^{\mathrm{i}px/\hbar} \frac{\mathrm{i}p}{\hbar},$$

即

$$\mathrm{e}^{\mathrm{i}px/\hbar} p = -\mathrm{i}\hbar \frac{\partial}{\partial x} \mathrm{e}^{\mathrm{i}px/\hbar},$$

则

$$\text{上式} = \int_{-\infty}^{\infty} \int_{-\infty}^{\infty} \frac{1}{(2\pi\hbar)^{1/2}} \varPsi^*(x) \left(-\mathrm{i}\hbar \frac{\partial}{\partial x} \mathrm{e}^{\mathrm{i}px/\hbar} \right) \varPhi(p) \mathrm{d}p \mathrm{d}x$$

$$= \int_{-\infty}^{\infty} \varPsi^*(x) \left(-\mathrm{i}\hbar \frac{\partial}{\partial x} \right) \left[\int_{-\infty}^{\infty} \frac{1}{(2\pi\hbar)^{1/2}} \mathrm{e}^{\mathrm{i}px/\hbar} \varPhi(p) \mathrm{d}p \right] \mathrm{d}x.$$

$$= \int_{-\infty}^{\infty} \varPsi^*(x) \left(-\mathrm{i}\hbar \frac{\partial}{\partial x} \right) \varPsi(x) \mathrm{d}x.$$

即有

$$\overline{p_x} = \left(\varPsi, -\mathrm{i}\hbar \frac{\partial}{\partial x} \varPsi \right).$$

推广到三维情况, 则有

$$\overline{\boldsymbol{p}} = \left(\varPsi, -\mathrm{i}\hbar \nabla \varPsi \right).$$

由此可知, 波函数的梯度越大 (波长越短), 动量的平均值就越大 $\left(\text{已有德布罗意关系给出 } p = \dfrac{h}{\lambda}\right).$

若记

$$\hat{\boldsymbol{p}} = -i\hbar\nabla,$$

则

$$\overline{\boldsymbol{p}} = \langle\boldsymbol{p}\rangle = (\varPsi, \hat{\boldsymbol{p}}\varPsi).$$

亦可记为

$$\overline{\boldsymbol{p}} = \langle\boldsymbol{p}\rangle = \langle\varPsi|\hat{\boldsymbol{p}}|\varPsi\rangle.$$

这与 $\overline{U(x)} = \langle U(x)\rangle = \langle\hat{U}(x)\rangle = (\varPsi, \hat{U}\varPsi) = \langle\psi|\hat{U}|\psi\rangle$ 的形式完全相同.

上述讨论和表达式表明, $\hat{\boldsymbol{p}}\varPsi = -i\hbar\nabla\varPsi$ 和 $\hat{U}(\boldsymbol{r})\varPsi$ 都是对波函数 $\varPsi(\boldsymbol{r})$ 作用 (或者说, 操作) 后的结果, 其中一个是波函数的梯度乘以一些常量和常数, 另一个是波函数直接乘以一个函数. 一般地, 施加在波函数上的数学运算 (或操作) 称为算符, 每一个物理量都对应于一个算符. 显然, 如果将物理量 Q 由其对应的算符 $\hat{Q}$ 表征, 则物理量 Q 在量子态 $\varPsi$ 下的平均值可以一般地表述为

$$\overline{Q} = \langle\varPsi|\hat{Q}|\varPsi\rangle = (\varPsi, \hat{Q}\varPsi) = \int_V \varPsi^*(\boldsymbol{q})\hat{Q}(\boldsymbol{q})\varPsi(\boldsymbol{q})\mathrm{d}\boldsymbol{q}, \tag{F2.3}$$

其中 $\boldsymbol{q}$ 为量子态的宗量空间坐标, V 为其相应的范围. 由此易知, 算符具有关键的作用. 因此, 下面对算符予以具体讨论.

F2.2.2 物理量的算符表达及其本征值和本征态

一、物理量的算符表达

1. 引进算符表示物理量的必要性及算符的定义

由计算动量的平均值 $\overline{\boldsymbol{p}}$ 的过程知, 必须引进算符 $\overline{\boldsymbol{p}} = -i\hbar\nabla$, 才可以计算得到动量在坐标空间的波函数 $\varPsi(\boldsymbol{r})$ 下的平均值. 推而广之, 在量子物理中, 物理量都必须用算符表达, 即任何一个物理量都必须对应一个算符.

一般来讲, 在量子力学中, 任何一个物理量对应的算符定义为施加在波函数上的数学运算 (或作用).

2. 量子力学中物理量用算符表达的一般规则

由前述讨论知, 每一个物理量都必须由算符表达, 物理量算符为施加在波函数上的数学运算. 根据我们熟知的经典力学, 物理量 Q 都可以表示为位置 $\boldsymbol{r}$ 和动量 $\boldsymbol{p}$ 的函数, 即有 $Q = Q(\boldsymbol{r}, \boldsymbol{p})$, 例如, 势场 $U(\boldsymbol{r})$ 中运动的质量为 m 的粒子的能量为

$$E = E_{\mathrm{k}} + E_{\mathrm{p}} = \frac{1}{2}m\boldsymbol{v}^2 + U(\boldsymbol{r}) = \frac{\boldsymbol{p}^2}{2m} + U(\boldsymbol{r}).$$

推而广之, 在量子力学中, 物理量 Q 由其相应的算符 $\hat{Q}$ 表达, 并且, 对于经典力学中由坐标和动量的函数表达的物理量, 仍保持其作为坐标和动量的函数的函数关系不变, 但其中的坐标和动量都分别由其对应的算符表达, 即有

$$\hat{Q} = Q(\hat{\boldsymbol{r}}, \hat{\boldsymbol{p}}). \tag{F2.4}$$

▶ F2.2.2
授课视频

例如, 位置 $\boldsymbol{r}$ 在量子力学中表述为 $\hat{\boldsymbol{r}} = \boldsymbol{r}$.

动量 $\boldsymbol{p}$ 在量子力学中表述为 $\hat{\boldsymbol{p}} = -\mathrm{i}\hbar\nabla$.

速度 $\boldsymbol{v}$ 在量子力学中表述为 $\hat{\boldsymbol{v}} = \dfrac{\boldsymbol{p}}{m} = -\mathrm{i}\dfrac{\hbar}{m}\nabla$.

势能 (势函数) $U(\boldsymbol{r})$ 在量子力学中表述为 $\hat{U}(\boldsymbol{r}) = U(\boldsymbol{r})$.

动能 $T = \dfrac{\boldsymbol{p}^2}{2m}$ 在直角坐标系中表述为

$$\hat{T} = \frac{\hat{\boldsymbol{p}}^2}{2m} = -\frac{\hbar^2}{2m}\nabla^2 = -\frac{\hbar^2}{2m}\Big(\frac{\partial^2}{\partial x^2} + \frac{\partial^2}{\partial y^2} + \frac{\partial^2}{\partial z^2}\Big);$$

角动量 $\boldsymbol{L} = \boldsymbol{r} \times \boldsymbol{p}$ 在量子力学中表述为

$$\begin{cases} \hat{L}_x = \hat{y}\hat{p}_z - \hat{z}\hat{p}_y = \mathrm{i}\hbar\Big(\sin\varphi\dfrac{\partial}{\partial\theta} + \cot\theta\cos\varphi\dfrac{\partial}{\partial\varphi}\Big), \\[2mm] \hat{L}_y = \hat{z}\hat{p}_x - \hat{x}\hat{p}_z = -\mathrm{i}\hbar\Big(\cos\varphi\dfrac{\partial}{\partial\theta} - \cot\theta\sin\varphi\dfrac{\partial}{\partial\varphi}\Big), \\[2mm] \hat{L}_z = \hat{x}\hat{p}_y - \hat{y}\hat{p}_x = -\mathrm{i}\hbar\dfrac{\partial}{\partial\varphi}. \end{cases}$$

其中已利用了直角坐标与球坐标之间的变换关系,

$$x = r\sin\theta\cos\varphi, \quad y = r\sin\theta\sin\varphi, \quad z = r\cos\theta.$$

在球坐标中则表述为

$$\hat{\boldsymbol{L}} = -\mathrm{i}\hbar\Big(\hat{\varphi}_0\frac{\partial}{\partial\theta} - \hat{\theta}_0\frac{1}{\sin\theta}\frac{\partial}{\partial\varphi}\Big),$$

其中 $\hat{\varphi}_0$、$\hat{\theta}_0$ 分别为方位角、极角方向的单位向量。

转动能 $E_{\mathrm{r}} = \dfrac{\boldsymbol{L}^2}{2I}$ (其中 I 为转动惯量) 在量子力学中表述为

$$\begin{aligned} \hat{E}_{\mathrm{r}} = \hat{H}_{\mathrm{r}} &= \frac{\hat{\boldsymbol{L}}^2}{2\hat{I}} = \frac{\hat{\boldsymbol{L}}\cdot\hat{\boldsymbol{L}}}{2I} \\[2mm] &= \frac{1}{2I}\big(\hat{L}_x^2 + \hat{L}_y^2 + \hat{L}_z^2\big) \\[2mm] &= -\frac{\hbar^2}{2I}\Big[\frac{1}{\sin\theta}\frac{\partial}{\partial\theta}\Big(\sin\theta\frac{\partial}{\partial\theta}\Big) + \frac{1}{\sin^2\theta}\frac{\partial^2}{\partial\varphi^2}\Big]. \end{aligned}$$

在量子力学中, 除了前述的可以表述为位置和/或动量的函数的物理量对应的算符外, 还有一些抽象算符. 对于抽象算符, 通常直接由其具体物理意义表达. 例如, 空间反演 (宇称变换) 算符 $\hat{P}$ 直接表述为 $\hat{P}\Psi(\boldsymbol{r}) = \Psi(-\boldsymbol{r})$, 两粒子交换算符 $\hat{P}_{ij}$ 直接表述为 $\hat{P}_{ij}\Psi(\boldsymbol{r}_i, \boldsymbol{r}_j) = \Psi(\boldsymbol{r}_j, \boldsymbol{r}_i)$, 等.

二、 物理量算符的本征值和本征函数

1. 本征值方程、本征值及本征函数

我们已经知道, 在量子力学中微观粒子的状态 (量子态) 由波函数描述, 物理量

由算符表达. 如果物理量 Q 的算符 $\hat{Q}$ 作用在波函数 Ψ_n (其中 n 为量子数) 上时, 所得结果为同一波函数乘以一个常量, 即有方程

$$\hat{Q}\Psi_n = Q_n\Psi_n, \qquad (F2.5)$$

则该方程称为物理量算符 $\hat{Q}$ 的 本征值方程, 常量 Q_n 称为算符 $\hat{Q}$ 的 本征值, 波函数 Ψ_n 称为算符 $\hat{Q}$ 的 本征函数. 显然, 这些概念与线性代数中的相应概念完全相同. 此后将说明, 所有本征值 Q_n 为物理量 Q 的可能取值, 或者说, 由本征值方程解出的全部本征值就是相应的物理量的可能取值.

2. 简并、简并度和简并态

上面述及, 物理量算符 $\hat{Q}$ 和波函数 Ψ_n 可能有如 (F2.5) 式所示的本征方程, 其本征值 Q_n 为物理量 Q 的可能取值. 如果属于本征值 Q_n 的本征函数 Ψ_n 不止一个, 即有本征值方程

$$\hat{Q}\Psi_{n\alpha} = Q_n\Psi_{n\alpha}, \quad (\alpha = 1, 2, \cdots, d_n), \qquad (F2.6)$$

则称本征值 Q_n 是 d_n 重简并 的, 并称 d_n 为 Q_n 的 简并度, 相应的量子态 $\{\Psi_{n\alpha} \ (\alpha = 1, 2, \cdots, d_n)\}$ 称为 简并态.

注意, 出现简并时, 物理态的选择不是唯一的. 严格地讲, 应该采用简并微扰理论解得, 或引入其它物理量区分之.

3. 实例

(1) 角动量的 z 分量的本征值方程及本征函数

由前述讨论知, 角动量的 z 分量的算符在球坐标系中表述为 $\hat{L}_z = -\mathrm{i}\hbar\dfrac{\partial}{\partial\varphi}$, 记其本征函数为 $\Psi(\varphi)$, 则有本征值方程

$$-\mathrm{i}\hbar\frac{\partial}{\partial\varphi}\Psi(\varphi) = l_z\Psi(\varphi),$$

其中 l_z 为待定的本征值, $\Psi(\varphi)$ 为待定的本征函数.

显然, 该本征方程为一个关于 φ 的一阶常微分方程, 有通解

$$\Psi(\varphi) = C\mathrm{e}^{\mathrm{i}\frac{l_z}{\hbar}\varphi}.$$

我们需要确定 l_z 的取值和 C 的取值.

由于当体系绕 z 轴转动一周时, 体系回到空间原来的位置, 即波函数具有周期为 2π 的周期性, 亦即有

$$C\mathrm{e}^{\mathrm{i}\frac{l_z}{\hbar}(\varphi+2\pi)} = C\mathrm{e}^{\mathrm{i}\frac{l_z}{\hbar}\varphi}.$$

于是有

$$\mathrm{e}^{\mathrm{i}\frac{l_z}{\hbar}2\pi} = 1,$$

由此可得本征值

$$l_z = m\hbar,$$

其中 $m = 0, \pm 1, \pm 2, \cdots$. 显然, l_z 只能取离散值, 所以, 微观体系的角动量的 z 分量的本征值是量子化的. 推而广之, 微观体系的角动量在空间任何方向的投影都是量子化的, 其状态可以表述为 $\Psi(\varphi) = C\mathrm{e}^{\mathrm{i}m\varphi}$.

再者, 由归一化条件

$$\int_0^{2\pi}\left|C\mathrm{e}^{\mathrm{i}\frac{l_z}{\hbar}\varphi}\right|^2\mathrm{d}\varphi = |C|^2\int_0^{2\pi}\mathrm{d}\varphi = 1$$

得

$$C = \frac{1}{\sqrt{2\pi}}.$$

所以, 角动量的 z 分量有本征值 $l_z = m\hbar$ (其中 $m = 0, \pm1, \pm2, \cdots$) 和本征函数 $\Psi_m(\varphi) = \frac{1}{\sqrt{2\pi}}\mathrm{e}^{\mathrm{i}m\varphi}$.

(2) 动量的 x 方向分量的本征方程及本征函数

因为动量的 x 方向分量的算符为 $\hat{p}_x = -\mathrm{i}\hbar\dfrac{\partial}{\partial x}$, 记其本征函数为 $\Psi(x)$、本征值为 p_x, 则有本征值方程

$$-\mathrm{i}\hbar\frac{\partial}{\partial x}\Psi(x) = p_x\Psi(x).$$

这也是一个常系数的一阶常微分方程, 其通解为

$$\Psi_{p_x}(x) = C\mathrm{e}^{\mathrm{i}\frac{p_x}{\hbar}x}.$$

显然, 如果粒子有确定的动量 $p_x = p_x^0$, 则 $\left|\Psi_{p_x^0}(x)\right|^2 = |C|^2$. 这表明, 该本征函数不能直接归一化.

但是, 由

$$\int_{-\infty}^{\infty}\left(C\mathrm{e}^{\mathrm{i}\frac{p_x}{\hbar}x}\right)^*\left(C\mathrm{e}^{\mathrm{i}\frac{p_x^0}{\hbar}x}\right)\mathrm{d}x = |C|^2\int_{-\infty}^{\infty}\mathrm{e}^{\mathrm{i}\frac{p_x^0-p_x}{\hbar}x}\mathrm{d}x = |C|^2 2\pi\hbar\delta(p_x - p_x^0)$$

得

$$C = \frac{1}{\sqrt{2\pi\hbar}}\mathrm{e}^{\mathrm{i}\alpha},$$

其中 α 为常数. 为方便, 常取 $\alpha = 0$. 所以动量的 x 方向分量的本征函数可以表述为 $\Psi_{p_x} = \dfrac{1}{\sqrt{2\pi\hbar}}\mathrm{e}^{\mathrm{i}\frac{p_x}{\hbar}x}$.

F2.2.3 ◀
授课视频

F2.2.3 物理量算符的性质及运算

一、算符及线性厄米算符的概念

我们已经熟知, 在量子力学中, 物理量需要用算符表达, 算符为施加在波函数上的数学运算 (或作用). 为方便以后讨论, 这里先回顾线性代数中的相关内容.

1. (波) 函数的线性叠加和线性算符

对于任意的 (波) 函数 Ψ_1、Ψ_2 和任意的常数 c_1、c_2 (通常为复数), 若

$$\Psi = c_1\Psi_1 + c_2\Psi_2$$

则称 Ψ 为 Ψ_1 与 Ψ_2 的线性叠加.

如果算符 $\hat{O}$ 满足运算规则

$$\hat{O}\left(c_1\varPsi_1 + c_2\varPsi_2\right) = c_1\hat{O}\varPsi_1 + c_2\hat{O}\varPsi_2,$$

则称该算符 $\hat{O}$ 为线性算符.

2. (波) 函数的内积及其性质

对 (一个量子体系的) 任意两个 (波) 函数 ψ_1 和 ψ_2, 记其宗量 (亦即自变量) 集合为 $\{\tau\}$ (根据实际情况, 它可能是一维的, 也可能是高维的), 则它们的内积定义为 $\int \psi_1^* \psi_2 \mathrm{d}\tau$, 通常简记为 (ψ_1, ψ_2) 或 $\langle \psi_1 | \psi_2 \rangle$. 也就是说, 任意两个 (波) 函数 ψ_1 和 ψ_2 的内积为

$$(\psi_1, \psi_2) = \langle \psi_1 | \psi_2 \rangle = \int \psi_1^* \psi_2 \mathrm{d}\tau, \tag{F2.7}$$

其中 $\mathrm{d}\tau$ 为宗量空间体积元.

如果宗量取离散值, 则上述积分化为 (分立) 求和. 如果宗量集合既包含连续宗量也包含离散宗量, 则上述积分既包含对连续宗量的积分也包含对分立宗量的求和.

(波) 函数的内积具有性质:

(1) $(\psi, \psi) \geqslant 0$;

(2) $(\psi, \varphi)^* = (\varphi, \psi)$;

(3) $(\psi, c_1\varphi_1 + c_2\varphi_2) = c_1(\psi, \varphi_1) + c_2(\psi, \varphi_2)$;

(4) $(c_1\psi_1 + c_2\psi_2, \varphi) = c_1^*(\psi_1, \varphi) + c_2^*(\psi_2, \varphi)$;

其中 c_1 和 c_2 为任意常数.

3. 厄米共轭算符与厄米算符

(1) 复共轭算符 (complex conjugate operator)

把算符 $\hat{O}$ 的表达式中的所有量都换成其复共轭构成的算符称为 $\hat{O}$ 的复共轭算符, 记为 $\hat{O}^*$.

例如: 动量算符 $\hat{\boldsymbol{p}} = -\mathrm{i}\hbar\nabla$ 的复共轭算符为 $\hat{\boldsymbol{p}}^* = (-\mathrm{i}\hbar\nabla)^* = \mathrm{i}\hbar\nabla = -\hat{\boldsymbol{p}}$.

(2) 转置算符 (transposed operator)

前已多次述及, 算符是施加在 (波) 函数上的运算 (作用). 这就是说, 在讨论算符时一定应该明确其作用对象. 按通常习惯, 被作用对象写在作用算符的右侧, 如果算符 $\tilde{\hat{O}}$ 满足关系

$$\int \psi^* \tilde{\hat{O}} \varphi \mathrm{d}\tau = \int \varphi \hat{O} \psi^* \mathrm{d}\tau = \int (\hat{O}^*\psi)^* \varphi \mathrm{d}\tau,$$

其中 τ 代表波函数的完整宗量空间, 亦即有

$$\left(\psi, \tilde{\hat{O}}\varphi\right) = (\varphi^*, \hat{O}\psi^*) = (\hat{O}^*\psi, \varphi),$$

则称 $\tilde{\hat{O}}$ 为算符 $\hat{O}$ 的转置算符.

所谓转置即交换被作用的对象, 转置算符即交换被作用的波函数的算符.

(3) 厄米共轭算符 (Hermitian conjugate operator)

对任意的 (波) 函数 ψ 和 φ, 如果算符 $\hat{O}^\dagger$ 满足关系

$$\int \psi^* \hat{O}^\dagger \varphi \mathrm{d}\tau = \int (\hat{O}\psi)^* \varphi \mathrm{d}\tau,$$

即

$$(\psi, \hat{O}^\dagger \varphi) = (\hat{O}\psi, \varphi),$$

则称算符 $\hat{O}^\dagger$ 为算符 $\hat{O}$ 的厄米共轭算符, 又称为 $\hat{O}$ 的伴随算符 (adjoint operator).

因为

$$(\psi, \hat{O}^\dagger \varphi) = (\hat{O}\psi, \varphi) = (\varphi, \hat{O}\psi)^* = (\varphi^*, \hat{O}^* \psi^*) = (\psi, \tilde{\hat{O}}^* \varphi),$$

所以, 厄米共轭算符就是转置共轭算符, 即 $\hat{O}^\dagger = \tilde{\hat{O}}^*$.

(4) 厄米算符 (Hermitian operator)

对任意的 (波) 函数 ψ 和 φ, 按前述的厄米共轭算符的定义有

$$\int \psi^* \hat{O}^\dagger \varphi \mathrm{d}\tau = \int (\hat{O}\psi)^* \varphi \mathrm{d}\tau,$$

即

$$(\psi, \hat{O}^\dagger \varphi) = (\hat{O}\psi, \varphi).$$

如果算符 $\hat{O}^\dagger$ 满足关系

$$(\psi, \hat{O}^\dagger \varphi) = (\hat{O}\psi, \varphi) = (\psi, \hat{O}\varphi),$$

即有 $\hat{O}^\dagger = \hat{O}$, 则称算符 $\hat{O}$ 为厄米算符. 这就是说, 如果一个算符的厄米共轭算符就是其本身, 则称之为厄米算符. 所以厄米算符又称为自伴算符 (self-adjoint operator).

例题 F2.2 试证明 $\dfrac{\tilde{\partial}}{\partial x} = -\dfrac{\partial}{\partial x}$, $\left(\dfrac{\partial}{\partial x}\right)^\dagger = -\dfrac{\partial}{\partial x}$.

证明: 根据转置算符的定义, 对任意波函数 ψ 和 φ, 有

$$\int_{-\infty}^{\infty} \psi^* \frac{\tilde{\partial}}{\partial x} \varphi \mathrm{d}x = \int_{-\infty}^{\infty} \varphi \frac{\partial}{\partial x} \psi^* \mathrm{d}x = \varphi \psi^* \Big|_{-\infty}^{\infty} - \int_{-\infty}^{\infty} \psi^* \frac{\partial}{\partial x} \varphi \mathrm{d}x,$$

根据波函数的有限性, 通常情况 $\varphi \psi^* \big|_{-\infty}^{\infty} = 0$, 于是

$$\int_{-\infty}^{\infty} \psi^* \frac{\tilde{\partial}}{\partial x} \varphi \mathrm{d}x = - \int_{-\infty}^{\infty} \psi^* \frac{\partial}{\partial x} \varphi \mathrm{d}x.$$

因为 ψ 和 φ 为任意波函数, 所以 $\dfrac{\tilde{\partial}}{\partial x} = -\dfrac{\partial}{\partial x}$.

另一方面, 根据转置共轭的定义

$$\left(\frac{\partial}{\partial x}\right)^{\dagger} = \left(\frac{\tilde{\partial}}{\partial x}\right)^{*} = \left(-\frac{\partial}{\partial x}\right)^{*} = -\frac{\partial}{\partial x},$$

所以 $\left(\frac{\partial}{\partial x}\right)^{\dagger} = -\frac{\partial}{\partial x}$.

二、 量子力学关于算符的基本假设

根据前述的量子力学中的物理量都必须用算符表达的基本要求和数学上已知的一些算符的性质, 前辈物理学家们就量子力学中表征物理量的算符提出一个基本假设. 该基本假设通常表述为: 描写物理系统性质的每一个物理量都对应一个线性厄米算符.

三、 量子力学中算符 (线性厄米算符) 的基本性质

1. 性质 1: 量子力学中物理量算符的平均值的基本性质

根据统计力学原理, 我们知道, 如果一个体系中的各组分都处在用波函数描述的状态, 则该体系称为一个系综. 对一个系综中的某物理量进行测量, 然后对所得的结果求平均, 随后得到的结果称为该物理量在该系综下的平均值, 或期望值. 于是对波函数 Ψ 描述的系综, 我们有

$$\overline{O} = \frac{(\Psi, \hat{O}\Psi)}{(\Psi, \Psi)}. \tag{F2.8}$$

记量子力学中物理量 Q 对应的算符为 $\hat{Q}$, 对任意波函数 Ψ, 设其已归一化, 即有 $(\Psi, \Psi) = 1$, 根据量子力学关于算符的基本假设和厄米算符的定义, 我们知道, 该物理量的平均值可以表述为

$$\overline{Q} = (\Psi, \hat{Q}\Psi) = (\hat{Q}\Psi, \Psi) = (\Psi, \hat{Q}\Psi)^{*} = (\overline{Q})^{*}.$$

这表明, 量子力学中的物理量对应的算符的平均值等于其复共轭.

一个物理量的平均值与其复共轭相等说明该平均值必为实数量.

总之, 量子力学中的物理量算符 (线性厄米算符) 的平均值具有基本性质 (定理): 在任何状态下, 量子力学体系的物理量对应的算符的平均值必为实数量.

2. 性质 2: 量子力学中物理量算符的本征值的基本性质

由本征值方程的定义知, 对已经归一化的本征函数 Ψ_n, 厄米算符 $\hat{Q}$ 的平均值 $\overline{Q}$ 就是其相应的本征值 Q_n, 即有

$$\overline{Q} = (\Psi_n, \hat{Q}\Psi_n) = (\Psi, Q_n\Psi) = Q_n(\Psi_n, \Psi_n) = Q_n.$$

由性质 1 知, 平均值 $\overline{Q}$ 为实数量, 所以本征值 Q_n 也必为实数量.

于是, 我们有量子力学中关于物理量算符的本征值的基本性质 (定理): 量子力学中的物理量算符的本征值必为实数量.

3. 量子力学中物理量算符的本征函数的基本性质

将初等几何中两矢量正交的概念推广易知, 如果两波函数 Ψ_1 和 Ψ_2 的内积为 0, 即

$$(\Psi_1, \Psi_2) = \int \Psi_1^* \Psi_2 \mathrm{d}\tau = 0,$$

则称这两个波函数 Ψ_1 与 Ψ_2 相互正交.

记厄米算符 $\hat{O}$ 取本征值 O_n、O_m 的本征函数分别为 Ψ_n、Ψ_m, 即有

$$\hat{O}\Psi_n = O_n\Psi_n, \qquad \hat{O}\Psi_m = O_m\Psi_m.$$

由性质 2 知,

$$(\hat{O}\Psi_m, \Psi_n) = (O_m\Psi_m, \Psi_n) = O_m^*(\Psi_m, \Psi_n) = O_m(\Psi_m, \Psi_n).$$

另一方面, 根据厄米算符的定义, $\hat{O} = \hat{O}^\dagger$, 我们有

$$(\hat{O}\Psi_m, \Psi_n) = (\Psi_m, \hat{O}^\dagger\Psi_n) = (\Psi_m, \hat{O}\Psi_n) = O_n(\Psi_m, \Psi_n).$$

上述两式相减, 则得

$$(O_m - O_n)(\Psi_m, \Psi_n) = 0.$$

所以, 如果 $O_m \neq O_n$, 则必有 $(\Psi_m, \Psi_n) = 0$.

将此性质所述的两个本征值与相应的本征函数推广到多个, 并考虑波函数的可归一性, 则知, 厄米算符的所有本征函数组成正交归一函数系, 即

$$(\Psi_m, \Psi_n) = \int \Psi_m^* \Psi_n \mathrm{d}\tau = \delta_{mn}.$$

这表明, 量子力学中的物理量算符的不同本征值的本征函数相互正交, 其 (完备的) 本征函数的集合构成正交归一函数系. 该正交归一函数系可作为任意波函数的正交归一基.

注意, 由上述讨论知, 对于相同本征值的本征函数, 无法判断它们是否一定正交. 也就是说, 简并态不一定彼此正交. 但人们可以适当地把它们线性叠加 (例如: 采用施密特正交化方法), 即可构成彼此正交的态.

四、 量子力学中的物理量算符的运算

前述讨论表明 (基本假设), 量子力学中的每一个物理量都对应一个线性厄米算符, 其运算规则当然与厄米算符的运算规则相同. 这里简述如下.

1. 厄米算符的和与积

(1) 算符的和

如果对两个算符 $\hat{O}_1$、$\hat{O}_2$ 和任意波函数 Ψ, 都有

$$(\hat{O}_1 + \hat{O}_2)\Psi = \hat{O}_1\Psi + \hat{O}_2\Psi,$$

则称 $\hat{O}_1 + \hat{O}_2$ 为算符 $\hat{O}_1$ 与 $\hat{O}_2$ 的和.

容易证明 (请读者自己完成), 算符的和具有性质: 〈1〉 两个线性算符的和仍为线性算符; 〈2〉 两个厄米算符的和仍为厄米算符.

并且, (线性厄米) 算符的和满足交换律和结合律, 即有

〈1〉 交换律: $\hat{O}_1 + \hat{O}_2 = \hat{O}_2 + \hat{O}_1$,

〈2〉 结合律: $\hat{O}_1 + (\hat{O}_2 + \hat{O}_3) = (\hat{O}_1 + \hat{O}_2) + \hat{O}_3$.

(2) 算符的积

如果对于两个算符 $\hat{O}_1$、$\hat{O}_2$ 和任意波函数 Ψ, 都有

$$(\hat{O}_1\hat{O}_2)\Psi = \hat{O}_1(\hat{O}_2\Psi),$$

则称 $\hat{O}_1\hat{O}_2$ 为算符 $\hat{O}_1$ 与 $\hat{O}_2$ 的积.

注意, 由于波函数经算符作用后通常会改变, 因此, 一般情况下

$$\hat{O}_1\hat{O}_2 \neq \hat{O}_2\hat{O}_1,$$

即算符的乘积的结果与相乘的顺序密切相关. 例如 (如图 F2.1 所示), 对于原本沿 z 方向的单位矢量 (波函数), 对之作先绕 $\hat{x}$ 轴转 90°、再绕 $\hat{y}$ 轴转 90° 的操作后, 它转变为沿 $-\hat{y}$ 方向的单位矢量; 对之作先绕 $\hat{y}$ 轴转 90°、再绕 $\hat{x}$ 轴转 90° 的操作后, 它转变为沿 $\hat{x}$ 方向的单位矢量. 由此知, 尽管有限角度转动的角度相同, 但两种不同顺序操作的结果不同.

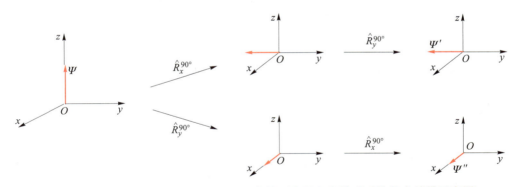

图 F2.1　沿 z 方向的矢量经不同顺序的两有限角度转动后的状态差异示意图

2. 算符的对易式及其恒等式

如上所述, 算符的乘积的结果与相乘算符的顺序密切相关. 为清楚表征不同顺序的两算符乘积的结果的差异, 人们引入了对易式 (或称对易子). 这里对之予以简单讨论.

(1) 对易式 (commutator) 的定义

对两个算符 $\hat{O}_1$ 和 $\hat{O}_2$, 其对易式定义为

$$\left[\hat{O}_1, \hat{O}_2\right] = \hat{O}_1\hat{O}_2 - \hat{O}_2\hat{O}_1. \tag{F2.9}$$

(2) 对易、不对易及反对易的概念

如果 $[\hat{O}_1, \hat{O}_2] = 0$, 即 $\hat{O}_1\hat{O}_2 = \hat{O}_2\hat{O}_1$, 则称算符 $\hat{O}_1$ 与 $\hat{O}_2$ 对易, 亦称这样的算符是阿贝尔的.

如果 $[\hat{O}_1, \hat{O}_2] \neq 0$, 则称 $\hat{O}_1$ 与 $\hat{O}_2$ 不对易, 亦称这样的算符是非阿贝尔的.

如果 $[\hat{O}_1, \hat{O}_2] \neq 0$, 但 $\hat{O}_1\hat{O}_2 = -\hat{O}_2\hat{O}_1$, 即 $\{\hat{O}_1, \hat{O}_2\} = \hat{O}_1\hat{O}_2 + \hat{O}_2\hat{O}_1 = 0$, 则称 $\hat{O}_1$ 与 $\hat{O}_2$ 反对易.

(3) 对易式的恒等式

容易证明, 对易式具有下述恒等式:

〈i〉 $[\hat{O}_1, \hat{O}_2 \pm \hat{O}_3] = [\hat{O}_1, \hat{O}_2] \pm [\hat{O}_1, \hat{O}_3]$;

〈ii〉 $[\hat{O}_1, \hat{O}_2\hat{O}_3] = \hat{O}_2[\hat{O}_1, \hat{O}_3] + [\hat{O}_1, \hat{O}_2]\hat{O}_3$;

〈iii〉 $[\hat{O}_1\hat{O}_2, \hat{O}_3] = \hat{O}_1[\hat{O}_2, \hat{O}_3] + [\hat{O}_1, \hat{O}_3]\hat{O}_2$.

3. 逆算符 (inverse operator)

对算符 $\hat{O}$, 如果存在算符 $\hat{O}^{-1}$ 满足关系

$$\hat{O}\hat{O}^{-1} = \hat{O}^{-1}\hat{O} = \hat{I},$$

其中 $\hat{I}$ 为单位算符, 则称 $\hat{O}^{-1}$ 为 $\hat{O}$ 的逆算符.

如果算符 $\hat{O}$ 的逆算符 $\hat{O}^{-1}$ 存在, 由 $\hat{O}\psi = \varphi$, 则可唯一解出 $\psi = \hat{O}^{-1}\varphi$. 从而可以实现 (至少简化) 很多现实的复杂计算, 有助于理解很多复杂的现象.

根据算符的乘积的定义和逆算符的定义易知 (请读者自己证明), 如果两算符 $\hat{O}_1$、$\hat{O}_2$ 分别具有逆算符 $\hat{O}_1^{-1}$、$\hat{O}_2^{-1}$, 则 $(\hat{O}_1\hat{O}_2)^{-1} = \hat{O}_2^{-1}\hat{O}_1^{-1}$.

五、 量子力学中的主要对易关系

1. 量子力学的基本对易式

与经典力学中相同, 在量子力学中表征量子态的基本宗量也是 (广义) 坐标和 (广义) 动量. 其不同顺序的乘积之间的关系 (对易式) 称为量子力学的基本对易式. 该基本对易式为

$$[\hat{x}_\alpha, \hat{p}_\beta] = \mathrm{i}\hbar\delta_{\alpha\beta}, \tag{F2.10}$$

其中 α 和 β 为维度方向标记.

下面对之予以证明. 记 ψ 为任意波函数, 根据算符的乘积的定义

$$(\hat{O}_1\hat{O}_2)\psi = \hat{O}_1(\hat{O}_2\psi),$$

可知

$$x\hat{p}_x\psi = x\left(-\mathrm{i}\hbar\frac{\partial}{\partial x}\psi\right) = -\mathrm{i}\hbar x\frac{\partial}{\partial x}\psi,$$

$$\hat{p}_x x\psi = -\mathrm{i}\hbar\frac{\partial}{\partial x}(x\psi) = -\mathrm{i}\hbar x\frac{\partial}{\partial x}\psi - \mathrm{i}\hbar\psi.$$

以上两式相减则得

$$(x\hat{p}_x - \hat{p}_x x)\psi = [\hat{x}, \hat{p}_x]\psi = \mathrm{i}\hbar\psi.$$

因为 ψ 是任意的波函数, 所以 $[\hat{x}, \hat{p}_x] = \mathrm{i}\hbar$.

同理可证
$$[\hat{y}, \hat{p}_y] = [\hat{z}, \hat{p}_z] = \mathrm{i}\hbar,$$
$$[\hat{x}, \hat{p}_y] = [\hat{x}, \hat{p}_z] = [\hat{y}, \hat{p}_x] = [\hat{y}, \hat{p}_z] = [\hat{z}, \hat{p}_x] = [\hat{z}, \hat{p}_y] = 0.$$

综合这些对易式, 它们可以统一表述为 $[\hat{x}_\alpha, \hat{p}_\beta] = \mathrm{i}\hbar\delta_{\alpha\beta}$.

2. 角动量算符的对易关系

(1) 角动量的各分量算符间的对易关系

作为对对易子运算规则应用的直观展示, 我们对 $[\hat{L}_x, \hat{L}_y]$ 予以具体计算如下. 由定义 $\hat{L}_x = \hat{y}\hat{p}_z - \hat{z}\hat{p}_y$, $\hat{L}_y = \hat{z}\hat{p}_x - \hat{x}\hat{p}_z$, $\hat{L}_z = \hat{x}\hat{p}_y - \hat{y}\hat{p}_x$, 直接计算

$$
\begin{aligned}
[\hat{L}_x, \hat{L}_y] &= [\hat{y}\hat{p}_z - \hat{z}\hat{p}_y, \hat{z}\hat{p}_x - \hat{x}\hat{p}_z] = [\hat{y}\hat{p}_z, \hat{z}\hat{p}_x - \hat{x}\hat{p}_z] - [\hat{z}\hat{p}_y, \hat{z}\hat{p}_x - \hat{x}\hat{p}_z] \\
&= [\hat{y}\hat{p}_z, \hat{z}\hat{p}_x] - [\hat{y}\hat{p}_z, \hat{x}\hat{p}_z] - [\hat{z}\hat{p}_y, \hat{z}\hat{p}_x] + [\hat{z}\hat{p}_y, \hat{x}\hat{p}_z] \\
&= \hat{y}[\hat{p}_z, \hat{z}\hat{p}_x] + [\hat{y}, \hat{z}\hat{p}_x]\hat{p}_z - \hat{y}[\hat{p}_z, \hat{x}\hat{p}_z] - [\hat{y}, \hat{x}\hat{p}_z]\hat{p}_z \\
&\quad - \hat{z}[\hat{p}_y, \hat{z}\hat{p}_x] - [\hat{z}, \hat{z}\hat{p}_x]\hat{p}_y + \hat{z}[\hat{p}_y, \hat{x}\hat{p}_z] + [\hat{z}, \hat{x}\hat{p}_z]\hat{p}_y \\
&= \hat{y}\hat{z}[\hat{p}_z, \hat{p}_x] + \hat{y}[\hat{p}_z, \hat{z}]\hat{p}_x + \hat{z}[\hat{y}, \hat{p}_x]\hat{p}_z + [\hat{y}, \hat{z}]\hat{p}_x\hat{p}_z \\
&\quad - \hat{y}\hat{x}[\hat{p}_z, \hat{p}_z] - \hat{y}[\hat{p}_z, \hat{x}]\hat{p}_z - \hat{x}[\hat{y}, \hat{p}_z]\hat{p}_z - [\hat{y}, \hat{x}]\hat{p}_z\hat{p}_z \\
&\quad - \hat{z}\hat{z}[\hat{p}_y, \hat{p}_x] - \hat{z}[\hat{p}_y, \hat{z}]\hat{p}_x - \hat{z}[\hat{z}, \hat{p}_x]\hat{p}_y - [\hat{z}, \hat{z}]\hat{p}_x\hat{p}_y \\
&\quad + \hat{z}\hat{x}[\hat{p}_y, \hat{p}_z] + \hat{z}[\hat{p}_y, \hat{x}]\hat{p}_z + \hat{x}[\hat{z}, \hat{p}_z]\hat{p}_y + [\hat{z}, \hat{x}]\hat{p}_z\hat{p}_y \\
&= \hat{y}\hat{z}\cdot 0 + \hat{y}(-\mathrm{i}\hbar)\hat{p}_x + \hat{z}\cdot 0\cdot\hat{p}_z + 0\cdot\hat{p}_x\hat{p}_z - \hat{y}\hat{x}\cdot 0 - \hat{y}\cdot 0\cdot\hat{p}_z \\
&\quad - \hat{x}\cdot 0\cdot\hat{p}_z - 0\cdot\hat{p}_z\hat{p}_z - \hat{z}\hat{z}\cdot 0 - \hat{z}\cdot 0\cdot\hat{p}_x - \hat{z}\cdot 0\cdot\hat{p}_y - 0\cdot\hat{p}_x\hat{p}_y \\
&\quad + \hat{z}\hat{x}\cdot 0 + \hat{z}\cdot 0\cdot\hat{p}_z + \hat{x}(\mathrm{i}\hbar)\hat{p}_y + 0\cdot\hat{p}_z\hat{p}_y \\
&= -\mathrm{i}\hbar\hat{y}\hat{p}_x + \mathrm{i}\hbar\hat{x}\hat{p}_y = \mathrm{i}\hbar\hat{L}_z.
\end{aligned}
$$

同理可证,

$$
\begin{array}{lll}
[\hat{L}_x, \hat{L}_x] = 0, & & [\hat{L}_x, \hat{L}_z] = -\mathrm{i}\hbar\hat{L}_y, \\
[\hat{L}_y, \hat{L}_x] = -\mathrm{i}\hbar\hat{L}_z, & [\hat{L}_y, \hat{L}_y] = 0, & [\hat{L}_y, \hat{L}_z] = \mathrm{i}\hbar\hat{L}_x, \\
[\hat{L}_z, \hat{L}_x] = \mathrm{i}\hbar\hat{L}_y, & [\hat{L}_z, \hat{L}_y] = -\mathrm{i}\hbar\hat{L}_x, & [\hat{L}_z, \hat{L}_z] = 0.
\end{array}
$$

通常将之统一表述为
$$[\hat{L}_\alpha, \hat{L}_\beta] = \varepsilon_{\alpha\beta\gamma}\mathrm{i}\hbar\hat{L}_\gamma, \tag{F2.11}$$

其中 $\varepsilon_{\alpha\beta\gamma}$ 为 Levi–Civita 符号 (也称为 反对称张量), 具体来讲, 记 $\{1,2,3\} = \{\alpha, \beta, \gamma\}$, 则

$$\varepsilon_{\alpha\beta\gamma} = \varepsilon_{\beta\gamma\alpha} = \varepsilon_{\gamma\alpha\beta} = 1, \quad \varepsilon_{\beta\alpha\gamma} = \varepsilon_{\alpha\gamma\beta} = \varepsilon_{\gamma\beta\alpha} = -\varepsilon_{\alpha\beta\gamma} = -1$$

亦常简记为
$$\hat{\boldsymbol{L}} \times \hat{\boldsymbol{L}} = \mathrm{i}\hbar\hat{\boldsymbol{L}}.$$

(2) 角动量算符与坐标及角动量与动量算符的对易关系

直接计算, 知

$$[\hat{L}_\alpha, \hat{x}_\beta] = \varepsilon_{\alpha\beta\gamma}\mathrm{i}\hbar\hat{x}_\gamma, \tag{F2.12}$$

$$[\hat{L}_\alpha, \hat{p}_\beta] = \varepsilon_{\alpha\beta\gamma}\mathrm{i}\hbar\hat{p}_\gamma. \tag{F2.13}$$

(3) 角动量的升、降算符及其与角动量的 z 分量算符间的对易关系

定义: $\hat{L}_+ = \hat{L}_x + \mathrm{i}\hat{L}_y$ 称为升算符, $\hat{L}_- = \hat{L}_x - \mathrm{i}\hat{L}_y$ 称为降算符.

直接计算, 可得

$$[\hat{L}_+, \hat{L}_-] = 2\hbar\hat{L}_z, \tag{F2.14}$$

$$[\hat{L}_z, \hat{L}_\pm] = \pm\hbar\hat{L}_\pm. \tag{F2.15}$$

(4) 角动量平方算符与各分量算符间的对易式

直接计算, 知

$$[\hat{L}^2, \hat{L}_\alpha] = 0. \tag{F2.16}$$

即角动量的平方算符与角动量的各分量算符都对易.

顺便说明, 角动量算符的上述对易关系表明, 角动量的三个分量构成 SO(3) 李代数的三个元素 [SO(3) 群的生成元], L_z 可作为其嘉当子代数 (cartan subalgebra), $L_\pm$ 为与非零根相应的代数元素, L^2 正比于该李代数的二阶卡西米尔算子.

F2.3 __ 量子态与态叠加原理

F2.3.1 量子态及其表象

一、量子态

F2.1 的讨论表明, 微观粒子的量子态由波函数 $\Psi(q)$ 描述. 所以波函数 $\Psi(q)$ 通常亦称为量子态.

二、表象

描述微观客体 (粒子) 的量子态的空间称为其表象.

回顾前述讨论可知, 波函数 (量子态) 可以由坐标空间中的函数表述, 也可以由动量空间中的函数表述. 波函数 $\Psi(\boldsymbol{r})$ 为微观粒子的量子态在坐标表象中的表述, 波函数 $\Psi(\boldsymbol{p})$ 为微观粒子的量子态在动量表象中的表述.

此后讨论将表明, 描述量子态的表象除有坐标表象和动量表象外, 还有能量表象、占有数表象、相干态表象等.

显而易见, 在不同表象中, 物理量的算符和表征量子态的波函数分别有不同的表述形式. 这些不同形式可以通过幺正变换相联系, 即表象变换为幺正变换, 限于课程范畴, 这里对此不予证明, 有兴趣的读者可参阅专门的量子力学教材 (例如, 苏汝铿编著的《量子力学》, 刘玉鑫和曹庆宏编著的《量子力学》).

F2.3.2　态叠加原理

► F2.3.2
授课视频

先考察电子的双缝衍射的实验结果. 记通过两缝的表征电子的量子态的波函数分别为 Ψ_1、Ψ_2, 它们的线性叠加态为 $\Psi = C_1\Psi_1 + C_2\Psi_2$, 实验测量得到的衍射图样满足下式决定的分布:

$$
\begin{aligned}
|\Psi|^2 &= (C_1^*\Psi_1^* + C_2^*\Psi_2^*)(C_1\Psi_1 + C_2\Psi_2) \\
&= |C_1\Psi_1|^2 + |C_2\Psi_2|^2 + (C_1^*C_2\Psi_1^*\Psi_2 + C_1C_2^*\Psi_1\Psi_2^*).
\end{aligned}
$$

这说明, 如果 Ψ_1 和 Ψ_2 是系统的可能的状态, 则它们的线性叠加 $\Psi = C_1\Psi_1 + C_2\Psi_2$ 也为系统的可能的状态, 并且其中的干涉项 (一般不为 0) 尤为重要.

于是, 基于量子力学中的物理量对应的算符都是线性厄米算符的基本假设, 人们提出: 如果 Ψ_1、Ψ_2、$\cdots$、Ψ_n、$\cdots$ 都是体系的可能的状态, 那么, 它们的线性叠加态

$$
\Psi = \sum_i C_i\Psi_i = C_1\Psi_1 + C_2\Psi_2 + \cdots + C_n\Psi_n + \cdots,
$$

也是体系的一个可能的状态 (其中 C_1、C_2、$\cdots$ 为复数).

该表述称为量子态 (波函数) 的**态叠加原理**.

由态叠加原理很容易得到下述推论:

推论 1: 如果 Ψ_1 Ψ_2、$\cdots$ Ψ_n、$\cdots$ 已正交归一, 而且 Ψ 也已归一, 则 $|C_1|^2, |C_2|^2, \cdots,$ $|C_n|^2, \cdots$ 分别表示粒子处于 Ψ_1、Ψ_2、$\cdots$、Ψ_n、$\cdots$ 态的概率.

推论 2: 态的叠加是概率幅的叠加, 而不是概率直接相加, 即: 波函数是概率幅.

推论 3: 物理量的观测结果具有不确定性.

例如, 对遵循本征方程 $\hat{Q}\Psi_1 = Q_1\Psi_1$、$\hat{Q}\Psi_2 = Q_2\Psi_2$ 的物理量 Q ($\hat{Q}$ 为其算符表述) 和本征函数 Ψ_1、Ψ_2, 如果

$$
\Psi = C_1\Psi_1 + C_2\Psi_2,
$$

则

$$
\hat{Q}\Psi = C_1Q_1\Psi_1 + C_2Q_2\Psi_2.
$$

这就是说, 对物理量 Q 进行测量时, 测得结果既不一定是 Q_1, 也不一定是 Q_2, 测得数值 Q_1、Q_2 的概率分别为 $|C_1|^2$、$|C_2|^2$, 即对物理量的观测结果具有不确定性.

上一节关于物理量算符的本征函数的性质的讨论表明, 量子力学中的物理量算符对应于不同本征值的本征函数可构成正交归一的函数系, 也就是可以作为一组正交归一基矢, 量子力学系统的任意一个量子态都可以在这组基矢下表示出来. 这正是波的可叠加性的直观表现. 并且, 如果上述本征函数系构成的基矢是完备的, 则以这组基矢的线性叠加展开表征的任意波函数可以完全描述一个量子态. 因此, 态叠加原理是波函数可以完全描述一个体系的量子态与波的叠加性两个概念的概括.

例题 F2.3 如果我们知道粒子分别以概率 $\frac{1}{3}$、$\frac{2}{3}$ 处于能量为 E_1、$E_2(E_2 \neq E_1)$ 的态 Ψ_1、Ψ_2,那么该粒子的态是否一定是 $\sqrt{\frac{1}{3}}\Psi_1 + \sqrt{\frac{2}{3}}\Psi_2$?

解: 因为测量到能量为 E_1 的态 Ψ_1 的概率为 $1/3$,则该纯态的波函数可以表示为 $\sqrt{\frac{1}{3}}\mathrm{e}^{\mathrm{i}\alpha_1}\Psi_1$.

同理,测量到概率为 $2/3$ 的态的波函数为 $\sqrt{\frac{2}{3}}\mathrm{e}^{\mathrm{i}\alpha_2}\Psi_2$. 那么它们的叠加态为

$$\Psi = \sqrt{\frac{1}{3}}\mathrm{e}^{\mathrm{i}\alpha_1}\Psi_1 + \sqrt{\frac{2}{3}}\mathrm{e}^{\mathrm{i}\alpha_2}\Psi_2.$$

显然,如果 $\alpha_1 - \alpha_2 \neq 2n\pi$($n$为整数),则 Ψ 与 $\sqrt{\frac{1}{3}}\Psi_1 + \sqrt{\frac{2}{3}}\Psi_2$ 的概率分布不同. 所以该粒子的态不一定是 $\sqrt{\frac{1}{3}}\Psi_1 + \sqrt{\frac{2}{3}}\Psi_2$.

应用举例: 量子搜索与量子计算

随着近 20 多年的发展,量子搜索与量子计算已经成为量子力学的重要应用领域,这里仅以一个实例说明量子力学原理的重要作用. 我们熟知,在数值计算及实际应用中的一个典型问题是: 从一组 N 个没有分类的数 $\{n_1, n_2, \cdots, n_i, \cdots, n_N\}$ 中找出一个有特殊性质的数.

传统来讲,人们解决这一问题的方法是利用现有计算机进行运算. 具体即将这 N 个数分别与那个"具有特殊性质的数"比较,从而挑出那个"具有特殊性质的数". 显然,这一工作需要至少 N 的量级次比较操作才能完成.

在我们已掌握了一些量子力学的基本原理的当下,我们考虑利用量子态的叠加原理来解决这一问题. 首先将前述的每一个数都表述为一个相应于寻找操作的算符的本征态 (即为纯态),如

$$\Psi_1 = n_1, \quad \Psi_2 = n_2, \cdots, \Psi_N = n_N,$$

再将此多个数的集合表述为一个叠加态

$$\Psi = \frac{1}{\sqrt{N!}}\left[\mathrm{e}^{\mathrm{i}\alpha_1}n_1 + \mathrm{e}^{\mathrm{i}\alpha_2}n_2 + \cdots + \mathrm{e}^{\mathrm{i}\alpha_N}n_N\right].$$

记找出"具有特殊性质的数的操作"为 $\hat{O}$,则

$$\hat{O}\Psi = \frac{1}{\sqrt{N!}}\left[\mathrm{e}^{\mathrm{i}\alpha_1'}O_1n_1 + \mathrm{e}^{\mathrm{i}\alpha_2'}O_2n_2 + \cdots + \mathrm{e}^{\mathrm{i}\alpha_N'}O_Nn_N\right],$$

即对 Ψ 的一次操作等价于对 N 个纯态 (数) 同时操作一次,并使得其各自的相位发生改变,并出现本征值. 由此可知,作用后的态 $\hat{O}\Psi$ 中各纯态 $\Psi_i = n_i(i = 1, 2, \cdots, N)$ 的概率发生了变化,从而使得较容易找出那个"具有特殊性质的数".

具体的理论计算表明,进行 $\frac{\pi}{4}\sqrt{N}$ 次操作即可 [具体可参阅 Phys. Rev. Lett. 79, 325 (1997); Phys. Rev. Lett. 80, 3408 (1998); Science 280, 228 (1998) 等文献],

并有"量子力学帮助大海捞针"(Quantum mechanics helps in searching a needle in a haystack) 的观点.

对纯态的操作和对叠加态的操作的形象模拟如图 F2.2 所示.

图 F2.2 对纯态操作 (逐个依次操作) 和对叠加态操作 (每一次都对其中的所有纯态操作) 的形象模拟示意图

F2.4___可测量量完全集及其共同本征函数

F2.4.1 对不同物理量同时测量的不确定度

一、不确定度的定义与一个物理量有确定值的条件

对物理量 Q (相应的算符为 $\hat{Q}$) 和量子态 ψ, 一般情况下, $\hat{Q}\psi = \Phi$, 物理量 Q 没 有确定值. 对物理量测量的不确定度通常由测量的方均根误差表述, 按照计算平均值的基本方法, 关于量子态 ψ, 测量物理量 Q 的误差的平方的平均值为

$$\overline{(\Delta Q)^2} = \overline{(\hat{Q} - \overline{Q})^2} = \int \psi^*(\hat{Q} - \overline{Q})^2\psi \mathrm{d}\tau,$$

F2.4.1
授课视频

其中 $\mathrm{d}\tau$ 为标记量子态的所有宗量的积分体积元, 既包括对连续宗量的积分, 也包括对分立宗量的求和.

考虑物理量算符的基本性质知, 不确定度则为

$$\Delta Q = \sqrt{\overline{(\Delta Q)^2}} = (|(\hat{Q} - \bar{Q})\psi|^2)^{\frac{1}{2}}. \tag{F2.17}$$

为保证 $\Delta Q = 0$, 应有

$$(\hat{Q} - \bar{Q})\psi = 0,$$

即有 $\hat{Q}\psi = \bar{Q}\psi$. 这表明, 当体系处于算符 $\hat{Q}$ 的本征态, 即 $\hat{Q}\psi_n = Q_n\psi_n$ 情况下, 对物理量 Q 进行测量, 得到确定值 Q_n.

所以, 一个物理量有确定值的条件是: 体系处于该物理量的本征态.

二、 对两物理量同时测量时的不确定度

第一章第 6 节已经讨论过, 坐标与动量、时间与能量等相关物理量不能同时精确测定, 它们的不确定度由不确定关系 $\Delta x \Delta p_x \geqslant \dfrac{\hbar}{2}$、$\Delta t \Delta E \geqslant \dfrac{\hbar}{2}$ 表述. 这里对一般情况予以简要讨论.

记 Q_1、Q_2 为任意两物理量, ψ 为任意波函数, 由基本原理知, $\hat{Q}_1\psi$ 和 $\hat{Q}_2\psi$ 也为波函数.

由态叠加原理知

$$\xi\hat{Q}_1\psi + \mathrm{i}\hat{Q}_2\psi$$

(其中 ξ 为任意实数) 也为波函数.

由波函数内积的性质知

$$I(\xi) = \int |\xi\hat{Q}_1\psi + \mathrm{i}\hat{Q}_2\psi|^2 \mathrm{d}\tau \geqslant 0.$$

因为 $I(\xi)$ 又可以表示为

$$
\begin{aligned}
I(\xi) &= \left(\xi\hat{Q}_1\psi + \mathrm{i}\hat{Q}_2\psi, \xi\hat{Q}_1\psi + \mathrm{i}\hat{Q}_2\psi\right) \\
&= \left(\xi\hat{Q}_1\psi, \xi\hat{Q}_1\psi\right) - \mathrm{i}\xi\left(\hat{Q}_2\psi, \hat{Q}_1\psi\right) + \mathrm{i}\xi\left(\hat{Q}_1\psi, \hat{Q}_2\psi\right) - \mathrm{i}^2\left(\hat{Q}_2\psi, \hat{Q}_2\psi\right).
\end{aligned}
$$

利用量子力学中每个物理量都对应一个线性厄米算符的基本假设和厄米算符的性质, 可得

$$
\begin{aligned}
上式 &= \xi^2\left(\psi, \hat{Q}_1^2\psi\right) - \mathrm{i}\xi\left(\psi, \hat{Q}_2\hat{Q}_1\psi\right) + \mathrm{i}\xi\left(\psi, \hat{Q}_1\hat{Q}_2\psi\right) + \left(\psi, \hat{Q}_2^2\psi\right) \\
&= \xi^2\left(\psi, \hat{Q}_1^2\psi\right) + \xi\left(\psi, \mathrm{i}[\hat{Q}_1, \hat{Q}_2]\psi\right) + \left(\psi, \hat{Q}_2^2\psi\right) \\
&= \xi^2\overline{\hat{Q}_1^2} + \mathrm{i}\xi\overline{[\hat{Q}_1, \hat{Q}_2]} + \overline{\hat{Q}_2^2} \\
&\geqslant 0.
\end{aligned}
$$

这是关于实数 ξ 的二次不等式. 欲使上式成立, 则要求

$$\left(\mathrm{i}\overline{[\hat{Q}_1, \hat{Q}_2]}\right)^2 - 4\overline{\hat{Q}_1^2}\,\overline{\hat{Q}_2^2} \leqslant 0,$$

即有

$$4\overline{\hat{Q}_1^2}\,\overline{\hat{Q}_2^2} - \left(\mathrm{i}\overline{[\hat{Q}_1, \hat{Q}_2]}\right)^2 \geqslant 0.$$

所以

$$\sqrt{\overline{\hat{Q}_1^2} \cdot \overline{\hat{Q}_2^2}} \geqslant \frac{1}{2}\sqrt{\left(\mathrm{i}\overline{[\hat{Q}_1, \hat{Q}_2]}\right)^2} = \frac{1}{2}\left|\overline{[\hat{Q}_1, \hat{Q}_2]}\right|.$$

由厄米算符的性质知, $\overline{Q_1}$ 和 $\overline{Q_2}$ 都是实数, 并且 $\Delta\hat{Q}_1 = \hat{Q}_1 - \overline{Q_1}$, $\Delta\hat{Q}_2 = \hat{Q}_2 - \overline{Q_2}$ 也是厄米算符, 于是有

$$\sqrt{\overline{(\Delta\hat{Q}_1)^2} \cdot \overline{(\Delta\hat{Q}_2)^2}} \geqslant \frac{1}{2}\left|\overline{\left[\Delta\hat{Q}_1, \Delta\hat{Q}_2\right]}\right|.$$

又因为

$$\begin{aligned}
\left[\Delta\hat{Q}_1, \Delta\hat{Q}_2\right] &= \left[\hat{Q}_1 - \overline{Q_1}, \hat{Q}_2 - \overline{Q_2}\right] \\
&= \left[\hat{Q}_1, \hat{Q}_2\right] + \left[\hat{Q}_1, -\overline{Q_2}\right] + \left[-\overline{Q_1}, \hat{Q}_2\right] + \left[-\overline{Q_1}, -\overline{Q_2}\right] \\
&= \left[\hat{Q}_1, \hat{Q}_2\right]
\end{aligned}$$

$$\sqrt{\overline{\left(\Delta\hat{Q}_1\right)^2} \cdot \overline{\left(\Delta\hat{Q}_2\right)^2}} = \sqrt{\overline{\left(\Delta\hat{Q}_1\right)^2}} \cdot \sqrt{\overline{\left(\Delta\hat{Q}_2\right)^2}} = \Delta Q_1 \cdot \Delta Q_2,$$

代入上式, 则得

$$\Delta Q_1 \cdot \Delta Q_2 \geqslant \frac{1}{2}\left|\overline{\left[\hat{Q}_1, \hat{Q}_2\right]}\right|.$$

总之, 对任意两物理量 Q_1 和 Q_2 同时进行测量时, 它们的不确定度 ΔQ_1、ΔQ_2 之间满足关系

$$\Delta Q_1 \cdot \Delta Q_2 \geqslant \frac{1}{2}\left|\overline{\left[\hat{Q}_1, \hat{Q}_2\right]}\right|. \tag{F2.18}$$

该关系称为 不确定关系的一般形式.

由上式可知, 如果 $\left[\hat{Q}_1, \hat{Q}_2\right] = 0$, 则 $\Delta Q_1 \Delta Q_2 = 0$, 即 Q_1 和 Q_2 有可能同时准确测定. 如果 $\left[\hat{Q}_1, \hat{Q}_2\right] \neq 0$, 则 $\Delta Q_1 \Delta Q_2 \neq 0$, 即 ΔQ_1 和 ΔQ_2 都不为 0, 即 Q_1 和 Q_2 不能同时准确测定. 也就是说, 相应算符不对易的物理量不能同时精确测定, 相应算符对易的物理量有可能同时测定. 但有特殊的例外, 例如, 对于角动量为零的态, 尽管其各不同分量之间的对易关系都不为零, 但各角动量分量都可测定为零.

F2.4.2 不同物理量同时有确定值的条件

一、不同物理量的共同本征函数

前述讨论表明, 如果两物理量 Q_1、Q_2 关于同一个波函数同时有本征值, 即

$$\hat{Q}_1\psi = Q_1\psi, \quad \hat{Q}_2\psi = Q_2\psi,$$

也就是 $\overline{\Delta Q_1} = \overline{\Delta Q_2} = 0$, 则称物理量算符 $\hat{Q}_1$ 与 $\hat{Q}_2$ 有共同本征函数 ψ.

二、不同物理量有共同本征函数的条件

由不确定关系知, 只有在 $\left[\hat{Q}_1, \hat{Q}_2\right] = 0$ 情况下, 才可能有 $\Delta Q_1 = \Delta Q_2 = 0$. 所以两物理量算符 $\hat{Q}_1$、$\hat{Q}_2$ 有共同本征函数的充要条件是

$$\left[\hat{Q}_1, \hat{Q}_2\right] = 0$$

亦即算符 $\hat{Q}_1$ 与 $\hat{Q}_2$ 对易.

推而广之, 一组物理量具有共同本征函数的充要条件是: 这组物理量对应的算符中的任何两个都互相对易.

▶ F2.4.2
授课视频

三、 不同物理量同时有确定值的条件

前述讨论表明, 在一组算符有共同本征函数的情况下, 这组算符同时有确定值; 而一组算符有共同本征函数的充要条件是这组算符中的任何两个都相互对易. 所以, 不同物理量同时有确定值的充要条件是: 这组物理量对应的算符中的任何两个都相互对易.

F2.4.3 一些物理量的共同本征函数

一、 直角坐标系下三个坐标轴方向的动量的共同本征函数

直角坐标系中, 动量算符 $\hat{\boldsymbol{p}}$ 的三个分量 $\hat{p}_x$、$\hat{p}_y$、$\hat{p}_z$ 之间有对易关系

$$\left[\hat{p}_x, \hat{p}_y\right] = \left[\hat{p}_y, \hat{p}_z\right] = \left[\hat{p}_z, \hat{p}_x\right] = \cdots = 0,$$

所以, 它们有共同本征函数

$$\psi_{\boldsymbol{p}}(\boldsymbol{r}) = \psi_{p_x}(x)\psi_{p_y}(y)\psi_{p_z}(z) = \frac{1}{(2\pi\hbar)^{3/2}}\mathrm{e}^{\mathrm{i}(p_x x + p_y y + p_z z)/\hbar} = \frac{1}{(2\pi\hbar)^{3/2}}\mathrm{e}^{\mathrm{i}\boldsymbol{p}\cdot\boldsymbol{r}/\hbar}.$$

二、 角动量算符 $\{\hat{L}^2, \hat{L}_z\}$ 的共同本征函数

1. 可能性

因为 $\left[\hat{L}^2, \hat{L}_z\right] = 0$ (F2.2 中已证明), 则 $\hat{L}^2$ 与 $\hat{L}_z$ 有共同本征函数.

2. $\hat{L}_z$ 的本征函数

F2.2 中的讨论已表明, 如果记 L_z 的本征方程为 $\hat{L}_z\phi_{m_l}(\varphi) = L_z\phi_{m_l}(\varphi)$, 则有本征函数 $\phi_{m_l}(\varphi) = \frac{1}{\sqrt{2\pi}}\mathrm{e}^{\mathrm{i}m_l\varphi}$, 相应的本征值为 $L_z = m_l\hbar$.

3. $\{\hat{L}^2, \hat{L}_z\}$ 的共同本征函数

记 $\{\hat{L}^2, \hat{L}_z\}$ 的共同本征函数为 $\mathrm{Y}(\theta, \varphi)$, 且 $\hat{L}^2$ 的本征方程可以表示为

$$\hat{L}^2\mathrm{Y}(\theta, \varphi) = \lambda\hbar^2\mathrm{Y}(\theta, \varphi),$$

由于 $\hat{L}_z$ 的本征方程为 $\hat{L}_z\phi_{m_l}(\varphi) = m_l\hbar\phi_{m_l}(\varphi)$, 与 θ 无关, 则 $\mathrm{Y}(\theta, \varphi)$ 一定可以分离变量. 于是, 可设 $\mathrm{Y}(\theta, \varphi) = \Theta(\theta)\phi_{m_l}(\varphi)$.

因为

$$\hat{L}^2 = -\frac{\hbar^2}{\sin\theta}\frac{\mathrm{d}}{\mathrm{d}\theta}\left(\sin\theta\frac{\mathrm{d}}{\mathrm{d}\theta}\right) + \frac{\hat{L}_z^2}{\sin^2\theta},$$

则有本征方程

$$\left[-\frac{\hbar^2}{\sin\theta}\frac{\mathrm{d}}{\mathrm{d}\theta}\left(\sin\theta\frac{\mathrm{d}}{\mathrm{d}\theta}\right) + \frac{\hat{L}_z^2}{\sin^2\theta}\right]\Theta(\theta)\phi_{m_l}(\varphi) = \lambda\hbar^2\Theta(\theta)\phi_{m_l}(\varphi),$$

即有

$$\frac{1}{\sin\theta}\frac{\mathrm{d}}{\mathrm{d}\theta}\left(\sin\theta\frac{\mathrm{d}}{\mathrm{d}\theta}\right)\Theta(\theta) + \left(\lambda - \frac{m_l^2}{\sin^2\theta}\right)\Theta(\theta) = 0.$$

此即连带勒让德方程 (associated Legendre equation). 其存在有限解的条件是

$$\lambda = l(l+1), \quad (\text{其中 } l = 0, 1, 2, \cdots)$$

其解为连带勒让德函数 (associated Legendre function)

$$\Theta(\theta) = \mathrm{P}_l^{|m_l|}(\cos\theta), \quad (\text{其中 } |m_l| \leqslant l)$$

根据正交归一条件, 则得

$$\mathrm{Y}(\theta, \varphi) = \mathrm{Y}_{lm_l}(\theta, \varphi) = (-1)^{m_l} \sqrt{\frac{(2l+1)(l-|m_l|)!}{4\pi(l+|m_l|)!}} \mathrm{P}_l^{|m_l|}(\cos\theta)\mathrm{e}^{\mathrm{i}m_l\varphi}.$$

该函数 $\mathrm{Y}_{lm_l}(\theta, \varphi)$ 称为球谐函数.

总之, 角动量算符集 $\{\hat{L}^2, \hat{L}_z\}$ 有共同本征函数 $\mathrm{Y}_{lm_l}(\theta, \varphi)$, 其本征值方程和正交归一条件可以小结为

$$\hat{L}^2 \mathrm{Y}_{lm_l}(\theta, \varphi) = l(l+1)\hbar^2 \mathrm{Y}_{lm_l}(\theta, \varphi), \tag{F2.19}$$

$$\hat{L}_z \mathrm{Y}_{lm_l}(\theta, \varphi) = m_l\hbar \mathrm{Y}_{lm_l}(\theta, \varphi), \tag{F2.20}$$

$$\int_0^{2\pi} \mathrm{d}\varphi \int_0^{\pi} \mathrm{Y}_{lm_l}^*(\theta, \varphi)\mathrm{Y}_{l'm_l'}(\theta, \varphi)\sin\theta\mathrm{d}\theta = \delta_{ll'}\delta_{mm_l'}, \tag{F2.21}$$

其中 $l = 0, 1, 2, \cdots$, 称为轨道量子数, $m_l = 0, \pm 1, \pm 2, \cdots, \pm l$, 称为角动量 l 在 z 方向的投影的量子数, 通常简称之为磁量子数.

由于 $\hat{L}^2$ 的本征值仅由轨道角动量量子数 l 决定, 与磁量子数 m_l 无关, 而一个 l 对应有 $(2l+1)$ 个 m_l 值 (具体来讲, $m_l = 0, \pm 1, \pm 2, \cdots, \pm l$. 该量子化的直观图像如图 F2.3 所示), 这就是说, $\hat{L}^2$ 的一个本征值 $l(l+1)\hbar^2$ 对应有 $(2l+1)$ 个本征函数 $\mathrm{Y}_{lm_l}(\theta, \varphi)$, 所以该本征态是 $d_l = (2l+1)$ 重简并的.

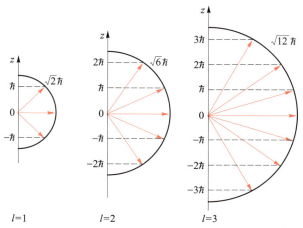

图 F2.3　角动量在 z 方向投影的量子化示意图, 图中还给出以 $\hat{l}^2$ 的本征值的平方根标记的与经典概念对应的 "角动量的值"

F2.4.4 可测量量完全集及其共同本征函数的完备性

一、可测量量完全集

假定 $\{\hat{Q}_1, \hat{Q}_2, \cdots\}$ 是一组彼此独立且相互对易的线性厄米算符, 它们的共同本征函数为 ψ_α, 如果给定一组量子数 α 之后, 就能够完全确定体系的一个可能的状态, 则称这组算符对应的物理量的集合 $\{\hat{Q}_1, \hat{Q}_2, \cdots\}$ 构成体系的一组可测量量完全集 (a complete set of dynamical variables).

我们知道, 若要完全确定体系的一个可能的状态, 所需要确定的量子数必须与该系统的自由度数目相同. 因此, 按照上述定义, 可测量量完全集中的物理量的数目应等于体系的自由度数目.

例如, 一维线性谐振子仅有 1 个自由度, 因此确定系统状态的可测量量完全集只需一个物理量, 例如哈密顿量 $\hat{H}$. 又如, 三维空间中的定点转子, 由于它具有 3 个自由度, 因此确定其状态的可测量量完全集应该有三个物理量, 例如: 哈密顿量 $\hat{H}$ 和角动量的平方 $\hat{L}^2$ 以及角动量在 z 方向的投影 $\hat{L}_z$. 如果转子为长度确定 (转动惯量确定) 的转子, 其自由度为 2, 即转角 (θ, φ), 因此确定其状态的可测量量完全集可仅取为 $\{\hat{L}^2, \hat{L}_z\}$.

二、共同本征函数的正交归一性

由定义知, 体系的可测量量完全集的共同本征函数当然是该可测量量完全集中每个物理量的本征函数, 因此这组共同本征函数一定满足正交归一性, 记描述体系状态的量子数为 α、α' (它们实际是可测量量完全集中的各物理量所对应的量子数的各种可能的组合), 则有

$$(\psi_\alpha, \psi_{\alpha'}) = \delta_{\alpha\alpha'}.$$

三、共同本征函数的完备性

若一量子体系的可测量量完全集为 $\{\hat{Q}_1, \hat{Q}_2, \cdots\}$, 其共同本征函数为 $\{\psi_\alpha\}$, 由共同本征函数本身的完备性和正交归一性 (有关证明可参见刘玉鑫和曹庆宏编著的《量子力学》) 知, $\{\psi_\alpha\}$ 构成一个完备的正交归一函数系, 体系的任何一个状态都可以表示为它们的线性叠加, 即有

$$\Psi = \sum_\alpha c_\alpha \psi_\alpha. \tag{F2.22}$$

由共同本征函数为 $\{\psi_\alpha\}$ 的正交归一性知

$$(\psi_\alpha, \Psi) = (\psi_\alpha, \sum_{\alpha'} c_{\alpha'} \psi_{\alpha'}) = \sum_{\alpha'} c_{\alpha'} (\psi_\alpha, \psi_{\alpha'}) = \sum_{\alpha'} c_{\alpha'} \delta_{\alpha\alpha'} = c_\alpha$$

所以, 上述展开式中的展开系数可以确定为

$$c_\alpha = (\psi_\alpha, \Psi) = \int \psi_\alpha^* \Psi \mathrm{d}\tau,$$

其中的 $\mathrm{d}\tau$ 表示所有各种变量的积分体积元.

如果 Ψ 已归一, 则 $\sum\limits_{\alpha}|c_{\alpha}|^{2}=1$.

由波函数的统计诠释和量子态叠加原理可知, $|c_{\alpha}|^{2}$ 表示在态 Ψ 下测量物理量 Q 得到数值 Q_{α} 的概率.

根据上述量子态及物理量的基本性质, 人们提出 量子力学中关于测量的基本假设: 量子力学系统的任一状态的波函数 Ψ 都可以用物理量算符的本征函数系, 或一组可测量量完全集的共同本征函数系来展开. 一次测量, 得到所有本征值中的一个; 多次测量, 得到平均值 $\overline{Q}=\dfrac{(\Psi,\hat{Q}\Psi)}{(\Psi,\Psi)}$, 而测得 Q_{n} 值的概率为 $P_{n}=\left|(\psi_{n},\Psi)\right|^{2}$ [其中 ψ_{n} 为共同本征函数系中具有量子数 n (可测量量完全集中的各物理量的量子数的集合) 的本征函数].

F2.5 量子态和物理量随时间的演化

F2.5.1 量子态随时间的演化及其确定方法

一、薛定谔方程

我们已经熟知, 空间波函数 $\Psi(\boldsymbol{r})$ 描述某一时刻的量子态.

若不同时刻量子态不同, 即态随时间变化, 则称之为 运动状态, 记为 $\Psi(\boldsymbol{r},t)$.

由本附录前几节的讨论知, 如果 $\Psi(\boldsymbol{r},t)$ 确定, 则物理量的平均值、某确定值的概率以及它们随时间变化的规律等都确定.

量子力学中, 体系的运动状态由下式所示的薛定谔方程确定:

$$\mathrm{i}\hbar\frac{\partial}{\partial t}\Psi(\boldsymbol{r},t)=\hat{H}\Psi(\boldsymbol{r},t). \tag{F2.23}$$

薛定谔方程是量子力学的一个基本假设, 尚不能在现有层次上导出, 但可验证.

一个常用的验证方案如下:

粒子的状态由波函数描述, 假设其为单色平面波:

$$\Psi(\boldsymbol{r},t)\sim\mathrm{e}^{\mathrm{i}(\boldsymbol{k}\cdot\boldsymbol{r}-\omega t)},$$

根据德布罗意关系 $\boldsymbol{k}=\dfrac{\boldsymbol{p}}{\hbar},\omega=\dfrac{E}{\hbar}$, 则 $\Psi(\boldsymbol{r},t)\sim\mathrm{e}^{\mathrm{i}(\boldsymbol{p}\cdot\boldsymbol{r}-Et)/\hbar}$.

对之取时间的微商, 则有 $\dfrac{\partial}{\partial t}\Psi=-\mathrm{i}\dfrac{E}{\hbar}\Psi$, 即有

$$\mathrm{i}\hbar\frac{\partial}{\partial t}\Psi(\boldsymbol{r},t)=\hat{E}\Psi(\boldsymbol{r},t).$$

对之求空间梯度, 则有 $\nabla\Psi=\mathrm{i}\dfrac{\boldsymbol{p}}{\hbar}\Psi$; 取上述梯度的散度, 则有 $\nabla^{2}\Psi=-\dfrac{\boldsymbol{p}^{2}}{\hbar^{2}}\Psi$, 即有

$$\hbar^{2}\nabla^{2}\Psi=-\boldsymbol{p}^{2}\Psi.$$

▶ F2.5.1
授课视频

那么

$$\left[\mathrm{i}\hbar\frac{\partial}{\partial t} + \frac{\hbar^2}{2m}\nabla^2\right]\Psi = \left(E - \frac{\boldsymbol{p}^2}{2m}\right)\Psi.$$

非相对论情况下, 自由粒子的能量与动量之间有关系 $E = E_\mathrm{k} = \dfrac{\boldsymbol{p}^2}{2m}$, 则上式即

$$\left[\mathrm{i}\hbar\frac{\partial}{\partial t} + \frac{\hbar^2}{2m}\nabla^2\right]\Psi = 0.$$

也就是

$$\mathrm{i}\hbar\frac{\partial}{\partial t}\Psi = -\frac{\hbar^2}{2m}\nabla^2\Psi.$$

因为量子力学中, 动量算符为 $\hat{\boldsymbol{p}} = -\mathrm{i}\hbar\nabla$, 则上式为

$$\mathrm{i}\hbar\frac{\partial}{\partial t}\Psi(\boldsymbol{r},t) = \frac{\hat{\boldsymbol{p}}^2}{2m}\Psi(\boldsymbol{r},t).$$

当粒子在势场 $U(\boldsymbol{r})$ 中运动时, 有

$$E = E_\mathrm{k} + E_\mathrm{p} = \frac{\boldsymbol{p}^2}{2m} + U(\boldsymbol{r}),$$

即有

$$E - \frac{\boldsymbol{p}^2}{2m} = U(\boldsymbol{r}).$$

于是

$$\left[\mathrm{i}\hbar\frac{\partial}{\partial t} + \frac{\hbar^2}{2m}\nabla^2\right]\Psi(\boldsymbol{r},t) = U(\boldsymbol{r})\Psi(\boldsymbol{r},t).$$

亦即有

$$\mathrm{i}\hbar\frac{\partial}{\partial t}\Psi(\boldsymbol{r},t) = \left[-\frac{\hbar^2}{2m}\nabla^2 + U(\boldsymbol{r})\right]\Psi(\boldsymbol{r},t).$$

与经典力学比较知, $-\dfrac{\hbar^2}{2m}\nabla^2 + U(\boldsymbol{r})$ 为能量算符, 于是可引入哈密顿量算符

$$\hat{H} = -\frac{\hbar^2}{2m}\nabla^2 + U(\boldsymbol{r}) = \frac{\hat{\boldsymbol{p}}^2}{2m} + U(\boldsymbol{r}),$$

于是有一般形式的薛定谔方程

$$\mathrm{i}\hbar\frac{\partial}{\partial t}\Psi(\boldsymbol{r},t) = \hat{H}\Psi(\boldsymbol{r},t)$$

二、 态叠加原理的验证

记 $\psi_1(\boldsymbol{r}, t)$ 和 $\psi_2(\boldsymbol{r}, t)$ 都是薛定谔方程的解, 即有

$$\mathrm{i}\hbar \frac{\partial}{\partial t} \psi_1(\boldsymbol{r}, t) = \hat{H} \psi_1(\boldsymbol{r}, t), \quad \mathrm{i}\hbar \frac{\partial}{\partial t} \psi_2(\boldsymbol{r}, t) = \hat{H} \psi_2(\boldsymbol{r}, t),$$

如果 c_1、c_2 为常 (复) 数, 注意物理量算符的厄米性, 则有

$$\mathrm{i}\hbar \frac{\partial}{\partial t} c_1 \psi_1(\boldsymbol{r}, t) = \hat{H} c_1 \psi_1(\boldsymbol{r}, t), \quad \mathrm{i}\hbar \frac{\partial}{\partial t} c_2 \psi_2(\boldsymbol{r}, t) = \hat{H} c_2 \psi_2(\boldsymbol{r}, t),$$

两式相加, 则有

$$\mathrm{i}\hbar \frac{\partial}{\partial t} [c_1 \psi_1(\boldsymbol{r}, t) + c_2 \psi_2(\boldsymbol{r}, t)] = \hat{H} [c_1 \psi_1(\boldsymbol{r}, t) + c_2 \psi_2(\boldsymbol{r}, t)].$$

即

$$\varPsi(\boldsymbol{r}, t) = c_1 \varPsi_1(\boldsymbol{r}, t) + c_2 \varPsi_2(\boldsymbol{r}, t),$$

也是薛定谔方程的解. 这样就验证了态叠加原理的正确性.

F2.5.2 定态薛定谔方程

一、 定态薛定谔方程与能量本征值和本征函数

F2.5.2
授课视频

如果势能 $U(\boldsymbol{r})$ 不显含时间, 则 $\psi(\boldsymbol{r}, t)$ 可以因子化分离变量, 记之为

$$\psi(\boldsymbol{r}, t) = \psi(\boldsymbol{r}) f(t),$$

则有

$$\psi(\boldsymbol{r}) \left[\mathrm{i}\hbar \frac{\partial}{\partial t} f(t) \right] = f(t) \left[-\frac{\hbar^2}{2m} \nabla^2 + U(\boldsymbol{r}) \right] \psi(\boldsymbol{r}).$$

方程等号两边同除以 $\psi(\boldsymbol{r}, t) = \psi(\boldsymbol{r}) f(t)$, 则得

$$\frac{\mathrm{i}\hbar}{f(t)} \frac{\partial}{\partial t} f(t) = \frac{1}{\psi(\boldsymbol{r})} \left[-\frac{\hbar^2}{2m} \nabla^2 + U(\boldsymbol{r}) \right] \psi(\boldsymbol{r}).$$

由于该方程左边仅是时间 t 的函数, 右边仅是空间 $\boldsymbol{r}$ 的函数, 在通常的非相对论情况下, t 和 $\boldsymbol{r}$ 互相独立, 只有等号两边都为同一常量时, 上式才成立.

由于 $-\dfrac{\hbar^2}{2m} \nabla^2 + U(\boldsymbol{r})$ 对应哈密顿算符 $\hat{H}$, 则方程右侧对应的常量可记为能量 E. 那么上述方程左侧化为

$$\mathrm{i}\hbar \frac{\partial}{\partial t} f(t) = E f(t),$$

其解为

$$f(t) \sim \mathrm{e}^{-\mathrm{i}Et/\hbar}.$$

同时, 上述方程的等号右侧化为

$$\left[-\frac{\hbar^2}{2m}\nabla^2 + U(\boldsymbol{r})\right]\psi(\boldsymbol{r}) = E\psi(\boldsymbol{r}).\tag{F2.24}$$

该方程称为不含时薛定谔方程, 或定态薛定谔方程.

满足物理条件 (连续、有限、平方可积等) 的上述方程的解对应的本征值 E 称为能量本征值 (energy eigenvalue), 相应的解 $\psi_E(\boldsymbol{r})$ 称为能量本征函数. 此时的定态薛定谔方程称为能量本征方程.

与第一章第 6 节中关于物质波的动力学描述部分比较知, 这里给出的 (F2.28) 式即薛定谔在一些基本假设下由经典力学推导出的物质波的动力学方程完全相同. 显然, 从形式上看, 这里的推导简洁清楚、逻辑严谨; 但漏掉了原始推导中的创造性的基本假设. 再比较两种推导过程知, 这里的推导的出发点是一般情况下 (含时) 的薛定谔方程, 由得到的结果反推则知, 一般情况下的薛定谔方程确实是量子力学的基本假设, 在现有的层次上尚不能严格导出.

二、定态

设 $\psi_E(\boldsymbol{r})$ 是能量本征函数, 若初始时刻 $(t=0)$ 粒子处于某个能量本征态, 即

$$\psi(\boldsymbol{r}, 0) = \psi_E(\boldsymbol{r}),$$

则在任意时刻 t、能量为 E 的状态的波函数为

$$\psi(\boldsymbol{r}, t) = \psi_E(\boldsymbol{r})\mathrm{e}^{-\mathrm{i}Et/\hbar}.\tag{F2.25}$$

因为

$$\overline{Q} = \langle \hat{Q} \rangle = \int \psi^* \hat{Q} \psi \mathrm{d}\boldsymbol{r} = \int \psi_E^*(\boldsymbol{r})\mathrm{e}^{\mathrm{i}Et/\hbar}\hat{Q}\psi_E(\boldsymbol{r})\mathrm{e}^{-\mathrm{i}Et/\hbar}\mathrm{d}\boldsymbol{r},$$

所以, 对任何不显含时间 t 的物理量 Q, 都有

$$\overline{Q} = \int \psi_E^*(\boldsymbol{r})\hat{Q}\psi_E(\boldsymbol{r})\mathrm{d}\boldsymbol{r},$$

与时间无关.

并且, 概率密度 $\rho(\boldsymbol{r}, t) = |\psi(\boldsymbol{r}, t)|^2 = |\psi_E(\boldsymbol{r})|^2$, 显然与时间无关.

所以 $\psi(\boldsymbol{r}, t) = \psi_E(\boldsymbol{r})\mathrm{e}^{-\mathrm{i}Et/\hbar}$ 描述的量子态称为能量为 E 的定态. 显然, 对于定态, 系统的概率密度分布和物理量的平均值都保持常量, 不随时间变化.

三、能量本征态的叠加

如果 $\psi_E(\boldsymbol{r})$ 为能量本征态, 并有 $\psi(\boldsymbol{r}, 0) = \sum_E c_E\psi_E(\boldsymbol{r})$, 则

$$\psi(\boldsymbol{r}, t) = \sum_E c_E\psi_E(\boldsymbol{r})\mathrm{e}^{-\mathrm{i}Et/\hbar},$$

因为叠加系数和指数因子都与能量 E 相关, 所以该波函数描述的量子态一般不是定态.

这种展开称为频谱分析 (或谱分解), 是常用的分析一般状态性质的方法.

▶ F2.5.3

授课视频

F2.5.3 连续性方程与概率守恒

一、连续性方程

定义: 概率流密度

$$\boldsymbol{j}(\boldsymbol{r},t) = -\frac{\mathrm{i}\hbar}{2m}[\psi^*\nabla\psi - \psi\nabla\psi^*] = \frac{1}{2m}[\psi^*\hat{\boldsymbol{p}}\psi - \psi\hat{\boldsymbol{p}}\psi^*].$$

与概率密度 $\rho(\boldsymbol{r},t) = |\psi(\boldsymbol{r},t)|^2$ 相联系, 则有

$$\frac{\partial}{\partial t}\rho(\boldsymbol{r},t) + \nabla\cdot\boldsymbol{j}(\boldsymbol{r},t) = 0.$$

该方程称为连续性方程.

并且, 对于定态

$$\boldsymbol{j}(\boldsymbol{r},t) = -\frac{\mathrm{i}\hbar}{2m}[\psi^*(\boldsymbol{r},t)\nabla\psi(\boldsymbol{r},t) - \psi(\boldsymbol{r},t)\nabla\psi^*(\boldsymbol{r},t)]$$

$$= -\frac{\mathrm{i}\hbar}{2m}[\psi_E^*(\boldsymbol{r})\nabla\psi_E(\boldsymbol{r}) - \psi_E(\boldsymbol{r})\nabla\psi_E^*(\boldsymbol{r})],$$

与时间无关.

二、定域流守恒

对连续性方程在任意体积 V 积分, 则有

$$\int_V \frac{\partial}{\partial t}\rho(\boldsymbol{r},t)\mathrm{d}V + \int_V [\nabla\cdot\boldsymbol{j}(\boldsymbol{r},t)]\mathrm{d}V = 0.$$

由散度定理知

$$\int_V [\nabla\cdot\boldsymbol{j}]\mathrm{d}V = \oint \boldsymbol{j}\cdot\mathrm{d}\boldsymbol{S},$$

则上式为

$$\frac{\partial}{\partial t}\int_V \rho\mathrm{d}V = -\oint_S \boldsymbol{j}\cdot\mathrm{d}\boldsymbol{S}.$$

这表明, 任一体积内概率随时间的变化率等于由外部流入该体积的概率流的和.

由波函数平方可积知

$$\boldsymbol{j}|_{\boldsymbol{r}\to\infty} \Rightarrow 0.$$

所以

$$\int_{\text{total}} \rho(\boldsymbol{r},t)\mathrm{d}V = 常量.$$

F2.5.4 ◄
授课视频

F2.5.4　物理量随时间的演化及守恒量

一、物理量的平均值随时间的变化

因为对于量子态 $\psi(\boldsymbol{r}, t)$, 物理量 Q 的平均值为

$$\overline{Q} = \int \psi^*(\boldsymbol{r}, t)\hat{Q}\psi(\boldsymbol{r}, t)\mathrm{d}\tau,$$

则

$$\frac{\mathrm{d}\overline{Q}}{\mathrm{d}t} = \int \psi^*\hat{Q}\left(\frac{\partial\psi}{\partial t}\right)\mathrm{d}\tau + \int \psi^*\left(\frac{\partial\hat{Q}}{\partial t}\right)\psi\mathrm{d}\tau + \int \left(\frac{\partial\psi^*}{\partial t}\right)\hat{Q}\psi\mathrm{d}\tau.$$

由薛定谔方程知

$$\frac{\partial\psi}{\partial t} = \frac{1}{\mathrm{i}\hbar}\hat{H}\psi, \quad \frac{\partial\psi^*}{\partial t} = \frac{1}{-\mathrm{i}\hbar}(\hat{H}\psi)^*,$$

那么

$$\frac{\mathrm{d}\overline{Q}}{\mathrm{d}t} = \int \psi^*\left(\frac{\partial\hat{Q}}{\partial t}\right)\psi\mathrm{d}\tau + \frac{1}{\mathrm{i}\hbar}\int \psi^*\hat{Q}\hat{H}\psi\mathrm{d}\tau - \frac{1}{\mathrm{i}\hbar}\int (\hat{H}\psi)^*\hat{Q}\psi\mathrm{d}\tau.$$

因为 $\hat{H}$ 是厄米算符, 即

$$\int (\hat{H}\psi)^*\hat{Q}\psi\mathrm{d}\tau = \int \psi^*\tilde{\hat{H}}^*\hat{Q}\psi\mathrm{d}\tau = \int \psi^*\hat{H}^\dagger\hat{Q}\psi\mathrm{d}\tau = \int \psi^*\hat{H}\hat{Q}\psi\mathrm{d}\tau,$$

所以

$$\frac{\mathrm{d}\overline{Q}}{\mathrm{d}t} = \int \psi^*\left(\frac{\partial\hat{Q}}{\partial t}\right)\psi\mathrm{d}\tau + \frac{1}{\mathrm{i}\hbar}\int \psi^*(\hat{Q}\hat{H} - \hat{H}\hat{Q})\psi\mathrm{d}\tau,$$

即有

$$\frac{\mathrm{d}\overline{Q}}{\mathrm{d}t} = \overline{\frac{\partial\hat{Q}}{\partial t}} + \frac{1}{\mathrm{i}\hbar}\overline{[\hat{Q}, \hat{H}]}.$$

总之, 物理量 Q 的平均值随时间演化的规律可以表述为

$$\frac{\mathrm{d}\overline{Q}}{\mathrm{d}t} = \overline{\frac{\partial\hat{Q}}{\partial t}} + \frac{1}{\mathrm{i}\hbar}\overline{[\hat{Q}, \hat{H}]}. \tag{F2.26}$$

二、守恒量

直接将经典物理中守恒量的定义推广, 人们将平均值及测值概率都不随时间变化的物理量称为守恒量. 并且, 守恒量对应的量子数称为好量子数.

由上述物理量的平均值随时间变化的规律知, 如果物理量 Q 对应的算符 $\hat{Q}$ 不显含时间 t, 并且与 $\hat{H}$ 对易, 即有

$$\frac{\partial\hat{Q}}{\partial t} = 0, \qquad [\hat{Q}, \hat{H}] = 0,$$

则

$$\frac{\mathrm{d}\overline{Q}}{\mathrm{d}t} = \overline{\frac{\partial \hat{Q}}{\partial t}} + \frac{1}{\mathrm{i}\hbar}\overline{\left[\hat{Q}, \hat{H}\right]} = 0 + 0 = 0.$$

所以, 量子力学中, 物理量为守恒量的条件是: 物理量不显含时间, 并且与哈密顿量 $\hat{H}$ 对易.

据此, 我们可以讨论常见情况的守恒量如下:

(1) 如果体系的哈密顿量不显含时间 t, 亦即相互作用势不随时间变化, 则哈密顿量是体系的一个守恒量.

(2) 自由粒子的动量和角动量都是守恒量.

(3) 有心力场中的粒子的角动量是守恒量, 而动量不是守恒量.

三、 守恒量与定态的比较

回顾前述讨论知, 守恒量是物理体系的一类特殊的物理量, 在一切状态 (不管是否是定态) 下, 其平均值和测值概率都不随时间改变. 而定态是物理体系的一种特殊状态, 即能量本征态. 在定态下, 一切不含时间的物理量 (不管是否是守恒量) 的平均值及测值概率都不随时间改变.

四、 守恒量与对称性

前述讨论已经说明, 在量子力学中, 平均值及测值概率都不随时间变化的物理量为守恒量, 守恒量对应的量子数为好量子数. 我们还知道, 体系状态在某种变换 (或操作) 下的不变性称为体系的对称性. 由此可以推断: 物理体系的守恒量一定与体系的对称性相对应. 严格来讲, 我们有诺特定理 (德国数学家、物理学家诺特于 1918 年提出): 物理体系的每一个连续的对称性变换都有一个守恒量与之相对应.

上述介绍表明, 守恒量实际是体系的某种对称性所对应的物理量. 具体地有: 空间平移不变 (对称性) 对应 (决定了) 动量守恒; 空间转动不变 (对称性) 对应 (决定了) 角动量守恒; 时间平移不变 (对称性) 对应 (决定了) 能量守恒.

并且, 前述的连续变换的对称性 (不变性) 可以推广到分立变换的对称性, 例如: 空间反演不变对应宇称守恒. 所谓宇称, 即表征粒子或粒子组成的系统的状态在空间反演下的变换性质的物理量. 直观地讲, 记空间反演操作算符为 $\hat{P}$、系统的相互作用势能为 $U(\boldsymbol{r})$、系统的波函数为 $\psi(\boldsymbol{r})$, 空间反演不变指 $\hat{P}U(\boldsymbol{r}) = U(\hat{P}\boldsymbol{r}) = U(-\boldsymbol{r}) = U(\boldsymbol{r})$, 并且 $\left|\hat{P}\psi(\boldsymbol{r})\right|^2 = \left|\psi(-\boldsymbol{r})\right|^2 = \left|\psi(\boldsymbol{r})\right|^2$, 即 $\hat{P}\psi(\boldsymbol{r})$ 与 $\psi(\boldsymbol{r})$ 仅相差一个相因子. 再记 $\hat{P}\psi(\boldsymbol{r}) = P\psi(\boldsymbol{r})$, 因为对空间反演后的状态再反演一次一定回到原来的状态, 即有

$$\hat{P}^2\psi(\boldsymbol{r}) = \hat{P}(P\psi(\boldsymbol{r})) = P(\hat{P}\psi(\boldsymbol{r})) = P^2\psi(\boldsymbol{r}) = \psi(\boldsymbol{r}).$$

由此可得 $P^2 = 1$, 亦即有 $P = \pm 1$. 这表明, 空间反演之后, 系统的状态可以保持不变, 即 $P = 1$; 也可能改变符号, 即有 $P = -1$. 该量子数即称为宇称, 并且 $P = 1$ 称为偶宇称, $P = -1$ 称为奇宇称. 对定态薛定谔方程作空间反演知, 如果

$\hat{P}U(\boldsymbol{r}) = U(-\boldsymbol{r}) = U(\boldsymbol{r})$, 则相应于 $\psi(\boldsymbol{r})$, 有能量简并态 $\psi(-\boldsymbol{r})$, 并且宇称 P 保持偶或奇不变, 即两种宇称的态不会混合.

关于连续变换的对称性与守恒量的对应关系, 限于课程范畴, 这里不予具体讨论, 有兴趣了解具体内容并深入探讨的读者请参阅量子力学教材或有关专著.

F2.5.5 绘景

前述讨论表明, 在量子力学中, 体系的量子态 (波函数) 和物理量都可能是随时间变化的, 也就是时间依赖的. 表述 (量子力学) 的理论框架中的时间依赖行为的方案称为绘景 (picture).

量子力学中常用的绘景有薛定谔绘景、海森伯绘景和相互作用绘景. 薛定谔绘景即系统性质的时间依赖行为完全由波函数的时间依赖行为决定、而物理量不依赖于时间的描述方案, 海森伯绘景即系统性质的时间依赖行为完全由物理量的时间依赖行为决定、而波函数不依赖于时间的描述方案, 相互作用绘景即波函数和物理量都依赖于时间的描述方案. 限于课程范畴, 这里也不对此予以具体讨论. 有兴趣了解具体内容并深入探讨的读者请参阅量子力学教材或量子场论教材.

F2.6 __ 一维定态问题举例

F2.6.1 一维无限深方势阱

一、定义

如图 F2.4 所示的理想化的模型称为一维无限深方势阱, 以解析形式表述, 即有

F2.6.1 ◀
授课视频

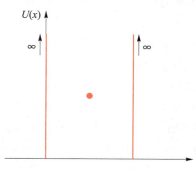

图 F2.4 一维无限深势阱模型示意图

$$U(x) = \begin{cases} 0, & (0 < x < a); \\ \infty, & (x \leqslant 0, x \geqslant a). \end{cases} \quad \text{(F2.27)}$$

二、能量本征值和本征函数

1. 势阱外 $(x \leqslant 0, x \geqslant a)$

因为粒子原本在阱内, 并且阱壁和阱外都有 $U(x) = \infty$, 由直观物理图像可知, 对 $x \leqslant 0$ 和 $x \geqslant a$, 粒子的波函数为

$$\psi(x) = 0.$$

2. 势阱内 $(0 < x < a)$

由定态薛定谔方程的一般形式

$$\left[-\frac{\hbar^2}{2m}\nabla^2 + U(\boldsymbol{r}) \right]\psi(\boldsymbol{r}) = E\psi(\boldsymbol{r})$$

和势阱内 $U(x) = 0$ 知, 无限深势阱内运动的粒子的定态薛定谔方程为

$$-\frac{\hbar^2}{2m}\frac{\partial^2}{\partial x^2}\psi(x) = E\psi(x),$$

即

$$\frac{\partial^2\psi}{\partial x^2} + \frac{2mE}{\hbar^2}\psi = 0.$$

记 $\dfrac{2mE}{\hbar^2} = k^2$, 则上式可改写为

$$\frac{\mathrm{d}^2\psi}{\mathrm{d}x^2} + k^2\psi = 0.$$

此即典型的振动方程, 其通解为

$$\psi(x) = A\sin(kx + \delta),$$

其中 A 和 δ 为待定常量.

由边界条件和波函数的连续性知, $\psi(x = 0) = 0$, 即有 $A\sin\delta = 0$. 由此知 $\delta = n\pi$ $(n = 0, \pm 1, \cdots)$. 为简单起见, 取 $n = 0$, 则 $\delta = 0$.

仍根据边界条件和波函数的连续性知, $\psi(x = a) = 0$, 即有 $A\sin ka = 0$, 那么 $ka = n\pi$ $(n = 0, \pm 1, \cdots)$, 所以 $k = \dfrac{n\pi}{a}$.

又因为 $n = 0$ 时, $\psi(x) = A\sin 0 \equiv 0$, 则 $n = 0$ 应舍去, 所以

$$\psi(x)|_{0 < x < a} = A\sin\frac{n\pi x}{a} \quad (n = \pm 1, \pm 2, \cdots).$$

由归一化条件

$$\int_{-\infty}^{\infty}\big|\psi(x)\big|^2\mathrm{d}x = A^2\int_0^a\left|\sin\frac{n\pi x}{a}\right|^2\mathrm{d}x = 1,$$

知

$$A = \sqrt{\frac{2}{a}}.$$

至此, 我们确定了待定常量 A、δ 及 k 的取值.

取 k 中的数 n 为标记状态的序号, 即有 $n = 1, 2, 3, \cdots$, 那么, 本征函数可以表述为

$$\psi(x)|_{0 < x < a} = \sqrt{\frac{2}{a}}\sin\frac{n\pi x}{a}.$$

由定义 $k = \sqrt{\dfrac{2mE}{\hbar^2}}$ 和物理条件 $k = \dfrac{n\pi}{a}$ 知

$$E = \frac{n^2\pi^2\hbar^2}{2ma^2}.$$

由于 n 应取分立值 $1, 2, 3, \cdots$, 所以有分立的本征值

$$E_n = \frac{n^2\pi^2\hbar^2}{2ma^2}. \tag{F2.28}$$

显然, $E_1 = E_{\min}$, 则本征函数 ψ_1 称为基态, $\psi_n (n = 2, 3, \ldots)$ 称为激发态.

三、一维无限深方势阱中运动的粒子的特点

总结上述计算的结果知, 一维无限深方势阱中运动的粒子有下述特点:

(1) 粒子处于束缚态.

(2) 粒子的能谱是离散谱 (分立谱), 其能量与粒子的质量 m 成反比, 与势阱的宽度的平方 (a^2) 成反比, 与量子态的序号 n 的平方 (n^2) 成正比.

(3) 粒子具有零点能 $E_1 = \dfrac{\pi^2\hbar^2}{2ma^2}$.

(4) 粒子的波函数为驻波, 并且由 $\boldsymbol{j}_n(x) = \dfrac{1}{2m}(\psi^*\hat{\boldsymbol{p}}\psi - \psi\hat{\boldsymbol{p}}\psi^*) = 0$ 和 $\lambda = \dfrac{h}{p} = \dfrac{h}{k\hbar} = \dfrac{2\pi}{k} = \dfrac{2a}{n}$ 知, 第 k 激发态是具有 k 个节点的驻波. 进而, 我们有能谱与波函数的关系: 波函数的节点越多、波长越短、频率越高, 粒子的能量越高.

例题 F2.4 设粒子处在 $[0, a]$ 范围内的一维无限深方势阱中, 并且波函数为 $\psi(x) = \dfrac{4}{\sqrt{a}}\sin\cdot$

$\dfrac{\pi x}{a}\cos^2\dfrac{\pi x}{a}$, 试确定粒子能量的可能测量值及相应的概率.

分析: 我们已经知道, $[0, a]$ 范围内的一维无限深方势阱中粒子的能量本征值 E_n 与能量本征函数中的量子数 n 之间有关系 $E_n = \dfrac{\pi^2\hbar^2}{2ma^2}n^2$(其中 $n = 1, 2, 3, \cdots$), 并且能量本征函数可以表述为 $\psi_n(x) = \sqrt{\dfrac{2}{a}}\sin\dfrac{n\pi x}{a}$. 现在的具体问题是, 虽然已知波函数, 但它不是本征函数的形式. 因此, 我们应该设法将之与本征函数联系, 进而得到本征能量及相应的测值概率 (相应波函数的模的平方).

解法 1: 根据态叠加原理和本征函数的正交归一性对波函数进行展开.

记 $\psi = \sum\limits_n c_n\psi_n$, 则

$$
\begin{aligned}
c_n &= \int_0^a \psi_n^*(x)\psi(x)\mathrm{d}x = \int_0^a \frac{4\sqrt{2}}{a}\sin\frac{n\pi x}{a}\sin\frac{\pi x}{a}\cos^2\frac{\pi x}{a}\mathrm{d}x \\
&= \int_0^a \frac{2\sqrt{2}}{a}\sin\frac{n\pi x}{a}\sin\frac{\pi x}{a}\left(1 + \cos\frac{2\pi x}{a}\right)\mathrm{d}x \\
&= \int_0^a \frac{2\sqrt{2}}{a}\sin\frac{n\pi x}{a}\sin\frac{\pi x}{a}\mathrm{d}x + \int_0^a \frac{2\sqrt{2}}{a}\sin\frac{n\pi x}{a}\sin\frac{\pi x}{a}\cos\frac{2\pi x}{a}\mathrm{d}x \\
&= \sqrt{2}\delta_{n1} + \frac{\sqrt{2}}{a}\int_0^a \sin\frac{n\pi x}{a}\sin\frac{3\pi x}{a}\mathrm{d}x - \frac{\sqrt{2}}{a}\int_0^a \sin\frac{n\pi x}{a}\sin\frac{\pi x}{a}\mathrm{d}x \\
&= \sqrt{2}\delta_{n1} + \frac{1}{\sqrt{2}}\delta_{n3} - \frac{1}{\sqrt{2}}\delta_{n1} \\
&= \frac{\sqrt{2}}{2}\delta_{n1} + \frac{\sqrt{2}}{2}\delta_{n3},
\end{aligned}
$$

即有 $\psi(x) = \dfrac{\sqrt{2}}{2}\psi_1(x) + \dfrac{\sqrt{2}}{2}\psi_3(x)$.

所以对该粒子进行测量时, 能量的可能值是

$$E = E_1 = \frac{\pi^2\hbar^2}{2ma^2}, \qquad E = E_3 = \frac{9\pi^2\hbar^2}{2ma^2}.$$

相应的测值概率都是 $\dfrac{1}{2}$.

解法 2: 利用三角函数的性质直接对 $\psi(x)$ 进行展开.

$$\begin{aligned}
\psi(x) &= \frac{4}{\sqrt{a}}\sin\frac{\pi x}{a}\cos^2\frac{\pi x}{a} = \frac{4}{\sqrt{a}}\sin\frac{\pi x}{a}\cdot\frac{1}{2}\left(1+\cos\frac{2\pi x}{a}\right) \\
&= \frac{2}{\sqrt{a}}\left(\sin\frac{\pi x}{a}+\sin\frac{\pi x}{a}\cos\frac{2\pi x}{a}\right) = \frac{2}{\sqrt{a}}\left[\sin\frac{\pi x}{a}+\frac{1}{2}\left(\sin\frac{3\pi x}{a}-\sin\frac{\pi x}{a}\right)\right] \\
&= \frac{1}{\sqrt{a}}\sin\frac{\pi x}{a}+\frac{1}{\sqrt{a}}\sin\frac{3\pi x}{a} \\
&= \frac{1}{\sqrt{2}}\psi_1(x)+\frac{1}{\sqrt{2}}\psi_3(x).
\end{aligned}$$

所以测量能量的可能值是 $\dfrac{\pi^2\hbar^2}{2ma^2}$、$\dfrac{9\pi^2\hbar^2}{2ma^2}$, 测得概率都是 $1/2$.

F2.6.2　一维线性谐振子

一、定义

由

$$U(x) = \frac{1}{2}kx^2 = \frac{1}{2}m\omega^2 x^2, \tag{F2.29}$$

其中 m 为粒子的质量、$\omega = \sqrt{\dfrac{k}{m}}$ 为谐振子的
圆频率, 定义的势称为一维线性谐振子势, 如图
F2.5 所示.

一维受限 (仅有微小振动) 量子系统 (如:
固体晶格、分子等) 都可以用谐振子势系统作
为很好的近似.

二、波动力学方法 (坐标表象) 求解

1. 定态薛定谔方程及其无量纲化

将 $U(x) = \dfrac{1}{2}m\omega^2 x^2$ 代入一般形式的定态
薛定谔方程, 则有

$$\left(-\frac{\hbar^2}{2m}\frac{\mathrm{d}^2}{\mathrm{d}x^2}+\frac{1}{2}m\omega^2 x^2\right)\psi(x) = E\psi(x),$$

即

$$\left(\frac{\mathrm{d}^2}{\mathrm{d}x^2}-\frac{m^2\omega^2}{\hbar^2}x^2+\frac{2mE}{\hbar^2}\right)\psi(x) = 0.$$

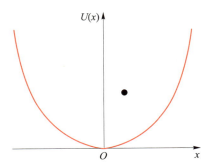

图 F2.5　一维线性谐振子势模型示意图

定义 $\alpha = \sqrt{\dfrac{m\omega}{\hbar}}$，$\xi = \alpha x$，$\lambda = \dfrac{2mE}{\hbar^2\alpha^2} = \dfrac{2E}{\hbar\omega}$，则上述薛定谔方程化为无量纲的形式

$$\frac{\mathrm{d}^2}{\mathrm{d}\xi^2}\psi(\xi) + (\lambda - \xi^2)\psi(\xi) = 0.$$

2. 波函数在无穷远处的渐近行为

由 $\lambda = \dfrac{2E}{\hbar\omega}$ 知，E 有限时，λ 也有限，则 $\xi \to \pm\infty$ 时，相对于 ξ，λ 可忽略. 于是，上述方程化为

$$\frac{\mathrm{d}^2}{\mathrm{d}\xi^2}\psi - \xi^2\psi = 0,$$

其解为 $\psi \sim \mathrm{e}^{\pm\frac{\xi^2}{2}}$.

因为 $\xi \to \infty$（即 $x \to \infty$）时，$U \to \infty$，相当于无限深势阱，那么 $\psi(\xi \to \infty) \to 0$. $\psi \sim \mathrm{e}^{\frac{\xi^2}{2}}$ 的解显然与之不符，因此应舍去. 所以，一维谐振子的波函数在 $\xi \to \pm\infty$ 处的渐近行为是 $\psi(\xi \to \pm\infty) \sim \mathrm{e}^{-\frac{\xi^2}{2}}$.

3. 满足束缚态条件的级数解与量子化条件

因为波函数有渐近行为 $\psi(\xi \to \pm\infty) \sim \mathrm{e}^{-\xi^2/2}$，则定态薛定谔方程的解可设为 $\psi = \mathrm{e}^{-\xi^2/2}u(\xi)$，并且无量纲化的定态薛定谔方程化为

$$\frac{\mathrm{d}^2}{\mathrm{d}\xi^2}u - 2\xi\frac{\mathrm{d}}{\mathrm{d}\xi}u + (\lambda - 1)u = 0.$$

此即标准的厄米方程（Hermite equation）. 一般情况下，其解为无穷级数，且有渐近行为 $u(\xi \to \pm\infty) \sim \mathrm{e}^{\xi^2}$，那么

$$\psi(\xi \to \pm\infty) = \mathrm{e}^{-\xi^2/2}u(\xi) \sim \mathrm{e}^{\xi^2/2},$$

与 $\psi(\xi \to \pm\infty) \sim \mathrm{e}^{-\xi^2/2}$ 不一致，因此应舍去.

数学研究表明，当 $\lambda - 1 = 2n(n = 0, 1, 2, \cdots)$，即 $\lambda = $ 奇数时，该方程的解为有限项级数解，并可以表示为

$$u(\xi) = \mathrm{H}_n(\xi) = (-1)^n\mathrm{e}^{\xi^2}\frac{\mathrm{d}^n}{\mathrm{d}\xi^n}\mathrm{e}^{-\xi^2},$$

其前几项可解析地表示为

$$\mathrm{H}_0(\xi) = 1, \qquad\qquad \mathrm{H}_1(\xi) = 2\xi,$$
$$\mathrm{H}_2(\xi) = 4\xi^2 - 2, \qquad\qquad \mathrm{H}_3(\xi) = 8\xi^3 - 12\xi,$$
$$\cdots\cdots\cdots\cdots$$

所以，为了保证得到有物理意义的解，一般情况下的谐振子方程的无穷级数解应该中断为有限项级数，于是有量子化条件 $\lambda = 2n + 1$. 由参数 λ 的定义容易得到 $E = \dfrac{\lambda}{2}\hbar\omega$. 于是，一维线性谐振子的本征能量为

$$E_n = \left(n + \frac{1}{2}\right)\hbar\omega. \tag{F2.30}$$

4. 一维线性谐振子的特点

(1) 能谱特点

由能量本征值 $E_n = \left(n + \dfrac{1}{2}\right)\hbar\omega$ 易知, 一维线性谐振子系统的能谱具有下述特点 (如图 F2.6 所示).

(a) $E_{n+1} - E_n = \hbar\omega = $ 常量, 即能级均匀分布, 也就是呈振动谱.

(b) 具有零点能 $E_0 = \dfrac{1}{2}\hbar\omega$.

例如: ^{4}He 和 ^{3}He 在很低温度下仍不固化即是这些原子具有相当高零点能的表现.

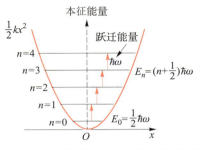

图 F2.6　一维线性谐振子的能谱示意图

(2) 能量本征函数及其宇称

⟨1⟩ 能量本征函数的宇称和特点

由 $\psi_n(x) = A_n \mathrm{e}^{-\alpha^2 x^2/2} H_n(\alpha x)$, 其中 $A_n = \sqrt{\dfrac{\alpha}{2^n n! \sqrt{\pi}}}$, $\alpha = \sqrt{\dfrac{m\omega}{\hbar}}$, 可知一维线性谐振子的能量本征函数有下述特点 (如图 F2.7 所示):

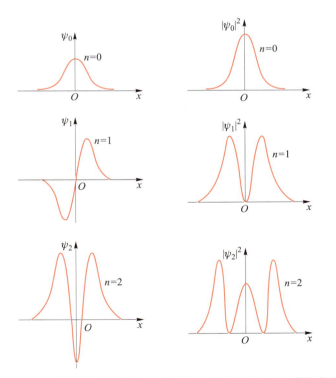

图 F2.7　一维线性谐振子的一些低能态的波函数及概率密度分布

⟨i⟩ $n = $ 偶数, 宇称 P 为偶; $n = $ 奇数, 宇称 P 为奇.

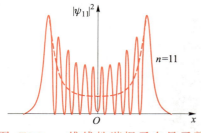

图 F2.8 一维线性谐振子在量子数 $n = 11$ 的较高激发态下的概率密度分布 (实曲线) 及其与经典情况 (虚线) 的比较

⟨ii⟩ 第 n 激发态的波函数的节点数等于 n, 能量正比于 n.[①]

⟨2⟩ 与经典力学中的线性谐振子的比较

经典力学中, 在 $x = 0$ 处, 线性谐振子的速度 $\dot{x}$ 最大, 粒子出现概率最小; 而在两端, $\dot{x} = 0$, 粒子出现概率最大.

在量子力学中, 粒子在 $x = 0$ 附近出现的概率与 n 有关, 例如 $P(x = 0, n = 0) = P_{\max}$, $P(x = 0, n = 偶数) \neq P_{\min}$. 但随着 n 增大, 逐渐接近经典情况. 直观比较如图 F2.7 的右侧部分和图 F2.8 所示.

三、能量占有数表象方法 (二次量子化方法) 求解

1. 本征能量

将哈密顿量 $\hat{H} = \dfrac{\hat{p}^2}{2m} + \dfrac{1}{2}kx^2 = \dfrac{1}{2m}\left(\hat{p}^2 + m^2\omega^2x^2\right)$ 改写为

$$\hat{H} = \frac{1}{2m}\left[(\hat{p} + \mathrm{i}m\omega\hat{x})(\hat{p} - \mathrm{i}m\omega\hat{x}) - \mathrm{i}m\omega(\hat{x}\hat{p} - \hat{p}\hat{x})\right],$$

利用对易关系

$$[\hat{x}, \hat{p}] = \hat{x}\hat{p} - \hat{p}\hat{x} = \mathrm{i}\hbar,$$

则得

$$\hat{H} = \frac{1}{2m}\left(\hat{p} + \mathrm{i}m\omega\hat{x}\right)\left(\hat{p} - \mathrm{i}m\omega\hat{x}\right) + \frac{1}{2}\hbar\omega.$$

定义厄米共轭算符

$$\hat{a}^\dagger = \mathrm{i}\sqrt{\frac{1}{2m\hbar\omega}}\left(\hat{p} + \mathrm{i}m\omega\hat{x}\right), \quad \hat{a} = -\mathrm{i}\sqrt{\frac{1}{2m\hbar\omega}}\left(\hat{p} - \mathrm{i}m\omega\hat{x}\right),$$

显然有

$$\left[\hat{a}, \hat{a}^\dagger\right] = \frac{1}{2m\hbar\omega}\left[\hat{p} - \mathrm{i}m\omega\hat{x}, \hat{p} + \mathrm{i}m\omega\hat{x}\right] = -\frac{\mathrm{i}}{\hbar}\left[\hat{x}, \hat{p}\right] = 1,$$

于是有

$$\hat{H} = \left(\hat{a}^\dagger\hat{a} + \frac{1}{2}\right)\hbar\omega = \left(\hat{n} + \frac{1}{2}\right)\hbar\omega,$$

其中 $\hat{n} = \hat{a}^\dagger\hat{a}$ 称为粒子数算符.

---

① 根据这里的 (能量) 本征值与本征函数 (波函数) 的节点数的关系及前述的一维无限深势阱的 (能量) 本征值与本征函数 (波函数) 的节点数的关系等, 结合理论上关于微分方程的本征值和本征函数的振荡定理 (施图姆定理): 对于束缚态, 基态波函数无节点 (无穷远处的除外), 第 n 激发态有 n 个节点. 进一步考虑内禀节点由系统的对称性决定, 人们提出了少体系统性质的内禀节点分析方法, 有兴趣对之深入探讨的读者可参阅 Phys. Rev. Lett. 82: 61 (1999) ; Phys. Rev. C. 67: 055207 (2003); 《少体系统的量子力学对称性》(科学出版社, 2006 年) 等文献.

记粒子的状态为 $\psi = |n\rangle$, 经过一些利用对易关系的计算可知, 该状态是粒子数算符 $\hat{n}$ 的本征态, 即有本征方程

$$\hat{n}|n\rangle = n|n\rangle.$$

注意, 这里所述的粒子数实际是作谐振动的粒子的谐振动数, 人们常称之为声子数. 于是, 一维谐振子的能量本征值可以表述为

$$E_n = \left(n + \frac{1}{2}\right)\hbar\omega.$$

并自然有基态能量 $E_0 = \frac{1}{2}\hbar\omega > 0$.

2. 本征函数

由 $\hat{a}$ 和 $\hat{a}^\dagger$ 的定义知, 只需求出基态波函数 $\psi_0(x) = |0\rangle$, 然后由升算符 $a^\dagger$ 作用, 即可得到激发态波函数, 例如 $\psi_1(x) \propto \hat{a}^\dagger|0\rangle$、$\psi_2(x) \propto (\hat{a}^\dagger)^2|0\rangle$ 等.

下面先考察波函数在坐标表象中的形式. 记基态波函数 $\psi_0(x)$ 为 $<x|0>$, 则基态波函数经动量算符作用后的结果在坐标表象中可以表述为

$$<x|\hat{p}|0> = -\mathrm{i}\hbar\frac{\mathrm{d}}{\mathrm{d}x}<x|0> = -\mathrm{i}\hbar\frac{\mathrm{d}\psi_0(x)}{\mathrm{d}x}.$$

因为 $\hat{a}|0\rangle = 0$, 即 $<x|(\hat{p} - \mathrm{i}m\omega\hat{x})|0> = 0$, 于是有

$$\left(\frac{\mathrm{d}}{\mathrm{d}x} + \frac{m\omega}{\hbar}x\right)\psi_0(x) = 0.$$

解之得

$$\psi_0(x) = C\mathrm{e}^{-m\omega x^2/(2\hbar)}.$$

由归一化条件得

$$C = \sqrt{\frac{m\omega}{\pi\hbar}}.$$

于是有基态波函数

$$\psi_0(x) = \sqrt{\frac{m\omega}{\pi\hbar}}\mathrm{e}^{-m\omega x^2/(2\hbar)}.$$

把 $(\hat{a}^\dagger)^n$ 作用于 $\psi_0(x)$ 即得激发态 $\psi_n(x)$. 例如

$$\psi_1(x) = \hat{a}^\dagger|0\rangle = \mathrm{i}\sqrt{\frac{1}{2m\hbar\omega}}(\hat{p} + \mathrm{i}m\omega\hat{x})|0\rangle$$

$$= \sqrt{\frac{\hbar}{2m\omega}}\left(\frac{\mathrm{d}}{\mathrm{d}x} - \frac{m\omega}{\hbar}x\right)\psi_0(x).$$

并且有递推关系

$$\hat{a}^\dagger|n\rangle = \sqrt{n+1}|n+1\rangle, \quad \hat{a}|n\rangle = \sqrt{n}|n-1\rangle.$$

回顾上述讨论可知, 这里采用的方法实际是考察各能量状态的 (被) 占有情况, 因此通常称之为 (能量) 占有数表象方法, 亦称为二次量子化方法. 具体研究表明, 对于多体系统, 二次量子化表象求解更有效. 并且, 人们发展建立了相干态表象, 从而可以利用代数方法研究多粒子系统的集体运动 (例如, 分子和原子核等都具有振动、转动等模式的集体运动) 的性质和规律.

F2.6.3　一维方势垒及其隧穿

F2.6.3 ◄
授课视频

一、 一维方势垒问题的定义

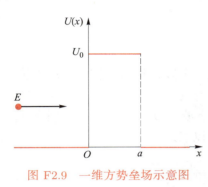

图 F2.9　一维方势垒场示意图

能量为 E 的粒子在势场 (如图 F2.9 所示)

$$U(x) = \begin{cases} U_0, & (0 \leqslant x \leqslant a); \\ 0, & (x < 0, x > a). \end{cases}$$

中运动的问题称为一维方势垒问题.

显然, $U_0 > 0$ 的情况为真正的方势垒, $U_0 < 0$ 的情况实际为势阱. 并且, 类似地, 有 δ 势垒、谐振子势垒等.

二、 势垒外部的定态薛定谔方程及其形式解

因为势垒外 (即 $x < 0$ 和 $x > a$ 区域) $U(x) = 0$, 则这些区域中粒子的定态薛定谔方程为

$$\frac{\mathrm{d}^2}{\mathrm{d}x^2}\psi + \frac{2mE}{\hbar^2}\psi = 0.$$

定义 $\sqrt{\dfrac{2mE}{\hbar^2}} = k$, 则其解可表示为

$$\psi_1 \sim \mathrm{e}^{\mathrm{i}kx}, \qquad \psi_2 \sim \mathrm{e}^{-\mathrm{i}kx}.$$

直观地讲, 在 $x < 0$ 区域, 既有入射波 ($\sim \mathrm{e}^{\mathrm{i}kx}$), 也可能有反射波 ($\sim \mathrm{e}^{-\mathrm{i}kx}$); 在 $x > 0$ 区域, 只有透射波 ($\sim \mathrm{e}^{\mathrm{i}kx}$). 所以, 势垒外的波函数可表述为

$$\psi(x) = \begin{cases} \mathrm{e}^{\mathrm{i}kx} + R\mathrm{e}^{-\mathrm{i}kx}, & (x < 0); \\ T\mathrm{e}^{\mathrm{i}kx}, & (x > a). \end{cases}$$

即有入射流密度

$$j_{\mathrm{in}} = -\frac{\mathrm{i}\hbar}{2m}\left(\mathrm{e}^{-\mathrm{i}kx}\frac{\mathrm{d}}{\mathrm{d}x}\mathrm{e}^{\mathrm{i}kx} - \mathrm{c.c.}\right) = \frac{\hbar k}{m} = v,$$

其中 c.c. 表示前一项的复共轭, 并且反射流密度

$$j_{\mathrm{ref}} = |R|^2 v,$$

透射流密度

$$j_{\text{trans}} = |T|^2 v,$$

其中 $v = \dfrac{\hbar k}{m} = \dfrac{p}{m}$，即入射粒子的速度.

据此可定义 **反射系数**

$$C_{\text{ref}} = \frac{j_{\text{ref}}}{j_{\text{in}}} = |R|^2,$$

透射系数

$$C_{\text{trans}} = \frac{j_{\text{trans}}}{j_{\text{in}}} = |T|^2.$$

三、 势垒内部的定态薛定谔方程及其形式解

因为在 $0 \leqslant x \leqslant a$ 区域内 $U(x) = U_0$，则其定态薛定谔方程为

$$\frac{\mathrm{d}^2}{\mathrm{d}x^2}\psi - \frac{2m}{\hbar^2}(U_0 - E)\psi = 0.$$

定义 $\sqrt{\dfrac{2m(U_0 - E)}{\hbar^2}} = k'$，则有

$$\frac{\mathrm{d}^2}{\mathrm{d}x^2}\psi - k'^2\psi = 0.$$

其通解可表示为

$$\psi(x) = Ae^{k'x} + Be^{-k'x}.$$

四、 波函数具体形式的确定

由上述分析知, 一维方势垒问题中各区域的波函数可表示为

$$\psi(x) = e^{ikx} + Re^{-ikx}, \qquad (x < 0);$$
$$\psi(x) = Ae^{k'x} + Be^{-k'x}, \quad (0 \leqslant x \leqslant a);$$
$$\psi(x) = Te^{ikx}, \qquad\qquad (x > a).$$

由 $x = 0$ 处, $\psi(x)$ 和 $\psi'(x)$ 的连续性得

$$1 + R = A + B, \qquad \frac{ik}{k'}(1 - R) = A - B.$$

由 $x = a$ 处, $\psi(x)$ 和 $\psi'(x)$ 的连续性得

$$Ae^{k'a} + Be^{-k'a} = Te^{ika}, \qquad Ae^{k'a} - Be^{-k'a} = \frac{ik}{k'}Te^{ika}.$$

由上述四个方程组成的方程组可解得 R、T、A 和 B, 从而完全确定系统的波函数. 并有反射系数

$$C_{\text{ref}} = |R|^2 = \frac{(k^2 + k'^2)^2\text{sh}^2 k'a}{(k^2 + k'^2)^2\text{sh}^2 k'a + 4k^2 k'^2},$$

透射系数

$$C_{\text{trans}} = |T|^2 = \frac{4k^2k'^2}{(k^2 + k'^2)^2 \text{sh}^2 k'a + 4k^2k'^2}.$$

显然有 $C_{\text{ref}} + C_{\text{trans}} = |R|^2 + |T|^2 = 1$. 即有流守恒 (亦即能量守恒).

五、讨论

上面讨论薛定谔方程及其解时, E 和 U_0 都是代数量, 其间的相对大小关系有四种可能, 分别讨论如下.

1. $U_0 > 0$、$E > U_0$ 情形 (方势垒散射)

由 $k' = \sqrt{\dfrac{2m(U_0 - E)}{\hbar^2}}$ 知, $k' = \text{i}k''$ 为虚数, 则在 $0 \leqslant x \leqslant a$ 区域内, 有

$$\psi(x) = A\text{e}^{\text{i}k''x} + B\text{e}^{-\text{i}k''x}.$$

反射系数和透射系数分别为

$$C_{\text{ref}} = |R|^2 = \frac{(k^2 - k''^2)^2 \sin^2 k''a}{(k^2 - k''^2)^2 \sin^2 k''a + 4k^2k''^2},$$

$$C_{\text{trans}} = |T|^2 = \frac{4k^2k''^2}{(k^2 - k''^2)^2 \sin^2 k''a + 4k^2k''^2}.$$

由上述两表达式知, 通常情况下, $|T|^2 = C_{\text{trans}} < 1$, 即粒子不能完全透射, 这显然与经典情况不同. 但是, 在 $\sin k''a = 0$ 的特殊情况下, $|T|^2 = 1$. 由此可知, 在特殊情况下, 有可能与经典情况一样, 完全透射, 没有反射.

2. $U_0 > 0$、$E < U_0$ 情形

由定义 $k' = \sqrt{\dfrac{2m(U_0 - E)}{\hbar^2}}$ 知, 在 $U_0 > 0$、$E < U_0$ 的情况下, $k' > 0$, 则在 $0 \leqslant x \leqslant a$ 区域内, 有

$$\psi(x) = A\text{e}^{k'x} + B\text{e}^{-k'x}.$$

并且,

$$A\text{e}^{k'x} \propto \text{e}^{-k'(a-x)}, \qquad B\text{e}^{-k'x} \propto \text{e}^{k'(a-x)},$$

即在势垒内, 波函数呈指数衰减的行为.

而反射系数和透射系数分别为

$$C_{\text{ref}} = |R|^2 = \frac{\left(k^2 + k'^2\right)^2 \text{sh}^2 k'a}{\left(k^2 + k'^2\right)^2 \text{sh}^2 k'a + 4k^2k'^2},$$

$$C_{\text{trans}} = |T|^2 = \frac{4k^2k'^2}{\left(k^2 + k'^2\right)^2 \text{sh}^2 k'a + 4k^2k'^2}.$$

由此可知, 尽管势垒内波函数指数衰减, 但仍然有 $|T|^2 > 0$, 即出现经典物理中不可能出现的粒子透过比其能量高的位垒的现象. 这种微观粒子穿透比其能量高的位垒的现象称为量子隧穿效应.

量子隧穿效应实例很多, 并已有广泛应用, 例如: 超流现象、核衰变、核聚变、核裂变、电子扫描隧穿显微镜 (electron scanning tunneling microscope, ESTM)、光子扫描隧穿显微镜 (photon scanning tunneling microscope, PSTM)、原子力显微镜 (atomic force microscope, AFM)、磁力显微镜 (magnetic force microscope, MFM)、扫描近场光学显微镜 (scanning near-field optical microscope, SNOM) 等.

3. $U_0 < 0$、$E > 0$ 情形

由 $k' = \sqrt{\dfrac{2m(U_0 - E)}{\hbar^2}}$ 知, $k' = \mathrm{i}k''$ 为虚数, 反射系数和透射系数分别为

$$C_{\mathrm{ref}} = |R|^2 = \frac{\left(k^2 - k''^2\right)^2 \sin^2 k''a}{\left(k^2 - k''^2\right)^2 \sin^2 k''a + 4k^2 k''^2},$$

$$C_{\mathrm{trans}} = |T|^2 = \frac{4k^2 k''^2}{(k^2 - k''^2)^2 \sin^2 k''a + 4k^2 k''^2}.$$

$U_0 < 0$ 表明, 这里所说的 "势垒" 实际是势阱, 并且尽管 $E > 0$、粒子不被束缚, 但势阱内仍为波动, 也就是说, 势阱区域相当于光密介质.

4. $U_0 < 0$、$U_0 < E < 0$ 情形

由 $k' = \sqrt{\dfrac{2m(U_0 - E)}{\hbar^2}}$ 知, $k' = \mathrm{i}k''$ 为虚数, 势阱内的状态为波动. 这种情况似乎与 $U_0 < 0$、$E > 0$ 的情况很类似.

但是, $U_0 < 0$ 表明, 这里的情况实际是势阱; 并且 $E < 0$ 说明 $k = \sqrt{\dfrac{2mE}{\hbar^2}}$ 为虚数, 粒子在阱外的状态不为波. 因此这种情况实际是有限深势阱中运动的粒子, 应该根据边界条件重新求解. 解之则得, 在 $k''a = n\pi$ ($n = $ 整数) 情况下, 出现 "共振透射" 现象, 粒子以共振态形式被限制在势阱内, 相应的共振态能量为

$$E_{\mathrm{R}} = \frac{\pi^2 \hbar^2}{2ma^2} n^2 + U_0.$$

即与同样宽度的一维无限深势阱中的粒子 (束缚态) 很类似, 但能量低 $|U_0|$.

*F2.7*___ 微扰计算方法

前述讨论表明, 如果系统的哈密顿量不显含时间 t, 则有能量本征值方程 $\hat{H}\psi = E\psi$. 形式上, 人们可以通过求解该本征方程确定系统的波函数和能量, 进而确定系统的其它性质. 但实际可以严格求解的系统极少. 因此, 人们需要采用近似方法进行求解, 尤其是在计算机数值求解尚不发达或计算资源有限的情况下.

如果哈密顿量可分解成两个部分

$$\hat{H} = \hat{H}_0 + \hat{H}' = \hat{H}_0 + \lambda\hat{W},$$

其中 $\hat{H}' = \lambda\hat{W}$ 相对于 $\hat{H}_0$ 很小 ($|\lambda| \ll 1$), 于是可称之为微扰, 那么可在 $\hat{H}_0$ 的本征函数和本征值的基础上进行逐级近似求解. 这种方法称为定态微扰方法.

如果只考虑束缚态, 则称之为束缚态微扰. 如果其中的 $\hat{H}_0$ 的本征函数是非简并的, 则称之为非简并定态微扰. 如果 $\hat{H}_0$ 的本征函数为简并的, 则称之为简并定态微扰. 如果主要关心连续态, 则称之为散射态微扰, 由之可研究散射问题. 如果 $\hat{H}' = \lambda\hat{W}$ 是时间相关的, 则称之为含时微扰; 如果微扰使系统由一个定态转变为另一个定态, 则称之为跃迁; 如果状态的能量不变, 则称之为 (弹性) 散射. 限于课程范畴, 这里仅对定态微扰方法和量子跃迁予以简单介绍.

F2.7.1 非简并定态微扰计算方法

F2.7.1 ◀
授课视频

一、一般讨论

记 $\hat{H}_0$ 的本征方程为

$$\hat{H}_0\psi_n^{(0)} = E_n^{(0)}\psi_n^{(0)},$$

本征值 $E_n^{(0)}$ 和本征函数 $\psi_n^{(0)}$ 已经解得.

记考虑了 $\hat{H}'$ 的近似解可以表述为

$$E = E^{(0)} + \lambda E^{(1)} + \lambda^2 E^{(2)} + \cdots,$$

$$\psi = \psi^{(0)} + \lambda\psi^{(1)} + \lambda^2\psi^{(2)} + \cdots,$$

代入原本征值方程, 比较 λ 的幂次, 则得逐级近似方程:

零级近似(仅考虑λ^0): $\quad\hat{H}_0\psi^{(0)} = E^{(0)}\psi^{(0)},$ (F2.31)

一级近似(考虑到λ^1): $\quad\hat{H}_0\psi^{(1)} + \hat{W}\psi^{(0)} = E^{(0)}\psi^{(1)} + E^{(1)}\psi^{(0)},$ (F2.32)

二级近似(考虑到λ^2): $\quad\hat{H}_0\psi^{(2)} + \hat{W}\psi^{(1)} = E^{(0)}\psi^{(2)} + E^{(1)}\psi^{(1)} + E^{(2)}\psi^{(0)}.$ (F2.33)

$$\cdots\cdots\cdots\cdots$$

由此可知, 将零级近似的解 $E^{(0)}$ 和 $\psi^{(0)}$ 代入一级近似的方程, 即可解得一级近似下的解 $E^{(1)}$ 和 $\psi^{(1)}$; 将零级近似和一级近似下的解代入二级近似的方程, 即可解得二级近似下的解 $E^{(2)}$ 和 $\psi^{(2)}$; 依次求解下去, 即可得到满足精度要求的解.

二、一级微扰近似下的能量本征值和本征函数

假设不考虑微扰时, 系统的状态确定, 即已有

$$E^{(0)} = E_k^{(0)}, \qquad \psi^{(0)} = \psi_k^{(0)},$$

记 $\psi^{(1)} = \sum_n a_n^{(1)}\psi_n^{(0)}$, 则一级近似 ($\lambda$ 的一次幂) 的方程化为

$$\sum_n a_n^{(1)}E_n^{(0)}\psi_n^{(0)} + \hat{W}\psi_k^{(0)} = E_k^{(0)}\sum_n a_n^{(1)}\psi_n^{(0)} + E^{(1)}\psi_k^{(0)},$$

方程两边都左乘以 $\psi_m^{(0)*}$, 并考虑本征函数的正交归一性, 进行积分, 则得

$$a_m^{(1)}E_m^{(0)} + W_{mk} = E_k^{(0)}a_m^{(1)} + E^{(1)}\delta_{mk},$$

其中

$$W_{mk} = \langle\psi_m^{(0)}|\hat{W}|\psi_k^{(0)}\rangle = \int \psi_m^{(0)*}\hat{W}\psi_k^{(0)}\mathrm{d}\tau,$$

其中的 $\mathrm{d}\tau$ 为标记粒子状态的所有宗量空间的积分体积元, 并且这里所说的积分既包括对连续变量的积分, 也包括对分立变量的求和. 该积分常被称为在 $\hat{W}$ 作用下由 ψ_k^0 到 ψ_m^0 态跃迁 (转变) 的矩阵元 (概率幅).

显然, 当 $m = k$ 时, $E^{(1)} = W_{kk}$, $a_k^{(1)} = 0$. 当 $m \neq k$ 时, $a_m^{(1)} = \dfrac{W_{mk}}{E_k^{(0)} - E_m^{(0)}}$. 所以有一级微扰近似结果

$$E_k^{(1)} = E_k^{(0)} + \lambda W_{kk} = E_k^{(0)} + H_{kk}',$$

$$\psi_k^{(1)} = \psi_k^{(0)} + \sum_{n \neq k} \frac{H_{nk}'}{E_k^{(0)} - E_n^{(0)}}\psi_n^{(0)}.$$

同理可得, 二级能量修正为

$$\lambda^2 E^{(2)} = \sum_{n \neq k} \frac{\left|H_{nk}'\right|^2}{E_k^{(0)} - E_n^{(0)}}.$$

由于二级修正的波函数的表述形式比较复杂, 这里不予具体给出.

例题 F2.5 试确定一置于较弱的均匀电场中的电偶极转子的状态.

解: 记电偶极转子的转动惯量为 I, 电偶极矩为 $\boldsymbol{p}$, 均匀电场的电场强度为 $\boldsymbol{\varepsilon}$, 方向沿 x 轴正方向, 如图 F2.10 所示.

依题意, 记转子的转轴沿垂直于纸面的 z 方向, 已知转子的转动惯量为 I, 则无外电场时, 转子的哈密顿量为

$$\hat{H}_0 = \frac{\hat{L}_z^2}{2I} = -\frac{\hbar^2}{2I}\frac{\mathrm{d}^2}{\mathrm{d}\varphi^2},$$

图 F2.10　置于沿 x 轴正方向的电场中的电偶极子 $\boldsymbol{p}$ 示意图

其本征方程为

$$-\frac{\hbar^2}{2I}\frac{\mathrm{d}^2\psi}{\mathrm{d}\varphi^2} = E\psi,$$

本征函数为

$$\psi_m^{(0)}(\varphi) = \frac{1}{\sqrt{2\pi}}\mathrm{e}^{\mathrm{i}m\varphi}, \quad (m = 1, \pm 1, \pm 2, \cdots),$$

能量本征值为

$$E_m^{(0)} = \frac{m^2\hbar^2}{2I}.$$

当有均匀外电场时, 电偶极子与外电场之间有相互作用

$$\hat{H}' = -\hat{\boldsymbol{p}} \cdot \boldsymbol{\varepsilon} = -p\varepsilon \cos \varphi.$$

依题意 (电场较弱), 该相互作用可以视为微扰, 则

$$
\begin{aligned}
H'_{m'm} &= -\frac{p\varepsilon}{2\pi} \int_0^{2\pi} \mathrm{e}^{-\mathrm{i}m'\varphi} \cos\varphi\, \mathrm{e}^{\mathrm{i}m\varphi} \mathrm{d}\varphi \\
&= -\frac{p\varepsilon}{4\pi} \int_0^{2\pi} \left[\mathrm{e}^{\mathrm{i}(m-m'+1)\varphi} + \mathrm{e}^{\mathrm{i}(m-m'-1)\varphi} \right] \mathrm{d}\varphi \\
&= -\frac{p\varepsilon}{2} \left(\delta_{m',m+1} + \delta_{m',m-1} \right).
\end{aligned}
$$

所以一级能量修正

$$\Delta E^{(1)} = H'_{mm} = 0,$$

二级能量修正

$$\Delta E^{(2)} = \sum_{m' \neq m} \frac{|H'_{m'm}|^2}{E_m^{(0)} - E_{m'}^{(0)}} = \frac{p^2 \varepsilon^2 I}{\hbar^2} \frac{1}{4m^2 - 1}.$$

一级修正后的波函数为

$$\psi_m = \psi_m^{(0)} + \sum_{m' \neq m} \frac{H'_{m'm}}{E_m^{(0)} - E_{m'}^{(0)}} \psi_{m'}^{(0)} = \frac{\mathrm{e}^{\mathrm{i}m\varphi}}{\sqrt{2\pi}} \left[1 + \frac{p\varepsilon I}{\hbar^2} \left(\frac{\mathrm{e}^{\mathrm{i}\varphi}}{2m+1} - \frac{\mathrm{e}^{-\mathrm{i}\varphi}}{2m-1} \right) \right],$$

此时的概率密度分布为

$$|\psi_m(\varphi)|^2 = \frac{1}{2\pi} \left| 1 + \frac{p\varepsilon I}{\hbar^2} \frac{(4m\mathrm{i}\sin\varphi - 2\cos\varphi)}{4m^2 - 1} \right|^2.$$

显然, 该概率密度分布不再各向同性, 并且不同激发态下分布也不同. 例如,

$$|\psi_0(\varphi)|^2 = \frac{1}{2\pi} \left[1 + \frac{p\varepsilon I}{\hbar^2} 2\cos\varphi \right]^2,$$

$$|\psi_1(\varphi)|^2 = \frac{1}{2\pi} \left| 1 + \frac{p\varepsilon I}{\hbar^2} \frac{(4\mathrm{i}\sin\varphi - 2\cos\varphi)}{3} \right|^2.$$

F2.7.2 简并定态微扰计算方法

F2.7.2 ◄
授课视频

回顾前述关于量子态和物理量的讨论, 我们知道, 在零级近似的状态简并时, 波函数不唯一确定, 前述的非简并微扰计算方法不适用, 而需要采用针对简并态的微扰计算方法.

另一方面, 简并是系统存在对称性的表现, 解除简并则是破坏对称性的方法.

记 $\hat{H}_0$ 的本征值 $E_n^{(0)}$ 是 k 重简并的, 相应的本征函数为 $\phi_i^{(0)}(i = 1, 2, \cdots, k)$, 则可设一级近似波函数为

$$\psi_n^{(0)} = \sum_{i=1}^{k} c_i^{(0)} \phi_i^{(0)},$$

代入前述的一级近似下 (λ 的一次幂决定) 的方程得

$$\left(\hat{H}_0 - E_n^{(0)}\right)\psi_n^{(1)} = E_n^{(1)}\sum_{i=1}^{k} c_i^{(0)}\phi_i^{(0)} - \sum_{i=1}^{k} c_i^{(0)}\hat{W}\phi_i^{(0)}.$$

以 $\phi_j^{(0)*}$ 左乘上式两边后进行积分, 考虑 $\hat{H}_0$ 的厄米性, 则得

$$[\text{LHS}] = \int \phi_j^{(0)*}\left(\hat{H}_0 - E_n^{(0)}\right)\psi_n^{(1)}\mathrm{d}\tau = \int \left[\left(\hat{H}_0 - E_n^{(0)}\right)\phi_j^{(0)}\right]^{*}\psi_n^{(1)}\mathrm{d}\tau \equiv 0,$$

$$[\text{RHS}] = \sum_{i=1}^{k}\left(E_n^{(1)}\delta_{ji} - W_{ji}\right)c_i^{(0)},$$

于是有

$$\sum_{i=1}^{k}\left[H'_{ji} - \lambda E_n^{(1)}\delta_{ji}\right]c_i^{(0)} = 0, \quad (j = 1, 2, \cdots, k),$$

其中 $H'_{ji} = \int \phi_j^{(0)*}\hat{H}'\phi_i^{(0)}\mathrm{d}\tau$. 显然, $\lambda E_n^{(1)}$ 确定后该关于 $c_i^{(0)}$ 的线性齐次方程组才完全确定.

由数学原理知, 该关于 $c_i^{(0)}$ 的线性齐次方程组有不全为零的解的条件是其系数矩阵的行列式为 0, 即有久期方程

$$\det\left|H'_{ji} - \lambda E_n^{(1)}\delta_{ji}\right| = 0.$$

解此久期方程即可得到一级修正的能量 $\lambda E_n^{(1)}$, 进而完全确定关于 $c_i^{(0)}$ 的线性齐次方程组. 解此关于 $c_i^{(0)}$ 的线性齐次方程组即可确定消除简并的波函数中的展开系数 $c_i^{(0)}$, 从而确定一级修正的波函数.

F2.7.3 含时微扰与量子跃迁

▶ F2.7.3
授课视频

我们已经熟知, 量子态随时间的演化遵守薛定谔方程

$$\mathrm{i}\hbar\frac{\partial}{\partial t}\psi(\boldsymbol{r}, t) = \hat{H}\psi(\boldsymbol{r}, t),$$

并且如果 $\dfrac{\partial \hat{H}}{\partial t} = 0$, 则能量守恒, 薛定谔方程有解

$$\psi(\boldsymbol{r}, t) = \hat{U}(t)\psi(\boldsymbol{r}, 0) = \mathrm{e}^{-\mathrm{i}\hat{H}t/\hbar}\psi(\boldsymbol{r}, 0),$$

其中的 $\psi(\boldsymbol{r}, 0)$ 为哈密顿量 $\hat{H}$ 的本征函数的线性叠加, 即有

$$\psi(\boldsymbol{r}, 0) = \sum_n a_n\psi_n(\boldsymbol{r}),$$

其中 ψ_n 满足方程 $\hat{H}\psi_n = E_n\psi_n$ 并且展开系数 a_n 可以表述为 $a_n = (\psi_n, \psi(\boldsymbol{r}, 0))$.

如果初始时刻系统处于哈密顿量的本征态, 即有 $\psi(\boldsymbol{r}, 0) = \psi_k$, 则

$$\psi(\boldsymbol{r}, t) = \mathrm{e}^{-\mathrm{i}E_k t/\hbar}\psi_k(\boldsymbol{r}).$$

这就是说, 体系将一直保持在量子态 $\psi_k(\boldsymbol{r})$. 由此可知, 定常相互作用不会引起定态之间跃迁.

然而, 事实上分子、原子和原子核都会发光, 这表明原子 (分子、原子核) 的状态会以 "定态" 之间跃迁的方式发生改变, 原子 (分子、原子核等) 的状态改变时, 其中的相互作用场一定改变. 由于定常作用不会引起定态之间跃迁, 那么, 对于一个状态改变过程, 引起状态改变的因素一定是时间相关的作用. 因此, 对于具有时间依赖性作用的效果的研究就是必须探讨的重要问题. 由于一般的相互作用下的计算极其复杂, 含时作用下的计算就更复杂, 因此现在人们能够简便地具体处理的就仅仅是能够采用微扰方法计算的微弱的含时作用. 这里对含时微扰情况下的计算概要和量子跃迁的微扰计算予以简要介绍.

一、 含时微扰下的计算的概要

将前述以薛定谔方程的解描述量子态的方案推广, 量子态的演化行为 (在薛定谔绘景下) 可以表述为

$$\psi(\boldsymbol{r}, t) = \hat{U}(t)\psi(\boldsymbol{r}, 0),$$

其中

$$\hat{U}(t) = \hat{T}\mathrm{e}^{-\frac{\mathrm{i}}{\hbar}\int_0^t \hat{H}\mathrm{d}t},$$

$\hat{T}$ 为遵守时间顺序的编时算符.

二、 量子态之间的跃迁

记体系的哈密顿量可以表述为

$$\hat{H} = \hat{H}_0 + \hat{H}'(t),$$

其中 $\hat{H}_0$ 有本征方程

$$\hat{H}_0\psi_n = E_n\psi_n,$$

即初始时刻, 体系处于 $\hat{H}_0$ 的某个本征态, 亦即有 $\psi(t = 0) = \psi_k$.

在相互作用 $\hat{H}'$ 影响下, 量子态发生跃迁. 如果 $\hat{H}'$ 很强, 相应的跃迁很复杂, 从而难以讨论. 如果 $\hat{H}'$ 比较微弱 (相对于 $\hat{H}_0$), 并且其随时间变化的频率远低于由两定态的能量决定的其间跃迁的本征频率 $(E_{k'} - E_k)/\hbar$ (即满足绝热近似条件), 则在任意时刻 t, 体系的状态可以表述为

$$\psi(t) = \sum_n C_{nk}(t)\mathrm{e}^{-\mathrm{i}\frac{E_n}{\hbar}t}\psi_n,$$

其中 $C_{nk}(t)$ 为待定的展开系数.

将上述 t 时刻体系的状态 $\psi(t)$ 代入薛定谔方程

$$\mathrm{i}\hbar\frac{\partial}{\partial t}\psi(t) = (\hat{H}_0 + \hat{H}')\psi(t),$$

并考虑 $\hat{H}_0$ 的本征方程, 则得

$$\mathrm{i}\hbar\sum_n \frac{\mathrm{d}C_{nk}(t)}{\mathrm{d}t}\mathrm{e}^{-\mathrm{i}\frac{E_n}{\hbar}t}\psi_n = \sum_n C_{nk}(t)\mathrm{e}^{-\mathrm{i}\frac{E_n}{\hbar}t}\hat{H}'\psi_n,$$

上式等号两边左乘 $\psi_{k'}^*$, 完成积分, 则得

$$\mathrm{i}\hbar\frac{\mathrm{d}C_{k'k}(t)}{\mathrm{d}t} = \sum_n \mathrm{e}^{\mathrm{i}\omega_{k'n}t}\left(\psi_{k'}^*, \hat{H}'\psi_n\right)C_{nk}(t),$$

其中 $\omega_{k'n} = \dfrac{E_{k'} - E_n}{\hbar}$.

在初始条件 $C_{nk}(0) = \delta_{nk}$ 下解此微分方程即可确定展开系数.

进而, 根据任意波函数按本征函数展开的意义, 在时刻 t 测得体系处于状态 n 的概率为

$$P_{nk}(t) = |C_{nk}(t)|^2.$$

由于初始时刻体系处于状态 ψ_k, 即体系处于 $\psi_n(n \neq k)$ 态的概率为 0, 因此上式即为由 k 态到 n 态的跃迁概率.

计算上述跃迁概率随时间的变化率即有跃迁速率

$$\zeta_{nk} = \frac{\mathrm{d}}{\mathrm{d}t}P_{nk}(t) = \frac{\mathrm{d}}{\mathrm{d}t}\left|C_{nk}(t)\right|^2.$$

由于 $\hat{H}'$ 为微扰, 即有 $\hat{H}' \ll \hat{H}_0$, 从而对于 $n \neq k$, $\left|C_{nk}(t)\right|^2 \ll 1$.

在零级近似下, $\psi(t=0) = \psi_k$, 于是有

$$\frac{\mathrm{d}C_{k'k}}{\mathrm{d}t} = 0, \qquad C_{k'k}(t) = \delta_{k'k}.$$

按照微扰计算方法, 在一级近似下

$$C_{nk}(0) = C_{nk}^{(0)}(0) = \delta_{nk},$$

前述的关于 $C_{k'k}$ 的方程化为

$$\mathrm{i}\hbar\frac{\mathrm{d}C_{k'k}(t)}{\mathrm{d}t} = \mathrm{e}^{\mathrm{i}\omega_{k'k}t}H_{k'k}',$$

其中 $H_{k'k}' = \left(\psi_{k'}, \hat{H}'\psi_k\right)$. 该方程的解可以形式地表述为

$$C_{k'k}^{(1)}(t) = \frac{1}{\mathrm{i}\hbar}\int_0^t \mathrm{e}^{\mathrm{i}\omega_{k'k}t}H_{k'k}'\mathrm{d}t.$$

总之, 在一级微扰近似下, 我们有

$$C_{k'k}(t) = C_{k'k}^{(0)} + C_{k'k}^{(1)}(t) = \delta_{k'k} + \frac{1}{i\hbar} \int_0^t e^{i\omega_{k'k}t} H_{k'k}' dt.$$

对 $k' \neq k$, 有

$$C_{k'k}(t) = \frac{1}{i\hbar} \int_0^t e^{i\omega_{k'k}t} H_{k'k}' dt,$$

$$P_{k'k}(t) = \frac{1}{\hbar^2} \left| \int_0^t e^{i\omega_{k'k}t} H_{k'k}' dt \right|^2,$$

进而可以得到跃迁速率 $\zeta_{k'k} = \dfrac{d}{dt} P_{k'k}(t)$.

如果体系的状态有简并, 即初态为一系列简并态中的某一个, 末态可以为另一系列简并态中的任意一个, 所以计算跃迁概率和跃迁速率时应对末态求和、对初态求平均.

总之, 对于满足绝热近似的含时微扰引起的量子态之间的跃迁, 我们通过计算微扰作用 $\hat{H}'$ 在 $\hat{H}_0$ 的本征态之间的矩阵元来实现. 因此, 此后我们讨论跃迁问题主要是从讨论引起跃迁的微扰作用的矩阵元来展开.

思考题与习题

F2.1. 试确定高斯型波函数 $\psi(x) = A e^{-ax^2/2} e^{ip_0x/\hbar}$ 的归一化系数 A.

F2.2. 试就高斯型波函数 $\psi(x) = \left(\dfrac{a}{\pi}\right)^{\frac{1}{4}} e^{-ax^2/2} e^{ip_0x/\hbar}$ 描述的状态, 确定对位置 x 的平方进行测量的平均值.

F2.3. 试给出对应于坐标表象中的高斯型波函数 $\psi(x) = \left(\dfrac{a}{\pi}\right)^{\frac{1}{4}} e^{-ax^2/2} e^{ip_0x/\hbar}$ 在动量表象中的表述形式. 并分别以坐标表象和动量表象具体计算对位置 x 进行测量的不确定度 $\sqrt{(x-\overline{x})^2}$ 和对动量进行测量的不确定度 $\sqrt{(\hat{p}-p_0)^2}$, 验证不确定关系.

F2.4. 试就波函数 $\psi(r, \theta, \phi) = \dfrac{1}{\sqrt{\pi a_B^3}} e^{-r/a_B}$, 其中 a_B 为常量, 称为玻尔半径, 给出势能 $U(r) = -\dfrac{1}{4\pi\varepsilon_0} \dfrac{e^2}{r}$ (其中 ε_0 为真空的电容率, e 为元电荷) 的平均值.

F2.5. 试证明, 在动量 p 表象中, 位置矢量 $\boldsymbol{r} = x\hat{i} + y\hat{j} + z\hat{k}$, 其中 $\hat{i}$、$\hat{j}$、$\hat{k}$ 分别为 x、y、z 方向的单位矢量, 可以用算符形式表述为 $\hat{r} = i\hbar\nabla_p$, 其中 $\nabla_p = \hat{i}\dfrac{\partial}{\partial p_x} + \hat{j}\dfrac{\partial}{\partial p_y} + \hat{k}\dfrac{\partial}{\partial p_z}$ 为动量空间中的梯度.

F2.6. 试证明: 两个线性算符的和仍为线性算符; 两个厄米算符的和仍为厄米算符; 但两个厄米算符之积一般不是厄米算符.

F2.7. 试证明对易式有下述恒等式:
⟨i⟩ $[\hat{O}_1, \hat{O}_2 \pm \hat{O}_3] = [\hat{O}_1, \hat{O}_2] \pm [\hat{O}_1, \hat{O}_3]$;
⟨ii⟩ $[\hat{O}_1, \hat{O}_2\hat{O}_3] = \hat{O}_2[\hat{O}_1, \hat{O}_3] + [\hat{O}_1, \hat{O}_2]\hat{O}_3$;
⟨iii⟩ $[\hat{O}_1\hat{O}_2, \hat{O}_3] = \hat{O}_1[\hat{O}_2, \hat{O}_3] + [\hat{O}_1, \hat{O}_3]\hat{O}_2$.

F2.8. 试证明, 如果两算符 $\hat{\mathcal{O}}_1$、$\hat{\mathcal{O}}_2$ 分别具有逆算符 $\hat{\mathcal{O}}_1^{-1}$、$\hat{\mathcal{O}}_2^{-1}$, 则 $(\hat{\mathcal{O}}_1\hat{\mathcal{O}}_2)^{-1} = \hat{\mathcal{O}}_2^{-1}\hat{\mathcal{O}}_1^{-1}$.

F2.9. 试证明, 对关于径向坐标 $\boldsymbol{r}$ 的任意函数 $F(\boldsymbol{r})$ 和动量算符 $\hat{\boldsymbol{p}} = -\mathrm{i}\hbar\nabla$, 都有

$$\left[\hat{\boldsymbol{p}}, F(\boldsymbol{r})\right] = -\mathrm{i}\hbar\nabla F(\boldsymbol{r}).$$

F2.10. 试证明, 对关于动量 $\boldsymbol{p}$ 的任意函数 $F(\boldsymbol{p})$ 和坐标算符 $\hat{\boldsymbol{r}} = \mathrm{i}\hbar\nabla_{\boldsymbol{p}}$, 都有

$$\left[\hat{\boldsymbol{r}}, F(\boldsymbol{p})\right] = \mathrm{i}\hbar\nabla_{\boldsymbol{p}}F(\boldsymbol{p}),$$

并请给出 $\left[\hat{\boldsymbol{r}}, \hat{\boldsymbol{p}}^2\right]$ 的具体形式.

F2.11. 因为坐标与动量不对易, 则量子力学中定义径向动量为

$$\hat{p}_r = \frac{1}{2}\left(\hat{\boldsymbol{p}}\cdot\frac{\boldsymbol{r}}{r} + \frac{\boldsymbol{r}}{r}\cdot\hat{\boldsymbol{p}}\right).$$

试给出球坐标系中 $\hat{p}_r$ 的具体表达式, 并证明: $\left[\hat{p}_r, \hat{r}\right] = -\mathrm{i}\hbar$.

F2.12. 试就由位置算符 $\hat{\boldsymbol{r}}$ 和动量算符 $\hat{\boldsymbol{p}}$ 定义的角动量算符 $\hat{\boldsymbol{l}} = \hat{\boldsymbol{r}}\times\hat{\boldsymbol{p}}$, 证明:

(1) $\left[\hat{\boldsymbol{l}}, \dfrac{1}{\hat{r}}\right] = 0,$ $\qquad\qquad$ $\left[\hat{\boldsymbol{l}}, \hat{\boldsymbol{p}}^2\right] = 0;$

(2) $\hat{\boldsymbol{r}}\cdot\hat{\boldsymbol{l}} = \hat{\boldsymbol{l}}\cdot\hat{\boldsymbol{r}} = 0,$ $\qquad$ $\hat{\boldsymbol{p}}\cdot\hat{\boldsymbol{l}} = \hat{\boldsymbol{l}}\cdot\hat{\boldsymbol{p}} = 0;$

(3) $\hat{\boldsymbol{p}}\times\hat{\boldsymbol{l}} + \hat{\boldsymbol{l}}\times\hat{\boldsymbol{p}} = 2\mathrm{i}\hbar\hat{\boldsymbol{p}}.$

F2.13. 试就一般情况, 证明连续性方程 $\dfrac{\partial}{\partial t}\rho(\boldsymbol{r}, t) + \nabla\cdot\boldsymbol{j}(\boldsymbol{r}, t) = 0$ 一定成立.

F2.14. 试证明: 对于一维束缚态, 波函数 $\psi(x)$ 的连续性和波函数的一阶导数 $\dfrac{\mathrm{d}\psi(x)}{\mathrm{d}x}$ 的连续性可以统一表述为 $\dfrac{\mathrm{d}\ln\psi(x)}{\mathrm{d}x}$ 连续.

F2.15. 试证明: 对于在势场 $U(\boldsymbol{r})$ 中运动的质量为 m 的束缚态粒子, 记其波函数为 $\psi(\boldsymbol{r})$, 则可定义其能量密度为

$$W = \frac{\hbar^2}{2m}\nabla\psi^*\cdot\nabla\psi + \psi^*U\psi,$$

和能流密度为

$$\hat{\boldsymbol{S}} = -\frac{\hbar^2}{2m}\left(\frac{\partial\psi^*}{\partial t}\nabla\psi + \frac{\partial\psi}{\partial t}\nabla\psi^*\right),$$

并有能量平均值 $\overline{E} = \displaystyle\int W\mathrm{d}^3\boldsymbol{r}$ 和能量守恒定律 $\dfrac{\partial W}{\partial t} + \nabla\cdot\boldsymbol{S} = 0$.

F2.16. 对在不随时间变化的势场 $U(\boldsymbol{r})$ 中运动的质量为 m 的粒子, 试证明: 其动能的平均值有类似经典力学中的柯尼希定理的位力定理:

$$2\overline{\hat{T}} = \overline{\boldsymbol{r}\cdot\nabla U}.$$

F2.17. 对在不随时间变化的势场 $U(\boldsymbol{r})$ 中运动的质量为 m 的粒子, 试证明: 其位置矢量的平均值随时间演化的行为有类似经典力学中的牛顿第二定律的埃伦费斯特定理:

$$m\frac{\mathrm{d}^2}{\mathrm{d}t^2}\overline{\hat{\boldsymbol{r}}} = -\overline{\nabla U(\boldsymbol{r})} = \overline{\boldsymbol{F}(\boldsymbol{r})}.$$

F2.18. 试证明自由粒子的动量和角动量都是守恒量.

F2.19. 试证明有心力场中运动的粒子的角动量是守恒量, 但动量不是守恒量.

F2.20. 试确定位于 $-\dfrac{a}{2}$ 到 $\dfrac{a}{2}$ 的一维无限深势阱中的粒子的本征能量和本征函数, 并讨论它们的特点.

F2.21. 试确定在位于 $-\dfrac{a}{2}$ 到 $\dfrac{a}{2}$ 的深度为 U_0 的一维有限深势阱中运动的粒子的本征能量和本征函数, 并讨论它们的特点.

F2.22. 设有质量为 m 的粒子在半壁无限深势阱中运动, 所谓半壁无限深势阱即势能函数可以表述为

$$U(x) = \begin{cases} \infty, & x < 0 \\ 0, & 0 \leqslant x \leqslant a \\ U_0, & x > a \end{cases}$$

的势场. 试对 $E < U_0$ 的束缚态情况, 确定该粒子的本征能量的表达式, 并证明在该势阱中至少存在一个束缚态的条件是势阱深度 U_0 与势阱宽度 a 满足关系 $U_0 a^2 \geqslant \dfrac{h^2}{32m}$.

F2.23. 试确定位于坐标原点的一维 δ 势垒的穿透系数, 并讨论波函数的特点.

F2.24. 试从量子力学层次说明电子扫描隧穿显微镜、光子扫描隧穿显微镜、原子力显微镜等可以测量物质表面附近原子状态的基本原理.

F2.25. 由级数展开的概念知, 一维 (记之为 x) 无穷小平移变换算符 (生成元) 可以表示为 $\hat{T} = \dfrac{\mathrm{d}}{\mathrm{d}x}$, 即正比于量子力学中 x 方向的动量算符. 对于有限的平移 d, 则可视为无穷多步无穷小平移的最终结果, 于是它可以由算符表述为 $\hat{T}(d) = \mathrm{e}^{\mathrm{i}\frac{P \cdot d}{\hbar}}$, 那么, 对于一维谐振子的基态的波函数 $\psi_0(x)$ 作有限平移 d, 则得 $\psi_0(x) \Longrightarrow \psi_0(x - d) = \mathrm{e}^{-\mathrm{i}\frac{pd}{\hbar}} \psi_0(x)$. 试据此证明

$$|\alpha\rangle = \mathrm{e}^{-\alpha^* \alpha} \sum_0^\infty \frac{\alpha^n}{n!} \left(\hat{a}^\dagger\right)^n |0\rangle$$

(其中 $\hat{a}^\dagger$ 为声子 (玻色子) 的产生算符, $|0\rangle$ 是真空态) 表征的量子态不仅是声子的湮没算符 $\hat{a}$ 的本征态, 还是以 α 为表征集体运动特征的宗量的集体运动态.

附注: 此即光子的相干态表述形式, 亦即用代数方法描述多粒子体系的集体运动性质的基础.

F2.26. 对于各向同性电介质, 在没有外电场时, 介质中的离子在其平衡位置附近做可以近似为简谐振动的小振动, 在有外电场作用时 (例如, 取之沿 x 方向), 介质即发生极化. 试给出由外电场引起的电偶极矩和极化率 (所谓的极化率可以近似为电偶极矩随引导出电偶极矩的原电场强度的变化率).

两角动量耦合的总角动量取值的 M-scheme 证明

根据矢量叠加规则, 系统的总角动量在 z 方向上投影满足简单叠加关系 (M-Scheme), 即有

$$M = m_1 + m_2 + \cdots + m_N.$$

由此知,

$$M_{\max} = \sum_{i=1}^{N} j_i, \quad M_{\min} = \sum_{i=1}^{N} (-j_i) = -\sum_{i=1}^{N} j_i.$$

由角动量的 z 分量 m 与角动量 j 的关系 $m = 0, \pm 1, \pm 2, \cdots, \pm j$ 知, N 粒子 [角动量分别为 $j_i(i = 1, 2, \cdots, N)$] 系统的总角动量的最大值为

$$J_{\max} = \sum_{i=1}^{N} j_i.$$

记系统的角动量的最小值为 $J_{\min}$, 则系统的角动量一定为 $J \in [J_{\min}, J_{\max}]$. 由此知, 我们还需要确定 $J_{\min}$. 然而, 准确确定 N 粒子系统的角动量的最小值的一般方法相当复杂, 这里不予讨论. 仅以两粒子 (两角动量) 系统为例予以具体讨论.

对两角动量 $\hat{\boldsymbol{j}}_1$ 和 $\hat{\boldsymbol{j}}_2$ 耦合而成的 $\hat{\boldsymbol{J}}_{12} = \hat{\boldsymbol{j}}_1 + \hat{\boldsymbol{j}}_2$,

$$J_{12,\max} = M_{12,\max} = j_1 + j_2.$$

与之对应的态的数目为 $2J_{12,\max} + 1 = 2(j_1 + j_2) + 1$. 并且, 总角动量 $J = j_1 + j_2 - 1$ 的态的数目为 $2(j_1 + j_2 - 1) + 1$.

记两粒子的总角动量的最小值为 $J_{12,\min} = j_1 + j_2 - \xi$, 由 J 约化到 $M \in [-J, J]$ 时 M 的值各仅出现 1 次和在耦合表象中系统总的态的数目一定与非耦合表象中系统总的态的数目相等知

$$\sum_{\eta=1}^{\xi} [2(j_1 + j_2) + 1 - 2\eta] = (2j_1 + 1)(2j_2 + 1).$$

亦即有

$$(\xi + 1)[(j_1 + j_2) + (j_1 + j_2 - \xi)] + (\xi + 1) = (2j_1 + 1)(2j_2 + 1).$$

解之得

$$\xi = \begin{cases} 2j_1, & \text{当} j_1 < j_2; \\ 2j_2, & \text{当} j_1 > j_2. \end{cases}$$

于是有

$$J_{12,\min} = j_1 + j_2 - \xi = \begin{cases} j_2 - j_1, & \text{当} j_1 < j_2; \\ j_1 - j_2, & \text{当} j_1 > j_2. \end{cases}$$

因此

$$J_{12,\min} = |j_1 - j_2|.$$

于是, 两角动量 $\boldsymbol{j}_1$ 与 $\boldsymbol{j}_2$ 耦合成的总角动量的取值如 (3.10) 式所示.

天然元素 (到 $Z = 92$ 的铀) 和少数几个人工合成元素形成的原子的电子组态、原子基态和电离能一览表

核电荷数 Z	元素符号	中文名称	英文名称	基态电子组态	基态	电离能 /eV
1	H	氢	hydrogen	$(1s)^1$	$1\,^2S_{1/2}$	13.599
2	He	氦	helium	$(1s)^2$	$1\,^1S_0$	24.581
3	Li	锂	lithium	$[He](2s)^1$	$2\,^2S_{1/2}$	5.390
4	Be	铍	beryllium	$[He](2s)^2$	$2\,^1S_0$	9.320
5	B	硼	boron	$[He](2s)^2(2p)^1$	$2\,^2P_{1/2}$	8.296
6	C	碳	carbon	$[He](2s)^2(2p)^2$	$2\,^3P_0$	11.256
7	N	氮	nitrogen	$[He](2s)^2(2p)^3$	$2\,^4S_{3/2}$	14.545
8	O	氧	oxygen	$[He](2s)^2(2p)^4$	$2\,^3P_2$	13.614
9	F	氟	fluorine	$[He](2s)^2(2p)^5$	$2\,^2P_{3/2}$	17.418
10	Ne	氖	neon	$[He](2s)^2(2p)^6$	$2\,^1S_0$	21.559
11	Na	钠	sodium	$[Ne](3s)^1$	$3\,^2S_{1/2}$	5.138
12	Mg	镁	magnesium	$[Ne](3s)^2$	$3\,^1S_0$	7.644
13	Al	铝	aluminium	$[Ne](3s)^2(3p)^1$	$3\,^2P_{1/2}$	5.984
14	Si	硅	silicon	$[Ne](3s)^2(3p)^2$	$3\,^3P_0$	8.149
15	P	磷	phosphorus	$[Ne](3s)^2(3p)^3$	$3\,^4S_{3/2}$	10.484
16	S	硫	sulfur	$[Ne](3s)^2(3p)^4$	$3\,^3P_2$	10.357
17	Cl	氯	chlorine	$[Ne](3s)^2(3p)^5$	$3\,^2P_{3/2}$	13.010
18	Ar	氩	argon	$[Ne](3s)^2(3p)^6$	$3\,^1S_0$	15.755
19	K	钾	potassium	$[Ar](4s)^1$	$4\,^2S_{1/2}$	4.399
20	Ca	钙	calcium	$[Ar](4s)^2$	$4\,^1S_0$	6.111
21	Sc	钪	scandium	$[Ar](4s)^2(3d)^1$	$4\,^2D_{3/2}$	6.538
22	Ti	钛	titanium	$[Ar](4s)^2(3d)^2$	$4\,^3F_2$	6.818
23	V	钒	vanadium	$[Ar](4s)^2(3d)^3$	$4\,^4F_{3/2}$	6.743
24	Cr	铬	chromium	$[Ar](4s)^1(3d)^5$	$4\,^7S_3$	6.764
25	Mn	锰	manganese	$[Ar](4s)^2(3d)^5$	$4\,^6S_{5/2}$	7.432
26	Fe	铁	iron	$[Ar](4s)^2(3d)^6$	$4\,^5D_4$	7.868
27	Co	钴	cobalt	$[Ar](4s)^2(3d)^7$	$4\,^4F_{9/2}$	7.862
28	Ni	镍	nickel	$[Ar](4s)^2(3d)^8$	$4\,^3F_4$	7.633
29	Cu	铜	copper	$[Ar](4s)^1(3d)^{10}$	$4\,^2S_{1/2}$	7.724
30	Zn	锌	zinc	$[Ar](4s)^2(3d)^{10}$	$4\,^1S_0$	9.391
31	Ga	镓	gallium	$[Ar](4s)^2(3d)^{10}(4p)^1$	$4\,^2P_{1/2}$	6.00
32	Ge	锗	germanium	$[Ar](4s)^2(3d)^{10}(4p)^2$	$4\,^3P_0$	7.88
33	As	砷	arsenic	$[Ar](4s)^2(3d)^{10}(4p)^3$	$4\,^4S_{3/2}$	9.81
34	Se	硒	selenium	$[Ar](4s)^2(3d)^{10}(4p)^4$	$4\,^3P_2$	9.75
35	Br	溴	bromine	$[Ar](4s)^2(3d)^{10}(4p)^5$	$4\,^2P_{3/2}$	11.84
36	Kr	氪	krypton	$[Ar](4s)^2(3d)^{10}(4p)^6$	$4\,^1S_0$	13.996

附录四　天然元素 (到 $Z = 92$ 的铀) 和少数几个人工合成元素形成的原子的电子组态、原子基态和电离能一览表

核电荷数 Z	元素符号	中文名称	英文名称	基态电子组态	基态	电离能 /eV
37	Rb	铷	rubidium	$[Kr](5s)^1$	$5\,^2S_{1/2}$	4.176
38	Sr	锶	strontium	$[Kr](5s)^2$	$5\,^1S_0$	5.692
39	Y	钇	yttrium	$[Kr](5s)^2(4d)^1$	$5\,^2D_{3/2}$	6.377
40	Zr	锆	zirconium	$[Kr](5s)^2(4d)^2$	$5\,^3F_2$	6.835
41	Nb	铌	niobium	$[Kr](4d)^4(5s)^1$	$5\,^6D_{1/2}$	6.881
42	Mo	钼	molybdenum	$[Kr](4d)^5(5s)^1$	$5\,^7S_3$	7.10
43	Tc	锝	technetium	$[Kr](4d)^5(5s)^2$	$5\,^6S_{5/2}$	7.228
44	Ru	钌	Ruthenium	$[Kr](4d)^7(5s)^1$	$5\,^5F_5$	7.365
45	Rh	铑	rhodium	$[Kr](4d)^8(5s)^1$	$5\,^4F_{9/2}$	7.461
46	Pd	钯	palladium	$[Kr](4d)^{10}$	$5\,^1S_0$	8.334
47	Ag	银	silver	$[Kr](4d)^{10}(5s)^1$	$5\,^2S_{1/2}$	7.574
48	Cd	镉	cadmium	$[Kr](4d)^{10}(5s)^2$	$5\,^1S_0$	8.991
49	In	铟	indium	$[Kr](5s)^2(4d)^{10}(5p)^1$	$5\,^2P_{1/2}$	5.785
50	Sn	锡	tin	$[Kr](5s)^2(4d)^{10}(5p)^2$	$5\,^3P_0$	7.342
51	Sb	锑	antimony	$[Kr](5s)^2(4d)^{10}(5p)^3$	$5\,^4S_{3/2}$	8.639
52	Te	碲	tellurium	$[Kr](5s)^2(4d)^{10}(5p)^4$	$5\,^3P_2$	9.01
53	I	碘	iodine	$[Kr](5s)^2(4d)^{10}(5p)^5$	$5\,^2P_{3/2}$	10.454
54	Xe	氙	xenon	$[Kr](5s)^2(4d)^{10}(5p)^6$	$5\,^1S_0$	12.127
55	Cs	铯	caesium	$[Xe](6s)^1$	$6\,^2S_{1/2}$	3.893
56	Ba	钡	barium	$[Xe](6s)^2$	$6\,^1S_0$	5.210
57	La	镧	lanthanum	$[Xe](6s)^2(5d)^1$	$6\,^2D_{3/2}$	5.61
58	Ce	铈	cerium	$[Xe](6s)^2(4f)^1(5d)^1$	$6\,^3H_4$	6.54
59	Pr	镨	praseodymium	$[Xe](6s)^2(4f)^3$	$6\,^4I_{9/2}$	5.48
60	Nd	钕	neodymium	$[Xe](6s)^2(4f)^4$	$6\,^5I_4$	5.51
61	Pm	钷	promethium	$[Xe](6s)^2(4f)^5$	$6\,^6H_{5/2}$	5.55
62	Sm	钐	samarium	$[Xe](6s)^2(4f)^6$	$6\,^7F_0$	5.63
63	Eu	铕	europium	$[Xe](6s)^2(4f)^7$	$6\,^8S_{7/2}$	5.67
64	Gd	钆	gadolinium	$[Xe](6s)^2(4f)^7(5d)^1$	$6\,^9D_2$	6.16
65	Tb	铽	terbium	$[Xe](6s)^2(4f)^9$	$6\,^6H_{15/2}$	6.74
66	Dy	镝	dysprosium	$[Xe](6s)^2(4f)^{10}$	$6\,^5I_3$	6.82
67	Ho	钬	holmium	$[Xe](6s)^2(4f)^{11}$	$6\,^4I_{15/2}$	6.02
68	Er	铒	erbium	$[Xe](6s)^2(4f)^{12}$	$6\,^3H_6$	6.10
69	Tm	铥	thulium	$[Xe](6s)^2(4f)^{13}$	$6\,^2F_{7/2}$	6.18
70	Yb	镱	ytterbium	$[Xe](6s)^2(4f)^{14}$	$6\,^1S_0$	6.22
71	Lu	镥	lutetium	$[Xe](6s)^2(4f)^{14}(5d)^1$	$6\,^2D_{3/2}$	6.15
72	Hf	铪	hafnium	$[Xe](6s)^2(4f)^{14}(5d)^2$	$6\,^3F_2$	7.0
73	Ta	钽	tantalum	$[Xe](6s)^2(4f)^{14}(5d)^3$	$6\,^4F_{3/2}$	7.88
74	W	钨	tungsten	$[Xe](6s)^2(4f)^{14}(5d)^4$	$6\,^5D_0$	7.98
75	Re	铼	rhenium	$[Xe](6s)^2(4f)^{14}(5d)^5$	$6\,^6S_{5/2}$	7.87

附录四　天然元素 (到 $Z = 92$ 的铀) 和少数几个人工合成元素形成的原子的电子组态、原子基态和电离能一览表

核电荷数 Z	元素符号	中文名称	英文名称	基态电子组态	基态	电离能 /eV
76	Os	锇	osmium	$[Xe](6s)^2(4f)^{14}(5d)^6$	$6\,^5D_4$	8.7
77	Ir	铱	iridium	$[Xe](6s)^2(4f)^{14}(5d)^7$	$6\,^4F_{9/2}$	9.2
78	Pt	铂	platinum	$[Xe](4f)^{14}(5d)^9(6s)^1$	$6\,^3D_3$	8.88
79	Au	金	gold	$[Xe,(4f)^{14}(5d)^{10}](6s)^1$	$^2S_{1/2}$	9.223
80	Hg	汞	mercury	$[Xe,(4f)^{14}(5d)^{10}](6s)^2$	$^1S_0$	10.434
81	Tl	铊	thallium	$[Xe,(4f)^{14}(5d)^{10}](6s)^2(6p)^1$	$^2P_{1/2}$	6.106
82	Pb	铅	lead	$[Xe,(4f)^{14}(5d)^{10}](6s)^2(6p)^2$	$^3P_0$	7.415
83	Bi	铋	bismuth	$[Xe,(4f)^{14}(5d)^{10}](6s)^2(6p)^3$	$^4S_{3/2}$	7.287
84	Po	钋	polonium	$[Xe,(4f)^{14}(5d)^{10}](6s)^2(6p)^4$	$^3P_2$	8.43
85	At	砹	astatine	$[Xe,(4f)^{14}(5d)^{10}](6s)^2(6p)^5$	$^2P_{3/2}$	9.5
86	Rn	氡	radon	$[Xe,(4f)^{14}(5d)^{10}](6s)^2(6p)^6$	$^1S_0$	10.745
87	Fr	钫	francium	$[Rn](7s)^1$	$7\,^2S_{1/2}$	4.0
88	Ra	镭	radium	$[Rn](7s)^2$	$7\,^1S_0$	5.277
89	Ac	锕	actinium	$[Rn](7s)^2(6d)^1$	$7\,^2D_{3/2}$	6.9
90	Th	钍	thorium	$[Rn](7s)^2(6d)^2$	$7\,^3F_2$	6.1
91	Pa	镤	protactinium	$[Rn](7s)^2(5f)^2(6d)^1$	$7\,^4K_{11/2}$	5.7
92	U	铀	uranium	$[Rn](7s)^2(5f)^3(6d)^1$	$7\,^5L_6$	6.08
93	Np	镎	neptunium	$[Rn](7s)^2(5f)^4(6d)^1$	$7\,^6L_{11/2}$	5.8
94	Pu	钚	plutonium	$[Rn](7s)^2(5f)^6$	$7\,^7F_0$	5.8
95	Am	镅	americium	$[Rn](7s)^2(5f)^7$	$7\,^8S_{7/2}$	6.05

附录四　天然元素 (到 $Z=92$ 的铀) 和少数几个人工合成元素形成的原子的电子组态、原子基态和电离能一览表

电磁场的多极展开形式简述与电磁跃迁概率的表述形式

1. 经典电磁作用规律的表述及其规范不变性

经过归纳总结大量实验事实, 麦克斯韦将经典电磁场的规律表述为一组包含四个方程的方程组

$$\nabla \cdot \boldsymbol{D} = \rho, \quad \text{[(推广的) 电场的高斯定理]} \tag{F5.1}$$

$$\nabla \cdot \boldsymbol{B} = 0, \quad \text{(磁场的高斯定理)} \tag{F5.2}$$

$$\nabla \times \boldsymbol{E} = -\frac{\partial \boldsymbol{B}}{\partial t}, \quad \text{(法拉第电磁感应定律)} \tag{F5.3}$$

$$\nabla \times \boldsymbol{H} = \boldsymbol{J} + \frac{\partial \boldsymbol{D}}{\partial t}, \quad \text{[(推广的) 安培环路定理]} \tag{F5.4}$$

其中 $\boldsymbol{E}$ 为电场强度, $\boldsymbol{D}$ 为电位移矢量, 它与电场强度和电极化强度 $\boldsymbol{p}$ 之间有关系 $\boldsymbol{D} = \varepsilon_0 \boldsymbol{E} + \boldsymbol{p}$ (其中 ε_0 为真空的介电常量); 记 $\boldsymbol{p} = \chi_E \varepsilon_0 \boldsymbol{E}$, χ_E 为介质的电极化率, $\varepsilon_r = 1 + \chi_E$, $\varepsilon = \varepsilon_r \varepsilon_0$ 为介质的介电常量, 则 $\boldsymbol{D} = \varepsilon \boldsymbol{E}$. $\boldsymbol{H}$ 为磁场强度, $\boldsymbol{B}$ 为磁感应强度, 它与磁场强度和介质的磁化强度 $\boldsymbol{M}$ 之间有关系 $\boldsymbol{B} = \mu_0 \boldsymbol{H} + \boldsymbol{M}$ (其中 μ_0 为真空的磁导率); 记 $\boldsymbol{M} = \chi_M \boldsymbol{H}$, χ_E 为介质的磁化率, $\mu_r = 1 + \chi_M$, $\mu = \mu_r \mu_0$ 为介质的磁导率, 则 $\boldsymbol{B} = \mu \boldsymbol{H}$. $\boldsymbol{J}$ 为电流密度. 这表明, 电场是矢量场, 磁场是旋量场.

我们熟知, 电场强度 $\boldsymbol{E}$ 可以由电势 φ 表述为

$$\boldsymbol{E} = -\nabla \varphi, \tag{F5.5}$$

亦即有 $\varphi(\boldsymbol{r}) = \int_{\boldsymbol{r}}^{\infty} \boldsymbol{E} \cdot \boldsymbol{l}$ [已取 $\varphi(\infty) = 0$]. 将 (F5.5) 式代入 (推广的) 电场的高斯定理, 则有

$$\nabla^2 \varphi = -\frac{\rho}{\varepsilon},$$

其中 ρ 为自由电荷密度.

根据矢量运算的性质: 旋量的散度恒为零, 人们引入另一个矢量 $\boldsymbol{A}$, 将磁感应强度 $\boldsymbol{B}$ 表述为

$$\boldsymbol{B} = \nabla \times \boldsymbol{A}, \tag{F5.6}$$

并称该矢量 $\boldsymbol{A}$ 为磁矢势, 亦即有 $\int_S \boldsymbol{B} \cdot \mathrm{d}\boldsymbol{S} = \oint_L \boldsymbol{A} \cdot \boldsymbol{l}$ (通过任意曲面的磁通量等于相应的磁矢势沿围成的边界的回路积分, 它显然与曲面的具体形状无关). 将 (F5.6) 式代入 (推广的) 电场的安培环路定理, 考虑恒定电流 $\left(\dfrac{\partial \boldsymbol{D}}{\partial t} \equiv \boldsymbol{0} \right)$ 产生的磁场情况下, 则有

$$\nabla^2 \boldsymbol{A} - \nabla(\nabla \cdot \boldsymbol{A}) = -\mu \boldsymbol{J},$$

其中 $\boldsymbol{J}$ 为自由电流密度. 如果有附加条件 $\nabla \cdot \boldsymbol{A} = 0$, 对磁矢势 $\boldsymbol{A}$ 的任意分量, 都有

$$\nabla^2 A_i = -\mu J_i, \quad (i = 1, 2, 3).$$

显然, 该方程与电势 φ 满足的方程的形式相同.

将 (F5.6) 式代入法拉第电磁感应定律的表达式, 则有

$$\nabla \times E = -\frac{\partial}{\partial t}(\nabla \times \boldsymbol{A}) = -\nabla \times \frac{\partial \boldsymbol{A}}{\partial t},$$

移项则得

$$\nabla \times \left(E + \frac{\partial \boldsymbol{A}}{\partial t} \right) = 0.$$

这表明, $\boldsymbol{E} + \dfrac{\partial \boldsymbol{A}}{\partial t}$ 仍然是无旋场, 从而仍可由标势 φ 描述, 即有 $\boldsymbol{E} + \dfrac{\partial \boldsymbol{A}}{\partial t} = -\nabla\varphi$, 于是有

$$\boldsymbol{E} = -\nabla\varphi - \frac{\partial \boldsymbol{A}}{\partial t}. \tag{F5.7}$$

即: 磁矢势 (矢量场) 随时间的变化率对电场强度有贡献.

考虑对矢量势 $\boldsymbol{A}$ 和标量势 φ 各作一变换,

$$\boldsymbol{A} \longrightarrow \boldsymbol{A}' = \boldsymbol{A} + \nabla\Theta, \quad \varphi \longrightarrow \varphi' = \varphi - \frac{\partial\Theta}{\partial t}, \tag{F5.8}$$

其中 Θ 为任意的关于时空坐标的函数, 显然有

$$\nabla \times \boldsymbol{A}' = \nabla \times (\boldsymbol{A} + \nabla\Theta) = \nabla \times \boldsymbol{A} + \nabla \times \nabla\Theta = \boldsymbol{B} + \boldsymbol{0} = \boldsymbol{B},$$

$$-\nabla\varphi' - \frac{\partial \boldsymbol{A}'}{\partial t} = -\nabla\left(\varphi - \frac{\partial\Theta}{\partial t}\right) - \frac{\partial}{\partial t}(\boldsymbol{A} + \nabla\Theta)$$

$$= \left(-\nabla\varphi - \frac{\partial \boldsymbol{A}}{\partial t}\right) + \boldsymbol{0} = \boldsymbol{E}.$$

这表明, 对标量势 φ 和矢量势 $\boldsymbol{A}$ 作 (F5.8) 所示的变换之后, 无论变换中的函数 Θ 取什么形式, 变换之后的电场强度和磁感应强度都与变换之前的相同.

显然, 给定一个函数 Θ, 即对 (F5.8) 所示的变换给定一个条件, 就确定一组电磁势 $\{\boldsymbol{A}, \varphi\}$. 这样的每一组电磁势 $\{\boldsymbol{A}, \varphi\}$, 或者说每一个确定电磁势的条件, 称为一种规范 (Gauge), (F5.8) 式所示的变换称为规范变换 (Gauge Transformation), 可直接观测的电场强度和磁感应强度不依赖于所取规范的性质称为规范不变性 (Gauge Invariance), 或规范对称性 (Gauge Symmetry). 经典电磁理论是第一个规范场论 (Gauge Field Theory). [①]

---

① 百度 "物理百科" 对其建立和发展历史有下述介绍: 麦克斯韦在他的论文里特别提出, 该理论源自开尔文男爵于 1851 年发现的关于磁矢势的数学性质. 但是, 该对称性的重要性在早期的表述中没有被注意到. 大卫·希尔伯特假设在坐标变换下作用量不变, 由此推导出爱因斯坦场方程时, 也没有注意到对称性的重要. 之后, 赫尔曼·外尔试图统一广义相对论和电磁学, 他猜想 "Eichinvarianz" 或者说尺度 ("规范") 变换下的 "不变性" 可能也是广义相对论的局部对称性. 后来发现该猜想将导致某些非物理的结果. 但是在量子力学发展以后, 外尔、弗拉基米尔·福克和弗里茨·伦敦实现了该思想, 但作了一些修改 [把缩放因子用一个复数代替, 并把尺度变化变成了相位变化——一个 U(1) 规范对称性], 泡利在 1940 年推动了该理论的传播.

显然, 为对矢量势 $\boldsymbol{A}$ 得到与标量势 φ 形式相同的 (二阶微分) 方程所采用的辅助条件

$$\nabla \cdot \boldsymbol{A} = 0,$$

(相应地, 应有 $\nabla^2 \Theta = 0$) 为一种规范, 通常称之为库仑规范. 经典电磁学中还常用形式为

$$\nabla \cdot \boldsymbol{A} + \frac{1}{c^2} \frac{\partial \varphi}{\partial t} = 0,$$

$\left(\text{其中 } c^2 = \dfrac{1}{\varepsilon_0 \mu_0}\right)$ 的规范, 并称之为洛伦兹规范. 在洛伦兹规范下, 由麦克斯韦方程组得到的 $\boldsymbol{A}$、φ 满足的方程具有完全对称的形式:

$$\nabla^2 \boldsymbol{A} - \frac{1}{c^2} \frac{\partial^2 \boldsymbol{A}}{\partial t^2} = -\mu_0 J$$
$$\nabla^2 \varphi - \frac{1}{c^2} \frac{\partial^2 \varphi}{\partial t^2} = -\frac{\rho}{\varepsilon_0}$$

(F5.9)

由此知, 规范不变性是物理学的基本规律, 任何真正可以观测的物理量都遵守这一规律; 在理论研究中, 规范变换和规范条件对于物理量的确定至关重要, 各种可能真实的理论构建的真实的物理量都必须满足规范对称的条件.

2. 电磁相互作用

我们知道, 经典情况下, 在电场强度为 $\boldsymbol{E}$、磁感应强度为 $\boldsymbol{B}$ 的电磁场中以速度 $\boldsymbol{v}$ 运动的带电荷量为 q 的粒子所受的力为

$$\boldsymbol{F} = q(\boldsymbol{E} + \boldsymbol{v} \times \boldsymbol{B})$$

记粒子的机械动量为 $\boldsymbol{p}$, 由牛顿第二定律知

$$\frac{\mathrm{d}\boldsymbol{p}}{\mathrm{d}t} = q(\boldsymbol{E} + \boldsymbol{v} \times \boldsymbol{B}).$$

将前述的电磁场性质的场强表述 (电场强度 $\boldsymbol{E}$ 和 磁感应强度 $\boldsymbol{B}$) 与电磁势表述 [四维矢量势 $A_\mu = (\varphi, \boldsymbol{A})$] 之间的关系代入上述动力学方程的表达式, 则得

$$\frac{\mathrm{d}\boldsymbol{p}}{\mathrm{d}t} = q\left[-\nabla\varphi - \frac{\partial \boldsymbol{A}}{\partial t} + \boldsymbol{v} \times (\nabla \times \boldsymbol{A})\right].$$

考虑 $\quad \boldsymbol{v} \times (\nabla \times \boldsymbol{A}) = \nabla(\boldsymbol{v} \cdot \boldsymbol{A}) - (\boldsymbol{v} \cdot \nabla)\boldsymbol{A} \quad$ 和 $\quad \boldsymbol{v} \cdot \nabla = 0 \quad$ 知

$$\frac{\mathrm{d}\boldsymbol{p}}{\mathrm{d}t} = q\left[-\nabla\varphi - \frac{\partial \boldsymbol{A}}{\partial t} + \nabla(\boldsymbol{v} \cdot \boldsymbol{A}) - (\boldsymbol{v} \cdot \nabla)\boldsymbol{A}\right]$$
$$= q\left[-\nabla\varphi + \nabla(\boldsymbol{v} \cdot \boldsymbol{A}) - \frac{\partial \boldsymbol{A}}{\partial t}\right].$$

移项, 即得

$$\frac{\mathrm{d}}{\mathrm{d}t}(\boldsymbol{p} + q\,\boldsymbol{A}) + \nabla(q\varphi - q\,\boldsymbol{v}\cdot\boldsymbol{A}) = \boldsymbol{0}.$$

与拉格朗日方程

$$\frac{\mathrm{d}}{\mathrm{d}t}\frac{\partial L}{\partial \dot{x}_i} - \frac{\partial L}{\partial x_i} = 0,$$

及正则动量的定义

$$P_i = \frac{\partial L}{\partial \dot{x}_i},$$

对比, 则得正则动量

$$\boldsymbol{P} = \boldsymbol{p} + q\,\boldsymbol{A}.$$

并且, 拉氏量中的自由部分可以表述为

$$L_{\text{free}} = \frac{\boldsymbol{p}^2}{2m},$$

拉氏量中的相互作用部分可以表述为

$$L_{\text{int}} = -q\big(\varphi - \boldsymbol{v}\cdot\boldsymbol{A}\big).$$

记系统的正则动量为 $\boldsymbol{P}$, 由经典力学原理知, 系统的哈密顿量可以表述为

$$H = \sum_i \dot{x}_i P_i - L = \boldsymbol{P}\cdot\frac{\boldsymbol{p}}{m} - L = \frac{(\boldsymbol{p} + q\,\boldsymbol{A})\cdot\boldsymbol{p}}{m} - \left[\frac{\boldsymbol{p}^2}{2m} - q\left(\varphi - \frac{\boldsymbol{p}}{m}\cdot\boldsymbol{A}\right)\right],$$

亦即有

$$H = \frac{\boldsymbol{p}^2}{2m} + q\varphi = \frac{(\boldsymbol{P} - q\,\boldsymbol{A})^2}{2m} + q\varphi.$$

采用通常的正则量子化方案, 四矢量为 $A_\mu = (\varphi, \boldsymbol{A})$ 的电磁场中, 质量为 m、带电荷量为 q 的粒子的正则动量量子化为

$$\hat{\boldsymbol{P}} = \hat{\boldsymbol{p}} + q\,\hat{\boldsymbol{A}} = -\mathrm{i}\hbar\nabla,$$

哈密顿量为

$$\begin{aligned}
\hat{H} &= \frac{(\hat{\boldsymbol{P}} - q\,\boldsymbol{A})^2}{2m} + q\varphi \\
&= \frac{\hat{\boldsymbol{P}}^2}{2m} - \frac{q(\hat{\boldsymbol{P}}\cdot\boldsymbol{A} + \boldsymbol{A}\cdot\hat{\boldsymbol{P}})}{2m} + \frac{q^2\boldsymbol{A}^2}{2m} + q\varphi.
\end{aligned}$$

显然, 粒子与外电磁场之间的相互作用可以表述为

$$\hat{H}_{\text{int.}} = -\frac{q(\hat{\boldsymbol{P}}\cdot\boldsymbol{A} + \boldsymbol{A}\cdot\hat{\boldsymbol{P}})}{2m} + \frac{q^2\boldsymbol{A}^2}{2m} + q\varphi.$$

对由 N 个粒子形成的多粒子系统, 则有

$$\hat{H}_{\text{int.}} = \sum_{i=1}^{N} \left[-\frac{q_i(\hat{\boldsymbol{P}}_i \cdot \boldsymbol{A} + \boldsymbol{A} \cdot \hat{\boldsymbol{P}}_i)}{2m_i} + \frac{q_i^2 \boldsymbol{A}^2}{2m_i} + q_i \varphi \right].$$

若非分立电荷、而是连续体, 则应将上述求和改为积分.

3. 电磁场的解及其多极展开形式

求解前述的关于四矢势 A_μ 的 (二阶) 微分方程, 得到其满足横波条件 (库仑规范条件) 的平面波解 (记电磁波传播方向为 $\boldsymbol{e}_3$) 为

$$\boldsymbol{A}_{\text{L}} = \frac{\boldsymbol{e}_1 - \mathrm{i}\boldsymbol{e}_2}{\sqrt{2}} N \mathrm{e}^{\mathrm{i}\boldsymbol{k} \cdot \boldsymbol{r} - \omega t}, \qquad \boldsymbol{A}_{\text{R}} = -\frac{\boldsymbol{e}_1 - \mathrm{i}\boldsymbol{e}_2}{\sqrt{2}} N \mathrm{e}^{\mathrm{i}\boldsymbol{k} \cdot \boldsymbol{r} - \omega t},$$

其中 $k = \dfrac{\omega}{c}$, $c = \dfrac{1}{\sqrt{\mu \varepsilon}}$, L、R 分别表示左旋、右旋.

其满足横波条件 (库仑规范条件) 的球面波解 (记电磁波传播方向为 $\boldsymbol{e}_3$) 为

$$\boldsymbol{A} = \mathrm{Y}_{lm_l}(\theta, \phi) \mathrm{j}_l(kr)\boldsymbol{e},$$

其中 $\mathrm{Y}_{lm}(\theta,\phi)$ 为球谐函数, $\mathrm{j}_l(kr)$ 为 l 阶球贝塞尔函数 [其与贝塞尔函数的关系为 $\mathrm{j}_l(kr) = \sqrt{\dfrac{\pi}{2kr}} \mathrm{J}_{l+\frac{1}{2}}(kr)$], $\boldsymbol{e} = \{\boldsymbol{e}_1, \boldsymbol{e}_2, \boldsymbol{e}_3\}$ [其中 $\tilde{e}_1 = (1\ \ 0\ \ 0)$, $\tilde{e}_2 = (0\ \ 1\ \ 0)$, $\tilde{e}_3 = (0\ \ 0\ \ 1)$]. 从而有

$$\boldsymbol{A}(t) = \sum_{\lambda KJM} \left[a_{\lambda KJM} \boldsymbol{A}_{KJM}(\lambda) \mathrm{e}^{-\mathrm{i}\omega t} + a^*_{\lambda KJM} \boldsymbol{A}^*_{KJM}(\lambda) \mathrm{e}^{\mathrm{i}\omega t} \right],$$

其中 $\lambda = E$、M 分别对应电作用、磁作用, $a_{\lambda KJM}$、$a^*_{\lambda KJM}$ 分别相应于在量子化后光子的湮没算符、产生算符,

$$\boldsymbol{A}_{KJM}(E) = \sqrt{\frac{4\pi K \hbar}{R_0 c}} \mathcal{Y}_{JJM}(\theta, \phi) \mathrm{j}_J(kr),$$

$$\boldsymbol{A}_{KJM}(M) = \sqrt{\frac{4\pi \hbar}{K R_0 c}} \nabla \times \mathcal{Y}_{JJM}(\theta, \phi) \mathrm{j}_J(kr),$$

其中

$$\mathcal{Y}_{JLM} = \sum_{M_L \mu} \langle L\, M_L\, 1\, \mu | JM \rangle \mathrm{Y}_{LM_L} \xi_\mu,$$

ξ_μ 为 1 秩球张量. 此即由电磁势表述的电磁场的多极展开形式.

4. 电磁跃迁概率

将前述电磁场的矢量势代入 $\hat{H}_{\text{int.}}$ 即得电磁作用的多极展开形式. 计算其在初末态之间的矩阵元 $\langle \psi_f | \hat{H}_{\text{int.}} | \psi_i \rangle$ 即可得到电磁跃迁的跃迁概率. 对于 K 极跃迁, 其跃迁概率可以表述为

$$T(K) = \frac{1}{2J_i + 1} \sum_{M_i M_f M} T(KM) = \frac{8\pi(K+1)}{K[(2K+1)!!]^2} \left(\frac{\omega}{c}\right)^{2K+1} \frac{1}{\hbar} B(\lambda K),$$

其中, 电 K 极跃迁的约化跃迁矩阵元为

$$B(EK) = \frac{1}{2J_i + 1} \sum_{M_i M_f M} \left| \left\langle J_f M_f \right| \sum_\alpha e_\alpha r_\alpha^K \mathrm{Y}_{K,M}^* - \right.$$
$$\left. \sum_\alpha \frac{\mathrm{i}e\hbar\mu_\alpha}{2mc^2} (\boldsymbol{\sigma}_\alpha \times \boldsymbol{r}_\alpha) \cdot \nabla r_\alpha^K \mathrm{Y}_{K,M}^* \left| J_i M_i \right\rangle \right|^2,$$

磁 K 极跃迁的约化跃迁矩阵元为

$$B(MK) = \frac{1}{2J_i + 1} \sum_{M_i M_f M} \left| \left\langle J_f M_f \right| \sum_\alpha \frac{e\hbar}{mc} \frac{1}{K+1} \boldsymbol{K} \cdot \nabla r_\alpha^K \mathrm{Y}_{K,M}^* + \right.$$
$$\left. \sum_\alpha \frac{e\hbar\mu_\alpha}{2mc^2} \boldsymbol{\sigma}_\alpha \cdot \nabla r_\alpha^K \mathrm{Y}_{K,M}^* \left| J_i M_i \right\rangle \right|^2.$$

其中 $\mathrm{Y}_{K,M}$ 为 K 阶球谐函数.

显然: 极次越低, 概率越大; 并且, $B(EL)$ 与 $B(M(L-1))$ 近似同数量级; 矩阵元为 0 说明相应跃迁被禁戒.

自然界中存在的元素的同位素丰度和半衰期

核素	Z	A	原子质量 /u	丰度 /%	半衰期	核素	Z	A	原子质量 /u	丰度 /%	半衰期
n	0	1	1.008 663		10.6 min			37	36.965 902	24.23	
H	1	1	1.007 825	99.985		Ar	18	36	35.967 546	0.337	
		2	2.014 102	0.015				38	37.962 732	0.063	
		3	3.016 049		12.3 y①			40	39.962 383	99.60	
He	2	3	3.016 029	0.000 14		K	19	39	38.963 708	93.26	
		4	4.002 603	99.999 86				40	39.963 999		1.28 Gy
Li	3	6	6.015 125	7.5				41	40.961 825	6.73	
		7	7.016 004	92.5		Ca	20	40	39.962 590	96.941	
Be	4	9	9.012 183	100				42	41.958 621	0.647	
B	5	10	10.012 938	19.8				43	42.958 771	0.135	
		11	11.009 305	80.2				44	43.955 484	2.086	
		12	12.014 353		20.4 ms			46	45.953 689	0.004	
C	6	12	12.000 000	98.89				48	47.952 532	0.187	
		13	13.003 355	1.11		Sc	21	45	44.955 913	100	
		14	14.003 242		5 730 y	Ti	22	46	45.952 632	8.2	
N	7	14	14.003 074	99.63				47	46.951 765	7.4	
		15	15.000 110	0.366				48	47.947 946	73.7	
O	8	16	15.994 915	99.756				49	48.947 870	5.4	
		17	16.999 130	0.039				50	49.944 785	5.2	
		18	17.999 159	0.205		V	23	50	49.947 161	0.250	
F	9	19	18.998 404	100				51	50.943 962	99.750	
Ne	10	20	19.992 439	90.51		Cr	24	50	49.946 046	4.35	
		21	20.993 845	0.27				52	51.940 510	83.79	
		22	21.991 384	9.22				53	52.940 650	9.50	
Na	11	23	22.989 769	100				54	53.938 882	2.36	
Mg	12	24	23.985 044	78.99		Mn	25	55	54.938 046	100	
		25	24.985 839	10.00		Fe	26	54	53.939 612	5.8	
		26	25.982 596	11.01				56	55.934 939	91.8	
Al	13	27	26.981 541	100				57	56.935 395	2.15	
Si	14	28	27.976 928	92.23				58	57.933 277	0.19	
		29	28.976 496	4.67		Co	27	59	58.933 198	100	
		30	29.973 771	3.10		Ni	28	58	57.935 347	68.077	
P	15	31	30.973 763	100				60	59.930 789	26.223	
S	16	32	31.972 072	95.02				61	60.931 058	1.140	
		33	32.971 459	0.75				62	61.928 346	3.634	
		34	33.967 868	4.21				64	63.927 967	0.926	
		36	35.967 079	0.017		Cu	29	63	62.929 598	69.2	
Cl	17	35	34.968 852	75.77				65	64.927 791	30.8	

---

① 天文年, 亦常记作 a, 常以回归年 (与太阳年很接近) 计量, 具体约为 365.2422 天.

核素	Z	A	原子质量 /u	丰度 /%	半衰期	核素	Z	A	原子质量 /u	丰度/%	半衰期
Zn	30	64	63.929 145	48.268		Mo	42	92	91.906 809	14.8	
		66	65.926 035	27.975				94	93.905 086	9.3	
		67	66.927 128	4.102				95	94.905 837	15.9	
		68	67.924 845	19.024				96	95.904 675	16.7	
		70	69.925 324	0.631				97	96.906 017	9.6	
Ga	31	69	68.925 580	60.1				98	97.905 405	24.1	
		71	70.924 699	39.9				100	99.907 472	9.6	
Ge	32	70	69.924 250	20.5		Tc	43	97	96.906 361		2.6 My
		72	71.922 079	27.4		Ru	44	96	95.907 595	5.5	
		73	72.923 463	7.8				98	94.905 286	1.86	
		74	73.921 178	36.5				99	98.905 936	12.7	
		76	75.921 402	7.8				100	99.904 216	12.6	
As	33	75	74.921 595	100				101	100.905 580	17.0	
Se	34	74	73.922 476	0.87				102	101.904 346	31.6	
		76	75.919 206	9.0				104	103.905 422	18.7	
		77	76.919 907	7.6		Rh	45	103	102.905 502	100	
		78	77.917 303	23.5		Pd	46	102	101.905 609	1.0	
		80	79.916 520	49.8				104	103.904 025	11.0	
		82	81.916 708	9.2				105	104.905 075	22.2	
Br	35	79	78.918 336	50.69				106	105.903 474	27.3	
		81	80.916 289	49.31				108	107.903 893	26.7	
Kr	36	78	77.920 397	0.355				110	109.905 169	11.8	
		80	79.916 374	2.286		Ag	47	107	106.905 094	51.83	
		82	81.913 482	11.593				109	108.904 753	48.17	
		83	82.914 133	11.500		Cd	48	106	105.906 461	1.25	
		84	83.911 506	56.987				108	107.904 185	0.89	
		86	85.910 614	17.279				110	109.903 006	12.5	
Rb	37	85	84.911 799	72.17				111	110.904 182	12.8	
		87	86.909 182	27.83				112	111.902 761	24.1	
Sr	38	84	83.913 428	0.56				113	112.904 401	12.2	
		86	85.909 273	9.8				114	113.903 360	28.7	
		87	86.908 889	7.0				116	115.904 757	7.5	
		88	87.905 624	82.6		In	49	113	112.904 055	4.3	
Y	39	89	88.905 856	100				115	114.903 874	95.7	
Zr	40	90	89.904 707	51.5		Sn	50	112	111.904 822	1.01	
		91	90.905 643	11.2				114	113.902 780	0.67	
		92	91.905 039	17.1				115	114.903 343	0.38	
		94	93.906 318	17.4				116	115.901 743	14.6	
		96	95.908 271	2.80				117	116.902 953	7.75	
Nb	41	93	92.906 377	100				118	117.901 605	24.3	

核素	Z	A	原子质量 /u	丰度 /%	半衰期	核素	Z	A	原子质量 /u	丰度/%	半衰期
		119	118.903 309	8.6				148	147.916 889	5.7	
		120	119.902 198	32.4				150	149.920 887	5.6	
		122	121.903 439	4.56		Pm	61	145	144.912 753		17.7 y
		124	123.905 270	5.64		Sm	62	144	143.912 008	3.1	
Sb	51	121	120.903 823	57.3				147	146.914 906	15.1	
		123	122.904 221	42.7				148	147.914 830	11.3	
Te	52	120	119.904 021	0.091				149	148.917 192	13.9	
		122	121.903 055	2.5				150	149.917 285	7.4	
		123	122.904 276	0.89				152	151.919 741	26.6	
		124	123.902 825	4.6				154	152.922 217	22.6	
		125	124.904 434	7.0		Eu	63	151	150.919 860	47.9	
		126	125.903 310	18.7				153	152.921 242	52.1	
		128	127.904 463	31.7		Gd	64	154	153.920 876	2.1	
		130	129.906 228	34.5				155	154.922 629	14.8	
I	53	127	126.904 176	100				156	155.922 129	20.6	
Xe	54	124	123.905 895	0.095				157	156.923 966	15.7	
		126	125.904 268	0.089				158	157.924 110	24.8	
		128	127.903 530	1.910				160	159.927 060	21.8	
		129	128.904 780	26.401		Tb	65	159	158.925 350	100	
		130	129.903 509	4.071		Dy	66	156	155.924 278	0.056	
		131	130.905 083	21.232				158	157.924 405	0.095	
		132	131.904 155	26.909				160	159.925 194	2.329	
		134	133.905 394	10.436				161	160.926 930	18.889	
		136	135.907 220	8.857				162	161.926 795	25.475	
Cs	55	133	132.905 433	100				163	162.928 728	24.896	
Ba	56	130	129.906 311	0.106				164	163.929 171	28.260	
		132	131.905 056	0.101		Ho	67	165	164.930 331	100	
		134	133.904 504	2.417		Er	68	162	161.928 786	0.14	
		135	134.905 684	6.592				164	163.929 211	1.56	
		136	135.904 571	7.854				166	165.930 304	33.4	
		137	136.905 822	11.232				167	166.932 060	22.9	
		138	137.905 242	71.698				168	167.932 383	27.1	
La	57	138	137.907 113	0.089				170	169.935 476	14.9	
		139	138.906 354	99.911		Tm	69	169	168.934 225	100	
Ce	58	136	135.907 140	0.185		Yb	70	168	167.933 907	0.135	
		138	137.905 986	0.251				170	169.934 773	3.1	
		140	139.905 435	88.450				171	170.936 337	14.4	
		142	141.909 241	11.114				172	171.936 393	21.9	
Pr	59	141	140.907 656	100				173	172.938 222	16.2	
Nd	60	142	141.907 719	27.2				174	173.938 872	31.6	
		143	142.909 810	12.2							
		144	143.910 083	23.8							
		145	144.912 569	8.3							
		146	145.913 113	17.2							

核素	Z	A	原子质量 /u	丰度 /%	半衰期	核素	Z	A	原子质量 /u	丰度 /%	半衰期
		176	175.942 576	12.6				204	203.973 480	6.9	
Lu	71	175	174.940 784	97.39		Tl	81	203	202.972 336	29.5	
		176	175.942 693	2.61				205	204.970 116	70.5	
Hf	72	174	173.940 075	0.16		Pb	82	204	203.973 036	1.42	
		176	175.941 420	5.2				206	205.974 455	24.1	
		177	176.943 232	18.6				207	206.975 885	22.1	
		178	177.943 710	27.1				208	207.976 641	52.3	
		179	178.945 827	13.7		Bi	83	209	208.980 389	100	
		180	179.946 560	35.2		Po	84	209	208.982 423		102 y
Ta	73	180	179.947 489	0.012 3				210	209.982 863		138.4 d
		181	180.948 014	99.987 7		At	85	210	209.987 143		8.3 h
W	74	180	179.946 706	0.12				211	210.987 490		7.21 h
		182	181.948 205	26.50		Rn	86	222	221.982 426		3.82 d
		183	182.950 224	14.31		Fr	87	223	222.980 266		21.8 min
		184	183.950 932	30.64		Ra	88	226	225.974 594		1 602 y
		186	185.954 362	28.43		Ac	89	227	226.972 249		21.77 y
Re	75	185	186.952 977	37.40		Th	90	232	231.961 946	100	14.1 Gy
		187	187.955 765	62.60		Pa	91	231	230.964 119		32.8 ky
Os	76	184	183.952 491	0.02		U	92	233	233.095 905		0.159 2 My
		186	185.953 838	1.59				235	234.956 075	0.720	0.703 8 Gy
		187	186.955 748	1.96				238	237.949 214	99.275	4.468 Gy
		188	187.955 836	13.24		Np	93	236	235.953 380		0.11 My
		189	188.958 145	16.15				237	236.951 831		2.14 My
		190	189.958 445	26.26		Pu	94	238	237.950 444		87.74 y
		192	191.961 479	40.78				239	238.947 842		24.1 ky
Ir	77	191	190.960 603	37.3				240	239.946 191		6.570 ky
		193	192.962 942	62.7				241	240.943 153		14.4 y
Pt	78	190	189.959 937	0.013				242	241.941 261		0.376 My
		192	191.961 049	0.78		Am	95	241	240.943 175		433 y
		194	193.962 678	32.9				243	242.938 625		7.370 ky
		195	194.964 786	33.8		Cm	96	245	245.065 5		8.5 ky
		196	193.969 466	25.3				246	245.932 779		4.700 ky
		198	197.967 878	7.2				247	246.929 651		16 My
Au	79	197	196.966 559	100				248	247.927 655		0.34 My
Hg	80	196	195.965 182	0.15		Bk	97	247	247.070 3		1.4 ky
		198	197.966 759	10.0		Cf	98	249	249.074 9		351 y
		199	198.968 269	16.8				251	250.920 421		898 y
		200	199.968 315	23.1				252	252.081 6		2.64 y
		201	200.970 293	13.2		Es	99	253	253.084 8		20.47 d
		202	201.970 632	29.8		Fm	100	255	25 255.090 0		20.1 h

核素	Z	A	原子质量 /u	丰度 /%	半衰期	核素	Z	A	原子质量 /u	丰度/%	半衰期
Md	101	255	255.091 1		27 min	Sg	106	263	263.118 11		0.8 s
No	102	257	257.096 9		26 s	Bh	107	262	262.123 00		102 ms
Lr	103	260	260.105 28		180 s	Hs	108	265	265.129 90		1.8 ms
Rf	104	261	261.108 52		65 s	Mt	109	266	266.137 70		3.4 ms
Db	105	262	262.113 69		34 s						

常见物理量的数量*

物理量	常用符号	数值	单位	不确定度
真空中的光速	c	299 792 458	m/s	定义值
真空磁导率	μ_0	$4\pi \times 10^{-7}$	N/A^2	定义值
真空介电常量 $1/\mu_0 c^2$	ε_0	$8.854\ 187\ 817\cdots \times 10^{-12}$	F/m	定义值
万有引力常量	G	$6.674\ 08(31) \times 10^{-11}$	m^3/(kg $\cdot$ s^2)	4.7×10^{-5}
普朗克常量	h	$6.626\ 070\ 040(81) \times 10^{-34}$	J $\cdot$ s	1.2×10^{-8}
约化普朗克常量	$\hbar$	$1.054\ 571\ 800(13) \times 10^{-34}$	J $\cdot$ s	1.2×10^{-7}
基本电荷	e	$1.602\ 176\ 620\ 8(98) \times 10^{-19}$	C	6.1×10^{-9}
磁通量子 $h/2e$	Φ_0	$2.067\ 833\ 831(13) \times 10^{-15}$	Wb	6.1×10^{-9}
电导量子 $2e^2/h$	G_0	$7.748\ 091\ 731\ 0(18) \times 10^{-5}$	S	2.3×10^{-10}
电子静质量	m_{e}	$9.109\ 383\ 56(11) \times 10^{-31}$	kg	1.2×10^{-8}
质子静质量	m_{p}	$1.672\ 621\ 898(21) \times 10^{-27}$	kg	1.2×10^{-8}
中子静质量	m_{n}	$1.674\ 927\ 471(21) \times 10^{-27}$	kg	1.2×10^{-8}
质子反常 g 因子	g_{p}	$5.585\ 694\ 702(17)$		3.0×10^{-9}
中子反常 g 因子	g_{n}	$-3.826\ 085\ 45(90)$		2.4×10^{-7}
电子反常 g 因子	g_{e}	$-2.002\ 319\ 304\ 361\ 82(52)$		2.6×10^{-13}
精细结构常量	α	$7.297\ 352\ 566\ 4(17) \times 10^{-3}$		2.3×10^{-10}
精细结构常量的倒数	α^{-1}	$137.035\ 999\ 139(31)$		2.3×10^{-10}
里德伯常量	R_∞	$10\ 973\ 731.568\ 508(65)$	m^{-1}	5.9×10^{-12}
阿伏伽德罗常量	N_{A}	$6.022\ 140\ 857(74) \times 10^{23}$	mol^{-1}	1.2×10^{-8}
玻耳兹曼常量	k_{B}	$1.380\ 648\ 52(79) \times 10^{-23}$	J/K	5.7×10^{-7}
摩尔气体常量	R	$8.314\ 459\ 8(48)$	J/(mol $\cdot$ K)	5.7×10^{-7}
斯特藩 – 玻耳兹曼常量	σ	$5.670\ 367(13) \times 10^{-8}$	W/(m$^2 \cdot$ K^4)	2.3×10^{-6}
原子质量单位	u	$1.660\ 539\ 040(20) \times 10^{-27}$	kg	1.2×10^{-8}
电子伏	eV	$1.602\ 176\ 620\ 8(98) \times 10^{-19}$	J	6.1×10^{-9}
法拉第常量	F	$96\ 485.332\ 89(59)$	C/mol	6.2×10^{-9}
玻尔磁子	μ_{B}	$9.274\ 009\ 994(57) \times 10^{-24}$	J/T	6.2×10^{-9}
核磁子	μ_{N}	$5.050\ 783\ 699(31) \times 10^{-27}$	J/T	6.2×10^{-9}
电子磁矩	μ_{e}	$-9.284\ 764\ 620(57) \times 10^{-24}$	J/T	6.2×10^{-9}
质子磁矩	μ_{p}	$1.410\ 606\ 787\ 3(97) \times 10^{-26}$	J/T	6.9×10^{-9}
中子磁矩	μ_{n}	$-9.662\ 365\ 0(23) \times 10^{-27}$	J/T	2.4×10^{-7}

国际科技数据委员会 (CODATA)2016 年推荐值，具体见 Rev. Mod. Phys. 88: 035009 (2016).

部分思考题和习题参考答案

第一章

1.1. 185.7 K.

1.2. 4.86×10^{-8} W·m^{-2}·K^{-4}.

1.3. $\dfrac{\Delta P(\lambda, T)}{hc/\lambda} = 2.0 \times 10^{15}$ s^{-1}.

1.4. $n_{\text{total}} = 4.5 \times 10^8$ m^{-3}, $E_\gamma = \dfrac{\rho}{n_{\text{total}}} = 0.66$ MeV.

1.5. $T \in (6\,038, 6\,440)$ K.

1.6. $\lambda \approx 2.898 \times 10^{-10}$ m, $E_\gamma = 4.286\,7$ eV.

1.7. 假设外界温度为室温 $20°$C, $P_{\text{B}} \approx 247.88$ W.

1.8. $\nu_m = 1.037 \times 10^{11}$ T.

1.9. $\delta = \dfrac{r(\lambda_m, 39.5°\text{C})}{r(\lambda_m, 35.5°\text{C})} = 6.69\%$.

1.10. $n = \dfrac{PS}{E_\gamma} = 3.75 \times 10^3$.

1.11. $P = nE_\gamma = 3.62 \times 10^{-17}$ J/s.

1.12. $p = \dfrac{\Delta P_\perp / \Delta t}{A} = 2N\dfrac{h\nu}{c}\cos^2\theta$.

1.13. $n = \dfrac{P}{ch\nu} = 5.03 \times 10^{22}$, $n_\gamma = 2.08 \times 10^7$.

1.14. 该问题即证明: 光子与 (自由) 电子散射后, 末态不可能只存在 (自由) 电子. 反证法: 否则, 能量守恒定律、动量守恒定律有矛盾. 具体证明略.

1.15. $\lambda = \dfrac{hc}{W + eU_0} = 272$ nm.

1.16. $h = \dfrac{\overline{K}}{c} = 6.562 \times 10^{-34}$ J·s.

1.17. 不能, 因为 $\lambda > \lambda_{\text{sat}} = 540.5$ nm.

1.18. 不能, 因为 $\lambda_{\text{red}} \in (630, 760)$ nm $> \lambda_{\text{sat}} = 621.6$ nm.

1.19. $E_{\text{R}} = \dfrac{2E_{\gamma,\text{i}}^2 \sin^2\dfrac{\theta}{2}}{m_{\text{e}}^0 c^2 + 2E_{\gamma,\text{i}} \sin^2\dfrac{\theta}{2}}$.

1.20. 考虑能量守恒、动量守恒. 具体证明略.

1.21. $\theta = 2a\text{csin}(\sqrt{0.127\,5}) = 41.8°$.

1.22. $\lambda' = \lambda_0 + 2\dfrac{h}{m_{\text{e}}^0 c}\sin^2\dfrac{\theta}{2} = 2.54 \times 10^{-12}$ m.

1.23. 考虑能量守恒、动量守恒. $E_{\gamma,1} = 5.255\ \text{MeV}, E_{\gamma,2} = 0.255\ \text{MeV}.$

1.24. 假设末态电子受某些条件限制, 并非自由电子, 题设过程满足能量、动量守恒; 或者考虑题设过程为虚过程, $\theta < 60°$.

1.25. $\Delta\lambda = 2.426 \times 10^{-12}\ \text{m}, \quad \dfrac{\Delta E_\gamma}{E_\gamma} = 11.4\%, \quad E_{e,R} = 753.8\ \text{keV}.$

1.26. 严格来讲, 确实不适用, 因此需要发展建立完全的量子理论. 近似地, 可通过考虑靶的反冲、并去掉点粒子假设来缓解.

1.27. $\left.\dfrac{n_{\text{Au}}}{n_{\text{Ag}}}\right|_{\text{Theor}} = 1.88;$

$\left.\dfrac{n_{\text{Au}}}{n_{\text{Ag}}}\right|_{\text{Expt},\ \theta=45°} = 1.45, \quad \left.\dfrac{n_{\text{Au}}}{n_{\text{Ag}}}\right|_{\text{Expt},\ \theta=75°} = 1.55, \quad \left.\dfrac{n_{\text{Au}}}{n_{\text{Ag}}}\right|_{\text{Expt},\ \theta=135°} = 1.57;$

随散射角增大接近理论值.

厚度问题实际不严重, 因为原子半径远大于原子核半径, 基本不遮挡.

1.28. 不能, 因为能够接近到的最小间距 $r_{\min} = \dfrac{Z_1 Z_2 e^2}{4\pi\varepsilon_0 E_k} = 56.9\ \text{fm}$, 明显大于入射

粒子与靶核半径之和.

1.29. 实际问题是两体问题, 玻尔模型对之按单体问题进行了处理, 通过将电子质

量 m_e^0 改换为电子与原子核形成的两体系统的折合质量 $\mu = \dfrac{m_e^0 m_N^0}{m_e^0 + m_N^0}$ 即可

解决问题.

1.30. 两条, 波长分别为 657.7 nm, 121.9 nm .

1.31. $E_n = \dfrac{Ze^2}{4\pi\varepsilon_0 R}\left(n_\chi - \dfrac{3}{2}\right), \quad$ 其中 $\chi = \left(\dfrac{4\pi\varepsilon_0 \hbar^2}{Ze^2 m_e^2 R}\right)^{1/2}.$

1.32. $v = 0.168\,3c$, 其中 c 为真空中的光速 $\left(\text{考虑多普勒效应:}\nu \to \sqrt{\dfrac{1+\dfrac{v}{c}}{1-\dfrac{v}{c}}}\nu\right).$

1.33. $\lambda_{\text{ll}}^{\text{L}} = \dfrac{hc}{E_{\min}^{\text{L}}} = 121.8\ \text{nm}, \lambda_{\text{ll}}^{\text{B}} = \dfrac{hc}{E_{\min}^{\text{B}}} = 657.7\ \text{nm}, \lambda_{\text{ll}}^{\text{P}} = \dfrac{hc}{E_{\min}^{\text{P}}} = 1\,879.2\ \text{nm};$

$\lambda_{\text{sl}}^{\text{L}} = \dfrac{hc}{E_{\max}^{\text{L}}} = 91.4\ \text{nm}, \lambda_{\text{sl}}^{\text{B}} = \dfrac{hc}{E_{\max}^{\text{B}}} = 365.4\ \text{nm}, \lambda_{\text{sl}}^{\text{P}} = \dfrac{hc}{E_{\max}^{\text{P}}} = 822.2\ \text{nm}.$

1.34. 接上题结果, 仅巴耳末系的部分光谱在可见光区 $[\lambda \in (380,760)\text{nm}]$, 对应 $n=3, 4, 5, 6, 7, 8, 9, 10$ 的八条谱线.

1.35. 13.62 eV .

1.36. $E_{i,B} = 12.73\ \text{eV}.$

1.37. $v_R \approx 3.26$ m/s; $\dfrac{E_R}{E_\gamma} = 5.44 \times 10^{-9}$.

1.38. $E_k^{min} = 12.09$ eV.

1.39. $v_e^{min} = 1.89 \times 10^6$ m/s.

1.40. $E_n = E_k + E_p = (m_e - m_e^0)c^2 - \dfrac{Ze^2}{4\pi\varepsilon_0 r_n}$,

考虑角动量守恒和角动量量子化、以及电子质量的相对论效应 (近似展开到二阶) 即得证. 具体过程略.

1.41. 所有的都可能; 对确定的 $\theta = 30°$, 利用 1 eV 的可能.

1.42. $\dfrac{p_\gamma}{p_e} = 1;$ $\quad \dfrac{E_\gamma}{E_{k,e}} = 329.7$.

1.43. $v = \sqrt{2(\sqrt{2}-1)}c;$ $\quad \lambda_d = 2.96 \times 10^{-12}$ m.

1.44. $\theta = \arcsin(0.271\ 8) = 15.8°,$ $\quad \theta = \arcsin(0.121\ 6) = 7.0°$.

1.45. $E = 0.025\ 4$ eV .

1.46. $\theta = 9°$.

1.47. 由定义出发直接计算即得证, 具体过程略. $E_k^e = E_e^0 = 0.51$ MeV.

1.48. 考虑电子质量的相对论效应即可证得. 具体过程略.

1.49. $E_k^{min} = \Delta pc = 9.892$ MeV;

$E_\gamma^{min} = 9.892$ MeV, $\quad E_e^{min} = 9.905$ MeV, $\quad E_p^{min} = 938.324$ MeV,

$E_n^{min} = 939.612$ MeV.

1.50. 对质子, $\Delta x \geqslant 0.316$ m, $\Delta y = 0$. 对电子, $\Delta x \geqslant 579.15$ m, $\Delta y = 0$.

1.51. $\Delta E_e = 310$ eV, $\Delta E_p = 0.323$ MeV.

1.52. $\tau > \Delta t \geqslant 1.59 \times 10^{-9}$ s.

1.53. 模型下两离子可以接近到的最小距离应大于入射粒子的德布罗意波长,

$$v < \dfrac{2Z_1 Z_2 e_s^2}{h}.$$

1.54. 利用不确定关系得 $E = \dfrac{p^2}{2m} + \dfrac{1}{2}m\omega^2 x^2 \geqslant \dfrac{\hbar^2}{8m\Delta x} + \dfrac{1}{2}m\omega^2(\Delta x)^2$,

再由能量最小条件得 $E_{min} = \dfrac{1}{2}\hbar\omega$.

1.55. $\tau \geqslant \Delta t \geqslant 9.99 \times 10^{-21}$ s.

1.56. 由图读出 Δp 之值, 由不确定关系得 $r(^9\text{Li}) \approx 2.2$ fm, 与 $r(A) \approx 1.15 A^{1/3}$ 的经验规律相符; 但 $r(^{11}\text{Li}) \approx 5.65$ fm, 明显偏离经验规律给出的结果, 说明 ^{11}Li 是物质组分分布很广泛的特殊的原子核 (形象地称之为晕核).

1.57. $f \approx \dfrac{1}{\Delta t} \leqslant 1.71 \times 10^{51}$ s^{-1}.

1.58. 如果做 10 层层析测量, $E_k^{min} \approx 1.24$ GeV.

如果做 100 层层析测量, $E_k^{min} \approx 12.35$ GeV.

1.59. $T_{NR} \approx \dfrac{\hbar^2 n^{2/3}}{12 m k_B}$, $\quad T_R \approx \dfrac{\hbar c n^{1/3}}{6 k_B}$.

1.60. 10.4 T/m.

1.61. 4 条谱线, 相邻两条的间距 3.48×10^{-12} m, 相距最远两谱线之间距离 1.04×10^{-11} m.

1.62. 由氢原子, $\dfrac{\partial B}{\partial z} = \dfrac{3 m_e d k_B T}{x l e \hbar}$. 对氯原子, 4 条线; 相邻两束间距 4 mm.

1.63. (1) 522 μm, $\qquad$ (2) $\dfrac{3}{2}\hbar$.

1.64. $\mp 1.391 \times 10^{-21}$ N, 7.62 cm.

1.65. 3.12 m.

1.66. 固体吸收光谱的精细结构等.

1.67. $\Delta E = 2.23$ J.

第二章

2.1. 由有心力场中运动的粒子的薛定谔方程出发, 考虑 $r \to \infty$ 的渐近行为, 即可证得. 具体过程略.

指数中正负号的物理意义: 正号代表由原点出射的球面波, 负号表示向原点汇聚的球面波.

2.2. 实际问题是两体问题, 玻尔模型对之按单体问题进行了处理, 因此模型结果与实验测量结果存在差异.

在量子力学中, 将两体问题的薛定谔方程转换为质心运动的薛定谔方程和相对运动的薛定谔方程, 相对运动的折合质量由电子质量 m_e^0 和原子核的质量 m_N^0 共同决定, 并表述为 $\mu = \dfrac{m_e^0 m_N^0}{m_e^0 + m_N^0}$, 如此求解后, 自然解决存在的问题.

2.3. $\tilde{\nu} = \dfrac{1}{\lambda} = R\left(\dfrac{1}{2^2} - \dfrac{1}{n^2}\right)$, 其中 $R = \dfrac{\mu e^4}{8 \varepsilon_0^2 h^3 c}$.

图略. 10 条谱线对应的跃迁的上能级的 n 值依次分别为 25、11、10、9、8、7、6、5、4、3.

2.4. 莱曼系中波长为 121.6 nm (对应 $n = 2$)、102.5 nm (对应 $n = 3$) 的谱线, 和巴耳末系中波长为 656.5 nm (对应 $n = 3$) 的谱线.

2.5. 氢核、氘核、氚核的静质量不同, 致使相应原子的折合质量不同, 从而所发光谱的波长不同.

$\Delta \lambda_{12} = \lambda_1 - \lambda_2 = 0.18$ nm, $\Delta \lambda_{13} = \lambda_1 - \lambda_3 = 0.24$ nm.

2.6. 核电荷数 $Z = 2$ 的类氢离子, 例如: He^+.

2.7. 氢原子: $\lambda_{2,3} = 656.11$ nm, $\lambda_{2,4} = 486.01$ nm, $\lambda_{2,5} = 433.94$ nm, $\lambda_{2,6} = 410.07$ nm.

$He^+(Z = 2): \lambda_{3,4} = 468.65$ nm, $\lambda_{4,6} = 656.11$ nm, $\lambda_{4,7} = 541.24$ nm,

$\lambda_{4,8} = 486.01$ nm, $\lambda_{4,9} = 454.23$ nm, $\lambda_{4,10} = 433.94$ nm,

$\lambda_{4,11} = 420.05$ nm, $\lambda_{4,12} = 410.07$ nm, $\lambda_{4,13} = 402.63$ nm;

$\lambda_{5,10} = 759.39$ nm, $\lambda_{5,11} = 717.86$ nm, $\lambda_{5,12} = 689.19$ nm,

$\lambda_{5,13} = 668.42$ nm, $\lambda_{5,14} = 652.81$ nm, $\lambda_{5,15} = 640.73$ nm,

...... $\lambda_{5,100} = 569.54$ nm, ...

不能识别出.

2.8. (1) 对氢原子, $a_B^1 = \dfrac{4\pi\varepsilon_0\hbar^2}{\mu_H e^2} = 5.29 \times 10^{-11}$ m, $a_B^2 = 2^2 a_B^1 = 2.12 \times 10^{-10}$ m,

$$v_1 = \left(\frac{e^2}{4\pi\varepsilon_0 a_B^1}\right)^{1/2} = 2.19 \times 10^6 \text{ m/s},$$

$$v_2 = \left(\frac{e^2}{4\pi\varepsilon_0 a_B^2}\right)^{1/2} = \frac{1}{2}v_1 = 1.09 \times 10^6 \text{ m/s}.$$

对 $He^+(Z = 2)$, $a_B^1 = \dfrac{4\pi\varepsilon_0\hbar^2}{\mu_{He^+} Z e^2} = 2.65 \times 10^{-11}$ m, $a_B^2 = 2^2 a_B^1 = 1.06 \times 10^{-10}$ m,

$$v_1 = \left(\frac{Z e^2}{4\pi\varepsilon_0 a_B^1}\right)^{1/2} = 4.38 \times 10^6 \text{ m/s},$$

$$v_2 = \left(\frac{e^2}{4\pi\varepsilon_0 a_B^2}\right)^{1/2} = \frac{1}{2}v_1 = 2.19 \times 10^6 \text{ m/s}.$$

对 $Li^{++}(Z = 3)$, $a_B^1 = \dfrac{4\pi\varepsilon_0\hbar^2}{\mu_{Li^{++}} Z e^2} = 1.76 \times 10^{-11}$ m, $a_B^2 = 2^2 a_B^1 = 7.06 \times$

10^{-10} m,

$$v_1 = \left(\frac{Z e^2}{4\pi\varepsilon_0 a_B^1}\right)^{1/2} = 6.56 \times 10^6 \text{ m/s},$$

$$v_2 = \left(\frac{e^2}{4\pi\varepsilon_0 a_B^2}\right)^{1/2} = \frac{1}{2}v_1 = 3.28 \times 10^6 \text{ m/s}.$$

(2) 对氢原子, $E_B = -E_1 = \dfrac{\mu e^4}{32\pi^2\varepsilon_0^2\hbar^2} = 13.6$ eV;

对 $He^+(Z = 2)$, $E_B = -E_1 = \dfrac{\mu Z^2 e^4}{32\pi^2\varepsilon_0^2\hbar^2} = 54.4$ eV;

对 $Li^{++}(Z = 3)$, $E_B = -E_1 = \dfrac{\mu Z^2 e^4}{32\pi^2\varepsilon_0^2\hbar^2} = 122.5$ eV.

(3) 对氢原子, $E_{\text{exc}} = -E_1\left(\dfrac{1}{1^1} - \dfrac{1}{2^2}\right) = 10.2$ eV, $\lambda = \dfrac{hc}{E_{\text{exc}}} = 121.6$ nm;

对 He$^+$($Z=2$), $E_{\text{B}} = -E_1\left(\dfrac{1}{1^1} - \dfrac{1}{2^2}\right) = 40.8$ eV, $\lambda = \dfrac{hc}{E_{\text{exc}}} = 30.4$ nm;

对 Li^{++}($Z=3$), $E_{\text{B}} = -E_1\left(\dfrac{1}{1^1} - \dfrac{1}{2^2}\right) = 91.8$ eV, $\lambda = \dfrac{hc}{E_{\text{exc}}} = 13.5$ nm.

2.9. $v = \sqrt{\dfrac{2E_{\text{k,e}}}{m_{\text{e}}}} = 3.093 \times 10^6$ m/s.

2.10. (1) $r_1 = \dfrac{4\pi\varepsilon_0\hbar^2}{\mu e^2} = 2a_{\text{B}}^{1,\text{H}} = 1.058 \times 10^{-10}$ m.

(2) $E_I = \dfrac{\mu e^4}{32\pi^2\varepsilon_0^2\hbar^2} = \dfrac{1}{2}E_I^{\text{H}} = 6.80$ eV, $E_{exc,1} = E_I\left(\dfrac{1}{1^1} - \dfrac{1}{2^2}\right) = 5.10$ eV.

(3) $\lambda = \dfrac{hc}{E_{exc,1}} = 243.3$ nm.

2.11. $R_{\mu^-} = \dfrac{\mu_{\mu^-}e^4}{8\varepsilon_0^2h^3c} = \mu_{\mu^-}R_{\text{H}} = 2.040 \times 10^9$ m^{-1}, $\mu = \dfrac{m_{\text{p}}m_{\mu^-}}{m_{\text{p}} + m_{\mu^-}}$ 为 μ$^-$ 原子的折合质量,

$a_{\text{B}}^1 = \dfrac{4\pi\varepsilon_0\hbar^2}{\mu_{\mu^-}e^2} = 2.845 \times 10^{-13}$ m, $E_1 = -\dfrac{\mu_{\mu^-}e^4}{32\pi^2\varepsilon_0^2\hbar^2} = -4.06 \times 10^{-16}$ J $=$

-2.54 keV, $\lambda_{\text{sl}}^{\text{L}} = \dfrac{hc}{-E_1} = 0.49$ nm.

2.12. 同上题, 只是折合质量 μ 换为 $\mu = \dfrac{m_{\text{p}}m_{\pi^-}}{m_{\text{p}} + m_{\pi^-}}$,

$R_{\pi^-} = 2.579 \times 10^9$ m^{-1}, $a_{\text{B}}^1 = 2.250 \times 10^{-13}$ m,

$E_1 = -5.13 \times 10^{-16}$J $= -3.21$ keV, $\lambda_{\text{sl}}^{\text{L}} = \dfrac{hc}{-E_1} = 0.387$ nm.

2.13. $r_{\text{most probable}} = 4a_{\text{B}}^1$, $\bar{r} = 5a_{\text{B}}^1$.

2.14. 直接由概率密度最大即可证得. 具体证明略.

2.15. $\omega(n) = \dfrac{\hbar}{\mu(a_{\text{B}}^1)^2}\dfrac{1}{n^3}$, $V(n) = -\dfrac{\mu e^4}{16\pi^2\varepsilon_0^2\hbar^2}\dfrac{1}{n^2}$, $E_{\text{k}}(n) = \dfrac{\mu e^4}{32\pi^2\varepsilon_0^2\hbar^2}\dfrac{1}{n^2}$.

图略.

随电子总能量增加, 角速度 ω 和动能 E_{k} 都减小, 势能 V 增大 (绝对值减小).

$n \to \infty$ 时, 四者都趋于 0.

2.16. $n = 1, l = 0$ 态, 波函数无节点.

$n = 2, l = 0$ 态, 波函数在 $r = 2a_{\text{B}}^1$ 处有节点;

$n = 2, l = 1$ 态, 波函数在 $r=0$ 处有节点.

$n = 3, l = 0$ 态, 波函数在 $r = \dfrac{9 \pm 3\sqrt{3}}{2} a_{\mathrm{B}}^1$ 处有节点;

$n = 3, l = 1$ 态, 波函数在 $r = 0$ 和 $r = 6a_{\mathrm{B}}^1$ 处有节点;

$n = 3, l = 2$ 态, 波函数在 $r = 0$ 处有节点.

2.17. 先由定态薛定谔方程导出 Hellman-Feynmann 定理: $\overline{\dfrac{\partial \hat{H}(\lambda)}{\partial \lambda}} = \dfrac{\partial E_n(\lambda)}{\partial \lambda}$,

对核电荷数为 Z 的类氢离子 (Z 为参量) 得 $\overline{r^{-1}} = \dfrac{Z}{a_{\mathrm{B}} n^2}$.

根据径向方程, 计算 r^s (s 为参数) 的平均值得递推关系 (Kramers 关系):

$$-s[(2l+1)^2 - s^2]\overline{r^{s-2}} + \dfrac{4(2s+1)}{a_{\mathrm{B}}}\overline{r^{s-1}} - \dfrac{4(s+1)}{n^2 a_{\mathrm{B}}^2}\overline{r^s} = 0.$$

取 $s = 1$, 待证命题即得证.

具体过程略.

进而, 对 $\{n, l\}$ 态, 有

$\overline{r_{1,0}} < \overline{r_{2,1}} < \overline{r_{2,0}} < \overline{r_{3,2}} < \overline{r_{3,1}} < \overline{r_{3,0}} < \cdots < \overline{r_{20,19}} < \overline{r_{20,18}} < \cdots < \overline{r_{20,1}} < \overline{r_{20,0}}.$

物理机制: 对于不同的 n, n 越大, 能量越高, 势能越大, 亦即电子与原子核之间的间距越大, 也就是 $\bar{r}$ 越大.

对于相同的 n, l 越大, 离心势能越大, 于是, 在相同能量下, l 越大, 电子与原子核之间的相互作用势能就越小, 也就是 $\bar{r}$ 越小.

2.18. 电流 $I = \dfrac{q}{\tau} = \dfrac{e}{\dfrac{2\pi r_n}{v_n}} = \dfrac{e}{2\pi}\dfrac{n\hbar}{\mu r_2^2} = \dfrac{e\hbar}{2\pi \mu a_{\mathrm{B}}^2 n^3}$,

$\Rightarrow I_1 = 1.05 \text{ mA}, \ I_2 = 0.13 \text{ mA}, \ I_3 = 39 \ \mu\text{A}.$

磁矩 $m_n = I_n S = I_n \pi r_n^2 = \dfrac{ne\hbar}{2\mu}$,

$\Rightarrow m_1 = 9.27 \times 10^{-24} \text{ A} \cdot \text{m}^2 = \mu_{\mathrm{B}}, \ m_2 = 1.85 \times 10^{-23} \text{ A} \cdot \text{m}^2,$
$m_3 = 2.78 \times 10^{-23} \text{ A} \cdot \text{m}^2.$

第三章

3.1. 本征值 $\lambda = \pm 1$, 本征态 $\chi_{\lambda=1} = \begin{pmatrix} \dfrac{1}{\sqrt{2}} \\ \dfrac{i}{\sqrt{2}} \end{pmatrix}$, $\quad \chi_{\lambda=-1} = \begin{pmatrix} \dfrac{1}{\sqrt{2}} \\ -\dfrac{i}{\sqrt{2}} \end{pmatrix}.$

3.2. 考虑算符的函数的幂级数展开和 $\hat{\sigma}_z$ 的对易关系, 即可直接证得命题. 具体过程略.

3.3. 由 $\hat{\sigma}_\pm$ 的定义和 $\hat{\sigma}_x$、$\hat{\sigma}_y$ 的代数关系即可直接证得. 具体过程略.

3.4. 本征值 $\lambda = \pm 1$, 本征态 $\chi_{\lambda=1} = \begin{pmatrix} \cos\dfrac{\theta}{2} \\ \sin\dfrac{\theta}{2}e^{i\phi} \end{pmatrix}$, $\chi_{\lambda=-1} = \begin{pmatrix} \sin\dfrac{\theta}{2} \\ \cos\dfrac{\theta}{2}e^{i\phi} \end{pmatrix}$.

3.5. 测得值为 $\dfrac{\hbar}{2}$ 或 $-\dfrac{\hbar}{2}$, 相应的概率分别为 $P_{\hbar/2} = \cos^2\dfrac{\theta}{2}$, $P_{-\hbar/2} = \sin^2\dfrac{\theta}{2}$.

3.6. 利用对易关系直接计算得 $\hat{\sigma}_k^{(x)} = S\hat{\sigma}_k^{(z)}S^\dagger$, 其中 $S = \begin{pmatrix} \dfrac{1}{\sqrt{2}} & \dfrac{1}{\sqrt{2}} \\ \dfrac{i}{\sqrt{2}} & -\dfrac{i}{\sqrt{2}} \end{pmatrix}$, $k = x, y, z$.

3.7. 利用对易关系直接计算得 $\hat{\sigma}_k^{(y)} = S\hat{\sigma}_k^{(z)}S^\dagger$, 其中 $S = \begin{pmatrix} \dfrac{1}{\sqrt{2}} & -\dfrac{i}{\sqrt{2}} \\ \dfrac{1}{\sqrt{2}} & \dfrac{i}{\sqrt{2}} \end{pmatrix}$, $k = x, y, z$.

3.8. 直接计算即可证得. 具体过程略.

3.9. 利用泡利算符的对易关系, 并注意不同粒子的泡利算符都对易, 即可证得. 具体过程略.

3.10. 共同本征函数为 $\psi_{1,1} = \dfrac{1}{\sqrt{2}}\chi_+^1\chi_-^2 + \dfrac{1}{\sqrt{2}}\chi_-^1\chi_+^2$, $\psi_{1,-1} = \dfrac{1}{\sqrt{2}}\chi_+^1\chi_+^2 + \dfrac{1}{\sqrt{2}}\chi_-^1\chi_-^2$,

$$\psi_{-1,1} = \dfrac{1}{\sqrt{2}}\chi_+^1\chi_+^2 - \dfrac{1}{\sqrt{2}}\chi_-^1\chi_-^2, \quad \psi_{-1,-1} = \dfrac{1}{\sqrt{2}}\chi_+^1\chi_-^2 - \dfrac{1}{\sqrt{2}}\chi_-^1\chi_+^2,$$

其中 χ_+^i、χ_-^i 分别为相应于第 i 个 $\hat{\sigma}_z$ 算符的本征值为 1、-1 的本征态, $\chi_\alpha^i\chi_\beta^j = \chi_\alpha^i \otimes \chi_\beta^j$ 为 χ_α^i 与 χ_β^j 的直积. 因为这些共同本征函数都不是 1、2 两算符的本征函数的直积, 而是这些直积的线性叠加, 所以它们都是纠缠态.

3.11. 共同本征函数为 $\psi_{1,1} = \dfrac{1}{\sqrt{2}}\chi_+^1\chi_+^2 + \dfrac{i}{\sqrt{2}}\chi_-^1\chi_-^2$, $\psi_{1,-1} = \dfrac{1}{\sqrt{2}}\chi_+^1\chi_-^2 + \dfrac{i}{\sqrt{2}}\chi_-^1\chi_+^2$,

$$\psi_{-1,1} = \dfrac{1}{\sqrt{2}}\chi_+^1\chi_-^2 - \dfrac{i}{\sqrt{2}}\chi_-^1\chi_+^2, \quad \psi_{-1,-1} = \dfrac{1}{\sqrt{2}}\chi_+^1\chi_+^2 - \dfrac{i}{\sqrt{2}}\chi_-^1\chi_-^2,$$

其中 χ_+^i、χ_-^i 分别为相应于第 i 个 $\hat{\sigma}_z$ 算符的本征值为 1、-1 的本征态, $\chi_\alpha^i\chi_\beta^j = \chi_\alpha^i \otimes \chi_\beta^j$ 为 χ_α^i 与 χ_β^j 的直积. 因为这些共同本征函数都不是 1、2 两算符的本征函数的直积, 而是这些直积的线性叠加, 所以它们都是纠缠态.

3.12. 自旋相反的对, 即 $\dfrac{1}{\sqrt{2}}(\chi_+\chi_- - \chi_-\chi_+)$.

物理机制: 晶格 (带正电荷) 作用使得两电子之间有等效的吸引作用, 从而配成空间波函数交换对称、自旋波函数交换反对称的对.

3.13. 既有自旋单态对 χ_{00}, 又有自旋三重态对 χ_{1q}(其中 $q = 1, 0, -1$). 自旋单态 χ_{00} 为对应系统基态的自旋波函数.

3.14. (1) $\psi_{M_L=2,M_S=0} = \begin{vmatrix} Y_{11}(\theta_1,\varphi_1)\chi_+^1 & Y_{11}(\theta_2,\varphi_2)\chi_+^2 \\ Y_{11}(\theta_1,\varphi_1)\chi_-^1 & Y_{11}(\theta_2,\varphi_2)\chi_-^2 \end{vmatrix}.$

(2) $\psi_{M_L=1,M_S=1} = \begin{vmatrix} Y_{11}(\theta_1,\varphi_1)\chi_+^1 & Y_{11}(\theta_2,\varphi_2)\chi_+^2 \\ Y_{10}(\theta_1,\varphi_1)\chi_+^1 & Y_{10}(\theta_2,\varphi_2)\chi_+^2 \end{vmatrix}.$

3.15. (1) $E_1 = \dfrac{2\pi^2\hbar^2}{8ma^2}$、$E_2 = \dfrac{5\pi^2\hbar^2}{8ma^2}$、$E_3 = \dfrac{8\pi^2\hbar^2}{8ma^2}$、$E_4 = \dfrac{10\pi^2\hbar^2}{8ma^2}$,

简并度分别为 1、4、1、4.

(2) $E_1 = \dfrac{2\pi^2\hbar^2}{8ma^2}$、$E_2 = \dfrac{5\pi^2\hbar^2}{8ma^2}$、$E_3 = \dfrac{8\pi^2\hbar^2}{8ma^2}$、$E_4 = \dfrac{10\pi^2\hbar^2}{8ma^2}$,

简并度分别为 4、8、4、8.

(3) 能量分别也为 $E_1 = \dfrac{2\pi^2\hbar^2}{8ma^2}$、$E_2 = \dfrac{5\pi^2\hbar^2}{8ma^2}$、$E_3 = \dfrac{8\pi^2\hbar^2}{8ma^2}$、$E_4 = \dfrac{10\pi^2\hbar^2}{8ma^2}$,

简并度分别为 6、9、6、9.

3.16. (1) $E_1 = \hbar\omega$、$E_2 = 2\hbar\omega$、$E_3 = 3\hbar\omega$, 简并度分别为 1、4、1.

(2) 能量也为 $E_1 = \hbar$、$E_2 = 2\hbar\omega$、$E_3 = 3\hbar\omega$, 简并度分别为 6、9、6.

3.17. 转换为质量为 $M = 2m$ 的质心运动和 (折合)质量为 $\mu = \dfrac{m}{2}$ 的相对运动, 并

且二者均为简谐振子势场中的运动, 质心运动的圆频率即原谐振子的圆频率 ω, 相对运动的圆频率 ω_r 由原圆频率和两粒子间的作用强度共同决定, 记作

用强度为 A, 则 $\omega_r = \sqrt{\omega^2 + \dfrac{A}{\mu}}.$

(1) $E = \left(n_C + \dfrac{1}{2}\right)\hbar\omega + \left(n_r + \dfrac{1}{2}\right)\hbar\omega_r$, 其中 $n_C, n_r = 0,1,2,\cdots$.

本征函数 $\Psi(x_1,x_2,S) = C[\psi_{n_C}(X)\psi_{n_r}(x) + \psi_{n_C}(X)\psi_{n_r}(-x)]\chi_{SM_S}$,

其中 $X = \dfrac{1}{2}(x_1+x_2), x = x_2 - x_1, \psi_n(y)$ 均为简谐振子波函数, C 为归一化

系数, χ_{SM_S} 为自旋波函数;

相应于自旋单态 χ_{00}, 空间部分应交换对称, E 和 Ψ 都应有 $n_C = 0,1,2,\cdots$, $n_r = 0,2,4,\cdots$.

相应于自旋三重态 $\chi_{1,q}$, 空间部分应交换反对称,

E 和 Ψ 都应有 $n_C = 0,1,2,\cdots, n_r = 1,3,5,\cdots$.

(2) 自旋部分对称, 于是 $E = \left(n_C + \dfrac{1}{2}\right)\hbar\omega + \left(n_r + \dfrac{1}{2}\right)\hbar\omega_r, \Psi = \psi_{n_C}\psi_{n_r}\chi_{1q}$,

其中 $n_C = 0,1,2,\cdots; n_r = 0,2,4,\cdots$.

3.18. $\psi_{M_S=1/2}=\dfrac{1}{\sqrt{6}}\left(\dfrac{1}{\sqrt{4\pi}}\right)^3\begin{vmatrix} R_{10}(r_1)\chi_+(1) & R_{10}(r_2)\chi_+(2) & R_{10}(r_3)\chi_+(3) \\ R_{10}(r_1)\chi_-(1) & R_{10}(r_2)\chi_-(2) & R_{10}(r_3)\chi_-(3) \\ R_{20}(r_1)\chi_+(1) & R_{20}(r_2)\chi_+(2) & R_{20}(r_3)\chi_+(3) \end{vmatrix}$

3.19. 波函数可以统一表述为 $\psi_{M_L=1,M_S=1/2}=\dfrac{1}{\sqrt{6}}\begin{vmatrix} \psi_1(1) & \psi_1(2) & \psi_1(3) \\ \psi_2(1) & \psi_2(2) & \psi_2(3) \\ \psi_3(1) & \psi_3(2) & \psi_3(3) \end{vmatrix}$

其中 $\psi_1(1)=R_{21}Y_{11}\chi_+(1)$, $\quad\psi_2(1)=R_{21}Y_{11}\chi_+(1)$, $\quad\psi_3(1)=R_{21}Y_{11}\chi_-(1)$,

$\psi_1(2)=R_{21}Y_{10}\chi_-(2)$, $\quad\psi_2(2)=R_{21}Y_{10}\chi_+(2)$, $\quad\psi_3(2)=R_{21}Y_{10}\chi_+(2)$,

$\psi_1(3)=R_{30}Y_{00}\chi_+(3)$, $\quad\psi_2(3)=R_{30}Y_{00}\chi_-(3)$, $\quad\psi_3(3)=R_{30}Y_{00}\chi_+(3)$.

3.20. (1) $\Psi_{300}^{\mathrm{S}}=\psi_1(q_1)\psi_1(q_2)\psi_1(q_3)$, $\Psi_{300}^{\mathrm{AS}}=0$.

(2) $\Psi_{210}^{\mathrm{S}}=\dfrac{1}{\sqrt{3}}[\psi_1(q_1)\psi_1(q_2)\psi_2(q_3)+\psi_1(q_1)\psi_1(q_3)\psi_2(q_2)+\psi_1(q_2)\psi_1(q_3)\psi_2(q_1)]$,

$\Psi_{210}^{\mathrm{AS}}=0$.

(3) $\Psi_{111}^{\mathrm{S}}=\dfrac{1}{\sqrt{6}}[\psi_1(q_1)\psi_2(q_2)\psi_3(q_3)+\psi_1(q_1)\psi_2(q_3)\psi_3(q_2)+\psi_1(q_2)\psi_2(q_1)\psi_3(q_3)+$

$\psi_1(q_2)\psi_2(q_3)\psi_3(q_1)+\psi_1(q_3)\psi_2(q_1)\psi_3(q_2)+\psi_1(q_3)\psi_2(q_2)\psi_3(q_1)]$,

$\Psi_{111}^{\mathrm{AS}}=\dfrac{1}{\sqrt{6}}\begin{vmatrix} \psi_1(q_1) & \psi_1(q_2) & \psi_1(q_3) \\ \psi_2(q_1) & \psi_2(q_2) & \psi_2(q_3) \\ \psi_3(q_1) & \psi_3(q_2) & \psi_3(q_3) \end{vmatrix}$.

3.21. 由泡利不相容原理即可说明. 具体过程略.

3.22. 最简单的核子结构模型即三维无限深球方势阱模型, 记阱的半径为 R, 非相对

论模型下, 单粒子能量本征函数为 $\Psi_{ln}=\sqrt{\dfrac{2}{\pi}}\dfrac{\chi_{ln}}{R}\mathrm{j}_l\left(\dfrac{\chi_{ln}}{R}r\right)Y_{lm}(\theta,\varphi)$, 本征值

为 $E_{ln}=\dfrac{\hbar^2}{2mR^2}\chi_{ln}^2$, 其中 j_l 为 l 阶贝塞尔函数, χ_{ln} 为 l 阶贝塞尔函数的第 n

个零点对应的坐标.

基态: $l=0$, $n=1$, $\chi_{01}=\pi$, $E_{01}=\dfrac{\pi^2\hbar^2}{2mR^2}$, 径向波函数 $\psi_{01}(r)=\dfrac{\sqrt{2\pi}}{R}\mathrm{j}_0\left(\dfrac{\pi}{R}r\right)$.

第一激发态: $l=1, n=1, \chi_{11}=4.493$,

$E_{11}=\dfrac{4.493^2\hbar^2}{2mR^2}$, 径向波函数 $\psi_{01}(r)=\sqrt{\dfrac{2}{\pi}}\dfrac{4.493}{R}\mathrm{j}_1\left(\dfrac{4.493}{R}r\right)$.

第二激发态: $l=2, n=1, \chi_{21}=5.763$,

$E_{11}=\dfrac{5.763^2\hbar^2}{2mR^2}$, 径向波函数 $\psi_{01}(r)=\sqrt{\dfrac{2}{\pi}}\dfrac{5.763}{R}\mathrm{j}_2\left(\dfrac{5.763}{R}r\right)$.

第三激发态: $l = 0, n = 2, \chi_{02} = 2\pi$,

$$E_{11} = \frac{4\pi^2\hbar^2}{2mR^2}, \text{径向波函数 } \psi_{01}(r) = \frac{2\sqrt{2\pi}}{R}\mathrm{j}_0\left(\frac{2\pi}{R}r\right).$$

核子能级: $E_N = E_{l_1 n_1} + E_{l_2 n_2} + E_{l_3 n_3} = \frac{\hbar^2}{2mR^2}(\chi_{l_1 n_1}^2 + \chi_{l_2 n_2}^2 + \chi_{l_3 n_3}^2).$

修改建议: 考虑袋常数及质心效应、考虑相对论效应、由流的连续性 (核外为 0) 取代无限深势阱模型、考虑阱的来源 (手征对称相与手征对称性破缺相之间的压强差) 等.

第四章

4.1. 略.

4.2. $\Delta E_{ls,j=3/2} = 6.04 \times 10^{-5} \text{ eV}$, $\Delta E_{ls,j=3/2} = -1.21 \times 10^{-4} \text{ eV}$.

4.3. 由守恒量条件、直接计算对易关系即可得证. 具体过程略.

4.4. LS 耦合方式下, 相应于 $S = 0, L = 0, 2, 4$; 相应于 $S = 1, L = 1, 3$;

$J = 4, 3, 2, 1, 0$; 分别出现 2 次、1 次、3 次、1 次、2 次.

JJ 耦合方式下, 相应于 $j_1 = \frac{3}{2}, \frac{5}{2}$, $j_2 = \frac{3}{2}, \frac{5}{2}$; $\boldsymbol{J} = \boldsymbol{j}_1 \oplus \boldsymbol{j}_2$,

$J = 4, 3, 2, 1, 0$; 分别出现 2 次、1 次、3 次、1 次、2 次.
不同耦合方式下, J 的取值和出现次数分别都相同.

4.5. 略.

4.6. 仅考虑动能修正, $\Delta E^R = -\overline{\dfrac{\hat{\boldsymbol{p}}^4}{8m_{e,0}^3 c^2}} = -\dfrac{1}{2m_{e,0}c^2}\overline{(\hat{H} - V)^2} =$

$$\frac{\alpha^2}{n}E_n\left(\frac{1}{l + \dfrac{1}{2}} - \frac{3}{4n}\right),$$

其中 $\alpha = \dfrac{e^2}{4\pi\varepsilon_0 c\hbar}$, $E_n = -\dfrac{m_{e,0}e^4}{32\pi^2\varepsilon_0^2\hbar^2 n^2}$.

4.7. $\Delta\lambda = 0.6 \text{ nm}$, $a = \dfrac{2hc}{3\lambda^2\hbar^2}\Delta\lambda = 2.06 \times 10^{46} \text{ kg}^{-1} \cdot \text{m}^{-2}$.

4.8. 能级都一分为二, $E_\mathrm{D} \to E_{\mathrm{D}_{5/2}}$, $E_{\mathrm{D}_{3/2}}$, $E_\mathrm{P} \to E_{\mathrm{P}_{3/2}}, E_{\mathrm{P}_{1/2}}$.
可能的跃迁有, $a: 3^2\mathrm{D}_{5/2} \to 3^2\mathrm{P}_{3/2}$, $b: 3^2\mathrm{D}_{3/2} \to 3^2\mathrm{P}_{3/2}$, $c: 3^2\mathrm{D}_{3/2} \to 3^2\mathrm{P}_{1/2}$;
可能的能级间距: $\Delta E_\mathrm{DP} \approx 1.5 \text{ eV}$, $\Delta E_\mathrm{ab} = 6 \times 10^{-5} \text{ eV}$, $\Delta E_\mathrm{bc} = 2 \times 10^{-3} \text{ eV}$;
辐射的波长间隔: $\Delta\lambda_\mathrm{ab} = 0.033 \text{ nm}$, $\Delta\lambda_\mathrm{bc} = 1.10 \text{ nm}$.

4.9. 原核电荷数 1 换为 Z, 最终结果多出 Z^2 的系数.

4.10. $\tilde{\nu}_{\max} = \dfrac{1}{\lambda_{\min}} = \dfrac{1}{\lambda(2^2\mathrm{P}_{3/2} \to 1^2\mathrm{S}_{1/2})} = 7.396\ 4 \times 10^7\ \mathrm{m}^{-1}$,

$\tilde{\nu}_{\min} = \dfrac{1}{\lambda_{\max}} = \dfrac{1}{\lambda(2^2\mathrm{P}_{3/2} \to 2^2\mathrm{S}_{1/2})} = 1.083\ 4 \times 10^4\ \mathrm{m}^{-1}$,

$\Delta\tilde{\nu} = \tilde{\nu}_{\max} - \tilde{\nu}_{\min} = 7.395 \times 10^7\mathrm{m}^{-1}$.

4.11. 对 pd 电子组态,

非耦合表象中, 态的数目为 $[2\times(2\times1+1)] \cdot [2\times(2\times2+1)] = 60$.

耦合表象中, LS 耦合方式下, $L=1$、2、3, $S=0$、1;

按自旋单态 $S=0$ 和自旋三态分组, 精细结构分裂为 $S=0 \to \{^1\mathrm{P}_1, {}^1\mathrm{D}_2, {}^1\mathrm{F}_3\}$,

$S=1 \to \{(^3\mathrm{P}_2, {}^3\mathrm{P}_1, {}^3\mathrm{P}_0), ({}^3\mathrm{D}_3, {}^3\mathrm{D}_2, {}^3\mathrm{D}_1), ({}^3\mathrm{F}_4, {}^3\mathrm{F}_3, {}^3\mathrm{F}_2)\}$;

态的数目亦为 $60(15+9+15+21)$, 结论得以验证. 图略.

对 df 电子组态, 非耦合表象中, 态的数目为 $[2\times(2\times2+1)]\cdot[2\times(2\times3+1)] = 140$.

耦合表象中, LS 耦合方式下, $L=1$、2、3、4、5, $S=0$、1;

按自旋单态 $S=0$ 和自旋三态分组,

精细结构分裂为 $S=0 \to \{^1\mathrm{P}_1, {}^1\mathrm{D}_2, {}^1\mathrm{F}_3, {}^1\mathrm{G}_4, {}^1\mathrm{H}_5\}$,

$S=1 \to \{(^3\mathrm{P}_2, {}^3\mathrm{P}_1, {}^3\mathrm{P}_0), ({}^3\mathrm{D}_3, {}^3\mathrm{D}_2, {}^3\mathrm{D}_1), ({}^3\mathrm{F}_4, {}^3\mathrm{F}_3, {}^3\mathrm{F}_2),$

$({}^3\mathrm{G}_5, {}^3\mathrm{G}_4, {}^3\mathrm{G}_3), ({}^3\mathrm{H}_6, {}^3\mathrm{H}_5, {}^3\mathrm{H}_4)\}$;

态的数目亦为 $140(35+9+15+21+27+33)$, 结论得以验证. 图略.

对 fg 电子组态, 非耦合表象中, 态的数目为 $[2\times(2\times3+1)] \times [2\times(2\times4+1)] = 252$.

耦合表象中, LS 耦合方式下, $L=1$、2、3、4、5、6、7, $S=0$、1;

按自旋单态 $S=0$ 和自旋三态分组,

精细结构分裂为 $S=0 \to \{^1\mathrm{P}_1, {}^1\mathrm{D}_2, {}^1\mathrm{F}_3, {}^1\mathrm{G}_4, {}^1\mathrm{H}_5, {}^1\mathrm{I}_6, {}^1\mathrm{K}_7\}$,

$S=1 \to \{(^3\mathrm{P}_2, {}^3\mathrm{P}_1, {}^3\mathrm{P}_0), ({}^3\mathrm{D}_3, {}^3\mathrm{D}_2, {}^3\mathrm{D}_1), ({}^3\mathrm{F}_4, {}^3\mathrm{F}_3, {}^3\mathrm{F}_2), ({}^3\mathrm{G}_5, {}^3\mathrm{G}_4, {}^3\mathrm{G}_3),$

$({}^3\mathrm{H}_6, {}^3\mathrm{H}_5, {}^3\mathrm{H}_4), ({}^3\mathrm{I}_7, {}^3\mathrm{I}_6, {}^3\mathrm{I}_5), ({}^3\mathrm{K}_8, {}^3\mathrm{K}_7, {}^3\mathrm{K}_6)\}$;

态的数目亦为 $252(63+9+15+21+27+33+39+45)$, 结论得以验证. 图略.

4.12. 对 ff 电子组态, 按自旋单态 $S=0$ 和自旋三态分组,

精细结构分裂为 $S=0 \to \{^1\mathrm{S}_1, {}^1\mathrm{D}_2, {}^1\mathrm{G}_4, {}^1\mathrm{I}_6\}$,

$S=1 \to \{(^3\mathrm{P}_2, {}^3\mathrm{P}_1, {}^3\mathrm{P}_0), ({}^3\mathrm{F}_4, {}^3\mathrm{F}_3, {}^3\mathrm{F}_2), ({}^3\mathrm{H}_6, {}^3\mathrm{H}_5, {}^3\mathrm{H}_4)\}$,

如果两个 f 电子不全同, 则还有: $S=0 \to \{^1\mathrm{P}_1, {}^1\mathrm{F}_3, {}^1\mathrm{H}_5\}$,

$S=1 \to \{^3\mathrm{S}_1, ({}^3\mathrm{D}_3, {}^3\mathrm{D}_2, {}^3\mathrm{D}_1), ({}^3\mathrm{G}_5, {}^3\mathrm{G}_4, {}^3\mathrm{G}_3), ({}^3\mathrm{I}_7, {}^3\mathrm{I}_6, {}^3\mathrm{I}_5)\}$,

图略.

对 gg 电子组态, 按自旋单态 $S=0$ 和自旋三态分组,

精细结构分裂为 $S=0 \to \{^1\mathrm{S}_1, {}^1\mathrm{D}_2, {}^1\mathrm{G}_4, {}^1\mathrm{I}_6, {}^1\mathrm{L}_8\}$,

$S=1 \to \{(^3\mathrm{P}_2, {}^3\mathrm{P}_1, {}^3\mathrm{P}_0), ({}^3\mathrm{F}_4, {}^3\mathrm{F}_3, {}^3\mathrm{F}_2), ({}^3\mathrm{H}_6, {}^3\mathrm{H}_5, {}^3\mathrm{H}_4),$

$({}^3\mathrm{K}_8, {}^3\mathrm{K}_7, {}^3\mathrm{K}_6)\}$,

如果两个 g 电子不全同, 则还有: $S=0 \to \{^1\mathrm{P}_1, {}^1\mathrm{F}_3, {}^1\mathrm{H}_5, {}^1\mathrm{K}_7\}$,

$S=1 \to \{^3\mathrm{S}_1, ({}^3\mathrm{D}_3, {}^3\mathrm{D}_2, {}^3\mathrm{D}_1), ({}^3\mathrm{G}_5, {}^3\mathrm{G}_4, {}^3\mathrm{G}_3), ({}^3\mathrm{I}_7, {}^3\mathrm{I}_6, {}^3\mathrm{I}_5),$

$$({}^3\text{L}_9, {}^3\text{L}_8, {}^3\text{L}_7)\},$$

图略.

4.13. 与 ppp 电子组态相应的 (基态) 原子组态为 ${}^4\text{S}_{3/2}$;

与 ddd 电子组态相应的 (基态) 原子组态为 ${}^4\text{F}_{3/2}$;

与 fff 电子组态相应的 (基态) 原子组态为 ${}^4\text{I}_{9/2}$;

与 ggg 电子组态相应的 (基态) 原子组态为 ${}^4\text{M}_{15/2}$;

与 ddddd 电子组态相应的 (基态) 原子组态为 ${}^6\text{S}_{5/2}$;

与 fffff 电子组态相应的 (基态) 原子组态为 ${}^6\text{H}_{5/2}$;

与 ggggg 电子组态相应的 (基态) 原子组态为 ${}^6\text{N}_{15/2}$.

4.14. 与 pppp 电子组态相应的 (基态) 原子组态为 ${}^3\text{P}_2$;

与 dddd 电子组态相应的 (基态) 原子组态为 ${}^5\text{D}_0$;

与 ffff 电子组态相应的 (基态) 原子组态为 ${}^5\text{I}_4$;

与 gggg 电子组态相应的 (基态) 原子组态为 ${}^5\text{N}_8$.

4.15. 如下表所示

	${}^1\text{S}_0$	${}^2\text{S}_{1/2}$	${}^1\text{P}_1$	${}^3\text{P}_2$	${}^3\text{F}_4$	${}^5\text{D}_1$	${}^1\text{D}_2$	${}^4\text{D}_{7/2}$	${}^6\text{F}_{9/2}$
S	0	$\frac{1}{2}$	0	1	1	2	0	$\frac{3}{2}$	$\frac{5}{2}$
L	0	0	1	1	3	2	2	2	3
J	0	$\frac{1}{2}$	1	2	4	1	2	$\frac{7}{2}$	$\frac{9}{2}$

4.16. $\theta_{\langle \boldsymbol{J}, \boldsymbol{L}\rangle} = 50.8°, \theta_{\langle \boldsymbol{J}, \boldsymbol{S}\rangle} = 78.5°$.

4.17. $\langle \mu_{\text{p}}\rangle = \dfrac{\langle (g_{\text{p}s}\boldsymbol{s} + g_{\text{p}l}\boldsymbol{l}) \cdot (\boldsymbol{s} + \boldsymbol{l})\rangle}{|\boldsymbol{J}_{\text{p}}|}\mu_{\text{N}}$

$$= \dfrac{(g_{\text{p}s} - g_{\text{p}l})s(s+1) + (g_{\text{p}l} - g_{\text{p}s})l(l+1) + (g_{\text{p}l} + g_{\text{p}s})J_{\text{p}}(J_{\text{p}}+1)}{2\sqrt{J_{\text{p}}(J_{\text{p}}+1)}}\dfrac{m_{\text{e}}}{m_{\text{p}}}\mu_{\text{B}},$$

其中 $g_{\text{p}l}$、$g_{\text{p}s}$ 分别为质子的自旋 g 因子、轨道 g 因子 (数值分别为 5.585 69、1),

$\mu_{\text{N}} = \dfrac{m_{\text{e}}}{m_{\text{p}}}\mu_{\text{B}}$ 为核磁子.

$\langle \mu_{\text{e}}\rangle = -g_{ej}\langle \boldsymbol{j}_{\text{e}}\rangle \mu_{\text{B}}$,

其中 $g_{ej} = \dfrac{(g_{es} - g_{el})s(s+1) + (g_{el} - g_{es})l(l+1) + (g_{el} + g_{es})J_{\text{e}}(J_{\text{e}}+1)}{2\sqrt{J_{\text{e}}(J_{\text{e}}+1)}}$ 为

电子的总 g 因子.

4.18. $a_J = g_{\text{p}}\alpha^4 \dfrac{m_{\text{e}}^2 c^2}{m_{\text{p}}}\dfrac{1}{(2l+1)j(j+1)} = \dfrac{7.08}{(2l+1)j(j+1)} \times 10^{-25}$ J,

$\Delta E_{\text{H, MD}} = E_{\text{MD}}(F) - E_{\text{MD}}(F-1) = a_J F = 9.44 \times 10^{-25}$ J,

$\Delta\nu = \dfrac{\Delta E_{\text{H, MD}}}{h} = 1.425$ GHz, $\quad \Delta\tilde{\nu} = \Delta\left(\dfrac{1}{\lambda}\right) = \dfrac{\Delta\nu}{c} = 4.75$ m^{-1}.

4.19. $\Delta E = \dfrac{hc\Delta\lambda}{\lambda^2} = 1.32 \times 10^{-24}$ J.

4.20. $\dfrac{\Delta\nu}{\nu} = 2\dfrac{\Delta R}{R}$.

4.21. $M_L = \sum\limits_{i=-l}^{l} i = 0$, 基态要求离心势能最小, $L = 0$;

每一对电子的 $S_{\text{pair}} = 0$, 因为 $M_{S_{\text{pair}}} = 0$, 于是 $S_{\text{total}} = \sum S_{\text{pair}} = 0$; $J \in [|L - S_{\text{total}}|, L + S_{\text{total}}] \Rightarrow 0$.

4.22. 填充规则的语言表述为: 对于主量子数 n 和轨道角动量量子数 l 共同决定的电子轨道, 如果 $n + l$ 相同, 先填充 n 小者;

如果 $n + l$ 不相同, 若 n 相同, 先填 l 小者; 若 n 不同, 先填充 n 大者.

4.23. 结果如下表所示

核电荷数 Z	基态电子组态	原子基态
3	$[\text{He}](2\text{s})^1$	$2\,^2\text{S}_{1/2}$
6	$[\text{He}](2\text{s})^2(2\text{p})^2$	$2\,^3\text{P}_0$
8	$[\text{He}](2\text{s})^2(2\text{p})^4$	$2\,^3\text{P}_2$
12	$[\text{Ne}](3\text{s})^2$	$3\,^1\text{S}_0$
15	$[\text{Ne}](3\text{s})^2(3\text{p})^3$	$3\,^4\text{S}_{3/2}$

4.24. 结果如下表所示

原子	核电荷数 Z	基态电子组态	原子基态
V	23	$[\text{Ar}](4\text{s})^2(3\text{d})^3$	$4\,^4\text{F}_{3/2}$
Fe	26	$[\text{Ar}](4\text{s})^2(3\text{d})^6$	$4\,^5\text{D}_4$
Np	93	$[\text{Rn}](7\text{s})^2(5\text{f})^4(6\text{d})^1$	$7\,^6\text{L}_{11/2}$

4.25. LS 耦合方式下, $L = 1$, $S = 0$ 或 1, 原子组态有 $^3\text{P}_2$, $^3\text{P}_1$, $^3\text{P}_0$; $^1\text{P}_1$, 基态为 $^3\text{P}_0$.

JJ 耦合方式下, $j_1 = \dfrac{3}{2}, \dfrac{1}{2}, j_2 = \dfrac{1}{2}$, 原子组态有 $\left(\dfrac{3}{2}, \dfrac{1}{2}\right)_2$, $\left(\dfrac{3}{2}, \dfrac{1}{2}\right)_1$, $\left(\dfrac{1}{2}, \dfrac{1}{2}\right)_1$, $\left(\dfrac{1}{2}, \dfrac{1}{2}\right)_0$.

4.26. 由定义和角动量耦合规则即可直接证得. 具体过程略.

4.27. 接上题结果, $J = \dfrac{5}{2}$,

角动量耦合规则 $\Rightarrow L = S + \dfrac{1}{2}, S \geqslant \dfrac{1}{2}$, 例如: $^2\text{D}_{5/2}$、$^4\text{D}_{5/2}$ 等.

4.28. 洪德定则对通常的原子而言, 但氦原子是满壳层原子, 极其特殊, 角动量耦合规则和基态定义使得基态的量子数为 $J = L = S = 0$ (具体见 4.21 题), 再考虑角动量效应, 激发态依次对应 $L = 1, 2, 3, \cdots$.

4.29. (1) 平均场近似.

(2) 实际即按文作图.

$N = 0, l = 0$, 只有 $S_{1/2}$ 态, 最多容纳 2 个费米子;

$N = 1, l = 1$, 有 $P_{3/2}$ 态和 $P_{1/2}$ 态, 最多容纳 6 个费米子;

$N = 2, l = 2, 0$, 有 $D_{5/2}$、$D_{3/2}$ 和 $S_{5/2}$ 态, 最多容纳 12 个费米子;

$N = 3, l = 3, 1$, 有 $F_{7/2}$、$F_{5/2}$ 和 $P_{3/2}$、$P_{1/2}$ 态,

自旋 − 轨道分裂使得 $F_{7/2}$ 轨道单独成壳, 最多容纳 8 个费米子;

$N = 4, l = 4, 2, 0$, 有 $G_{9/2}$、$G_{7/2}$、$D_{5/2}$、$D_{3/2}$ 和 $S_{1/2}$ 态,

自旋 − 轨道分裂使得 $G_{9/2}$ 轨道与相应于 $n = 3$ 的 $F_{5/2}$ 和 $P_{3/2}$、$P_{1/2}$ 态成壳, 最多容纳 22 个费米子;

$N = 5, l = 5, 3, 1$, 有 $H_{11/2}$、$H_{9/2}$、$F_{7/2}$、$F_{5/2}$ 和 $P_{3/2}$ 及 $P_{1/2}$ 态,

自旋 − 轨道分裂使得 $H_{11/2}$ 轨道与相应于 $n = 4$ 的 $G_{7/2}$ 和 $D_{5/2}$、$D_{3/2}$ 和 $S_{1/2}$ 态成壳, 最多容纳 32 个费米子;

$N = 6, l = 6, 4, 2, 0$, 有 $I_{13/2}$、$I_{11/2}$、$G_{9/2}$、$G_{7/2}$、$D_{5/2}$、$D_{3/2}$ 和 $S_{1/2}$ 态,

自旋 − 轨道分裂使得 $I_{13/2}$ 轨道与相应于 $n = 5$ 的 $H_{9/2}$、$F_{7/2}$、$F_{5/2}$、$P_{3/2}$ 和 $P_{1/2}$ 态成壳, 最多容纳 44 个费米子;

即有幻数 2 (相应于 $N = 0$ 的 s 壳)、8 (相应于 $N = 0$ 的 s 壳和 $N = 1$ 的 p 壳)、20 (相应于 $N = 0$ 的 s 壳、$N = 1$ 的 p 壳和 $N = 2$ 的 d 壳)、28 (相应于 $N = 0$ 的 s 壳、$N = 1$ 的 p 壳和 $N = 2$ 的 d 壳和特殊的 3$F_{7/2}$ 壳)、50[相应于 $N = 0$ 的 s 壳、$N = 1$ 的 p 壳和 $N = 2$ 的 d 壳、$N = 3$ 的除 $F_{7/2}$ 以外的态、和特殊的 $G_{9/2}$ 态 (入侵态)]、82[相应于 $N = 0$ 的 s 壳、$N = 1$ 的 p 壳和 $N = 2$ 的 d 壳、$N = 3$ 的除 $F_{7/2}$ 以外的态、$N = 4$ 的除 $G_{9/2}$ 以外的态、和特殊的 $H_{11/2}$ 态 (入侵态)]、126[相应于 $N = 0$ 的 s 壳、$N = 1$ 的 p 壳和 $N = 2$ 的 d 壳、$N = 3$ 的除 $F_{7/2}$ 以外的态、$N = 4$ 的除 $G_{9/2}$ 以外的态、$N = 5$ 的除 $H_{11/2}$ 以外的态、和特殊的 $I_{13/2}$ 态 (入侵态)].

图略.

4.30. 取外加电场方向为 x 方向, 与之垂直的方向为 z 方向, 外电场使得电子有附加的 $v'_x \neq 0$, 从而使得电子有轨道角动量 l. 与自旋 − 轨道耦合作用 $V_{sl} = \xi(r)l_z s_z$ 相应, 有力 $F_z = -\dfrac{\partial V_{sl}}{\partial z}$, 相应于 $s_z > 0$, $s_z < 0$ 的力沿不同方向, 从而自旋 (电子) 向不同方向运动, 即形成自旋输运, 出现自旋霍尔效应.

第五章

5.1. 由定义、能级表达式、跃迁的能量选择定则, 即可直接证得. 具体过程略.

$\dfrac{1}{\lambda}$ 的表达式中的 R_A 含有电子的折合质量 $\mu = \dfrac{M_N m_e}{M_N + m_e}$, 它依赖于原子所含原子核的质量. 因为不同原子核的质量不同, 所以不同原子的里德伯常量不同.

5.2. 基本相同, 不同类原子的差异在于有效质量、有效电荷数、有效主量子数. 具体表述略.

5.3. 考虑跃迁算符的定义, 计算其在不同态之间的跃迁矩阵元即可得到. 具体过程略.

5.4. $E_{\text{red}} = \dfrac{hc}{\lambda_{\text{red}}} = 1.91 \text{ eV}$, $E_{\text{blue}} = \dfrac{hc}{\lambda_{\text{blue}}} = 3.11 \text{ eV}$.

基态电子组态为 $[\text{Ar}](4\text{s})^2$, 原子态为 ${}^1 \text{S}_0$.

主要光线有, 单态内跃迁: ${}^1\text{P}_1 \to {}^1\text{S}_0, \lambda = 423 \text{ nm}$;

三重态内跃迁: ${}^3\text{S}_1(4\text{s}5\text{s}) \to {}^3\text{P}_2(4\text{s}4\text{p}), {}^3\text{P}_1(4\text{s}4\text{p}), {}^3\text{P}_0(4\text{s}4\text{p})$,

$\qquad \lambda = 616.2 \text{ nm}, 612.2 \text{ nm}, 610.3 \text{ nm}.$

5.5. 基态电子组态为 $[\text{Ar}](4\text{s})^2(3\text{d})^{10}$, 原子态为 ${}^1\text{S}_0$.

对一个 4s 态电子激发到 5s 情况, $L = 0$, $S = 0$ 或 1; 没有跃迁.

对一个 4s 态电子激发到 4p 情况, $L = 1$, $S = 0$ 或 1, 对应原子态有 ${}^1\text{P}_1$, ${}^3\text{P}_2$, ${}^3\text{P}_1$, ${}^3\text{P}_0$,

可能的跃迁有: ${}^1\text{P}_1 \to {}^1\text{S}_0, {}^3\text{P}_2 \to {}^3\text{S}_1, {}^3\text{P}_1 \to {}^3\text{S}_0, {}^3\text{P}_0 \to {}^3\text{S}_1$.

图略.

5.6. 锂: $E_1 = -5.31 \text{ eV}$, $E_2 = -3.54 \text{ eV}$, $E_3 = -3.40 \text{ eV}$.

钠: $E_1 = -5.12 \text{ eV}$, $E_2 = -3.03 \text{ eV}$, $E_3 = -1.52 \text{ eV}$.

5.7. 钠: $\lambda = \dfrac{hc}{\Delta E(3\text{p} \to 3\text{s})} = 594 \text{ nm}$, 与实验测量值相差不大.

锂: $\lambda = \dfrac{hc}{\Delta E(2\text{p} \to 2\text{s})} = 697 \text{ nm}$,

钾: $\lambda = \dfrac{hc}{\Delta E(4\text{p} \to 4\text{s})} = 2\,178 \text{ nm}$.

5.8. $\Delta_{\text{s}} = 2.229, \Delta_{\text{p}} = 1.764$.

5.9. $F(r) = \dfrac{Ze_s^2}{r^2} - \dfrac{e_s^2}{(2r)^2} = \left(Z - \dfrac{1}{4}\right)\dfrac{e_s^2}{r^2}, \Rightarrow Z^* = 1.75, \Rightarrow E_I = 83.3 \text{ eV}$.

5.10. K 线系: $\sigma = \dfrac{1}{\lambda} = \tilde{R}_{\text{A}}(Z^*)\left(1 - \dfrac{1}{n^2}\right)$;

其中 Z^* 为原子的有效电荷数, $\tilde{R}_{\text{A}}$ 为原子的里德伯常量, n 为初态的主量子数 $(n \geqslant 2)$.

L 线系: $\tilde{\nu} = \dfrac{1}{\lambda} = \tilde{R}_{\text{A}}(Z^*)\left(\dfrac{1}{4} - \dfrac{1}{n^2}\right)$;

其中 Z^* 为原子的有效电荷数, $\tilde{R}_{\text{A}}$ 为原子的里德伯常量, n 为初态的主量子数 $(n \geqslant 3)$.

5.11. 人工操控原子状态, 具体略.

中重原子，$E \approx 13.6Z^{*2} \sim \left(10^0 \sim 10^2\right)$ keV.

应人工操控原子核状态，或利用同步辐射、或自由电子激光等技术.

5.12. 转述教材内容即可，具体略.

通过俄歇电子的动量谱可以得到原子结构的知识的原理是一个俄歇电子动量谱就涉及原子的三个状态，例如，由 L 层电子退激发到 K 层，产生的光子使 M 层电子电离形成的俄歇电子，$E_{\mathrm{k}}^{\mathrm{A}} = E_{\mathrm{L}} - E_{\mathrm{K}} + E_{\mathrm{M}}$.

5.13. 转述教材内容即可，具体略.

5.14. $\sqrt{\nu} = 5.22 \times 10^7 (Z - 1.95)$，即有 $A = 5.22 \times 10^7$ Hz$^{1/2}$，$\sigma = 1.95$.

5.15. 如下表所示

原子	铝	钾	铁	镍	锌	钼	银
能量 $E_X/$keV	1.38	3.28	6.52	7.65	8.87	18.1	22.9
波长 $\lambda_X/$nm	0.902	0.379	0.190	0.162	0.140	0.069	0.054

5.16. 钴原子，$\Delta E(1\mathrm{s}, 2\mathrm{p}) = \dfrac{hc}{\lambda_{\mathrm{K}_\alpha}} = 6.96 \times 10^4$ eV，

氢原子，$\Delta E(1\mathrm{s}, 2\mathrm{p}) = \dfrac{\mu e^4}{32\pi^2 \varepsilon_0^2 \hbar^2}\left(\dfrac{1}{1^2} - \dfrac{1}{2^2}\right) = 10.2$ eV.

$E_X \propto (Z - \sigma)^2$，随原子序数增大而增大. 机制是 $E_X = \Delta E_{\mathrm{A}}$，而 $\Delta E_{\mathrm{A}} \propto (Z - \sigma)^2$.

5.17. 图略.

$$\Delta E_{\min} = \Delta E_{\mathrm{ML}} = \Delta E_{\mathrm{MK}} - \Delta E_{\mathrm{LK}} = \frac{hc}{\lambda_{\mathrm{K}_\beta}} - \frac{hc}{\lambda_{\mathrm{K}_\alpha}} = 8.36 \text{ keV},$$

$$\lambda_{\mathrm{L}_\alpha} = \frac{hc}{\Delta E_{\mathrm{ML}}} = 0.149 \text{ nm}.$$

5.18. $v = \sqrt{1 - \left(\dfrac{m_{\mathrm{e}0}c^2}{E_{\mathrm{k}} + m_{\mathrm{e}0}c^2}\right)^2} \cdot c = 1.206 \times 10^8$ m/s.

5.19. $\mathrm{L}_\infty = \dfrac{1}{\dfrac{1}{\mathrm{K}_\infty} - \dfrac{1}{\mathrm{K}_\alpha}} = 0.071$ nm.

5.20. 读出吸收限数据 (单位 13.6 eV) 近似如下表所列

原子	铁	铬	钛	钪	钙	铝	镁	氧	碳
K 线系	501	398	316	251	200	100	79	40	8
L 线系	50	40	32	25	20	10	8	1~5	1

吸收系数反比于 X 射线光子的能量，$\Longrightarrow$ 对于每一线系，吸收系数随光子能量单调减小；不同线系间有跳增.

具体图略.

5.21. 磁场很弱时, 可测量量完全集为 $(\hat{H}, \hat{\boldsymbol{l}}^2, \hat{\boldsymbol{j}}^2, \hat{j}_z)$, $\Delta E_{jm_j} = g_j m_j \mu_{\mathrm{B}} B$,

其中 $g_j = \dfrac{3}{2} + \dfrac{\dfrac{3}{4} - l(l+1)}{2j(j+1)}$;

j 有 $\dfrac{5}{2}$、$\dfrac{3}{2}$ 两个值, 能级分别劈裂为 6 条、4 条, 劈裂的能级的间距分别为

$\dfrac{6}{5}\mu_{\mathrm{B}} B$、$\dfrac{4}{5}\mu_{\mathrm{B}} B.$ $\left(g_j \text{分别为} \dfrac{6}{5}、\dfrac{4}{5} \right)$

磁场很强时, 可测量量完全集为 $(\hat{H}, \hat{\boldsymbol{l}}^2, \hat{l}_z, \hat{s}_z)$, $\Delta E_{m_l m_s} = (m_l + 2m_s)\mu_{\mathrm{B}} B$,

$m_l = \pm 2,\ \pm 1, 0, m_s = \pm\dfrac{1}{2}$, 能级劈裂为 7 条, 劈裂的能级的间距都为 $\mu_{\mathrm{B}} B.$

5.22. 3d 自旋 − 轨道劈裂为 $3\mathrm{d}_{5/2}$、$3\mathrm{d}_{3/2}, g_j$ 分别为 $\dfrac{6}{5}$、$\dfrac{4}{5}$,

2p 自旋 − 轨道劈裂为 $2\mathrm{p}_{3/2}$、$2\mathrm{p}_{1/2}, g_j$ 分别为 $\dfrac{4}{3}$、$\dfrac{2}{3}.$

跃迁 (选择定则 $\Delta l = \pm 1$, $\Delta j = 0, \pm 1, \Delta m_j = 0, \pm 1, \Delta m_s = 0$) 有
$3\mathrm{d}_{5/2} \to 3\mathrm{p}_{3/2}$、$3\mathrm{d}_{3/2} \to 3\mathrm{p}_{3/2}$、$3\mathrm{d}_{3/2} \to 2\mathrm{p}_{1/2}.$
相应于 $3\mathrm{d}_{5/2} \to 2\mathrm{p}_{3/2}$,

$$\omega_0 \to \quad \omega_0 \pm \frac{9}{5}\frac{\mu_{\mathrm{B}} B}{\hbar},\ \omega_0 \pm \frac{7}{5}\frac{\mu_{\mathrm{B}} B}{\hbar}, \omega_0 \pm \frac{\mu_{\mathrm{B}} B}{\hbar}, \omega_0 \pm \frac{3}{5}\frac{\mu_{\mathrm{B}} B}{\hbar}, \omega_0 \pm \frac{1}{5}\frac{\mu_{\mathrm{B}} B}{\hbar}.$$

相应于 $3\mathrm{d}_{3/2} \to 2\mathrm{p}_{3/2}$,

$$\omega_0 \to \quad \omega_0 \pm \frac{8}{5}\frac{\mu_{\mathrm{B}} B}{\hbar},\ \omega_0 \pm \frac{16}{15}\frac{\mu_{\mathrm{B}} B}{\hbar}, \omega_0 \pm \frac{4}{5}\frac{\mu_{\mathrm{B}} B}{\hbar}, \omega_0 \pm \frac{8}{15}\frac{\mu_{\mathrm{B}} B}{\hbar}, \omega_0 \pm \frac{4}{15}\frac{\mu_{\mathrm{B}} B}{\hbar}.$$

相应于 $3\mathrm{d}_{3/2} \to 2\mathrm{p}_{1/2}$,

$$\omega_0 \to \quad \omega_0 \pm \frac{13}{15}\frac{\mu_{\mathrm{B}} B}{\hbar},\ \omega_0 \pm \frac{11}{15}\frac{\mu_{\mathrm{B}} B}{\hbar}, \omega_0 \pm \frac{1}{15}\frac{\mu_{\mathrm{B}} B}{\hbar}.$$

5.23. $B = \dfrac{m_{\mathrm{e}0}}{e\hbar}\Delta E = \dfrac{m_{\mathrm{e}0}}{e\hbar}\left(\dfrac{hc}{\lambda_1} - \dfrac{hc}{\lambda_2} \right) = \dfrac{2\pi m_{\mathrm{e}0} c}{e}\dfrac{\lambda_2 - \lambda_1}{\lambda_1 \lambda_2} = 18.5\ \mathrm{T}.$

5.24. 正常塞曼效应: 1 条光谱线分裂为 3 条 ($3\mathrm{p} \to 3\mathrm{s} \Rightarrow 3\mathrm{p}_1 \to 3\mathrm{s}_0, 3\mathrm{p}_0 \to$

$3\mathrm{s}_0, 3\mathrm{p}_{-1} \to 3\mathrm{s}_0$), 相邻谱线频率差为 $\Delta\nu = \dfrac{e\hbar B}{2m_{\mathrm{e}0} h} = \dfrac{eB}{4\pi m_{\mathrm{e}0}}.$

考虑自旋效应情况下, 上述结果不变, 因为选择定则为 $\Delta m_s = 0.$
图略.
反常塞曼效应: 3p 态出现精细结构对应的 2 条光谱线分别分裂为 6 条 $\Big(3\mathrm{p}_{3/2} \to$
$3\mathrm{s}_{1/2} \Rightarrow 3\mathrm{p}_{3/2,3/2} \to 3\mathrm{s}_{1/2,1/2}, 3\mathrm{p}_{3/2,1/2} \to 3\mathrm{s}_{1/2,1/2}, 3\mathrm{p}_{3/2,1/2} \to 3\mathrm{s}_{1/2,-1/2},$
$3\mathrm{p}_{3/2,-1/2} \to 3\mathrm{s}_{1/2,1/2}, 3\mathrm{p}_{3/2,-1/2} \to 3\mathrm{s}_{1/2,-1/2}, 3\mathrm{p}_{3/2,-3/2} \to 3\mathrm{s}_{1/2,-1/2},$

频率改变情况相应分别为 $\omega_0 \Rightarrow \omega_0 + \dfrac{eB}{2m_{e0}}$、$\omega_0 - \dfrac{1}{3}\dfrac{eB}{2m_{e0}}$、$\omega_0 + \dfrac{5}{3}\dfrac{eB}{2m_{e0}}$、$\omega_0 - \dfrac{5}{3}\dfrac{eB}{2m_{e0}}$、$\omega_0 + \dfrac{1}{3}\dfrac{eB}{2m_{e0}}$、$\omega_0 - \dfrac{eB}{2m_{e0}}$)、

4 条 $\Big(3p_{1/2} \to 3s_{1/2} \Rightarrow 3p_{1/2,1/2} \to 3s_{1/2,1/2}, 3p_{1/2,1/2} \to 3s_{1/2,-1/2}, 3p_{1/2,-1/2} \to 3s_{1/2,1/2}, 3p_{1/2,-1/2} \to 3s_{1/2,-1/2},$

频率改变情况分别为 $\omega_0 \Rightarrow \omega_0 - \dfrac{2}{3}\dfrac{eB}{2m_{e0}}$、$\omega_0 + \dfrac{4}{3}\dfrac{eB}{2m_{e0}}$、$\omega_0 - \dfrac{4}{3}\dfrac{eB}{2m_{e0}}$、$\omega_0 + \dfrac{2}{3}\dfrac{eB}{2m_{e0}}\Big).$

图略.

5.25. 基本同上题, 只是主量子数 n 由 3 换为 4. 具体不再重复.

5.26. $B = \dfrac{2m_{e0}}{e\hbar}\Delta E = 0.017$ T.

5.27. 对正常塞曼效应: $\dfrac{\delta\lambda}{\lambda} = \dfrac{\Delta E}{E} = \dfrac{eB}{4\pi m_{e0}c}\lambda \leqslant \dfrac{eB}{4\pi m_{e0}c}\dfrac{4\pi m_{e0}c}{4\pi m_{e0}c + eB\lambda_0}\lambda_0 = 5.49 \times 10^{-5}.$

5.28. $B = \dfrac{4\pi m_{e0}c}{e\lambda}\dfrac{\delta\lambda}{\lambda} = 0.43$ T.

5.29. 所需 $B = \dfrac{2m_{e0}E^2}{e\hbar hc}\delta\lambda = 0.061$ T,

小于现设备提供的 0.5 T 的磁场的磁感应强度, 因此可以观察到.

5.30. $\dfrac{e}{m_{e0}} = \dfrac{4\pi\Delta\nu}{B} = 1.76 \times 10^{11}$ C/kg.

5.31. 弱磁场下,

自旋 − 轨道作用 $\Rightarrow^3 F \to {}^3F_4$、${}^3F_3$、${}^3F_2$ $\Big(g_J$分别为$\dfrac{5}{4}$、$\dfrac{13}{12}$、$\dfrac{2}{3}\Big),$

$${}^3D \to {}^3D_3、{}^3D_2、{}^3D_1 \Big(g_J分别为\dfrac{4}{3}、\dfrac{7}{6}、\dfrac{1}{2}\Big);$$

再考虑磁场效应, 相应于各 J 的 m_J, 精细结构能级进一步出现塞曼分裂. 具体分裂行为如下:

$${}^3F_4 \to {}^3D_3, \quad \Delta\omega = \pm\Big(\dfrac{3}{2}, \dfrac{17}{12}, \dfrac{4}{3}, \dfrac{5}{4}, \dfrac{7}{6}, \dfrac{13}{12}, 1, \dfrac{1}{4}, \dfrac{1}{6}, \dfrac{1}{12}, 0\Big)\dfrac{eB}{2m_{e0}};$$

$${}^3F_3 \to {}^3D_3, \quad \Delta\omega = \pm\Big(\dfrac{3}{4}, \dfrac{7}{12}, \dfrac{11}{6}, \dfrac{1}{2}, \dfrac{5}{6}, \dfrac{19}{12}, \dfrac{1}{4}, \dfrac{13}{12}, \dfrac{4}{3}, 0\Big)\dfrac{eB}{2m_{e0}};$$

$${}^3F_3 \to {}^3D_2, \quad \Delta\omega = \pm\Big(\dfrac{11}{12}, \dfrac{1}{6}, 1, \dfrac{5}{4}, \dfrac{1}{12}, \dfrac{13}{12}, \dfrac{7}{6}, 0\Big)\dfrac{eB}{2m_{e0}};$$

$$^3\mathrm{F}_2 \to {}^3\mathrm{D}_3, \quad \Delta\omega = \pm\left(\frac{8}{3}, \frac{4}{3}, 0, 2, \frac{2}{3}\right)\frac{eB}{2m_{\mathrm{e}0}};$$

$$^3\mathrm{F}_2 \to {}^3\mathrm{D}_2, \quad \Delta\omega = \pm\left(1, \frac{1}{6}, \frac{5}{3}, \frac{1}{2}, \frac{2}{3}, \frac{7}{6}, 0\right)\frac{eB}{2m_{\mathrm{e}0}};$$

$$^3\mathrm{F}_2 \to {}^3\mathrm{D}_1, \quad \Delta\omega = \pm\left(\frac{5}{6}, \frac{1}{6}, \frac{2}{3}, \frac{1}{2}, 0\right)\frac{eB}{2m_{\mathrm{e}0}}.$$

自旋 − 轨道作用 $\Longrightarrow {}^1\mathrm{F} \to {}^1\mathrm{F}_3(g_J 为 1), {}^1\mathrm{D} \to {}^1\mathrm{D}_2(g_J 为 1)$;

再考虑磁场效应, 相应于各 J 的 m_J, 能级进一步出现塞曼分裂.

具体分裂行为很简单, 仅由原来的 1 条谱线分裂为 3 条, 频率变化分别为 $\Delta\omega = \pm\dfrac{eB}{2m_{\mathrm{e}0}}, 0$.

强磁场情况下, 对于 $^3\mathrm{F} \to {}^3\mathrm{D}$ 跃迁,

关于初态 $^3\mathrm{F}, m_L = 3, 2, 1, 0, -1, -2, -3, m_S = \pm 1, 0$, 能级按 $(m_L + 2m_S)$ 分裂为 11 条,

关于末态 $^3\mathrm{D}, m_L = 2, 1, 0, -1, -2, \quad m_S = \pm 1, 0$, 能级按 $(m_L + 2m_S)$ 分裂为 9 条, 由选择定则 $\Delta m_S = 0, \Delta m_L = \pm 1, 0$ 得,

光谱线仅分裂为 3 条, 频率改变分别为 $\Delta\omega = \pm\dfrac{eB}{2m_{\mathrm{e}0}}, 0$.

对于 $^1\mathrm{F} \to {}^1\mathrm{D}$ 跃迁,

关于初态 $^1\mathrm{F}, m_L = 3, 2, 1, 0, -1, -2, -3, m_S = 0$, 能级按 $(m_L + 2m_S) = m_L$ 分裂为 7 条,

关于末态 $^1\mathrm{D}, m_L = 2, 1, 0, -1, -2, m_S = 0$, 能级按 $(m_L + 2m_S) = m_L$ 分裂为 5 条, 由选择定则 $\Delta m_S = 0, \Delta m_L = \pm 1, 0$ 得,

光谱线仅分裂为 3 条, 频率改变分别为 $\Delta\omega = \pm\dfrac{eB}{2m_{\mathrm{e}0}}, 0$.

5.32. 3 条, 波长分别为 $\lambda_1 = 643.87\text{ nm}, \quad \lambda_2 = 643.90\text{ nm}, \quad \lambda_3 = 643.93\text{ nm}.$

5.33. 4 条, 波长改变量分别为 $\Delta\lambda_{1+} = -0.02\text{ nm}, \quad \Delta\lambda_{1-} = 0.02\text{ nm},$
$\Delta\lambda_{2+} = -0.04\text{ nm}, \quad \Delta\lambda_{2-} = 0.04\text{ nm}.$

5.34. $\Delta E_S = \dfrac{e\hbar B}{m_{\mathrm{e}0}} = 3.71 \times 10^{-23}\text{ J}, \Delta E_{\mathrm{P}} = \dfrac{e\hbar B}{3m_{\mathrm{e}0}} = 1.24 \times 10^{-23}\text{ J}.$

正常塞曼效应, $\delta\lambda = \dfrac{hc}{E^2}\Delta E = \dfrac{hc}{E^2}\dfrac{e\hbar B}{2m_{\mathrm{e}0}} = 3.24 \times 10^{-10}\text{ m}.$

5.35. $\delta\lambda \leqslant \dfrac{hc}{E^2}\Delta E_{\min} = 5.38 \times 10^{-14}\text{ m} \sim 5.0 \times 10^{-14}\text{ m}.$

5.36. 能级分裂为 4 条, 相邻能级间隔 $\Delta E = g_j \mu_{^7\mathrm{Li}} B = 2.37 \times 10^{-26}\text{ J},$
测量光谱时可能测得的波长有

$$\lambda_1 = \frac{hc}{\Delta E} = 8.39 \text{ m}, \lambda_2 = \frac{hc}{2\Delta E} = 4.19 \text{ m}, \lambda_3 = \frac{hc}{3\Delta E} = 2.80 \text{ m}.$$

5.37. 对钙原子, $J = L = S = 0$, $\boldsymbol{M} = 0$, g 无实质性意义.

对铝原子, $l = 1, s = \frac{1}{2}, j = \frac{3}{2}, \frac{1}{2}, g$ 分别为 $\frac{4}{3}, \frac{2}{3}$.

弱磁场下, $3\text{p} \to \{3\text{p}_{3/2}, 3\text{p}_{1/2}\}$,

$3\text{p}_{3/2}$ 进一步能级分裂为 4 条; $3\text{p}_{1/2}$ 进一步能级分裂为 2 条.

强磁场下, 相邻裂距为 $\Delta E = \frac{e\hbar B}{2m_{e0}}$.

5.38. $B = \frac{m_{e0}}{e\hbar}\Delta E = \frac{m_{e0}}{e\hbar}h\nu = 0.36 \text{ T}.$

5.39. $\nu = 2.80 \times 10^9 \text{ Hz}.$

5.40. 波长精度 $\delta\lambda = \frac{hc}{E^2}\delta E = \frac{\lambda^2}{hc}\delta E = 3.23 \times 10^{-11} \text{ m} \sim 0.03 \text{ nm}$,

使自旋反转所需电磁波频率 $\nu = \frac{eB}{2\pi m_{e0}} = 5.60 \times 10^{10} \text{ Hz}.$

5.41. $\frac{e}{m_{e0}} = \frac{h\nu}{g_j\hbar B} = 2.22 \times 10^{11} \text{ C/kg}.$

5.42. $g = \frac{4}{5}$, 原子状态为 $^2\text{D}_{3/2}$.

5.43. 共振吸收条件 $h\nu = g_N\mu_N B$, 而 $\boldsymbol{B}$ 实际为 $\boldsymbol{B}_{\text{eff}} = \boldsymbol{B} - \sigma\boldsymbol{B}$, σ 为 "原子" 的磁化率, 由此知, 由核磁共振可以得到物质的 g_N、μ_N、σ 等的信息, 而这些物理量是由物质的内部结构和状态决定的, 因此由核磁共振可以得到物质的结构和内部状态的信息.

5.44. $g_N = \frac{h\nu}{\mu_N B} = 5.58.$

5.45. $g_{\text{Li}} = \frac{h\nu}{\mu_N B} = 2.17.$

$\mu_{\text{Li}} = \sqrt{j(j+1)}g_{\text{Li}}\mu_N = 2.12 \times 10^{-26} \text{ A}\cdot\text{m}^2 = 2.12 \times 10^{-26} \text{ J/T}$,

$\mu_{\text{Li}, z_M} = g_{\text{Li}}m_{j_{\max}}\mu_N = 1.64 \times 10^{-26} \text{ J/T}.$

第六章

6.1. $\lambda_1 = 2.30 \text{ cm}, \Delta E_1 = 0.054 \text{ MeV};$

$\lambda_2 = 1.15 \text{ cm}, \Delta E_2 = 0.108 \text{ MeV};$

$\lambda_3 = 0.77 \text{ cm}, \Delta E_3 = 0.162 \text{ MeV}.$

6.2. $r = \overline{r_i} = 0.074 \text{ nm}.$

6.3. 由实验数据拟合得到 $\lambda L = 481.82 \times 10^{-6}\mathrm{m}$，$R = \sqrt{\dfrac{\lambda L \hbar^2}{\mu hc}} = 1.29 \times 10^{-10}$ m.

6.4. $I = \dfrac{h}{4\pi^2 c \Delta\left(\dfrac{1}{\lambda}\right)_{\text{nearest}}} = 3.30 \times 10^{-47}$ kg·m^2,

$R = \sqrt{\dfrac{I}{\mu}} = \sqrt{\dfrac{m_{\mathrm{H0}} + m_{\mathrm{Br0}}}{m_{\mathrm{H0}} m_{\mathrm{Br0}}} I} = 1.41 \times 10^{-10}$ m，$\nu_{L=4} = 5.08 \times 10^{12}$ Hz.

6.5. $x = 13$.

6.6. $I = \dfrac{\hbar^2}{E_\gamma(L) - E_\gamma(L-1)}$；

或 $I = \dfrac{\hbar^2}{k}$，其中 k 为由实验数据拟合所得 $E_\gamma(L)$ 函数的斜率.

6.7. $E_{\mathrm{R1}} = \dfrac{L(L+1)\hbar^2}{2I_1} + \dfrac{1}{8}\dfrac{m^2 \hbar^2}{I_1}$，$E_{\mathrm{R2}} = \dfrac{L(L+1)\hbar^2}{2I_1} - \dfrac{1}{12}\dfrac{m^2 \hbar^2}{I_1}$.

图略.

6.8. $\nu(L) = \dfrac{Lh}{4\pi^2 I}(1 - 2\delta L^2)$，$\Delta\nu = \nu(L) - \nu(L-1) = \dfrac{h}{4\pi^2 I}\{1 - 2\delta[1 + 3L(L-1)]\}$，

每一谱线的频率和相邻谱线的频率间隔都随 L 增大而减小.

6.9. 随角动量增大而变得分布广泛，使得转动惯量按 $I(L) = \mathrm{e}^{L^2/10\,000}$ 的行为变化.

6.10. $k = \mu\omega^2 = \dfrac{m_{\mathrm{H0}} m_{\mathrm{Cl0}}}{m_{\mathrm{H0}} + m_{\mathrm{Cl0}}}\left(\dfrac{E_0}{\hbar}\right) = 481$ N/m^2,

$R = \sqrt{\dfrac{I}{\mu}} = \sqrt{\dfrac{m_{\mathrm{H0}} + m_{\mathrm{Cl0}}}{m_{\mathrm{H0}} m_{\mathrm{Cl0}}}\dfrac{\hbar^2}{\Delta E}} = 1.19 \times 10^{-10}$ m.

6.11. $k = 520$ N/m^2，$E_0 = \dfrac{1}{2}\hbar\omega = 0.186$ eV.

6.12. $n = \left(\dfrac{E}{\hbar}\sqrt{\dfrac{\mu}{k}} - \dfrac{1}{2}\right) = 7$.

6.13. $\nu_{\mathrm{HD}} = \dfrac{1}{2\pi}\sqrt{\dfrac{k}{\mu_{\mathrm{HD}}}} = \dfrac{c}{\lambda}\sqrt{\dfrac{\mu_{\mathrm{H}_2}}{\mu_{\mathrm{HD}}}} = 1.129 \times 10^{14}$ Hz,

$\nu_{\mathrm{D}_2} = \dfrac{c}{\lambda}\sqrt{\dfrac{\mu_{\mathrm{H}_2}}{\mu_{\mathrm{D}_2}}} = 9.220 \times 10^{13}$ Hz.

6.14. 转动频率 ν 随能量增大而增大说明形成分子的原子间束缚得更紧密，
转动频率 ν 随能量增大而减小说明形成分子的原子间束缚得较松散.

6.15. $\nu_P = 6.990\,646 \times 10^{13}$ Hz，$6.977\,910 \times 10^{13}$ Hz，$6.965\,837 \times 10^{13}$ Hz，
$6.953\,101 \times 10^{13}$ Hz；

$$\nu_R = 7.014\ 794 \times 10^{13}\ \text{Hz},\ 7.026\ 687 \times 10^{13}\ \text{Hz},\ 7.038\ 941 \times 10^{13}\ \text{Hz},$$
$$7.051\ 014 \times 10^{13}\ \text{Hz}.$$

6.16. $L_{P_{\max}} = 7$.

6.17. (1) $L_0(R) = 0$.

    (2) $\overline{\Delta\tilde{\nu}_R} = 370.5\ \text{m}^{-1}, I = \dfrac{\hbar}{2\pi c \overline{\Delta\sigma_R}} = 1.51 \times 10^{-46}\ \text{kg} \cdot \text{m}^2$.

6.18. 振动谱: $R_{\text{EGOS}}^{\text{V}} = \dfrac{E_\gamma}{S} = \dfrac{\hbar\omega}{S}$;   转动谱: $R_{\text{EGOS}}^{\text{R}} = \dfrac{E_\gamma}{S} = \dfrac{\hbar}{I}\left(2 - \dfrac{1}{2S}\right)$.

$R_{\text{EGOS}}^{\text{V}}$ 随 S 增大单调 (双曲线型) 减小, 在 $S \to \infty$ 情况下, $R_{\text{EGOS}}^{\text{V}} \to 0$;

$R_{\text{EGOS}}^{\text{R}}$ 随 S 增大单调 (双曲线型) 增大, 在 $S \to \infty$ 情况下, $R_{\text{EGOS}}^{\text{R}} \to \dfrac{2\hbar^2}{I} =$ 常量;

在不同集体运动模式下, 二者随 S 变化的行为完全不同, 因此由之可以标记角动量驱动的集体运动模式的相变.

由理论曲线知, $R_{\text{EGOS}}^{\text{V}}(S)$ 与 $R_{\text{EGOS}}^{\text{R}}(S)$ 的交叉点对应的角动量 S_C 即为相变的临界角动量. 由于交叉前后 (相变前后) 曲线的单调行为完全不同, 因此实验上可以通过分析 $R_{\text{EGOS}}(S)$ 曲线的单调性变化的行为来判断是否发生角动量驱动的振动与转动之间的集体运动模式相变.

如果在实验上通过分析 $R_{\text{EGOS}}(S)$ 来判断集体运动模式相变, 则光谱仪应能够同时测量振动谱和转动谱, 但分子的转动能标比振动能标低两个数量级, 因此对光谱仪的测量精度的跨度的要求很高, 从而难以实现.

6.19. 转述教材内容即可.

6.20. 转述教材内容即可.

6.21. 放置负电荷的电荷量为 $q = 0.366$.

6.22. 如果这些分子和离子都能够稳定存在, 则 $E_B(\text{F}_2^+) > E_B(\text{F}_2) > E_B(\text{F}_2^-)$; 稳定性顺序则为 $\text{F}_2^+ > \text{F}_2 > \text{F}_2^-$.

6.23. $b = \dfrac{e^2 r_0^8}{36\pi\varepsilon_0} = 6.62 \times 10^{-106}\ \text{J} \cdot \text{m}^9, V(r_0) = \dfrac{2e^2}{9\pi\varepsilon_0 r_0} = -4.79\ \text{eV}$.

6.24. $E_{D,\text{Is}} = -V(r_0) = 23.03\ \text{eV},\ E_{D,\text{As}} = E_{D,\text{Is}} - E_I + E_C = 21.09\ \text{eV}$.

6.25. $R_0 = \dfrac{e^2}{4\pi\varepsilon_0(E_K - E_I + E_{KI})} = 3.12 \times 10^{-10}\ \text{m}$.

6.26. $R_0 = \dfrac{e^2}{4\pi\varepsilon_0(E_{Na} - E_{Cl} + E_{NaCl})} = 2.49 \times 10^{-10}\ \text{m}$.

6.27. $\alpha = \dfrac{P}{2eR_0} = 0.427$.

α 连 0.5 都不到, 说明 BaO 分子的分子键远非离子键, 因此用离子键描述很不合理.

究其物理原理, Ba 的电子构行为 $[Xe](6s)^2$, O 的电子构型为 $[He](2s)^2(2p)^2$ $(2p_x2p_y)$, O 对 Ba 中 $[Xe]$ 核心外的两个电子的吸引作用并不足够大以使 Ba 成为 Ba^{2+}、O 成为 O^{2-}, 从而不形成离子键, 而是更倾向于配对 $[(6s)^2$ 与 $2p_x$、$2p_y$ 各自配对], 以形成共价键.

6.28. NO: NO 中 N 和 O 都有 $(1s)^2(2s)^2$ 的稳定核心, N 中 $(2p)^3$ 中的两个电子分别与 O 中的 $2p_x$ 电子、$2p_y$ 电子配对、各自形成一个共价键, 另一电子与 O 中的 $(2p_z)^2$ 电子对结合形成类似半个共价键的键. 键结构为: $(\sigma_{2s})^2(\sigma_{2s}^*)^2(\sigma_{2p_z})^2$ $(\pi_{2p_x})^2(\pi_{2p_y})^2(\pi_{2p_x})^1$.

N$_2$: N$_2$ 中两个 N 原子的电子组态都为 $(1s)^2(2s)^2(2p)^3$, N$_2$ 中的两个 N 都保持其 $(1s)^2(2s)^2$ 核心, 各自的三个 p 电子配对、形成三个共价键, 键结构为: $(\sigma_{2s})^2(\sigma_{2s}^*)^2(\sigma_{2p_z})^2(\pi_{2p_x})^2(\pi_{2p_y})^2$. N$_2$ 较稳定, 因其有 3 个共价键, NO 有 2 个共价键和 1 个类似 0.5 个共价键的键 (N 中的一个 p 电子与 O 中的 p_z 电子对形成的键).

6.29. LiH 分子, 电子组态为 $[He](2s)^1 - (1s)^1$, 形成一个 σ 键, 键结构为 $(2\sigma)^2$; 为极性分子, H 端带负电.

CN 分子, 电子组态为 $[He](2s)^2(2p)^2 - [He](2s)^2(2p)^3$, 键结构为: $(\sigma_{2s})^2(\sigma_{2s}^*)^2(\sigma_{2p_z})^1(\pi_{2p_x})^2(\pi_{2p_y})^2$, 0.5 个 σ 键, 2 个 π 键.

SO 分子, 电子组态为 $[Ne](3s)^2(3p)^4 - [He](2s)^2(2p)^4$, 键结构为: $(\sigma_{2s}^*)^2(\sigma_{3s})^2(\sigma_{p_zs})^2(\pi_{p_x})^2(\pi_{p_y})^2(\pi_{p_x^*})^2(\pi_{p_y^*})^2$, σ 键 $+\pi$ 键; O 端带负电.

ClF 分子, 电子组态为 $[He](2s)^2(2p)^5 - [Ne](3s)^2(3p)^5$, 键结构为: $(\sigma_{2s}^*)^2(\sigma_{3s})^2(\sigma_{p_z})^2(\pi_{p_x})^2(\pi_{p_y})^2(\pi_{p_x^*})^2(\pi_{p_y^*})^2$, 1 个 σ 键; 极性分子, F 端带负电.

HI 分子, 电子组态为 $(1s)^1 - [Kr](5s)^2(4d)^{10}(5p)^5$, 键结构为: $(\sigma_{ss})^2(\sigma_{p_zs})^2(\pi_{p_x})^2(\pi_{p_y})^2$, 1 个 σ 键; 极性分子, I 端带负电.

6.30. CO$_2$ 分子 [各组分电子组态为 $[He](2s)^2(2p)^2 - [He](2s)^2(2p)^4$], 键结构为: $O = C = O$, sp 杂化, 线性分子.

CS$_2$ 分子 [各组分电子组态为 $[He](2s)^2(2p)^2 - [Ne](3s)^2(3p)^4$], 键结构为: $S = C = S$, sp 杂化, 线性分子.

CSTe 分子 [各组分电子组态为 $[He](2s)^2(2p)^2 - [Ne](3s)^2(3p)^4 - [Kr](5s)^2(4d)^{10}(5p)^4$], 键结构为: $S = C = Te$, sp 杂化, 线性分子.

C$_3$ 分子 [各组分电子组态为 $[He](2s)^2(2p)^2$], 键结构为: , sp 杂化, 非线性分子.

CdCl$_2$ 分子 [各组分电子组态为 $[Kr](4d)^{10}(5s)^2 - [Ne](3s)^2(3p)^5$],

键结构为: Cl—Cd—Cl, sp 杂化, 线性分子.

OCl_2[各组分电子组态为 $[He](2s)^2(2p)^4 - [Ne](3s)^2(3p)^5$,

键结构为: $\overset{O}{\underset{Cl\quad Cl}{\diagup\diagdown}}$, sp^2 杂化, 非线性分子 (弯曲分子).

$ONCl_2$[各组分电子组态为 $[He](2s)^2(2p)^4 - [He](2s)^2(2p)^3 - [Ne](3s)^2(3p)^5$,

键结构为: $\overset{N}{\underset{O\quad Cl}{\diagup\diagdown}}$, sp^3 杂化, 非线性分子 (弯曲分子).

$SnCl_2$[各组分电子组态为 $[Kr](5s)^2(4d)^{10}(5p)^2 - [Ne](3s)^2(3p)^5$,

键结构为: $\overset{Sn}{\underset{Cl\quad Cl}{\diagup\diagdown}}$, sp^2 杂化, 非线性分子 (弯曲分子).

6.31. H_2CO[各组分电子组态为 $(1s)^1 - [He](2s)^2(2p)^2 - [He](2s)^2(2p)^4$,

键结构为: $\overset{H}{\underset{H}{\diagdown}}C=O$, sp^2 杂化, 平面分子.

6.32. AsH_3 分子 [各组分电子组态为 $[Ar](4s)^2(3d)^{10}(4p)^3 - (1s)^1$],
   键结构为 sp 杂化, 棱锥形分子.
   SbF_3 分子 [各组分电子组态为 $[Kr](5s)^2(4d)^{10}(5p)^3 - [He](2s)^2(2p)^5$],
   键结构为 sp^3 杂化, 棱锥形分子.
   PCl_3 分子 [各组分电子组态为 $[Ne](3s)^2(3p)^3 - [Ne](3s)^2(3p)^5$],
   键结构为 sp^3 杂化, 棱锥形分子.
   PF_3[各组分电子组态为 $[Ne](3s)^2(3p)^3 - [He](2s)^2(2p)^5$],
   键结构为 sp^3 杂化, 棱锥形分子.

6.33. D 的质量不同于 H 的质量, 使得重水分子 D_2O 的质量不同于水分子 H_2O 的质量, 大量进入人体后, 原含 H 的分子的振动频率都会降低, 键能都会改变; 原来与 H^+ 相关的过程都会变化, 例如使体内涉及 O 产生的反应速率会变慢, 并影响电解质平衡.

6.34. 基矢不同. 分子规函法以分子规函为基矢, 例如, 双原子分子,

$$\psi_{MO} = \frac{1}{1+S}\left[\psi_a(1) \pm \psi_b(1)\right]\left[\psi_a(2) \pm \psi_b(2)\right],$$

电子配对法以原子规函为基矢, 例如, 双原子分子, $\psi_{VB} = \dfrac{1}{1+S^2}[\psi_a(1)\psi_b(2) \pm \psi_a(2)\psi_b(1)]$. 即分子规函法有全域的特点, 电子配对法局域 (基矢仅是分子规函法的基矢的一部分) 的特点.

解法不同: 电子配对法常采用变分法求解, 分子规函法常采用直接求解薛定谔方程的方法 (玻恩 – 奥本海默近似下) 求解 (当然也可采用变分法求解).

适用对象不同: 电子配对法通常仅适用于基态性质, 分子规函法不限于基态性质等.

6.35. 直接计算内积即可证得. 具体过程略.

第七章

7.1. 质子: $\alpha + {}^{14}\mathrm{N} \rightarrow {}^{18}\mathrm{F} \rightarrow {}^{1}_{1}\mathrm{H} + {}^{17}_{8}\mathrm{O}$, 中子: $\alpha + {}^{9}_{4}\mathrm{Be} \rightarrow {}^{12}\mathrm{C} + \mathrm{n}$.

7.2. 20 世纪 50 年代初, 分析核乳胶记录下的宇宙线径迹, 发现宇宙线中存在核电荷数相同但裂解较慢的较重的核碎块, 从而发现超核.

超核中包含有与中子性质相近、但质量较大的粒子, 这种粒子即 Λ 超子.

后来又发现其他超子 ($\Sigma^{\pm,0}$、$[\Xi]^{-,0}$、Ω^{-}等).

7.3. 请自己查阅、研读文献.

7.4. 质量比铁核重的, 裂解放能, 可利用其裂变能; 铁核及其质量以下的原子核, 聚合放能, 可利用其聚变能.

7.5. 转述教材内容.

7.6. 请自己查阅、研读文献.

7.7. 四极形变原子核为既中心对称又轴对称的核态, 但与 $Y_{2,\pm1}(\theta,\varphi)$ 相应的态却是非中心对称的, 因此相应的展开系数 $a_{\pm1}$ 应为零.

7.8. 集体运动的转动对应的角动量.

7.9. 由定义 $g_J\hat{\boldsymbol{J}} = g_L\hat{\boldsymbol{L}} + g_S\hat{\boldsymbol{S}}$, 左点乘 $\hat{\boldsymbol{J}}$, 然后计算期望值即证得命题. 具体过程略.

7.10. 物理机制可简述为, 相应于四极形变态, 核内电荷分布不均匀, 从而出现电四极矩.

计算即计算四极算符在所考虑核态下的期望值.

7.11. 转述教材内容即可. 要点是相与相变的概念.

7.12. 转述教材内容即可. 要点可概述为: 短程性 (和饱和性)、电荷无关性、有短程排斥心、有有心力和非有心力成分、自旋 – 轨道耦合作用重要.

7.13. 由格林函数 $\dfrac{1}{p^2 - m_\pi^2}$ (p 为四动量) 做瞬时近似, 并转换到欧氏空间得 $V(\boldsymbol{q}) \propto \dfrac{1}{\boldsymbol{q}^2 + m_\pi^2}$, 再做傅里叶变换即得坐标空间表达式, 亦即 Yukawa 势.

7.14. 相同点: 相对 (轨道) 运动产生的等效磁场为其来源, 表达式基本相同.

不同点: 具体表达式的符号不同

效应的相同点: 都引起自旋 – 轨道耦合态有差异, 能级有分裂.

效应的差异: 能级分裂的具体行为不同, 相应于相同 l、s 的各 j 态, 电子的 j 小的态的能量较低, 核子的 j 大的态的能量较低.

7.15. $\Delta t = t' - t = \tau_{1/2}\log_2\left(\dfrac{\rho}{\rho_0}\right)$.

7.16. 假设不存在级联衰变, $t = 5.93 \times 10^9$ 年.

7.17. 质子发射条件: $M_P(Z, A) > M_D(Z-1, A-1) + m_p$.

例: $^{210}_{84}\text{Po}$, 假设能放射质子, 其子核为 $^{209}_{83}\text{Bi}$. 由实际质量数知, 不能放射.

7.18. 壳模型, 具体过程略.

7.19. 例如: $E_V = \left(n + \dfrac{1}{2}\right)\hbar\omega + \left(n + \dfrac{1}{2}\right)^2 b = \left(n + \dfrac{1}{2}\right)\hbar\omega\left[1 + \left(n + \dfrac{1}{2}\right)\dfrac{b}{\hbar\omega}\right]$.

7.20. 对轴对称核, 例如: $E_R = \dfrac{L(L+1)\hbar^2}{2I}[1 + f_1 L(L+1) + f_2 L^2(L+1)^2]$;

$$E_R = \frac{L(L+1)\hbar^2}{2I}\sqrt{1 + g_1 L(L+1)} \ 等.$$

对非轴对称核, 可采用类似习题 6.7. 所述模型.

7.21. 具体略.

7.22. 转述教材内容即可. 具体略.

7.23. $N = 4, \Rightarrow n_d = 0, 1, 2, 3, 4$.

相应于 $n_d = 0, \tau = 0, n_\Delta = 0$, 相应有 $L = 0$;

相应于 $n_d = 1, \tau = 1, n_\Delta = 0$, 相应有 $L = 2$;

相应于 $n_d = 2, \tau = 2$、或 $0, n_\Delta = 0$, 分别有 $L = \{4, 2\}$、0;

相应于 $n_d = 3, \tau = 3$、或 $1, n_\Delta = 0$、或 $1, 0$, 分别有 $L = \{6, 4, 3\}$、0、2;

相应于 $n_d = 4, \tau = 4$、或 2、或 $0, n_\Delta = 0$、或 $1, 0, 0$, 分别有 $L = \{8, 6, 5, 4\}$、2、$\{4, 2\}$、0.

将各态量子数代入 $E(n_d, \tau, n_\Delta, L) = E_0 + A_1 n_d + A_2 n_d(n_d + 4) + B\tau(\tau + 3) + CL(L+1)$,

并注意 $A_1 \gg A_2 > B > C$, 且由 $E(0, 0, 0, 0) = E_0 = 0$ 确定下 $E_0 = 0$ 即可得完整能谱.

具体图示略.

7.24. $N = 4, \Rightarrow (\lambda, \mu) = (8, 0), (4, 2), (0, 4), (2, 0)$;

相应于 $(\lambda, \mu) = (8, 0), K = 0, L = \{0, 2, 4, 6, 8\}$;

相应于 $(\lambda, \mu) = (4, 2), K = 0, 2$, 分别有 $L = \{0, 2, 4, 6\}, \{2, 3, 4, 5\}$;

相应于 $(\lambda, \mu) = (0, 4), K = 0, L = \{0, 2, 4\}$;

相应于 $(\lambda, \mu) = (2, 0), K = 0, L = \{0, 2\}$.

将各态量子数代入 $E(N, \lambda, \mu, L) = E_0 + \dfrac{A_3}{2}[\lambda^2 + \mu^2 + \lambda\mu + 3(\lambda + \mu)] + CL(L+1)$,

并注意 $|A_3| \gg C$, 且由 $E(4, 8, 0, 0) = E_0 = 0$ 确定下 $E_0 = -44A_3$ 即可得完整能谱.

具体图示略.

7.25. $N = 4, \Rightarrow \sigma = 4, 2, 0$

相应于 $\sigma = 0, \tau = 0, n_\Delta = 0$, 相应有 $L = 0$;

相应于 $\sigma = 2, \tau = 2、1、0, n_\Delta = 0$, 相应有 $L = \{4, 2\}、2、0$;

相应于 $\sigma = 4, \tau = 4、3、2、1、0$,

相应于 $\tau = 4, n_\Delta = 0$、或 1, 分别有 $L = \{8, 6, 5, 4\}、2$;

相应于 $\tau = 3, n_\Delta = 0$、或 1, 分别有 $L = \{6, 4, 3\}、0$;

相应于 $\tau = 2, n_\Delta = 0, L = \{4, 2\}$; 相应于 $\tau = 1, n_\Delta = 0, L = 2$;

相应于 $\tau = 0, n_\Delta = 0、L = 0$.

将各态量子数代入 $E(\sigma, \tau, n_\Delta, L) = E_0 + A_4\sigma(\sigma+4) + B\tau(\tau+3) + CL(L+1)$, 并注意 $|A_4| \gg |B| > C$, 且由 $E(4, 0, 0, 0) = E_0 = 0$ 确定下 $E_0 = -32A_4$ 即可得完整能谱.

具体图示略.

7.26. 结果见下表

模式	$\dfrac{E_{4_1}}{E_{2_1}}$	$\dfrac{E_{6_1}}{E_{2_1}}$	$\dfrac{E_{8_1}}{E_{2_1}}$	$\dfrac{E_{0_2}}{E_{2_1}}$	$\dfrac{E_{6_1}}{E_{0_2}}$
U(5) 对称性	2	3	4	2	$\dfrac{3}{2}$
O(6) 对称性	$\dfrac{5}{2}$	$\dfrac{9}{2}$	7	$\dfrac{9}{2}$	1
SU(3) 对称性	$\dfrac{10}{3}$	7	12	$-\left(N - \dfrac{1}{2}\right)\dfrac{A_3}{C}$	$-\dfrac{14}{2N-1}\dfrac{C}{A_3}$

对应于不同模式的集体运动, 这些低激发态能量的比值具有明显不同的数值, 因此它们可以作为表征原子核集体运动模式 (形状) 相变的标志量. 通过考察这些低激发态能量比值随某一宗量变化的行为, 例如随同位素链中中子数 (即同位旋) 变化的行为, 即可讨论该宗量 (因素) 驱动的原子核集体运动模式 (形状) 的相变.

7.27. 由动力学对称性破缺的概念和谱生成规则得

U(5) 对称性 (振动态): $R_{\text{EGOS}}^{\text{V}} = \dfrac{E_\gamma}{S} = \dfrac{A_1}{S} = \dfrac{\hbar\omega}{S}$;

O(6) 对称性 (不定轴转动态): $R_{\text{EGOS}}^{\text{UsR}} = \dfrac{E_\gamma}{S} = \left(1 + \dfrac{4}{S}\right)B = \left(1 + \dfrac{4}{S}\right)\dfrac{\hbar}{2I}$.

SU(3) 对称性 (定轴转动态): $R_{\text{EGOS}}^{\text{RR}} = \dfrac{E_\gamma}{S} = \left(2 - \dfrac{1}{2S}\right)C = \dfrac{h}{I}\left(2 - \dfrac{1}{2S}\right)$.

图略.

$R_{\text{EGOS}}^{\text{V}}$ 随 S 增大单调 (双曲线型) 减小, 在 $S \to \infty$ 情况下, $R_{\text{EGOS}}^{\text{V}} \to 0$;

$R_{\text{EGOS}}^{\text{UsR}}$ 随 S 增大单调 (双曲线型) 减小, 在 $S \to \infty$ 情况下, $R_{\text{EGOS}}^{\text{UsR}} \to \dfrac{\hbar}{2I}$;

$R_{\text{EGOS}}^{\text{RR}}$ 随 S 增大单调 (双曲线型) 增大, 在 $S \to \infty$ 情况下, $R_{\text{EGOS}}^{\text{RR}} \to \dfrac{2\hbar^2}{I} =$

常量;

在不同集体运动模式下, 三者随 S 变化的行为完全不同, 因此由之可以标记角动量驱动的集体运动模式的相变.

由理论曲线知, 任何两类集体运动模式的 $R_{\mathrm{EGOS}}(S)$ 曲线的交叉点对应的角动量 S_C 即为相应两类集体运动模式间相变的临界角动量. 由于交叉前后 (相变前后) 曲线的行为不同, 因此实验上可以通过分析 $R_{\mathrm{EGOS}}(S)$ 曲线的变化行为来判断是否发生角动量驱动的振动与转动之间的集体运动模式相变. 但由此难以表征振动与不定轴转动之间的相变, 因为两类曲线的定性行为相同, 仅斜率在定量上有不同.

7.28. 略.

7.29. 利用能量守恒和动量守恒即可直接证明. 具体过程略.

7.30. 略.

7.31. $Q_{(1)} = (m_{^3\mathrm{He}} + m_{\mathrm{p}} - m_{^4\mathrm{He}})c^2 = 19.89 \text{ MeV}$,

$Q_{(2)} = (m_{^3\mathrm{He}} + m_{\mathrm{n}} - m_{^4\mathrm{He}})c^2 = 20.63 \text{ MeV}$,

两者很接近, 这正是核力的电荷无关性的表现, 少许差异源自核力的同位旋效应.

7.32. 直接计算反应前后核质量之差异即可证得命题. 具体过程略.

$E_{\mathrm{k}}\,(^7\mathrm{Li}) = 144 \text{ eV}, E_{\nu} = 1.37 \text{ MeV}$.

7.33. 由能量守恒条件和动量守恒, 直接计算得 $E_{\gamma} = p \geqslant \dfrac{(M_{23} + m_{\mathrm{n}})^2 - M_{24}^2}{2M_{24}} = 16.57 \text{ MeV}$.

附录二

F2.1. $A = \left(\dfrac{a}{\pi}\right)^{1/4}$.

F2.2. $\overline{x^2} = \dfrac{1}{2a}$.

F2.3. $\psi(p) = \left(\dfrac{4\pi}{a}\right)^{1/4} \mathrm{e}^{-\frac{a}{2}\left(\frac{p-p_0}{\hbar}\right)^2}$; $\sqrt{\overline{(x-\overline{x})^2}} = \dfrac{1}{\sqrt{2a}}$; $\sqrt{\overline{(p-p_0)^2}} = \sqrt{\dfrac{a}{2}}\hbar$.

F2.4. $\overline{U(r)} = -\dfrac{e^2}{8\pi\varepsilon_0 a_{\mathrm{B}}}$.

F2.5. 证明略.

F2.6. 证明略.

F2.7. 证明略.

F2.8. 证明略.

F2.9. 证明略.

F2.10. 证明略.

F2.11. 证明略.

F2.12. 证明略.

F2.13. 证明略.

F2.14. 证明略.

F2.15. 证明略.

F2.16. 证明略.

F2.17. 证明略.

F2.18. 证明略.

F2.19. 证明略.

F2.20. $E_n = \dfrac{n^2\pi^2\hbar^2}{2ma^2}$, $\psi = \sqrt{\dfrac{2}{a}}\sin\left[\dfrac{n\pi}{a}\left(x+\dfrac{a}{2}\right)\right]$.

其特点与位于 $(0, a)$ 的无限深方势阱内运动的粒子的基本相同, 例如, 仍是能量分立的束缚态, 波函数仍是驻波, 但波函数和概率密度分布都左移了 $\dfrac{a}{2}$, 相应地, 第 i 激发态的波函数具有 $(i+1)$ 个节点, 其能量正比于 $(i+1)^2$.

F2.21. 对阱外, 记 $k = \dfrac{\sqrt{2m(-E)}}{\hbar}$, $-V_0 < E < 0$, 定态薛定谔方程为 $\dfrac{\mathrm{d}^2\psi(x)}{\mathrm{d}x^2} + k^2\psi(x)$, 其解为 $\psi(x) \propto \mathrm{e}^{-kx}, (x > 0), \psi(x) \propto \mathrm{e}^{kx}, (x < 0)$.

对阱内, 记 $k' = \dfrac{\sqrt{2m(V_0 + E)}}{\hbar}$, 定态薛定谔方程为 $\dfrac{\mathrm{d}^2\psi(x)}{\mathrm{d}x^2} + k'^2\psi(x)$,

其解分偶宇称解和奇宇称解两类, 偶宇称解 $\psi_\mathrm{e}(x) \propto \cos k'x$, 奇宇称解 $\psi_\mathrm{o}(x) \propto \sin k'x$.

对偶宇称解, 由波函数的连续性和波函数的一阶导数的连续性得, $k = k'\tan\left(\dfrac{k'a}{2}\right)$, 记 $\eta = \dfrac{ka}{2}, \xi = \dfrac{k'a}{2}$, 则有 $\xi\tan\xi = \eta$.

由 k、k' 和 ξ、η 的定义知, $\xi^2 + \eta^2 = \dfrac{mV_0a^2}{2\hbar^2}$.

求解 (数值方法, 或作图法) 方程组 $\begin{cases} \xi\tan\xi = \eta \\ \xi^2 + \eta^2 = \dfrac{mV_0a^2}{2\hbar^2} \end{cases}$, 即得粒子的本征能量.

对奇宇称解, 由波函数的连续性和波函数的一阶导数的连续性得, $-k = k'\cot\left(\dfrac{k'a}{2}\right)$.

采用前述变量代换方案知, 求解 (数值方法, 或作图法) 方程组 $\begin{cases} -\xi \cot \xi = \eta \\ \xi^2 + \eta^2 = \dfrac{mV_0 a^2}{2\hbar^2} \end{cases}$,

即得粒子的本征能量.

特点: 偶宇称束缚态一定存在, 当 $\xi^2 + \eta^2 = \dfrac{mV_0 a^2}{2\hbar^2} \geqslant \pi^2$ 时, 出现第一偶宇称激发束缚态; 随 $V_0 a^2$ 继续增大, 将出现高激发偶宇称束缚态. 并且, 只有当 $V_0 a^2 \geqslant \dfrac{\pi^2 \hbar^2}{4m}$ 时, 才出现能量最低的奇宇称束缚态.

F2.22. 与 3.40 题解答过程基本相同, 具体略.

F2.23. 记势垒的高度为 V_0, 入射粒子的质量为 m、能量为 E, 先对本征方程在 $x = 0$ 附近的小邻域 $\pm \varepsilon$ 内积分, 确定波函数及其一阶导数在 $x = 0$ 处的连续性, 即得 $T = \dfrac{1}{1 + \dfrac{mv_0^2}{2E\hbar^2}}$, 随入射能量 E 增大而增大.

波函数特点是入射区有与入射频率相同的反射波, 透射波的频率也与入射波的相同.

F2.24. 电子隧穿显微镜等可以测量物质表面附近原子状态的基本原理是量子隧穿效应. 稍具体地, 入射粒子入射到待测物质表面, 在待测表面的背面由测量仪器记录下出射粒子及其强度 (例如, 如果入射粒子为带电粒子, 则可由电路及检流计记录), 该强度依赖于粒子的隧穿系数, 而隧穿系数由表面附近原子状态决定的位垒 V 决定 $\left(\text{近似地, 对入射能量为} E\text{、质量为} m \text{的入射粒子, 透射系数} |T|^2 \propto \mathrm{e}^{-\frac{\sqrt{8m}}{\hbar} \int_{x_1}^{x_2} \sqrt{V(x) - E}\,\mathrm{d}x}\right)$. 于是, 通过分析出射粒子强度即可得到 $V(x)$ 的信息, 也就是可以测量到物质表面附近原子状态的信息.

F2.25. 利用通常的量子化方案, 将动量 (算符) 表述为产生算符与湮没算符的线性叠加, 然后利用算符的函数的幂级数展开, 即可证明 $|\alpha\rangle$ 的表述形式.
再考虑对易关系 $[\hat{a}, (\hat{a}^\dagger)^n] = n(\hat{a}^\dagger)^{n-1}$, 其中 n 为声子数 (与集体运动模式相应的粒子的数目), 即可证明 $|\alpha\rangle$ 为声子的湮没算符 $\hat{a}$ 的本征态.
具体过程略.

F2.26. 电偶极矩 $p = -\dfrac{q^2 \varepsilon}{m\omega^2}$, $\quad |\mu| = \left| \dfrac{\partial p}{\partial \varepsilon} \right| = \dfrac{q^2}{m\omega^2}$.

索引

（按拼音排序）